Power-to-Gas

Grundlagen – Konzepte – Lösungen

Frank Graf, René Schoof, Markus Zdrallek

Power-to-Gas

Grundlagen – Konzepte – Lösungen

Vulkan Verlag

Bibliografische Information der Deutschen Nationalbibliothek:
Die Deutsche Nationalbibliothek verzeichnet diese Publikation in der Deutschen Nationalbibliografie; detaillierte bibliografische Daten sind im Internet über www.dnb.de abrufbar.

Power-to-Gas
Grundlagen – Konzepte – Lösungen
Frank Graf, René Schoof, Markus Zdrallek

1. Auflage 2021

ISBN: 978-3-8356-7445-5 (Print)

ISBN: 978-3-8356-7446-2 (eBook)

Friedrich-Ebert-Straße 55, 45127 Essen, Deutschland
Telefon: +49 201 820 02-0, Internet: www.vulkan-verlag.de

Projektmanagement: Marie-Therese Hanschmann, Vulkan-Verlag GmbH, Essen
Lektorat: Marie-Therese Hanschmann, Vulkan-Verlag GmbH, Essen;
Janine Gebhard, Vulkan-Verlag GmbH, Essen
Herstellung: Nilofar Mokhtarzada, Vulkan-Verlag GmbH, Essen
Umschlaggestaltung: Melanie Zöller, Vulkan-Verlag GmbH, Essen
Titelbild: © ssuaphoto
Satz: Brigitte Schmidt, Schmidt Media Design, München
Druck: ScandinavianBook c/o Druckhaus Nord GmbH, Neustadt a. d. Aisch

Autorenverzeichnis

Dr.-Ing. Siegfried Bajohr
Engler-Bunte-Institut, chemische
Energieträger - Brennstofftechnologie (KIT)
Engler-Bunte-Ring 1
76131 Karlsruhe
Kapitel 4.3

Katharina Bär
DVGW-Forschungsstelle am Engler-Bunte-
Institut des Karlsruher Instituts für
Technologie (KIT)
Engler-Bunte-Ring 1
76131 Karlsruhe
Kapitel 4.3

Hans Böhm
Energieinstitut an der Johannes Kepler
Universität Linz
Altenberger Straße 69
4040 Linz (Österreich)
Kapitel 7.3

Jed Cohen PHD.
Energieinstitut an der Johannes Kepler
Universität Linz
Altenberger Straße 69
4040 Linz (Österreich)
Kapitel 7.4

Patrick Enzmann
DBI Gas-und Umwelttechnik GmbH
Halsbrücker Straße 34
09599 Freiberg
Kapitel 5.5

Dr. Helge Föcker
Uniper Technologies GmbH
Alexander-von-Humboldt-Straße 1
45896 Gelsenkirchen
Kapitel 8.2

Dr. Christina Friedl
Energieinstitut an der Johannes Kepler
Universität Linz
Altenberger Straße 69
4040 Linz (Österreich)
Kapitel 7.4

James Garzon-Real
Bergische Universität Wuppertal
Rainer-Gruenter-Str. 21
42119 Wuppertal
Kapitel 2.2

Johanna Gegenheimer
DVGW-Forschungsstelle am Engler-Bunte-
Institut des Karlsruher Instituts für
Technologie (KIT)
Engler-Bunte-Ring 1
76131 Karlsruhe
Kapitel 4.4, 4.5

Josephine Glandien
DBI Gas- und Umwelttechnik GmbH
Karl-Heine-Straße 109/111
04229 Leipzig
Kapitel 8.3

Dr.-Ing. Dipl.-Wirt.-Ing. Frank Graf
DVGW-Forschungsstelle am Engler-Bunte-Institut des Karlsruher Instituts für Technologie (KIT)
Engler-Bunte-Ring 1
76131 Karlsruhe
Vorwort, Kapitel 4.1, 7.1

Dipl.-Ing. Clemens Heitsch
GRS Gesellschaft für Anlagen- und Reaktorsicherheit
Schwertnergasse 1
50667 Köln
Kapitel 8.3

Mathias Held
Engler-Bunte-Institut, chemische Energieträger - Brennstofftechnologie (KIT)
Engler-Bunte-Ring 1
76131 Karlsruhe
Kapitel 4.3

Maximilian Heneka
DVGW-Forschungsstelle am Engler-Bunte-Institut des Karlsruher Instituts für Technologie (KIT)
Engler-Bunte-Ring 5
76131 Karlsruhe
Kapitel 7.2

Marco Henel
DBI Gas- und Umwelttechnik GmbH
Karl-Heine-Straße 109/111
04229 Leipzig
Kapitel 2.3

Dipl.-Ing. Jens Hüttenrauch
DBI Gas- und Umwelttechnik GmbH
Karl-Heine-Straße 109/111
04229 Leipzig
Kapitel 8.3

Dr. Manuela Jopen
GRS Gesellschaft für Anlagen- und Reaktorsicherheit
Schwertnergasse 1
50667 Köln
Kapitel 8.3

Christopher Knorr
DBI Gas- und Umwelttechnik GmbH
Karl-Heine-Straße 109/111
04229 Leipzig
Kapitel 5.1, 5.3, 5.6

Marlon Koralewicz
Bergische Universität Wuppertal
Rainer-Gruenter-Str. 21
42119 Wuppertal
Kapitel 2.1, 2.2, 2.4, 8.3

Prof. Dr.-Ing. Hartmut Krause
DBI Gas-und Umwelttechnik GmbH
Halsbrücker Straße 34
09599 Freiberg
Kapitel 5.2

Felix Künkel
DVGW Deutscher Verein des Gas- und Wasserfaches e.V.
Josef-Wirmer-Str. 1-3
53123 Bonn
Kapitel 8.3

Peter Kussin
DVGW-Forschungsstelle am Engler-Bunte-Institut des Karlsruher Instituts für Technologie (KIT)
Engler-Bunte-Ring 1
76131 Karlsruhe
Kapitel 4.2

Janina Leiblein
DVGW-Forschungsstelle am Engler-Bunte-Institut des Karlsruher Instituts für Technologie (KIT)
Engler-Bunte-Ring 1
76131 Karlsruhe
Kapitel 4.5

Fabian Möhrke
Bergische Universität Wuppertal
Rainer-Gruenter-Str. 21
42119 Wuppertal
Kapitel 2.2

Christian Müller
DVGW-Forschungsstelle am Engler-Bunte-Institut des Karlsruher Instituts für Technologie (KIT)
Engler-Bunte-Ring 1
76131 Karlsruhe
Kapitel 4.4

Dipl.-Ing. (FH) Gert Müller-Syring
DBI Gas- und Umwelttechnik GmbH
Karl-Heine-Straße 109/111
04229 Leipzig
Kapitel 2.3, 5.1, 5.3, 5.6

Dr. Sebastian Ohler
Caterpillar Energy Solutions GmbH
Carl-Benz-Str. 1
68167 Mannheim
Kapitel 8.4

Dipl.-Ing. Philipp Pietsch
DBI Gas-und Umwelttechnik GmbH
Halsbrücker Straße 34
09599 Freiberg
Kapitel 5.5

Marek Poltrum
DBI Gas- und Umwelttechnik GmbH
Karl-Heine-Straße 109/111
04229 Leipzig
Kapitel 5.1, 5.3, 5.6

Dr. Johannes Reichl
Energieinstitut an der Johannes Kepler Universität Linz
Altenberger Straße 69
4040 Linz (Österreich)
Kapitel 7.4

Prof. Dr. Tobias Rudolph
Technische Hochschule Georg Agricola
Herner Straße 45
44787 Bochum
Kapitel 5.4

Dr. Steffen Schirrmeister
ThyssenKrupp Industrial Solutions AG
Friedrich-Uhde-Straße 15
44141 Dortmund
Kapitel 8.2

Ruth Schlautmann
DVGW-Forschungsstelle am Engler-Bunte-Institut des Karlsruher Instituts für Technologie (KIT)
Engler-Bunte-Ring 1
76131 Karlsruhe
Kapitel 4.4

René Schoof
Uniper Hydrogen GmbH
Franziusstr. 12
40219 Düsseldorf
Vorwort, Kapitel 6.1, 6.4

Andreas Schrader
DVGW Deutscher Verein des Gas- und Wasserfaches e.V.
Josef-Wirmer-Str. 1-3
53123 Bonn
Kapitel 6.2, 6.3

Dr. Marco Schultze
Caterpillar Energy Solutions GmbH
Carl-Benz-Str. 1
68167 Mannheim
Kapitel 8.4

Dr.Tom Smolinka
Fraunhofer ISE
Heidenhofstr. 2
79110 Freiburg
Kapitel 3

Dr. Klaus Steiner
Neulingsiepen 40
44795 Bochum
Kapitel 6.2, 6.3

Chi Yan Tang
Uniper Energy Storage GmbH
Franziusstr. 12
40219 Düsseldorf
Kapitel 8.3

Dr. Robert Tichler
Energieinstitut an der Johannes Kepler Universität Linz
Altenberger Straße 69
4040 Linz (Österreich)
Kapitel 7.3

Volker Trenkle
Vulkan Verlag GmbH
Friedrich-Ebert-Straße 55
45127 Essen
Kapitel 1

Dipl.-Kfm. Dipl.-Volksw. Dr. Gerrit Volk
Bundesnetzagentur
Tulpenfeld 4
53113 Bonn
Geleitwort

Anja Wehling
DBI Gas- und Umwelttechnik GmbH
Karl-Heine-Straße 109/111
04229 Leipzig
Kapitel 8.3

Marcus Wiersig
DBI Gas-und Umwelttechnik GmbH
Halsbrücker Straße 34
09599 Freiberg
Kapitel 5.5

Dr.-Ing. Daniel Wolter
Bergische Universität Wuppertal
Rainer-Gruenter-Str. 21
42119 Wuppertal
Kapitel 2.2, 2.4

Prof. Dr.-Ing. Markus Zdrallek
Bergische Universität Wuppertal
Rainer-Gruenter-Str. 21
42119 Wuppertal
Vorwort, Kapitel 2.1, 2.2, 2.4, 8.3

Andreas Zauner
Energieinstitut an der Johannes Kepler
Universität Linz
Altenberger Straße 69
4040 Linz (Österreich)
Kapitel 7.3

Inhaltsverzeichnis

Vorwort

Die Energieversorgung in Deutschland befindet sich in einem grundlegenden und nie da gewesenen Wandel. Die technischen Herausforderungen liegen insbesondere in der vollständigen Umstellung von fossilen auf regenerative Energiequellen, einer signifikante Steigerung der Energieeffizienz in sämtlichen Energieanwendungen sowie im Umbau der Energieinfrastrukturen. Welchen Beitrag Power-to-Gas-Konzepte leisten könnten, wird seit ca. zehn Jahren sehr intensiv diskutiert und wurde in einer Vielzahl von Pilotanlagen bereits praktisch demonstriert.

Dieses Fachbuch fasst den aktuellen Wissensstand zum Thema Power-to-Gas zusammen und betrachtet dabei die gesamte Wertschöpfungskette. So werden die Grundlagen der Elektrolyse und der Methanisierung ebenso wie die grundsätzlichen Konzepte zur Sektorenkopplung vorgestellt. Auch die technischen und rechtlichen Rahmenbedingen zur Einspeisung von Wasserstoff in das Gasnetz werden beschrieben. Darüber hinaus wird die Power-to-Gas-Technologie aus ökologischer und ökonomischer Sicht bewertet und auch Akzeptanzfragen werden adressiert. Beispielhaft vorgestellte Projekte sollen zeigen, wie sich die Technologie in der Praxis bewährt.

Dennoch erhebt dieses Buch keinen Anspruch auf Vollständigkeit und kann aufgrund der technischen und rechtlichen Veränderungen, die derzeit in der Energiewelt im Gang sind, nur eine Momentaufnahme darstellen.

Bei der Erstellung des Buches wurden wir von einem kompetenten Autorenteam unterstützt, ohne das die Verwirklichung dieses Projektes nicht möglich gewesen wäre. Wir bedanken uns an dieser Stelle herzlich für die vertrauensvolle und fruchtbare Zusammenarbeit.

Wir wünschen allen Fachkollegen, praktisch tätigen Technikern und Ingenieuren sowie Studierenden eine interessante Lektüre und bedanken uns vorab für alle Hinweise und Rückmeldungen unserer Leserschaft.

November 2020

Dr.-Ing. Dipl.-Wirt.-Ing. Frank Graf
DVGW-Forschungsstelle am Engler-Bunte-Institut des Karlsruher Instituts für Technologie
Karlsruhe

René Schoof
Uniper Hydrogen GmbH
Düsseldorf

Univ.-Prof. Dr.-Ing. Markus Zdrallek
Lehrstuhl für Elektrische Energieversorgungstechnik
Bergische Universität Wuppertal
Wuppertal

Geleitwort

Wasserstoff als Energieträger ist zurzeit in aller Munde. Während der Bundesminister für Wirtschaft und Energie, Peter Altmaier, Erdgas Ende 2019 als „sexy" bezeichnete, steigerte er sich bei der Präsentation der Nationalen Wasserstoffstrategie der Bundesregierung im Jahr 2020 mit der Formulierung, dass Wasserstoff „super sexy" sei. Hintergrund für diese weltweit feststellbare Euphorie für Wasserstoff als erneuerbares Gas ist die Erkenntnis, dass die Klimaerwärmung eine der größten aktuellen Herausforderungen der Menschheit darstellt und nur die deutliche Reduktion klimaschädlicher Emissionen dem nachhaltig entgegenwirken kann.

Der Umgang mit Wasserstoff als Energieträger im Allgemeinen und in der leitungsgebundenen Gaswirtschaft im Speziellen ist seit den Anfängen der Gasversorgung mit Kokerei- oder Stadtgas seit Langem bekannt. Trotzdem ist die derzeitige Situation eine andere und neue. In der Bundesrepublik Deutschland existiert ein nahezu flächendeckendes Erdgasnetz der öffentlichen Versorgung, an das eine große Anzahl von Untergrundspeichern angeschlossen ist, welche ein hohes Maß an Versorgungssicherheit im Falle eines Belieferungsausfalls sicherstellen. Soll Wasserstoff dieses Netz im Rahmen eines Parallelnetzes ergänzen oder z. B. durch Umwidmung partiell ersetzen? Soll der Wasserstoff nur durch die Nutzung von „Grünstrom" mittels Elektrolyse gewonnen werden? Soll der wie auch immer gewonnene Wasserstoff dem bestehenden Erdgasnetz beigemischt werden? Oder sollte gar der Wasserstoff methanisiert werden, um (erneuerbares) Austauschgas zum fossilen Erdgas zu schaffen? Wie könnten Einspeisesysteme für Wasserstoff und/oder Methan technisch realisiert werden?

All diesen stellvertretend genannten Fragen wird in diesem Buch mit fundierten Beiträgen nachgegangen. Dabei werden sehr sorgfältig die Vor- und Nachteile einzelner technischer Lösungen aufgezeigt. Egal mit welcher Fragestellung man sich beschäftigt: Letztendlich landet jede Diskussion bei den wirtschaftlichen Aspekten. Dem ist ein eigenes Hauptkapitel zur Effizienz und Wirtschaftlichkeit von Power-to-Gas-Konzepten gewidmet. Was bei einem Fachbuch für die Praxis mit hohem Nutzwert auf keinen Fall fehlen darf (und auch nicht fehlt) sind Praxisbeispiele. Diese illustrieren sehr anschaulich, was heute bereits realisierbar ist und „wo die Reise hingeht."

Der berufliche Hintergrund der drei Herausgeber unterstreicht die Spannweite der bearbeiteten Themen, bürgt aber gleichzeitig auch für die Qualität der einzelnen Beiträge. Frank Graf, seit vielen Jahren an der DVGW-Forschungsstelle am Engler-Bunte-Institut des Karlsruher Instituts für Technologie (KIT) in der Grundlagenforschung tätig, aber genauso in der praktischen Anwendungsforschung zu Hause, steht für grundsolide akademische Forschung mit realistischem Bezug zur Praxis. René Schoof, leitender Manager im Uniper-Konzern mit Verantwortung für die Produktion erneuerbarer Gase und die Speicherung von Gasen, kennt sich bestens aus mit den praktischen technischen Hürden der Wasserstoffwirtschaft. Markus Zdrallek, seit 2010 ordentlicher Professor an der Bergischen Universität Wuppertal und Inhaber des Lehrstuhls „Elektrische Energieversorgungstechnik" kennt alle Aspekte einer möglichst sicheren und trotzdem wirtschaftlichen Stromversorgung. Seine vor seiner Hochschultätigkeit liegende zehnjährige Karriere im RWE-Konzern, mit ganz unterschiedlichen Funktionen und Einsatzgebieten, verdeutlicht, dass seine Erkenntnisse weit entfernt von Elfenbeinturm-Forschung gewonnen werden, sondern immer mit Bezug zum „Machbaren" entstehen.

Das vorliegende Werk zeigt vollumfänglich alle Aspekte einer Power-to-Gas-Wirtschaft auf dem aktuellen Stand der Technik auf. Es verspricht den Leserinnen und Lesern – nein, ich korrigiere mich, den Nutzerinnen und Nutzern – einen hohen Wissensgewinn und sollte demzufolge möglichst oft zu Rate gezogen werden. Ich wünsche dem Werk eine positive Aufnahme in der Branche und eine weite Verbreitung!

Dipl.-Kfm. Dipl.-Volksw. Dr. Gerrit Volk
Bundesnetzagentur
Bonn

1. Einleitung

Volker Trenkle

Welche Rolle die Power-to-Gas-Technologie bei der Energiewende in Deutschland spielen wird, wird nach wie vor intensiv diskutiert. Für viele ist die Technologie ein zentraler Baustein für eine erfolgreiche Sektorenkopplung und die Möglichkeit, Energie langfristig zu speichern. Andere verweisen auf die (noch) fehlende Wirtschaftlichkeit von Power-to-Gas-Anlagen oder halten sie generell für zu teuer. Welche Potenziale für eine Erhöhung des Gesamtwirkungsgrads lassen sich erwarten? Können in Zukunft die Investitionskosten gesenkt werden? Wann erreichen Power-to-Gas-Technologien die Wirtschaftlichkeitsschwelle?

Das vorliegende Werk greift das bisher im Umfeld der Gasversorgung und der erneuerbaren Energien entstandene Wissen um die Power-to-Gas-Technologien auf und stellt es in kompakter Weise vor. Konzepte und Herausforderungen der Systemkopplung werden detailliert beschrieben. Der Stand der Technik auf den Gebieten der Elektrolyse und der Methanisierung wird dargestellt. Die Integration von Wasserstoff in das Gasnetz sowie Einspeisesysteme für Wasserstoff und Methan bilden weitere Schwerpunkte der Publikation. Darüber hinaus werden auch die äußeren Rahmenbedingungen berücksichtigt, wie die Herausforderung der wachsenden Erzeugung von erneuerbarem Strom, die Integration in das bestehende Gasversorgungssystem und deren Synergien, die Auswirkungen auf die Nutzer dieses Systems sowie die Grenzen einer möglichen Einspeisung. Ein wesentlicher Aspekt der gesellschaftlichen Akzeptanz ist eine wirtschaftliche Analyse der bisherigen Konzepte. Eine Übersicht über Projekte aus der Praxis rundet das Fachbuch ab. Ziel der Darstellung ist ein kompaktes Handbuch, welches das gegenwärtige Wissen zusammenfasst und in den Kontext der sich wandelnden Energiesysteme setzt.

Betrachtet man den europäischen Raum, so gab es Ende 2018 mindestens 128 geplante, laufende oder abgeschlossene Power-to-Gas-Anlagen im Forschungs- und Demonstrationsmaßstab, 56 davon in Deutschland. Hierbei handelte es sich in erster Linie um PEM- und alkalische Elektrolyseure im Größenbereich von wenigen Kilowatt bis zu 6 MW. In rund zwei Dritteln dieser Anlagen ist Wasserstoff das Produktgas, ein gutes Viertel der Anlagen methanisiert den Wasserstoff weiter; jeweils 3 % der Anlagen schließen eine Methanolsynthese – oder sonstige Synthesen – an den Elektrolyseschritt an. Bislang ist die Einspeisung von Wasserstoff oder Methan in bestehende Erdgasnetze die Hauptverwendungsroute für die Produktgase. Mit dem deutlich sichtbaren Trend zu größeren Elektrolyseuren und mit der dadurch bedingten Industrialisierung der Technologie zeichnet sich ab, dass weitere Anwendungsfälle über die Einspeisung hinaus, wie z. B. die Verwendung des erneuerbaren Gases in Form von Wasserstoff in Industrie und Mobilität, erschlossen werden. Im Frühjahr 2019 wurde die Zahl von über 50 Anlagen mit zusammengenommen über 55 MW genannt, die in Deutschland in Betrieb oder Planung sind.

Die Wirtschaftlichkeit von Power-to-Gas-Anlagen – mit und ohne Methanisierung – wird ausführlich diskutiert; je nach spezifischen Annahmen sowie unterstellten regulatorischen Rahmenbedingungen ergibt sich ein sehr weitgespreizter Bereich der spezifischen Gestehungskosten. Diese hängen im Wesentlichen von der finanziellen Honorierung desjenigen wirtschaftlichen Handelns, welches mit geringen Treibhausgasemissionen verbunden ist, den Nettostrompreisen sowie Existenz und Höhe von Stromnebenkosten ab; weiter zu berücksichtigen sind die Technologietreiber Komponentenwirkungsgrade und Anlagengröße (damit auch Investitions- (CapEx) und Betriebsausgaben (OpEx) für alle skalierbaren Komponenten) sowie die Anlagenintegration.

Die Power-to-Gas-Technologie wird in unterschiedlichen Anwendungsfällen, aus denen sich unterschiedliche Geschäftsmodelle und Betriebsweisen ergeben, eingesetzt. Zu nennen sind vor allem:

- Umwandlung von erneuerbarem Strom und Transport erneuerbarer Energie in Form eines gasförmigen Energieträgers (auch zur Verringerung des notwendigen Stromtransportnetzausbaus)
- Regelbare Lasten zum Bilanzkreismanagement bzw. zur Erhöhung des Anteils regional verbrauchten EE-Stroms
- Regelbare Lasten zur Teilnahme am Regelleistungsmarkt und am Markt für abschaltbare Lasten im Netzregelverbund
- Einspeisemanagement an großen EE-Anlagenverbünden
- Entlastung von Höchstspannungsknoten bzw. Alternative zur Abregelung fluktuierend einspeisender EE-Anlagen
- Vergrößerung der Akteursvielfalt auf dem Wasserstoffmarkt
- Herstellung vollständig erneuerbarer Kraftstoffe bzw. Erfüllung von EE-Quoten bei konventionellen Kraftstoffen
- Defossilisierung von Gasanwendungen in Industrie oder Wärmeerzeugung
- Saisonale oder längerfristige Speicherung bzw. Transport erneuerbarer Energie über sehr große Entfernungen.

Eine grundsätzliche Hürde für die meisten Geschäftsmodelle ist nicht nur die Beziehung zwischen vergleichsweise hohen CapEx für Power-to-Gas-Anlagen und den aktuell noch geringen Jahresstunden, in denen der Betrieb zu günstigen variablen OpEx möglich ist, sondern auch die prohibitiv günstige Verfügbarkeit fossiler Energieträger. Wegen der hohen CapEx müssten entweder mit vielen Betriebsstunden moderate oder mit wenigen Betriebsstunden sehr hohe Deckungsbeiträge erwirtschaftet werden; für beide Varianten fehlen derzeit förderliche Rahmenbedingungen. Das für spätestens 2038 beschlossene Ende der Kohleverstromung in Deutschland und die Einführung eines nationalen CO_2-Preises u. a. für Gebäudewärme und Kraftstoffe ab 2021 läuten voraussichtlich das Ende der unschlagbar günstigen fossilen Energieträger – zumindest in Deutschland – ein. Der wirtschaftliche Durchbruch wird für Power-to-Gas-Anlagen der zweistelligen Megawattklasse erwartet; jedoch ist es unwahrscheinlich, dass dieser ausschließlich durch Technologietreiber (sinkende CapEx und fixe OpEx oder steigende Wirkungsgrade) erreicht werden wird.

Der Blick auf umgesetzte, geplante und angekündigte Vorhaben lässt den Rückschluss zu, dass 2019 ein Wendepunkt für die Kommerzialisierung zumindest des Elektrolyseschrittes der Power-to-Gas-Prozesskette erreicht wurde. Um die Technologie Power-to-Gas voranzubringen, hat die Bundesregierung einen entsprechenden Schwerpunkt im siebten Energieforschungsprogramm gesetzt. Allerdings ist eine tatsächliche Umsetzung von Power-to-Gas-Anlagen – ohne Förderung in Form von Zuschuss oder regulatorischen Ausnahmen – trotz der Fürsprache von Industrieunternehmen und Energieinfrastrukturbetreibern sowie Absichtsbekundungen der Politik meist aus regulatorischen Gründen wirtschaftlich unattraktiv. Im Energieforschungsprogramm steht u. a. die Wasserstofferzeugung aus EE-Strom und die Integration dieses Wasserstoffs in das Energiesystem im Fokus. Ein zweiter Schwerpunkt wird auf die Verknüpfung der Strom- und Gasinfrastruktur gelegt. Die beiden als strategisch wichtig eingestuften Forschungs- und Entwicklungsthemen sind zum einen die Entwicklung von Planungsmethoden zur Standortauswahl von PtG-Anlagen, zum anderen die Ermittlung des Anpassungsbedarfes von Betriebsmitteln der Gasinfrastruktur, aber auch von Gasverwendungstechnologien.

Mit dem Anfang April 2019 beendeten Ideenwettbewerb Reallabore der Energiewende suchte das Bundesministerium für Wirtschaft und Energie (BMWi) weitere Projekte, die sich mit der strombasierten Erzeugung von Wasserstoff und anderen synthetischen Brenn- und Kraftstoffen im industriellen Maßstab beschäftigen und auch deren netzdienliche Speicherung in den Blick nehmen. Für geförderte Projekte waren Fördermittel von bis zu 100 Mio € vorgesehen. Mit insgesamt 88 eingereichten Projektskizzen war das Interesse an der Ausschreibung sehr groß. Im Juli 2019 wurden schließlich 20 Gewinner des Ideenwettbewerbs verkündet, darunter sind Planungsstudien für Elektrolyseure im dreistelligen Megawattbereich und einige konkrete Pläne, Elektrolyseure im zweistelligen Megawattbereich zu errichten. Der Interessenverband Power-to-X-Allianz hatte im April 2019 ein Markteinführungsprogramm konzipiert und veröffentlicht, das vorsieht, 5 GW Elektrolyseleistung über fünf Jahre von 2021-2025 per Ausschreibungsverfahren gefördert zuzubauen. Der vom BMWi initiierte und von der Deutschen Energie-Agentur (dena) begleitete Dialogprozess Gas 2030 soll die langfristigen Nutzungsperspektiven von gasförmigen Energieträgern in zukünftigen Energiesystemen untersuchen. Im Juli 2019 hat schließlich auch das Bundesministerium für Umwelt, Naturschutz und nukleare Sicherheit (BMU) ein Aktionsprogramm für den Einsatz von strombasierten Brennstoffen vorgelegt; hier werden „erste umweltpolitische Leitplanken für den Einsatz der Technologie formuliert". Ein Teilelement dieses Programms soll neben der Förderung von Modellprojekten, der Einrichtung eines PtX-Kompetenzzentrums in einer strukturschwachen Region sowie eines international ausgerichteten PtX-Sekretariats auch ein Stakeholder-Dialog PtX sein.

Die Nationale Wasserstoffstrategie (NWS), die im Juni 2020 vom BMWi veröffentlicht wurde, gibt als Ziel aus, 2030 rund 20 % des in Deutschland verbrauchten Wasserstoffs über CO_2-freien Wasserstoff zu decken. Mit der Zielsetzung, zu diesem Wert einen nennenswerten Beitrag zu leisten und einen „Heimatmarkt" für Wasserstofftechnologien aufzubauen, wird u. a. ein Erzeugungspotenzial in Höhe von mindestens 5 GW Elektrolyseleistung in Deutschland angestrebt. Ergebnisse der Energiesystemanalyse zeigen, dass Power-to-Gas-Anlagen in zukünftigen, nachhaltigen Energiesystemen einen bedeutenden Teil der Last des Stromnetzes darstellen könnten. Daher soll für folgende Themengebiete eine breite, aktuelle Wissensbasis erarbeitet werden:

- Heutige und zukünftige PtG-Anlagengrößen unter Berücksichtigung wirtschaftlicher und regulatorischer Rahmenbedingungen
- Einbindung der PtG-Anlagen, mögliche Standorte und der PtG-Zubau über die Zeit.

Bei der Frage nach zukünftigen Anlagengrößen und zu erwartende Zubauraten gibt es unterschiedliche Ansätze. Die gängigste Praxis ist der Aufbau eines Energiesystemmodells, in dem die verschiedenen Bestandteile der Energiewelt (Potenziale, Märkte, Infrastrukturen, Kraftwerkparks,

Prozessketten, Abnehmer) abgebildet werden und z. B. Klimaschutzziele zwingend erreicht werden müssen. Meist folgt dann eine Optimierung, oft hinsichtlich der Systemkosten, die jedoch unterschiedlich definiert werden. Aus der Optimierung ergibt sich dann meist eine Kapazität (installierte Leistung) für die untersuchten Technologien und aus den umgesetzten Energiemengen Rückschlüsse auf Zubau, Betriebsstunden und Betriebsweise. Ein alternatives mögliches Vorgehen liegt in der Analyse verschiedener rechtlich-regulatorischer Maßnahmen, durch die ein Gesetzgeber vorgegebene Ziele (z. B. Klimaschutzziele) erreichen kann. Aus diesen kann dann auf mögliche Anlagenkapazitäten und Betriebsweisen geschlossen werden.

PtG-Anlagenstandorte in Deutschland werden in Regionen mit hoher Verfügbarkeit an fluktuierender erneuerbarer Stromeinspeisung erwartet, bei gleichzeitiger Anwesenheit von Großabnehmern oder Speichermöglichkeiten für die produzierten Gase. Für Deutschland sind dies primär Standorte in Küstennähe sowie in Nordwest- und Nordostdeutschland. Technisch mögliche Anlagengrößen sind ca. 100-300 kW in der Niederspannung (NS), bis zu 700 kW an NS/MS-Knoten, einstellige Megawattwerte in der Mittelspannung (MS) und größere Anlagen ab dem zweistelligen Megawattbereich in der Hoch- (HS) und Höchstspannung (HöS). Es wird erwartet, dass der langfristige Ausbaubedarf in der HöS-Ebene signifikant reduziert werden kann, wenn der Zubau erneuerbarer Energien von einem koordinierten PtG-Ausbau flankiert wird. Erwartete, kumulierte Elektrolyseuranschlussleistungen in Deutschland liegen bis 2025 bei 0-500 MW und bis 2030 im Bereich von 2-15 GW, was für die mittleren und größeren Leistungsbereiche eine mittlere Zubaurate von mehr als 1 GW/Jahr ab 2025 bedeuten würde. Zu beachten ist, dass in der ersten Hälfte der Dekade (2020-2025) primär Forschung und Entwicklung (FuE) zur Verbesserung der Fertigungsverfahren und der Aufbau der Fertigungskapazitäten erfolgen wird. Jedoch müssten für diese Investitionsentscheidungen bereits in den nächsten ein bis drei Jahren die erforderlichen politischen und regulatorischen Maßnahmen ergriffen werden. Für 2050 liegen die realistisch erwarteten Elektrolyseuranschlussleistungen im Bereich von 2-50 GW.

Durch die PtG-Technologie können fossile Energieträger vergleichsweise schnell ersetzt werden und so auch weitere Sektoren indirekt mit regenerativem Strom als Ergänzung zur direkten Elektrifizierung mithilfe einer vorhandenen und bewährten Technologie treibhausgasneutral versorgt werden. Jedes weitere Jahr ohne ambitionierte Klimapolitik mit wirksamen Instrumenten zur Defossilisierung der Verbrauchssektoren Wärme und Verkehr bedeutet, dass die Klimaziele entweder verfehlt werden oder über voraussichtlich volkswirtschaftlich ungünstigere Pfade erreicht werden oder aber der Bedarf an erneuerbaren chemischen Energieträgern auch bereits in dieser frühen Transformationsphase über PtX-Importe erfolgen muss. Größere Investitionen in die Technologie (d. h. HöS-Ebene, mehrere Hundert MW) sind vor 2030 nur bei ausreichender Sicherheit in den rechtlich-regulatorischen Rahmenbedingungen vorstellbar, z. B. im Rahmen von Experimentierklauseln für Reallabore oder durch EE-Gasquoten, CO_2-Besteuerung und ausgedehnten CO_2-Zertifikatshandel. Es fehlt nicht an wissenschaftlich fundierten Untersuchungen zu Vorschlägen für rechtlich-regulatorische Maßnahmen zur volkswirtschaftlich kostengünstigen Integration erneuerbarer Gase. Einige rechtliche Instrumente sind heute bereits förderlich für den Markteintritt erneuerbarer Gase, allerdings überwiegen noch die Hürden, Unklarheiten und die Komplexität der Regelungen, sodass ein hoher Anpassungsbedarf besteht.

Stärkster Treiber für den Ausbau erneuerbarer Gase ist grundsätzlich eine ambitionierte Klimapolitik (z. B. 95 %-Reduktion der CO_2-Emissionen bis 2050). Als wirksamste Maßnahme werden Quotenverpflichtungen für Inverkehrbringer angesehen, eine Mindestquote an eingespeisten erneuerbaren Gasen in das öffentliche Gasnetz zu garantieren. Subventionen in Höhe von z. B. 25 % der Investition für einen Elektrolyseur scheinen nur unbedeutenden Einfluss auf die Minderung der Methangestehungskosten für einen 5-MW-Elektrolyseur mit angeschlossener Methanisierung zu haben. Die Befreiung von den Netzentgelten in Verbindung mit einer auf 40 % reduzierten EEG-Umlage reduzieren die Methangestehungskosten um knapp 40 %.

Aktuelle Studien sind sich darin einig, dass PtG-Anlagen für ein zukünftiges Energiesystem (d. h. Horizont 2050) aus ökonomischen Gründen als unverzichtbar gelten. Welchen Anteil die PtG-Technologie in zukünftigen Energiesystemen hat, wie schnell der Zubau der Anlagen erfolgt und wie sie betrieben werden, kann zum heutigen Zeitpunkt nur anhand verschiedener Szenarien untersucht werden; Abschätzungen sind sehr schwierig. Es ist keine technologische Fragestellung, ob und wie schnell sich die PtG-Technologie durchsetzt, sondern eine politisch-regulatorische. Es ist zu erwarten, dass die PtG-Technologie erst nach der Einführung wirksamer Instrumente für die notwendige CO_2-Emissionsminderung eine nennenswerte Rolle spielen kann.

2. Konzepte – Anforderungen

Marlon Koralewicz (2.1, 2.2, 2.4), Gert Müller-Syring (2.3), James Garzon-Real (2.2), Marco Henel (2.3), Fabian Möhrke (2.2), Daniel Wolter (2.2, 2.4), Markus Zdrallek (2.1, 2.2, 2.4)

2.1 Einführung

Der kolossale Wandel des Energiesystems in Deutschland tritt augenblicklich in die zweite und entscheidende Phase der Energiewende ein. Bisher konnten die energiepolitischen Ziele durch eine Stromwende erreicht werden, im Wesentlichen durch den starken Ausbau der Windkraft und Photovoltaik. Das hat zu einem beachtlichen regenerativen Anteil von fast 40 % des Stromverbrauchs (Stand 2018) geführt. Jetzt gerät das Stromsystem aber immer häufiger an seine Grenzen; es fehlt sowohl am Netzausbau als auch an ausreichenden Speichermöglichkeiten. Zudem fehlt es an konkreten Vorstellungen für das „finale" Energiesystem der Zukunft. Wie sieht ein Gesamtsystem mit 80, 90 oder gar 100 % regenerativem Anteil aus? Für die sehr ambitionierten klimapolitischen Ziele muss das System daher größer und vor allem über den Strombereich hinausgedacht werden.

Klar ist, dass man nur Strom in großem Stil regenerativ erzeugen kann; klar ist aber auch, dass eine saisonale Speicherung – nicht für einen Tag, sondern für ein halbes Jahr – in großem Umfang nur im Gassystem möglich ist. Daher kommt man schnell zu dem Ergebnis, dass das System „vom Ende hergedacht" keine „All-Electric-World" sein kann, sondern aus Strom und Gas bestehen muss. Eine realistische Vision vieler Fachleute für das Energiesystem in 50 Jahren ist daher, den gesamten Energiebedarf als regenerativen Strom zu erzeugen und so viele Anwendungen wie möglich in den Strombereich zu verschieben – daher ist auch die Kopplung mit dem Verkehrs- und Wärmesektor essenziell. Das ist zudem die Basis für die dringend benötigte Flexibilisierung des Stromsystems auch auf der Verbrauchsseite. Der „übrige" Strom wird im Gassystem für die Zeiten, in denen wenig regenerative Einspeisung im Stromsystem zur Verfügung steht, gespeichert. Natürlich muss die Power-to-Gas-Technologie dafür noch effizienter und vor allem preiswerter werden. Aber so kann ein 100 % regeneratives, CO_2-neutrales Energiesystem gelingen.

Daher ist das Power-to-Gas-Konzept ein ganz wesentlicher Bestandteil des Weges zur Erreichung des strategischen Zieles einer gelingenden und akzeptierten Energiewende. Diese hat zum Ziel, die negativen Auswirkungen auf Natur und Umwelt zu reduzieren und gleichzeitig die sichere, im Sinne von zuverlässiger, Deckung der verschiedenen Energiebedarfe zu erhalten. Die Transformation des Energiesystems im Rahmen der Energiewende basiert auf der Umstellung der Nutzung von fossilen und atomaren Brennstoffen auf die Nutzung von erneuerbaren Energien (EE) wie Windenergie, Sonnenenergie, Wasserkraft, Biomasse und Erdwärme. Aus Gründen der Verfügbarkeit und Wirtschaftlichkeit stützt sich die nachhaltige Energieversorgung der Zukunft insbesondere auf Wind- und Sonnenenergie. Zum einen wird die Energie dem Energiesystem damit vor allem über den Stromsektor verfügbar gemacht und muss zur Nutzung in den anderen Verbrauchssektoren, dem Mobilitäts- und dem Wärmesektor, umgewandelt werden. Zum anderen ist diese Art der Stromerzeugung volatil, vom Wind- und Sonnendargebot abhängig und kann nicht dem aktuellen Strombedarf nachgeführt werden. Für einen stabilen und sicheren Betrieb des Stromsystems, in dem sich Erzeugung und Verbrauch in jedem Moment die Waage halten, sind somit flexible Stromlasten und Speicher notwendig.

Eine verstärkte Sektorenkopplung, also die enge Verbindung des Strom-, Gas-, Wärme und Mobilitätssektors über entsprechende Energiewandler, ermöglicht die Versorgung verschiedenster Endenergiebedarfe auf Basis von EE-Strom und birgt die nötigen Speicherpotenziale, um die wetterabhängige Energieversorgung zu puffern. Durch die Umwälzungen in der ersten Phase der Energiewende mit Fokus auf der Steigerung der EE-Stromerzeugung wurde der Bedarf an verstärkter Sektorenkopplung sichtbar, während diese Kopplung gleichzeitig erst die weitere Transformation und damit das Erreichen der klimapolitischen Ziele ermöglicht. Wird die Chance zur Sektorenkopplung nicht genutzt, sondern ein Fokus auf die elektrische Deckung der Endenergiebedarfe gelegt, ist dies mit deutlich größeren volkswirtschaftlichen Kosten für die Energieversorgung verbunden [1]. Insbesondere die Kopplung des Gas- und Stromsektors bietet ein immenses Potenzial zur Lösung der beschriebenen Herausforderungen, indem die Verteilungs- und die Speicherfunktion des Gassektors genutzt werden. Für die saisonale Speicherung gibt es dazu faktisch keine Alternative. Aus diesen Gründen werden sowohl Strom als auch Gas im Energiesystem der Zukunft eine wesentliche Rolle spielen.

Dabei sind die Sektoren Strom und Gas längst über Gaskraftwerke gekoppelt. Der Anteil von Gas (Erdgas und Biogas) an der Bruttostromerzeugung in Deutschland betrug 2018 ca. 12,5 % [2]. Die Gegenrichtung der Kopplung, also die Gaserzeugung mit elektrischer Energie – Power-to-Gas – stellt eine im Energiesystem relativ neue Anwendung dar. Das Power-to-Gas-Konzept hingegen hat bereits eine lange Geschichte. Jules Vernes hat in „Die geheimnisvolle Insel" [3], erstmals 1874 bis 1875 als Reihe erschienen, seine Hauptfigur den Energieträger Wasserstoff als Nachfolger der Kohle bezeichnen lassen. Zu der Zeit waren die klimatischen Auswirkungen der Kohleverbrennung noch nicht bekannt, die Diskussion der Nachfolge der Kohle bezog sich noch auf die Endlichkeit der Ressource. 1980 hat John O'Mara Bockris mit Eduard Justi in „Wasserstoff – die Energie für alle Zeiten" [4] ein technisch detailliertes Konzept einer Sonnen-Wasserstoff-Wirtschaft vorgeschlagen, in der Wasserstoff mit Energie aus verschiedenen Quellen, insbesondere Solarstrom, in einem weltweiten System hergestellt, gesammelt und zur Deckung der verschiedenen Energiebedarfe genutzt wird. Neben dem damals schon in menschlichen Zeitspannen absehbaren Ende der Verfügbarkeit fossiler Ressourcen verliehen die Ölpreiskrisen der 1970er Jahre und die sichtbare Umweltverschmutzung dem Konzept Nachdruck. Darüber hinaus war die drohende Klimaveränderung durch CO_2-Emmissionen schon zu der Zeit bekannt. Als Bestandteil der Energiewende in Deutschland wird Power-to-Gas insbesondere seit 2009 mit den Veröffentlichungen von Michael Sterner [5] diskutiert.

Mit der Elektrolyse der Power-to-Gas-Anlage (PtGA) wird Wasserstoff hergestellt, der in einem weiteren Schritt methanisiert werden kann. Diese Gase aus Power-to-Gas-Anlagen werden im Folgenden als PtG-Gase, PtG-Wasserstoff und PtG-Methan bezeichnet. Die PtG-Gase können prinzipiell im gesamten Gassystem für die etablierten Anwendungen genutzt werden. Wasserstoff wiederum kann in Raffinerien zu Flüssigkraftstoffen wie Diesel, Benzin oder Kerosin weiterverarbeitet werden (PtL-Kraftstoffe) oder als Rohstoff in der chemischen Industrie genutzt werden. Wird in der Elektrolyse EE-Strom verwendet, werden die PtX-Produkte (PtG-Gase und PtL-Kraftstoffe) somit auf Basis von erneuerbaren Energien erzeugt.

Power-to-Gas bildet somit die Grundlage zur Bereitstellung grüner Energie und Rohstoffe für die verschiedenen Gas- und Kraftstoffanwendungen, wodurch Bereiche der Sektoren Mobilität, Wärme und Industrie prinzipiell defossilisiert werden können. In einigen Anwendungsbereichen wie dem Schiffs- oder Flugverkehr werden PtL-Kraftstoffe als einzige Möglichkeit gesehen, fossile Kraftstoffe zu ersetzen. Das Speicherpotenzial des Gassektors, welches insbesondere aus Untergrundspeichern und den Gasnetzen gebildet wird, stellt die einzige realistisch nutzbare Speichermöglichkeit für die großen Energiemengen dar, die in einem auf erneuerbaren Energien basierenden Energiesystem benötigt werden.

Die Verwendung der verschiedenen PtX-Produkte wird in unterschiedlichen Phasen der Transformation des Energiesystems wirtschaftlich und technisch sinnvoll. Während die Nutzung der Kombination von PtGA, Gasspeichern und Gaskraftwerken als Stromspeichersystem aufgrund des relativ niedrigen Speicherwirkungsgrades erst relevant wird, wenn die immense Gasspeicherkapazität benötigt wird, wird für andere Anwendungen schon früher ein wirtschaftlicher Einsatz erwartet. Dazu gehört der Einsatz von Wasserstoff in der Mobilität und als Rohstoff in der chemischen Industrie. Gleichzeitig gibt es schon heute hoffnungsvolle Use-Cases neben der Nutzung der PtX-Produkte, welche dem elektrischen System dienen. PtGA als Stromverbraucher können verschiedene Systemdienstleistungen wie bspw. Regelleistung erbringen, was eine zusätzliche Einnahmequelle zum Gasabsatz darstellt. Zudem können PtGA, wenn sie stromnetzdienlich eingesetzt werden, die fluktuierende Stromerzeugung aus EE-Anlagen abfangen. Damit besteht die Möglichkeit, den Ausbaubedarf des Stromnetzes zu reduzieren.

Abhängig vom Zielmarkt werden unterschiedliche Mengen an PtG-Gasen und Gasarten (Wasserstoff oder Methan) benötigt. Zudem unterscheiden sich die zeitliche Bezugsstrukturierung sowie die Erlösmöglichkeiten. Insgesamt entstehen unterschiedliche Anforderungen an die technischen Konzepte der PtG-Anlagen. Neben den Hauptausrüstungsteilen (Stromanschluss inkl. Gleichrichter, Elektrolyse und Gasspeicher) sind dafür weitere Komponenten wie bspw. Methanisierung, Verdichter, Gasnetzeinspeiseanlage oder eine Abfüllanlage erforderlich. Die Anforderungen der Zielmärkte an die PtGA können kombiniert und entsprechend zugeschnittene Anlagenkonzepte erstellt werden, was zu erheblichen Synergien und Kosteneinsparungen führen kann.

Durch die vielfältigen Einsatzbereiche für Wasserstoff, Methan und Flüssigkraftstoffe, die mit PtGA auf Basis von erneuerbaren Energien hergestellt werden können und somit die fossilen Quellen ersetzen können, besteht ein immenses Potenzial für den zukünftigen Einsatz von Power-to-Gas. Dieser wird insbesondere durch die politischen Klimaschutzbestrebungen und einen technologieoffenen Ansatz in der Gestaltung der Transformation des Energiesystems geprägt. Um die Folgen der Klimakrise abzumildern, ist eine baldige und drastische Senkung der Treibhausgasemissionen notwendig. Damit rechtzeitig die erforderlichen Produktionskapazitäten für die verschiedenen PtX-Produkte, deren Substitution fossiler Energieträger zur Zielerreichung beitragen wird, zur Verfügung stehen, muss deren Aufbau schnell und nachdrücklich vorangetrieben werden.

Im Folgenden wird in Kapitel 2.2 die Kopplung der Sektoren Strom und Gas erläutert, wozu einführend die Infrastruktur des Strom- und des Gassektors sowie die koppelnden Elemente beschrieben werden. Darauf aufbauend wird der vielfältige Nutzen der Systemkopplung und insbesondere der PtX-Produkte dargestellt sowie Herausforderungen der Systemkopplung beschrieben. In Kapitel 2.3 werden die technischen Power-to-Gas-Konzepte und damit verschiedene Anlagenkonstellationen vorgestellt. In Kapitel 2.4 werden in einer Literaturanalyse die Potenziale zur Erzeugung von Wasserstoff und Methan auf Basis von erneuerbaren Energien dargestellt.

2.2 Systemische Kopplung der Sektoren Strom und Gas

Die Sektoren Strom und Gas und insbesondere die jeweiligen Netze wurden historisch weitgehend getrennt geplant und betrieben. Die wesentliche bisherige Kopplung ist unidirektional und beschränkt sich auf die Stromerzeugung aus Erdgas. Eine engere und bidirektionale Kopplung der beiden Sektoren bietet im Rahmen der Energiewende Chancen für deren effiziente Umsetzung. Zur Stromerzeugung aus Gasen kommen, zusätzlich zu den zentralen Großgaskraftwerken, vermehrt dezentrale Stromerzeuger, die auf niedrigeren Netzebenen angeschlossen werden und bedarfsgerecht sowohl Strom als auch Wärme erzeugen, die sogenannte Kraft-Wärme-Kopplung (KWK). Die Gaserzeugung mit elektrischer Energie wird in PtGA und optionalen weiteren Prozessen realisiert, wobei zuerst Wasserstoff erzeugt wird. Auf dessen Basis können Methan oder flüssige Kraftstoffe hergestellt werden. Die Energieträger können in der Mobilität, zur Wärmeerzeugung sowie in der Industrie eingesetzt werden und diese Sektoren defossilisieren. Darüber hinaus können durch die PtGA selbst und durch die Rückverstromung des Gases verschiedene Nutzen für das Stromsystem generiert werden. Im folgenden Abschnitt werden die zu koppelnden Strom- und Gassysteme sowie die einsetzbaren Kopplungselemente beschrieben. Darauf aufbauend werden die vielfältigen Nutzungsaspekte und abschließend die technischen Herausforderungen der Kopplung beider Systeme erläutert.

2.2.1 Strom- und Gasinfrastruktur und Kopplungselemente

Mit der Kopplung der Sektoren Strom und Gas werden zwei komplexe technische Systeme mit ähnlicher Struktur, aber verschiedenen Eigenschaften und Funktionen verbunden. In diesem Abschnitt wird ein Überblick über die Infrastruktur des Strom- und des Gassektors gegeben sowie deren Versorgungsaufgaben und aktuelle Entwicklungen beschrieben. Abschließend werden die Kopplungselemente erläutert, die sich in PtGA, Gas-to-Power-Anlagen (GtPA) und bivalente Anlagen untergliedern.

2.2.1.1 Infrastruktur des Stromsektors

Die zur Versorgung der Stromverbraucher erforderliche Infrastruktur besteht im Wesentlichen aus zwei Netzbereichen: dem Übertragungsnetz und dem Verteilnetz. Diese sind wiederum in Spannungsebenen unterteilt, welche in Umspannwerken bzw. Ortsnetzstationen durch Transformatoren miteinander verbunden sind.

An das Übertragungsnetz sind in der Regel große konventionelle Kraftwerke angeschlossen. Diese Kraftwerke nutzen unterschiedliche Energiequellen wie fossile Energieträger, Kernenergie oder, auf Basis von erneuerbaren Energien, die Wasserkraft zur Stromerzeugung. Im Rahmen der Energiewende werden weitere EE-Anlagen, insbesondere sehr große Windparks, an diese Netzebene angebunden. Die wesentliche Aufgabe des Übertragungsnetzes ist es, die erzeugte elektrische Energie über große Entfernungen zu den Verbrauchern zu transportieren. Die Energieübertragung erfolgt anhand von Stromleitungen, durch welche der Strom bei einer bestimmten Spannung zirkuliert. Die Stromleitungen werden entweder als Freileitungen oder, über kurze Distanzen bis zu einigen Kilometern, als Erdkabel bzw. Unterwasserkabel gebaut. Zur Übertragung der elektrischen Energie werden in Deutschland die Spannungen 220 kV und 380 kV verwendet. Diese Spannungsebenen werden als Höchstspannung und das Übertragungsnetz daher auch als Höchstspannungsnetz bezeichnet. Durch die hohe verwendete Spannung reduzieren sich die durch den Joule-Effekt verursachten Übertragungsverluste.

Die Stromverteilnetze werden in drei Spannungsebenen unterteilt: Hochspannung (HS), Mittelspannung (MS) und Niederspannung (NS). Die Struktur der Stromverteilnetze kann topologisch entweder als Maschennetz, Ringnetz oder Strahlennetz aufgebaut werden. Die Hochspannungsebene verfügt über eine typische Nennspannung von 110 kV und seltener 60 kV. Die überwiegend als Ringnetze ausgeführten Netze setzen sich aus einzelnen, galvanisch getrennten Netzgruppen zusammen, über die eine regionale und in Teilen lokale Verteilung der elektrischen Energie innerhalb einer Regelzone erfolgt. Die nachgelagerte Mittelspannungsebene gliedert sich in Netzbezirke auf. Die Mittelspannungsnetze werden insbesondere in urbanen Netzbezirken meist mit einer Nennspannung von 10 kV betrieben und in Abhängigkeit der Lastdichte zum großen Teil als offene Ringnetze ausgeführt. Für Netzbezirke in suburbanen oder ländlichen Gebieten werden offene Ringleitungen oder Stichleitungen verwendet. Diese Gebiete werden zudem aufgrund der geringeren Lastdichte mit einer Spannung von 10 kV, 20 kV oder seltener 30 kV betrieben. Aus der Mittelspannungsebene wird wiederum die elektrische Energie an die Ortsnetztransformatoren einer Stadt oder Gemeinde verteilt. Die häufig als Strahlennetz aufgebauten Niederspannungsnetze werden mit einer Nennspannung von 0,4 kV betrieben [6].

Sehr große Stromverbraucher wie bspw. Aluminiumhütten werden an die Netzebenen des Übertragungsnetzes angeschlossen. Weitere Industrien, Gewerbe, Handel und Dienstleistungen, Gebäudekomplexe, Haushalte und sonstige Abnehmer beziehen ihre elektrische Energie aus dem Stromverteilnetz. Diese Verbraucher werden entsprechend ihres Leistungsbedarfes an eine der drei Spannungsebenen des Verteilnetzes angeschlossen. Die Elektromobilität stellt durch die verteilte Installation von einzelnen Ladesäulen sowie von Elektromobilitätslastschwerpunkten einen zusätzlichen neuen Stromverbrauch dar.

Traditionell wird elektrische Energie in zentralen Großkraftwerken erzeugt und in das Übertragungsnetz eingespeist. Kleine und mittlere Kraftwerksblöcke mit elektrischen Leistungen bis ca. 300 MW werden an das Stromverteilnetz auf Hochspannungsebene angeschlossen. Dadurch entsteht ein unidirektionaler Energiefluss von höheren zu niedrigeren Spannungsebenen zu den Verbrauchern [7]. Im Zuge der Energiewende werden die meisten EE-Anlagen wie bspw. Photovoltaik- und Windenergieanlagen an die Spannungsebenen des Stromverteilnetzes angeschlossen. Die zunehmende Integration von diesen und weiteren kleinen dezentralen Erzeugungsanlagen wie bspw. erdgas- oder biogasgefeuerten KWK auf Verteilnetzebene ist von besonderer Bedeutung, da vor allem die Nieder- und Mittelspannungsebenen für die Aufnahme dezentraler Stromeinspeisungen in der Regel nicht konzipiert wurden. Da nun zeitweise die Einspeisung in den Verteilnetzen regional größer als der dortige Verbrauch ist, wird „überschüssige" Energie in höhere Netzebenen abgegeben. Entsprechend sind die Energieflüsse bidirektional.

Darüber hinaus sind Stromspeicher wie bspw. Pumpspeicherkraftwerke oder Großbatteriespeicher weitere Anlagen, die im Stromnetz Anwendung finden. Zur Aufrechterhaltung einer definierten Netzfrequenz sind Erzeugung und Verbrauch zu jeder Zeit im Gleichgewicht zu halten. Da die EE-Stromerzeugung vom Dargebot abhängig ist und nicht dem derzeitigen Verbrauch angepasst wird, sind Speicher sowie flexible, steuerbare Lasten und Erzeuger von steigender Bedeutung für das elektrische Energiesystem. Das Gassystem mit Netz und Speichern hat aufgrund seiner enormen Speicherkapazität das Potenzial, dem Stromsektor die benötigte Flexibilität zur Verfügung zu stellen. In dieser Hinsicht sind PtGA und in umgekehrter Richtung gasbetriebene Stromerzeuger Schlüsseltechnologien, die zur Stabilität des Stromsystems beitragen können.

2.2.1.2 Infrastruktur des Gassektors

Zwischen der zuvor beschriebenen Infrastruktur des Stromsektors und der Infrastruktur des Gassektors bestehen gewisse Analogien, aber auch deutliche Unterschiede. Die Gasinfrastruktur besteht ebenfalls im Wesentlichen aus zwei Netzbereichen, dem Transportnetz und dem Verteilnetz. Im Transportnetz wird Erdgas in Ferngasleitungen aus den Förderländern (für Deutschland u. a. aus Russland, Norwegen, Niederlande, Dänemark oder Großbritannien) zu den an der Landesgrenze gelegenen Übernahmestationen der einzelnen Importeure transportiert. An den Übernahmestationen werden die eingehenden Gasmengen empfangen und der Betriebsdruck auf das Niveau der deutschen Fernleitungen von ca. 84 bar reduziert. Über die Gastransportleitungen wird das importierte Erdgas überregional verteilt. An dem Hochdrucktransportnetz sind sowohl regionale Hochdruckverteilnetze als auch Stadtwerke und Sonderkunden mit einem hohen Erdgasbedarf wie bspw. Glashersteller, Gießereien und Schmelzbetriebe angeschlossen. Die Aufrechterhaltung der Betriebsdrücke innerhalb der Netzebenen erfolgt durch Verdichterstationen. Die Reduzierung zwischen den verschiedenen Netzebenen auf die erforderlichen Betriebsdrücke erfolgt durch Gasdruckregel- und Messanlagen (GDR(M)A). Des Weiteren sind an den Transportleitungen große Erdgasspeicher angeschlossen [8].

Die Gasverteilnetze dienen der Aufgabe, Gas aus den überregionalen Transportnetzen an die Verbraucher zu verteilen. Die Versorgung der Verbraucher erfolgt über unterschiedliche Druckebenen. Die Wahl des Betriebsdrucks wird dabei maßgeblich durch die Abnahmedichte sowie das Abnahmevolumen der Gasverbraucher beeinflusst. Topologisch werden Gasverteilnetze als Strahlennetze, Verästelungsnetze, Ringrohrnetze oder vermaschte Netze ausgeführt.

Analog zum Stromverteilnetz existieren im Gasverteilnetz drei Druckebenen: Hochdruck (HD), Mitteldruck (MD), und Niederdruck (ND). Als Hochdruck sind Drücke definiert, die größer als 1 bar sind. Für das Gasverteilnetz relevant sind dabei Hochdruckstufen zwischen 1 bis 4 bar sowie 16 bis ca. 70 bar. Die Hochdruckverteilnetze werden aus dem überlagerten und überregionalen Hochdrucktransportnetz gespeist. Über GDR(M)A werden die Drücke entsprechend dem Betriebsdruck der nachgelagerten Verteilnetze angepasst. Allgemein werden die genannten Hochdrücke der Verteilnetze zur regionalen Verteilung des Gases an nachgelagerte Netze sowie zur Versorgung von Großabnehmern wie z. B. Industrieanlagen oder Heizkraftwerken eingesetzt. Zudem werden auch, abhängig von der Abnahmedichte, suburbane oder ländliche Gebiete und sogenannte Mischgebiete von Haushalten sowie Gewerbebetriebe mit dem Hochdruckverteilnetz bei einem Betriebsdruck von maximal 4 bar betrieben [9].

Mitteldruckverteilnetze werden mit einem Betriebsdruck von 0,1 bis 1 bar betrieben. Durch diese werden nachgelagerte Ortsnetze sowie mittlere Abnehmer wie Gewerbe- und Industriekunden und einige Gebäude und Haushalte direkt versorgt. In der Regel wird die Versorgung von Haushalten jedoch mit Niederdruckverteilnetzen, also mit Betriebsdrücken von 25 bis zu 45 mbar, durchgeführt. In Neubaugebieten tendieren die Gasverteilnetzbetreiber zunehmend zur Versorgung der neu angeschlossenen Haushalte mit erhöhten Niederdrücken oder sogar mit Mitteldrücken [9].

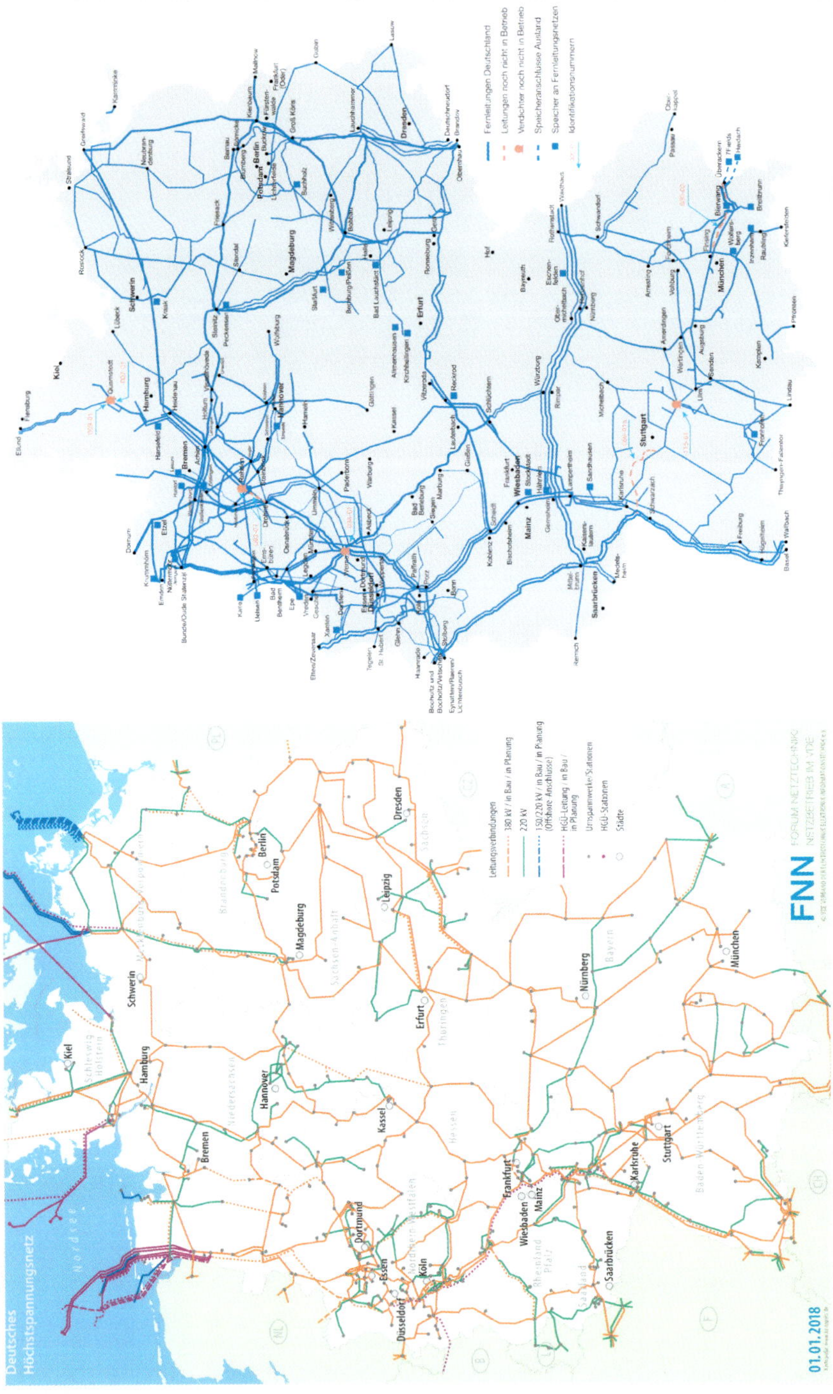

Bild 2.1: links: deutsches Stromübertragungsnetz [10]; rechts: deutsches Gasfernleitungsnetz [11]

Deutlich wird, dass eine spezifische Zuordnung der Netze zu entsprechenden Verbrauchern nicht ausnahmslos möglich ist, so wie es der Fall bei Stromverteilnetzen ist. Dadurch ist auch keine eindeutige Zuordnung der Netzstruktur zu den entsprechenden Gasnetzebenen möglich. Generell lässt sich jedoch sagen, dass das Gasnetz mit Abnahme des Drucks und Zunahme der Anzahl an Abnehmern in Strukturen wie z. B. verästelte Strahlen-Rohrnetzen oder vermaschte Ring-Rohrnetzen ausgeführt wird [9]. In allen Fällen wird der anliegende Betriebsdruck des Verteilnetzes an der Übergabestelle mit Gasdruckregelgeräten dem Druck der Gasverbrauchseinrichtungen angepasst [9].

Der Gasfluss erfolgt in der Regel unidirektional von der höchsten Druckstufe, in die importiertes fossiles Erdgas eingespeist wird, bis zu den Verbrauchern in der niedrigsten Druckstufe. Biogasanlagen und PtGA stellen neue Einspeiser im Gasnetz dar, die u. a. in niedrigeren Druckstufen einspeisen. Bidirektionale GDRA, die Gasrückspeisungen von niedrigen Druckstufen in höhere Druckstufen ermöglichen, sind noch nicht weit verbreitet. Diese werden bei hoher Einspeisung von PtG- oder Biogasen in die Verteilnetze relevant [8]. In **Bild 2.1** ist das beschriebene deutsche Stromübertragungsnetz (links) sowie das erläuterte Gasfernleitungsnetz (rechts) nach [10] und [11] dargestellt.

Neben der beschriebenen Infrastruktur der öffentlichen Versorgung mit Erdgas existieren in Deutschland zwei regionale, privat betriebene Wasserstoffnetze mit einer Gesamtlänge von 240 km (Nordrhein-Westfalen) und 90 km (Sachsen-Anhalt) [12]. Diese dienen der Versorgung von Industriebetrieben und werden mit Wasserstoff gespeist, der auf Basis fossiler Energieträger, beispielsweise durch Dampfreformierung von Erdgas, gewonnen wurde. Das Thema Wasserstoffnetze erlangt in der zum Zeitpunkt der Herausgabe dieses Buches geführten politischen Diskussion zum Fortgang der Energiewende und in der Energieforschung große Beachtung. In Kapitel 2.4.6 werden Rahmenbedingungen für einen schnellen Markthochlauf der Power-to-Gas-Technologie diskutiert, wobei auch die aktuelle Diskussion bezüglich der Wasserstoffnetze dargestellt wird. Im Folgenden bezieht sich die Gasversorgung ausschließlich auf die öffentliche Versorgung.

2.2.1.3 Kopplung der Strom- und Gasinfrastrukturen

Die Strom- und Gasnetzinfrastrukturen werden auf Übertragungs- bzw. Transportnetzebene durch große Gaskraftwerke bereits unidirektional verbunden. Aufgrund der veränderten Rahmenbedingungen durch die Energiewende und angesichts der enormen Speicherkapazität des Gasnetzes muss die Verbindung dieser Netzinfrastrukturen in eine bidirektionale Kopplung weiterentwickelt werden, welche eine effiziente Integration der erneuerbaren Energien hauptsächlich auf Verteilnetzebene ermöglicht [13]. Die Anlagen, durch welche die Strom- und Gasinfrastrukturen gekoppelt werden, werden als „Kopplungselemente" bezeichnet. Als Kopplungselemente gelten Anlagen, die sowohl einen Anschluss im Strom- als auch im Gasnetz besitzen. Diese lassen sich generell in drei Gruppen klassifizieren: Power-to-Gas-Anlagen (PtGA), Gas-to-Power-Anlagen (GtPA) und bivalente Anlagen. Die erste Gruppe – zentrales Thema dieses Buches – basiert auf dem Prinzip der Umwandlung von elektrischer Energie in chemische Energie, die in Gasen gebunden ist. Zentrale Technologie ist hierbei die Elektrolyse, bei der Wasser in Wasserstoff und Sauerstoff gespalten wird. Der Energieträger Wasserstoff kann, wie in Kapitel 2.3 beschrieben, vielfältigen Anwendungen zugeführt werden. So kann er direkt als PtG-Wasserstoff oder methanisiert als PtG-Methan in das Gasnetz gespeist werden. Die zweite Gruppe wandelt die chemisch gebundene Energie der Gase

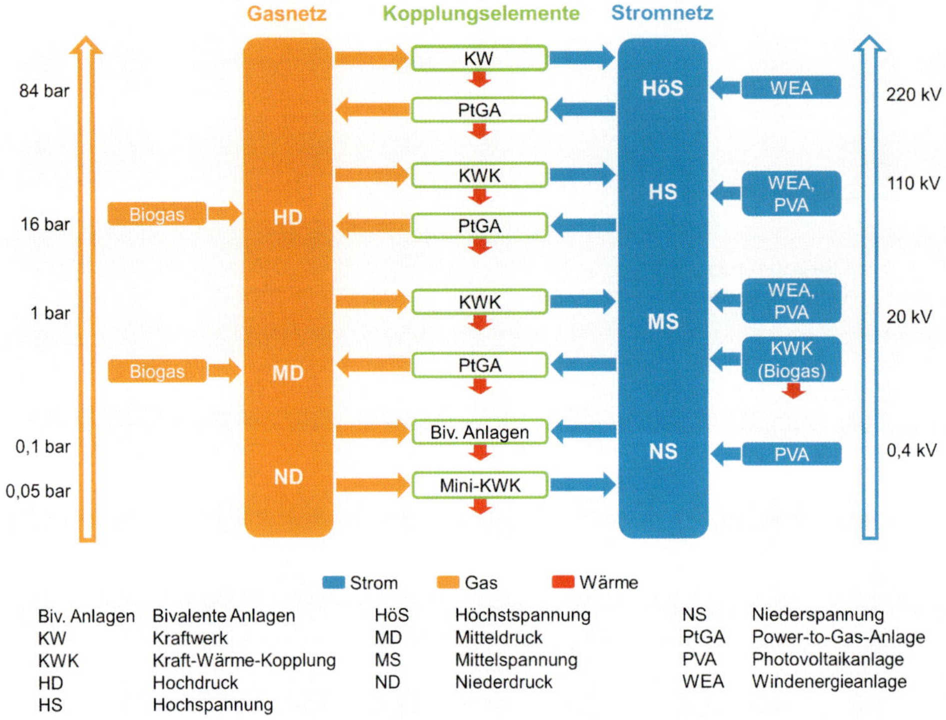

Bild 2.2: Übersicht der Kopplung von Strom- und Gasnetzen

in elektrische Energie. Zur Effizienzsteigerung kann die entstehende Abwärme für Wärmeanwendungen genutzt werden, was das Prinzip der KWK darstellt. Zentrale Technologien hierfür sind Gasturbinen, Otto-Motoren und Brennstoffzellen. Dabei können Gasturbinen und Otto-Motoren mit Erdgas, Biogas oder einem Wasserstoffgemisch betrieben werden. Brennstoffzellen können mit reinem Wasserstoff oder mit Erdgas betrieben werden, wobei das Erdgas in einem Reformer oder innerhalb der Brennstoffzelle zu Wasserstoff reformiert wird.

Die dritte Gruppe beinhaltet die bivalenten Kopplungselemente. Entsprechend der Benennung können diese Anlagen mit den beiden Energieformen – Gas und Strom – bivalent betrieben werden. Zentrale Technologien dieser Gruppe sind bivalente Wärmepumpen, bivalente Gasvorwärmanlagen und bivalente Verdichter. Diese Technologien stellen, im Gegensatz zu denen der ersten beiden Gruppen, in beiden Netzen einen Verbraucher dar. Darüber hinaus befindet sich ein bidirektionales Kopplungselement in der Entwicklungsphase, welches sowohl Wasserstoff aus Strom als auch in umgekehrter Betriebsweise Strom aus Wasserstoff erzeugen kann – die sogenannte reversible Elektrolyse bzw. reversible Brennstoffzelle [13]. Das **Bild 2.2** gibt eine Übersicht der Kopplungselemente zwischen den beiden Sektoren.

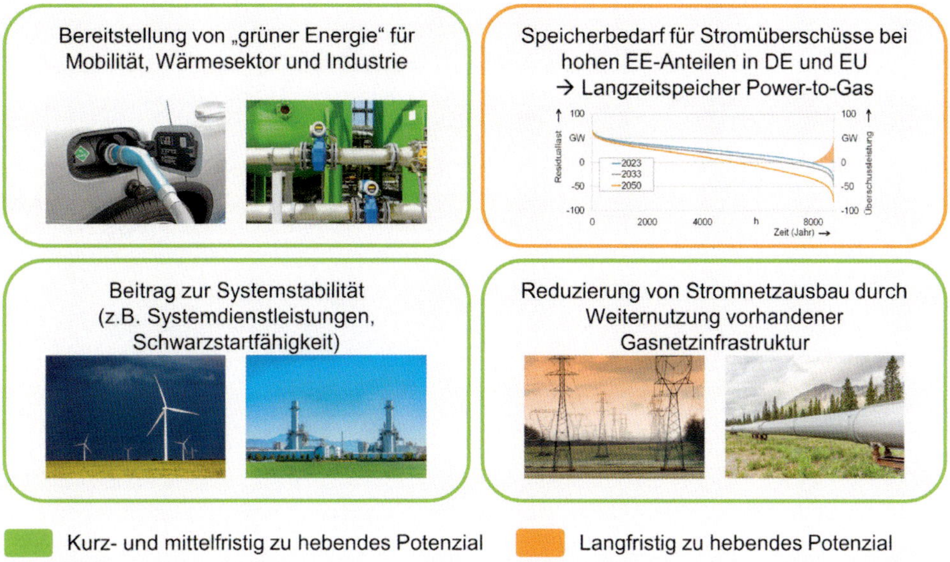

Bild 2.3: Übersicht der Nutzen und Potenziale von Power-to-Gas nach [14]
(Quellen der Bilder von links oben nach rechts unten: ©iStock.com/Tramino, ©iStock.com/Hramovnick, ©iStock.com/John Kirk, ©iStock.com/Ron and Patty Thomas, ©iStock.com/LoweStock, ©iStock.com/sarkophoto)

2.2.2 Nutzen der Systemkopplung

Die Kopplung der Sektoren Strom und Gas birgt eine Reihe von Vorteilen für die Versorgung des Energiesystems mit erneuerbaren Energien. Der Großteil der dafür benötigten erneuerbaren Energien wird mit Photovoltaik- und Windkraftanlagen im Stromsektor erschlossen. Von dort kann sie dem Mobilitäts- und dem Wärmesektor sowie der Industrie u. a. über PtG verfügbar gemacht werden. Dabei stellen die PtG-Gase in einigen Bereichen die einzige technische Option dar, die entsprechenden Anwendungen zu defossilisieren. Mit dem Anteil von fluktuierenden erneuerbaren Energien an der Stromerzeugung steigt der Bedarf an Stromspeichern und an Leistungsanbietern zum Erhalt der Systemstabilität. Darüber hinaus wird ein zusätzlicher Stromnetzausbau erforderlich. Diese Bedarfe können durch die enge und bidirektionale Kopplung des Strom- und Gassystems bedient bzw. gemindert werden. Während PtG als Stromspeicherkonzept erst langfristig ein Potenzial zur Nutzung von PtG-Gasen darstellt, bieten die weiteren Anwendungsbereiche schon kurz- bis mittelfristige Potenziale für PtG. Eine Übersicht dazu ist in **Bild 2.3** gegeben. Die beschriebenen Nutzungsaspekte der Kopplung des Strom- und Gassystems werden in den folgenden Abschnitten erläutert.

2.2.2.1 Bereitstellung „grüner Energie und Rohstoffe“ für Mobilität, Wärmesektor und Industrie

PtG ist eine Schlüsseltechnologie, um die Versorgung des gesamten Energiebedarfs mit erneuerbaren Energien zu ermöglichen. Diese fällt insbesondere in Form von Wind, Solarstrahlung und

Biomasse an. Große Mengen erneuerbare Energien können dem Energiesystem vor allem über Photovoltaik- und Windkraftanlagen und somit über den Stromsektor zugeführt werden. Über die Kopplung des Strom- und Gassektors durch PtGA kann die nun chemisch in Wasserstoff oder Methan gebundene Energie aus erneuerbaren Quellen in der Mobilität, dem Wärmesektor und der Industrie genutzt werden. Damit können die Emissionen von Treibhausgasen (THG) dieser Sektoren, deren Versorgung derzeit noch auf fossilen Energieträgern basiert, entschieden gesenkt werden. Zur Realisierung hoher nationaler Emissionsminderungsziele ist die Verwendung von synthetischen Energieträgern gar unerlässlich [1]. Gleichsam entfaltet das PtG-Konzept seinen technischen, ökologischen und wirtschaftlichen Nutzen erst, wenn in der Elektrolyse die (bilanziellen) Überschüsse des Stroms aus EE-Anlagen anstatt konventioneller Energieträger genutzt werden. Dies wird in Kapitel 2.4.1 ausführlich dargestellt. Im Folgenden werden die Verwendung und der Nutzen von PtG-Wasserstoff, PtG-Methan sowie daraus gewonnenen PtL-Kraftstoffen in der Mobilität, dem Wärmesektor und der Industrie beschrieben.

Mobilität

Die Energie aus EE-Quellen kann auf Basis des Wasserstoffs in verschiedenen Erzeugnissen in den unterschiedlichen Bereichen des Mobilitätssektors eingesetzt werden. Der Wasserstoff selbst kann über Brennstoffzellen zum elektrischen Antrieb von Fahrzeugen verwendet werden. Methanisiert kann der Energieträger Fahrzeuge über Gasmotoren antreiben, wobei die bestehende Gasinfrastruktur zur Verteilung des Gases genutzt werden kann. Mit Verfahren wie der Fischer-Tropsch-Synthese können auf Basis von Wasserstoff und Kohlenstoffdioxid flüssige Kraftstoffe wie Benzin, Diesel, Kerosin und Methanol hergestellt werden, was als Power-to-Liquid (PtL) bezeichnet wird.

Die kilometerbezogenen THG-Emissionen liegen bei Kraftfahrzeugen (KFZ), die mit Methan auf Basis von erneuerbaren Energien angetrieben werden, deutlich unter den mit fossilem Diesel, Benzin oder Erdgas betriebenen KFZ. Der Wert liegt sogar unter den kilometerbezogenen Emissionen zur Herstellung des KFZ und der Straßen [15]. Bei der direkten Nutzung des Wasserstoffs in KFZ ohne vorangehende Methanisierung können weitere THG-Emissionen sowie Wirkungsgradverluste eingespart werden.

In der Versorgung von KFZ mit erneuerbaren Energien stehen brennstoffzellen- und gasmotorenbetriebe Fahrzeuge in Konkurrenz zu der batterieelektrischen Mobilität, zeichnen sich gegenüber diesen jedoch insbesondere durch die größere Reichweite und die schnellere Betankung aus. Für die Schifffahrt, den Flug- und Fernverkehr sowie nicht über Stromnetze versorgte Züge stellen Batterien aufgrund der hohen Anforderungen an geringes Gewicht und große Reichweiten keine oder eine nur bedingt geeignete Option dar [16]. In diesen Anwendungen gibt es somit für die Versorgung mit erneuerbaren Energien keine Technologiealternative zu den beschriebenen Energieträgern auf Wasserstoffbasis, wofür PtG die Grundlage bildet. In [17] wird im Auftrag des Umweltbundesamtes untersucht, welche Kombinationen aus Antriebssystem und Kraftstoff einen THG-neutralen Verkehr in Deutschland im Jahr 2050 ermöglichen können. Dabei werden PtG-Methan und PtL-Kraftstoffe als einzige Option für den Luft- und Seeverkehr, für Langstrecken-PKW (als Plug-In-Hybride) sowie für den schweren LKW-Fernverkehr erachtet. Aufgrund des begrenzten Mengenpotenzials stellen bspw. Kraftstoffe aus Restholz und -stroh keine Alternative dar.

Die Nutzung von PtG-Gasen bzw. PtL-Kraftstoffen in der Mobilität wird als kurz- bis mittelfristiger Verwendungsbereich gesehen, der neben der stofflichen Nutzung in der Industrie die Verbreitung von PtG vorantreibt [16], [18]. Als erste Einsatzgebiete in der Mobilität werden PtG-Methan in

Gasmotoren, Wasserstoff-Brennstoffzellen in Zügen, Bussen und Flurförderfahrzeugen sowie die Beimischung synthetischer Kraftstoffe zu konventionellem Diesel bzw. Benzin gesehen [16].

Wärmesektor

Die derzeitige Wärmeversorgung von Haushalten und Gewerbe basiert vor allem auf den fossilen Energieträgern Erdgas und Mineralöl. Im Zuge der Transformation des Wärmesektors sollen der Raumwärmebedarf durch bessere Dämmung reduziert und die THG-Emissionen zur Wärmebereitstellung durch die Verwendung von Energieträgern auf Basis von erneuerbaren Energien gesenkt werden [1]. Dabei gewinnen in erster Linie Power-to-Heat(PtH)-Technologien, also elektrische Wärmeerzeuger wie Wärmepumpen und Elektrodenkessel, an Bedeutung. Die direkte Stromnutzung zur Wärmeerzeugung mit PtH ist energieeffizienter als der Umweg über PtG. PtH-Technologien können im netzorientierten Betrieb das Stromnetz entlasten und, indem Strom aus EE-Anlagen genutzt wird, die äquivalenten THG-Emissionen des Wärmesektors senken. Darüber hinaus werden im Wärmesektor Holzpellets und Biogas als Energieträger auf Basis von erneuerbaren Energien genutzt.

Ein weiterer Baustein zur Defossilisierung des Wärmesektors sind PtG-Gase. PtG-Methan kann dem bestehenden Erdgas beigemischt werden und somit ohne große technische Umstellungen die Erdgasversorgung teilweise oder vollständig ersetzen [16]. PtG-Gase können in Haushalten und Gewerbe besonders energieeffizient in gasbetriebenen Wärmepumpen sowie in KWK-Anlagen eingesetzt werden. In bivalenten Wärmepumpen und Kesseln können sowohl Strom als auch Gas je nach Verfügbarkeit gezielt genutzt werden. Als KWK-Technologien eignen sich Gasmotoren, Gasturbinen und Brennstoffzellen, wobei der Betrieb mit Erdgas bzw. Methan bereits etabliert ist. Wasserstoff kann direkt in Brennstoffzellen oder als Zumischung mit Erdgas, PtG-Methan oder Biogas in Motoren und Turbinen verwendet werden. PtG-Gase spielen in Energiesystemszenarien für die Haushalts- und Gebäudewärmeversorgung insbesondere als Langzeitspeicher eine Rolle. Die zukünftig benötigte Speicherkapazität des Wärmesektors übersteigt die des Strom- und des Mobilitätssektors deutlich [18].

Industrie

Im Industriesektor können PtG-Gase als Synthesegrundstoff, in Direktreduktionsverfahren der Stahlerzeugung sowie zur Bereitstellung von Hochtemperaturwärme genutzt werden. Als Grundstoff wird Wasserstoff zur Herstellung von Methanol und Düngemitteln sowie in Raffinerieprozessen (Entschwefelung von Kraftstoff) genutzt [19]. Dieser wird bisher insbesondere aus Erdgas oder auch aus Naphtha gewonnen und fällt zudem als Nebenprodukt in Raffinerieprozessen an. Raffinerieerzeugnisse auf Wasserstoffbasis sind bspw. Kraftstoffe für den Verkehrssektor (Benzin, Diesel, Kerosin) und bestimmte Kunststoffe, deren Herstellung auf Erdöl basiert. Diese Anwendungen können durch die Nutzung von PtG-Wasserstoff ohne größeren technischen Anpassungsbedarf auf erneuerbare Energien umgestellt werden [19]. Neue Verwendungsfelder werden aktuell auf ihre Praxistauglichkeit untersucht und es wird erwartet, dass sich weitere Nutzungsmöglichkeiten etablieren werden. In der Stahlerzeugung kann Wasserstoff im Direktreduktionsverfahren als Nutzgas angewendet werden, welches die kohleintensiven Hochöfen ablösen kann. Die Einführung dieses Verfahrens erfordert zwar eine grundlegende Umstellung des Stahlproduktionsprozesses, würde jedoch eine Perspektive zu dessen Defossilisierung bieten [1]. Hochtemperaturwärme, die bspw. zur Glas- und Keramikproduktion benötigt wird, kann auf Basis erneuerbarer Energien sowohl mit PtH als auch aus PtG-Gasen erzeugt werden [18]. Bisher mit Erdgas befeuerte Anlagen können ohne große technische Hürden auf PtG-Methan umgestellt werden. Die Verbrennung von Wasserstoff in diesen Prozessen erfordert dagegen aufgrund der hohen Verbrennungstemperaturen weitere Forschung und Entwicklung sowie entsprechende Anpassungen an den Anlagen [1].

Neben der Mobilität wird die Verwendung von Wasserstoff als Rohstoff in der chemischen Industrie als erster Markt für PtG-Gase gesehen, da hier höhere Preise für die Gase abgerufen werden können als auf dem Strom- oder Wärmemarkt [18].

2.2.2.2 Langzeitstromspeicher

Die Langzeitstromspeicherung stellt mittelfristig wahrscheinlich den wichtigsten Nutzungsaspekt der Kopplung der Strom- und Gassysteme dar. Hier gibt es zur saisonalen Zwischenspeicherung des regenerativen Stroms faktisch keine wirtschaftliche Alternative zur Gasinfrastruktur.

Für die Erreichung der Klimaschutzziele, die THG-Emissionen um 80 bzw. 95 % gegenüber 1990 bis 2050 in Deutschland zu reduzieren, ist eine vermehrte Nutzung von CO_2-armen bzw. CO_2-neutralen Technologien in den Sektoren Strom, Gas und Wärme erforderlich. Aktuell ist im Stromsektor der bisher höchste Anteil von erneuerbarer Energie am Bruttoenergiebedarf erreicht worden. Dieser betrug im Jahr 2018 37,8 %, gegenüber 5,6 % im Verkehr- bzw. 13,9 % im Wärmesektor [20]. Schon für die Erreichung des Klimaziels von 80 % THG-Minderungen gegenüber 1990 ist jedoch ein starker Anstieg von Anzahl, Leistung und eingespeister elektrischer Energie aus EE-Anlagen erforderlich [21]. Aufgrund von meteorologischen und ökonomischen Gesichtspunkten ist deutschlandweit insbesondere der Ausbau von Windkraft- und Photovoltaikanlagen zu erwarten. Diese speisen jedoch aufgrund ihrer Wetterabhängigkeit ohne weitergehende technische Maßnahmen fluktuierend in das Stromnetz ein. Dies begründet eine im Vergleich zu konventionellen Kraftwerken hohe installierte Leistung, um die Einspeisung, die an wind- und sonnenarmen Tagen nicht bereitgestellt werden kann, in Zeiten von hohem Wind- und Solaraufkommen vornehmen zu können.

In Energiesystemen mit einer sehr hohen Durchdringung von volatil einspeisenden EE-Anlagen kann es jedoch während Perioden mit deutschlandweit geringer Sonneneinstrahlung und geringer Windgeschwindigkeit (Dunkelflauten) zu einem hohen Bedarf an verfügbarer Backupkraftwerksleistung zur Deckung des Stromverbrauchs kommen. Verstärkend würde das Auftreten von Dunkelflauten während Wintermonaten wirken, da in diesen Zeiten der elektrische Bedarf durch Beleuchtung und Heizung in der Regel höher liegt als im Jahresmittel. Gleichzeitig sollte zur Sicherung der THG-Minderungsziele diese Backupkraftwerksleistung weitgehend oder vollständig auf erneuerbaren Energieträgern basieren. Zudem muss ein Teil der elektrischen Energie über einen längeren Zeitraum gespeichert werden, um saisonale Differenzen bei der Einspeisung auszugleichen. Dies trifft insbesondere auf Stromerzeugung aus Photovoltaikanlagen zu, da hier der Sommer-/Winter-Unterschied bei der Einspeisung groß ist.

Ein Ansatz zur Lösung dieser Probleme ist die Wandlung der elektrischen Energie in lokaler Nähe zur Einspeisung und Energieübertragung in andere Energieformen, bspw. über das Gas- und Wärmenetz oder auch durch Transport auf Lastwagen (Trailern). In diesem Buch steht die Nutzung des Gasnetzes im Vordergrund.

Dunkelflauten

Zur Sicherung der Versorgungssicherheit und zur Verhinderung des Systemzusammenbruchs ist im elektrischen Energieversorgungssystem zu jedem Zeitpunkt ein Gleichgewicht von Einspeisung und Bedarf herzustellen. Als Zielgröße galt dabei bislang die Bedarfsdeckung, als Stellgröße die Kraftwerkseinspeisung. Zum Bilanzausgleich werden daher in erster Linie Kraftwerkseinspeisungen auf Übertragungsnetzebene eingestellt. Bei Wegfall von fossilen und atomaren Brennstoffen muss die komplementäre Stromerzeugung zu EE-Anlagen, insbesondere während der Dunkelflauten, durch Alternativen bereitgestellt werden.

Eine Lösungsoption hierfür ist die Nutzung von PtG-Gasen in Gaskraftwerken. PtG-Gase, die in Zeiten bspw. hoher Windkraft- oder Photovoltaikanlageneinspeisung erzeugt und in den vorhandenen Gasnetz- und Gasspeicherkapazitäten langzeitgespeichert wurden, können während Dunkelflauten in Gaskraftwerken zur elektrischen Energieerzeugung genutzt werden.

Zur Analyse der notwendigen elektrischen Energie zur Deckung von Dunkelflauten wird in [22] eine Abschätzung vorgenommen. Kernpunkte dieser Abschätzung sind:

- Dauer der Dunkelflaute: Dieser Wert ist als gesamte Dauer von Dunkelflauten während eines Jahres zu verstehen. Fraglich ist, wie lange Dunkelflauten in der Summe eines Jahres auftreten. Historische Werte und vorliegende Literatur geben dazu lediglich Anhaltspunkte, jedoch keine fundierten Zukunftsprognosen (z. B. [23], [24]). Daher wird eine Variation über eine Spanne von einer bis acht Wochen vorgenommen.
- Erforderliche Backupleistung: Diese wird nach [25] und [26] mit 70 GW angenommen. Diese Leistung ist die Spanne zwischen elektrischem Bedarf und einer gegebenenfalls vorhandenen Mindestleistung durch den Kraftwerkspark während der Dunkelflaute.

Die Ergebnisse der Abschätzung des Strombedarfs für Dunkelflauten unter der Annahme von 70 GW durchgehender elektrischer Bedarfsleistung sind in **Bild 2.4** dargestellt.

In [22] wird ein Gesamtjahreszeitraum von max. vier Wochen unter der Annahme von 70 GW durchgängig benötigter Backupleistung getroffen. Wie der Darstellung zu entnehmen ist, ergäbe sich bei einer Dauer von vier Wochen ein elektrischer Energiebedarf von 47 TWh. Für ein THG-Minderungsziel von 95 % in 2050 (Szenario „KLIMA 2050") werden in [21] 60 TWh elektrische Energieerzeugung aus auf erneuerbaren Energien basierenden PtG-Gasen ausgewiesen. Daher wird

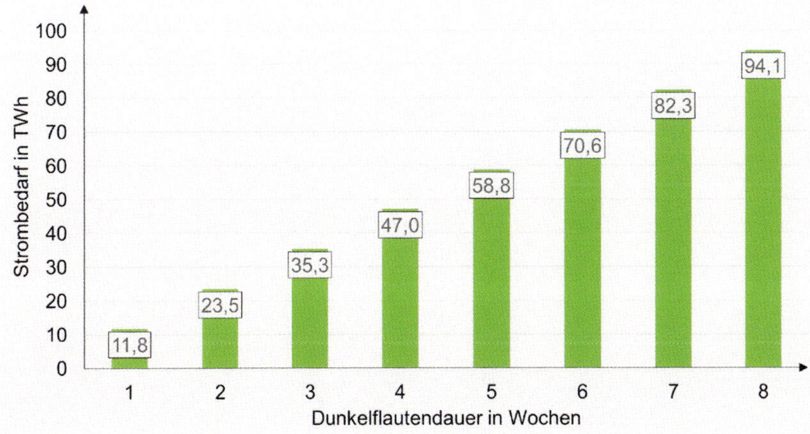

Bild 2.4: Abschätzung des Strombedarfs für Dunkelflauten nach [22]

gefolgert, dass der abgeschätzte, zur Deckung von Dunkelflauten notwendige Strombedarf mit den Ergebnissen des Szenarios „KLIMA 2050" konsistent ist, d. h. in diesen Ergebnissen mögliche Backupkapazitäten für Dunkelflauten beinhaltet sind.

In der „dena-Leitstudie Integrierte Energiewende" [1] wird eine umfangreiche Analyse zur Abbildung verschiedener Deutschlandszenarien in 2050 durchgeführt. Teile der Studie befassen sich mit der Abdeckung von Dunkelflauten unter Berücksichtigung von 95 % THG-Minderung gegenüber 1990. Im Ergebnis wird ein Bedarf von maximal 45 TWh elektrischer Energie unter starker Nutzung von gasbasierter elektrischer Energieerzeugung zur Abdeckung von Dunkelflauten ermittelt. Dieses Ergebnis zeigt die Güte der oben durchgeführten Abschätzung auf.

In einem Energiesystem mit einer Reduktion der THG um 80 % gegenüber 1990 können natürlich ebenso Dunkelflauten in der genannten Größenordnung auftreten. Hier ist es so, dass die geforderten Energiemengen nicht mehr nahezu vollständig in EE-Anlagen erzeugt werden müssen. Daher kann es bei der Annahme einer weiterhin hohen Nutzung des Energieträgers Gas hier zur erhöhten Nutzung von fossilem Erdgas während Dunkelflauten kommen.

Langzeitspeicherung

Zur saisonalen Speicherung im Gigawattbereich muss die Speicherleistung und -kapazität genügend groß sein. Aufgrund der dezentralen Standorte der EE-Anlagen sind wenige Großspeicheranlagen für ein Energiesystem mit THG-Minderungszielen von mindestens 80 % gegenüber 1990 voraussichtlich nicht ausreichend. Ebenso stellt sich die Anforderung, dass der Ort der Einspeisung der Energie geografisch weit vom Ort des Energiebedarfs (Lastschwerpunkt) entfernt ist, also ein Transport der gespeicherten Energie notwendig ist.

PtG-Gase können folgendermaßen als Langzeitspeichermedium für Strom aus EE-Anlagen dienen: Die Gase können in Zeiten starker EE-Stromerzeugung durch PtGA erzeugt und in das Gasnetz eingespeist werden. Die Speicherung von PtG-Gasen kann durch das Gasnetz selbst und durch verbundene Gasspeicher durchgeführt werden. Bei hohem Strombedarf kann das eingespeicherte Gas durch Gaskraftwerke oder dezentrale KWK-Anlagen in elektrische Energie rückverstromt und somit aus dem Gassystem ausgespeichert werden.

Neben dieser Speicherung über PtGA, Gasnetze/Gasspeicher und rückverstromende Gaskraftwerke bzw. KWK-Anlagen gibt es auch weitere Speichertechnologien, die Strom mittelbar oder unmittelbar speichern können. Beispielhaft genannt seien hier Batteriespeicher und Pumpspeicherkraftwerke. In den technischen Größenordnungen, welche die deutschen THG-Minderungszielen erfordern, entfallen nach derzeitigem Kenntnisstand Batteriespeicher aus ökonomischen und Pumpspeicherkraftwerke aus technischen Gesichtspunkten (Begrenzung durch geografische Gegebenheiten in Deutschland) als realistische Lösungsoptionen.

Sowohl für die geforderte Speicherleistung und -kapazität als auch für den Transport der eingespeicherten Energie kann das Gassystem verwendet werden. Die jeweils mögliche maximale PtGA-Leistung ist begrenzt durch die Aufnahmekapazität des Gasnetzes, also durch die anliegende Druckebene und das einspeisbare Gasvolumen aufgrund des Gasbedarfs. Die Herausforderungen und Lösungen der Einspeisung von Wasserstoff in das Gasnetz werden in Kapitel 5 detailliert erläutert.

Die bestehende Speicherkapazität des Gassystems ist durch die inhärente Speicherkapazität der Gasleitungen sowie vorhandene über- und untertägige Gasspeicheranlagen (z. B. Porenspeicher) gegeben und erreicht einen Heizwert von über 200 TWh [8]. Das theoretische Potenzial zur

Wasserstoffspeicherung in Untergrundspeichern in Deutschland wird in einer Studie des Zentrums für Energieforschung Stuttgart (ZfES) [27] mit über 9,43 Mrd. m^3 und auf den Wasserstoffheizwert umgerechnet mit über 2.500 TWh angegeben. Der Wasserstoff wird dabei überwiegend in Salzkavernen gespeichert, welche in Norddeutschland sowie in der Nordsee liegen. Der bestehenden Speicherkapazität des Gassystems stehen der elektrische Energiebedarf für Dunkelflauten von 47 TWh (vgl. Abschnitt Dunkelflauten) und ein elektrischer Energiebedarf in Deutschland von 598,8 TWh (2018) [2] gegenüber. Bei einem angenommenen Wirkungsgrad von 68,6 % (aus KWK-Anlagen und Gasturbinen/GuD-Anlagen 2020 nach [22]) ergeben sich aus den vorhandenen 200 TWh Gasspeicherkapazität 137,2 TWh elektrische Energie. Dies würde den elektrischen Bedarf für Dunkelflauten somit bereits vollständig abdecken. Darüber hinaus besteht, wie bereits erläutert, ein großes theoretisches Ausbaupotenzial mit Untergrundspeichern.

2.2.2.3 Beitrag zur Stabilität des Stromsystems

Die Kopplung des Strom- und Gassystems bietet die Möglichkeit, das elektrische Energieversorgungssystem zu stabilisieren. Im Folgenden werden die dafür benötigten Systemdienstleistungen beschrieben und es wird analysiert, in welchem Maße PtGA und gasbetriebene Stromerzeuger, insbesondere KWK-Anlagen, dazu beitragen können.

Systemdienstleistungen

Das Stromnetz wird mit einer definierten Frequenz (50 Hz) und einer der Netzebenen entsprechenden Spannung (s. Kapitel 2.2.1.1) innerhalb eines Toleranzbandes (Spannungsband) betrieben [28]. Bei Abweichungen zwischen Stromerzeugung und -verbrauch kommt es zu einer Erhöhung bzw. Verringerung der Netzfrequenz, welche die Stabilität der Stromversorgung beeinträchtigen kann. Die Übertragungsnetzbetreiber (ÜNB) müssen unverzüglich dafür Sorge tragen, dass die Sollfrequenz durch Wiederherstellung des Bilanzgleichgewichts wieder erreicht wird. Dazu verfügen die ÜNB über verschiedene Maßnahmen wie bspw. den Einsatz von positiver und/oder negativer Regelleistung oder den Zugriff auf flexible zu- oder abschaltbare Lasten [28] Hierzu können sowohl Betreiber von Erzeugungs- als auch von Verbrauchsanlagen ihre Anlagen von den ÜNB präqualifizieren lassen. Die technischen Anforderungen für Erzeuger und Lasten zur Vorhaltung und Erbringung von Regelreserve sind im Transmission Code [29] der ÜNB festgehalten.

Die Netzspannung muss sowohl im Normalbetrieb als auch im Fehlerfall innerhalb eines zulässigen Spannungsbandes gehalten werden. Hierbei sind Maßnahmen wie die Bereitstellung von Blind- oder Kurzschlussleistung zur Beherrschung eines Spannungseinbruchs bei großen Störungen notwendig [28]. Darüber hinaus müssen Stromausfälle nach Möglichkeit vermieden oder zumindest auf möglichst kleine Verbrauchergruppen eingegrenzt werden. Hierfür ergreifen die Netzbetreiber geeignete Schaltmaßnahmen, um Störungen einzugrenzen, bevor sie sich großflächig auswirken. Der Wiederaufbau des Gesamtnetzes nach einem großflächigen Stromausfall erfolgt durch die koordinierte Inbetriebnahme von Einspeisern und Teilnetzen mit Last, wodurch Inselnetze entstehen, die schrittweise zum Gesamtnetz verbunden werden. Die hierzu erforderlichen Einspeiser sind schwarzstartfähige Kraftwerke und Anlagen, die unabhängig von einer externen Stromversorgung starten können.

Diese Systemführungsmaßnahmen – die Frequenzhaltung, die Spannungshaltung und der Versorgungswiederaufbau – zuzüglich weiterer Betriebsführungsprozesse wie bspw. Einspeisemanagement, Engpassmanagement oder Netzanalyse und -monitoring bilden die im Stromsektor erforderlichen Systemdienstleistungen. Aufgrund der Integration von dargebotsabhängigen EE-Stromerzeugern sind mögliche Erzeugungsschwankungen zu erwarten. Diese Schwankungen, welche zu Frequenzabweichungen sowie zu Spannungsbandverletzungen führen können, vermehren den Bedarf an neuen Systemdienstleistungsanbietern. Hierbei können die Anlagen zur Kopplung der Strom- und Gasnetze eine wichtige Rolle spielen.

Power-to-Gas-Anlagen zur Erbringung von Systemdienstleistungen

Die Primärregelleistung ist, nach Einsatz der Momentanreserve, welche vor allem durch die Trägheit der rotierenden Massen der Kraftwerke bereitgestellt wird, die erste (automatische) Maßnahme zur Haltung der Stromnetzfrequenz. Hierbei sollen die entsprechenden Erbringer auf Abweichungen größer 10 mHz von der Sollfrequenz von 50 Hz reagieren. Es handelt sich dabei um eine positive und negative (symmetrische) Wirkleistungserbringung, welche gemäß den Präqualifikationsbedingungen hohe Leistungsgradienten verlangt, da die angebotene Leistung innerhalb von maximal 30 s vollständig zur Verfügung stehen muss. PtGA können Primärregelleistung erbringen, während sie im Teillastbetrieb gefahren werden. Aufgrund der dynamischen Eigenschaften eignet sich insbesondere die PEM-Elektrolyse für die Erbringung von Primärregelleistung. Die alkalische Elektrolyse (AEL) sowie die Hochtemperaturelektrolyse (SOEC) erfüllen diese Anforderungen in geringerem Maße, da sie weniger gut für einen dynamischen Betrieb geeignet sind [13]. Andere Anforderungen, wie bspw. die zeitliche Verfügbarkeit oder die Mindestbereitstellungsdauer der Primärregelleistung, stellen für diese Elektrolysetechnologie kein Hindernis dar. Die elektrische Mindestleistungsaufnahme bzw. -abgabe von 1 MW kann durch moderne Wasserelektrolyse problemlos erbracht werden [13]. Bei kleineren PtGA besteht zudem die Möglichkeit, mehrere Anlagen bilanziell zusammenzuschließen, um die Mindestleistung aufbringen zu können. Die PEM-Elektrolyse ist zusätzlich gut geeignet, um Sekundärregelleistung und Minutenreserveleistung zu erbringen. Sekundärregelung und Minutenreserve lösen die Primärregelung nach spätestens 15 Minuten vollständig ab. Die PEM-Elektrolyse hat gegenüber den beiden anderen genannten Elektrolysetechnologien den Vorteil, dass sie über eine vergleichsweise kurze Kaltstartzeit verfügt [13]. PtGA sind auch technisch gut geeignet, um als ab- oder zuschaltbare Last zum Einsatz zu kommen. Dabei kann die PEM-Elektrolyse als sofort oder schnell abschaltbare Last eingesetzt werden. Zusammenfassend eignet sich die PEM-Elektrolyse gut zur Frequenzhaltung, während dies für die AEL bzw. die SOEC nur eingeschränkt gilt. Für die PEM-Elektrolyse stellt die Frequenzhaltung somit eine mögliche zusätzliche Vermarktungsoption neben dem Wasserstoffabsatz dar.

Für die Spannungshaltung hat die Blindleistungsbereitstellung eine zentrale Bedeutung. Die Elektrolyse der PtGA ist ein Gleichstrom-Prozess, der somit keine Blindleistung bezieht. Dennoch ist eine Erbringung von Blindleistung grundsätzlich durch die Leistungselektronik der PtGA möglich, wobei verschiedene Leistungsfaktoren innerhalb bestimmter Grenzen einstellbar sind.

Darüber hinaus steht den ÜNB, wenn Schaltmaßnahmen im Netz nicht ausreichen, um einen sicheren Netzbetrieb zu realisieren, mit der Anpassung der Erzeugungs- bzw. Speicherleistung ausgewählter Anlagen (spannungsbedingter Redispatch) eine weitere Systemdienstleistung zur Verfügung. PtGA eignen sich zur Teilnahme an diesem Redispatch, sofern sie mindestens in der 110-kV-Spannungsebene betrieben werden. Analog zur Frequenzhaltung ist die Durchführung kurzfristiger Redispatch-Maßnahmen zur Spannungshaltung vor allem durch die PEM-Elektrolyse realisierbar.

Kraft-Wärme-Kopplungsanlagen zur Erbringung von Systemdienstleistungen

Bezüglich der Frequenzhaltung können motorische KWK-Anlagen bei einem Warmstart die elektrische Nennleistung innerhalb von einer Minute erreichen [30]. Damit erfüllt diese KWK-Technologie die geforderte Aktivierungsgeschwindigkeit sowohl für die Sekundärregelleistung als auch für die Minutenreserveleistung. Bei einem Kaltstart hingegen wird die Nennleistung erst nach mehreren Minuten erreicht und erfüllt somit lediglich die Bedingung zur Erbringung der Minutenreserveleistung. Die Erbringung von Primärregelleistung ist hierbei ausgeschlossen. Nach einem Stoppsignal kann die Leistung der KWK-Anlage sehr schnell auf 0 % gesenkt werden. Weitere KWK-Technologien wie Stirlingmotoren und Brennstoffzellen sind für die Bereitstellung von Regelleistung weniger oder nicht geeignet. KWK-Anlagen, deren Leistung größer als 100 kW ist, müssen nach dem Erneuerbare-Energien-Gesetz (EEG) mit technischen Einrichtungen ausgestattet sein, die es dem Netzbetreiber ermöglichen, jederzeit die Einspeiseleistung bei Netzüberlastung ferngesteuert zu reduzieren [30]. Eine Wirkleistungsreduktion ist generell bei allen genannten KWK-Anlagen möglich. Dabei müssen die KWK-Anlagen in der Lage sein, ihre Wirkleistung stufenweise auf Anforderung des Netzbetreibers zu reduzieren.

Darüber hinaus müssen KWK-Anlagen gemäß Mittelspannungsrichtlinie im Falle von Spannungseinbrüchen eine vollständige dynamische Netzstützung gewährleisten (Fault Ride Through Fähigkeit) [31]. Die Richtlinie erfordert Regelungen wie z. B. vergrößerte Spannungs- und Frequenzbereiche, Leistungsreduktionen über der Frequenz, externe Leistungsvorgaben, variable Leistungsfaktoren und dynamische Netzstützung. Von großen KWK-Anlagen mit einer Nennleistung im MW-Bereich wird die Möglichkeit zur Bereitstellung von Blindleistung zur Spannungshaltung gefordert, was durch die Synchronmaschinen von motorischen KWK-Anlagen problemlos möglich ist. Sollte bei einer KWK-Anlage eine Leistungsanpassung im Rahmen einer Redispatch-Maßnahme benötigt werden, ist diese Technologie dazu im Allgemeinen in der Lage.

Zusätzlich können die genannten Stromerzeuger durch die Bildung eines Inselnetzes zum dezentralen Versorgungswiederaufbau beitragen. Dafür müssen die Anlagen im Inselnetzbetrieb über eine gesicherte Eigenbedarfsversorgung und darauf ausgerichtete Kommunikations- sowie Steuerungssysteme verfügen. Das Kommunikationssystem muss die Regelung der netzbildenden und netzstützenden Einheiten, das Zu- und Abschalten von Lasten sowie die Aufnahme und Weiterleitung der Zustandsmesswerte auch während eines Stromausfalls gewährleisten können. Für KWK-Anlagen bestehen hierdurch zusätzliche Vermarktungsoptionen.

2.2.2.4 Reduzierung des Stromnetzausbaus

Ein weiterer Nutzen der PtG-Technologie besteht in der Möglichkeit, durch eine gezielte stromnetzdienliche Betriebsweise in speziellen Engpasssituationen des Stromnetzes einen notwendigen Netzausbau zu vermeiden oder zu reduzieren.

Dazu ist zunächst die Art der auftretenden Engpasssituationen zu analysieren. In Stromnetzen aller Spannungsebenen (Niederspannung bis Höchstspannung), die eine hohe Durchdringung dezentraler Stromerzeugungsanlagen aufweisen, kann die Einspeisung aus solchen Anlagen einerseits zu einer Überlastung von Leitungen und Transformatoren, andererseits allerdings auch zu einer unzulässigen Abweichung von der Netznennspannung führen. Dieser Zusammenhang ist in **Bild 2.5** dargestellt.

Der Anstieg der Spannung an einzelnen Netzknoten wird durch die Einspeisung der dezentralen Stromerzeugungsanlagen hervorgerufen, die wiederum zu einem Spannungsanstieg entlang

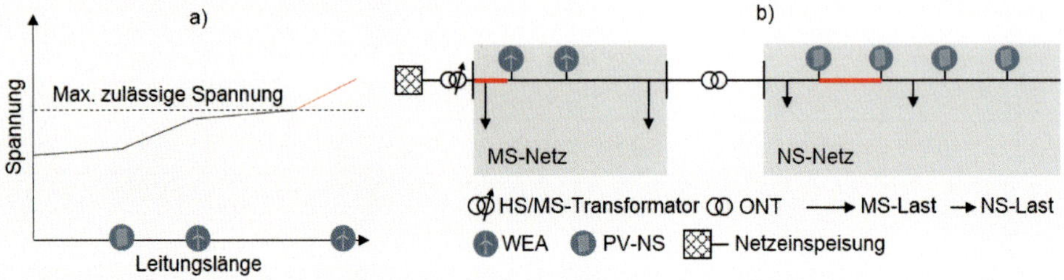

Bild 2.5: Herausforderungen in Stromnetzen aufgrund dezentraler Stromerzeugungsanlagen; Spannungsbandverletzung (a), Leitungsüberlastung (b)

der Leitung führt (vgl. Bild 2.5a). Die Höhe des Spannungsanstiegs ist abhängig von den spezifischen Leitungsparametern (ohmscher und induktiver Widerstand) und der Leistung der dezentralen Stromerzeugungsanlagen. Die Menge der angeschlossenen dezentralen Stromerzeugungsanlagen führt wiederum dazu, dass gegebenenfalls Leitungen oder Leitungsabschnitte über der Auslastungsgrenze belastet werden (vgl. Bild 2.5b).

PtGA stellen aus Sicht des Stromnetzes eine Last dar und wirken damit genau gegensätzlich zu den dezentralen Stromerzeugungsanlagen. Die beschriebenen Probleme können also unter gezieltem Einsatz von PtGA behoben werden. Im Fall von Überschreitungen der maximalen Netzspannung bewirkt der Einsatz der PtGA eine Spannungssenkung, da ein Teil der Einspeisung aus dezentralen Stromerzeugungsanlagen direkt in Gas umgewandelt, also nicht mehr über eine Stromleitung transportiert werden muss und somit auch der Spannungsanstieg entlang dieser Leitung entfällt (vgl. **Bild 2.6a**). Gleiches gilt für die Entlastung von Leitungen in Bezug auf den fließenden Strom. Ein Teil des Stroms aus erneuerbaren Energien wird ins Gasnetz eingespeist und belastet die Stromleitungen folglich nicht mehr.

Netzausbaumaßnahmen im Stromnetz werden somit verringert oder sogar gänzlich eingespart. Bspw. entfallen notwendige Verstärkungen von Freileitungen oder Kabeln, die zudem ggf. mit kostenintensiven Tiefbauarbeiten verbunden wären (vgl. **Bild 2.6b**).

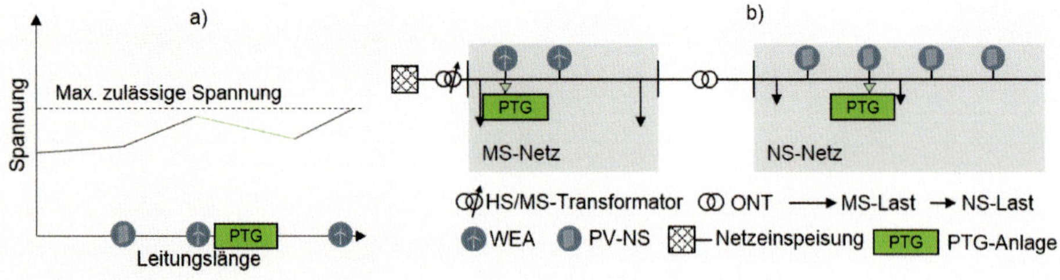

Bild 2.6: Auswirkung des Einsatzes einer Power-to-Gas-Anlage auf Spannungsbandverletzungen (a) und Leitungsüberlastungen (b)

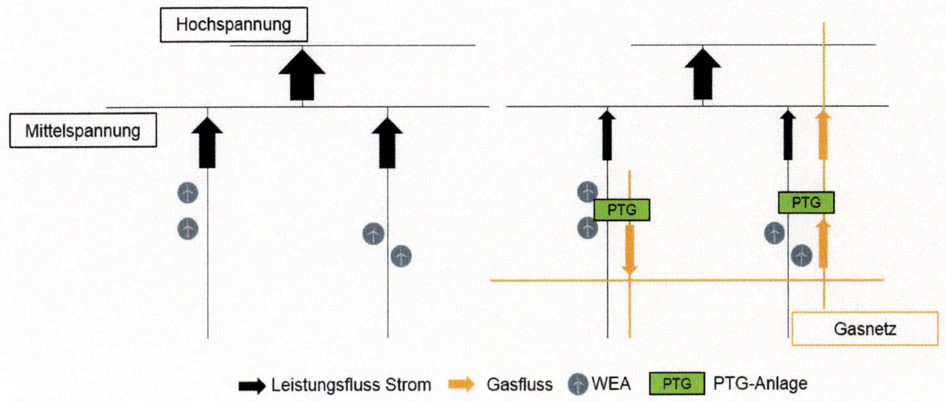

Bild 2.7: Entlastung der überlagerten Stromnetzebene durch einen Einsatz von Power-to-Gas-Anlagen

Darüber hinaus beeinflusst der Einsatz von PtGA innerhalb einer Spannungsebene des Stromnetzes (beispielsweise Mittelspannung) auch die Situation der überlagerten Netzebene (beispielsweise Hochspannung). Dieser Effekt ist in **Bild 2.7** dargestellt. In der linken Teilgrafik ist die Einspeisung aus erneuerbaren Energien ohne Einsatz von PtGA aus dem Mittelspannungsnetz in das überlagerte Hochspannungsnetz zu verschieben und von dort aus zu Lastschwerpunkten zu transportieren. Daraus resultiert eine Mehrbelastung der Hochspannungsebene, die wiederum zu sehr kostenintensivem Netzausbau der Hochspannungsebene führen kann. Unter Berücksichtigung einer Kopplung des Stromnetzes in der Mittelspannung mit dem Gasnetz (rechte Teilgrafik Bild 2.7) kann ein Anteil der erzeugten Strommenge direkt aus der Mittelspannung in das Gasnetz transformiert werden, sodass der Leistungsfluss ins Hochspannungsnetz reduziert wird und vorherige notwendige Ausbaumaßnahmen substituiert werden.

Der Nutzen des Einsatzes von PtGA hinsichtlich der beschriebenen Herausforderungen an Stromnetze ist in einigen Studien bereits untersucht worden, von denen die Wesentlichen nachfolgend kurz erläutert werden.

Nutzen von Smart-Grid-Konzepten unter Berücksichtigung der Power-to-Gas-Technologie [32], [33], [34]

Ziel dieser Studie aus dem Jahr 2014 ist die Untersuchung der Reduzierung des Stromnetzausbaus unter Anwendung von Kopplungselementen zwischen Strom- und Gasnetz. Neben PtGA werden auch bivalente Gasvorwärmeanlagen analysiert. Anhand dreier realer Beispielnetze wird die Kopplung auf Nieder- und Mittelspannungsebene mit dem Gasverteilnetz untersucht. Basierend auf Szenarien zur zukünftigen EE-Entwicklung bis 2050 wird u. a. ein Vergleich des notwendigen konventionellen Netzausbaus ohne Einsatz der PtG-Technologie und des Netzausbaus unter Berücksichtigung der PtG Technologie angestellt.

Kernergebnis dieser Studie ist, dass der notwendige Netzausbau signifikant verringert werden kann (in der Niederspannungsebene um bis zu 60 %). Allerdings reichen die eingesparten Kosten des Stromnetzausbaus in Kombination mit möglichen Erlösen von PtGA am Strommarkt allein nicht aus, um in der Gesamtbetrachtung wirtschaftlich effizient zu werden. Allerdings zeigen die Ergebnisse der Studie auch, dass der Einsatz von PtGA besonders dann sinnvoll erscheint, wenn ein kostenintensiver konventioneller Stromnetzausbau in der überlagerten Netzebene vermieden werden kann. Für diesen Fall wird in der Studie für PtGA (H_2) ein Break-even von 1.000 €/kW elektrischer Leistung ermittelt.

Nutzen der Power-to-Gas-Technologie zur Entlastung der 110-kV-Stromverteilungsnetze [14], [35]

Aufbauend auf den Erkenntnissen der zuvor genannten Studie steht in diesem Projekt aus dem Jahr 2015 die Untersuchung der Auswirkungen von PtGA in der Mittel- und Niederspannungsebene auf die überlagerte Hochspannungsebene (110 kV) im Vordergrund. Darüber hinaus werden in zwei weiteren Anwendungsfällen die Möglichkeit des Ausgleichs von Prognosefehlern innerhalb des stromseitigen Bilanzkreises eines Direktvermarkters untersucht sowie der Einsatz von PtG in der Mobilität (insbesondere ÖPNV) beleuchtet. Die Aggregation der Erlösmöglichkeiten und die Verrechnung eines eingesparten Stromnetzausbaus ergibt, dass die maximalen Investitionskosten für PtGA (H_2) maximal 520 €/kW elektrischer Leistung betragen dürfen, um mit einem innovativen Stromnetzausbau (Einsatz regelnder Betriebsmittel) konkurrieren zu können. Im Vergleich zu einem rein konventionellen Kabelausbau in allen Spannungsebenen ergeben sich maximale Investitionskosten von 1.400 €/kW elektrischer Leistung.

Synergieeffekte Gas- und Stromnetze – Nutzung von Gasnetzen und -speichern für die Integration von Strom aus erneuerbaren Energien und zur Entlastung der Stromnetze [36]

Kern dieser vom Wuppertaler Institut für Klima, Umwelt, Energie durchgeführten Studie aus dem Jahr 2013 ist es, aufzuzeigen, wie ein virtueller Stromtransport über das Gasnetz möglich ist und sich der Netzausbau im Übertragungsnetz reduzieren lässt. Der Begriff virtueller Stromtransport bezeichnet dabei die Übertragung elektrischer Energie von großen EE-Stromerzeugern (Offshore Windparks im Norden Deutschlands) zu den Lastzentren (im Süden Deutschlands) über die Umwandlung der elektrischen Energie mittels Elektrolyse und Rückverstromung am Ort des Verbrauchs. Basierend auf der dena Netzstudie II, die eine nicht übertragbare elektrische Leistung (im Übertragungsnetz) von 7,4 GW bis 2020 ermittelt (vom Nordwesten, dena Region 22 in die südlich angrenzenden Regionen, dena Region 23 und 71), wird untersucht, ob diese nicht übertragbare Leistung im Stromnetz durch das Gasnetz bereitgestellt werden könnte. Dazu wird einerseits die Aufnahmekapazitäten und andererseits die Entnahmekapazitäten analysiert. Die Studie kommt zu dem Schluss, dass die verfügbaren Kapazitäten bei einer Methanisierung des Wasserstoffs die benötigte Leistung bei weitem übersteigt (Methaneinspeiseleistung: 88 GW, Entnahmekapazität: 53 GW). Für den Fall einer direkten Wasserstoffeinspeisung ist die Aufnahmekapazität des Gasnetzes zunächst aufgrund der Begrenzung des Wasserstoffanteils im Erdgas bis maximal 10 % (1,7 GW elektrische Leistung) nicht ausreichend. Allerdings könnten Gasspeicherkapazitäten genutzt werden, sodass die gesamte erforderliche nicht übertragbare Leistung im Übertragungsnetz bereitgestellt werden kann.

Die Studie kommt allerdings auch zu dem Urteil, dass ohne Berücksichtigung des systemischen Nutzens einer Kopplung von Strom- und Gasnetzen (insb. Langzeitspeicherung) die Alternative zum konventionellen Stromnetzausbau gesamtwirtschaftlich (noch) nicht sinnvoll ist. Grundsätzlich ist aber gerade die Langzeitspeicherung zukünftig von immer größerer Relevanz, aufgrund immer stärker fluktuierender Stromerzeugung aus erneuerbaren Energien. Hier stellt die

Studie heraus, dass es wirtschaftlich keine sinnvolle Alternative zur PtG-Technologie und Gasspeicherung gibt (z. B. Druckluftspeicher oder neue Pumpspeicherkraftwerke).

Der Einsatz von PtGA und die Kopplung des Gas- und Stromnetzes kann kurz- mittelfristig zur Reduzierung des Stromnetzausbaus sowohl auf Verteilnetz- als auch auf Übertragungsnetzebene beitragen. Dabei ist es möglich, elektrische Energie nach Umwandlung in Wasserstoff sowohl zeitlich (Speicherung) als auch räumlich (virtueller Stromtransport) zu verschieben. Ein großer Vorteil von PtGA ist der kaskadierende Effekt, durch den der Einsatz von PtGA in unteren Spannungsebenen dazu führt, dass auch in überlagerten Spannungsebenen das Stromnetz entlastet und so u. U. ein Ausbau vermieden oder zumindest verringert wird. Die vermiedenen Netzausbaukosten allein reichen allerdings nicht aus, um einen wirtschaftlichen Betrieb der Anlagen zu ermöglichen.

2.2.3 Herausforderungen der Systemkopplung

Die Kopplung der Strom- und Gassysteme birgt verschiedene technische Herausforderungen. So ist die Wahl des Standortes von PtGA von einigen Rahmenbedingungen in den Strom- und Gasnetzen abhängig und beeinflusst wiederum die mögliche Größe der PtGA. Darüber hinaus ist die effiziente Kopplung der Sektoren über eine sektorenübergreifende Netzautomatisierung, die über Smart-Grid-Konzepte des Stromsektors hinausgeht, Gegenstand derzeitiger Forschung und Entwicklung. Die Herausforderungen durch die Erhöhung des Wasserstoffanteils im Gasnetz werden in Kapitel 5 ausführlich diskutiert und sind somit nicht Teil dieses Abschnitts.

2.2.3.1 Standortaspekte aus der Netzperspektive

Durch die Energiewende sind häufig hohe Anlagenleistungen durch dezentrale EE-Stromeinspeiser dort entstanden, wo die geografischen und politischen Gegebenheiten günstig waren, also der Ausbau gefördert wurde und gleichzeitig Flächen zu Installation und Betrieb freigegeben wurden. Gleichzeitig sind Abstandsregelungen aufgrund von Immissionen der Anlagen (bspw. Geräusche, Schattenschlag) einzuhalten. Auf Basis dieser Kriterien entstanden und entstehen Stromerzeuger im MW- und GW-Bereich in Deutschland unabhängig von der Spannungsebene häufig in ländlichen Regionen (Onshore) oder auf dem Meer (Offshore).

Dem gegenüber liegen die Verbrauchsschwerpunkte für Gas und Strom häufig in städtischen und vorstädtischen Siedlungsstrukturen sowie in Industrieschwerpunkten. Der Kontrast von Standorten mit hohem Verbrauch und hoher installierter Leistung von EE-Anlagen ist

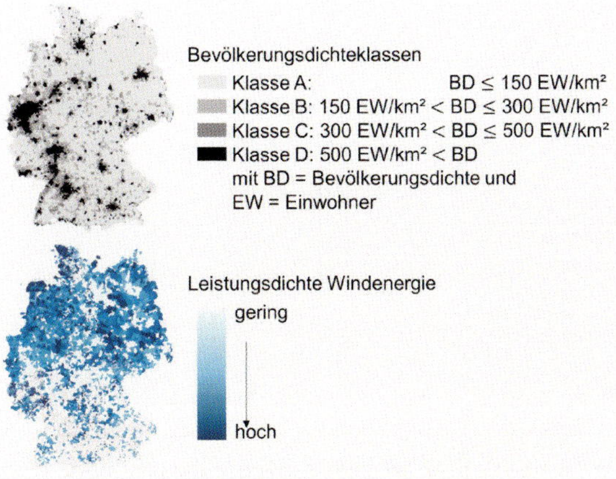

Bild 2.8: Geografisch aufgelöste Strom- und Gasverbrauchs- sowie Einspeiseschwerpunkte

auf dem **Bild 2.8** anhand der Bevölkerungsdichte und der Verteilung der Leistungsdichte der Windenergie zu sehen. Die Bevölkerungsdichte stellt hierbei ein Maß für die elektrische Last dar. Deutlich zu erkennen ist die Divergenz zwischen den Lastzentren insbesondere im Westen und Südwesten Deutschlands und den Schwerpunkten der Windenergie im Nordosten bzw. im Osten der Bundesrepublik. Die netzseitigen Standortfaktoren von PtGA sind Teil der Analysen in [37], die Teil der folgenden Betrachtungen sind.

Getrennte Planung von Strom- und Gasnetzen

Je nach Verwendungszweck der PtGA (s. Kapitel 2.3) sind für ihren Netzanschlusspunkt (NAP) unterschiedliche Netzebenen und individuelle Anlagenleistungen sinnvoll. Nicht jeder Verwendungszweck bedarf einer individuell hohen Anlagenleistung. So ist bspw. ein Beitrag zur Frequenzstützung durch Bereitstellung von Regelleistung durch viele verteilte Anlagen gleichermaßen möglich. Andere Anwendungszwecke wiederum erfordern eine individuell hohe PtGA-Leistung. Dazu zählt die Aufnahme von lokal hoher überschüssiger Einspeiseleistung, bspw. durch Offshore-Windparks.

Historisch wurden Strom- und Gasnetze nicht mit der Prämisse geplant, dass es möglichst viele Standorte gibt, an denen ein hoher Strombedarf sowie eine hohe Gaseinspeisung zeitgleich möglich sind. Das führt zu erhöhten Standortanforderungen, wenn das produzierte Gas in das Gasnetz eingespeist werden soll. Daher ist bei der Wahl des Netzanschlusspunkts von PtGA darauf zu achten, dass möglichst wenige zusätzliche weitere Ausbaumaßnahmen in beiden Netztypen notwendig sind. Um an diesen Standorten eine hohe Gaseinspeisung zu ermöglichen, muss lokal eine entsprechende Gasnetzinfrastruktur vorliegen. Ebenso müssen die anliegende Druckebene und die ihr unterlagerten Druckebenen einen entsprechend hohen Gasbedarf aufweisen. Dies traf bspw. in der Untersuchung der Gemeinden in [37] häufig nicht zu.

Diese wiesen das höchste Gaseinspeisepotenzial an den GDRA auf, da diese als zentrale Verteilerpunkte für den Gasbedarf der angeschlossenen Verbraucher fungieren. An den GDRA tritt zudem häufig ein gerichteter Gasfluss in Richtung der Verbraucher auf, der zudem innerhalb des Ortsnetzes den höchsten minimalen Volumenstrom aufweist, da von der GDRA alle Verbraucher der unterlagerten Druckebenen versorgt werden. Das Einspeisepotenzial kann an den GDRA im Vergleich zu einzelnen Gasleitungen verhältnismäßig gut bestimmt werden. Diese sind häufig im Ortskern oder in lokaler Nähe zur Besiedlung angebracht, um Gasleitungslängen im Verteilnetz möglichst gering zu halten.

Weiterhin werden GDRA bereits heute im Allgemeinen als oberirdische und abgesicherte Anlagen ausgeführt, deren ordnungsgemäßer Betrieb vom Netzbetreiber regelmäßig überprüft wird. Die Ergänzung dieser Anlagen um eine PtGA, ggf. auch um einen Gasspeicher, erscheint aus Gründen der Standortplanung praktikabler als der Anschluss von PtGA an Gasleitungen, die häufig unterirdisch verlegt sind und an denen der PtGA-Anschluss daher mit weiteren Baumaßnahmen verbunden wäre. Zudem bietet dieser Standort aufgrund des hohen Mindestgasdurchflusses Vorteile für die Zumischung von PtG-Wasserstoff und PtG-Methan.

Die Verknüpfung von hoher Gaseinspeisung und hoher Stromeinspeisung im Ortskern ist durch diese Gegebenheiten häufig mit erheblichen Netzausbaumaßnahmen verbunden, da EE-Anlagen im MW-Leistungsbereich nicht im Ortskern oder in der Nähe dazu installiert werden, sondern gerade aufgrund der genannten Kriterien auf ländlichen Flächen mit Abstand zu Besiedlungen.

Standorte zur Beeinflussung des Stromnetzausbaus

Das Potenzial zur Reduzierung der Stromnetzausbaukosten in einem Netzgebiet ist von mehreren Faktoren abhängig:

- Aufgrund der zu installierenden Leistung der EE-Anlagen muss zunächst ein Netzausbaubedarf gegeben sein. Dies ist bspw. in hochurbanen Netzgebieten (Städten) häufig nicht gegeben.
- Für den Fall, dass ein Ausbaubedarf besteht, ist der Kopplungspunkt zwischen Strom- und Gasnetz ausschlaggebend dafür, ob der Einsatz einer PtG-Anlage als zusätzliche Netzlast des Stromnetzes einen Einfluss auf den Ausbaubedarf ausübt.
- Nicht zuletzt ist die elektrische Leistung der PtG-Anlage eine beeinflussende Größe, welche die Höhe der Reduzierung des Stromnetzausbaus mitbestimmt.

Für ein möglichst großes Potenzial zur Behebung von Grenzwertverletzungen im Stromnetz, die durch dezentrale EE-Anlagen bedingt werden, ist gerade in höheren Spannungsebenen eine entsprechend lokal hohe PtGA-Leistung sinnvoll, da diese als elektrische Last wirkt und somit einspeisebedingte Probleme beheben kann.

Allgemein verhält sich die maximale Anschlussleistung am NAP der PtGA im Stromnetz proportional zur Nennspannung des anliegenden Stromnetzes. Eine ähnliche Proportionalität liegt mit Bezug zum anliegenden Druck beim Netzanschluss am Gasnetz vor. Für eine hohe PtGA-Leistung sollten also sowohl die Nennspannung des stromseitigen Netzanschlusses und der Nenndruck des gasseitigen Netzanschlusses möglichst hoch sein.

Begrenzung der Power-to-Gas-Anlagen-Leistung

Aus der Netzperspektive sind der Standort im Stromnetz sowie die jeweilig vorliegende Versorgungssituation als begrenzende Größen der PtG-Anlagenleistung relevant:

- Im Stromnetz sollte der NAP so gewählt werden, dass zur Integration der PtGA geringe oder keine zusätzlichen Netzausbaumaßnahmen notwendig werden. Zur Dimensionierung kann die lokale Einspeisung aus dezentralen Stromerzeugern berücksichtigt werden, sodass durch die hohe Einspeisung dieser Anlagen auch eine hohe Leistung der PtGA ermöglicht wird. Zur Koordination der jeweiligen Leistungseinspeisungen und -entnahmen ist ggf. zusätzliche Netzautomatisierungs- sowie Informations- und Kommunikationstechnik (IKT) notwendig.
- Im Gasnetz sollte der NAP so gewählt werden, dass der anliegende Gasdurchfluss, bedingt durch den Bedarf im Gasnetz, möglichst hoch ist. Im Unterschied zum Stromnetz ist eine „Aufspeisung", also die Transformation auf höhere Druckebenen an GDRA, nicht ohne weitere Maßnahmen möglich, wie in Kapitel 2.2.1.2 erläutert. Der Gasdurchfluss am NAP kann daher nur durch den Bedarf der gewählten und der dieser unterlagerten Druckebenen gegeben sein.

Ein weiteres Kriterium hinsichtlich der maximal möglichen PtGA-Leistung ist die Beschaffenheit des eingespeisten Gases. Wird durch die PtGA Wasserstoff erzeugt, sind Beimischungsgrenzen im Gasnetz zu beachten. Aktuell liegt der maximal mögliche Beimischungsanteil von Wasserstoff im Gasnetz bei 2 % des Volumenstroms im Gasnetz (Vol.-%) [38]. Die Ermöglichung und die Auswirkungen einer Steigerung des zulässigen Wasserstoffanteils im Gasnetz ist gegenwärtig in der Analyse- und Konzeptphase. In [22] werden die Auswirkungen einer Erhöhung des Wasserstoffanteils auf die Fernleitungs- und Verteilnetze untersucht und hinsichtlich ökologischer und ökonomischer Kriterien bewertet. In Kapitel 5 wird das Thema der Einspeisung von Wasserstoff in das Erdgasnetz detailliert erläutert.

Solange die zulässige Zumischungsquote von Wasserstoff zum Gasgemisch der Gasleitung weniger als 100 % beträgt, ist die am jeweiligen Standort maximal mögliche elektrische Anlagenleistung einer PtGA zur Wasserstoffproduktion geringer als die einer PtGA zur Methanproduktion. Durch die geringere volumetrische Energiedichte von Wasserstoff ergibt sich eine zusätzliche Leistungsreduktion. So ist bspw. in [37] bei Betrieb der PtGA zwischen 07:00 Uhr und 19:00 Uhr und einer zulässigen Wasserstoffbeimischung von 15 Vol.-% nur ca. 4,3 % der Anlagenleistung bei direkter Einspeisung ins Gasnetz möglich, die am selben Standort bei Methaneinspeisung möglich wäre (ohne weitere Restriktionen, z. B. durch das Stromnetz).

Handlungsempfehlungen

Als zukünftige und langfristige Möglichkeit zur Erhöhung der Anzahl von geeigneten Standorten für PtGA mit hoher Leistung ist die gemeinsame Planung von Gas- und Stromnetzen zu sehen. Bei der gemeinsamen Planung der Erneuerung und des Neubaus von Assets kann gezielt auf Randbedingungen und Entwicklungen in beiden Sektoren geachtet und im Planungsprozess berücksichtigt werden.

Ein großes Potenzial zur kostengünstigen Verknüpfung von Strom- und Gaseinspeisung bietet zudem die Nutzung von Gasleitungen in der Hochdruckebene für die Kopplung beider Netze. Im Unterschied zur Gaseinspeisung in MD-/ND-Gasverteilnetzen, welche vor allem innerhalb oder in der Nähe von Siedlungsgebieten liegen, befindet sich mit den Hochdruckleitungen die Einspeisemöglichkeit auch zum Teil in nicht besiedelten Gebieten und damit potenziell in der Nähe von EE-Anlagen im MW-Bereich. Gleichzeitig sind aufgrund der netztechnischen Gegebenheiten und des Gasbedarfs von Hochdruck- und unterlagerten Ebenen hohe Gaseinspeisungspotenziale vorhanden. Eine derartige Verknüpfung würde hohe Strom-Gas-Kopplungsleistungen ermöglichen.

2.2.3.2 Gemeinsame Automatisierung von Strom- und Gasnetzen

Durch die Integration der EE-Anlagen auf Verteilnetzebene entstehen vielfältige Anforderungen an die Strom- und Gasnetze. So müssen bspw. die Stromverteilnetze in der Lage sein, dezentrale Stromeinspeisungen unter Einhaltung der Versorgungssicherheit und Betriebsmittelgrenzen aufzunehmen. Das saisonale und volatile Verhalten u. a. von Wind- und Photovoltaik-Einspeiseanlagen kann zu einer Verletzung der zulässigen Betriebsgrenzen der Stromverteilnetze führen. Eine erhöhte Einspeisung kann zu einer Spannungsbandüberschreitung führen. Außerdem kann es durch eine zu hohe Einspeisung oder Last innerhalb des Netzes zu einer Betriebsmittelüberlastung kommen [39]. Um solche kritischen Stromnetzsituationen zu vermeiden, ist die Nutzung diverser Flexibilitätsoptionen aktueller Gegenstand der Forschung [40]. Flexibilitätsoptionen können als erzeugungs-, verbraucher- sowie netzseitige Flexibilitätsoptionen klassifiziert werden. Unter den ersten zwei Klassen befinden sich die Elemente zur Kopplung von Strom- und Gasverteilnetzen, die als Kopplungselemente bezeichnet werden. So kann bspw. eine PtGA gezielt als Flexibilitätsoption eingesetzt werden, um überschüssigen Strom in Gas umzuwandeln. Eine KWK-Anlage kann ihrerseits fehlende Strommengen aus Gas zur Verfügung stellen, wobei als Nebenprodukt Wärme erzeugt wird. In beiden Fällen kann die Flexibilität der Kopplungselemente zu einer Entlastung von Netzbetriebsmitteln oder einer Behebung von Spannungsbandverletzungen beitragen [41].

Die Gasverteilnetze sollten in der Lage sein, Gase aus PtGA und Biogasanlagen dezentral aufzunehmen. Eine besondere Herausforderung ist die Aufnahme von Wasserstoff, da hierbei bestimmte Konzentrationsgrenzen eingehalten werden müssen, um die festgelegte Qualität des Gases zu gewährleisten. Hierbei kann eine erhöhte Einspeisung von Wasserstoff ins Gasnetz zu einer Verletzung der zulässigen Grenzwerte für relevante Gaskennwerte wie bspw. Brennwert oder Dichte bzw. zu einer Überschreitung der maximal zulässigen Wasserstoffkonzentration führen (s. Kapitel 5). Die stetig wachsende Nachfrage nach dezentraler Flexibilität zur Stabilisierung der Stromverteilnetze, die durch dezentrale KWK bedient werden kann, erfordert eine neue Ausrichtung der Betriebsweise der Gasverteilnetze wie z. B. eine dynamische Druckfahrweise. Dies führt zu neuen Herausforderungen für die Leistungsverfügbarkeit der Gasnetze, da mögliche Druckveränderungen durch KWK-Ein- und Ausschaltvorgänge in der zulässigen Bandbreite gezielt aussteuerbar sein müssen [8].

Damit die Strom- und Gasverteilnetze diesen Anforderungen genügen können, wird die gemeinsame Strom- und Gasnetzautomatisierung als ein Lösungsansatz erachtet. Auf der einen Seite werden die Stromverteilnetze heutzutage vermehrt mit Netzautomatisierungssystemen (Smart-Grid-Systemen) ausgerüstet. Solche Systeme ermöglichen die dezentrale Überwachung des Stromnetzzustandes und das automatisierte Ergreifen von präventiven und korrektiven Maßnahmen, um eine optimale Netzführung zu gewährleisten. Besonders relevant ist hierbei, dass solche Systeme auf die verfügbaren Flexibilitätsoptionen im betreffenden Netzgebiet, wie z. B. die Kopplungselemente zwischen Strom- und Gasnetz, autark zugreifen können. Auf der anderen Seite können die Herausforderungen der Gasverteilnetze hinsichtlich der Überwachung der Gaszusammensetzung und der Einhaltung der Druckgrenzen durch zusätzliche Automatisierungstechnik bewältigt werden. Daraus lässt sich folgern, dass als Basis für eine Kopplung der Strom- und Gasverteilnetze eine Aufrüstung nicht nur der Strom- sondern auch der Gasverteilnetze mittels Mess- und Regelungstechnik hin zu einer automatisierten Sektorenkopplung zielführend ist.

Der Fokus des gemeinsamen Netzautomatisierungskonzepts liegt auf den Kopplungselementen. Diese ermöglichen die Energieentnahme aus einem Sektor und die Energieabgabe in einem oder mehreren anderen Sektoren wie Strom zu Gas (durch PtGA), Gas zu Strom und Wärme (durch KWK) und Strom oder Gas zu Wärme (durch bivalente Anlagen). Die Kopplungselemente können verschiedene Zwecke wie die Speicherung von überschüssigen Strommengen in Form von Gas, die Entlastung bzw. Stützung des elektrischen Netzes und dadurch Vermeidung von Stromnetzausbau, Bereitstellung von Regelleistung für die Haltung der Stromnetzfrequenz oder die Strom- und Wärme-Eigenversorgung von Gebäuden erfüllen. Die Kopplungselemente können außerdem preisoptimiert Strom beziehen, indem sie am Spotmarkt partizipieren [41], [42].

Eine erste Voraussetzung des gemeinsamen Strom- und Gasnetzautomatisierungskonzepts besteht in der Berücksichtigung von kombinierten Einsatzfällen, in welchen die Kopplungselemente mehrere Anwendungen erfüllen. Dadurch können die Anlagen möglichst von mehreren Vermarktungsmöglichkeiten profitieren. Wichtige Bedingung ist hierfür, dass die Kopplungselemente für die jeweilige Vermarktungsoption geeignet sind. Es ist dabei zu beachten, dass die unterschiedlichen Vermarktungsoptionen hinsichtlich ihrer Einsatzhäufigkeit, der Priorität und der möglichen Erlöse zu unterscheiden sind. Eine Optimierung am Spotmarkt kann täglich erfolgen, während ein stromnetzdienlicher Bedarf, je nach Region bzw. Standort, nur in wenigen Fällen im Jahr besteht [40].

Ein wesentlicher Aspekt der gemeinsamen Strom- und Gasnetzautomatisierung auf Verteilnetzebene ist die Überwachung der unterschiedlichen Netzbetriebsparameter und die Einhaltung der zulässigen Netzbetriebsgrenzen sowohl auf Strom- als auch auf Gasseite. Dies erfordert den Einsatz von zusätzlicher Messtechnik zur Feststellung von Druck, Volumen, Dichte und Gasbeschaffenheit auf der Gasseite sowie von Stromstärke und Spannung auf der Stromseite. Das sektorenübergreifende Netzautomatisierungskonzept stellt sicher, dass bei kritischen Situationen innerhalb der Netze die volle verfügbare Flexibilität der Kopplungselemente für die Behebung solcher Situationen verwendet werden kann. Dadurch ist bspw. ein stromnetzdienlicher Einsatz der Anlagen unter Einhaltung und Ausreizung der Gasnetzparameter möglich. Unter normalen Betriebsbedingungen soll die gemeinsame Strom- und Gasnetzautomatisierung einen netzverträglichen Einsatz der Kopplungselemente gewährleisten, sodass die marktorientiert oder systemdienlich vermarkteten Anlagen keine kritischen Situationen hervorrufen.

Die gemeinsame Strom- und Gasverteilnetzautomatisierung befindet sich derzeit im Stadium der Forschung und Entwicklung. Ein Gesamtkonzept wurde in [42] erstellt, simuliert und validiert. Die Entwicklung und das Testen von Prototypen zur gemeinsamen Netzautomatisierung sind Gegenstand der aktuellen Forschung.

2.3 Power-to-Gas-Konzepte

2.3.1 Einführung

Die vielfältigen, in Kapitel 2.2.2 beschriebenen Nutzen der Systemkopplung durch PtG für den Stromsektor, die Mobilität, Industrie und den Wärmesektor leisten einen entscheidenden Beitrag für eine kostenoptimale Erreichung der Klimaziele und den Erhalt einer sicheren sowie zuverlässigen Energie- und Stoffversorgung in einer zunehmend auf erneuerbaren Energien basierenden Energiewirtschaft. Die Transformation der bestehenden hin zu einer vergleichbar zuverlässigen zukünftigen Energieinfrastruktur verbindet idealerweise die Vorteile von bestehenden Strukturen (insbesondere die Strom- und Gasinfrastrukturen) und nutzt vorhandene Assets bestmöglich im Sinne einer kostenoptimalen Transformation.

Erst die ganzheitliche Betrachtung (Infrastruktur und Nutzung) zeigt die technischen Möglichkeiten und Defossilisierungspotenziale der Sektorenkopplung, welche auch die möglichen Erzeugungskonzepte sowie deren Wirtschaftlichkeit bestimmen. Je nach Zielmarkt unterscheiden sich die benötigten Mengen an PtG-Gasen, deren Art (Wasserstoff oder Methan), die zeitliche Bezugsstrukturierung sowie die Erlösmöglichkeiten und damit die Anforderungen an die technischen Konzepte der PtG-Anlagen. Für die Zielmärkte können jeweils optimiert Anlagenkonzepte teilweise mit verschiedenen Technologien (z. B. mit oder ohne Methanisierung, Wasserstoffspeicher, Druckelektrolyse in verschiedenen Technologien etc.) realisiert werden. Weiterhin können Anforderungen von Zielmärkten kombiniert und entsprechend zugeschnittene Anlagenkonzepte erstellt werden. Dies kann zu erheblichen Synergien und Kosteneinsparungen führen, wobei letztere durch erhöhte Vollbenutzungsstunden am stärksten beeinflusst werden.

Im folgenden Kapitel werden die Hauptausrüstungsteile von PtG-Anlagen, Basis-PtG-Konzepte, Varianten für verschiedene Zielmärkte sowie Kombinationen daraus orientierend vorgestellt und Kostensenkungspotenziale herausgearbeitet.

2.3.2 Gesamtüberblick Power-to-Gas-Konzepte und Hauptanlagenelemente

Die konkrete Ausgestaltung und Dimensionierung von PtG-Anlagen wird vom avisierten Anwendungsfall bestimmt. Es gibt jedoch Hauptausrüstungsteile, die in den meisten PtG-Anlagen erforderlich sind. Hierzu gehören der Stromanschluss inkl. Gleichrichter, die Elektrolyseanlage inkl. Wasseraufbereitung sowie Zwischenspeicher (Puffer) für Wasser- und Sauerstoff. Diese grundlegend erforderlichen sowie weitere Ausrüstungsteile inkl. Methanisierung werden in den folgenden Abschnitten erläutert.

2.3.2.1 Elektrolyse

Die Elektrolyseanlage als die Wandlungstechnologie von Strom zu einem chemischen Energieträger und damit „Herzstück" jeder PtG-Anlage kann in drei Verfahren unterschieden werden. Dies sind die:

- Alkalische Wasserelektrolyse (Alkali-Elektrolyse),
- Polymer-Elektrolyt-Membran Elektrolyse (PEM-Elektrolyse) und
- Hochtemperaturelektrolyse.

Die Elektrolysetypen grenzen sich neben ihren Anlagenparametern auch in ihrem Entwicklungsstand, ihrer Marktreife und ihren spezifischen Kosten voneinander ab. Im Folgenden werden die Kernparameter mit Einfluss auf die Anlagenkonzepte für die Alkali- und PEM-Elektrolyse kurz zusammengefasst, da diese beiden Verfahren derzeit vorwiegend aufgrund des Entwicklungstandes, Marktreife und Verfügbarkeit eingesetzt werden. Detaillierte Informationen zu den Elektrolysetechnologien sind in Kapitel 3 dargestellt. Grundsätzlich können jedoch, je nach Anforderung, alle Elektrolysetechnologien in die PtG-Konzepte integriert werden.

Der Wirkungsgrad der Elektrolysen hat sich in den vergangenen Jahren von 65-75 % auf bis zu 82 % erhöht (Stack). Die Gesamtwirkungsgrade der PtG-Anlagen (gesamte Elektrolyse inkl. Nebenanlagen) erreichen, je nach Betriebsdruck, Nutzungsprofil und Temperatur, bis zu 75 %. Die Anlagen zeigen hohe Verfügbarkeiten (über 90 % auch im intermittierenden Betrieb, was durch Erfahrungen aus zahlreichen Pilotanlagen bestätigt wird). Höhere Verfügbarkeiten (bis 100 %) können durch organisatorische Maßnahmen, z. B. Ersatzteilhaltung und redundante Auslegung, erreicht werden. Alkalische Systeme haben derzeit ein TRL-Level von 8-9 und PEM-Systeme liegen bei 7-8.

Der Stromanschluss der Anlage ist üblicherweise Teil der Elektrolyse und die Anforderungen (z. B. Netzrückkopplung) werden im Vorfeld mit dem Kunden und Netzbetreiber abgestimmt. Die Wirkungsgrade von Transformator und Gleichrichter können in Abhängigkeit der Leistungsgröße schwanken und liegen in Summe in der Größenordnung von 95 % [1]. Neben der Bauweise beziehungsweise dem zugrundliegenden Verfahren des Elektrolyseurs ist der Betriebsdruck ein sehr wichtiges Unterscheidungskriterium mit hohem Einfluss auf die Anlagenkonzepte, Effizienz und Wirtschaftlichkeit. Ein entscheidender Vorteil der Druckelektrolyse (z. B. Einspeisung in Transportleitung > 50 bar) ist die Kompatibilität mit vielen Anwendungsfällen, die Druckwasserstoff benötigen. Dies betrifft z. B. die industrielle Nutzung, aber auch die Einspeisung in Gasnetze, ohne dass der Wasserstoff mittels einer nachgeschalteten mechanischen Verdichtung auf den erforderlichen Betriebsdruck komprimiert werden muss. Dies führt zu einer Vereinfachung des Gesamtkonzeptes und kann trotz höherer Investitionskosten bei der Elektrolyse zu einer Reduzierung der Gesamtkosten (Summe aus Investitions- und Betriebskosten) führen, da z. B. die Investitions- und Betriebskosten für eine nachgeschaltete Verdichtung inkl. Umhausung etc. entfallen. Elektrolyseure (Alkali- und

PEM) sind am Markt verfügbar, werden aber überwiegend in Manufaktur hergestellt. Die Elektrolyseure und die Integration der peripheren Anlagen, wie z. B. die Wasseraufbereitung, werden stetig weiterentwickelt. Durch die zukünftig industrielle Herstellung, die jedoch indirekt von regulatorischen Rahmenbedingungen abhängig ist, wird eine erhebliche Kostendegression erwartet.

Die Wasseraufbereitung und Zwischenspeicher für Sauer- und Wasserstoff, die für den Anlagenbetrieb (An- und Abfahren) erforderlich sind, werden ebenfalls als Teil der Elektrolyseanlage (periphere Anlagen) vom Hersteller geliefert [2]. Die Reinheit des Wasserstoffs wird durch die Anforderungen der Verwender bestimmt. Standardsysteme stellen Wasserstoff in Brennstoffzellenqualität (99,999 %, gemäß ISO 14687-2:2014 und SAE J2719) bereit.

2.3.2.2 Methanisierung

Die Methanisierung kann Bestandteil von PtG-Anlangenkonzepten sein, z. B. wenn eine Einspeisung von Wasserstoff in das bestehende Gasnetz aufgrund von Anforderungen an die Gasqualität (vgl. DVGW Arbeitsblätter G 260 und G 262) und den Volumenströmen sowie deren Schwankungen in der Leitung, in die eingespeist werden soll, zu viele Restriktionen mit sich bringen. In Kapitel 4 werden Methanisierungsprozesse detailliert behandelt und daher im Folgenden analog zur Elektrolyse im Überblick mit Fokus auf den Anlagenkonzepten dargestellt.

Methanisierungsanlagen können mit katalytischen und biologischen Methanisierungsprozessen und darauf aufbauenden Verfahren betrieben werden. Die Umsetzung der Edukte (Wasserstoff und Kohlenstoffdioxid oder Kohlenstoffmonoxid) erfolgt bei der katalytischen Methanisierung mithilfe von Katalysatoren (z. B. Nickel) und bei der biologischen durch Mikroorganismen (z. B. Archaeen). Beide Prozesse werden stetig weiterentwickelt. Sie sind im TRL-Level unter der Elektrolyse einzuordnen und am Markt verfügbar. Die Leistung der aktuellen katalytischen Verfahren liegt bei mehreren MW (~ 10 MW) und für die biologische Methanisierung bei bis zu 1 MW (bezogen auf den Brennwert des produzierten Methans). Nach aktueller Informationslage ist eine Anlagenverfügbarkeit beider Prozessvarianten in der Größenordnung von über 90 % im Dauerbetrieb möglich.

Die Methanisierung ist eine exotherme Reaktion. Die katalytische Methanisierung findet auf einem hohen Temperaturniveau (ca. 250-600 °C) statt. Die Abwärme fällt somit ebenfalls auf einem hohen Temperaturniveau an und kann prozessintern genutzt werden, z. B. zur Dampferzeugung für die Hochtemperaturelektrolyse. Bei der biologischen Methanisierung kann Wärme auf niedrigem Temperaturniveau (ca. 45-70 °C) ausgekoppelt werden und saisonal z. B. zur Beheizung einer Biogasanlage oder zur Einspeisung in Wärmenetze genutzt werden. Der thermodynamisch mögliche Wirkungsgrad der CO_2-Methanisierung beträgt ca. 83°% (vgl. Formel (2.1)) Bei realen Reaktorkonzepten wird zusätzlich elektrische Energie für Pumpen, Verdichter, Rührer usw. benötigt, was den Wirkungsgrad schmälert.

Durch geeignete Wärmeintegration kann der Gesamtwirkungsgrad jedoch erhöht werden. Zur Berechnung des Gesamtwirkungsgrads eines PtG-Prozesses müssen die Systemwirkungsgrade der Methanisierung und der sonstigen Prozessschritte (Eduktgasbereitstellung und -Aufbereitung, Wasserelektrolyse, Einspeisung etc.) multipliziert werden. Gesamtwirkungsgrade von PtG-Prozessen werden im Kapitel „PtG Prozessketten" näher beschrieben.

$$\eta_{PtG,thermodynamisch} = \frac{\dot{V}_{out,CH4} \cdot H_{i,CH4}}{\dot{V}_{in,H2} \cdot H_{i,H2}} \tag{2.1}$$

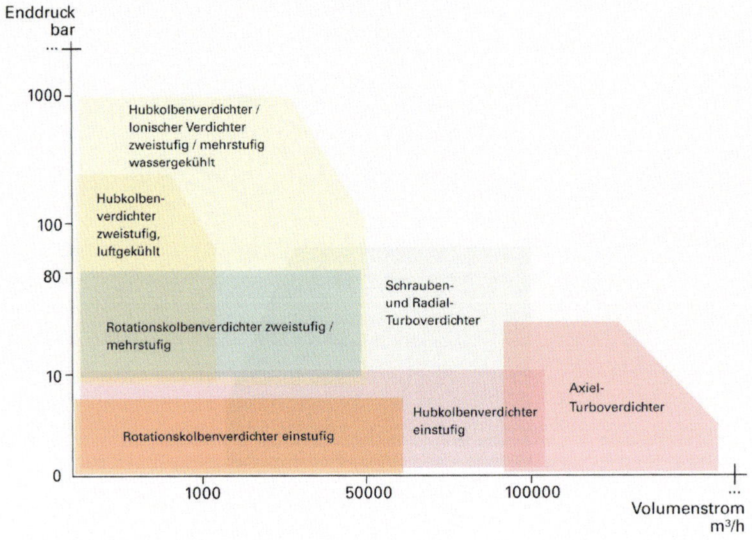

Bild 2.9: Diagramm zur orientierenden Auswahl von Verdichtertypen anhand von Enddruck und Volumenstrom [51]

2.3.2.3 Verdichter

Je nach Anlagenkonzept oder Verwendung des PtG-Gases ist eine Nachverdichtung erforderlich, z. B. für die Verwendung in der Mobilität, aber auch für die Speicherung in einem Untergrundgasspeicher. Für die Verdichtung stehen verschiedene Konzepte zur Verfügung, z. B.

- Kolbenverdichter,
- Membranverdichter,
- Turboverdichter und
- Ionische Verdichter,

wobei eine erste Technologieauswahl nach der Definition der wesentlichen Anforderungen (Eingangs-/Ausgangsdruck, Volumenstrom) auf Grundlage von Auswahldiagrammen (**Bild 2.9**) erfolgen kann. Diese sollte in Zusammenarbeit mit den Verdichterherstellern konkretisiert werden. In den bestehenden Pilotanlagen, bei denen verhältnismäßig kleine Volumenströme verdichtet werden, kommen vorwiegend Kolben- und Membranenverdichter (bewährte Systeme) zum Einsatz. Im Transportnetz mit hohen Volumenströmen werden vorwiegend Turboverdichter eingesetzt. Im industriellen Bereich versprechen der Einsatz und die Weiterentwicklung des ionischen Verdichters Vorteile aufgrund einer erhöhten Zuverlässigkeit, geringerem Wartungsaufwand und hoher Energieeffizienz des Verdichters. Dazu kann beim ionischen Verdichter auf Schmiermittel des Kolbens verzichtet werden, was eine Verunreinigung des Gases ausschließt.

2.3.2.4 Untertage- und Obertagezwischenspeicher/Pufferspeicher

Die untertägige Speicherung von gasförmigen Energieträgern in Kavernen (Salzstrukturen) wird seit über 50 Jahren weltweit und größtenteils mit Erdgas praktiziert. Darüber hinaus können auch Porenstrukturen (ehemalige Lagerstätten und Aquiferspeicher) genutzt werden. In Deutschland wurden seit den frühen 70er-Jahren weit über 200 Gaskavernen errichtet und bis heute betrieben. Die Erkundung und Errichtung von Erdgas-Untergrundgasspeichern (UGS) ist Stand der Technik. Dafür liegen zahlreiche Erfahrungen hinsichtlich vom Speicherdesign, technischen Ausführungen, Nachweis- und Monitoringverfahren bis hin zur eigentlichen Eignungsprüfung und technischen Bewertung vor und können nach entsprechenden technischen sowie chemischen Untersuchungen in ihren generellen Ansätzen für die Wasserstoffspeicherung verwendet werden. Der Vorteil von UGS liegt in der hohen Speicherkapazität (mehrere Mrd. Kubikmeter Gasvolumen bei Speicherdrücken bis zu 200 bar), die eine saisonale Bevorratung ermöglicht. Neben Erdgas wurde auch Stadtgas mit bis zu 50 % Wasserstoff in den oben genannten Strukturen über einen Zeitraum von bis zu 14 Jahren ab Ende der 70er gespeichert. Nicht alle aufgetretenen Effekte (Wasserstoffversprödung, mikrobakterielle Reaktionen) wurden konsequent verfolgt und in ihren Zusammenhängen erkannt. Die während der Betriebszeit eingesetzten Mess- und Untersuchungsmethoden für geologische Untersuchungen oder Materialuntersuchungen haben seit dieser Zeit wesentliche Fortschritte gemacht. Herausforderungen bestehen derzeit dahingehend, die bisher gemachten Erfahrungen im Untertagebereich (mikrobakterielle Reaktionen) zu untersuchen und hinsichtlich der Wasserstoffspeicherung zu bewerten. Darüber steht der Materialeinsatz unter den Speicheranforderungen und die Abdichtung der Untergrundspeicher im Forschungsfokus.

International wird vereinzelt reiner Wasserstoff in Kavernen untertägig gespeichert. Während es in Deutschland bisher keine untertägigen Wasserstoffspeicher gibt, existieren in UK (Teeside) und USA (Moss Bluff, Spindeltop, Clemens Dome) bereits langjährig in Betrieb befindliche Speicher, welche hauptsächlich als Reserven bzw. zum Ausgleich von Bedarfsschwankungen genutzt werden.

Obertage-Speichersysteme (Kugelgasbehälter, Röhrenspeicher), die als Pufferspeicher eingesetzt werden, besitzen aufgrund der schnelleren Ein- und Ausspeicherungsfähigkeit für den Anwendungsfall Flexibilisierung/Pufferung Vorteile gegenüber UGS. Für Kugelgasbehälter sind Speicherdrücke in der Größenordnung von 10 bar und für Röhrenspeicher im üblichen Leitungsbetriebsdruck bis zu 100 bar üblich. Je nach Größe der Speicher können hier Gasvolumina von 50.000 bis 600.000 m^3 (NTP) zwischengespeichert werden. Durch den Einsatz von Pufferspeichern kann eine Flexibilisierung der Einspeisung von volatil erzeugtem Wasserstoff in die Erdgasinfrastruktur (Mischgas) erreicht werden. Darüber hinaus können Obertage-Speichersysteme genutzt werden, um eine Vergleichsmäßigung des Angebotes der Edukte (Wasserstoff, CO_2) für die katalytische Methanisierung zu ermöglichen. Die Installation eines Pufferspeichers ermöglicht weiterhin, je nach Speichergröße, eine größere Dimensionierung der PtG-Anlage über die Begrenzung des Schwachlastfalles der jeweiligen Nutzungspfade hinaus. Darüber hinaus wirkt sich die höhere Betriebsauslastung (Erhöhung der Benutzungsstunden bei voller Leistung) der Elektrolyse positiv auf deren Wirtschaftlichkeit aus.

Das folgende Beispiel zeigt die Steigerung einer PtG-Anlagenleistung durch Einsatz eines Zwischenspeichers entsprechend der Speichergröße/Speicherdauer. Die grundsätzliche Ermittlung der PtG-Anlagenleistung erfolgt auf Basis der Erzeugungs- und Abnehmerprofile am avisierten Anlagenstandort. Gemäß **Bild 2.10** wird eine Anlagenkonfiguration mit einer H_2-Speichergröße von 1.359 m^3 (NTP) (60 h-Speicher) ausgewählt, da in diesem Bereich die Kurve der zugehörigen relativen Erhöhung der PtG-Anlagenleistung deutlich abflacht. Diese Speichergröße entspricht einer Befüllungsdauer von 60 Stunden bei PtG-Anlagen-Nennleistung und führt zu einer Verzwölffachung der elektrischen Anlagenleistung von rund 9 auf 107 kW.

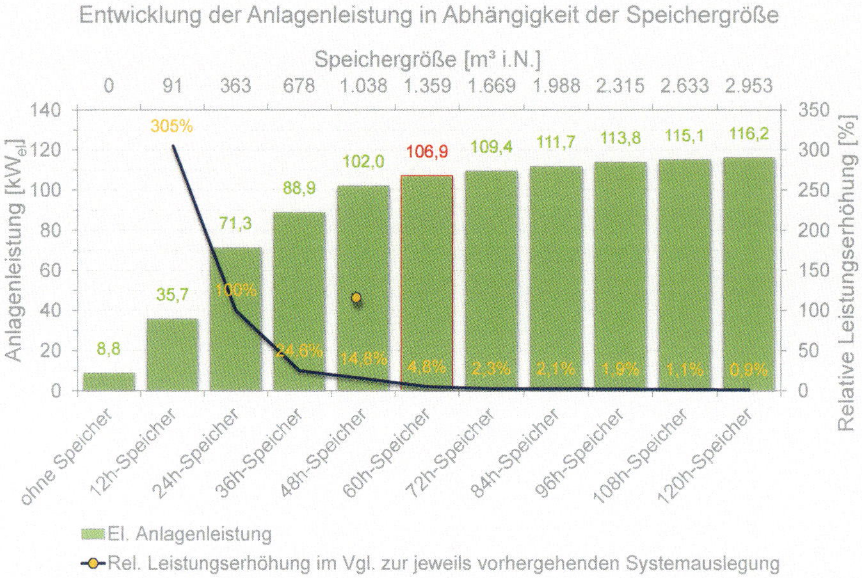

Bild 2.10: Entwicklung der PtG-Leistung in Abhängigkeit der Speichergröße und eines exemplarischen Gaslastganges [48]

2.3.3 Wirkungsgrade von PtG-Konzepten

Einführend erfolgt eine Gegenüberstellung der Wirkungsgradketten der PtG-Pfade „Wasserstoff" und „Methan" (mit Methanisierung) in **Bild 2.11**. Für den „Methan"-Pfad wurde beispielhaft eine katalytische Methanisierung mit einem Wirkungsgrad von 75 % angenommen. Zur Produktion von Methan können verschiedene PtG-Technologien genutzt und auf unterschiedliche Weise miteinander gekoppelt werden.

Darüber hinaus werden die Wirkungsgradketten verschiedener Nutzungsmöglichkeiten von PtG-Gasen dargestellt (**Tabelle 2.1**).

Bei Einsatz einer Druck-Elektrolyse (Ausgangsdruck = 30 bar) wird eine Verdichtung von 30 auf 80 bar berücksichtigt (orientierendes Beispiel für die Einspeisung in eine Erdgastransportleitung). Der Wirkungsgrad des Verdichters wurde unter Berücksichtigung der Antriebsleitung (Motor) sowie des Energiegehalts des H_2-Volumenstroms pro Stunde berechnet. Dabei wird der Energieanteil für die stündliche Antriebsleistung von der stündlichen transportierten Leistung (Volumenstrom H_2) subtrahiert und prozentual in den Wirkungsgrad umgerechnet. Unter dem Einsatz einer atmosphärischen alkalischen Elektrolyse und einer Verdichtung auf 80 bar sind höhere Verdichtungsverluste zu berücksichtigen als im hier gewählten Beispiel des Druckelektrolyseurs. Bei den Wirkungsgraden von Speicher und H_2-Einspeiseleitung sind Transportverluste (Piping), Leckage und Permeation mitzuberücksichtigen.

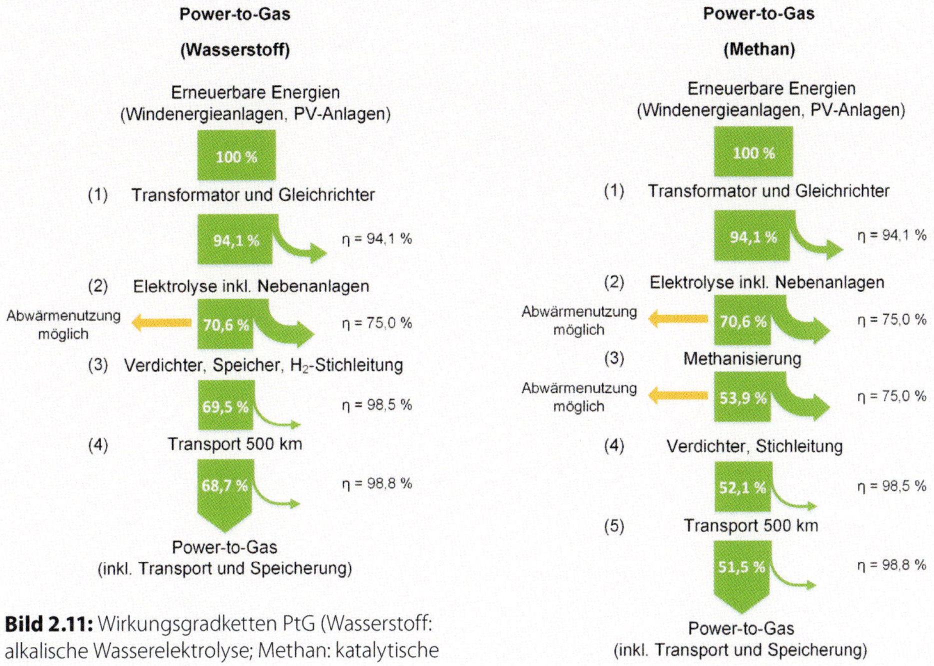

Bild 2.11: Wirkungsgradketten PtG (Wasserstoff: alkalische Wasserelektrolyse; Methan: katalytische Methanisierung) [52]

Anhand der Wirkungsgradketten in o. g. Darstellung ist erkennbar, dass die Wandlung von Strom in Wasserstoff bzw. Methan nach dem aktuellen Stand der Technik einen hohen Energiebedarf aufweist, auch wenn dieser in den letzten Jahren stetig reduziert wurde. Dennoch bietet die Wandlung von Strom zu Gas vielseitige Vorteile, die teilweise durch andere Technologien zurzeit nicht sinnvoll (technisch/wirtschaftlich) abgebildet werden können. Hierzu zählen z. B. die Nutzbarmachung der Speicherkapazität der deutschen Gasinfrastruktur mit ihren Untergrundspeichern für eine saisonale Langzeitspeicherung von EE-Gasen, aber auch die Dekarbonisierung des Langstrecken-, Schwerlast- sowie Flugverkehrs. Weiterhin existieren verbraucherfreundliche Aspekte, wie geringere Betankungszeiten und größere Fahrzeugreichweiten gegenüber Elektrofahrzeugen, die gleichermaßen infrastrukturentlastend sein können. Diese Potenziale sind in der Diskussion über Wirkungsgrade zu beachten, da in diesen Fällen die Effizienz nicht als ausschließliches Kriterium herangezogen werden darf.

Die Fortsetzung der Wirkungsgradabschätzung ist in Tabelle 2.1 dargestellt. Dort ist auch ersichtlich (für Wasserstoff), dass im Bereich der Wärmerzeugung Wirkungsgrade erreicht werden, die in der gleichen Größenordnung liegen wie bei der Nutzung der erneuerbaren Energien in Form von Strom in einem vergleichbaren Szenario (s. Bild 2.11). Die Transformation von Strom auf 380 kV (97 %), der Transport über 500 km (95 %), die Transformation < 380 kV (97 %) und die Speicherung in einem Pumpspeicherkraftwerk inkl. Rückverstromung (78 %) ergeben einen Wirkungsgrad von 69,7 % (Annahme Wärmeerzeugung mittels Elektroheizung = 100 %).

Tabelle 2.1: Nutzungspfade PtG [11]

Nutzungspfade	Erzeugung, Transport und Speicherung Power-to-Gas „H_2" 68,7 %	Erzeugung, Transport und Speicherung Power-to-Gas „CH_4" 51,5 %
Rückverstromung	GuD (η = 63,0 %)* 43,3 %** + Abwärmenutzung ~ 45 % der Einsatzenergie	GuD (η = 63,0 %)* 32,4 %** + Abwärmenutzung ~ 45 % der Einsatzenergie
Wärmeerzeugung	Brennwertkessel (η = 99 %) * 68,0 %	Brennwertkessel (η = 99 %)* 51,0 %
Mobilität	BSZ (PEM η = 60 %) + E-Motor (η = 90 %) 37,1 % Gasmotor (η = 35 %) 24,0 %	Gasmotor (η = 35 %) 18,0 %

* bezogen auf Brennwert

** 100 km Stromtransport und Transformation von 380 kV bis 400/230 V (Stromtransport η = 0,99; 2 x = 0,97)

Die ausschließliche Nutzung der Wertschöpfungskette „Strom" ist jedoch mit der Einschränkung verbunden, dass nur für sehr geringe Energiemengen eine saisonale Speicherung möglich ist [49].

2.3.4 Technische Wertschöpfungsketten und Kombinationsmöglichkeiten

Wertschöpfungsketten (WSK) sind Technologielinien, welche aus verschiedenen Elementen (z. B. Netzanschluss, Elektrolyseur, Gasaufbereitung, Untergrundspeicher, Erlöstechniken, etc.) zusammengesetzt sind. Sie bilden in der Regel eine technologische Kette vom Stromnetzanschluss über die Wasserstoff-Erzeugung bis zur Verwendung z. B. in der chemischen Industrie (stoffliche und/oder energetische Nutzung), Einspeisung ins Gasnetz zur Versorgung von Endkunden oder als Kraftstoff in der Mobilität.

Eine solche Kette kann auch als Einzelmodell bezeichnet werden. Ein Einzelmodell bedient nur einen bestimmten Nutzungspfad (z. B. Mobilität) und die entsprechenden Wertschöpfungsketten sind allein dafür ausgelegt. Die Anlagenkonfiguration, Dimensionierung und die damit korrespondierenden Investitions- sowie Gestehungskosten sind für den jeweiligen Nutzungspfad optimiert.

In **Bild 2.12** sind die Einzelnutzungspfade der Erzeugung und Verwendung sowie ihre Hauptausrüstungsteile schematisch dargestellt. Beispielhaft als Einzelmodell sind die Erzeugung von Wasserstoff mittels Elektrolyse, die Verdichtung mit einem Kompressor und die Einspeisung in das

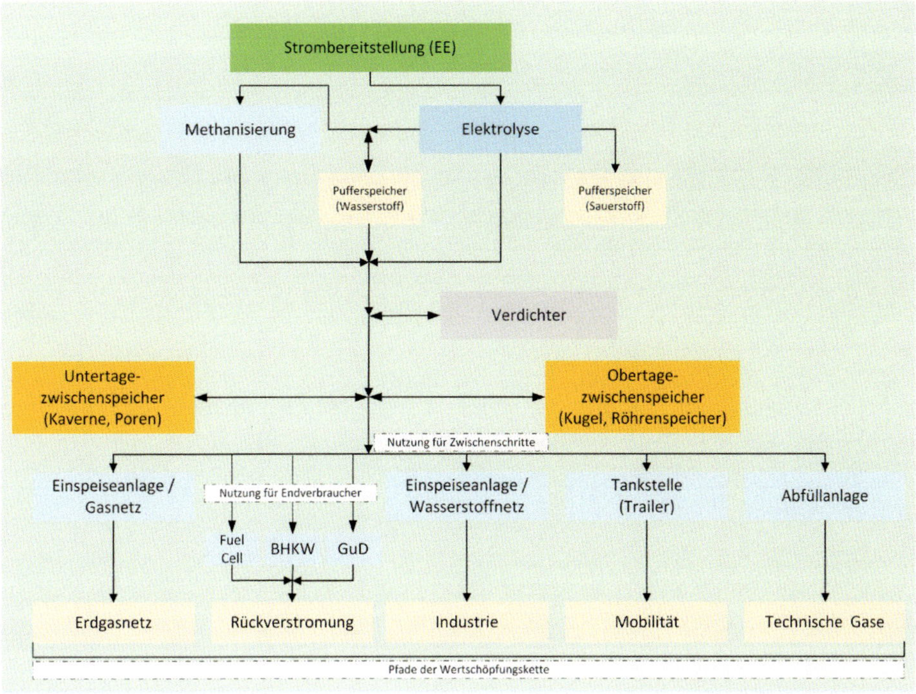

Bild 2.12: Überblick der PtG-Wertschöpfungsketten inkl. Haupt- und optionaler Ausrüstungsteile von PtG-Anlagenkonzepten

Erdgasnetz über eine Einspeiseanlage (Gas-Druckregel- und Messanlage sowie Stichleitung und T-Stück) zu benennen.

Einzelmodelle können zu Kombinationsmodellen zusammengefasst werden. Dies betrifft insbesondere den Bereich der Verwendung, sodass mehrere Nutzungsbereiche (Erdgasnetz, Rückverstromung etc.) bedient werden können. Die Konzeptionierung und Auslegung der Anlagen sind an die Anforderungen angepasst. Im Folgenden werden Einzel- und Kombinationsmodelle erläutert und das wirtschaftliche Potenzial von Kombinationsmodellen dargestellt.

2.3.4.1 Grundlage der wirtschaftlichen Berechnung

Grundlage der wirtschaftlichen Berechnung bilden die Investitionskosten der einzelnen Komponenten, Elemente und Nebenanlagen (z. B. Stromanschluss, Elektrolyseur inklusive Peripherie, Installation/Errichtung, Zwischen- und Untergrundspeicher etc.) innerhalb der WSK, die aus den Autoren zugänglichen Projektinformationen sowie konkreten Marktdaten (z. B. Herstellerangaben) zusammengestellt wurden.

In die Berechnung der Wasserstoff-Gestehungskosten fließen folgende Haupteinflussgrößen ein:

- Zusammenstellung der Investitionen,
- Berechnung der Annuitäten,
- avisierte Volllaststunden und
- potenzielle Strombezugskosten.

Den Ausgangspunkt der Berechnung bildet die Auslegung der elektrischen Anlagenleistung des Elektrolyseurs, welche unter Berücksichtigung abgeschlossener Projekte (u. a. NOW- und DVGW-Studien) und avisierten Betrachtungsfällen festgelegt wurde. Entsprechend der elektrischen Anlagenleistung der Elektrolyse wurden die weiteren Komponenten und Nebenanlagen innerhalb der WSK dimensioniert und mit jeweiligen Kosten hinterlegt. Die Summe aller Kosten der Elektrolyse sowie weiterer Komponenten und Nebenanlagen sind die Haupteinflussgrößen, aus denen die absoluten Gesamtinvestitionen für die betrachteten Einzel- und Kombinationsmodelle ermittelt werden. Die Auslegung der Elektrolyse bestimmt so maßgeblich die Gesamtinvestitionskosten. Weiterhin wurde auf die absoluten Gesamtinvestitionen jeweils ein bestimmter prozentualer Kostenfaktor für Planung/Genehmigung/Management, Ausgleichmaßnahmen sowie Unvorhergesehenes aufgeschlagen. Die Summe der Gesamtinvestitionen inklusive der Zuschläge bilden die anlagenseitigen Investitionen zur Berechnung der Wasserstoff-Gestehungskosten.

Die Berechnung der Wasserstoff-Gestehungskosten erfolgt nach der Annuitätenmethodik gemäß der Richtlinienreihe VDI 2067 „Wirtschaftlichkeit gebäudetechnischer Anlagen". Grundlage der Annuitätenmethode sind die im Vorfeld ermittelten Investitionskosten der Gesamtanlage. Des Weiteren wurden Faktoren, Kosten sowie Zeiteinheiten für folgende Positionen, die orientierend aus dem Betrieb von Biogasanlagen und aktuell recherchierten Quellen oder Projekten stammen, zusammengestellt:

- Zinssatz und Risikozuschlag,
- Abschreibungszeiten der Anlageninvestitionen,
- Personalkosten und Zeitintervalle (Grundpersonal, Techniker, Betriebsleiter),
- Verbräuche (z. B. Wasser, auf Grundlage der ermittelten Wirkungsgrade),
- Kosten für Wartung und Reparatur (prozentualer Kostenfaktor von Investitionssumme) und
- Entsorgungskosten.

Abschließend wurden zur Berechnung der Gestehungskosten potenzielle Volllaststunden und Strombezugskosten der Elektrolyse, als relevante Kenngrößen für den Anlagenbetrieb, für unterschiedliche zu betrachtende Szenarien definiert. Die Ausgabe der Gestehungskosten erfolgt unterteilt in kapitalgebundene-, betriebsgebundene-, verbrauchsgebundene- und Entsorgungskosten, welche sich aus den o. g. Faktoren, Kosten sowie deren Zeiteinheiten ergeben. Die Summe dieser Gestehungskosten ergeben letztendlich die tatsächlichen Wasserstoff-Gestehungskosten, spezifisch angegeben u. a. pro Kubikmeter oder Kilowattstunde. Abschließend erfolgt ein Vergleich der ermittelten Wasserstoff-Gestehungskosten mit den am Markt erzielbaren Netto-Preisen (Referenzpreisen) aus konkurrierender Herstellung/Vertrieb.

Bei der Ermittlung der Wasserstoff-Gestehungskosten wurden Steuern, Umlagen, Netzentgelte u. ä. nicht berücksichtigt. Die Methodik zur Einzel- und Kombinationsmodellbetrachtung ist grundlegend gleich.

2.3.4.2 Gas-Gestehungskosten für Einzelmodelle

Die Art der Nutzung von PtG-Gasen kann grundsätzlich in nachfolgende Einzelmodelle unterteilt werden (s. Bild 2.12):

- Einspeisung in die Erdgasinfrastruktur mit multiplen Nutzungsmöglichkeiten,
- direkte Rückverstromung,
- Direktversorgung der Industrie zur stofflich/energetischen Nutzung,
- Nutzung in der Mobilität und
- Nutzung als technische Gase.

Im Folgenden werden gemäß den getroffenen Annahmen (**Tabelle 2.2**) die Gasgestehungskosten berechnet.

Laut der Aussage von verschiedenen Betreibern kann Wasserstoff in Großreformeranlagen aus Erdgas aktuell zu Gestehungskosten von 1,00-4,00 €/kg Wasserstoff hergestellt werden [62], [63]. Diese Angabe hängt jedoch stark von den Leistungsparametern der Produktionsanlage ab. Ein

Tabelle 2.2: Grundlegende Annahmen zur Berechnung der Gas-Gestehungskosten (Auszug)

Position	Preise / Werte
Elektrolyseanlage (alkalisch, inkl. Peripherie)	900 €/kW_{el} [54]
Verdichteranlage	500.000 € (~ 2.000 Nm^3/h (NTP) H_2) [55]
Speicher	
■ Untergrundspeicher	1 €/m^3 (NTP) Arbeitsgas
■ Speichertank (110 Nm^3, 50 bar)	80.000 € [14]
Netzanschluss / Strombezug [57]	
■ Anschlusskabel	100 €/m
■ Trafo (380/110, 110/20 20/0,4 kV)	14...17 €/kVA
■ Umspannwerk ab 10 MW	3.000.000 €
■ Hochleistungsstromrichter	50 €/kW
Nutzungspfad/Erlöstechnik	
■ Einspeiseanlage in Gasnetz (einfach, inkl. MSR-Technik)	500.000 € (~ 2.000 m^3/h (NTP) H_2) [58]
■ Wasserstoffnetz (2,5 km Stahl, DN 150 PN 25 + 0,5 km Kunststoff, DN150 PN 25, Odorierung, Verteilungsleitung 0,5 km Kunststoff, DN 50 PN 10, 10 HAL)	2.500.000 € [59]
■ Brennstoffzelle (BSZ)	4.000 €/kW_{el} (Komplettanlage) [60]
■ Blockheizkraftwerk (BHKW)	1.375 €/kW_{el} (Erdgas-BHKW) [61]
■ Abfüllanlage für Trailer	1.200.000 €
Planung, Genehmigung, Management usw.	10 % von Gesamtinvestition

Tabelle 2.2: Grundlegende Annahmen zur Berechnung der Gas-Gestehungskosten (Auszug)

Position	Preise / Werte
Aufstellung, Bau, Zaun usw.	6 % von Gesamtinvestition
Ausgleichsmaßnahmen	1,5 % von Gesamtinvestition
Unvorhergesehenes	10 % von Gesamtinvestition
Wartungskosten	3 % + 1 % (neuer Technologieansatz)
Kapitalzinssatz	4 % + 1 % (Risikozuschlag)
Wirkungsgrade	
▪ Elektrolyse	75 % (inkl. Nebenanlagen, 50.000 Betriebsstunden, 20 Jahre Abschreibung)
▪ Brennstoffzelle (BSZ)	60 % (20 Jahre Abschreibung)
▪ Blockheizkraftwerk (BHKW)	42 % (20 Jahre Abschreibung)
▪ Gas- und Dampfturbine (GuD)	50 %
Volllaststunden (VLS)	3.000 VLS
Strombezugskoten	20 €/MWh

industrielles Interesse an „grünem" Wasserstoff besteht laut Aussage der Marktteilnehmer ab einem Marktpreis von etwa 5 €/kg. In der NOW-Studie wurden als Grenzkosten für die Produktion aus Reformeranlagen ein Wasserstoffpreis von 2,13 €/kg ermittelt, welcher in den folgenden Betrachtungen als Benchmark zu Grunde gelegt wird. Für den mobilen Bereich sind entsprechend der NOW-Studie Grenzkosten von 5,96 €/kg (Preis an der Tankstelle abzüglich Umsatzsteuer, Transport, Betrieb Tankstelle) anzusetzen [64], [65].

Tabelle 2.3 liefert eine Gegenüberstellung der ermittelten Gestehungskosten und der aktuell am Markt erhobenen (Netto-)Preise (Referenzpreise) für etablierte Energieträger. Es wird deutlich, dass die ermittelten Wasserstoff-Gestehungskosten nur im Sektor „Industrie: 4,78 €/kg", sowie „Mobilität: 7,39 €/kg" in einem annähernd wirtschaftlichen/konkurrenzfähigen Bereich liegen (bei ersterem auch bedingt durch die oben erwähnte Bereitschaft der höheren Vergütung von „grünem" Wasserstoff durch Marktteilnehmer). Die Einzelmodelle „Gasnetz" und „Rückverstromung" sind aufgrund der konkurrierenden Preise (Erdgaspreis, Biogaspreis, Strompreise, etc.) bzw. der vergleichsweise geringen Wirkungsgrade der Rückverstromung aktuell nicht wirtschaftlich darstellbar.

Zusammenfassend kann gesagt werden, dass die ermittelten Gestehungskosten für „grünen" Wasserstoff aus Einzelmodellen höher sind als die am Markt erzielbaren (Netto-)Preise für etablierten „grauen" Wasserstoff. Wie der Vergleich deutlich macht, ist eine wirtschaftliche Wasserstofferzeugung, welche ausschließlich einen Nutzungspfad (Einzelmodell) bedient, aktuell nur schwer bzw. nicht darstellbar. Geschäftsmodelle für PtG-Anlagen, die auf singulären Nutzungskonzepten basieren, erfordern aktuell Nischenanwendungen, wobei die Kostendifferenz zu etablierten Energieträgern in den verschiedenen Sektoren deutlich variiert. Bei dem Vergleich der Gestehungs- mit

Tabelle 2.3: Wasserstoffgestehungskosten für ausgewählte Einzelnutzungspfade/Wertschöpfungsketten

Wertschöpfungskette	Gestehungskosten für Wasserstoff (3.000 VLS, Strombezug: 20 €/MWh, 75 $\%_{ELY}$)	Referenzkosten
1. Gasnetz	13,30 $Cent/kWh_{H2}$	Erdgas: 6,19 Cent/kWh [66] Biogas: 9 Cent/kWh (Gestehung) [67]
2a. Brennstoffzelle	31,69 $Cent/kWh_{el}$	14,45 Cent/kWh (Haushalt 2019) [68]
2b. BHKW	36,96 $Cent/kWh_{el}$	14,45 Cent/kWh (Haushalt 2019) [68]
3. GuD	31,04 $Cent/kWh_{el}$	14,45 Cent/kWh (Haushalt 2019) [68]
4. Industrie	4,78 $€/kg_{H2}$	1-4 €/kg aus SR 5 €/kg Industrie-Interesse NOW: 2,13 €/kg [64]
5. Mobilität	7,39 €/100 km_{H2}[1] (äquivalent 7,39 €/kg)	Super 1,5 €/l 8 Liter Verbrauch: 12,00 €/100 km Diesel 1,30 €/l, 5 l Verbrauch: 6,50 €/100 km inkl. Steuer, Umlagen NOW: 5,96 $€/kg_{H2}$ [64]

[1] 1 kg Wasserstoff pro 100 km (Brennstoffzelle + Elektroantrieb)

den Referenzkosten (Tabelle 2.3, rechte Spalte) ist zu beachten, dass für erneuerbare Energieträger eine erhöhte Zahlungsbereitschaft erwartet wird, diese jedoch die Differenz zum Referenzpreis nicht ausgleichen kann. Aus diesem Grund sind neben erwarteten Lern- und Kostendegressionsentwicklungen weitere Maßnahmen erforderlich, um Wirtschaftlichkeit zu erreichen. Eine Möglichkeit ist die Kombination verschiedener Nutzungspfade.

2.3.4.3 Gas-Gestehungskosten für Kombinationsmodelle

Werden Nutzungspfade von Einzelmodellen kombiniert, sind Wertschöpfungsketten erforderlich, die von verschiedenen Synergien gegenüber den technischen Lösungen für Einzelnutzungspfade profitieren.

Folgende Kombinationsmodelle werden im Folgenden zur Erläuterung der Synergieeffekte herangezogen:

1. Kombinationsmodell Industrie:
   - Hauptversorgung: Wasserstoff für chemische Prozesse (z. B. Düngemittelherstellung, Fetthärtung) / brenntechnische Anwendungen (Schnittstelle ist Eingang zur Endnutzung) inklusive Bevorratung im Untergrundspeicher
   - Integrierte Anwendung:
     - Mobilität – Versorgung von Tankstellen (Umkreis = 30 km) mittels Trailer (Kraftstoff für Brennstoffzellenfahrzeuge)
     - Rückverstromung – mittels BHKW/Brennstoffzelle und Berücksichtigung von Stromnetzentlastung/-stabilisierung, Regelleistungsbereitstellung

2. Kombinationsmodell Mobilität:
   - Hauptversorgung: Mobilität
   - Integrierte Anwendung:
     - Rückverstromung/Stromnetzentlastung/-stabilisierung, Regelleistungsbereitstellun
     - Zusatz: Gasnetz-Einspeisung und Transport von Wasserstoff im Gasnetz

3. Kombinationsmodell Gasnetz:
   - Hauptversorgung: Erzeugung sowie Bereitstellung von Wasserstoff für Einspeisung ins Erdgasnetz
   - Integrierte Anwendung:
     - Mobilität
     - Brennstoffzelle – Rückverstromung – mittels BHKW/Berücksichtigung von Stromnetzentlastung/-stabilisierung, Regelleistungsbereitstellung inklusive Speicherung (Untergrundspeicher) von Wasserstoff, Rückverstromung mittels Brennstoffzelle, Dienstleistungen: Stromnetzentlastung/-stabilisierung, Regelleistungsbereitstellung (positiv: Rückverstromung Brennstoffzelle/negativ: Elektrolyse/optimierter Anlagenbetrieb).

Ein wichtiger Vorteil der Kombination mehrerer Einzelmodelle liegt in der Großdimensionierung der Systemkomponenten und demzufolge in einer verbesserten Wirtschaftlichkeit durch Skaleneffekte. Ein weiterer wesentlicher Vorteil ist in vielen Fällen die Erhöhung der Vollbenutzungsstunden durch eine kontinuierlichere Auslastung der Anlagen, da auf Bedarfs- und Angebotsschwankungen flexibel mit einem Wechsel des Nutzungspfades reagiert werden kann. Darüber hinaus werden die Kosten für z. B. periphere Technik, Installation, aber auch Wege und Plätze usw. auf mehrere Nutzungspfade verteilt. Speicher- und Erlöstechnologien (Gasnetz, Rückverstromung), welche bei Einzelpfaden einen beträchtlichen Kostenanteil ausmachen, können besser ausgenutzt werden und somit zu einer Reduzierung der spezifischen Kosten beitragen. Auch sind aufgrund der Skalierung technologische Verbesserungen von Anlagen/Ausrüstungsteilen bei Kombinationsmodellen stärker wirksam. In Summe sind durch die Kombination von Einzelnutzungspfaden deutliche Synergieeffekte möglich und letztlich kann eine Kostenreduktion hinsichtlich spezifischer Investitionskosten, Errichtung, Betrieb/Wartung und Finanzierung (Verzinsung) erreicht werden. Die konservativen Einschätzungen des Kosteneinsparungspotenzials sind für die ausgewählten Kombinationsmodelle in **Tabelle 2.4** dargestellt und erreichen Größenordnungen von bis zu ca. 30 % (Mobilität) gegenüber den Einzelmodellen.

Tabelle 2.4: Vergleich der Gestehungskosten Wasserstoff aus Einzel- und Kombinationsmodellen (3.000 VLS, Strombezugskosten: 20 €/MWh, Elektroylse-Wirkungsgrad: 75 %)

Wert-schöpfungs-kette	Einzelmodell (Tabelle 2.4)	Kombinations-modell Industrie	Kombinations-modell Mobilität	Kombinations-modell Gasnetz
Industrie	4,78 €/kg_{H2}	**4,74 €/kg_{H2}**	-	-
Mobilität	7,39 €/100 km_{H2}[1] (äquivalent 7,39 €/kg)	4,76 €/100 km_{H2}[1] (äquivalent 4,76 €/kg)	**5,10 €/100 km_{H2}[1] (äquivalent 5,10 €/kg)**	4,85 €/100 km_{H2}[1] (äquivalent 4,85 €/kg)
Brenn-stoffzelle	31,69 Cent/kWh_{el}	20,04 Cent/kWh_{el}	21,61 Cent/kWh_{el}	20,54 Cent/kWh_{el}
BHKW	36,96 Cent/kWh_{el}	28,63 Cent/kWh_{el}	30,87 Cent/kWh_{el}	-
Gasnetz	13,30 Cent/kWh_{H2}	12,02 Cent/kWh_{H2}	12,97 Cent/kWh_{H2}	**12,32 Cent/kWh_{H2}**

Fett: Hauptbenutzungspfad des Kombimodells

[1] Bezogen auf elektrischen Wirkungsgrad (Brennstoffzelle: 60 $\%_{el}$, BHKW: 42 $\%_{el}$, GuD: 50 $\%_{el}$)

[2] 1 kg Wasserstoff pro 10 km (Brennstoffzelle + Elektroantrieb)

Ergänzend wird darauf hingewiesen, dass aus der Nutzung von erneuerbaren Gasen resultierende Vorteile (z. B. Vermeidung von Treibhausgasemissionen) derzeit keine preisliche Würdigung am Markt finden. Für einen objektiven Vergleich ist es aber erforderlich, den Wert der Nachhaltigkeit zu quantifizieren. In der vorliegenden Zusammenstellung wurden jedoch lediglich die marktüblichen Preise (ohne Berücksichtigung der Nachhaltigkeit) zum Vergleich herangezogen, da diese die aktuelle Situation widerspiegeln. Bei Änderung dieser Situation könnte sich schnell ein anderes Bild ergeben. Entsprechende Betrachtungen sind jedoch nicht Teil dieser Untersuchung.

2.4 Potenziale zur Erzeugung von Wasserstoff und Methan auf Basis von erneuerbaren Energien

Um das Potenzial der PtG-Gaserzeugung in Deutschland abzubilden, wird eingangs der Ursprung der Energie erläutert, die in PtGA genutzt werden sollte. Darauf aufbauend werden die Potenziale definiert und eine Abschätzung zum theoretischen Gaserzeugungspotenzial in Deutschland gegeben. Zur Darstellung einer realistischen zukünftigen Entwicklung von PtG in Deutschland werden vier Studien vorgestellt, in denen Transformationspfade zu einem Energieversorgungssystem mit geminderten THG-Emissionen entwickelt werden. Dabei werden die in diesen Systemen benötigten Mengen und Erzeugungsleistungen an PtX-Produkten dargestellt. Anschließend wird die Entwicklung der Einsatzmöglichkeiten von Power-to-Gas dargestellt, welche eine potenzielle Wasserstoffinfrastruktur, eine zeitlich koordinierte Entwicklung des Wasserstoffabsatzes sowie Aspekte der internationalen Bedarfsentwicklung und Koordination beinhaltet.

2.4.1 Ursprung der Energie für Gase aus Power-to-Gas-Anlagen

Die Herstellung von Wasserstoff als Energieträger durch Elektrolyse ist aus technischen, volkswirtschaftlichen und ökologischen Erwägungen nur zweckmäßig, wenn der genutzte Strom aus EE-Anlagen stammt. Die Umweltauswirkungen von PtG-Wasserstoff werden maßgeblich von der Herkunft des Stroms geprägt. Durch die Verwendung von Strom aus EE-Anlagen zur Wasserstoffherstellung lassen sich deutliche Einsparungen der THG-Emissionen gegenüber den konventionellen Alternativen (Dampfreformierung oder Kohlevergasung) erzielen, während sich das Verhältnis unter Verwendung von derzeitig fossil geprägten Strommixen (Europäischer Strommix, Schweizer Strommix) umkehrt [69]. Darüber hinaus liegt in fossilen Energieträgern und Uran die Energie bereits gebunden vor. Die Rohstoffe sind lagerfähig und können direkt zur Gewinnung von Elektrizität oder Wärme sowie im Verkehrssektor genutzt werden. Die Umwandlung in elektrische Energie und per Elektrolyse zurück zu chemisch gebundener Energie bringt somit keinen energiesystemischen Nutzen und geht mit Wirkungsgradverlusten einher, die zu erhöhten Gesamtkosten sowie im Falle der fossilen Energieträger zu erhöhten THG-Emissionen führen [18]. Somit scheiden die Kernkraft und fossile Energieträger als sinnvolle Primärenergieträger für die Wasserelektrolyse aus. Die konventionelle und nicht elektrische Herstellung von Wasserstoff aus fossilen Energieträgern ist nicht Bestandteil dieses Buches und der folgenden Betrachtungen.

Bei der konventionellen Wasserstoffherstellung mit Dampfreformierung von Erdgas können die THG-Emissionen durch Carbon Capture and Storage verhindert werden. Wird der Wasserstoff mit dem Verfahren der Methanpyrolyse gewonnen, liegt der Kohlenstoff fest und gut speicherbar vor und wird ebenfalls nicht emittiert. In beiden Fällen erfolgt jedoch die Wasserstoffproduktion auf Basis von fossilem, begrenzt vorhandenem Erdgas. Im Gegensatz dazu bietet die Wasserelektrolyse mit Strom aus EE-Anlagen den in Kapitel 2.2.2 beschriebenen Nutzen insbesondere einer umweltfreundlichen Stützung des Stromsystems, einer Defossilisierung des Wärme- und Mobilitätssektors sowie industrieller Prozesse. Dabei kann die Energie über eine direkte Kopplung der PtGA mit Stromerzeugern auf Basis von erneuerbaren Energien oder bilanziell über das Stromnetz aus Erneuerbaren Quellen stammen.

Elektrische Energie ist als reine Exergie die hochwertigste Energieform und vollständig vom Verbraucher nutzbar. Jegliche Wandlung bewirkt zum einen Wandlungsverluste und zum anderen einen höheren Anergiegehalt im Produkt, da Exergie abgebaut wird. Die Speicherung der elektrischen Energie bewirkt Speicherverluste. Somit sollte die elektrische Energie aus EE-Anlagen primär zur Deckung der elektrischen Bedarfe genutzt werden. Diese Bedarfe an elektrischer Energie können durch die Nutzung von Flexibilitäten, bspw. mittels Demand-Side-Management, zu einem gewissen Grad der fluktuierenden Erzeugung angepasst werden. Erst die zu einem Zeitpunkt nicht benötigte elektrische Energie, im Folgenden als Überschussstrom bezeichnet, sollte gewandelt oder ggf. gespeichert werden und bietet sich damit für PtG-Anwendungen an.

2.4.2 Definition der Potenziale

Das prinzipielle Potenzial zur Erzeugung von PtG-Gasen wird durch das Absatzpotenzial und das Erzeugungspotenzial aufgespannt. Das Absatzpotenzial bezeichnet den maximalen Bedarf in den in Kapitel 2.2.2 beschriebenen Gasverwendungen. Zum Stromspeicherbedarf wird dort eine Abschätzung über die Energiemenge zur Überbrückung eine Dunkelflaute durchgeführt. Darüber hinaus können PtG-Gase der langfristigen Speicherung zur Wärmeerzeugung mittels Brennstoff-

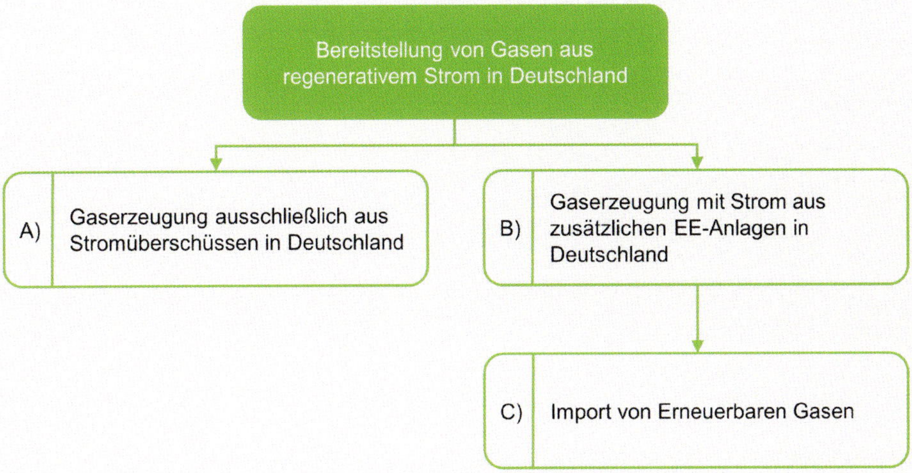

Bild 2.13: Einteilung der Potenziale zur Bereitstellung von Gasen aus Power-to-Gas-Anlagen in Deutschland, angelehnt an [70]

zellen oder Gasmotoren dienen und in Form von PtL-Treibstoffen im Mobilitätssektor und in stofflichen Wasserstoffanwendungen in der chemischen Industrie einen Beitrag zur Energieversorgung leisten. Die vollständige Versorgung dieser Anwendungen mit PtG-Gasen stellt das (theoretische) Absatzpotenzial dar.

Dem gegenüber steht das Erzeugungspotenzial, das vom möglichen Dargebot der elektrischen Energie gebildet wird. Für PtG ist dies, wie in Kapitel 2.4.1 erläutert, der zu einem Zeitpunkt nicht in elektrischen Anwendungen benötigte Überschussstrom. Der Wirkungsgrad der PtGA mit Elektrolyse und optionaler Methanisierung bestimmt die daraus erzeugbare Gasmenge.

Werden die EE-Anlagen lediglich zur Defossilisierung des Stromsektors ausgebaut, reicht die überschüssige Energiemenge nicht aus, den Energiebedarf zur Versorgung der anderen Sektoren über PtG zu decken. Um die Mengen elektrischer Energie zu erzeugen, die zur Versorgung des Stromsektors hinaus für die indirekte Versorgung der nichtelektrischen Sektoren benötigt wird, muss die Erzeugungsleistung, insbesondere von Photovoltaik- und Windkraftanlagen, bewusst zu diesem Zweck ausgebaut werden. Die Verbindung der Sektoren geschieht bspw. über Power-to-Gas, Power-to-Heat und Power-to-Liquid. Die Stromüberschüsse ohne und mit Ausbau der EE-Anlagen zur sektorenübergreifenden Energieversorgung spannen somit das theoretische Potenzial für die Bereitstellung von PtG-Gasen in Deutschland auf. Eine Übersicht dazu ist in **Bild 2.13** dargestellt, worin die Felder A) und B) die Potenziale in Deutschland darstellen. Darüber hinaus kann der Gasbedarf, der über die realisierte Gaserzeugung in Deutschland hinausgeht, über Gasimporte gedeckt werden (Feld C). Mögliche Exportländer liegen durch die günstigen Bedingungen für Solarenergie und die relative geographische Nähe vor allem in Südeuropa und Nordafrika.

2.4.3 Theoretisches Erzeugungspotenzial in Deutschland

In [70] wird eine Abschätzung der theoretischen Erzeugungspotenziale für Biogas sowie PtG-Methan („Erneuerbare Gase") in Deutschland für das Jahr 2050 vorgenommen. Dabei wird als Überschuss des Stromsektors ohne forcierten Ausbau der EE-Anlagen (insbesondere Photovoltaik und Windkraft) zur Versorgung der anderen Sektoren auf Basis von Literaturwerten eine elektrische Energiemenge von 10 bis 60 TWh pro Jahr angegeben. Dieser Wert unterscheidet sich je nach Quelle und gewähltem Szenario zur Entwicklung der EE-Stromerzeugung in Deutschland. Darüber hinaus wird der maximale Stromüberschuss abgeschätzt, der in Deutschland mit rein auf erneuerbaren Energien basierender Erzeugung erzielt werden kann. Dazu wird die erzeugte elektrische Energiemenge bei maximal möglichem Ausbau von EE-Anlagen (Windkraft On- und Offshore, Photovoltaik) abgeschätzt und um die für direkte elektrische Anwendungen benötigte Energiemenge reduziert. Dabei wird eine gänzlich auf erneuerbaren Energien basierende elektrische Energieversorgung vorausgesetzt. Dadurch bleiben 123 bis 274 TWh überschüssige elektrische Energie, die somit u. a. in PtGA genutzt werden können. Wird dieser Wert der elektrischen Eingangsenergie mit einem Elektrolyse-Systemwirkungsgrad von 80 % (auf den Brennwert bezogen) [71] in PtG-Wasserstoff umgerechnet, ergibt sich ein PtG-Wasserstoffpotenzial von 98,4 bis 219,2 TWh für das Jahr 2050. Die vollständige Nutzung der genannten Energiemenge in PtGA stellt demnach das theoretische Erzeugungspotenzial von Wasserstoff und Methan auf Basis von erneuerbaren Energien in Deutschland dar. Die elektrische Energie wird dabei nicht in gesteigertem Maße für andere, flexible Anwendungen wie PtH genutzt und nicht abgeregelt.

In [72] wird ausgehend von der Entwicklung der deutschlandweiten Strombilanzen aus der Studie „Energiewende – Quo vadis?" von Nitsch [73] eine regionale Abschätzung zum theoretischen PtG-Potenzial durchgeführt. Die Bestandteile der Strombilanzen, d. h. der Strombedarf, die Produktion durch konventionelle Kraftwerke sowie die EE-Stromeinspeisung, wurden auf Landkreise verteilt. Ist die Summe aus konventioneller Energie und EE-Stromeinspeisung lokal größer als der jeweilige Strombedarf, wird EE-Überschussstrom in dem Landkreis genutzt, um PtG-Wasserstoff und PtG-Methan auf Basis erneuerbarer Energien herzustellen. Falls in der Gemeinde das Gasnetz oder die Kohlenstoffdioxidquellen den Betrieb der PtGA limitieren, wird die nicht verwendete EE-Strommenge an die Nachbargemeinden übergeben. Im Ergebnis stehen 2030 47 TWh und 2050 220 TWh EE-Strom für den Betrieb der PtGA zur Verfügung. Mit dem in diesem Abschnitt angenommenen Elektrolyse Systemwirkungsgrad von 80 % ergibt sich ausgehend von den Ergebnissen dieser Studie ein PtG-Wasserstoffpotenzial von 37,6 TWh für 2030 und 176 TWh für 2050. Der trotz des starken Ausbaus der EE-Erzeugungsanlagen lediglich moderate Anstieg des theoretischen PtG-Erzeugungspotenzials bis 2030 ist mit den durch den Kohle- und Atomausstieg zu kompensierenden Strommengen zu erklären. Bis 2050 ist jedoch aufgrund des weiteren Ausbaus der EE-Erzeugungsanlagen mit einem starken Anstieg der EE-Überschussstrommenge zu rechnen. Weiterhin wurde in der Studie berechnet, welcher Anteil dieses Wasserstoffpotenzials in die örtlichen Gasverteilnetze gespeist werden kann. Aufgrund der geringen Absatzmengen in den Sommermonaten kann, ausgehend von einem Wasserstoffanteil von maximal 10 Vol.-%, nur etwa 1 % des Wasserstoffpotenzials auf diese Weise genutzt werden. Eine Einspeisung in höhere Netzebenen würde weitere dort direkt angeschlossene Abnehmer mit einbeziehen und somit ein höheres Einspeisepotenzial bedeuten. Für eine höhere EE-Gaseinspeisung unter den genannten Rahmenbedingungen müsste der Wasserstoff mit CO_2 methanisiert werden.

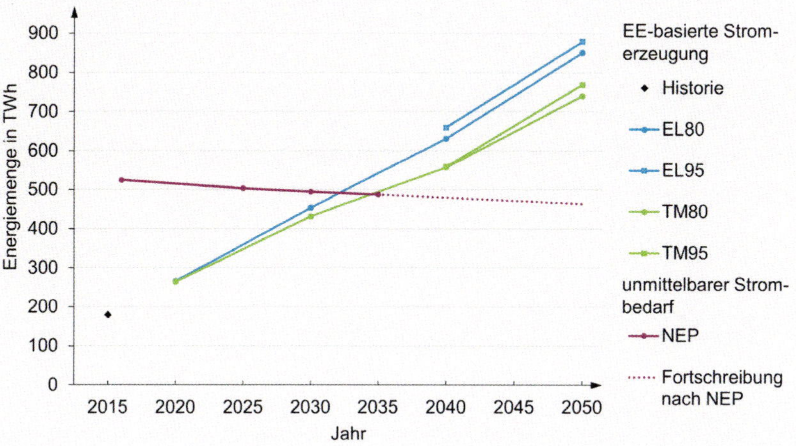

Bild 2.14: Entwicklung der EE-Stromerzeugung in Deutschland nach Szenarien aus [1] und Entwicklung des Bedarfs an elektrischer Energie für unmittelbare elektrische Anwendungen nach [74] bis 2050 fortgeschrieben

In beiden hier vorgestellten Studien wird eine jahresweise Abschätzung durchgeführt, in denen die starken zwischenzeitlichen Schwankungen der Strombilanzen sowie Konkurrenzeffekte durch neue Stromverbraucher wie PtH und batterieelektrische Mobilität nicht betrachtet werden. Die Spannbreite des theoretischen PtG-Wasserstofferzeugungspotenzials aus [70], innerhalb welcher das Erzeugungspotenzial aus [73] liegt, wird als Referenz in Bild 2.15 genutzt.

Die Notwendigkeit zur Steigerung der EE-Stromerzeugungsleistung zur sektorenübergreifenden Bereitstellung von erneuerbaren Energien in Deutschland soll durch folgende Betrachtung verdeutlicht werden: Es werden die benötigten EE-Strommengen aus verschiedenen Szenarien der dena-Leitstudie Integrierte Energiewende [1] dem im Netzentwicklungsplan Strom 2030 [74] angenommenen unmittelbaren Bedarf elektrischer Energie (PtG, batterieelektrische Mobilität und PtH wurden herausgerechnet) gegenübergestellt, was in **Bild 2.14** dargestellt wird. In dem Szenariorahmen der dena-Studie, der in Kapitel 2.4.4 ausführlich beschrieben wird, werden Transformationspfade entwickelt, in denen elektrische Energiemengen aus EE-Anlagen benötigt werden. Die Annahmen des Netzentwicklungsplans werden hier über 2035 hinaus bis 2050 fortgeschrieben. Die Werte aus der dena-Leitstudie stellen den sektorenübergreifenden Bedarf elektrischer Energie und die Werte des Netzentwicklungsplans den elektrischen Energiebedarf des Stromsektors dar. Es wird deutlich, dass in dieser Gegenüberstellung die 2050 im Energiesystem benötigte EE-Strommenge aus Deutschland den unmittelbaren elektrischen Energiebedarf bei weitem (hier um den Faktor 1,6 bis 1,9) übersteigt. Das gilt sowohl für beide Klimaschutzintensitäten (80 % und 95 %) als auch für beide Annahmen zum verwendeten Technologiespektrum (EL und TM). Über diese Menge in Deutschland gewandelter elektrischer Energie hinaus, die teils in PtGA genutzt wird, werden große Mengen PtG-Methan und PtL-Kraftstoffe importiert, die dazu mit Strom aus EE-Anlagen in Südeuropa und Nordafrika produziert werden. Effizienter Klimaschutz benötigt somit einen forcierten Ausbau der installierten Leistung aus EE-Stromerzeugern über die Versorgung des Stromsektors hinaus zur sektorenübergreifenden Versorgung des Energiesystems.

2.4.4 Nutzung von Wasserstoff und Methan aus erneuerbaren Energien in Energiesystemszenarien

Die tatsächliche zukünftige Verbreitung des PtG-Konzeptes wird von der Nutzung von PtG-Gasen im Energiesystem geprägt. Welche Rolle Wasserstoff und Methan für die beschriebenen Nutzungszweige einnehmen werden, hängt von vielfältigen Rahmenbedingungen ab. So können erneuerbare Energien in Kraftfahrzeugen batterieelektrisch oder über die Nutzung von Wasserstoff eingesetzt werden. Letzteres kann direkt über Brennstoffzellen, methanisiert mit Gasmotoren oder mit aus Wasserstoff synthetisierten flüssigen Kraftstoffen in Otto- oder Dieselmotoren umgesetzt werden. Wie stark sich diese einzelnen Pfade verbreiten, ist neben technischen Eigenschaften (z. B. der Fahrzeugreichweite) und Preisentwicklungen insbesondere von der Entwicklung der Lade- oder Tankstelleninfrastruktur abhängig, die der Verbreitung der Technologie vorausgehen muss und insbesondere politisch geprägt ist. Ebenso ist die Entwicklung einer Wasserstoffinfrastruktur für die vielfältigen Wasserstoffanwendungen oder die Ertüchtigung der Erdgasinfrastruktur für erhöhte Wasserstoffanteile von den jeweiligen langfristigen Perspektiven abhängig, die von technischen, wirtschaftlichen und politischen Entwicklungen geformt werden.

In langfristigen Energiesystemstudien werden Energiesysteme in Szenarien zu technischen und politischen Rahmenbedingungen modelliert und optimiert. Daraus können Strategien und Empfehlungen für Fördermaßnahmen abgeleitet werden, um das derzeitige System in ein optimiertes System zu transformieren. Im Folgenden wird die Rolle von PtX-Produkten innerhalb ausgewählter Studien und den darin untersuchten Szenarien beschrieben. Der jeweils ermittelte Synthesegasbedarf ist in **Bild 2.15** dargestellt. Die Ergebnisse der Modelle bzgl. PtG-Gasbedarf sind in großem Maße abhängig von der Öffnung des Modells für Strom- und PtG-Gasimporte und der Betrachtung der lokalen Stromnetzrestriktionen. Zudem spielen tiefergehende Annahmen wie bspw. die Kombination aus zukünftiger Gebäudedämmung und zukünftigem Heiztechnologiemix eine große Rolle für den Gasabsatz im Verhältnis zu PtH-Optionen und somit für das Einsatzpotenzial von PtG-Gasen.

In Kapitel 2.4.5 werden die nach den Szenarien zukünftig in Deutschland benötigten PtG-Leistungen erläutert.

dena-Leitstudie (2018)

In der „dena-Leitstudie Integrierte Energiewende" [1] werden in fünf Szenarien Transformationspfade für ein integriertes Energiesystem angelegt. Die Studie stellt insofern keine Energiesystemoptimierung dar. Technologisch wird in den Szenarien eine weitgehende Elektrifizierung aller Sektoren (EL) oder eine breitere Variation der verfügbaren Technologien (TM) vorgegeben. Für beide Technologieoptionen wird zwischen zwei klimapolitischen Zielesetzungen, die in den Szenarien erreicht werden, unterschieden. Diese entsprechen einer THG-Emissionsminderung bis 2050 um 80 bzw. 95 % gegenüber 1990. Diese vier Szenarien (EL80, EL95, TM80, TM95) werden einem Referenzszenario mit (progressiver) Fortschreibung der derzeitigen politischen und technologischen Rahmenbedingungen gegenübergestellt (RF). Es wird ein breites Technologiespektrum zur sektorenübergreifenden Energieversorgung und zur Flexibilisierung der Stromnachfrage abgebildet. Das

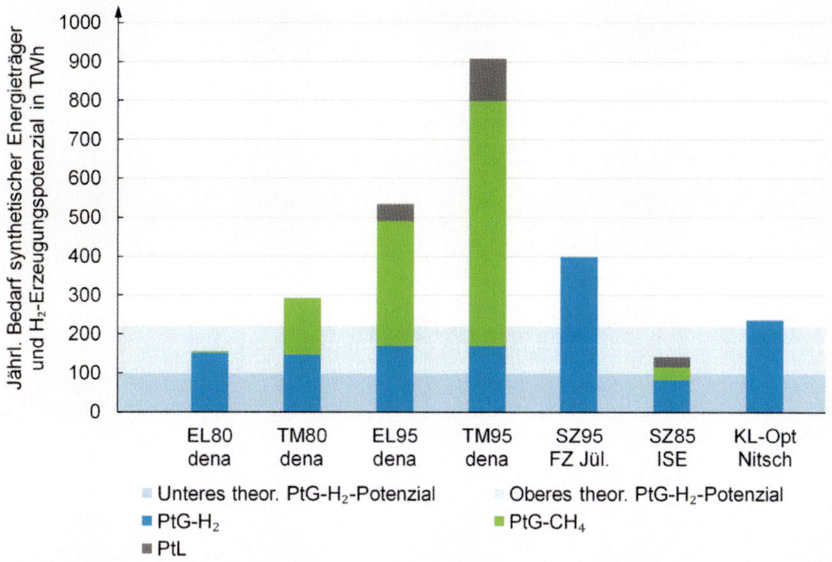

Bild 2.15: Bedarf synthetischer Energieträger 2050 in Deutschland in Energiesystemszenarien aus [1], [75], [76] und [77] sowie theoretisches PtG-Wasserstofferzeugungspotenzial in Deutschland nach [70]

Stromnetz mit seinen Kapazitätsgrenzen fließt als nachgelagertes Modell in die Berechnung ein. Zudem ist ein Stromimport und -export möglich. Die Gasinfrastruktur wird in der Modellierung der Transformationspfade nicht technisch, sondern wirtschaftlich abgebildet. Als Gasanwendungen sind die Einspeisung ins Gasnetz, die Rückverstromung sowie die Deckung der Endenergienachfrage aus Gebäude, Industrie und Verkehr modelliert. Ab 2030 darf für neue Wasserstoffanwendungen ausschließlich PtG-Wasserstoff genutzt werden. Konventionell mit der Dampfreformierung von Erdgas hergestellter Wasserstoff, der preisgünstiger als PtG-Wasserstoff und im Vergleich zu fossilem Benzin oder Diesel geringere Treibgasgasemissionen verursacht, wird damit nicht berücksichtigt. Dadurch ist ein deutlich größerer Markt für PtG in der Mobilität gegeben. In der Modellierung können Wasserstoff sowie auf Wasserstoffbasis hergestelltes Methan und Flüssigkraftstoffe in Deutschland produziert sowie aus dem EU-Ausland und aus dem Nicht-EU-Ausland importiert werden.

Synthetische Energieträger spielen in allen vier Klimaschutzszenarien eine entscheidende Rolle. In den TM-Szenarien ist der Bedarf größer als in den jeweiligen EL-Szenarien, wobei die volkswirtschaftlich deutlich günstigere Energieversorgung durch die TM-Szenarien und somit mit intensiver PtG-Nutzung erreicht wird. Die PtG-Gasbedarfe der vier Szenarien werden in Bild 2.15 dargestellt. Das 95 %-Klimaziel kann in beiden entsprechenden Szenarien nur mit großem Einsatz von PtX-Produkten erreicht werden. Dabei wird der PtG-Wasserstoff hauptsächlich in Deutschland produziert und das PtG-Methan sowie PtL-Kraftstoffe überwiegend aus dem EU-Ausland und Nordafrika importiert.

Kosteneffiziente und klimagerechte Transformationsstrategien für das deutsche Energiesystem bis zum Jahr 2050 (Forschungszentrum Jülich GmbH, 2019)

In der Studie „Kosteneffiziente und klimagerechte Transformationsstrategien für das deutsche Energiesystem bis zum Jahr 2050" [75] des Instituts für Energie- und Klimaforschung: Techno-ökonomische Systemanalyse (IEK-3) der Forschungszentrum Jülich GmbH werden Maßnahmenportfolios zur Erzielung von zwei THG-Emissionsminderungszielen ermittelt und verglichen. Es werden zwei Szenarien (hier als SZ80 und SZ95 bezeichnet) betrachtet, welche auf das Erreichen der Treibhausgasreduktionsziele von 80 bzw. 95 % bis 2050 zielen. Zudem wurden Mindestreduktionsziele für weitere Stützjahre vor 2050 definiert, die von den kostenoptimalen Transformationspfaden bis 2050 unterschritten werden können. Es wird von einem künftigen globalen Handel mit Wasserstoff, synthetischen Kraftstoffen und synthetischem Methan ausgegangen, wobei als Produktionsländer windreiche und sonnenreiche Länder in Betracht gezogen werden. Gleichsam wird in dem Modell der Stromimport ermöglicht. Ein Teilmodell bildet die Auslegung von Wasserstoffinfrastrukturen detailliert ab, wobei Elektrolysestandorte, lokale Wasserstoffnachfragen und die Auslegung der notwendigen Wasserstoffinfrastruktur inklusive Speicher analysiert und modelliert werden.

Eine zentrale Schlussfolgerung der Studie ist, dass sich die kostenoptimalen Maßnahmen in den zwei Szenarien stark unterscheiden und teils kontraproduktiv sind. Da zudem die Investitionen in die Energieinfrastruktur hoch und von langen Vorlaufzeiten geprägt sind, ist ein baldiger Start der Maßnahmen und die konsequente Ausrichtung auf eine Strategie erforderlich. Insbesondere im SZ95 spielt Wasserstoff eine tragende Rolle im Energiesystem, wohingegen im SZ80 neben Wasserstoff verstärkt Erdgas in vielen Anwendungsbereichen eingesetzt wird. Ein entscheidender Teil des Ergebnissystems im SZ95 ist ein gut ausgebautes Transportsystem mit Wasserstoffpipelines. Während im Ergebnis in SZ80 der Wasserstoffbedarf durch inländische Elektrolyseanlagen und Erdgasreformierung gedeckt wird, wird der Wasserstoff in SZ95 mit inländischen Elektrolyseanlagen sowie mit Wasserstoffimporten bereitgestellt, welche mit ca. 55 % mehr als die Hälfte des benötigten Wasserstoffs ausmachen. Die deutsche Energieversorgung bleibt auch im SZ95 auf Energieimporte angewiesen. Der Importanteil sinkt jedoch im SZ95 signifikant von 70 % im Jahr 2018 auf 20 % im Jahr 2050. In Bild 2.15 ist der Wasserstoffbedarf (inländische Produktion und Import) des SZ 95 für das Jahr 2050 dargestellt.

Was kostet die Energiewende? (Fraunhofer ISE, 2015)

In der Studie „Was kostet die Energiewende? Wege zur Transformation des deutschen Energiesystems bis 2050" [76] des Fraunhofer ISE werden ebenfalls kostenoptimierte Transformationspfade zu einem klimaschutzkompatiblen deutschen Energiesystem 2050 analysiert. In neun Szenarien werden die plausiblen Kombinationen folgender äußerer Rahmenbedingungen betrachtet:

- Zielwert der THG-Emissionsminderung bezogen auf 1990 (-80 %, -85 %, -90 %)
- Energetische Sanierung der Gebäude (gering, ambitioniert)
- Fahrzeuge (klassisch, Methan, Wasserstroff, elektrisch, Mix)
- Ausstieg aus der Kohleverstromung: nicht beschleunigt, beschleunigt.

Dabei wird die Herstellung von PtG-Wasserstoff, PtG-Methan und PtL-Kraftstoffen aus elektrischer Energie modelliert. Die Energieträger werden in der Rückverstromung, im Wärmesektor und in der Mobilität eingesetzt. In dem Modell wird das Stromsystem als Kupferplatte abgebildet, Stromnetzrestriktionen werden demnach nicht betrachtet. Der Stromimport aus und -export ins EU-Ausland wird auf 5 GW begrenzt. Der Import von PtG-Wasserstoff, PtG-Methan und PtL-Kraftstoffen wird hingegen nicht modelliert.

In allen betrachteten Szenarien wird eine erhebliche benötigte Kapazität von Elektrolyseuren, Methanisierungsanlagen (Sabatier-Prozess) und PtL-Anlagen zur Erreichung der jeweiligen Klimaziele ermittelt. In Bild 2.15 werden die PtG-Gasbedarfe des Szenarios mit 85 % Treibhaugasemissionsminderung, ambitionierter energetischer Gebäudesanierung, Fahrzeugmix und beschleunigtem Ausstieg aus der Kohleverstromung (SZ85) gezeigt.

Was für einen erfolgreichen Klimaschutz erforderlich ist (Nitsch, 2018)

In der Studie „Was für einen erfolgreichen Klimaschutz erforderlich ist. Schlussfolgerungen aus aktuellen Szenarien der deutschen Energieversorgung" [77] von Dr. Joachim Nitsch wird eine Pfadanalyse zur Transformation des Energiesystems durchgeführt. Die betrachteten Szenarien sind TREND-18 mit einer Fortschreibung der aktuellen Rahmen- und Förderbedingungen, KLIMA-18 PLAN mit der im Klimaschutzplan 2050 definierten Zielsetzung für 2030 (-55 bis -56 % THG-Emissionsminderung) und KLIMA-18 OPT, das bis 2050 zu einer praktisch ausschließlich auf erneuerbaren Energien basierenden Energieversorgung führt, die zur Reduktion der gesamten THG-Emissionen um 95 % notwendig ist. Dabei werden THG-Emissionsminderungen bis 2050 von 56,5 %, 81,5 % bzw. 95 % erreicht. Weitere Zielkategorien der Szenarien sind die Verbrauchsminderung an Primärenergie, Gebäudewärme und Endenergie sowie im Verkehr und der Anteil der erneuerbaren Energien an der Bruttoendenergie und der Bruttostromerzeugung. Stromnetzrestriktionen sowie der Im- und Export von PtG-Gasen werden nicht modelliert, Strom kann hingegen über Ländergrenzen hinaus transferiert werden. Der Überschussstrom aus erneuerbaren Energien kann in Batterieelektrischer Mobilität, Wärmepumpen (inkl. Wärmenetze) und Prozesswärme eingesetzt werden. In dieser Modellierung wird PtG-Wasserstoff, jedoch kein PtG-Methan oder PtL-Kraftstoffe erzeugt. Der Wasserstoff wird in KWK-Anlagen, Gasturbinen, der Mobilität und für industrielle Zwecke (stofflich und für Hochtemperaturwärme) eingesetzt.

PtG als Speicher und als Mittel zur Bereitstellung von erneuerbaren Energien in anderen Sektoren wird in dieser Studie als unerlässlich betrachtet und in allen Szenarien genutzt. Die benötigte Energiemenge aus PtG-Wasserstoff der Szenarien KLIMA-18 Plan (KL-Plan) und KLIMA-18 OPT (KL-Opt) im Jahr 2050 ist in Bild 2.15 gezeigt.

Die Gegenüberstellung der beschriebenen Energiemengen aus PtG und des theoretischen Stromüberschusspotenzials in Bild 2.15 zeigt, dass das Potenzial der auf EE-Basis in Deutschland erzeugbaren Menge PtG-Wasserstoff nicht ausreicht, um den Bedarf zu decken. In der dena-Leitstudie werden 2050 beträchtliche Mengen PtG-Methan und PtL-Kraftstoffe aus dem EU-Ausland und Nordafrika importiert, während PtG-Wasserstoff zum Großteil in Deutschland produziert wird. Dabei ist zu beachten, dass die PtG-Gasproduktion in Deutschland die Unabhängigkeit von Energieimporten und damit die Versorgungssicherheit steigert. Aus den Transformationspfadanalysen geht für das deutsche Energiesystem im Jahr 2050 ein beträchtlicher Bedarf an PtG-Gasen hervor, der stark von den Minderungszielen bzgl. THG-Emissionen abhängt. Eine Reduktion um 95 % im Vergleich zu 1990 ist ohne diese Technologieoption nicht möglich. Die Nutzung eines breiten Technologiemix mit intensiver PtG-Gasnutzung stellt im Vergleich zu Szenarien mit elektrischem Fokus die volkswirtschaftlich günstigere Option dar.

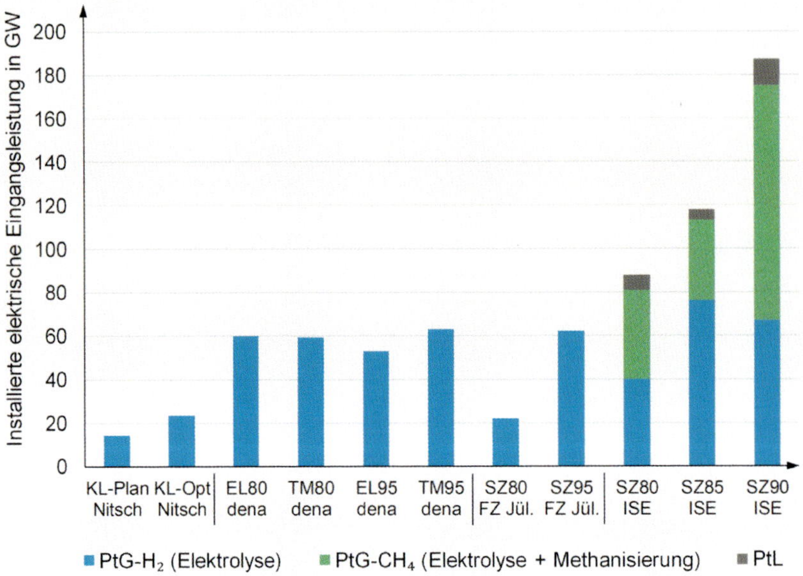

Bild 2.16: Installierte elektrische Leistung von Elektrolyseuren, Methanisierungs- und Flüssigkraftstoffanlagen in Deutschland 2050 nach Energiesystemszenarien aus [1], [75] [76] und [77]

2.4.5 Installierte Power-to-Gas-Leistung in Energiesystemszenarien

Die in den Szenarien benötigte installierte PtGA-Leistung wird von diversen modellendogenen Annahmen geprägt. Wichtige Faktoren sind beispielsweise:

- Möglichkeit des PtX-Imports
- Angenommene Volllaststunden der PtGA
- Hinterlegte Preisstrukturen bzgl. Erzeugung, Import und Alternativtechnologien.

Wie der Bedarf an PtG-Gasen und PtL-Kraftstoffen steigt auch die installierte Leistung mit den Reduktionszielen der THG-Emissionen. Die notwendige installierte PtG-Leistung steigt überproportional mit zunehmendem Bedarf an den PtG-Erzeugnissen an, da die Wandlungsketten mit vergleichsweise niedrigen Wirkungsgraden gekoppelt sind [18]. In den im vorangegangenen Abschnitt betrachteten Studien ist in den Klimaschutzszenarien mit einer THG-Emissionsminderung von 80 bis 95 % der Aufbau eines Elektrolyseursparks in Deutschland unumgänglich bzw. aus volkswirtschaftlichen Überlegungen sinnvoll.

In **Bild 2.16** ist die benötigte elektrische Leistung von Elektrolyseuren, Methanisierungsanlagen und PtL-Anlagen dargestellt, die in den optimierten Energiesystemen der im vorangegangenen Abschnitt erläuterten Szenarien ermittelt wurde.

2.4.6 Entwicklung der Einsatzmöglichkeiten von Power-to-Gas

Um die benötigten Elektrolyseurkapazitäten für ein THG-emmissionsreduziertes und volkswirtschaftlich optimales Energiesystem in Deutschland und weltweit aufzubauen, sind zeitnahe politische Entscheidungen mit Weitblick notwendig. Power-to-Gas befindet sich derzeit (2020) in Deutschland im Übergang von der Erforschungs- und Erprobungsphase zu kommerziellen Anwendungen. Um den wirtschaftlichen Anreiz für weitere Investitionen in PtG und PtL zu schaffen, sind Änderungen im regulatorischen Rahmen der Energiewirtschaft erforderlich [16]. Vorschläge zu rechtlich-regulatorischen Maßnahmen, welche die volkswirtschaftliche effiziente Integration von erneuerbaren Energien in das Energiesystem unter Nutzung der bestehenden Gasinfrastruktur ermöglichen, sind in [78] erarbeitet.

Neben der Schaffung der regulatorischen Rahmenbedingungen sind eine konsistente Strategie und eine internationale Perspektive für den Hochlauf von PtG von Bedeutung. So ist für einen Wasserstoffeinsatz in der beschriebenen Größenordnung der Umbau der Energieversorgungsinfrastruktur in Deutschland notwendig, in welcher Wasserstoff erzeugt, transportiert und verteilt werden kann. Zudem können PtG-Gase im zukünftigen Energiesystem vielfältige Nutzen erbringen, die im Laufe der Systemtransformation zu unterschiedlichen Zeitpunkten relevant und wirtschaftlich sinnvoll einsetzbar sind. Darüber hinaus ist das deutsche Energiesystem nicht losgelöst von der internationalen Entwicklung zu betrachten. Zum einen bedeutet dies, Deutschland als Energieimporteur in den Kontext eines weltweiten Energiehandels zu setzen und zum anderen bietet es die Möglichkeit, Deutschland als Exporteur von Wasserstofftechnologien zu positionieren. Diese drei Aspekte werden im Folgenden erläutert.

2.4.6.1 Entwicklung einer Wasserstoffinfrastruktur

Parallel zum Hochlauf der Erzeugungskapazität in PtGA in Deutschland ist eine konsistente Entwicklung der Transport- und Verteilungsinfrastruktur und des Wasserstoffabsatzmarktes notwendig. Diese Transformation erlangt in der zum Zeitpunkt der Herausgabe dieses Buches geführten politischen und technischen Diskussion zum Fortgang der Energiewende und in der Energieforschung große Beachtung. In einigen der vom BMWi geförderten Reallabore [79] werden Aspekte eines Wasserstoffsystems erforscht und erprobt. Dabei geht es um die Demonstration der technischen Machbarkeit und die Erprobung der Umrüstung bestehender Erdgas- zu Wasserstoffleitungen, um die Speicherung von Wasserstoff und um die Einbindung der chemischen Industrie in die Prozessketten. Ein möglicher Bestandteil des künftigen Energiesystems, in dem Wasserstoff eine tragende Rolle zukommt, ist eine Wasserstofftransportinfrastruktur als paralleles System zur Erdgastransportinfrastruktur. Die Vereinigung der Fernleitungsnetzbetreiber Gas e.V. (FNB Gas) hat einen Diskussionsbeitrag für ein mögliches öffentliches Wasserstoffnetz in Form einer schematischen Netzkarte [80] erarbeitet, die in **Bild 2.17** dargestellt ist. Der Wasserstoff kann in einer solchen Infrastruktur von Wasserstoffabnehmern wie der chemischen Industrie, Wasserstofftankstellen oder dafür ausgelegten Turbinen- und Brennstoffzellenkraftwerken genutzt werden. Zudem kann es dem Erdgas in den Verteilnetzen beigemischt werden. Der Wasserstoff wird in PtGA auf Basis erneuerbarer Energien in Deutschland hergestellt oder importiert. Um einen schnellen Hochlauf der Wasserstoffinfrastruktur zu ermöglichen, wird daneben die Nutzung von aus Erdgas gewonnenem Wasserstoff diskutiert, bei dessen Herstellung das anfallende Kohlenstoffdioxid abgeschieden werden kann.

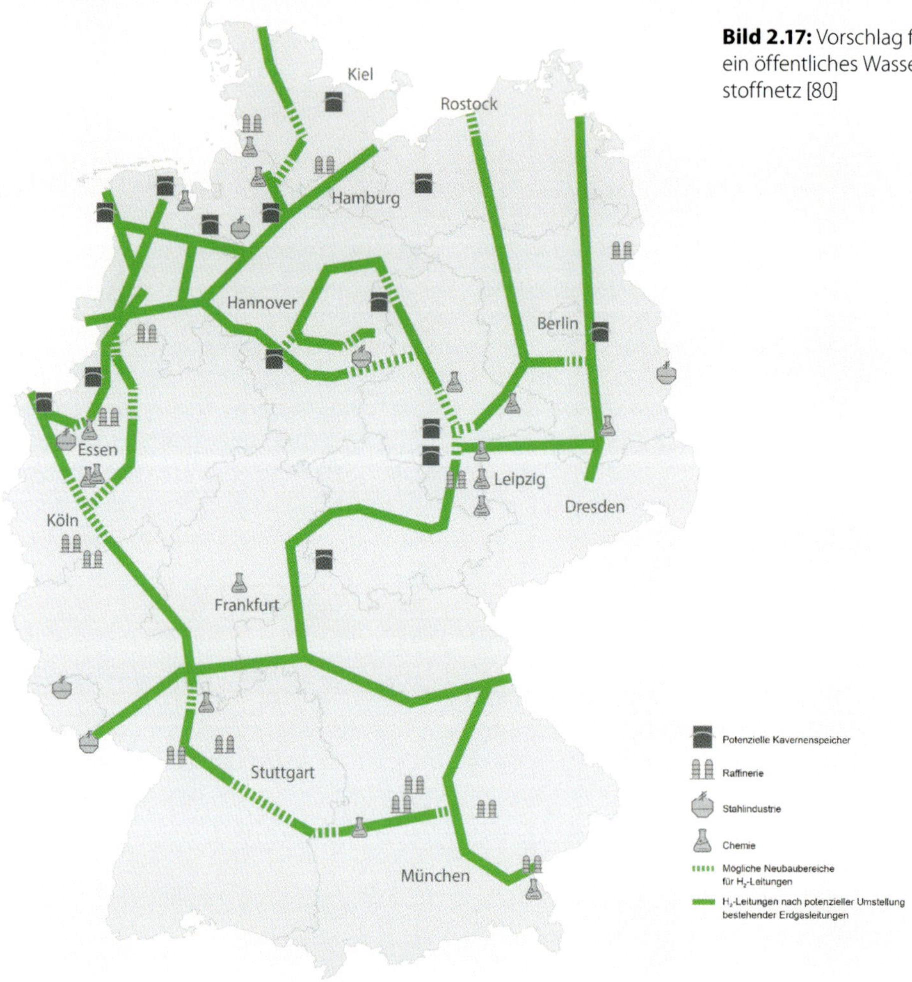

Bild 2.17: Vorschlag für ein öffentliches Wasserstoffnetz [80]

2.4.6.2 Entwicklung der Power-to-Gas-Absatzmärkte

In den vorangegangenen Abschnitten wurden die vielfältigen Einsatzbereiche von PtX-Produkten dargestellt sowie deren Bedarfe im Jahr 2050 beschrieben, wie sie in Energiesystemszenarien ermittelt wurden. Im Zuge der Entwicklung der nötigen Produktionskapazitäten sind zuerst die Absatzmärkte mit den größten Absatzpreisen und niedrigsten technischen Hürden zu bedienen. PtG-Wasserstoff wird mit einer hohen Reinheit produziert, zudem verursachen die Methanisierung bzw. die Kraftstoffsynthese weitere Wirkungsgradverluste. Daher wird der Einsatz von PtG-Wasserstoff als Synthesegrundstoff in Raffinerien sowie zur Versorgung von Brennstoffzellen in der Mobilität, bspw. in Zügen und in KFZ, als erste Option zu dessen Vermarktung angesehen. Die Bereitstellung von Regelenergie für den Stromsektor stellt dabei eine zusätzliche Erlösoption von PtGA dar

[81], [18]. Mit steigendem Anteil der Stromerzeugung aus EE-Anlagen und sinkender fossiler Backup-Kraftwerkskapazität steigt der Bedarf an Großspeichern für den Stromsektor. Sobald die Kapazität der Alternativen wie Pumpspeicher und Batterien nicht mehr ausreicht, eröffnen sich die Chancen für PtG als Stromspeicherkonzept. Abhängig von den politischen Rahmenbedingungen, der Entwicklung des regulatorischen Rahmens und der tatsächlich installierten EE-Anlagenleistung wird zwischen 2030 und 2050 ein Bedarf dieser Stromspeicher erwartet [16]. Die Elektrolyse- (und evtl. Methanisierungs-) Kapazitäten müssen bis dahin erschlossen sein. Im späteren Verlauf der Transformation des Energiesystems wird die Verwendung von PtG-Gasen zur Erzeugung von Hochtemperaturprozesswärme und als Synthesegrundstoff der chemischen Industrie erwartet [16], [18].

Neben diesen technischen bzw. marktgetriebenen Überlegungen zum Verlauf des PtG-Absatzes gibt es weitere Kategorien zur Entwicklung der PtG-Absatzmärkte. Da die Transformation des Energiesystems zur Reduktion der THG-Emissionen dient, ist nach [16] die Entwicklung einer technologieoffenen Förderstruktur erforderlich. Diese würde wirtschaftliche Anreize zum Technologieeinsatz nach geringsten THG-Vermeidungskosten ermöglichen und Chancen für PtG eröffnen. In [70] wird in einer nationalen Betrachtung eine Priorisierung des Einsatzes der strombasierten Erzeugnisse anhand des Mangels an realistischen THG-emissionsarmen technischen Alternativen vorgenommen. Die mögliche nationale Erzeugung in Deutschland wird dabei auf schwere Lastkraftwagen, die Hochtemperaturindustrie und die Rückverstromung zur Überbrückung der Dunkelflaute aufgeteilt. Darin sind der Flugverkehr und die Schifffahrt ausgenommen, da angenommen wird, dass bei Preissteigerungen die Betankung außerhalb Deutschlands stattfindet.

2.4.6.3 Internationale Aspekte der Power-to-Gas-Entwicklung

Die Entwicklung von PtG im deutschen Energiesystem ist nicht losgelöst von der weltweiten Entwicklung zu betrachten. Zum einen ist ein global koordinierter Umweltschutz effizienter und weitreichender als vereinzelte nationale Aktivitäten, zum anderen hängt der mögliche Import von auf erneuerbaren Energien basierenden Gasen und Kraftstoffen fraglos von den Produktionskapazitäten der Exportländer ab. Die Importe bestehen in den Szenarien mit 80 bzw. 95 % Treibhausgasemissionsminderung nach [1] volkswirtschaftlich optimal zu einem großen Teil aus PtG-Methan und PtL-Kraftstoffimporten aus Nordafrika und Südeuropa, zu deren Erzeugung die dortigen Solarstrompotenziale genutzt werden.

Im Bericht „A Clean Planet for all. A European long-term strategic vision for a prosperous, modern, competitive and climate neutral economy" der EU-Kommission von 2018 [82] wird den PtG-Produkten in den Szenarien ab 80 % THG-Emissionsminderung insbesondere in den schwierig zu elektrifizierenden Bereichen, wie dem Schwerlasttransport, eine wichtige Rolle zugesprochen. Die Produktion auf Basis von Strom aus Windkraft- und Photovoltaikanlagen innerhalb der EU könnte die Importabhängigkeit senken. Gleichzeitig wird die Möglichkeit gesehen, dass PtG-Produkte, wenn eine weltweite Produktion und ein globaler Handel aufgebaut werden, günstiger außerhalb der EU produziert und importiert werden könnten. Das würde der Reduktion der Importabhängigkeit entgegenstehen, jedoch gleichzeitig die Kosten zur Transformation des Energiesystems senken. Darüber hinaus wird die Chance gesehen, in einem weltweiten Wasserstoff- und PtL-Kraftstoffmarkt durch forcierte Forschung und Entwicklung die Technologieführerschaft (First-Mover-Advantage) in diesem Technologiebereich zu übernehmen, die z. B. im Falle von Photovoltaik verloren wurde.

Frontier economics hat 2018 für den Weltenergierat – Deutschland e.V. mit ihrer Studie [83] eine Initiative zur Schaffung einer Strategie vorgelegt, die den international koordinierten Aufbau einer weltweiten PtX-Produktionskapazität und des weltweiten PtX-Handels diskutiert. Die koordinierte und forcierte PtX-Produktion wird dabei als Schlüsselelement zur Erreichung der Ziele der UN-Klimakonferenz in Paris 2015 gesehen.

Literatur

[1] Deutsche Energie-Agentur (dena): dena-Leitstudie Integrierte Energiewende. Impulse für die Gestaltung des Energiesystems bis 2050. Berlin, 2018

[2] Bundesministerium für Wirtschaft und Energie; Statistisches Bundesamt; Arbeitsgruppe Erneuerbare Energien-Statistik (AGEE-Stat): Bruttostromerzeugung in Deutschland. 14.01.2019, Online [https://www.bmwi.de/Redaktion/DE/Infografiken/Energie/Energiedaten/Energietraeger/energiedaten-energietraeger-27.html.], zuletzt abgerufen am 26.03.2019

[3] Vernes, J.: Die geheimnisvolle Insel. Impian GmbH, Hamburg, 2018

[4] Bockris, J. O.; Justi, E. W. L.: Wasserstoff die Energie für alle Zeiten. Konzept einer Sonnen-Wasserstoff-Wirtschaft. Udo Pfriemer Verlag GmbH, München, 1980

[5] Sterner, M.: Bioenergy and renewable power methane in integrated 100 % renewable energy systems. Limiting global warming by transforming energy systems. In: Schmid, J.: Erneuerbare Energien und Energieeffizienz. Band 14, Universität Kassel, 2009

[6] Zdrallek, M. (Hrsg.): Planungs- und Betriebsgrundsätze für ländliche Verteilungsnetze – Leitfaden zur Ausrichtung der Netze an ihren zukünftigen Anforderungen. In: Zdrallek, M. (Hrsg.): Neue Energie aus Wuppertal. Band 8, Universität Wuppertal, 2016

[7] Schwab, A. J.: Elektroenergiesysteme. Erzeugung, Übertragung und Verteilung elektrischer Energie. Springer, Berlin, 2015

[8] Müller-Syring, G.; Hüttenrauch, J.; Schütz, S.; Kröger, K.; Schley, P.: Smart Gas Grids. Abschlussbericht der wissenschaftlichen Studien DVGW G3/02/10 und DVGW G3/01/10. Leipzig, 2013

[9] Cerbe, G.; Lendt, B.: Grundlagen der Gastechnik. Gasbeschaffung – Gasverteilung – Gasverwendung. Carl Hanser Verlag, München, 2017

[10] Forum Netztechnik/Netzbetrieb im VDE (FNN): Deutsches Höchstspannungsnetz. Verband der Elektrotechnik Elektronik Informationstechnik (VDE) e.V., Berlin, 2018

[11] Vereinigung der Fernleitungsnetzbetreiber Gas e.V. (FNB Gas): Startnetz für die Modellierung des Netzentwicklungsplans Gas 2016. In: FNB Gas: Netzentwicklungsplan Gas 2016-2026. 2. Konsultationsdokument, Berlin, 2017, S. 60

[12] Projektträger Jülich: Wasserstoffnetz. Forschungszentrum Jülich GmbH. Online [https://www.enargus.de/pub/bscw.cgi/d13686-2/*/*/Wasserstoffnetz.html?op=Wiki.getwiki&search=sekund%C3%A4rregelleistung&scope=all.], zuletzt abgerufen am 30 03 2020

[13] Götz, M.; Lefebvre, J.; Mörs, F.; McDaniel Koch, A.; Graf, F.; Bajohr, S.; Reimert, R.; Kolb, T.: Renewable Power-to-Gas: A technological and economic review. In: Renewable Energy, 85 (2016), S. 1.371-1.390

[14] Baumann, C.; Geschermann, K.; Grote, F.; Hüttenrauch, J.; Köppel, W.; Moser, A.; Müller-Syring, G.; Steffens, P.; Stötzel, M.; Zdrallek, M.; Zöllner, S: Nutzen der Power-to-Gas-Technologie Entlastung der 110-kV-Stromverteilungsnetze. Abschlussbericht der wissenschaftlichen Studie DVGW G 3/03/12-ERG. Aachen, 2015

[15] Wettstein, S.; Itten, R.; Stucki, M.: Life Cycle Assessment of Renewable Methane for Transport and Mobility, 2018

[16] Deutsche Energie-Agentur (dena): Roadmap Power to Gas. Baustein einer Integrierten Energiewende. Berlin, 2017

[17] Umweltbundesamt (Hrsg.): Postfossile Energieversorgungsoptionen für einen treibhausgasneutralen Verkehr im Jahr 2050. Eine verkehrsträgerübergreifende Bewertung. Umweltbundesamt, Dessau-Roßlau, 2015

[18] Sterner, M.; Stadler, I. (Hrsg.): Energiespeicher. Bedarf, Technologien, Integration. Springer-Verlag GmbH Deutschland, Berlin, 2017

[19] ENCON.Europe GmbH: Potenzialatlas für Wasserstoff. Analyse des Marktpotentials für Wasserstoff, der mit erneuerbarem Strom hergestellt wird, im Raffineriesektor und im zukünftigen Mobilitätssektor. ENCON.Europe GmbH im Auftrag von IG BCE Innovationsforum Energiewende e. V. und Mineralölwirtschaftsverband e.V., Berlin, 2018

[20] Umweltbundesamt: Erneuerbare Energien in Deutschland. Daten zur Entwicklung im Jahr 2018. Dessau-Roßlau, 2019

[21] Nitsch, J.: Die Energiewende nach COP 21. Aktuelle Szenarien der deutschen Energieversorgung. Kurzstudie für den Bundesverband Erneuerbare Energien e.V., Stuttgart, 2016

[22] Müller-Syring, G.; Henel, M.; Poltrum, M.; Wehling, A.; Dannenberg, E.; Gladien, J.; Stötzel, M., Möhlke, F., Ortloff, F.; Kratz, F.: Transformationspfade zur Treibhausgasneutralität der Gasnetze und Gasspeicher nach COP 21. Abschlussbericht der wissenschaftlichen Studie DVGW G 201624. Leipzig, 2018

[23] acatech – Deutsche Akademie der Technikwissenschaften e.V.; Deutsche Akademie der Naturforscher Leopoldina e.V.; Union der deutschen Akademien der Wissenschaften e.V.: Flexibilitätskonzept für die Stromversorgung 2050. Stabilität im Zeitalter der erneuerbaren Energien. München; Halle (Saale); Mainz, 2015

[24] Huneke, F.; Perez Linkenheil, C. N. M.-L.: Kalte Dunkelflaute. Robustheit des Stromsystems bei Extremwetter. Wissenschaftliche Studie im Auftrag der Greenpeace Energy eG. Energy Brainpool GmbH & Co. KG, Berlin, 2017

[25] Sterner, M.; Thema, M.; Eckert, F.; Lenck, T.; Götz, P.:Bedeutung und Notwendigkeit von Windgas für die Energiewende in Deutschland. Forschungsstelle Energienetze und Energiespeicher (FENES) OTH Regensburg; Energy Brainpool, Studie im Auftrag von Greenpeace Energy, Regensburg; Hamburg; Berlin, 2015

[26] Repenning, J.; Emele, L.; Blanck, R.; Braungardt, S.; Eichhammer, W.; Ziesing, H.-J.: Klimaschutzszenario 2050. Studie im Auftrag des Bundesministeriums für Umwelt. 2. Endbericht, Öko-Institut e.V.; Fraunhofer ISI, Berlin, 2015

[27] Hartmann, N.; Eltrop, L.; Bauer, N.; Salzer, J.; Schwarz, S.; Schmidt, M.: Stromspeicherpotenziale für Deutschland. Zentrum für Energieforschung Stuttgart (zfes), 2012

[28] Deutsche Energie-Agentur (dena) (Hrsg.): dena-Studie Systemdienstleistungen 2030. Berlin, 2014

[29] Verband der Netzbetreiber (VDN) e.V. beim VDEW: TransmissionCode 2007. Netz- und Systemregeln der deutschen Übertragungsnetzbetreiber. Version 1.1, Berlin, 2007

[30] Broekmans, V.; Krämer, L.-M.: Beitrag von zentralen und dezentralen KWK-Anlagen zur Netzstützung. Bofest Consult GmbH, Berlin, 2014

[31] BDEW Bundesverband der Energie- und Wasserwirtschaft e.V.: Technische Richtlinie Erzeugungsanlagen am Mittelspannungsnetz. BDEW, Berlin, 2008

[32] Baumann, C.; Geschermann, K.; Graf, F.; Hüttenrauch, J.; Köppel, W.; Krause, H.; Moser, A.; Müller-Syring, G.; Steffens, P.; Stötzel, M.; Zdrallek, M.; Zöllner, S.: Nutzen von Smart-Grid-Konzepten unter Berücksichtigung der Power-to-Gas-Technologie. Abschlussbericht der wissenschaftlichen Studie DVGW G3-03-12, Aachen, 2014

[33] Hüttenrauch, J.; Zöllner, S.; Köppel,W.: „Smart Grids unter Berücksichtigung von Power-to-Gas – Ergebnisse und Ausblick des Projekts aus der DVGW-Innovationsoffensive. In: energie | wasser-praxis, 9 (2014)

[34] Steffens; P.; Zdrallek, M.: Kopplung von Strom- und Gasnetzen mit Power-to-Gas. In: ETG Mitgliederinformation, 1 (2017)

[35] Hüttenrauch, J.; Zöllner, S.; Müller-Syring, G.; Steffens, P.; Stötzel, M.; Zdrallek, M.; Köppel, W.; Degünther, C.; Baumann, C.; Geschermann, K.; Moser, A.: Nutzen der Power-to-Gas-Technologie zur Entlastung der 110-kV-Stromverteilungsnetze. In: energie | wasser-praxis, 4 (2015)

[36] Fischedick, M.; Merten, F.; Krüger, C.; Nebel, A.: Synergieeffekte Gas- und Stromnetze. Nutzung von Gasnetzen und -speichern für die Integration von Strom aus Erneuerbaren Energien und zur Entlastung der Stromnetze. Abschlussbericht der wissenschaftlichen Studie DVGW G 2/01/11, Wuppertal, 2013

[37] Möhrke, F.; Wolter, D.; Zdrallek, M.; Hüttenrauch, J.; Wupperfeld, M.; Krause, H.; Kellermann, J.; Siemonsmeier, M.; Wahl, M.; Moser, A.; Coquette, D.; Köppke, M.; Schaffert, J.; Albus, R.: Potenzialstudie von Power-to-Gas-Anlagen in deutschen Verteilungsnetzen. Abschlussbericht der wissenschaftlichen Studie DVGW G 201617, Aachen, 2019

[38] DVGW Deutscher Verein des Gas- und Wasserfaches e.V.: DVGW G 260 (A), DVGW e.V., Bonn, 2013

[39] Oerter, C.: Autarke, koordinierte Spannungs- und Leistungsregelung in Niederspannungsnetzen. In: Zdrallek, M. (Hrsg.): Neue Energie aus Wuppertal, Band 4, Wuppertal, 2014

[40] Deutsche Energie-Agentur (dena) (Hrsg.): dena-Netzflexstudie. Optimierter Einsatz von Speichern für Netz und Marktanwendungen in der Stromversorgung. Berlin, 2017

[41] Garzon-Real, J.; Kilicsoy, S.; Dahlmann, B; Kornrumpf, T.; Stötzel, M.; Zdrallek, M.: Coupling electricity and gas distribution networks: applications and further steps in the concept development. International ETG Congress 2017, Bonn (Deutschland), S. 1-6

[42] Dahlmann, B.; Garzón-Real, J.; Zdrallek, M.; Hüttenrauch, J.; Wupperfeld, M.; Krause, H.; Köppel, W.; Graf, F.; Benthin, J.; Heyer, A.; Albus, R.: Kombinierte Strom- und Gasnetzautomatisierung auf Verteilnetzebene. Abschlussbericht der wissenschaftlichen Studie DVGW G 201616, Essen, 2018

[43] Schütz, S.; Härtel, P.: Klimaschutz und regenerativ erzeugte chemische Energieträger – Infrastruktur und Systemanpassung zur Versorgung mit regenerativen chemischen Energieträgern aus in- und ausländischen regenerativen Energien. Umweltbundesamt, Dessau-Roßlau, 2016

[44] Henel, M.; Köppel, W.; Mlaker, H.; Sterner, M.; Höcher, T.: Abschlussbericht DVGW-Projekt G1-07-10. Entwicklung von modularen Konzepten zur Erzeugung, Speicherung und Einspeisung von Wasserstoff und Methan ins Erdgasnetz. DVGW, Bonn, 2012

[45] Graf, F.; Krajete, A.; Schmack, U.: Techno-ökonomische Studie zur biologischen Methanisierung bei Power-to-Gas-Konzepten. DVGW, Bonn, 2014

[46] MicrobEnergy GmbH: (Persönliche) Kommunikation mit J. Klückers, Oktober 2016

[47] Electrochaea GmbH: (Persönliche) Kommunikation mit M. Forstmeier, Oktober 2016

[48] Zdrallek, M. et al.: Potenzialstudie von Power-to-Gas-Anlagen in deutschen Verteilungsnetzen. DVGW, Bonn, 2019

[49] Henel, M. et.al.: Entwicklung von modularen Konzepten zur Erzeugung, Speicherung und Einspeisung von Wasserstoff und Methan in das Erdgasleitungsnetz. DVGW, Bonn, 2013

[50] Müller-Syring, G.; Henel, M.; Wehling, A.; Weiße, M.: Metastudie zur Untersuchung der Potenziale von Wasserstoff für die Integration von Verkehrs- und Energiewirtschaft. DVGW; NOW; DBI, 2016

[51] © DBI-Gruppe, 2019 nach Information aus: Grollius, H.-W.: Grundlagen der Pneumatik. Carl Hanser Verlag, München, 2012

[52] © DBI-Gruppe, 2019

[53] © DBI-Gruppe, 2019 nach Information aus: [https://www.ge.com/power/about/insights/articles/2018/03/nishi-nagoya-efficiency-record], zuletzt abgerufen am 28.08.2019

[54] Kostenzusammenstellung nach Herstellerangaben und Projekten (DVGW, NOW, Siemens, McPhy, ITM, Hydrogenics), DBI, 2018

[55] Entsprechend Angeboten, Herstellerangaben, Projekt-Kalkulation, DBI, 2018

[56] Preisorientierung an Erdgas-UGS, VNG Gasspeicher und DBI – Steffen Schmitz, 2014

[57] Kostenabschätzung nach Dateninput NOW GmbH, Dr. Oliver Ehret; DBI, Marco Henel, 2014

[58] Entsprechend Angeboten, Herstellerangaben, Projekt-Kalkulation, DBI, 2018

[59] Kostenabschätzung zur Herstellung eines Wasserstoffverteilnetzes inkl. Hausanschlussleitungen, Mitnetz Gas, 2014

[60] Kostenabschätzung, DBI, Dr. Jörg Nitzsche, 2014

[61] Kostenangebot, HTWK Leipzig, Prof. Michael Kubessa, 2014

[62] DBI, Linde AG Workshop, TU Cottbus, 2014

[63] DBI, Rücksprache mit Air Liquid, 2013

[64] NOW-Studie: Integration von Wind-Wasserstoff-Systemen in das Energiesystem. Abschlussbericht, 31.03.2014

[65] Acht, A.; Crotogino, F.; Donadei, S.; Genoese, F.; Hamelmann, R.; Horvath, P.; Krause, S.; Lehmann, J.; Michaelis, J.; Miege, A.; Sponholz, C.; Stolzenburg, K.; Wietschel, M.; Integration von Wind-Wasserstoff-Systemen in das Energiesystem. Abschlussbericht, Planet GbR; Fachhochschule Lübeck Projekt GmbH; Fraunhofer-Institut für

System- und Innovationsforschung; Institut für Energie und Umwelt e.V.; KBB Underground Technologies GmbH in Abstimmung mit der Nationalen Brganisation Wasserstoff und Brennstoffzelle, 2014

[66] Erdgaskunden EFH, Jahresverbrauch 20.000 kWh, Statistisches Bundesamt, BDEW, 2019

[67] Fachagentur Nachwachsende Rohstoffe e.V., 2014

[68] BDEW (Hrsg.): Strompreis für Haushalte. 14.08.2019, Online, [https://www.bdew.de/service/daten-und-grafiken/strompreis-fuer-haushalte/]

[69] Parra, D.; Zhang, X.; Bauer, C.; Patel, M. K.: An integrated techno-economic and life cycle environmental assessment of power-to-gas systems. In: Applied Energy, 193 (2017), S. 440-454

[70] Bettgenhäuser, K.; Grözinger, J.; Petersdorff, C.; John, A.: Die Rolle von Gas im zukünftigen Energiesystem. Abschlussbericht der wissenschaftlichen Studie DVGW G 201802, Ecofys Germany GmbH, Köln, 2018

[71] Brinner, A.; Schmidt, M.; Schwarz, S.; Wagener, L.; Zuberbühler, U.: Technologiebericht 4.1. Power-to-gas (Wasserstoff) innerhalb des Forschungsprojekts TF_Energiewende. In: Technologien für die Energiewende. Teilbericht 2 an das Bundesministerium für Wirtschaft und Energie (BMWi). Wuppertal Institut; ISI; IZES, Wuppertal; Karlsruhe; Saarbrücken, 2018

[72] Erler, R.; Lehnert, F.; Grube, E.; Ortloff, F.; Müller, C.; Feldpausch-Jägers, S.; Tali, E.; Burmeister, F.: Ermittlung des Gesamtpotenzials erneuerbarer Gase zur Einspeisung ins deutsche Erdgasnetz. In: DVGW Deutscher Verein des Gas- und Wasserfaches e.V. (Hrsg): Gesamtpotenzial EE-Gase. Bonn, 2019

[73] Nitsch, J.: Energiewende. Quo Vadis? Stuttgart, 2014

[74] Bundesnetzagentur für Elektrizität, Gas, Telekommunikation, Post und Eisenbahnen: Genehmigung des Szenariorahmens 2019-2030. Bonn, 2018

[75] Robinius, M.; Markewitz, P.; Lopion, P.; Kullmann, F.; Heuser, P.-M.; Syranidis, K.: Cerniauskasa, S.; Reußa, M.; Rybergа, S.; Kotzura, L.; Caglayana, D.: Kosteneffiziente und klimagerechte Transformationsstrategien für das deutsche Energiesystem bis zum Jahr 2050. Kurzfassung, Forschungszentrum Jülich GmbH, Jülich, 2019

[76] Henning, H.-M. Palzer, A.: Was kostet die Energiewende? Wege zur Transformation des deutschen Energiesystems bis 2050. Fraunhofer-Institut für Solare Energiesysteme ISE, Freiburg, 2015

[77] Nitsch, J.: Was für einen erfolgreichen Klimaschutz erforderlich ist. Schlussfolgerungen aus aktuellen Szenarien der deutschen Energieversorgung, Stuttgart, 2018

[78] Ahnis, E.; Wehling, A.; Köppel, W.; Sterner, M.; Lucke, N.: Technisch-ökonomische Modellierung eines sektorengekoppelten Gesamtenergiesystems aus Gas und Strom unter Fortschreibung des regulatorischen Rahmens – „Smaragd". Abschlussbericht der wissenschaftlichen Studie DVGW G 201708, Berlin, 2018

[79] Bundesministerium für Wirtschaft und Energie (BMWi): Gewinner des Ideenwettbewerbs „Reallabore der Energiewende". Steckbriefe, Berlin, 2019

[80] Vereinigung der Fernleitungsnetzbetreiber Gas e.V. (FNB Gas): Vision für ein H_2-Netz. FNB Gas, Berlin, 2020

[81] Robinius, M.; Welder, L.; Ryberg, D. S.; Mansilla, C.; Lucchese, P.; Tlili, O.; Le Duigou, A.; Albertín, E.; Simon, J.; Balan, M.; Dickinson, R. R.; Dolci, F.; Weidner, Gammon, E.: Power-to-hydrogen and hydrogen-to-X. Which markets? Which economic potential? Answers from the literature. 14th International Conference on the European Energy Market (EEM). Conference Paper, 2017, S. 1-6

[82] European Commission: In-Depth Analysis in Support of the Commission Communication. Com (2018) 773. A Clean Planet for all. A European long-term strategic vision for a prosperous, modern, competitive and climate neutral economy. Brüssel, 2018

[83] Bothe, D.; Perner, J.: International Aspects of a Power-to-X Roadmap. A Report prepared for the World Energy Council Germany. Frontier Economics Ltd, London, 2018

3. Grundlagen der Wasserelektrolyse zur Wasserstofferzeugung

Tom Smolinka

3.1 Die energiepolitische Rolle der Wasserelektrolyse

Die Wasserelektrolyse gilt als das zentrale Verfahren zur Wasserstofferzeugung aus erneuerbaren Energien (EE) und ist somit bereits heute eine wichtige technologische Komponente in der Sektorenkopplung und bei der Transformation unseres Energiesystems von heutigen, fossilen Energieträgern hin zu erneuerbaren Energieträger wie Wind und Solar. In verschiedenen Studien wurde in den letzten Jahren intensiv untersucht, wie groß der zukünftige Bedarf an regenerativ erzeugtem Wasserstoff bis zum Jahr 2030 bzw. 2050 sein wird, um gemäß des Übereinkommens von Paris die Erderwärmung deutlich unter 2 °C zu halten [66]. Die in diesen Studien angenommenen Randbedingungen resultieren in einer großen Bandbreite des zukünftigen globalen Wasserstoffbedarfs von ca. 100 Mt Wasserstoff in 2030 und bis zu 500 Mt Wasserstoff in 2050 [56]. Bezogen auf den Heizwert von Wasserstoff (33,33 kWh/kg) entspricht dies einem Energiegehalt von ca. 3.300 TWh (2030) bzw. 16.700 TWh (2050). Neben der direkten Nutzung wird dieser Wasserstoff auch zur Herstellung von kohlenstoffhaltigen Folgeprodukten für Industrie, Chemie und Verkehr benötigt. Auch für Deutschland prognostizieren diverse Studien zukünftig einen hohen Wasserstoffbedarf, wenn die Klimaschutzziele der Bundesregierung bis zum Jahr 2050 erreicht werden sollen. Im Mittel wird von einem Bedarf an PtX-Produkten (Wasserstoff als auch kohlenstoffhaltige Folgeprodukte des Wasserstoffs wie Methan oder Methanol) für 2030 von ca. 60 TWh und für 2050 von 580 TWh ausgegangen [56].

Obwohl Wasserstoff nicht zwangsläufig komplett über die Wasserelektrolyse hergestellt werden muss, besteht Einigkeit in der Fachwelt, dass die Elektrolyse im zukünftigen Energiemarkt den Hauptteil der Wasserstofferzeugung übernehmen wird, da eine klimaneutrale Energieversorgung vor allem auf Wind- und Solarenergie sowie auf Wasserkraft basieren wird. An dieser Stelle sei erwähnt, dass ebenfalls sogenannte alternative, CO_2-arme Wasserstofferzeugungsverfahren verstärkt als Brückentechnologie diskutiert werden, da aktuell die Wasserelektrolyse nicht in ausreichender Kapazität verfügbar ist, um den in wenigen Jahren massiv steigenden Wasserstoffbedarf zu decken. Dazu zählen vor allem die Methanreformierung mit nachgeschalteter Abtrennung und Sequestrierung bzw. Nutzung von Kohlenstoffdioxid (engl.: carbon capture and storage / utilisation – CCS / CCU) und die Methanpyrolyse, bei der Methan unter Zufuhr von Energie in seine Bestandteile Wasserstoff und (festen) Kohlenstoff zerlegt wird. Vorteil des festen Kohlenstoffs ist seine gegenüber dem gasförmigen Kohlenstoffdioxid vereinfachte Lagerung bzw. Weiternutzung. Entscheidend für eine CO_2-arme Implementierung der Methanpyrolyse ist der Einsatz erneuerbarer Energien für die Wärmezufuhr bei der Spaltung des Methans sowie die Sicherstellung, dass der Kohlenstoff, der bei der Pyrolyse entsteht, anschließend nicht in die Atmosphäre gelangt. Es bleibt jedoch fraglich, ob diese alternativen Verfahren wirklich als CO_2-arme Brückentechnologien genutzt werden können, da sie derzeit nicht als großskalige Verfahren verfügbar sind, zusätzliche logistische Herausforderungen mit sich bringen und vor allem die CCS-Technologie unter erheblichen Akzeptanzproblemen leidet.

Abgeleitet sowohl vom globalen als auch nationalen Bedarf und in Anbetracht der Tatsache, dass nicht nur Deutschland, sondern auch Europa gemäß seines „Green Deals" bis zum Jahr 2050 klimaneutral sein will, werden derzeit nationale und europäische Strategien entwickelt, wie ein Hochlauf der Wasserelektrolyse zu einer GW-Industrie in wenigen Jahren gelingen kann. Gemäß der Nationalen Wasserstoffstrategie sollen bis zum Jahr 2030 in Deutschland Elektrolyseure mit einer nominellen Leistung von ca. 5 GW installiert sein [7]. Die europäische Kommission möchte innerhalb Europas bis zum Jahr 2024 bereits Elektrolyseure mit 6 GW und bis 2030 mit 40 GW aufgebaut haben [14]. Die europäische Initiative von Hydrogen Europe möchte sogar bis zum Jahr 2030 2x40 GW in Europa installieren, um den europäischen Bedarf an Wasserstoff zu decken. 40 GW sollen demzufolge innerhalb der europäischen Union und weitere 40 GW in benachbarten europäischen Ländern aufgebaut werden [67]. In Anbetracht der Tatsache, dass die globale Elektrolyseindustrie bis vor kurzem jährlich nur ca. 100 MW an neuen Anlagen errichten hat [59], wird die enorme Kraftanstrengung deutlich, die es in den nächsten Jahren zu bewältigen gilt.

Damit gewinnt die Technologie auch eine entscheidende industriepolitische Komponente, da sie sowohl zur Erzeugung des benötigten Wasserstoffs, als Flexibilitätsoption im Stromnetz aber auch als Kerntechnologie der Energiewende für den internationalen Exportmarkt eine Rolle spielt. Energiesystemanalysen zeigen, dass der einheimische Wasserstoffbedarf nur zu einem gewissen Teil durch Anlagen im eigenen Land gedeckt werden kann, da der deutsche Energiebedarf den energiewirtschaftlich geeigneten Ausbau an erneuerbaren Energien nach derzeitigem Erwartungswert um das Zweifache übersteigen wird. Wasserstoff und wasserstoffbasierte synthetische Energieträger werden daher beim Energieimport rasch an Stellenwert gewinnen. In welcher Form der Wasserstoff nach Deutschland importiert werden wird, ist derzeit noch nicht absehbar, aber viele Regionen der Welt bereiten sich auf die Erzeugung und den Handel mit nachhaltig erzeugten Energieträgern und Basischemikalien vor, sodass für Deutschland neue Energiepartnerschaften jenseits der bisherigen fossilen Beziehungen wahrscheinlich sind. Dies erhöht in Summe die nationalen Chancen für einen Technologieexport nicht nur für Wasserstofferzeugungsanlagen, sondern auch für Komponenten und Systeme der Transportlogistik und Verteil-Infrastrukturen.

3.2 Grundlagen der Wasserelektrolyse

3.2.1 Funktionsweise und Arten der Wasserelektrolyse

Allgemein wird die elektrochemische Aufspaltung von Wasser mithilfe elektrischer Energie in seine Bestandteile Wasserstoff und Sauerstoff als Wasserelektrolyse bezeichnet. Die grundlegende Reaktionsgleichung lautet:

$$H_2O_{(l/g)} + \Delta H_R \Leftrightarrow H_{2(g)} + \tfrac{1}{2}O_{2(g)} \tag{3.1}$$

Tabelle 3.1: Halbzellenreaktionen, typische Temperaturbereiche und Ladungsträger der drei wesentlichen Arten der Wasserelektrolyse

Verfahren	Temperatur	Kathodenreaktion	Ladungsträger	Anodenreaktion
AEL	70-90 °C	$2H_2O + 2e^- \rightarrow H_2 + 2OH^-$	OH^-	$2OH^- \rightarrow \frac{1}{2}O_2 + H_2O + 2e^-$
AEMEL	50-70 °C	$2H_2O + 2e^- \rightarrow H_2 + 2OH^-$	OH^-	$2OH^- \rightarrow \frac{1}{2}O_2 + H_2O + 2e^-$
PEMEL	50-80 °C	$2H^+ + 2e^- \rightarrow H_2$	H^+	$H_2O \rightarrow \frac{1}{2}O_2 + 2H^+ + 2e^-$
PCEL	450-600 °C	$2H^+ + 2e^- \rightarrow H_2$	H^+	$H_2O \rightarrow \frac{1}{2}O_2 + 2H^+ + 2e^-$
SOEL	650-850 °C	$H_2O + 2e^- \rightarrow H_2 + O^{2-}$	O^{2-}	$O^{2-} \rightarrow \frac{1}{2}O_2 + 2e^-$
CoSOEL	700-900 °C	$H_2O + 2e^- \rightarrow H_2 + O^{2-}$ $CO_2 + 2e^- \rightarrow CO + O^{2-}$	O^{2-}	$O^{2-} \rightarrow \frac{1}{2}O_2 + 2e^-$

Dies entspricht der entgegengesetzten Richtung der in einer Brennstoffzelle ablaufenden Reaktion, bei der Wasserstoff und Sauerstoff unter Gewinn von elektrischer Energie zu Wasser reagieren. In diesem Kapitel werden die Grundlagen der Wasserelektrolyse vorgestellt und eine Einführung in die wichtigsten Verfahren der Wasserelektrolyse gegeben.

Je nach verwendeten Elektrolyten gibt es verschiedene Verfahren der Wasserelektrolyse. Die bekanntesten Verfahren sind die alkalische Elektrolyse mit einem flüssigen basischen Elektrolyten, die saure Elektrolyse mit einem polymeren Festelektrolyten und die Hochtemperaturelektrolyse mit einer Festoxidkeramik als Elektrolyt. Die Reaktionen an der Kathode (Hydrogen Evolution Reaction – HER) und Anode (Oxygen Evolution Reaction – OER) variieren entsprechend des verwendeten Elektrolyten und sind in **Tabelle 3.1** zusammengefasst.

Bei der alkalischen Elektrolyse (AEL) wird das Wasser i. d. R. an der Kathodenseite zugeführt, an welcher Wasserstoff und OH^--Ionen entstehen. Letztere durchqueren die mikroporöse oder Anionen leitende Membran und werden auf der Anodenseite zu Sauerstoff und Wasser umgesetzt. Der allgemeine Aufbau und Funktionsweise einer alkalischen Zelle ist in **Bild 3.1** zu sehen.

Bei sauren Elektrolyten (z. B. der PEM-Elektrolyse, PEMEL) wird das Wasser normalerweise an der Anodenseite der Elektrolysezelle zugeführt und in seine Bestandteile zerlegt. Pro Wassermolekül entsteht ein halbes Sauerstoffmolekül, das anodenseitig abgeführt wird, und zwei Protonen (H^+), die durch eine protonenleitende Membran zur Kathodenseite transportiert werden und dort unter Aufnahme zweier Elektronen zu einem Wasserstoffmolekül reduziert werden.

Bei der Hochtemperatur-Wasserdampf-Elektrolyse oder auch Festoxid-Elektrolyse (SOEL) wird der Wasserdampf an der Kathode zugeführt und zu Wasserstoff und O^{2-}-Ionen reduziert. Letztere wandern durch die O^{2-}-leitfähige Membran zur Anodenseite und werden dort zu Sauerstoff oxidiert.

Neben diesen drei Hauptverfahren gewannen in den letzten Jahren die alkalische Elektrolyse mit einer für OH^--Ionen leitfähigen Membran (engl. alkaline electrolyte membrane electrolysis –

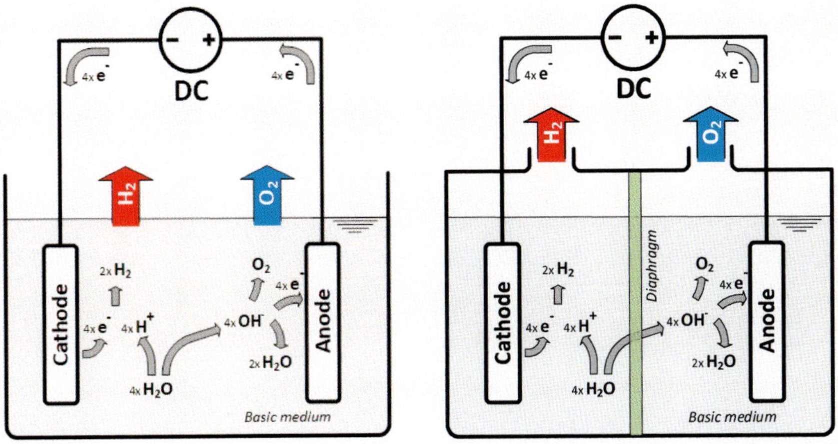

Bild 3.1: Allgemeine Funktionsweise der Wasserelektrolyse im basischen Medium (a); damit die beiden Gase Wasserstoff und Sauerstoff getrennt abgeführt werden können, sind die Anode und die Kathode durch eine semipermeable Membran (Diaphragma) voneinander getrennt (b) [58]

AEMEL), die protonenleitende Hochtemperaturelektrolyse auf Keramikbasis (engl.: proton conducting ceramic electrolysis – PCEL) sowie die ebenfalls auf Festoxid-Zellen basierende Ko-Elektrolyse (CoSOEL) zur Synthesegasproduktion ($CO + H_2$) – durch direkte CO_2-Reduzierung und Wasserspaltung in einer Zelle – an Bedeutung. Aufgrund des derzeitigen Entwicklungstandes werden diese drei Technologien hier nicht weiter betrachtet, in Tabelle 3.1 sind sie jedoch mit aufgeführt.

3.2.2 Thermodynamische Grundlagen

Bei der Wasserelektrolyse nach Formel (3.1) handelt es sich um eine endotherme Reaktion. Dem Prozess muss also Energie zugeführt werden, damit er abläuft. Bei Standardbedingungen (298,15 K und 101,325 kPa) beträgt der für die Wasserspaltung benötigte Energieaufwand $\Delta H_R^0 = 285{,}8$ kJ/mol und entspricht somit dem Brennwert von Wasserstoff. Die Reaktionsenthalpie setzt sich nach der Gibbs-Helmholtz-Gleichung aus zwei Teilen zusammen:

$$\Delta H_R = \Delta G_R + T\Delta S_R \tag{3.2}$$

Die freie Reaktionsenthalpie (Gibbs´sches Potenzial) ΔG_R beschreibt die erforderliche Mindestenergie, die der Reaktion als elektrische Energie zugeführt werden muss. Bei Standardbedingungen beträgt $\Delta G_R^0 = 237{,}2$ kJ/mol, sodass sich die minimal erforderliche Zellspannung V_{rev} (auch als reversible Zellspannung bezeichnet) mit der Anzahl der übertragenen Elektronen z (Äquivalentzahl) und der Faraday-Konstante F nach folgender Gleichung bestimmt:

$$V_{rev}^0 = \frac{\Delta G_R^0}{z \cdot F} = \frac{237{,}2}{2 \cdot 96485} \frac{\text{kJ} \cdot \text{mol}^{-1}}{\text{C} \cdot \text{mol}^{-1}} = 1{,}23\text{V} \tag{3.3}$$

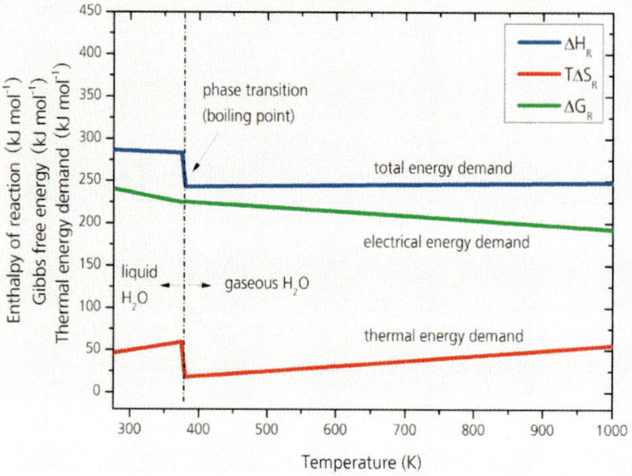

Bild 3.2: Abhängigkeit der thermodynamischen Zustandsgrößen ΔH_R und ΔG_R von der Temperatur für die Zersetzung von flüssigem und gasförmigem Wasser bei 101,325 kPa

Das Produkt aus Temperatur T und Entropie ΔS_R aus Formel (3.2) ist der Anteil an der Reaktionsenthalpie, welcher der Reaktion auch als Wärmeenergie zugeführt werden kann. Anders als bei der Hochtemperaturelektrolyse kann die Reaktion bei niedrigen Temperaturen (alkalische Elektrolyse und PEM-Elektrolyse) jedoch keine (bzw. kaum) Wärme aus der Umgebung aufnehmen. Die fehlende Wärmeenergie wird stattdessen ebenfalls als elektrische Energie in den Prozess eingebracht. Daraus ergibt sich die thermoneutrale Spannung V_{th}, die durch folgende Gleichung berechnet werden kann:

$$V_{th}^0 = \frac{\Delta H_R^0}{z \cdot F} = \frac{285{,}8}{2 \cdot 96485} \frac{\mathrm{kJ \cdot mol^{-1}}}{\mathrm{C \cdot mol^{-1}}} = 1{,}48\,\mathrm{V} \qquad (3.4)$$

Die reversible Zellspannung V_{rev} ist also die minimale Zellspannung, welche im idealen Fall (Reaktion läuft reversibel ab) an einer Elektrolysezelle angelegt werden muss, damit es zu einer Zersetzung von Wasser kommen kann, während die thermoneutrale Zellspannung V_{th} jene Zellspannung ist, bei der es unter reversiblen Bedingungen auf jeden Fall zur Zersetzung von Wasser in seine Bestandteile Wasserstoff und Sauerstoff kommt.

Die in Formel (3.3) und Formel (3.4) verwendeten Werte gelten für die sogenannten Standardbedingungen bei 298,15 K, variieren jedoch mit veränderter Prozesstemperatur. Dieser thermodynamische Zusammenhang zwischen der Reaktionsenthalpie ΔH_R und der Temperatur ist in **Bild 3.2** grafisch dargestellt. Die Unstetigkeit bei 100 °C (373,15 K) geht auf den Phasenübergang des Wassers von flüssig zu dampfförmig zurück. Während die Reaktionsenthalpie ΔH_R bei $T > 373{,}15$ K (100 °C) in erster Näherung weitgehend temperaturunabhängig ist, zeigen die freie Reaktionsenthalpie ΔG_R und der Entropieteil $T\Delta S_R$ eine erhebliche Temperaturabhängigkeit. Mit steigender Temperatur reduziert sich die freie Reaktionsenthalpie ΔG_R, sodass die reversible Zellspannung ebenfalls abfällt und der elektrische Energiebedarf reduziert wird. Gleichzeitig steigt das Produkt aus Temperatur und Entropie $T\Delta S_R$. Bei steigender Betriebstemperatur sinkt somit der Mindestanteil an der Reaktionsenthalpie, welcher für die Zersetzungsreaktion als elektrische Ener-

Bild 3.3: Entwicklung der reversiblen Zellspannung V_{rev} in Abhängigkeit vom Druck bei verschiedenen Betriebstemperaturen

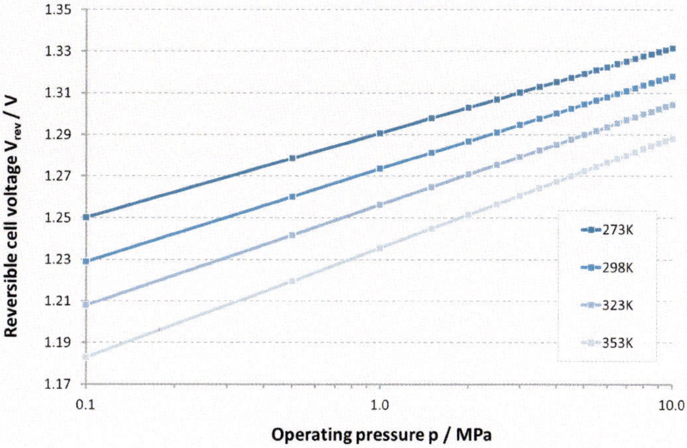

gie zugeführt werden muss. Bei Temperaturen von ca. 800 °C ist der Elektrizitätsbedarf um ca. 25 % reduziert und die theoretische Zersetzungsspannung V_{rev} sinkt auf Werte um 1,0 V. Dies begründet den wesentlichen thermodynamischen Vorteil der Hochtemperaturelektrolyse, sofern für den Prozess auf die Nutzung von Hochtemperaturwärme zurückgegriffen werden kann.

Desweiteren ist die reversible Zersetzungsspannung vom Druck abhängig, wie aus der Nernst-Gleichung abgeleitet werden kann:

$$V_{rev} = V_{rev}^{0} + \frac{R \cdot T}{2 \cdot F} \cdot \ln\left(\frac{p(H_2) \cdot p(O_2)^{\frac{1}{2}}}{p(H_2O)}\right) \tag{3.5}$$

In **Bild 3.3** ist die reversible Zellspannung für verschiedene Temperaturen bei verschiedenen Drücken dargestellt. Mit steigendem Druck erhöht sich die theoretische Zersetzungsspannung, sodass der Energiebedarf für den Prozess steigt. Bildlich gesprochen müssen die an den Elektroden entstehenden Gasblasen mehr Kraft aufwenden, damit sie sich bei erhöhtem Druck in der Zelle von den Elektroden lösen können. Dies wirkt sich jedoch nur minimal auf die reversible Zersetzungsspannung aus, bspw. steigt bei 298 K die reversible Zellspanung V_{rev} von 1,23 V bei 1 bar auf ca. 1,29 V bei 30 bar.

3.2.3 Massen- und Volumenumsätze

Wasserstoff weist eine hohe massenbezogene, spezifische Energie, jedoch nur eine geringe volumenbezogene Energiedichte auf. Die bei der Wasserelektrolyse elektrochemisch umgesetzte Stoffmasse und damit das umgesetzte Volumen folgen dem Faraday'schen Gesetz. Es besagt, dass der Massenstrom (Volumenstrom entsprechend) der produzierten Gase proportional zu der die Zelle durchfließenden Ladung ist, sofern innerhalb der Zelle keine parasitären Ströme auftreten. Die produzierte Masse an Wasserstoff berechnet sich zu:

$$m_{H2} = \frac{I \cdot t}{z \cdot F} \cdot M_{H2} \qquad (3.6)$$

Damit lässt sich ebenfalls der Volumenumsatz von Wasserstoff ermitteln:

$$V_{H2} = \frac{I \cdot t}{z \cdot F} \cdot V_{m,H2} \qquad (3.7),$$

wobei M die molare Masse, V_m das Molvolumen, I die elektrische Stromstärke, t die Zeit, z die chemische Wertigkeit (Äquivalentzahl) und F die Faraday'sche Konstante ist.

Bei vollkommener Umsetzung wird jedes Elektron des Stroms zur Zersetzung von Wasser gemäß Formel (3.1) genutzt. Es finden keine parasitären Nebenreaktionen wie Korrosionsvorgänge statt und elektrische Kriechströme über die Zelle können komplett unterdrückt werden. In diesem idealen Fall wird von einem Faraday'schen Wirkungsgrad von 100 % gesprochen. Es entsteht aus einem Mol Wasser ein Mol Wasserstoff und ein halbes Mol Sauerstoff (s. wiederum Formel (3.1)). Somit ergeben sich bei vollständiger Umsetzung aus einem Kilogramm Wasser 0,112 kg (1,234 Nm^3) Wasserstoff und 0,888 kg (0,623 Nm^3) Sauerstoff.

3.2.4 Kinetische Effekte

In den vorhergehenden Abschnitten wurden die thermodynamischen Grundlagen, also die Gleichgewichtssituation der Wasserzersetzung in Abwesenheit eines Stromflusses über den äußeren Stromkreis, diskutiert. Wie bei allen technischen Anwendungen ist dieser reversible Zustand jedoch im realen Betrieb nicht erreichbar und Verluste lassen sich nicht vermeiden. Um in einer Elektrolysezelle hohe Wasserstoffproduktionsraten zu erreichen, ist es vielmehr das Ziel, der Zelle einen möglichst großen Strom aufzuprägen. Durch die nicht vermeidbaren Verluste in der Elektrolysezelle muss die reale Zellspannung bei der Aufprägung eines äußeren Stromflusses im Vergleich zur Gleichgewichtszellspannung V_{rev} ansteigen. Folglich muss mehr Energie zugeführt werden und der Wirkungsgrad reduziert sich. Wesentliche Verlustfaktoren in einer Elektrolysezelle sind [57]:

- **Ohm'sche Verluste**: Dem Elektronenfluss und auch dem Ionenfluss werden in einer Elektrolysezelle Widerstände entgegengesetzt. Sie entstehen durch den ionischen Widerstand des Elektrolyten, die elektrischen Innenwiderständen der Elektroden, Stromverteiler und Bipolarplatten sowie durch die Übergangswiderstände an den Grenzflächen der einzelnen Zellkomponenten. Die Ohm'schen Verluste steigen proportional zum Strom an.
- **Kinetische Verluste**: Sie treten jeweils an der Anode und Kathode auf, bedingt durch den geschwindigkeitslimitierten Übertritt der Elektronen an der Grenzfläche von Elektrode und Elektrolyt. Diese Verluste erzeugen Überspannungen (engl.: overpotential) an der Elektrode, welche der Reaktionsrichtung entgegenwirken. Da die Wasserstoffentwicklung (HER) ein Zwei-Elektronen-Prozess ist, während zur Sauerstoffentwicklung vier Elektronen transferiert werden müssen, fallen die Überspannungen auf der Wasserstoffseite (Kathode) deutlich geringer aus als die Überspannungen auf der Sauerstoffseite (Anode).
- **Verluste durch Massentransportlimitierungen**: Diese Verluste entstehen durch Behinderungen des Zu- oder Abtransports von Gasen und Flüssigkeiten zur Elektrode. Infolge der Unterversorgung der elektrochemischen Reaktion mit Reaktanden kommt es dann zu einer Senkung des Stoffumsatzes an der Elektrode. Wird die Zelle mit konstanter Zellspannung betrieben (potentiostatische Betriebsweise), sinkt gemäß Faraday'schem Gesetz auch der Stromfluss.

Bild 3.4: Beispielhafte Darstellung der Spannungsverluste in einer PEM-Elektrolysezelle (1,01325 bar und 80 °C)

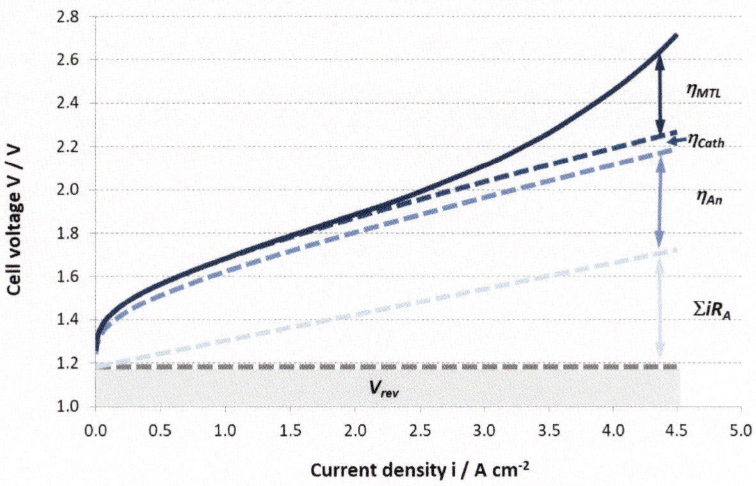

Wird jedoch ein konstanter Stromfluss der Zelle aufgeprägt (galvanostatischer Betrieb), muss zur Aufrechterhaltung des Stoffumsatzes die Überspannung als treibende Kraft an der Elektrode erhöht werden. Die größeren Überspannungen erhöhen in Summe die Zellspannung. Massentransportlimitierungen treten an der Kathode und der Anode unabhängig voneinander auf. Ein bekanntes Beispiel ist die sogenannte Gasblasenüberspannung (englisch: bubble overpotential) bei Gaselektroden in flüssigen Elektrolyten, wie sie auch bei der Wasserelektrolyse zum Einsatz kommen. Durch eine verstärkte Gasentwicklung verdrängen die Gasblasen den Elektrolyten, sodass die Elektrode keinen ionischen Kontakt mehr hat. Dadurch vermindert sich die effektive Fläche an der Elektrode und im galvanostatischen Betrieb kommt es lokal zu höheren Stromstärken.

In **Bild 3.4** sind beispielhaft diese Verluste in einer Strom-Spanungskennlinie für eine PEM-Elektrolysezelle dargestellt. Eine solche Kennlinie charakterisiert das Betriebsverhalten einer Elektrolysezelle und wird im englischen auch als „polarisation curve" oder „Vi curve" bezeichnet. Auf der X-Achse wird die Stromdichte (Gesamtstrom geteilt durch die Zellfläche) aufgetragen, auf der y-Achse ist die dazugehörige Zellspannung abgebildet. Überspannungen durch kinetische Verluste an der Kathode und Anode werden üblicherweise mit η_{Ka} und η_{An} benannt. Wie oben beschrieben, fallen die kinetischen Verluste auf der Kathode deutlich geringer aus als auf der Anode. Mit steigender Stromstärke wachsen auch die kinetischen Verluste, die Überspannungen folgen dabei jedoch einem asymptotischen Verlauf, sodass die kinetischen Verluste vor allem bei kleinen Stromdichten < 0,1 A/cm² dominant sind. Im mittleren Bereich der Strom-Spannungskennlinie dominieren die Ohm'schen Verluste, die Kennlinie zeigt einen linearen Verlauf. Für die einzelnen Ohm'schen Verluste kann jeweils ein flächenspezifischer Widerstand R_A definiert werden, sodass der Spannungsabfall durch die Summe aller Ohm'schen Verluste zu $i \cdot \Sigma R_A$ in Abhängigkeit der Stromdichte i bestimmt werden kann. Massentransportlimitierungen treten erst bei hohen Stromdichten auf. Sofern Massentransportverluste an der Kathode vernachlässigt werden, können die überwiegend an der Anode auftretenden Überspannungen mit bezeichnet werden. Üblicherweise folgen Überspannungen durch Massentransportverluste einem exponentiellen Verlauf, sodass es zu einem schnellen Anstieg der Zellspannung kommt. Da bei hohen Zellspannungen der Wirkungsgrad deutlich sinkt und es zudem schnell zu unerwünschten Korrosionsprozesses kommen kann, wird eine Zelle immer unterhalb dieser Stromdichten betrieben. Der Bereich, in dem Massentransportverluste dominieren, hat damit keine technische Relevanz, ist aber für ein besseres Verständnis des Betriebsverhaltens einer Elektrolysezelle ebenfalls in Bild 3.4 dargestellt.

Alle Verluste führen zu einem höheren Energiebedarf für die Wasserspaltung. Die resultierende Zellspannung ergibt sich vereinfacht wie folgt:

$$V_{Cell} = V_{rev} + \eta_{An} + \eta_{Ka} + i \cdot \Sigma R_A + \eta_{MTL} \tag{3.8}$$

Die Ohm'schen Verluste ΣR_A sowie die auftretenden Überspannungen ηI werden in der Zelle als Joule'sche Wärme freigesetzt und teilweise zur Deckung des Wärmeteils $T\Delta S_R$ der Reaktion genutzt.

3.2.5 Wirkungsgrad der Wasserelektrolyse

Der Wirkungsgrad ε, anhand dessen Elektrolysezellen und -systeme bewertet und untereinander verglichen werden, ist eine der technischen Haupteigenschaften des Elektrolyseprozesses[1]. Der Wirkungsgrad beschreibt das Verhältnis von der im erzeugten Wasserstoff enthaltenen Energie (entspricht dem Nutzen) zu der zugeführten Energie (entspricht dem Aufwand). Die Nutzung des produzierten Sauerstoffs bzw. der Abwärme und die damit verbundene Erhöhung des Wirkungsgrades sollen hier nicht weiter betrachtet werden. Zur technischen Bewertung ist es aber notwendig, zwischen den Wirkungsgraden auf Zell- und Systemebene zu unterscheiden. Ferner muss bei der Nennung eines Wirkungsgrads immer angegeben werden, ob sich dieser auf den Heizwert (engl.: lower heating value – LHV) oder auf den Brennwert (engl. higher heating value – HHV) des Wasserstoffs bezieht. Zudem führt die Betrachtung eines Niedertemperatur-(NT-)Prozesses zu einer anderen Definition als die Betrachtung eines Hochtemperatur- (HT-) Prozesses [57].

Idealer Wirkungsgrad einer Elektrolysezelle

Die Definition des idealen Wirkungsgrads einer Elektrolysezelle folgt dem Ansatz des idealen bzw. thermodynamischen Wirkungsgrads einer galvanischen Zelle und ist das Verhältnis der freien Reaktionsenthalpie ΔG_R zur Reaktionsenthalpie ΔH_R der Wasserzersetzung:

$$\varepsilon_{id} = \frac{\Delta G_R}{\Delta H_R} \tag{3.9}$$

Für eine galvanische Zelle beschreibt ε_{id}, wie viel der chemisch gespeicherten Energie maximal in elektrische Arbeit umgesetzt werden kann. Für eine Elektrolysezelle gibt ε_{id} an, wie hoch die maxi-

[1] In diesem Kapitel wird für den Wirkungsgrad der Elektrolyse der griechische Buchstabe ε verwendet, obwohl gewöhnlich für einen Wirkungsgrad der Buchstaben η genommen wird. Damit soll eine Verwechslung mit den Überspannungen η_i in einer Elektrolysezelle vermieden werden.

male Wandlungseffizenz einer Elektrolysezelle sein kann, wenn sie reversibel, also verlustfrei, arbeitet. Bei Standardbedingungen (25 °C und 1013,25 mbar) hat ε_{id} einen Wert von knapp 83 %. Das bedeutet, dass selbst im idealen Betriebsfall bei Standardbedingungen gut 17 % der zugeführten elektrischen Energie aufgewendet werden, um die der Umgebung entzogene reversible Wärme aufzubringen, damit sich die Zelle nicht abkühlt.

Heizwert oder Brennwert?

Zur Definition des Nutzens eines Elektrolyseprozesses wird der Energiegehalt des Wasserstoffs herangezogen. Hierfür kann entweder der Heizwert (LHV = 33,33 kWh/kg) oder aber der Brennwert (HHV = 39,41 kWh/kg) verwendet werden. Der Heizwert ist deutlich kleiner als der Brennwert und zwar genau um den Betrag der Verdampfungsenthalpie des Wassers. Dies führt häufig zu Missverständnissen, wenn Wirkungsgrade von Elektrolyseuren nach unterschiedlicher Definition miteinander verglichen werden. Werden ganze Prozessketten betrachtet (beispielsweise in der Systemanalyse, wie der Well-to-Wheel-Analyse), beziehen sich die Wirkungsgrade auf den Heizwert. In der Erdgaswirtschaft wird hingegen der Energiegehalt des Brenngases auf den Brennwert bezogen.

Zur technischen Bewertung der Effizienz eines kompletten Elektrolysesystems ist es sinnvoller, den Brennwert des Wasserstoffs zu verwenden. Wasser wird als flüssiges Edukt zugeführt, die notwendige Reaktionsenthalpie ΔH_R für die Aufspaltung des flüssigen Wassers und die Überführung in gasförmigen Wasserstoff entspricht bei Standardbedingungen dem Brennwert der Reaktion. Der auf den Brennwert bezogene Wirkungsgrad gibt damit an, wie effizient der Elektrolyseur als technischer Apparat funktioniert bzw. wie nah er am ideal-reversiblen Zustand betrieben werden kann. Dies gilt sowohl für die Hochtemperatur- als auch für die Niedertemperaturelektrolyse. Wird hingegen der Heizwert verwendet, wäre selbst im reversiblen Betriebsfall nur ein Wirkungsgrad von knapp 83 % möglich (s. Definition des idealen Wirkunggrads) und somit wäre eine technische Bewertung erschwert.

Neben der Angabe des Wirkungsgrads als Verhältnis von Aufwand zu Nutzen ist es bei Herstellern auch üblich, für die Bewertung eines Elektrolysesystems den spezifischen elektrischen Energieverbrauch in kWh pro erzeugten Nm^3 ($kWh/Nm^3\ H_2$) bzw. pro kg Wasserstoff ($kWh/kg\ H_2$) anzugeben. Dadurch entfällt die Diskussion um die Wahl des Brenn- oder Heizwertes.

Wirkungsgrade der NT-Elektrolyse

Bei der NT-Elektrolyse (AEL, AEMEL, PEMEL) erfolgt die Energiezufuhr nur über Elektrizität, zusätzliche Wärme wird nicht eingekoppelt und der notwendige Entropie-Anteil $T\Delta S_R$ wird ebenfalls durch elektrische Energie aufgebracht. Die chemische Energie des produzierten Wasserstoffs (pro Zeiteinheit) ergibt sich aus dem Massenstrom $\dot{m}_{H2}$ und dem Brennwert HHV. Für die NT-Verfahren gilt somit allgemein:

$$\varepsilon_{HHV}(NT) = \frac{\dot{m}_{H2} \cdot HHV}{P_{el}} \tag{3.10}$$

Zur Bewertung der Effizienz einer Elektrolysezelle muss die Betriebstemperatur der Zelle beachtet werden und anstelle des Brennwerts (normiert auf 25 °C) sollte die Reaktionsenthalpie $\Delta H_R(T)$ verwendet werden, auch wenn diese nur eine geringe Temperaturabhängigkeit aufweist (s. Bild 3.2). Die elektrische Energie wird als Gleichstrom $P_{el} = P_{DC} = V_{cell} \cdot I$ zugeführt und es ergibt sich:

$$\varepsilon_{cell}(T) = \frac{\dot{m}_{H2} \cdot \Delta H_R(T)}{V_{cell} \cdot I} \tag{3.11}$$

Unter Verwendung von Formel (3.4) und Formel (3.6) lässt sich daraus der Spannungswirkungsgrad der Zelle ableiten, der den Ohm'schen Verlusten und Überspannungen in einer Elektrolysezelle Rechnung trägt:

$$\varepsilon_V(T) = \frac{V_{th}(T)}{V_{cell}} \approx \frac{V_{th}^0}{V_{cell}} \tag{3.12}$$

Der Bezugspunkt für Formel (3.12) ist damit die thermoneutrale Zellspannung $V_{th}(T)$ für die jeweilige Betriebstemperatur der Elektrolysezelle. Praktisch wird jedoch in der NT-Elektrolyse meistens die thermoneutrale Zellspannung V_{th}^0 bei Standardbedingungen verwendet.

Neben dem Spannungswirkungsgrad muss auf Zellebene auch noch der Faraday'sche Wirkungsgrad berücksichtigt werden. Er ist ein Maß für die Effizienz der Ladungsumsetzung in einer Elektrolysezelle und entspricht dem Verhältnis von tatsächlich erzeugter H_2-Stoffmenge zur theoretischen Stoffmenge gemäß dem Faraday'schen Gesetz:

$$\varepsilon_I = \frac{\dot{n}_{H2,real}}{\dot{n}_{H2,theo}} = \frac{\dot{n}_{H2,real}}{I / z \cdot F} \tag{3.13}$$

Faraday'sche Verluste können beispielsweise durch Kriechströme, Kurzschlüsse, Querreaktionen, Permeabilitätsprozesse oder durch Rekombination des Wasserstoffs mit Sauerstoff entstehen. Der Zellwirkungsgrad eines Elektrolyseurs ist schließlich das Produkt aus diesen beiden Gleichungen:

$$\varepsilon_{cell}(T) = \varepsilon_V(T) \cdot \varepsilon_I \tag{3.14}$$

Generell gilt: Je höher die reale Zellspannung V_{cell} ist, desto schlechter wird der Zellwirkungsgrad. In den Zellwirkungsgrad gehen der elektrische Eigenbedarf peripherer Komponenten und andere Systemverluste (Gasreinigung) nicht ein, daher liegt der Systemwirkungsgrad deutlich unter dem Zellwirkungsgrad. Beim Vergleich von Wirkungsgraden auf Systemebene muss beachtet werden, welche peripheren Komponenten und Subsysteme bei der Berechnung des Wirkungsgrades mitberücksichtigt wurden.

Wirkungsgrade der HT-Elektrolyse

Bei den Hochtemperaturverfahren wird zusätzlich ein Wärmestrom eingebunden.

Für die HT-Elektrolyse wird für den gesamten Prozess definiert:

$$\varepsilon_{HHV}(HT) = \frac{\dot{m}_{H2} \cdot HHV}{P_{el} + \dot{Q}_{th}} \tag{3.15}$$

Diese allgemeine Definition setzt energetischen Aufwand und Nutzen ins Verhältnis. Häufig wird für die HT-Elektrolyse aber nur der elektrische Aufwand zur Wasserspaltung betrachtet, da davon ausgegangen wird, dass die thermische Energie ohne Kosten frei zur Verfügung steht. In diesem Fall erzielt die HT-Elektrolyse einen deutlich höheren (elektrischen) Wirkungsgrad.

Auf der Zellebene macht es für die Hochtemperaturelektrolyse keinen Sinn, den Spannungswirkungsgrad nach Formel (3.14) zu berechnen. Da die Zelle idealerweise nahe am thermoneutralen Punkt betrieben werden soll, gleicht sich der thermische Energiebedarf $T \cdot \Delta S_R(T)$ mit der Joule'schen Wärme aus. Es würden sich also immer Wirkungsgrade von 100 % ergeben. Daher eignet sich die freie Reaktionsenthalpie $\Delta G_R(T)$ besser als technisches Bewertungsmaß dafür, wie nahe die HT-Elektrolysezelle am reversiblen Zustand betrieben werden kann. Somit ergibt sich für den Spannungswirkungsgrad für den HT-Prozess:

$$\varepsilon_V^{HT}(T) = \frac{V_{rev}(T)}{V_{cell}} \tag{3.16}$$

Weitere Verbraucher auf Systemebene:

Die allgemeinen Definitionen gemäß Formel (3.10) und Formel (3.15) beinhalten noch nicht die zusätzlichen Verbraucher des Systems. Sowohl bei der Wasseraufbereitung als auch der Gaskonditionierung (Reinigung und Trocknung) wird entweder zusätzliche elektrische oder thermische Energie verwendet, zusätzliche Verluste ergeben sich durch die Leistungselektronik. Eine allgemeine Schreibweise für den Systemwirkungsgrad lautet:

$$\varepsilon_{HHV} = \frac{\dot{m}_{H2} \cdot HHV}{P_{DC/\varepsilon_{GR}} + \sum P_{BoP,i} + \sum \dot{Q}_{th,i}} \tag{3.17}$$

P_{DC} ist hier die dem Stack als Gleichstrom zugeführte elektrische Leistung und ε_{GR} der Wirkungsgrad des Gleichrichters. Im Falle der HT-Elektrolyse ist in dem Term $\Sigma \dot{Q}_{th,i}$ sowohl die eingekoppelte HT-Wärme, s. Formel (3.15), als auch alle weiteren peripheren Wärmezuführungen enthalten.

3.2.6 Leistungskennwerte der verschiedenen Elektrolysearten

Die in dem Abschnitt 3.2.4 eingeführten Verluste wirken sich unterschiedlich stark in den verschiedenen Elektrolysetechnologien aus. Bevor in den folgenden Abschnitten auf die einzelnen Elektrolyseverfahren detaillierter eingegangen wird, sind in **Bild 3.5** für die AEL, PEMEL und SOEL typische Spannungs-Stromdichte-Kurven zusammengefasst.

Die alkalische Elektrolyse besitzt seit vielen Jahrzehnten eine hohe technische Reife. Ihre nickelbasierten Elektroden erreichen bei Temperaturen um 80 °C im alkalischen Milieu Stromdichten von ca. 0,2-0,4 A/cm² bei Zellspannungen unter 2,0 V. Neuere Entwicklung mit aufwändigeren Elektroden eignen sich auch für Stromdichten bis zu 0,8 A/cm² bei gleichen Zellspannungen. In Bild 3.5 ist auch die zukünftige Entwicklung bis ca. 2030 abgeschätzt. Bei Zellspannungen um 1,8 V sollen Stromdichten von ca. 1,0 A/cm² ermöglicht werden.

Die PEM-Elektrolyse ist eine deutlich jüngere Technologie, aber bereits im kommerziellen Einsatz zu finden. Durch ihre edelmetallhaltigen Elektroden und sehr kompakten Zellen werden bei ca. 60 °C im sauren Medium hohe Stromdichten von ca. 2,0 A/cm² erreicht. Die Zellspannungen liegen dabei bei ca. 1,8-1,9 V. Vor allem durch den Einsatz verbesserter Membranen soll bis zum Jahr 2030 die Stromdichte auf deutlich über 3,0 A/cm² erhöht und die Zellspannung leicht gesenkt werden. Die Hochtemperaturelektrolyse hat als relativ junge Technologie ebenfalls ein hohes Entwicklungspotenzial. Durch ihre hohen Betriebstemperaturen liegt die typische Zellspannung bei nur 1,3 V. Dies wird sich in den nächsten Jahren nicht wesentlich ändern, aber dafür soll die Stromdichte deutlich erhöht werden.

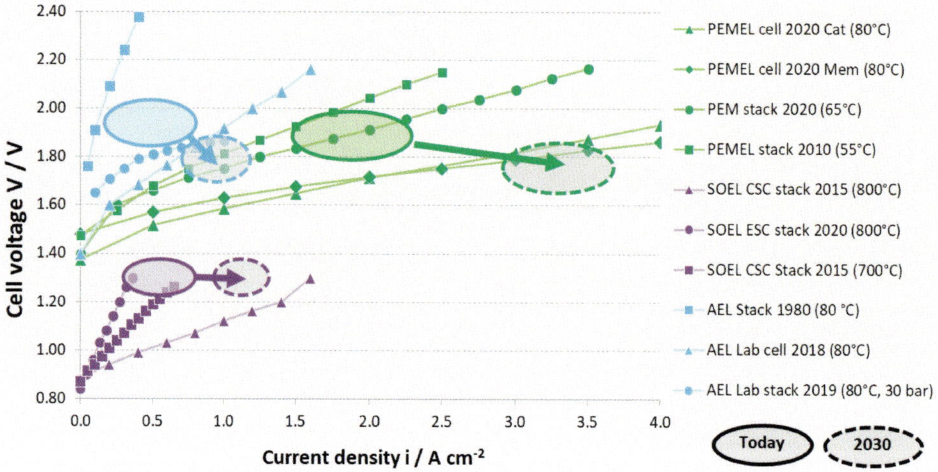

Bild 3.5: Vergleich der verschiedenen Spannungs-Strom-Kennlinien der drei wesentlichen Verfahren AEL, PEMEL und SOEL sowie Abschätzung typischer Betriebspunkte für heute und 2030

3.3 Alkalische Wasserelektrolyse

Die alkalische Elektrolyse (AEL) wird seit über 120 Jahren für die industrielle Wasserstoffherstellung genutzt und dominiert bis heute den Markt für Wasserelektrolyseure in der industriellen Anwendung. Aber auch für neue Anwendungen in der Sektorenkopplung mit Anschlussleistungen von über 100 MW sind derzeit vor allem alkalische Systeme in der Diskussion.

3.3.1 Zellaufbau und Zellmaterialien

Der prinzipielle Aufbau einer alkalischen Elektrolysezelle ist in **Bild 3.6** dargestellt. Sie besteht im Wesentlichen aus den beiden Halbzellen (1) und (2), welche durch ein Diaphragma getrennt sind.

Das Diaphragma bzw. die Membran ist nur für Hydroxidionen (OH^-) durchlässig, nicht jedoch für die Gase. Eine Vermischung beider Produktgase wird dadurch weitestgehend verhindert, kann jedoch nie ganz unterbunden werden. Die beiden Elektroden (4) sind aus perforierten Metallblechen hergestellt, die meistens eine poröse Struktur auf der Oberfläche aufweisen oder aber sie bestehen aus gewebten Nickelnetzen, welche zur Erhöhung der elektrochemischen Aktivität mit einem zusätzlichen Katalysator wie Rutheniumdioxid beschichtet sind. Die Elektroden sind möglichst nahe an dem Diaphragma (3) positioniert, damit der ionische Widerstand in der Zelle möglichst gering ausfällt. Dies kann beispielsweise durch federnde Elemente zwischen der eigentlichen Elektrode und sogenannten Vorblechen bzw. Vorelektroden (Streckmetalle) erfolgen, sodass die Elektrode direkt an der Membran positioniert wird. Eine elektrische Kontaktierung der Elektroden erfolgt über die Vorbleche mit den Endplatten (7) in einer Einzelzelle bzw. den bipolaren Trennblechen in einem Zellstapel. Diaphragma und Elektroden sind in einen Zellrahmen (5) eingebettet, der ein Austreten des alkalischen Elektrolyten verhindert. Der alkalische Elektrolyt durchströmt die beiden Halbzellen. I. d. R. wird Kalilauge mit einer Konzentration von 20-40 % eingesetzt.

Bild 3.6: Prinzipieller Aufbau einer alkalischen Elektrolysezelle

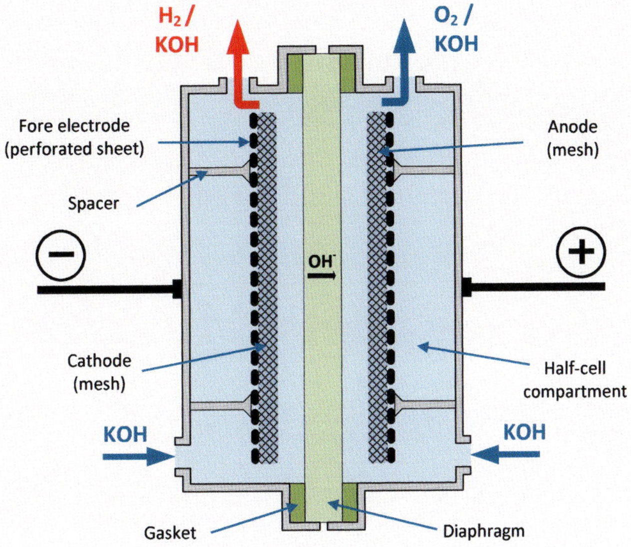

An den beiden Elektroden wird eine Gleichstromquelle (6) angelegt. In den Gas-Wasserseparatoren (8) werden die entstehenden Gase von der Kalilauge getrennt und zur weiteren Aufbereitung transportiert.

Einen modernen Zellverbund in Zero-Gap-Ausführung von De Nora zeigt **Bild 3.7**. Hier besteht eine Halbzelle aus einer Bipolarplatte (Nickel oder nickelbeschichteter Stahl), einem grobmaschigen Netz bzw. Streckmetall als Spacer (flow field), welcher die Medienzu- und abfuhr ermöglicht, und einem katalytisch beschichteten bzw. aktivierten, feinmaschigen Nickelgewebe, welches direkt an die Membran bzw. Separator gepresst wird. Durch diesen Zellaufbau kann der Abstand zwischen den Elektroden und damit der ionische Widerstand der Zelle minimiert werden. Die Fachdichtungen bestehen aus PTFE oder EPDM und dichten die Halbzellen nach außen ab.

Als gasdichte Separatoren wurden früher asbesthaltige Diaphragmen mit herausragenden Standzeiten verwendet, welche teilweise mit hydrophilen Polymeren verstärkt [44] wurden. Heute kommen jedoch asbestfreie Materialien zum Einsatz, wie beispielsweise Nickeloxid auf einem Nickelgrundgerüst oder Zirkondioxid auf Gitterstrukturen aus Metall bzw. Polymeren [47]. Bekanntester Vertreter ist sicherlich das Material Zirfon Perl von Agfa (**Bild 3.8**a). Weiterhin werden Diaphragmen auch aus glasfaserverstärkten Polyphenylensulfiden (**Bild 3.9**b) oder aus Polysulfonen – hydrophiliert mit anorganischen Oxiden wie Antimonoxid [44] – hergestellt. Die in der alkalischen Elektrolyse verwendeten Separatoren weisen allgemein eine hohe thermische, chemische und elektrochemische Beständigkeit auf und stellen i. d. R. nicht die Lebensdauer limitierende Komponente dar.

Hohe Anforderungen werden auch an die Elektrodenmaterialien gestellt. Sie müssen sowohl korrosions- und langzeitbeständig sein, als auch eine gute elektrische Leitfähigkeit und hohe elektrochemische Aktivität aufweisen. Die Kathodenmaterialien basieren meistens auf Nickel. In der

Bild 3.7: Zellverbund für die alkalische Elektrolyse in der Zero-Gap-Ausführung (mit freundlicher Genehmigung von Industrie De Nora)

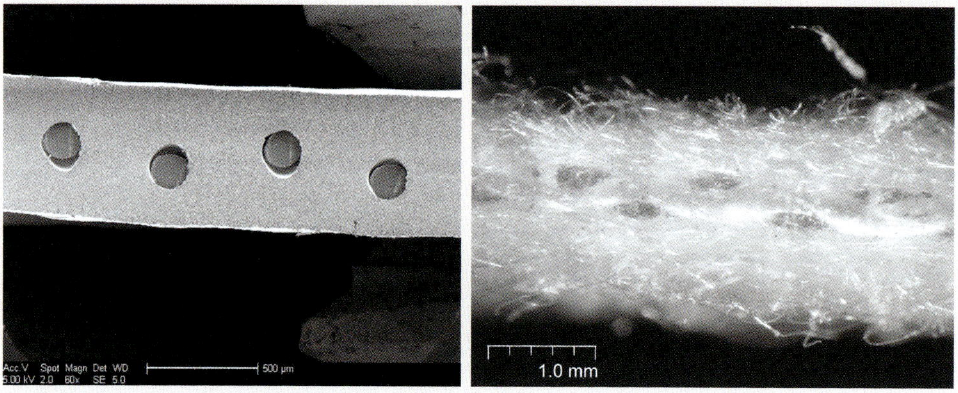

Bild 3.8: Querschnitt durch das 500 µm dicke und gitterverstärkte Zirfon Perl™ (mit freundlicher Genehmigung von Agfa-Gevaert) (a) und durch ein verstärktes Diaphragma aus Polyphenylensulfid (PPS, Ryton®) [54] (b)

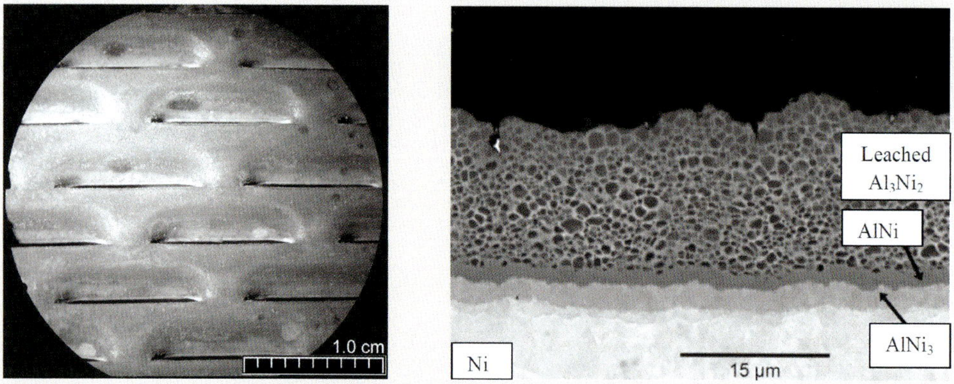

Bild 3.9: a) Perforiertes Ni-beschichtetes Blech als Elektrode für die alkalische Wasserelektrolyse [54] und b) Detailaufnahme einer porösen Nickelelektrode (mit freundlicher Genehmigung des Danish Technological Institute) [24]

Regel wird Raney-Nickel verwendet, ursprünglich auf Basis von Ni-Al und später aus Kostengründen auf Basis von Ni-Zn (Bild 3.9b). Das Raney-Nickel weist eine hohe Lebensdauer selbst bei 80 °C auf. Alternativ können auch elektrochemisch abgeschiedene Katalysatorschichten verwendet werden [12]. Vor allem zur Erzielung hoher Stromdichten wird beispielsweise RuO_2 auf dem Nickel-Substrat abgeschieden, ein Ansatz wie er auch für die Chlor-Alkali-Elektrolyse seit langer Zeit erfolgreich angewandt wird [19]. Eine weitere Möglichkeit, die katalytische Aktivität zu erhöhen und die Korrosion zu senken, ist der Zusatz von Übergangsmetallen wie Molybdän zum Raney-Nickel [60]. Für die Sauerstoffentwicklung (OER) an der Anode werden wiederum Nickel, Nickel-beschichtete Stahlbleche oder Rayney-Nickel-Elektroden eingesetzt. Vor allem letztere haben sich durch ihre feinporöse Oberfläche als sehr effektiv erwiesen [11]. Ferner können auch Nickeloxide und Ni- und Co-basierte Mischoxide mit Perovskit- und Spinell-Struktur wie z. B. $NiCo_2O_4$ auf Ti, $LaNiO_3$ oder das Co-Spinell Co_3O_4 eingesetzt werden [45].

Alkalische Elektrolysezellen arbeiten i. d. R. bei einer Betriebstemperatur von 70 bis max. 90 °C mit einer Stromdichte von 200-400 mA/cm^2. Sofern fortschrittliche Elektroden eingesetzt werden, sind bei gleicher Effizienz (Zellspannung) auch Stromdichten bis zu 600 mA/cm^2 möglich. Dies wurde auch schon bei großflächigen Elektrolysezellen demonstriert, die von der Chlor-Alkali-Elektrolyse adaptiert wurden, jedoch auf der Kathodenseite Rutheniumdioxid enthalten. Perspektivisch sollen in den nächsten Jahren auch Stromdichten bis zu 1.000 mA/cm^2 in kommerziellen Produkten erreicht werden. Obwohl diese Stromdichten im Labormaßstab ohne Probleme zu erreichen sind, bleibt die Herausforderung, solche Elektroden ohne den Einsatz von Edelmetallen und mit vergleichbarer Langlebigkeit zu konventionellen Nickelelektroden zu etablieren.

3.3.2 Zellstapel

Durch die Stromdichte und die Zellgröße ist über das Faraday'sche Gesetz, s. Formel (3.7), die Wasserstoffproduktionskapazität pro Zelle vorgegeben. Um größere Erzeugungskapazitäten zu erhalten, werden daher mehrere Zellen zu einem Zellstapel (engl.: stack), typischerweise in Filterpressenbauweise, zusammengeschaltet (**Bild 3.10**). Dabei sind die einzelnen Elektrolysezellen eines Stacks zwischen zwei Endplatten eingespannt und mit Gewindestangen zusammengepresst.

Heutzutage werden alle Zellstapel in einer bipolaren Ausführung aufgebaut. In früheren Jahren wurden teilweise auch Zellstapel in monopolarer Bauweise realisiert [29], in der die einzelnen Zellen elektrisch parallelgeschaltet sind. Obwohl dieser Ansatz konstruktionstechnisch einfacher umzusetzen ist, wird er heutzutage nicht mehr verfolgt, da sich nicht die gleichen Wirkungsgrade erreichen lassen. Bei der bipolaren Anordnung sind die Zellen elektrisch in Reihe geschaltet. Die Rückseite der Kathode der einen Zelle ist die Anode der benachbarten Zelle. Durch diese bipolaren Platten kann der Spannungsabfall zwischen den Zellen minimiert und die Stromhomogenität erhöht werden. Die elektrische Verschaltung eines bipolaren Stacks ist zudem einfacher, da nur die Endplatten elektrisch kontaktiert werden müssen. Ist jedoch eine Zelle defekt, fällt oft der ganze Stack aus. Bei einigen Stackdesigns kann die defekte Zelle jedoch elektrisch überbrückt werden.

Die aktive Zellfläche (geometrische Oberfläche der Elektrode) alkalischer Wasserelektrolyseure liegt üblicherweise zwischen 0,5 und 3,0 m^2. Alkalische Zellen sind damit deutlich größer als die Zellen in der PEM- oder HT-Elektrolyse. Größere Zellen werden nicht favorisiert, da ansonsten die Herausforderungen mit einer effizienten Gasabführung zu groß werden. Bei zu großer Zellfläche und damit Gasbelastung kommt es zu einer massiven Verdrängung des Elektrolyten und damit zu

Bild 3.10: Alkalischer Druck-Elektrolysestack für Betriebsdrücke bis 30 bar und eine nominelle Anschlussleistung von 500 kW.; der Stack ist in einer typischen Filterpressenbauweise ausgeführt (mit freundlicher Genehmigung der Firma McPhy Energy)

einem starken Anstieg des Innenwiderstands. Der Abstand von einem Trennblech zum nächsten (Zelldicke) beträgt ca. 20-50 mm [18], um in beiden Halbzellen eine ausreichende Gasabführung zu ermöglichen. Ein weiterer wichtiger Grund für die Limitierung der Zellgröße ist die Verfügbarkeit geeigneter, kostengünstiger Werkzeuge zur Herstellung der Zellmaterialien und das erschwerte Handling bei der Montage. Um einen effizienten Materialeinsatz zu ermöglichen, werden atmosphärisch arbeitende Elektrolysezellen meistens rechteckig ausgeführt, während alkalische Elektrolysezellen für den Druckbetrieb immer ein rundes Design aufweisen. Damit lässt sich bei den oben genannten Flächenmaßen eine deutlich einfachere Abdichtung erreichen.

Historisch gesehen wurden zuerst atmosphärische Elektrolyseure entwickelt. Auch heute werden die meisten alkalischen Elektrolyseure unter atmosphärischen Bedingungen betrieben. Zum Betrieb wird im Zellstapel kein Druck aufgebaut und die generierten Gase müssen zum Ausströmen nur den hydrostatischen Druck in der Anlage überwinden, d. h. der Überdruck an der tiefsten Stelle des Systems beträgt nur wenige 100 mbar und Anode und Kathode arbeiten druckausgeglichen. Vor allem für die großen Leistungsklassen wird dieser Trend auch für neuere Entwicklungen fortgesetzt (thyssenkrupp UCE und Asahi Kasei sowie NEL Hydrogen, welche das erprobte Zellkonzept von Norsk Hydro fortsetzen). Anfang der 1950er-Jahre präsentierte Lurgi einen von Zdansky entwickelten Druckelektrolyseur mit einem Betriebsdruck von bis zu 30 bar, der mit leichten Modifikationen bis zum heutigen Tage gebaut wird und nach wie vor als einer der größten alkalischen Druckelektrolyseure gilt. In den folgenden Jahrzehnten wurden weitere alkalische Druckelektrolyseure, typischerweise mit Systemdrücken bis zu 15 bar, entwickelt, jedoch alle in der Sub-MW-Leistungsklasse für den Einsatz in industriellen Anwendungen, s. Produkte von Teledyne, Hydrogenics Belgien, Piel etc. Mit dem Aufkommen der Märkte im Energiesektor ist zudem zu beobachten, dass neue Firmen vorhandene Konzepte für alkalische Druckelektrolyseure upscalen bzw. neu aufsetzen. Diese Produkte haben typischerweise einen Betriebsdruck von 30 bis 35 bar und aktuell eine Stackanschlussleistung von ca. 500 kW, aus denen dann Systeme bis zu 100 MW realisiert werden können. Auf dem europäischen Markt sind dies vor allem die Firmen GreenHydrogen und McPhy. Zudem werden alkalische Druckelektrolyseure mit Betriebsdrücken bis zu 50 bar auch von chinesischen Herstellern wie Tianjin Mainland Hydrogen Equipment (THE), PERIC (Hydrogen Pro) oder Cockerill Jingli Hydrogen angeboten.

Die Frage des optimalen Betriebsdrucks für einen alkalischen Elektrolyseur kann nicht eindeutig beantwortet werden und hängt neben dem technischen Aufwand und den daraus resultierenden Investitionskosten auch vor allem von der nachgelagerten Anwendung ab. Wesentliche Merkmale eines alkalischen Druckelektrolyseurs sind:

- Unter Druck entstehen kleinere Gasblasen – damit kann die Zelldicke verringert werden und/oder die Zellgröße erhöht werden, da eine Massenlimitierung weniger kritisch ist.
- Insgesamt kann die Anlage kompakter gebaut werden (z. B. kleinere Gasseparatoren).
- Die produzierten Gase stehen unter Druck, eine mechanische Komprimierung wird vereinfacht.
- Der Zellstapel und die gesamte Anlage müssen druckfest ausgelegt werden, sodass die Investitionskosten steigen.
- Die Gasqualität der produzierten Gase verschlechtert sich, eine aufwändigere Reinigung ist notwendig (Querdiffusion über das Diaphragma, Gaslöslichkeit in der Lauge).
- Die Dynamik verringert sich tendenziell; An- und Abschaltprozesse werden komplexer.

Werden als Bewertungsmaßstab die sogenannten „Cost of Ownership" bzw. die Wasserstoffgestehungskosten inklusive der Kosten für die Wasserstoffkonditionierung (Reinigung und Kompression) herangezogen, ist der Trend zu erkennen, dass für große Anlagen eher atmosphärisch betriebene Elektrolyseure mit nachgeschalteter, mechanischer Kompression eingesetzt werden. Je kleiner die benötigte Größe des Elektrolyseurs ist, desto eher lohnt sich der Einsatz einer druckgeladenen Anlage ohne zusätzlichen mechanischen Kompressor. Entwicklungen von alkalischen Druckelektrolyseuren mit Betriebsdrücken über 30 bar konnten sich bisher nicht am Markt durchsetzen. Hier wird auch nicht mit einem Paradigmenwechsel in den nächsten Jahren gerechnet.

3.3.3 Peripherie und Systemaufbau

Ein konventioneller, alkalischer Elektrolyseur benötigt eine gewisse Anzahl an peripheren Komponenten, wie **Bild 3.11** zeigt. Zusammen mit der Kalilauge (KOH) gelangen sowohl der Wasserstoff als auch der Sauerstoff nach der Elektrolyse jeweils in einen Gas-/Lauge-Separator, zumeist ein einfacher Tank mit verschiedenen Umlenkblechen, in dem Wasserstoff bzw. Sauerstoff aufgrund ihrer geringen Dichte nach oben entweichen und die Lauge nach unten abfließt. Bei der herkömmlichen alkalischen Elektrolyse werden die Laugenströme sowohl mit der Wasserstoff- als auch Sauerstoffseite nach der Gas-/Laugen-Separation miteinander vermischt und über eine Pumpe und einen Kühler zurück in den Elektrolyseur geführt. Die Zusammenführung beider Laugenkreisläufe führt durch die in der Lauge gelösten Gase zu Verunreinigungen. Vor allem im Teillastbetrieb nimmt dadurch die Gasqualität alkalischer Elektrolyse-Zellstapel ab, da das Verhältnis von im rückgeführten Elektrolyten gelöstem Gas zum im Zellstapel erzeugten Gas ansteigt. Ein zusätzlicher KOH-Tank dient zur Aufrechterhaltung der Laugenkonzentration.

Neben alkalischen Elektrolyseuren mit erzwungener Elektrolytkonvektion durch eine Laugenpumpe gibt es auch Systeme mit Naturkonvektion, in denen die Elektrolytzirkulation alleine durch die Auftriebskraft der entstehenden Gase bewirkt wird. Dadurch verringert sich der periphere Energiebedarf der Anlage, jedoch verschlechtert sich auch die Dynamik des Systems, vor allem beim Anfahren der Anlage. Nachdem der Wasserstoff den Separator passiert hat, filtert ein Tröpf-

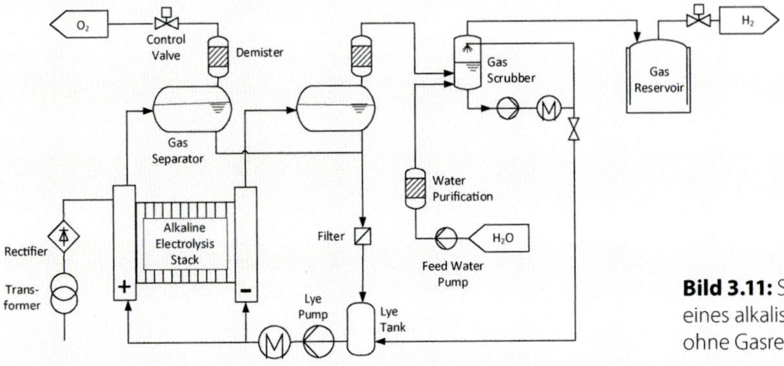

Bild 3.11: Schematischer Aufbau eines alkalischen Elektrolyseurs ohne Gasreinigung

chenabscheider (Demister) besonders kleine Tröpfchen heraus. In einer Gaswaschanlage (Scrubber) werden schließlich die restlichen Laugentröpfchen mit Hilfe von Wasser herausgefiltert. Bis zu diesem Prozesspunkt (inklusive Steuerungs- und Kontrollsystem) ist das eigentliche Elektrolysesystem definiert. Die folgenden Komponenten sind optional:

- Eine Wasseraufbereitungsanlage (Ionenaustauscherharz) zur Erzeugung von reinem Wasser (> 1 $M\Omega cm^2$) für die Wasserversorgung des Systems mit einem Frischwasserspeicher, um Unterbrechungen der Wasserzufuhr auszugleichen
- Eine Gastrocknung (gas chiller, dryer) und Reinigungseinheit für höhere Gasqualitäten (Taupunkt bis zu -70 °C und O_2-Gehalt < 5 ppm); die Reinigungseinheit besteht aus einem katalytisch aktiven Festbett, sodass H_2 und O_2 zu H_2O rekombinieren (Deoxidiser)
- Bei drucklosen Elektrolyseuren wird, wenn die Anwendung Druckwasserstoff verlangt, nach der Reinigungs- und Trocknungsstufe ein Verdichter (Compressor) angeschlossen; zuvor wird der Wasserstoff in einem Puffertank (Gasholder) zwischengespeichert, um ein Vakuum auf der Ansaugseite des Kompressors zu verhindert
- Eine Rückkühleinheit zum Austrag der entstehenden Reaktionswärme.

3.3.4 Technische Kennwerte

Leistungsbereich

Kommerziell erhältliche alkalische Elektrolysesysteme werden heute auf Modulebene in einem Leistungsbereich von 10-800 Nm^3/h hergestellt. Dies entspricht einer elektrischen Leistungsaufnahme von ca. 50 kW bis ca. 4 MW pro Modul. Für größere Wasserstoffproduktionskapazitäten werden mehrere Elektrolysemodule parallelgeschaltet. Nach wie vor ist die größte je realisierte (drucklose) alkalische Elektrolyseanlage (DEMAG-System) mit einer Anschlussleistung von 156 MW (entspricht ca. 33.000 Nm^3/h) jene am Assuan-Staudamm in Ägypten, welche bereits in den späten 1950er-Jahren errichtet wurde [64]. Die größte Anlage für Druckelektrolyseure, bestehend aus 28 Lurgi-Modulen mit einer Gesamtleistung von ca. 95 MW (entspricht ca. 21.000 Nm^3/h), wurde Anfang der 1970er-Jahre von Sable Chemical Industries in Kwe-Kwe/Simbabwe errichtet.

Spezifischer Energiebedarf

Wie in Kapitel 3.2.5 erläutert, wird der Wirkungsgrad eines Elektrolyseurs meistens durch seinen spezifischen Energieverbrauch zur Herstellung eines Normkubikmeters Wasserstoff angegeben. In **Bild 3.12** ist der elektrische Energieverbrauch auf Systemebene über der Modulgröße alkalischer Elektrolyseure aufgetragen. Dabei ist zu beachten, dass die Systemgrenzen eines Elektrolyseurs nicht eindeutig definiert sind und es dadurch zu einer Unschärfe der Angaben kommen kann.

Aus der Abbildung wird ersichtlich, dass der spezifische Energieverbrauch für die H_2-Produktion mit größerer Modulkapazität abnimmt, da tendenziell periphere Komponenten großer Einheiten effektiver arbeiten und somit weniger Energie pro Normkubikmeter Wasserstoff verbrauchen. Ab einer gewissen Größe (ca. 100 Nm^3/h) lassen sich jedoch aufgrund der Modulbauweise von Elektrolyseuren nur noch sehr geringe Energieeinsparungen erzielen. Atmosphärisch betriebene Elektrolyseure erreichen einen spezifischen Energieverbrauch von 4,1-4,5 kWh/Nm^3. Bezogen auf den Brennwert entspricht dies einem Systemwirkungsgrad von 85 %. Hinzu kommt der Energieverbrauch optionaler Komponenten wie im vorherigen Kapitel beschrieben. Für die Verdichtung von drucklos erzeugtem Wasserstoff auf 30 bar werden bspw. etwa 0,2 kWh/Nm^3 benötigt. Größere Druckelektrolyseure weisen einen spezifischen Energieverbrauch zwischen 4,5 und 5,0 kWh/Nm^3 auf. Durch die elektrochemische Komprimierung ergeben sich geringere Systemwirkungsgrade von bis zu 78 % (Wirkungsgrad bezogen auf den Heizwert, HHV). Es wird aus Bild 3.12 zudem ersichtlich, dass sich bei großen Anlagen der spezifische Energieverbrauch für drucklose und Druckelektrolyseure annähert.

Teillastbereich und Dynamik

Die meisten Hersteller geben an, dass alkalische Elektrolyseure bis zu einen unteren Teillastbereich von 20 % arbeiten können. Dauerhaft wirkt sich dieser Betriebsmodus jedoch negativ auf die Gasqualität aus. Hauptursache für diese Verunreinigungen sind gelöste Gase in den der Zelle wieder zugeführten Laugenströmen, die nahezu unabhängig von der Auslastung des Elektrolyseurs flie-

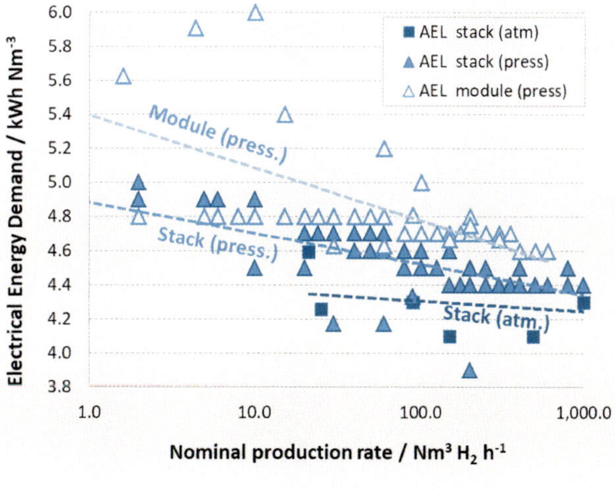

Bild 3.12: Elektrischer Energieverbrauch alkalischer Elektrolyseure aufgetragen über die nominelle Produktionskapazität (gemäß Herstellerangaben, Datenbasis 2010-2020)

ßen. Damit erhöht sich bei Teillastbetrieb der relative Anteil des jeweiligen Fremdgases im Vergleich zu den produzierten Gasen. Vor allem bei intermittierendem Betrieb können diese Verunreinigungen in den Produktgasen eine automatische Abschaltung des Elektrolyseurs bei ca. 2 % H_2 in O_2 nach sich ziehen [22]. Je höher der Betriebsdruck ist, desto größer ist zudem die Gaslöslichkeit und damit die Fremdgaskonzentration. Zusätzlich wird die Gasverunreinigung durch eine mit dem Druck ansteigende Querdiffusion über den Separator verstärkt. Durch die höhere Mobilität des Wasserstoffs kommt es auf der Anode zu stärkeren Verunreinigungen.

Durch eine angepasste Regelung des Laugenstroms kann dieser Verunreinigungseffekt verringert werden [51]. Wirkungsvoller und technisch aufwändiger ist jedoch eine komplette Trennung der beiden Laugenströme. Damit könnte die untere Grenze für den Teillastbereich auf ca. 5 % gesenkt werden.

Generell weisen alkalische Elektrolysezellen bei Lastwechseln eine sehr hohe Dynamik auf, sofern die Zelle Betriebstemperatur hat [49]. Die Zellen sind so konstruiert, dass die Elektroden auch bei hohen Transienten ausreichend mit Edukten versorgt und die Produkte schnell abgeführt werden. Alkalische Elektrolyseure können damit auch sehr rasche Leistungssprünge im Sekundenbereich umsetzen und sind geeignet, Primärregelleistung bzw. Sekundärreserve bereitzustellen.

Lebensdauer und Alterungsverhalten

Die Lebensdauer eines alkalischen Elektrolyseurs hängt von den Betriebsparametern und der Betriebsweise ab. Beispielsweise ist eine hohe Laugenkonzentration vorteilhaft für die Ionenleitfähigkeit des Elektrolyten, gefährdet aber durch Korrosion die Langzeitbeständigkeit der verwendeten Materialien und kann durch die Verdrängung von Wasser als Edukt zu Stofftransportlimitierungen führen. Die mögliche Konzentration der Kalilauge beträgt allgemein 20-40 %, wobei die meisten Hersteller als optimale Kalilaugenkonzentration 25 % angeben. Auch die Betriebstemperatur gilt es möglichst hoch anzusetzen, da mit steigenden Temperaturen die reale Zellspannung sinkt, gleichzeitig kommt es auch hier zu einer Zunahme der Korrosion. Langzeitbeständige und relativ kostengünstige Materialien erlauben derzeit Betriebstemperaturen bis zu 80 °C. Auch die Masse der Anlage und die Menge des Elektrolyten haben einen Einfluss auf die Lebensdauer des Elektrolyseurs, da über die Wärmekapazität der Anlage das Abkühl- und Aufheizverhalten bestimmt wird und somit ein Einfluss auf die Alterungsprozesse bei An- und Abschaltvorgängen gegeben ist.

Insbesondere das Abschalten eines alkalischen Elektrolyseurs in den Ruhestrombereich (Standby, Herunterfahren) führt in Folge von Querdiffusion der in der Anlage verbliebenen Produktgase (H_2, O_2) zu deren Anreicherung im jeweiligen Fremdgas auf der anderen Zellseite. Dieser Effekt ist bei Druckelektrolyseuren stärker ausgeprägt und in Summe wird die Gasreinheit herabgesetzt. Ein Wiederanfahren erfordert ein aufwändiges Spülen, vorzugsweise mit einem Inertgas und senkt somit den energetischen Wirkungsgrad, da durch das Totvolumen und das Spülen Gasverluste auftreten. Ferner kommt es mit der Zeit durch die Gasrekombination zu Wasser und durch Undichtigkeiten zum Druckabfall und es kann sich auch ein Vakuum ausbilden. Der Unterdruck führt zu einer mechanischen Beanspruchung der Materialien.

Eine weitere unerwünschte Begleiterscheinung des häufigen An- und Abschaltens ist die Deaktivierung der positiven Elektrode. Ursache hierfür ist, dass sich an der Oberfläche der Nickelelektrode unter Last NiOOH bildet, das nach Abschaltung der Last in einer Selbstentladereaktion mit dem Elektrolyten zu $Ni(OH)_2$ reduziert wird:

$$2NiOOH + H_2O \rightarrow 2Ni(OH)_2 + \tfrac{1}{2}O_2 \quad (3.18)$$

Dieser Selbstentladungseffekt wird zudem durch einen Kurzschlussstrom im bipolaren Zellstapel, der ebenfalls zur Bildung von $Ni(OH)_2$ führt, unterstützt:

$$NiOOH + H_2O + e^- \rightarrow Ni(OH)_2 + OH^- \quad (3.19)$$

Normalerweise ist der im bipolaren Zellstapel zwischen Anode und Kathode über den Elektrolyten fließende Kurzschlussstrom (engl.: shunt current) im Betrieb vernachlässigbar; in der Ruhephase muss der Kurzschlussstrom jedoch berücksichtigt werden. Er führt ebenfalls zu einer Entladung beider Elektroden. Das $Ni(OH)_2$ wird nach dem erneuten Anschalten elektrochemisch wieder zu NiOOH oxidiert:

$$Ni(OH)_2 + OH^- \rightarrow NiOOH + H_2O + e^- \quad (3.20)$$

Der ständige Wechsel zwischen der dreiwertigen Nickelmodifikation NiOOH und der zweiwertigen Modifikation $Ni(OH)_2$ führt aufgrund unterschiedlicher Molvolumina zur mechanischen Zerstörung der Katalysatorschicht. Durch Anlegen einer Stützspannung von ca. 1,3 V, die das Potenzial der positiven Elektrode auf dem Potenzial des NiOOH hält, kann dies verhindert werden [20]. Weiterhin ist zu berücksichtigen, dass in Folge der Potenzialverschiebung in der Ruhephase Al aus dem Raney-Nickel gelöst wird. Bei Werten von < 0,5 % Al steigt die Polarisation rapide an [60]. Durch Zugabe von Molybdän kommen Ni-(Mo)-Raney-Nickel-Elektroden auch ohne Stützspannung aus, da die Mo-Ionen statt NiOOH in die Selbstentladungsreaktion eintreten [20]. Weiterhin erhöht das Molybdän die kathodische Überspannung, sodass das Auslagern von Al im Raney-Nickel unterdrückt wird [25].

Insgesamt gelten alkalische Elektrolysesysteme als technisch ausgereift und daher auch als äußerst zuverlässig. Kritischste Komponente eines alkalischen Elektrolysesystems ist der Zellstapel. Die Lebensdauer von AEL-Druckstacks mit Kunststoffdiaphragmen erreicht über 50.000 h. Als Regel für alkalische Elektrolyseure gilt eine Generalüberholung alle 7-12 Jahre, bei der die Elektroden ersetzt bzw. reaktiviert sowie die Diaphragmen ausgetauscht werden. Der Großteil der Komponenten wie z. B. die bipolaren Platten können hingegen wiederverwendet werden. Konventionelle alkalische Elektrolyseure vom Typ Lurgi oder Demag sind teilweise über 20 Jahren ohne Öffnung des Moduls in Betrieb.

3.4 PEM-Elektrolyse

Die Arbeiten zur PEM-Elektrolyse starteten bereits in den 1960er-Jahren mit dem Gemini-Raumfahrtprogramm, der entscheidende Durchbruch gelang dann einem Entwicklungsteam um Russell und Nuttall bei General Electric in den frühen 1970er-Jahren durch den Einsatz der Nafion®-Membran von DuPont, welche Walter G. Groth einige Jahre zuvor entwickelt hatte [15]. In den ersten 20 Jahren fokussierten sich die Entwicklungsarbeiten fast ausschließlich auf militärische oder Raumfahrtanwendungen, obwohl auch GE Konzepte zur großskaligen Nutzung entwickelte [33]. Erste Schritte zur Erschließung weiterer Märkte unternahm dann BBC mit dem 100 kW Membrel-PEM-System in den 1980er-Jahren [64]. Der kommerzielle Durchbruch gelang jedoch erst mit den 2000er-Jahren, als Proton OnSite seine Hogen-Serie am Markt für industrielle Anwendungen platzierte. Seitdem ist in den letzten 20 Jahren eine starke Zunahme an FuE-Aktivitäten von vielen Firmen zu beobachten. Eine Übersicht zu den Herstellern von PEM-Stacks und -Systemen ist in Tabelle 3.2 zu finden.

3.4.1 Zellmaterialien und -komponenten

Der allgemeine Aufbau einer PEM-Elektrolysezelle ist in **Bild 3.13** dargestellt. Beide Halbzellen sind durch eine protonenleitende Membran getrennt, die als Festelektrolyt in der Zelle dient. Auf die Membran ist beidseitig eine dünne Katalysatorschicht (engl.: catalyst layer, CL) als Elektrode aufgetragen, an der Anode entsteht der Sauerstoff und an der Kathode wird Wasserstoff generiert, s. hierzu auch die Reaktionsgleichungen in Tabelle 3.1. Dieser Verbund bildet die sogenannte Membran-Elektroden-Einheit (engl.: membrane electrode assembly, MEA). An die Elektroden werden jeweils poröse Stromverteiler bzw. Transportschichten (engl: porous transport layer, PTL) gepresst, die den Strom an die Elektroden heran- bzw. abführen. Die poröse Struktur ermöglicht zudem, dass die Anode mit Eduktwasser versorgt und die Produktgase an beiden Elektroden abgeführt werden können. An die PTL schließt sich die Flowfieldplatte an, die dafür sorgt, dass das Eduktwasser über die gesamte Zellfläche verteilt und die produzierten Gase rückseitig von der PTL abgeführt werden. In einem Zellstapel ist das Flowfield häufig Bestandteil der Bipolarplatte.

Als protonenleitende Membran werden meist perfluorierte Sulfonsäure-Membranen (PFSA), wie Nafion® von Chermours (früher DuPont) oder fumapem® von FuMA-Tech mit einer Dicke von 50-300 µm verwendet. Eine sehr hohe Protonenleitfähigkeit, geringe Gasdurchlässigkeit und hervorragende mechanische sowie chemische Stabilität sind die Charakteristika dieser Membrane. Während des Betriebes kann jedoch eine Permeation von Sauerstoff und Wasserstoff durch die Membran nicht gänzlich unterdrückt werden. Gerade bei Differenzdruckbetrieb von einigen Bar Unterschied von der Kathode zur Anode weisen PFSA-Membrane eine relativ hohe Gas-

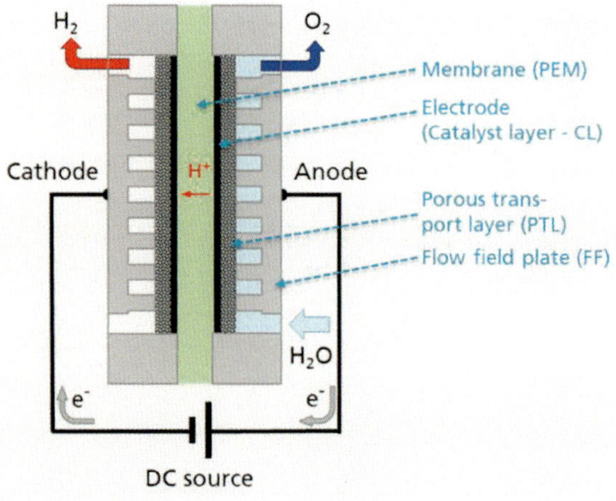

Bild 3.13: Schematischer Aufbau einer PEM-Elektrolysezelle

durchlässigkeit auf, die zwar wesentlich kleiner ist als bei einer AEL-Zelle, jedoch Gegenmaßnahmen erfordert. Typische H_2-Reinheitsgrade am Zellausgang liegen bei 2.8 bis 4.0, bezogen auf den trockenen Wasserstoff. Eine weitere Herausforderung der PFSA-Membrane ist ihr Quellverhalten bei der Wasseraufnahme. Dadurch kommt es gerade bei großen Flächenmaßen zur unerwünschten Faltenbildung und die Membran kann in der verpressten Zelle mechanisch beschädigt werden. Abhilfe bringen hier interne Gewebestrukturen als Verstärkung (engl.: reinforcement), die dem Quellen entgegenwirken, aber auch die Leitfähigkeit herabsetzen. Aus diesen Gründen werden auch alternative Ionomere für die PEM-Elektrolyse entwickelt, beispielweise sogenannte Hydrocarbon-Membrane. Jedoch konnten sich diese Materialen technologisch noch nicht durchsetzen.

Die Membran hat saure Eigenschaften, welche mit denen einer 20-prozentigen Schwefelsäure vergleichbar sind. Auch deshalb ist die Verwendung von Edelmetallen als Elektrodenmaterialien erforderlich. Eine effiziente Wasserstoffproduktion benötigt Platin als Katalysator, meistens auf Kohlenstoff geträgert zur effizienteren Materialnutzung. Für die Sauerstoffproduktion werden die Metalle Iridium (bevorzugt), Ruthenium und deren Oxide verwendet. Moderne MEAs haben eine Katalysatorbeladung von ca. 2 mg/cm^2 auf der Anodenseite und ca. 1 mg/cm^2 auf der Kathodenseite [10], [63]. Aktuell gibt es große Bestrebungen, in neueren MEA-Generationen diese Beladungen um ca. 40-60 % zu senken. U. a. auch dafür werden Titan oder Titandioxid basierte Trägermaterialien für die Anode entwickelt. Sowohl auf der Anode wie auf der Kathode sind die Katalysatorschichten nur wenige Mikrometer dick (**Bild 3.14**).

Zwischen der MEA und den Verteilungsstrukturen (flow field) der bipolaren Platten (BBP) befinden sich die poröse Transportschicht (PTL). Obwohl diese PTLs jeweils nur wenige 100 mm dick sind, sorgen sie für eine gleichmäßige Verteilung des elektrischen Stroms zwischen der Bipolarplatte und den Elektroden. Eine hohe elektrische sowie thermische Leitfähigkeit und Gas- und Wasserdurchlässigkeit sind die Charakteristika einer geeigneten PTL. Auf der Wasserstoffseite ist

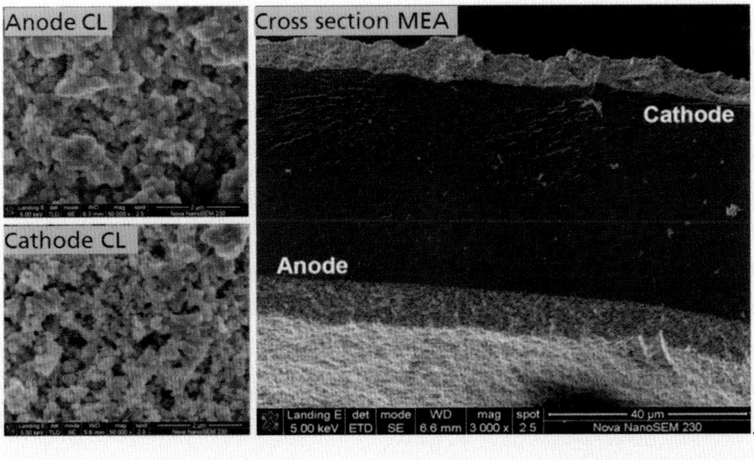

Bild 3.14: Querschnittsaufnahme einer Membran-Elektroden-Einheit für die PEM-Elektrolyse sowie Detailaufnahmen der porösen Katalysatorstrukturen [63]

Bild 3.15: Typische PTL-Materialien für PEM-Elektrolysezellen: (a) gesintertes Ti-Pulver, (b) gesintertes Ti-Vlies, (c) Ti-Streckmetall und (d) Kohlenstoff-Papier

das Elektrodenpotential nahe 0,0 V_{RHE}, daher ist der Einsatz von Kohlenstoffpapier oder Vliesen wie bei den PEM-Brennstoffzellen möglich. Auf der Sauerstoffseite ist der Einsatz von Kohlenstoff nicht möglich, da ab einem Potenzial von 0,9 V_{RHE} die elektrochemische Oxidation von Kohlenstoff stattfindet. Daher kommt fast ausschließlich Titan als Material zum Einsatz. Titan zeichnet sich durch seine Leitfähigkeit und vor allem durch seine Korrosionsbeständigkeit aus. Nachteile sind der hohe Preis, die schlechte Bearbeitbarkeit und die Bildung von Titanoxid auf der Oberfläche bei Kontakt mit Sauerstoff, welche als Passivierungsschicht eine elektrische Isolation darstellt und den Zellinnenwiderstand erhöht. In **Bild 3.15** sind beispielhaft poröse Transportschichten aus Ti und Kohlenstoff für die PEM-Elektrolyse zu sehen. Gesinterte Ti-Vliese haben sich als bestes Material für eine PTL herausgestellt, dies hängt aber auch stark vom Zelldesign und der Porosität ab [30]. Gesinterte Ti-Partikel zeigen ebenfalls gute Leistungswerte, sind aber deutlich teurer als Streckmetalle und auch Vliese.

Auch die Flowfield-Platten bzw. die bipolaren Platten in einem Stack (siehe nächsten Abschnitt) müssen aus korrosionsbeständigen Materialien wie Titan oder beschichtetem Stahl hergestellt werden. Letzterer Ansatz wird aber heute in kommerziellen Produkten praktisch nicht verwendet. Auf der Wasserstoffseite können auch billigere Kohlenstoffverbundmaterialien eingesetzt werden, aber auch dieser Ansatz hat sich bis heute nicht durchgesetzt, da der Einsatz einer einschichtigen Bipolarplatte aus Titan kostengünstiger ist. In einer Bipolarplatte sind meistens Strömungsstrukturen (engl.: flow field) integriert, um den Wasser- und Gastransport zu ermöglichen. Eine typische Ti-Bipolarplatte für den Laborbetrieb mit gefrästen Flowfieldstrukturen, Dichtnuten, Steigkanälen

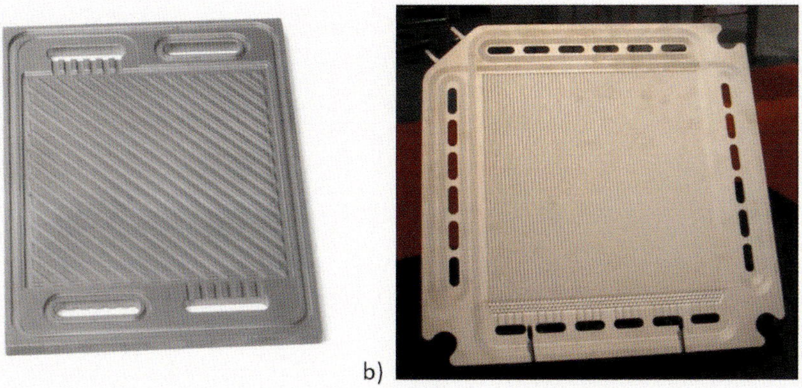
a) b)

Bild 3.16: (a) Bipolarlatte aus Ti mit gefrästen Strukturen für den Laborbetrieb (64 cm², Fraunhofer ISE) und (b) kostenoptimierte 600 cm² BBP aus Ti-Blech (mit freundlicher Genehmigung von Nel / Proton OnSite) [3]

und Zu- und Abgängen ist in **Bild 3.16**a zu sehen. Diese Art der BBP eignet sich durch hohe Produktionskosten aber allenfalls für eine Produktion in sehr kleinen Stückzahlen.

Ein heute präferierter Ansatz ist in Bild 3.16b zu sehen. Es wird auf Titan-Bleche mit einer Dicke bis zu 1 mm zurückgegriffen, die bevorzugt ausgestanzt wird. Die Dichtungs- und Kanalstrukturen sind in diesem Beispiel noch gefräst, andere Verfahren wie Hydroforming oder Tiefziehen setzen sich aber mit zunehmendem Produktionsvolumen durch, s. auch Diskussion im nächsten Abschnitt.

Im Vergleich mit der AEL werden in PEM-Elektrolysezellen hohe Leistungsdichten von 1,5-3,0 A/cm² bei gleicher Zellspannung von 1,7-2,1 V und damit gleichem Zellwirkungsgrad erzielt. Durch den Einsatz von Edelmetallen als Katalysatormaterial für die Elektroden ergeben sich vergleichsweise geringe kinetische Überspannungen und die erreichbaren Stromdichten hängen im Wesentlichen vom ionischen Widerstand und damit der Dicke der Membran ab. Auf Laborebene wurden bereits auch Stromdichten von mehr als 10 A/cm² bei akzeptablen Zellspannungen erreicht, jedoch senkt die dünne Membran die Lebensdauer. Vor allem die Membranausdünnung führt dann zu einem hohen Gas-Crossover und damit Gasverunreinigungen, die nicht mehr tolerierbar sind. Die Betriebstemperaturen der Zelle liegen zwischen 55 und 70 °C bei einem typischen Betriebsdruck von ca. 30 bis 45 bar. Die Betriebstemperatur ist vor allem durch die PFSA-Membran auf ca. 80 °C begrenzt, jenseits dieser Temperatur steigen die strukturellen Schädigungen an der Membran, u. a. durch eine verstärkte Wasseraufnahme. Die Stromausbeute erreicht Werte bis zu 98 %.

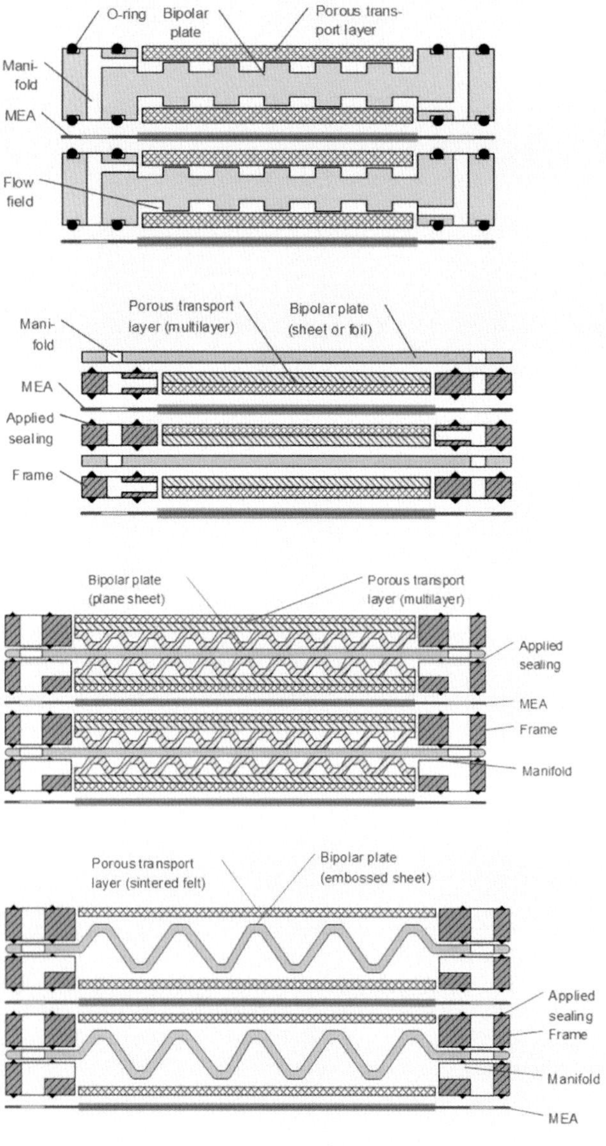

Bild 3.17: Übersicht zu den unterschiedlichen Zelldesigns in der PEM-Elektrolyse; je nach Flächengröße unterscheiden sich die Ausführungen der Bipolarplatte in Kombination mit der porösen Transportschicht: a) Bipolarplatten mit gefrästen Kanälen als Flowfield-Struktur (für Zellflächen von ca. 30 bis 300 cm^2), b) planares Titan-Blech mit mehrlagigen PTL-Schichten zur Wasserzu- und Gasabführung (für Zellflächen von ca. 100 bis 600 cm^2), c) planares Titan-Blech mit zusätzlichen Strömungskanälen in porösen Spacern (für Zellflächen von ca. 300 bis 1.000 cm^2), d) strukturierte Bipolarplatte mit ausgeformten Kanälen und einer herkömmlichen PTL (für Zellflächen von ca. 500 bis 5.000 cm^2)

3.4.2 Zell- und Stackdesign

Die gängige Bauart für die PEM-Elektrolyse ist die Filterpressenbauweise mit ca. 50 bis derzeit max. 220 Zellen pro Stack. Typische Zellgrößen haben heutzutage geometrische Abmaße (aktive Fläche) von 300 bis 1.500 cm^2. Erste Prototypen mit Zellflächen von bis zu 5.000 cm^2 werden ebenfalls

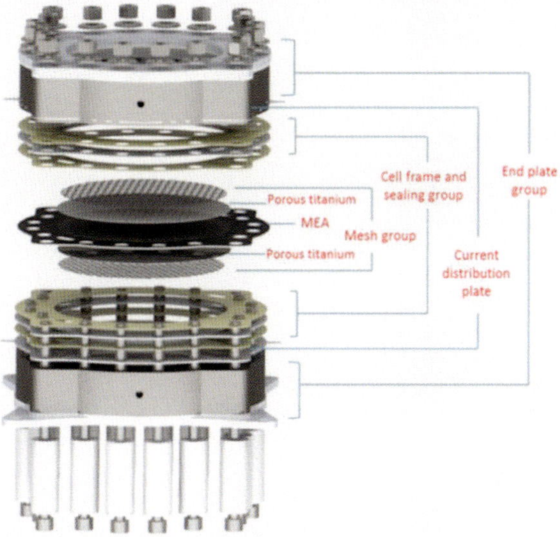

Bild 3.18: CAD-Explosionsdarstellung eines 100 cm^2 Laborstacks zur Verdeutlichung der einzelnen Zellkomponenten (mit freundlicher Genehmigung der Niğde Ömer Halisdemir Üniversitesi) [52]

erprobt. Mittlerweile hat sich die rechteckige Bauweise bei der PEM-Elektrolyse durchgesetzt, trotz der geforderten Druckfestigkeit von bis zu knapp 50 bar. Aus den Erläuterungen im vorherigen Abschnitt kann entnommen werden, dass die Zelldicken in der PEM-Elektrolyse in der Größenordnung von 2 bis 5 mm liegen. Damit sind PEM-Elektrolysestacks hinsichtlich Zellenanzahl, aber vor allem auch Zellfläche und -volumen deutlich kompakter als alkalische Elektrolysestacks und weisen eine höhere Leistungsdichte auf. Die elektrische Anschlussleistung eines einzelnen Stacks summiert sich von mehreren 100 kW bis zu einer oberen Grenze von aktuell ca. 1,5 MW.

Wie auch in anderen Elektrolyseuren sind die Zellen in einem Stack elektrisch in Reihe und strömungstechnisch parallelgeschaltet. Zwei angrenzende Zellen werden damit durch eine bipolare Platte (BPP) getrennt. Sie ist die Anode der einen Zelle und Kathode der nächsten Zelle zugleich.

In der **Bild 3.17** sind die vier gängigen Designs für PEM-Elektrolysezellen aufgezeigt, verbunden mit einer ungefähren Abschätzung, für welche Flächenmaße sich diese Zelldesigns eignen. Allgemein kann zwischen Bipolarplatten (BPP) mit und ohne Strömungsstrukturen (Flowfields – FF) differenziert werden. Das BPP-Design mit klassischem Flowfield, s. Bild 3.17a, ist beispielsweise prädestiniert für eine Fertigung durch Fräsen und entspricht Bild 3.16a bzw. Bild 3.16b. Bei den Konzepten b) und c) in Bild 3.17 kommen Bipolarplatten ohne klassische Flowfields, also nicht weiter strukturierte Titan-Bleche („sheets" bzw. „foils"), zum Einsatz. Die Verteilung des Eduktwassers über die Zellfläche und die Gasabführung übernimmt im Fall b) eine mehrlagige Kombination aus Streckmetall und gesintertem Ti-Vlies bzw. -Pulver (multilayer PTL). Im Fall c) wird die Wasserverteilung und die Gasabfuhr durch sogenannte Spacer (elektrisch leitfähige Abstandshalter) verbessert, die ausgeformte Strömungskanäle aufweisen.

Bild 3.19: Modul mit 3 PEM-Elektrolysestacks (Stackleistung ca. 700 kW) als Grundelement für großskalige Elektrolyseure (mit freundlicher Genehmigung von ITM Power).

Das Konzept d), welches für größere und kostengünstige Zellflächen genutzt werden kann, greift auf eine „normale" PTL und ein Titan-Blech als Bipolarplatte zurück, welche z. B. durch Hydroforming oder Tiefziehen umgeformt wurde. Es ist abzusehen, dass sich langfristig diese Variante bei großen Zellflächen mit einigen 1.000 cm^2 durchsetzen wird, da hier verhältnismäßig kostengünstige Herstellverfahren eingesetzt werden können.

Der Gesamtaufbau eines Zellstapels ist beispielhaft anhand eines 100 cm^2 Laborstacks in **Bild 3.18** gezeigt [52]. Zum Aufbau eines Stacks aus mehreren Zellen gehören auch Dichtungselemente für die Halbzellen und Verspannvorrichtungen zur Verpressung der Zellen mit den Endplatten und zur Gewährleistung der Druckdichtigkeit.

Neben dem klassischen Ansatz, jeden Stack mit eigenen Druckplatten zu verspannen, existieren auch Konzepte, mehrere Stacks über eine gemeinsame Vorspannvorrichtung zu verpressen (**Bild 3.19**).

3.4.3 Peripherie und Systemaufbau

Der Elektrolysestack bildet den Hauptbestandteil eines jeden Elektrolysesystems. Für die Wasserspaltung sind jedoch eine Reihe weiterer Komponenten nötig, um den Stack im gewünschten Betriebszustand stabil betreiben zu können. **Bild 3.20** zeigt einen allgemeinen schematischen Aufbau eines PEMEL-Systems, der vergleichbar mit dem eines alkalischen Systems ist. Es sei aber angemerkt, dass die verschiedenen Hersteller je nach Knowhow und Produktausrichtung unterschiedliche Systemlayouts verwenden.

Im Allgemeinen muss beim Aufbau eines PEM-Druckelektrolyseurs zwischen Gleichdruck- und Differenzdrucksystemen unterschieden werden. Im ersten Fall werden beide Seiten des Elektroly-

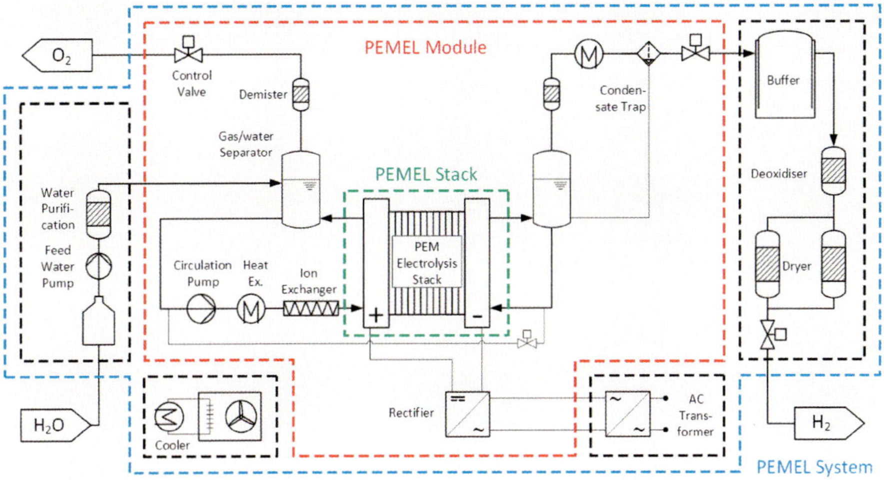

Bild 3.20: Schematischer Aufbau eines PEM-Elektrolysesystems, der neben den wichtigsten Komponenten des Elektrolyseurs auch die Subsysteme zur Wasseraufbereitung und Gaskonditionierung zeigt

seurs bei gleichem Druck betrieben, gesteuert über ein Anoden- und Kathoden-Regelventil. Dieses Prinzip ist identisch mit dem der alkalischen Elektrolyse. Im zweiten Fall wird nur die Wasserstoffseite unter Druck betrieben, während die Sauerstoffseite unter annähernd atmosphärischen Bedingungen arbeitet. Diese Betriebsweise erfordert ein ausgewogenes Stackdesign und hohe Technologiekompetenz, da die Membran dem Differenzdruck von bis zu mehreren MPa standhalten muss. Entscheidende Vorteile sind die Verwendung von preiswerten Komponenten auf der Sauerstoffseite und eine höhere Wasserstoffqualität, da die Permeation von Sauerstoff minimiert wird. In der alkalischen Elektrolyse mit Flüssigelektrolyten kann dieses Konzept nicht angewendet werden. Im Folgenden werden die verschiedenen peripheren Komponenten und ihre Funktion erläutert:

- Der für die Wasserspaltung notwendige Gleichspannungsstrom wird über einen Gleichrichter vorgegeben, welcher aus Wechselstrom einen Gleichstrom generiert. Durch Regelung des Stroms wird der Lastbereich des Elektrolyseurs eingestellt.
- Für die Zirkulation des Eduktwassers wird auf Anodenseite in den meisten Fällen eine Zirkulationspumpe eingesetzt. Es ist auch möglich, einen Stack mittels Naturumlauf mit Eduktwasser zu versorgen. Für eine kontrollierte Kühlung ist jedoch eine Zirkulationspumpe vorteilhaft. Der Wärmeübertrager wird zur Kühlung des Systems eingesetzt. An der Füllung des Ionentauschers binden sich Schwermetallionen, die sich aus den Bauteilen des Systems lösen. Diese würden die Leitfähigkeit des Wassers heraufsetzen und somit dessen Qualität verringern. Im Gas-Wasser-Separator trennt sich die flüssige Phase von der Gasphase. Die Gasphase verlässt den Stack durch einen Demister, der feine Wassertröpfchen aus dem Sauerstoffstrom entfernt. Das Druckhalteventil nach dem Demister regelt den Druck auf Anodenseite.

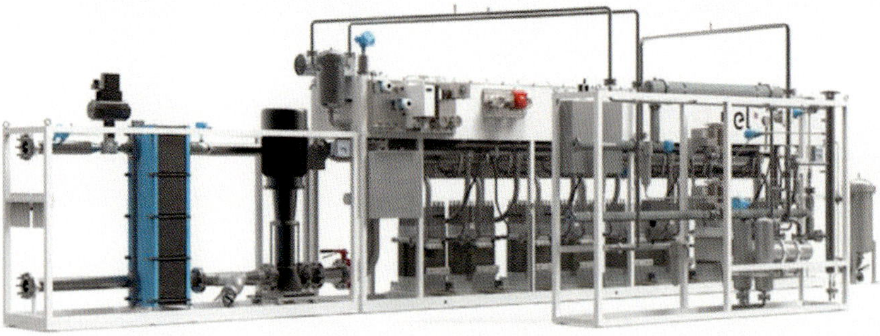

Bild 3.21: PEM-Elektrolysesystems der Firma Proton OnSite (mit freundlicher Genehmigung von Nel / Proton OnSite)

- Bei den meisten Systemen hat die Kathodenseite keine eigene Wasserzirkulation. Aufgrund eines Dragstroms gelangt jedoch Wasser von der Anoden- auf die Kathodenseite. Aus diesem Grund wird auch auf Kathodenseite ein kleinerer Gas-Wasser-Separator verbaut. Der Gasstrom wird durch einen Wärmeübertrager geführt. In diesem kondensiert ein Großteil des mitgeführten Wassers aus und wird über einen Kondensatabscheider abgeschieden. Über ein Ablassventil wird das sich auf der Kathodenseite angesammelte Wasser zur Anodenseite zurückgeführt.
- Das System wird über eine Frischwasserversorgung mit Eduktwasser versorgt. Zuvor muss dieses auf die nötige Wasserqualität aufgereinigt werden. Durch eine Speisewasserpumpe wird der Wasserdruck auf den Druck der Anodenseite erhöht und dem Prozess zugeführt.
- Für die Kühlung des Anodenkreislaufes wird meist auf externe Rückkühler zurückgegriffen, welche die Prozesswärme an die Umgebung abgeben. Für die Kühlung der Gasströme werden niedrigere Temperaturen benötigt, um möglichst viel Wasser aus den Gasströmen auszukondensieren. Hierfür wird in den meisten Fällen eine Kompressionskältemaschine eingesetzt.
- Um den Wasserstoff für nachfolgende Anwendungen oder zur Speicherung nutzen zu können, muss dieser getrocknet und mitgeführter Sauerstoff entfernt werden. Die Sauerstoffentfernung erfolgt über einen DeOxo-Reaktor, meistens auf Basis eines Palladium-Katalysators. Für die Feintrocknung wird eine Druckwechsel- oder bevorzugt Temperaturwechseladsorption eingesetzt. Um einen kontinuierlichen Volumenstrom in der Gasreinigung zu ermöglichen, wird dieser ggf. ein Pufferbehälter vorgeschaltet.

In **Bild 3.21** ist beispielhaft eine 3D-Zeichung des M400-Elektrolyseurs der Firma Proton OnSite gezeigt, in dem gut die einzelnen Subsysteme zu erkennen sind. Üblicherweise werden zur Erreichung höher Produktionskapazitäten mehrere Stacks zusammengeschaltet, in der Abbildung sind es acht 250-kW-Stacks, um eine Gesamtleistung von 2 MW zu erreichen.

Verfahrenstechnische Komponenten wie der Wärmetauscher oder die Wasserzirkulationspumpe (s. links) lassen sich bei großen Systemen mit mehreren Stacks zentral anordnen und versorgen alle (oder Untergruppen von) Stacks gemeinsam. Durch die zentrale Anordnung können größere Subsysteme eingesetzt werden. Dies erhöht die Zuverlässigkeit (weniger Aktorik/Senso-

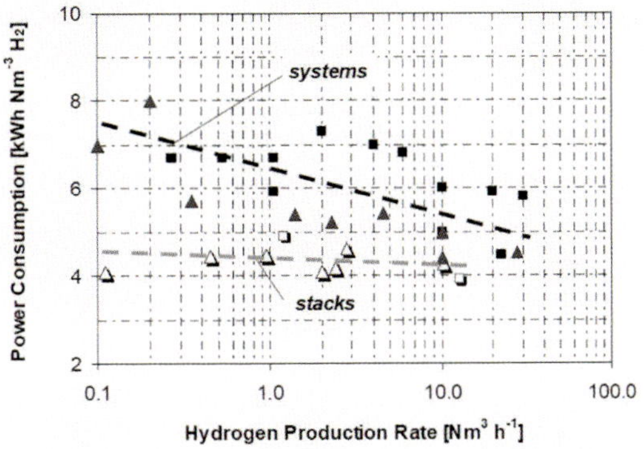

Bild 3.22: Spezifischer Energieverbrauch von Stacks und PEM-Elektrolysesystemen, aufgetragen gegen die Wasserstoffproduktionsrate [54]

rik), senkt den Wartungsaufwand und verringert die spezifischen Kostenanteile für die Bauteile, sodass in Summe die Systeme kostengünstiger werden. Dieses Konzept wird praktisch bei allen Arten von Elektrolyseuren angewandt und ist dem Umstand geschuldet, dass die Produktionskapazität eines einzelnen Stacks durch seine Dimensionen begrenzt ist, während es auf der verfahrenstechnischen Seite auch Komponenten in sehr großen Bauausführungen gibt.

3.4.4 Technische Kennwerte

Leistungsbereich und spezifischer Energieverbrauch

Wie bereits in Abschnitt 3.4.2 beschrieben, liegen derzeit die Anschlussleistungen gängiger PEM-Stacks für energiewirtschaftliche Anwendungen zwischen 250 kW und 1,5 MW. Die nächste Generation an PEM-Elektrolysestacks adressiert die Leistungsklasse von 1 bis 3 MW, wie beispielsweise die neueren Prototypen von Hydrogenics und GinerELX zeigen. Sollen größere Leistungsklassen erreicht werden, werden mehrere PEM-Stacks in Modulen bzw. Arrays zusammengefasst, wie es auch in Bild 3.21 gut zu erkennen ist. Solche Module lassen sich wiederum durch ein ‚Numbering-Up' zu beliebig große Leistungsklassen verschalten, sodass auch heute bereits Konzepte für PEM-Elektrolyseanlagen in der 100 MW-Klasse existieren. Solche Anlagen wurden aber bisher noch nicht realisiert; die größte derzeit noch im Aufbau befindliche PEM-Elektrolyseanlage mit 10 MW ist jene in der Shell Rheinland-Raffinerie in Wesseling, Deutschland.

In **Bild 3.22** ist der elektrische Energieverbrauch auf Stack- und Systemebene über die nominellen Wasserstoffproduktionsrate für die PEM-Elektrolyse abgebildet. Es ist zu beachten, dass für diese Abbildung Herstellerangaben verwendet wurden und dass die Systemgrenzen eines Elektrolysesystems nicht eindeutig definiert sind.

Wie das Bild zeigt, sinkt der spezifische Energieverbrauch von PEM-Elektrolysesystemen stark mit steigender Produktionsrate, obwohl der Energieverbrauch auf Stackebene nahezu konstant bleibt. Kleine Elektrolyseure benötigen die gleiche Peripherie wie größere Systeme, der Energieverbrauch der Teilsysteme kann jedoch nicht linear mit der Produktionsrate gesenkt werden. Der spezifische Energieverbrauch für kleine Systeme bis zu 10 Nm^3/h liegt typischerweise zwischen 6 und 7 kWh/Nm^3 H_2, für mittlere Systeme bis zu 100 Nm^3/h unter 6 kWh/Nm^3 Wasserstoff und für große Systeme jenseits der 200 Nm^3/h um die 5 kWh/Nm^3 H_2. Damit liegen die Wirkungsgrade von alkalischen und PEM-Systemen nahezu gleichauf.

Teillastbereich und Dynamik

Allgemein ermöglicht die PEM-Elektrolyse im Vergleich zur AEL einen größeren Teillastbetrieb. Die untere Grenze ergibt sich wie bei der AEL aus der tolerierbaren Grenze für die Gasreinheit am Ausgang der Elektrolysezelle und dem elektrischen Eigenverbrauch der Systemkomponenten, sofern der produzierte Wasserstoff als synthetischer Energieträger genutzt wird. In solchen Anwendungen wird durch den Eigenverbrauch der Peripherie die untere Grenze auf ca. 5 % der nominellen Leistung abgeschätzt.

Wesentlicher Unterschied der AEL- und PEMEL-Technologien ist die bei der PEMEL nicht vorhandene Vermischung beider Elektrolytkreisläufe. Die in dem Elektrolyten gelösten Gase erhöhen nach der Vermischung den Fremdgasanteil auf der jeweiligen anderen Seite bei der alkalischen Elektrolyse. In der PEMEL-Zelle kommt es jedoch ebenfalls zu Diffusionsvorgängen über die Membran. Unabhängig von der Stromdichte ist die Permeation von H_2 zur Anode und O_2 zur Kathode eine Funktion der Partialdruckdifferenzen und der Temperatur. Wird die Stromdichte herabgesetzt, entsteht nach den Faraday'schen Gesetzen weniger Wasserstoff. Die Diffusionsrate ändert sich jedoch nicht, wodurch die Fremdgaskonzentration in der Halbzelle zwangsläufig ansteigt. Bei 80 °C und Normaldruck entspricht die H_2-Permeationsrate in Nafion 117 nur einer H_2-Stromdichte von 0,002 A/cm^2. Die Permeationsrate steigt linear mit dem Druck, sodass bei 200 bar der H_2-Verlust bereits einer Stromdichte von 0,4 A/cm^2 entspricht [5]. Die Sauerstoff-Permeation ist erheblich geringer [43]. Dies hängt aber sehr stark von der verwendeten Membran und ihrer Verpressung in der Elektrolysezelle ab. Vor allem beim aktuellen Trend zu dünneren Membranen kann es daher auch zu kritischen Fremdgaskonzentrationen kommen. Um den entgegenzuwirken, kann innerhalb der MEA eine platinhaltige, dünne Rekombinationsschicht eingesetzt werden, an der O_2 und H_2 wieder zu Wasser rekombinieren [21]. Insgesamt erreicht die Gasreinheit im Betriebspunkt am H_2-Zellausgang Werte von 2.8 bis 4.0, sofern keine Rekombinationsschicht verwendet wird. Auf der Sauerstoffseite ergeben sich höhere Fremdgasanteile. Mit Rekombinationsschicht lassen sich Fremdgasanteile praktisch nicht nachweisen.

Darüber hinaus weist vor allem die PEM-Elektrolysezelle eine sehr hohe Überlastfähigkeit auf. Nur eine sehr drastische Erhöhung der Stromdichte um ca. 50 % oder mehr führt zu ernsthaften Stofftransportproblemen durch die gestiegene Gasbelastung und damit zu kritischen Überspannungen, die eine beschleunigte Degradation bedingen würden. Jedoch bedeutet diese Überlastfähigkeit auf Zellebene nicht, dass auch das gesamte System für eine solche Überlastfähigkeit ausgelegt ist. Vor allem der Gleichrichter toleriert nicht größere Ströme. Soll die Überlastfähigkeit auf Zellebene genutzt werden, muss ein größerer (und teurerer) Gleichrichter verwendet werden, der für die größeren Ströme auch ausgelegt ist. Teilweise verfolgen einzelne Hersteller wie Siemens oder ArevaH2Gen diesen Weg in einzelnen Entwicklungen, um einen flexiblen, überlastfähigen Elektrolyseur für Stromnetzdienste anbieten zu können [2]. Die Überlastfähigkeit ist dann durch das thermische Management des Systems begrenzt. Da der Stack in Überlast deutlich mehr Wärme produziert, steigt die Zelltemperatur in Abhängigkeit von der Wärmekapazität des Elektrolyseurs, darf aber aus Alterungsgründen einen gewissen Wert nicht überschreiten. Üblicherweise wird die gewünschte Überlastfähigkeit auf wenige Minuten bis max. eine Stunde definiert. Dabei muss auch beachtet werden, dass ohnehin mit zunehmenden Betriebsstunden die thermische Last des Stacks durch Alterungseffekte ansteigt. Das Kühlsystem muss somit ebenfalls in Summe etwas großzügiger ausgelegt sein, um diese auftretende Wärmelast zuverlässig abführen zu können.

Das schnelle dynamische Verhalten wird als ein wesentlicher Vorteil der PEM-Elektrolyse gesehen. Auf Zellebene werden Transienten in der elektrischen Leistungsaufnahme – wie auch bei der alkalischen Elektrolyse – praktisch verzögerungsfrei gefolgt. Die Systemperipherie (Zirkulationspumpe, Flüssig-Gasseparatoren) weist höhere Zeitkonstanten auf, hat aber im Vergleich zur AEL eine geringere thermische Kapazität. Dadurch kann der Betriebspunkt gut einem intermittierenden Leistungseintrag folgen, sofern die Kühlung richtig ausgelegt ist. Ferner erreicht ein PEM-Elektrolyseur in der Startphase schneller die Betriebstemperatur. Im Stand-by-Zustand oder beim An- und Abschalten treten in Stack und System unerwünschte Effekte auf, wie sie auch von der alkalischen Elektrolyse bekannt sind:

- Diffusionsprozesse über die Membran erhöhen die Fremdgaskonzentration, wie zuvor beschrieben. Insbesondere ist die Permeation von Wasserstoff bei höherem Druck nicht vernachlässigbar, allerdings kommt es parallel dazu auch zu einer Rekombination von O_2 und H_2 zu Wasser an den Elektroden oder am Rekombinationslayer.
- Die Rekombination führt zu einer Druckabnahme in den beiden Halbzellen, die unterschiedlich schnell ablaufen kann (unterschiedliche Diffusionsgeschwindigkeiten); Vakuum- und auch Druckdifferenzen können mechanischen Stress vor allem an der eingebetteten Membran verursachen.
- Nach dem Abschalten bzw. im Stand-by kühlt das gesamte System ab, beim Anfahren kommt es wieder zu einer Erwärmung; diese thermische Zyklierung wirkt sich negativ auf die Lebensdauer verschiedener Komponenten aus (z. B. Versagen von Dichtungen).
- Das Anfahren aus dem kalten Zustand bedingt höhere Zellspannungen durch die schlechtere Kinetik, je nach verwendeter MEA muss der Strom rampenförmig erhöht werden, hier weist die PEM-Elektrolyse aber Vorteile gegenüber der alkalischen Elektrolyse auf.

Prinzipiell geeignete Gegenmaßnahmen sind aus der AEL bekannt. Dazu zählen das gezielte Belüften der Anlage, das Anlegen einer Stützspannung oder auch das Nachheizen des Elektrolyseurs. Die notwendigen Maßnahmen hängen jedoch von der Betriebsweise und damit von der Anwendung ab.

Lebensdauer und Alterungsverhalten

Die Lebensdauer von Elektrolysezellen (und -systemen) konnte in den letzten 20 Jahren deutlich verbessert werden. Hierbei muss beachtet werden, dass bereits in den frühen militärischen Anwendungen mit entsprechenden Materialeinsatz sehr hohe Standzeiten von bis zu 100.000 h erreicht wurden [28]. Ein zweiter wichtiger Aspekt ist das unterschiedliche Wissen um Degradationseffekte bei den verschiedenen Firmen. Auch heute weisen ausgereifte PEM-Systeme bereits hohe Standzeiten von 10 bis 15 Jahren auf, bevor eine Überholung des Stacks notwendig wird. Die Stacks selber erreichen auch im kommerziellen Einsatz Betriebsstunden von über 50.000 h, (**Bild 3.23**). Da aktuell noch ein vollständiges Verständnis der Degradationseffekte in einer PEM-Elektrolysezelle fehlt, werden diese sehr guten Standzeiten vor allem durch jahrelange Erfahrung erreicht. Entsprechend weisen aber neu entwickelte Produkte oft noch eine geringere Lebensdauer auf.

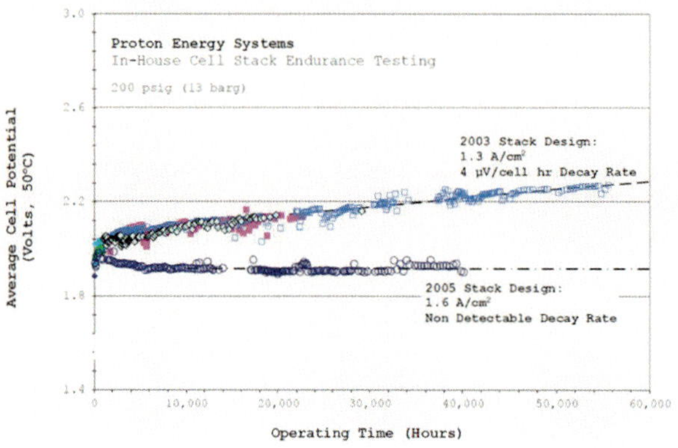

Bild 3.23: Langzeitstabilität von PEM-Druckelektrolysestacks der Firma ProtonOnsite [4]

Hinsichtlich der Lebensdauer stellt die Membran die kritischste Komponente dar. Üblicherweise werden PEM-Elektrolyseure unter Druck betrieben, teilweise mit einem Druckgradienten über die Membran. Druckfluktuationen aufgrund von An- und Abfahrvorgängen sowie Steuerungsvorgängen ergeben eine hohe mechanische Beanspruchung dieser Komponente. Verbunden mit der Ausdünnung des Materials durch Radikalangriffe [69] kommt es zu einer Abnahme der Gasqualität und letztendlich zum Versagen der Membran durch Bildung von Cracks. Ferner ist die Reinheit des Speisewassers entscheidend für die Lebensdauer. Verunreinigungen (Metallionen) verbleiben als Rückstände in der Elektrode bzw. dringen in die Membran ein, senken die ionische Leitfähigkeit, begünstigen den Radikalangriff und bewirken elektrische Kurzschlüsse. Weitere Degradationseffekte sind die Versprödung von Titan durch Wasserstoff, die Korrosion/Auflösung/Agglomeration des Katalysators und des Trägers sowie die Alterung der Dichtungen. Durch die Wahl der richtigen Betriebsparameter und eines abgestimmten Zelldesigns können die Alterungsprozesse weitestgehend kontrolliert werden. Wie bereits in Bild 3.23 gezeigt wurde, lassen sich Standzeiten von mehreren zehntausend Betriebsstunden erreichen. Dabei muss berücksichtigt werden, dass sich der Spannungsanstieg über die Lebenszeit nicht linear verhält, sondern am Anfang der Betriebszeit bis etwa 2.000 h im Bereich von 20-50 µV/h und später dann bei Werten deutlich unterhalb von 10 µV/h liegt [4].

Wie bei der alkalischen Elektrolyse wird die technische Lebensdauer eines PEM-Elektrolysestacks über eine maximale mittlere Zellspannung definiert. Diese Spannung ergibt sich üblicherweise aus einer tolerierbaren Erhöhung der Leistungsaufnahme des Stacks, die wiederum durch die Auslegung der Rückkühlung vorgegeben ist. Meistens beträgt die erlaubte Erhöhung der Stackleistung nur ca. 10 % der Ausgangsleistung, da ansonsten auch der Wirkungsgrad zu schlecht wird und die Wasserstofferzeugungskosten zu stark steigen. Beim Erreichen dieser Zellspannung kann der Elektrolyseur dann nicht mehr betrieben werden und der Stack muss ausgetauscht bzw. überholt werden. Herstellerangaben zur Lebensdauer bedeuten also nicht, dass der Stack beim Erreichen der Betriebsstunden nicht mehr funktioniert, da beispielsweise die Membran beschädigt ist, sondern dass der Stack nicht mehr innerhalb der Spezifikationen betrieben werden kann.

3.5 Hochtemperatur-Dampfelektrolyse

Unter Hochtemperaturelektrolyse (HTEL) wird allgemein die Elektrolyse auf Basis von Festoxidelektrolyten verstanden – die sogenannte Festoxidelektrolyse (engl.: solide oxide electrolysis - SOEL). Erste Entwicklungen gehen auf General Electric (GE, 1968) und das Brookhaven National Laboratory (1970) zurück. In Deutschland wurde durch Dornier 1975-1987 das BMBF-Projekt HOT ELLY (High Operating Temperature ELectroLYsis) durchgeführt [13], [18]. In den folgenden zwei Jahrzehnten konzentrierten sich die Arbeiten eher auf die Hochtemperatur-(HT-)Brennstoffzelle (engl.: solide oxide fuel cell SOFC), wovon aber auch die SOEL-Technologie profitierte, da bei Temperaturen von 700 bis 900 °C in einer Festoxidzelle sowohl die Wasserspaltung als auch die Knallgasreaktion elektrochemisch ablaufen können. In den letzten 10 Jahren ist das Interesse an der HT-Elektrolyse wieder deutlich gestiegen, was sich u. a. in diversen EU-Projekten wie RelHy und Hi2H2 oder der amerikanischen DOE Nuclear Hydrogen Initiative (US) widerspiegelt. International entwickeln mehrere Firmen Zellen und Stacks für Festoxid-Elektrolyseure wie Haldor Topsøe (DK), Kerafol (DE), OxEon Energy/Ceramatec (US), Sylfen (FR), jedoch keine kompletten SOEL-Elektrolyseure. Auch in Deutschland gibt es eine sehr starke Forschungslandschaft (EIFER, FZJ, DLR, Fraunhofer IKTS) und mit Sunfire die weltweit einzige Firma, welche die kommerzielle Entwicklung von kompletten SOEL-Stacks und -Systemen seit 2012 vorantreibt. Verglichen zu den AEL- und PEMEL-Verfahren befindet sich die HTEL-Technologie in Summe noch in einem frühen Entwicklungsstadium.

Ein zusätzlicher Vorteil der Festoxidzellen und der hohen Betriebstemperaturen ist ihre Eignung, durch Ko-Elektrolyse von Wasser und Kohlenstoffdioxid (CO_2-Direktreduktion) ein Synthesegas aus H_2 und CO zu erzeugen [61], vergleiche Tabelle 3.1, welches in der chemischen Industrie vielfältige Verwendung findet. Dieser Ansatz wird seit einigen Jahren von verschiedenen Arbeitsgruppen und Firmen verfolgt; auf diesen technologisch sehr spannenden Ansatz soll hier jedoch nicht näher eingegangen werden, da er wirtschaftlich in den nächsten Jahren noch keine Rolle spielen wird.

3.5.1 Materialien, Zellaufbau und Stacks

Der Aufbau einer planaren Hochtemperaturelektrolysezelle [70] ist funktional vergleichbar zu dem einer PEM-Elektrolysezelle. Der feste, ionenleitende Elektrolyt und die zwei porösen Elektroden bilden den Elektrolyt-Elektrodenverbund (engl. electrolyte electrode assembly). Poröse und elektrisch leitende Strömungsverteiler (engl. porous flow distributor) schließen sich an der Außenseite der beiden Elektroden an, die wiederum von den Endplatten mit Kanälen als Strömungsstrukturen eingefasst sind. In einem Stackaufbau werden diese Bipolarplatten als Interkonnektoren (engl. interconnectors, interconnects) oder einfach als Separatorplatten (engl.: seperator plates) bezeichnet. Ein weiteres wichtiges Element sind die Dichtungselemente aus Glaslot (engl. glas sealing).

Neben der planaren Bauweise einer SOEL-Zelle wurde früher zudem das tubulare Konzept entwickelt [13] , jedoch heute nicht mehr verfolgt. Der tubulare Aufbau weist eine hohe Dichtigkeit auf, erreicht aber nur niedrige Stromdichten. Die tubulare Bauweise verfügt außerdem über eine gute thermische Schockfestigkeit und erlaubt eine Produktion der einzelnen Elemente mit geringen Fertigungstoleranzen. Mittlerweile wird ausschließlich der planare Aufbau [31] favorisiert, da sich höhere Leistungsdichten erreichen lassen (ca. 0,5-1 W/cm^2) und sich einfachere Herstellverfahren für große Volumina anwenden lassen. Die Abdichtung der Zelle ist jedoch aufwändiger.

Wie bei keramischen Festoxid-Brennstoffzellen werden in der planaren Bauweise elektrolytgestützte (engl.: electrolyte supported cell, ESC) oder kathodengestützte Festoxidzellen (engl.:

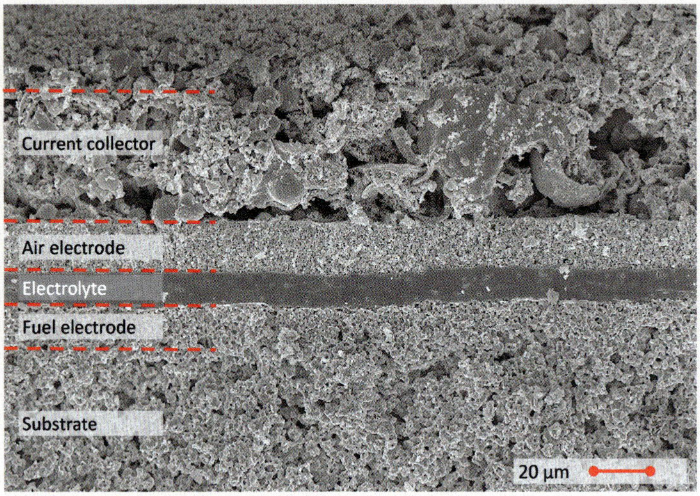

Bild 3.24: Schnitt durch einen kathodengestützten Elektrolyt-Elektroden-Verbund einer Festoxid-Elektrolysezelle in einer Ausführung von 2008 (mit freundlicher Genehmigung von FZ Jülich / IEK-1)

cathode supported cell, CSC) verwendet. ESC-Zellen benutzen eine dichte und ca. 100 bis 200 mm dicke Elektrolytmembran als tragende Schicht, die eine einfachere Abdichtung an den Zellrändern und niedrigere Diffusionswiderstände an der Anode ermöglicht. Die Elektroden sind mit 10-30 mm verhältnismäßig dünn. Dieser Zelltyp erfordert aufgrund des höheren Innenwiderstands durch den dicken Elektrolyten höhere Betriebstemperaturen bis ca. 1.000 °C, um eine gute Leistungsdichte zu erzielen. Die kathodengestützte Variante verwendet ein zusätzliches Substrat an der Kathode als tragenden Aufbau für die Zelle (**Bild 3.24**). Dieses möglichst offenporige Substrat ist mehrere 100 mm dick, während der Elektrolyt nur 10-15 mm ausmacht. Dadurch ergeben sich niedrige Zellinnenwiderstände und die Betriebstemperatur der SOEL-Zelle kann auf 650-800 °C gesenkt werden, zudem werden mit einer CSC-Zelle höhere Stromdichten erreicht. Eine vergleichsweise einfache Herstellung reduziert zudem die Herstellungskosten. Bild 3.22 zeigt eine Schnittaufnahme durch einen solchen anodengestützten Elektrolyt-Elektroden-Verbund.

Der Elektrolyt-Elektrodenverbund (engl. electrolyte electrode assembly) wird in der Literatur häufig bereits als Zelle bezeichnet und im Labor durch ein kombiniertes Foliengießen (tape casting) der Stützschicht und mehrstufigen Siebdruck (screen printing) der aktiven Schichten mit zwischengeschalteten Trocknungs- und Sinterprozessen hergestellt [46]. Für die groß-skalige SOFC-Zellherstellung kommen die gleichen Verfahren zum Einsatz, jedoch werden diese Verfahren kontinuierlich und nicht batchweise betrieben. Dies soll zukünftig auch für die SOEL-Zellherstellung adaptiert werden.

Wie bereits oben erwähnt, werden in fast allen SOEL-Zellentwicklungen Materialien aus der SOFC eingesetzt, die ggf. für den Elektrolysebetrieb optimiert werden. Forderungen an den Festelektrolyten sind: (1) hohe Sauerstoffionenleitfähigkeit, (2) Gasdichtigkeit, um in beiden Halbzellen eine hohe Gasreinheit zu gewährleisten, (3) hohe mechanische Stabilität, (4) thermischer Ausdehnungskoeffizient in der Größenordnung der Elektroden und (5) chemische und physikalische

Langzeitstabilität in Kontakt mit den anderen Zellmaterialien bei hohen Arbeitstemperaturen. Meist wird als Elektrolyt Yttrium stabilisiertes Zirkoniumdioxid (YSZ) verwendet. Als Dotierungsmittel kommen Y_2O_3 und Yb_2O_3 zum Einsatz, die eine gute Ionenleitfähigkeit und mechanische Stabilität bei 800 °C gewährleisten. Mit Sandia stabilisiertes Zirkoniumdioxid (Sc_2O_3 dotiertes ZrO_2-10ScSZ) weist als Elektrolyt eine noch höhere Ionenleitfähigkeit auf, ist aber teurer und wird deshalb seltener verwendet. Ebenfalls wird $LaGaO_3$, stabilisiert mit Strontium und Magnesium (LSGM), eingesetzt.

Das Elektrodenmaterial weist neben den oben genannten Anforderungen zusätzliche Eigenschaften auf:

- Hohe elektronische Leitfähigkeit, um Ohm'sche Verluste gering zu halten
- Poröse Struktur, um eine effiziente Dreiphasengrenze zu schaffen.

Die Kathode als Wasserstoffelektrode basiert meist auf Nickel, das eine hohe elektrochemische Reaktivität aufweist. Es wird mit CGO ($Ce_{0.9}Gd_{0.1}O_{1.95}$) oder YSZ (Ni-YSZ) als ein metall-keramisches Verbundmaterial (Cermet) eingesetzt. Dieser Cermet hat eine sehr poröse Struktur und damit eine große aktive Oberfläche und hohe Durchlässigkeit für Dampf und Gas. Um permanent eine reduzierende Atmosphäre zu erhalten, wird i. d. R. ein Dampf-Wasserstoffgemisch an die Kathode geführt. Das Substrat einer kathodengestützten Zelle hat eine ähnliche Zusammensetzung aus Nickel und Cermet wie die Kathode, ist jedoch deutlich offenporiger. Moderne Anoden werden aus Mischoxiden mit Perovskit-Struktur hergestellt. Typische Vertreter sind mit Strontium oder Kalzium dotierte Lanthanmanganite ($LaMnO_3$ – LSM), wie z. B. $La_{0.6}Sr_{0.4}MnO_3$ oder auch $La_{0.6}Sr_{0.4}Co_{0.2}Fe_{0.8}O_3$ (LSCF) gemischt mit YSZ oder $Ce_{0.9}Y_{0.1}O_{1.95}$ (YDC).

Als bipolare Trennschicht/Separatorplatte werden überwiegend ferritische Stähle wie z. B. Crofer [70], Superlegierungen wie Inconel oder auch pulvermetallurgisch hergestellte Legierungen auf Chrom-Eisen-Yttriumoxid-Basis (CFY) [31] verwendet, letztere vor allem für elektrolytgestützte Zellen. Keramische Materialien wären ebenfalls denkbar, werden jedoch praktisch nicht verwendet. Bei metallischen Materialien müssen Korrosionserscheinungen, in deren Folge es zu aktivitätssenkenden Chromabscheidungen an der Sauerstoffelektrode kommt, vermieden werden. Ferner muss der elektrischen Passivierung durch Ausbildung einer Oxidschicht auf der BPP-Oberfläche entgegengewirkt werden. Daher werden vor allem auf der Sauerstoffseite Schutzschichten (engl.: protective layer) auf die metallischen Interkonnektoren aufgebracht, wie z. B. LSM-Kontaktschichten, die durch atmosphärisches Plasmaspritzen hergestellt werden [8]. Sofern die Bipolarplatte keine Flowfields als Strömungsverteiler enthält, werden zusätzlich gewellte bzw. gewebte Netze aus Nickel bzw. ferritischem, rostfreiem Stahl zur Gasverteilung sowie zur Stromabnahme auf der Dampf-/Wasserstoff- bzw. Sauerstoffseite verwendet [70].

Beim Stackdesign für die SOEL-Technologie muss außerdem zwischen innenliegenden (engl.: internally manifolded) und außenliegenden (engl.: externally manifolded) Steigkanälen für die Medienzu- und -abfuhr unterschieden werden. In **Bild 3.25** ist eine Kombination von innen- und außenliegenden Steigkanälen zu sehen [31]. In einem solchen Fall wird der Wasserstoff-Dampfgemisch innen geführt und der Sauerstoff außen. In [70] werden Stacks sowohl mit beidseitig außenliegenden als auch mit komplett innenliegenden Steigkanälen vorgestellt.

Zur Dichtung und Fügung der Zellen und Stacks kommen Glasloten (Schmelzglas) zum Einsatz, welche in Form von Pasten oder Folien appliziert werden. Solche Glaslote erreichen ihre Abdichtung erst, wenn sie bei höheren Temperaturen aufgeschmolzen und eingepasst worden sind. Aus

Bild 3.25: MK351-Separatorplatte (interconnector) auf CFY-Basis für die keramische Festoxid-Zellen. Seitlich sind die Gaszuführungen für die Brenngaselektrode (fuel electrode) zu sehen, vorne ist der Eintritt der externen Luftzufuhr zur Luftelektrode (air electrode) zu sehen (mit freundlicher Genehmigung von Fraunhofer IKTS)

diesem Grund werden die gestapelten und vorverspannten Zellen vor ihrem ersten Einsatz immer erst thermisch in einen Ofen unter beidseitigen Luftdurchsatz gefügt, sodass das Bindemittel der Glaspaste ausoxidiert und eine Versiegelung der Zellkomponenten erreicht wird. Erst danach kann der Stack in ein System eingebaut und betrieben werden und muss zudem nach jedem Kaltstart vorkonditioniert werden, s. hierzu Abschnitt 3.5.3.

Zurzeit liegen für planare Zellen die aktiven Flächen aus mechanischen Stabilitätsgründen der spröden Zellmaterialien nur bei etwa 100 cm^2. Eine maximale Elektrodenfläche von 500 cm^2 könnte aus Expertensicht noch erreicht werden. Sollen darüber hinaus größere Zellen realisiert werden, müssen mehrere dieser Zellverbünde in einem Fenster- bzw. Kassettenrahmen angeordnet werden. Auch die Zellanzahl in einem SOEL-Stack ist aufgrund des Einsatzes von Keramiken auf ca. 10 bis 60 Zellen begrenzt, da ansonsten das spröde Material bei der Verspannung zu leicht brechen könnte. Einzelne Zellstapel haben somit eine Anschlussleistung im unteren Kilowattbereich, wenn von einer Leistungsdichte von ca. 0,6-1 W/cm^2 ausgegangen wird. Zur Erreichung höher Wasserstoffproduktionsraten wird das Numbering-Up-Prinzip verwendet, s. hierzu die Ausführungen im nächsten Abschnitt.

3.5.2 Peripherie und Systemaufbau

Wie oben beschrieben, ist die SOEL-Zellfläche durch den Einsatz keramischer Materialien deutlich kleiner als bei der PEM-Elektrolyse oder gar der alkalischen Elektrolyse. Große Leistungsklassen können somit nur über eine Erhöhung der verwendeten Stacks erreicht werden (Prinzip des Numbering-Up). Für eine effiziente Wärmeintegration werden daher mehrere Stacks in einem Modul zusammengeschaltet, sodass sie über gemeinsame Verteilerplatten mit Medien versorgt werden können und der Strom zugeführt werden kann [61]. Bis zu 24 Stacks sind derzeit in einem solchen Modul zusammengefasst [35]. Ferner wird an diesem SOEL-Modul auch ein Wärmetauscher als interner Rekuperator angeschlossen, der mit der Abwärme der austretenden Gas-Dampf-

Bild 3.26: SOC Stackmodul mit 8 x 30E MK351-Stacks mit geöffneter Luftbox und thermischer Isolation (mit freundlicher Genehmigung von Fraunhofer IKTS)

gemische die eintretenden Ströme annährend auf die gewünschte Stacktemperatur bringt. SOEL-Modul und Rekuperator sind zusammen in einer sogenannten Hotbox integriert, die besonders stark thermisch isoliert ist (**Bild 3.26**).

Aufgrund der aktuell noch geringen Anzahl an Prototypen, die mit einem produktnahen Wärmemanagement im realen Feldtest betrieben werden, existiert zurzeit noch kein bevorzugtes Systemlayout. Labor-Prototypen auf Systemebene, die bereits mit Wärmeaustauschern und Zirkulationskreisläufen ausgestattet sind, werden ausschließlich elektrisch vor- und zugeheizt. Größere SOEL-Anlagen wurden bisher nur in Designstudien betrachtet, die den Aufbau kompletter Systeme inklusive der Peripherie mit Einkoppelung von Wärme aus Nuklearreaktoren [23], Solarwärme [38], geothermischen Wärmequellen [53] oder aber der Abwärmenutzung in der chemischen Industrie [68] untersuchen. Durch die unterschiedlichen Konzepte zur Wärmeeinkopplung ist das vereinfachte Layout in **Bild 3.27** nur ein möglicher Ansatz, abgeleitet aus [23] und [68]. Er berücksichtigt die Wärmeintegration der Hochtemperaturelektrolyse durch Einbindung von Prozessdampf, wie er in der chemischen Industrie üblicherweise verfügbar ist.

In einem ersten Schritt wird das Wasser entmineralisiert und mithilfe des Prozessdampfes vor Ort (ca. 200 °C) verdampft und überhitzt (steam superheater). Der überhitze Dampf wird über einen Mischer (H2/steam mixer) in die Kathodenumwälzung (cathode recirculation) eingespeist und dann in einem Rekuperator auf annähernd Stacktemperatur erhitzt. Die Kathodenumwälzung

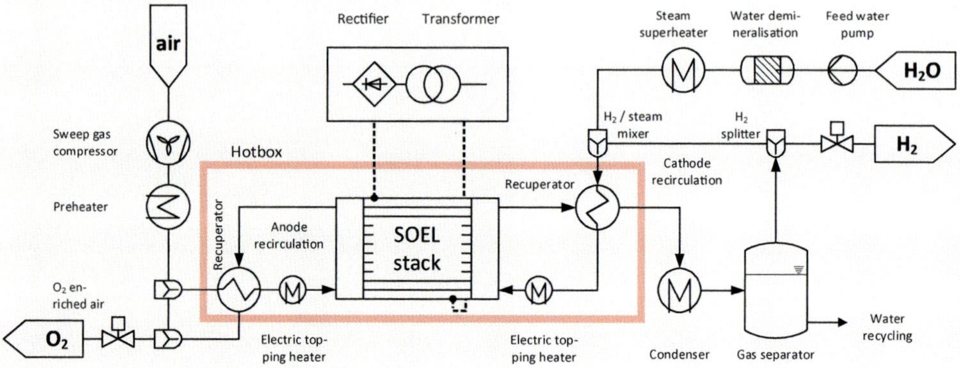

Bild 3.27: Vereinfachtes Systemlayout eines SOEL-Systems, adaptiert von [23], [26], [36], [68]

ist ein Wasserdampf-Wasserstoffgemisch mit einem H_2-Anteil von 10 Vol-% am Stackeingang. Dadurch wird die Reoxidation der Ni-YSZ-Elektrode verhindert. Optionale Zusatzheizer am Anoden- und Kathodeneingang erlauben eine flexible Betriebsführung und ein schnelleres Vorheizen beim Anfahren. Der zugeführte Dampf wird im Stack bis zu 80 % elektrochemisch zersetzt [39]. Höhere Dampfumsatzraten werden vermieden, um eine Unterversorgung der Elektrode und damit einer möglichen Schädigung der Zelle zu vermeiden. Das austretende Gasgemisch wird im Rekuperator gekühlt und das Wasser auskondensiert und einer Aufbereitung zugeführt (water recycling). Je nach gewünschtem H_2-Anteil in der Kathodenumwälzung wird der überschüssige Wasserstoff abgetrennt und in die Gaskonditionierung geleitet (Reinigung und Verdichtung sind hier nicht gezeigt). Auf der Anodenseiten wird ebenfalls ein Spülgas (sweep gas) umgewälzt, um den produzierten Sauerstoff leichter abführen zu können und um ein effizientes Wärmemanagement zu ermöglichen. In der Startphase wird dazu Luft verwendet, welche in einem Vorwärmer (preheater) mit Prozessdampf aufgeheizt wird. Im kontinuierlichen Betrieb kann dann auch der produzierte Sauerstoff selber auf der Anode rezirkuliert werden.

3.5.3 Technische Kennwerte

Leistungsbereich und spezifischer Energieverbrauch

Bisher werden nur sehr wenige Systeme unter realen Bedingungen im Feldtest betrieben. Die derzeit mit Abstand größte Anlage HyLink200 mit einer Kapazität von 200 Nm^3/h und einer Anschlussleistung von 730 kW kommt von Sunfire und wird in Salzgitter betrieben (EU-Projekt GrInHy2.0). Es gibt jedoch bereits Pläne, in den nächsten Jahren auch bedeutend größere SOEL-Anlagen im unteren zweistelligen MW-Bereich zu realisieren [35]. Ansonsten existieren derzeit nur Demonstrationsanlagen im Laborbetrieb bis max. 25 kW [34].

Wie aus Formel (3.15) entnommen werden kann, hängt der spezifische Energieverbrauch der HT-Elektrolyse von der zugeführten Wärme und der Stromaufnahme ab. Jedoch wird in der Literatur praktisch nie der energetische Wirkungsgrad angegeben, sondern immer der rein elektrische Wirkungsgrad betrachtet und damit der spezifische elektrische Energiebedarf. Dieser hängt von den gewählten Betriebsbedingungen ab, vor allem von der Betriebstemperatur. Da der Stack nahezu im thermoneutralen Zustand betrieben werden soll, ergibt sich daraus die bevorzugte Zellspannung und über den Innenwiderstand der Zelle die erreichbare Stromdichte. Bei einer Betriebstemperatur von 800 °C beträgt die thermoneutrale Zellspannung ca. 1,28 V. Bereits im Hot Elly-Programm erreichten tubulare Einzelzellen bei 1.000 °C Zellspannungen von 1,05-1,2 V, allerdings nur bei moderaten Stromdichten[2] von 0,2-0,4 A/cm^2 [13]. Neuere planare Zelltechniken ermöglichen wesentlich höhere Stromdichten. Sinterzellen mit YSZ-Elektrolyt wurden im Hi2H2-Projekt bei 680-1.000 °C mit Stromdichten bis zu 2,0 A/cm^2 getestet, die Zellspannungen lagen dabei unterhalb der thermoneutralen Spannung [49]. In aktuellen Stackentwicklungen liegt zwar der typische Auslegungspunkt bei Stromdichten um 0,4-1,0 A/cm^2, jedoch wurden deutliche Fortschritte hinsichtlich der Robustheit und Lebensdauer bei diesen Leistungswerten erreicht [27]. Der elektrische Energiebedarf dieser Laborstacks variiert zwischen 3.0-3,3 kWh pro Nm^3/h Wasserstoff bei einer Betriebstemperatur von 800 °C [6], [34], [39], [40]. Da die aktuellen kleineren Feldtestsysteme noch elektrisch zugeheizt werden, erhöht sich der elektrische Energiebedarf auf ca. 4,1 kWh pro Nm^3/h Wasserstoff. Sofern für größere Systeme Prozesswärme an Industriestandorten eingekoppelt werden kann, soll sich ein elektrischer Energiebedarf von ca. 3,7 kWh pro Nm^3/h Wasserstoff ergeben [35].

Teillastbereich und Dynamik

Eine SOEL-Zelle kann entweder im endothermen, autothermen oder exothermen Zustand arbeiten. Durch die eingangs beschriebenen Verlustmechanismen wird in der Zelle Joule'sche Wärme freigesetzt, deren Betrag von der Stromdichte abhängt. Bei kleinen Stromdichten reicht die produzierte Joule'sche Wärme nicht aus, die Betriebstemperatur der Zelle konstant zu halten und eine äußere Wärmezufuhr ist notwendig. Bei höheren Stromdichten übersteigt die Joule'sche Wärme den Energiebedarf. Die überschüssige Wärme muss abgeführt werden. Idealerweise werden die Festoxid-Zellen nahe am thermoneutralen Arbeitspunkt (autotherm) betrieben, d. h. die Joule'sche Wärme im Stack entspricht der Energie, die zur Wasserspaltung bei der entsprechenden Arbeitstemperatur benötigt wird. Auf diese Weise arbeitet der Stack ohne einen großen Temperaturgradienten zwischen Ein- und Auslassstrom und in der Zelle herrscht eine weitestgehend homogene Temperatur. Dadurch werden die temperaturinduzierten, mechanischen Spannungen an dem keramischen Zellverbund reduziert und Alterungsprozesse in der Zelle verlangsamt.

Prinzipiell stellen damit auch kleine Teillastbereiche keine Probleme für SOEL-Zellen dar, jedoch muss im thermischen Management die Verschiebung des Betriebstemperatur berücksichtig werden. Aus elektrochemischer Sicht können SOEL-Zellen auch elektrischen Laständerungen sehr schnell folgen und es ist ebenfalls ein schnelles Zyklieren zwischen Elektrolyse- und Brennstoffzellen-Betrieb möglich [6], [37]. Jedoch muss berücksichtig werden, dass eine dynamische Betriebsweise negative Auswirkungen auf die Lebensdauer der Zelle hat. Im dynamischen Betrieb führen

---

2 Gemäß allgemeiner Vereinbarung werden normalerweise negative Werte für die Stromdichten einer HTEL-Zelle verwendet, damit zwischen Elektrolyse- und Brennstoffzellenbetrieb unterschieden werden kann. In diesem Kapitel wird darauf verzichtet und es werden positive Werte für die Stromdichte angegeben, damit ein besserer Vergleich zu den anderen Elektrolysetechnologien möglich ist.

die Laständerungen generell zu Änderungen der Joule'schen Verlustwärme und damit zu Temperaturänderungen im SOEL-Stack, die wiederum veränderliche, thermomechanischen Spannungen in dem keramischen Schichtaufbau der Zelle induzieren. Infolgedessen kommt es u. a. zu Mikrocracks in den Zellen und allgemein zu einer Zunahme des Innenwiderstands. Obwohl durch verbesserte Zellmaterialien und ein angepasstes Stackdesign (bspw. Kombination von Zellmaterialien mit gleichem thermischem Ausdehnungskoeffizienten) diese Spannungen reduziert werden können, führen häufige Laständerungen im dynamischen Betrieb somit zu einer verstärkten Alterung der Zellen.

Eine ähnliche Problematik ergibt sich beim An- und Abfahren eines SOEL-Stacks. Zum einen kommt es durch die Temperaturrampen zu thermomechanischen Spannungen in der Zelle, infolge derer der Innenwiderstand steigt. Daher erfolgt das Abschalten und Anfahren vergleichsweise langsam und unter Einsatz eines Spülgases (Bild 3.27). Zum anderen werden beim Aufheizen und Abkühlen die Glasdichtungen stark beansprucht, sodass die Dichtwirkung mit jedem thermischen Zyklus nachlässt. Daher wird angestrebt, eine untere Temperaturgrenze nicht zu unterschreiten, um ein schnelles Anfahren aus dem (warmen) Stand-by-Zustand zu ermöglichen.

Alle hier berichteten Kennwerte beziehen sich auf einen Betrieb unter atmosphärischen Bedingungen. Durch die hohen Temperaturen, den Einsatz von Glasdichtungen und spröden, keramischen Materialien lässt sich ein Druckbetrieb nur schwer realisieren. Ein mögliches Konzept ist der Betrieb der Zellstapel in einem Druckkessel, wie es im Projekt DruHEly mit einem ESC-Stack erprobt wurde [40]. Der notwendige technische, aber auch ökonomische Aufwand für solch ein druckgeladenes SOEL-System wird sich aber nur schwerlich amortisieren.

Lebensdauer und Alterungsverhalten

Ausgehend von einer geforderten Betriebsdauer von mindestens 40.000 h, muss die Degradationsrate deutlich unter 10 mV/h liegen (Ende der Lebensdauer bei Erreichen einer Zellspannung von 120 % der Anfangsspannung bei konstanter Stromdichte). Noch im EU-Projekt Hi2H2 wurden Einzelzellen bis max. 2.500 h betrieben und die Degradationsrate lag bei etwa 2 % pro 1.000 h, zudem nahm bei höheren Stromdichten die Lebensdauer gravierend ab. In den letzten Jahren konnten jedoch vermehrt Langzeittests von Festoxid-Einzelzellen im Elektrolysebetrieb mit vielversprechenden Resultaten durchgeführt werden. In neueren Zellentwicklungen wurde die Degradationsrate bereits deutlich gesenkt. Die bisher längste Dauermessung wurde mit einer elektrolytgestützten Zelle (ESC) von Kerafol unter stationären Bedingungen über 23.000 h durchgeführt (bei 850 °C und einer Stromdichte von 0,9 A/cm^2) [48] (**Bild 3.28**). Die mittlere Leistungsabnahme lag bei guten 0,57 %/1.000 h.

I. d. R. sind die Leistungsdichten eines Stacks geringer und die Degradationsraten etwas höher als in einer Einzelzelle, da sowohl eine homogene, elektrische Kontaktierung als auch eine Gasverteilung schwieriger zu erreichen sind. Die bisher längste Shortstack-Dauermessung lief unter stationären Bedingungen über 10.700 h [41]. Der Shortstack bestand aus sechs kathodengestützten Zellen (CSC) von SOLIDpower und wurde mit einer Stromdichte von 0,5 A/cm^2 bei ca. 710 °C betrieben. Die mittlere Leistungsabnahme lag bei 0,5 %/1.000 h. Über vergleichbare Degradationsraten mit einem 30-zelligen ESC-Stack wurde in [27] berichtet. Jedoch zeigte der gleiche Stack eine deutlich höhere Degradationsrate von 1,2 %/1.000 h, wenn er im ständigen Wechsel von EL- zu FC-Modus betrieben wurde. Nach wie vor hat auch die Stromdichte einen Einfluss auf das

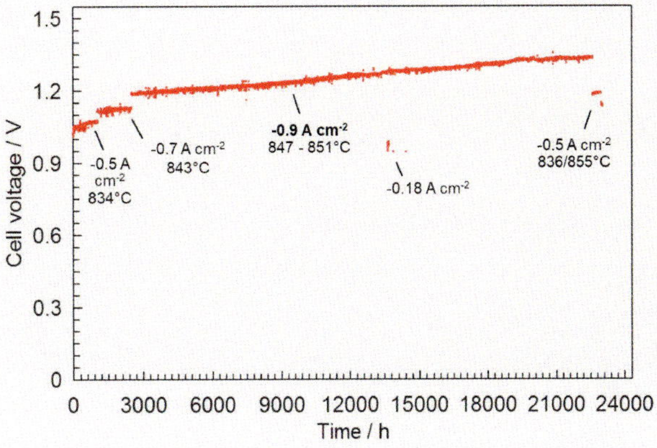

Bild 3.28: Langzeitverhalten einer SOEL-Laborzelle über 23.000 h (mit freundlicher Genehmigung von EIFER) [48]

Alterungsverhalten. Während bei kleinen Stromdichten von 0,3 A/cm² kaum Degradation nachweisbar ist, zeigen die Zellen bei höherem Stomfluss (0,875 A/cm²) eine deutlich verstärkte Alterung. Unter industrienahen Bedingungen in einem realen Feldtest wurden im GrIndHy-Projekt Alterungsraten von 0,8 %/1.000 h erreicht [35].

Ein vollständiges Verständnis vom Alterungsverhalten der Stacks wurde noch nicht entwickelt, doch sind wesentliche Degradationsmechanismen aus dem SOFC-Betrieb bekannt und konnten im SOEL-Betrieb bestätigt werden [8], [17]:

- Zunahme des flächenspezifischen Widerstands des Elektrolyt-Elektroden-Verbundes u. a. durch Delamination der Elektroden
- Bildung von passivierenden Oxidschichten zwischen der Schutzschicht und dem metallischen Interkonnektor
- Chromvergiftung der Anode
- Erhöhung der Kontaktwiderstände zwischen den Kontaktschichten und Stackkomponenten.

Wird die Zelle zudem stark zykliert oder reversibel betrieben, kommen zusätzliche Alterungsmechanismen hinzu, wie beispielsweise eine stärkere Degradation der Glasdichtungen (größere Permeabilität).

3.6 Herstellerübersicht

Trotz der rapide wachsenden Bedeutung der Wasserelektrolyse in der Energiewirtschaft existiert weltweit nach wie vor nur ein kleiner kommerzieller Markt für Wasserelektrolyseure. Neben den etablierten Märkten für eine industrielle Nutzung wie der Wasserstofferzeugung in Kraftwerken zur Generatorkühlung befinden sich gerade vor allem Anwendungen in der Sektorenkopplung im Aufbau. Damit einhergehend durchläuft die internationale Elektrolyseindustrie aktuell einen grundlegenden Wandel. Viele der teilweise seit Jahrzehnten aktiven, aber kleinen Firmen (häufig nicht mehr als 100 Beschäftigte) bauen zum einen ihre Produktionskapazität massiv aus. Es steigen

Tabelle 3.2: Übersicht Elektrolysehersteller und ausgewählte technische Parameter (Herstellerangaben, Datenbasis 2017-2020)

Hersteller	Land	Baureihe	Typ	H_2-Druck [barg]	H_2-Rate [Nm^3/h]	Status
ArevaH2Gen	FR	ELYTE E series	PEMEL	30/35	5-200	kommerziell
EM-Korea	KO	EHG EHP	AEL AEL	9,9 1-8	20-80 20-300	kommerziell ??
Cockerill Jingli Hydrogen (CJH)	CN	DQ DQ	AEL AEL	32 16	2-60 80-1.000	kommerziell kommerziell
Giner	US	OGP (Stack) Merrimack (Stack) Allagash (Stack) Kemnebec	PEMEL PEMEL PEMEL PEMEL	207 40 40 40	13 5-30 50-200 1.100	Rüstungssektor kommerziell Prototyp (Feldtest) in Entwicklung
Green-Hydrogen	DK	HyProvide A-Series HyProvide P-Series	AEL PEMEL	35	30-90	kommerziell Prototyp
Enapter	DE/IT	EL 2.1	AEMEL	35	0.5	Kleinserie
h-tec (DE)	DE	Series S30 (Stack) ME 100/350 ME 450/1400	PEMEL PEMEL PEMEL	20 30 30	0,2-1,1 47 210	Kleinserie (System) Prototyp (Feldtest) In Entwicklung
Honda	JP	SHS	PEMEL	350	0,7	Vorserie
Hydrogenics	CA	HyLYZER 30 HyLYZER (Stack)	PEMEL PEMEL	30 40	300-500 620	kommerziell in Entwicklung
Hydrogenics	BE	HySTAT (outdoor)	AEL	10	10-100	Kommerziell
ITM Power	GB	HGas HGasXMW	PEMEL PEMEL	20-80 20	38-620 1.875	Kommerziell Prototyp (Feldtest)
McPhy	FR/IT DE	McLyzer, Piel-Typ McLyzer, NDE-Typ Augmented McLyzer	AEL AEL AEL	3-12 atm 30	1-60 100-400 100-800	kommerziell Produktion eingestellt kommerziell
Nel Hydrogen	NO	A series	AEL	atm	150-485	kommerziell
PERIC	CN	ZDQ ZDQ	AEL AEL	15-32 15-20	5-150 175-600	kommerziell kommerziell
Proton OnSite (NEL Hydrogen)	US/ NO	Hogen S-Typ Hogen H-Typ Hogen C-Typ Hogen MC series	PEMEL PEMEL PEMEL PEMEL	13,8 15/30 30 15/30	0,53-1,05 2,0-6,0 10-30 103-413	kommerziell kommerziell kommerziell kommerziell

Tabelle 3.2: Übersicht Elektrolysehersteller und ausgewählte technische Parameter (Herstellerangaben, Datenbasis 2017-2020)

Hersteller	Land	Baureihe	Typ	H_2-Druck [barg]	H_2-Rate [Nm^3/h]	Status
Siemens	DE	SILYZER 100	PEMEL	50	22-44	Produktion eingestellt
		SILYZER 200	PEMEL	35	225	kommerziell
		SILYZER 300	PEMEL	atm	3.800	Vorserie (Feldtest)
Sunfire	DE	RSOC	SOEL	atm	40	Prototyp (Feldtest)
		HyLink 200	SOEL	atm	200	Prototyp
Teledyne Energy Systems	US	Titan HMXT	AEL	11,3	2,8-11,2	kommerziell
		Titan EC/EL	AEL	7,9-11,3	28-78	kommerziell
		Titan EL-N	AEL	10	100-500	??
Tianjin Mainland	CN	FDQ	AEL	50/30/16	60/350/ 600	kommerziell
Hydrogen Eq. / Hydrogen Pro	NO	HDQ	AEL	30	-250	kommerziell

nun aber auch neue, finanzkräftige Technologiepartner oder aber Investoren bei diesen Firmen ein. Außerdem haben sich in den letzten Jahren auch große Anlagenbauer wie thyssenkrupp UCE, Asahi Kasei und Siemens mit eigenen Produkten am Markt platziert.

Tabelle 3.2 gibt eine Übersicht der wichtigsten Hersteller von Elektrolysesystemen mit Fokus auf den amerikanischen und europäischen Markt. Zur Abrundung sind auch einige asiatische Hersteller aufgelistet. Wie der Tabelle zu entnehmen ist, sind viele Systeme im Prinzip kommerziell verfügbar. Dabei sollte jedoch beachtet werden, dass die meisten Hersteller ihre Systeme derzeit nur in Kleinserie oder auf Anfrage in Einzelanfertigung produzieren und vor allem große Systeme lange Lieferzeiten aufweisen.

3.7 Ökonomische Betrachtungen und Kostenstrukturen

Das gestiegene Interesse an der Wasserstofferzeugung durch Elektrolyse hat auch zu einem stärkeren Fokus auf die Investitionskosten und Wasserstoffgestehungskosten (WGK) durch Elektrolyse geführt. Solange Wasserelektrolyseure in der industriellen Nische genutzt wurden, spielten die Wasserstofferzeugungskosten keine zentrale Rolle für oder gegen eine Investitionsentscheidung. Stattdessen kam es auf Parameter wie Verfügbarkeit, Zuverlässigkeit und auch Reinheit an. Im Zuge der Erschließung neuer Märkte in der Sektorenkopplung und Energiewirtschaft stellt sich jedoch die Frage nach wirtschaftlichen Betreibermodellen und sowohl die Investitionskosten als auch die Wasserstoffgestehungskosten gewinnen erheblich an Bedeutung. Dieser Abschnitt betrachtet nicht die ökonomische Fragestellungen zur Systemintegration und den dazu notwen-

Bild 3.29: Heutige und zukünftige Investitionskosten für die verschiedenen Arten der Wasserelektrolyse gemäß Herstellerumfrage aus [59]

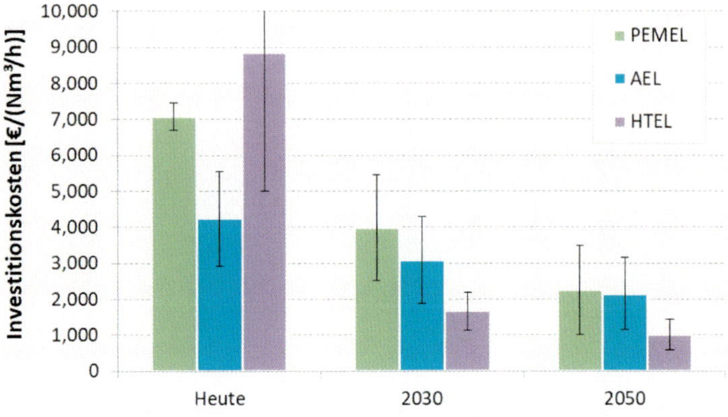

digen Rahmenbedingungen. Stattdessen werden die Investitionskosten und die wesentlichen Einflussparameter für die Wasserstoffgestehungskosten diskutiert.

3.7.1 Investitionskosten

Werte für die Investitionskosten können entweder über Herstellerangaben (Richtpreisangebote) oder durch einen Bottom-Up-Prozess unter Zuhilfenahme von Kostenmodellen generiert werden. Im ersten Fall muss das kommerzielle Interesse der Firma berücksichtigt werden. Da die Beschaffung und Installation eines Elektrolysesystems eher einem klassischen Projektgeschäft im Chemie-Sonderanlagenbau gleicht, können sich zahlreiche Zusatzkosten ergeben. Nach wie vor werden die Anlagen in Einzelfertigung hergestellt und sind nicht soweit standardisiert, dass Projektionen auf größere Anlagen und Stückzahlen verifiziert werden können. Wird hingegen ein Kostenmodell von einer unabhängigen Institution zur Vorhersage der Investitionskosten verwendet, entscheidet die Datenbasis über die Güte der Ergebnisse. Häufig liegen spezifische Kosten bzw. Preisinformationen für Komponenten nicht vor und müssen abgeschätzt werden. Zudem betrachten diese Kostenmodelle die Herstellerseite und nicht den Kaufpreis für den Anwender, da Gewinnmarge und Abschreibungskosten für den notwendigen Maschinenpark etc. je nach Hersteller sich unterscheiden. Ferner können die Investitionskosten variieren, da es keine Standardisierung bei den Systemgrenzen eines Elektrolyseurs gibt. Diese Problematik tritt auch bei den Angaben zum spezifischen Energieverbrauch auf. Containerisierte Elektrolyseanlagen beinhalten i. d. R. von der Wasseraufbereitung, der Gasreinigung, der Rückkühlung und der Einhausung alle notwendigen Subsysteme. Bei großen Anlagen in einer Innenraumaufstellung auf einem Industriegelände sind häufig Gewerke wie Kühlwasser, Prozesswärme, Spülgasen etc. vorhanden, sodass diese nicht in der Kostenaufstellung mitgeführt werden müssen. In Summe müssen Angaben zu Investitionskosten mit großer Sorgfältigkeit betrachten und diskutiert werden.

In **Bild 3.29** sind heutige (Stand 2017) und projizierte Investitionskosten für die Jahre 2030 und 2050 gemäß einer Herstellerumfrage in [59] abgebildet. Dabei ist zu beachten, dass die Angaben Mittelwerte für Systeme in der Leistungsklasse 1-100 MW darstellen, also eine gewisse Unschärfe aufweisen, wie auch die einfache Standardabweichung bestätigt. Als Systemgrenze sind die Kosten für die Wasseraufbereitung, die Wasserstoffreinigung und Kompression auf 30 bar enthalten. In der Abbildung werden nicht die auf die Anschlussleistung bezogenen spezifischen Investitionskosten [€/kW] gezeigt, sondern die Investitionskosten relativ zur nominellen Wasserstoffproduktionsrate [€/(Nm^3/h). Dadurch ergibt sich ein objektiverer Vergleich für Anlagen mit unterschiedlichen Wirkungsgraden.

Aus Bild 3.29 ist zu entnehmen, dass die alkalische Elektrolyse bereits heute vergleichsweise kostengünstig verfügbar ist. Insbesondere bei größeren Anlagen jenseits der 10-MW-Klasse kann sie ihre Kostenvorteile ausspielen und ermöglicht bereits heute Investitionskosten, die nahe an den prognostizierten Werten für 2030 liegen. Dies liegt vor allem am Preisdruck und der gestiegenen Nachfrage nach AEL-Anlagen mit Anschlussleistungen > 100 MW. Verglichen mit den anderen Technologien weist sie die geringsten Kostenreduktionen auf, da nur begrenzte Skaleneffekte zu erwarten sind und die Technologiereife wenig Raum für fundamentale Kosteneinsparungen lässt.

Bei der PEM-Elektrolyse steht die Kommerzialisierung großer Systeme dagegen noch am Anfang, sodass noch deutliche Kostensenkungspotenziale zu erwarten sind. Mittel- bis langfristig wird von vergleichbaren Herstellkosten wie bei der alkalischen Elektrolyse ausgegangen, sofern das technologische Skale-Up zu großen Zellflächen gelingt und die Kosten bei den Zellkomponenten gesenkt werden können. Dies zeigen auch weitere Studien [32], [42], [50], [65]. Teilweise werden der PEMEL auch Chancen eingeräumt, leicht unter den AEL-Investitionskosten zu liegen. Aufgrund der langfristigen Prognose ist diese Diskussion jedoch nahezu irrelevant. Es muss zudem berücksichtigt werden, dass die Systemgröße und der Betriebsdruck einen deutlichen Einfluss auf die spezifischen Investitionskosten haben und sich PEM-Elektrolyseure durch die kompaktere Bauart und die einfachere Systemtechnik auch für kleine Leistungsklassen eignen.

Die HT-Elektrolyse befindet sich noch in der vorkommerziellen Phase und weist aktuell die höchsten Investitionskosten auf, sofern sie überhaupt verfügbar ist (wenige Hersteller). Ihr kann das größte Potenzial zur Kostenreduktion zugeschrieben werden, vor allem da sich die vergleichsweise kleinen Zellen und Stacks automatisiert herstellen lassen. Jedoch wird die automatisierte Fertigung auch eine notwendige Voraussetzung zur Erlangung der Kostenparität sein und die höhere Unsicherheit bei der Technologiefortschreibung erschwert eine belastbare Projektion auf die zukünftigen Investitionskosten. In [35] werden von Herstellerseite die Investitionskosten mit ca. 3.000 €/(Nm^3/h) für die nächste Anlagengeneration > 10 MW abgeschätzt. Wie gesagt, werden diese Kosten stark vom Grad der Automatisierung in der Herstellung abhängen. In Bottom-up-Kostenmodellen wird eine vergleichsweise große Streuung für die zukünftigen Investitonskosten gefunden [1], [16] . Dies wird mit den unterschiedlichen Möglichkeiten zur Wärme- und Systemintegration sowie mit den noch umzusetzenden technischen Innovationen begründet.

Bild 3.30 gibt die Kostenanteile der wesentlichen Komponenten eines PEMEL-Systems wieder. Auch hier stammen die Daten aus der Akteursumfrage in [59]. Es wird zwischen den Bezugsjahren 2017, 2030 und 2050 und unterschiedlichen Systemgrößen – 1, 10 und 100 MW – unterschieden. Je nach gewählten Stackdesign und Systemkonzepten ergeben sich unterschiedliche Gewichtungen innerhalb der einzelnen Technologien und Größenklassen. Aus der Abbildung lassen sich aber grundlegende Trends ableiten:

- Wie zu erwarten, hat der Stack den größten Kostenanteil in einem PEMEL-System, jedoch liegt dieser nicht über 50 % und wird zukünftig sogar weiter auf ca. 40 % sinken.

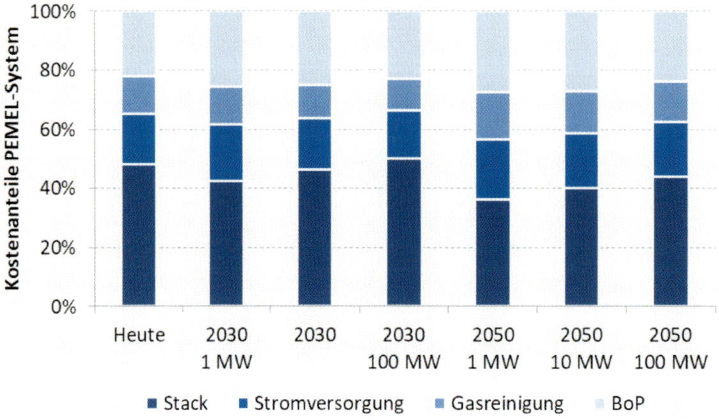

Bild 3.30: Anteile wesentlicher Komponenten der PEM-Elektrolyse an den Gesamtkosten des Systems [59]

- Der relative Kostenanteil des Stacks nimmt mit größerer Leistungsklasse zu, da sie in ihrer Leistung limitiert sind und für große Systeme modular ergänzt („numbering up") werden müssen. BoP-Komponenten (Gas- und Wasseraufbereitung, Kühlung, etc.) lassen sich hingegen optimierten bzw. zentralisierten. Dadurch sinken die spezifischen Kostenanteile.
- Zugleich fällt die Stromversorgung inkl. Transformatoren und Gleichrichtern in den künftigen Systemkosten deutlicher ins Gewicht, da diese weniger Kostensenkungspotenziale aufweisen als anderen Komponenten. Mit größeren Leistungsklassen nimmt ihr relativer Anteil im System ab.

Die AEL-Kostenaufteilung ähnelt der aus Bild 3.30, die Kostenanteile verschieben sich hier aber weniger stark als im Fall der PEM-Elektrolyse. Dies lässt sich damit erklären, dass die Technologie bereits heute ausgereift ist. Kostenreduktionen finden daher bei allen Komponenten mehr oder minder gleichmäßig statt, sobald größere Mengen nachgefragt und hergestellt werden. Zuverlässige Aussagen zur Kostenverteilung in der HT-Elektrolyse sind nach Literaturlage kaum möglich. Es wird derzeit grob davon ausgegangen, dass die Stackkosten und die Stromversorgung in etwa jeweils 30 % der Systemkosten ausmachen. Gasreinigung und weitere Peripheriekomponenten, die hier auch Wärmetauscher und Heizelemente einschließen, tragen in Summe zu den verbleibenden 40 % bei. Es wird zudem nicht erwartet, dass sich diese Anteile bei größeren Systemen (10 MW und 100 MW) stark verschieben. Auch langfristig wird ein modulares Baukonzept nach dem „Numbering-up"-Prinzip verfolgt. Durch Automatisierung und Standardisierung entlang der Lieferkette kann die Herstellung davon profitieren, dass rasch eine hohe Anzahl gleicher Bauteile nachgefragt wird. Somit können Skaleneffekte in den Produktionskosten auch für kleine Systeme erzielt werden.

3.7.2 Wasserstoffgestehungskosten

Aus Anwendersicht sind die Wasserstoffgestehungskosten (WGK) der wichtigste ökonomische Parameter eines Elektrolysesystems, da in ihnen alle relevanten technischen und ökonomischen Kennwerte zusammenfließen. In diesem Abschnitt sollen die wichtigsten Einflussparameter diskutiert werden, um daran die technische Entwicklung der vorherigen Abschnitte zu spiegeln.

Die Wasserstoffgestehungskosten können durch die Annuitätenmethode ermittelt werden, in der die Kapitalkosten als jährlich gleichbleibende Annuitäten einfließen und alle angefallenen Kosten in einem Jahr durch den produzierten Wasserstoff in einem Jahr geteilt werden, s. Formel (3.22). Somit erhält man die spezifischen WGK in €/kg (bzw. €/Nm³). Die Annuität ist das Produkt aus dem Annuitätsfaktor sowie den gesamten Investitionskosten für das Elektrolysesystem. Die Berechnung des Annuitätsfaktors ANF ist in Formel (3.21) dargestellt. Es fließen die Abschreibungsdauer n, die gleichzusetzen ist mit der technischen Lebensdauer des Elektrolyseurs, und der Zinssatz i mit ein.

$$ANF = \frac{i \cdot (1+i)^n}{(1+i)-1} \tag{3.21}$$

Die fixen Betriebskosten M/O sollen hier vereinfacht aus Kosten für Wartung und Instandhaltung sowie aus Kosten für eine mögliche Stacküberholung bzw. -ersatz bestehen. Die Kosten für den Strombezug P_E werden als variable Kosten bezeichnet. Die Wasserstoffgestehungskosten ergeben sich zu:

$$WGK = \frac{LHV}{\varepsilon_{LHV}} \cdot \left(ANF \cdot \frac{IK}{VLS} + \frac{M/O}{VLS} + P_E\right) \tag{3.22}$$

In **Tabelle 3.3** sind alle Eingangsgrößen für Formel (3.21) und Formel (3.22) zusammengefasst. Zur Diskussion der Wasserstoffgestehungskosten werden zwei verschiedene PEM-Elektrolysesysteme betrachtet [9], [55]:

Tabelle 3.3: Erläuterung der einzelnen Terme aus Formel (3.21) und Formel (3.22)

Term	Dimension	Bedeutung
ANF	[-]	Annuitätsfaktor
WGK	[€/kg]	Wasserstoffgestehungskosten
LHV	[kWh/kg]	Heizwert von Wasserstoff
VLS	[h]	Jährliche Volllaststunden
ε_{EL}	[-]	Nomineller Systemwirkungsgrad (bezogen auf den LHV)
i	[-]	Kalkulatorischer Zinssatz (dimensionslos eingesetzt)
n	[-]	Abschreibungsperiode – Lebensdauer des Systems in Jahren (dimensionslos eingesetzt)
M/O	[€/kW]	Spezifische Betriebs- und Wartungskosten inkl. Wiederbeschaffung der Stacks, exkl. Stromkosten (bezogen auf die nominelle Leistung des EL-Systems)
IK	[€/kW]	Spezifische Investitionskosten des EL-Systems
P_E	[€/kWh]	Mittlerer, spezifischer Strombezugspreis in [€/kWh]

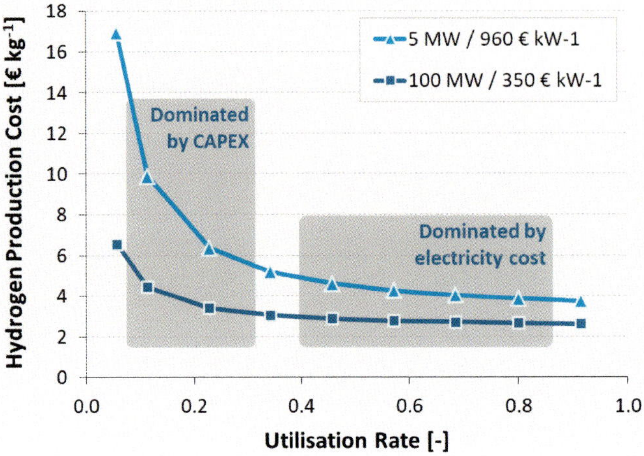

Bild 3.31: Betrachtung der Wasserstoffgestehungskosten in Abhängigkeit der jährlichen Nutzungsrate (jährliche Volllaststunden) für zwei unterschiedliche Elektrolysesysteme [55]

- Das erste System entspricht dem heutigen Stand der Technik, hat eine Anschlussleistung von 5 MW und einen Wirkungsgrad von $\varepsilon_{HHV} = 69\,\%$. Die Investitionskosten betragen 960 €/kW und die jährlichen Wartungs- und Instandhaltungskosten werden mit 38 €/kW angenommen.
- Das zweite PEM-System entspricht dem prognostizierten Entwicklungsstand von ca. 2030 und hat eine Anschlussleistung von 100 MW und einen Wirkungsgrad von $\varepsilon_{HHV} = 84\,\%$. Die Investitionskosten betragen 350 €/kW und die jährlichen Wartungs- und Instandhaltungskosten werden mit 14 €/kW angenommen.

In beiden Fällen wird eine Inflation von 0 % angenommen und die Projektierungskosten werden mit 10 % der Investitionskosten hinterlegt. Das notwendige Kapital kann über einen Kredit in Höhe von i =5 % finanziert werden, die Abschreibungsdauer beträgt 20 Jahre.

Bild 3.31 zeigt die nach dieser vereinfachten Annuitätenmethode berechneten Wasserstoffgestehungskosten für beide Elektrolysesysteme in Abhängigkeit vom Nutzungsfaktor beziehungsweise den mittleren, jährlichen Volllaststunden VLS und einen Strombezugspreis von $P_E = 50$ €/MWh.

Wie die unterschiedlichen Investitionskosten vermuten lassen, liegen die Wasserstoffgestehungskosten bei einem kleinen Nutzungsfaktor erheblich auseinander. Mit dem heutigen Stand der Technik lässt sich der Wasserstoff nur mit einem sehr hohen Nutzungsfaktor für ca. 4 €/kg produzieren, wenn ein Strombezug mit 50 €/MWh realisiert werden kann (umlagen- und zulagenbefreit). Sofern durch Technologiefortschritt und Scale-Up die oben genannten Kennwerte im Jahre 2030 erreicht werden, lassen sich die Wasserstoffgestehungskosten auf deutlich unter 3 €/kg senken, sodass ein wirtschaftlicher Betrieb möglich sein sollte.

Aus Formel (3.22) wird ersichtlich, dass die Wasserstoffgestehungskosten einen fixen und einen variablen Anteil haben. Ersterer umfasst die Kapitalkosten und die regelmäßigen Wartungs- und Instandhaltungskosten, im zweiten Anteil sind die Kosten für den Strombezug enthalten. Das Verhältnis des variablen zum fixen Anteil ist stark abhängig von dem Nutzungsfaktor bzw. der Auslastung der Anlage über das Jahr, (**Tabelle 3.4**). Hier sind die relativen Anteile an den Wasserstoffge-

Tabelle 3.4: Variable und fixe Anteile an den Wasserstoffgestehungskosten für die beiden Szenarien

Volllast-stunden	WGK 5 MW [€/kg]	Variabler Anteil [%]	Fixer Anteil [%]	WGK 100 MW [€/kg]	Variabler Anteil [%]	Fixer Anteil [%]
500 h	16,91	16,8	83,1	6,55	35,8	64,2
2.000 h	6,37	44,8	55,2	3,40	69,0	31,0
4.000 h	4,61	61,9	38,1	2,87	81,7	18,3
6.000 h	4,03	70,0	29,1	2,70	87,0	13,0
8.000 h	3,73	76,5	23,5	2,61	89,9	10,1

stehungskosten für unterschiedliche Volllaststunden angegeben. Für beide Anlagengrößen sink bei einem hohen Nutzungsfaktor der Fixkostenanteil auf 10-25 %. Für kostengünstige Anlagen ist dieser Effekt stärker ausgeprägt. Wird die Anlage nur wenige Volllaststunden pro Jahr gefahren, dominiert der Fixkostenanteil. Aus diesem Zusammenhang ergeben sich unterschiedliche Entwicklungsstrategien für Elektrolyseure. Für Anwendungen mit geringen Volllaststunden haben die Investitionskosten einen größeren Einfluss auf die Wasserstoffgestehungskosten und entsprechend müssen kostengünstige Systeme gebaut werden. Soll der Elektrolyseur mit hohen Volllaststunden betrieben werden, bekommt der Wirkungsgrad eine größere Bedeutung, damit variablen Betriebskosten möglichst klein bleiben.

Literatur

[1] Anghilante, R.; Colomar, D.; Brisse, A.; Marrony, M.: Bottom-up cost evaluation of SOEC systems in the range of 10-100 MW. In: International Journal of Hydrogen Energy, 43 (2018) 45, S. 20.309-20.322

[2] AREVA H2Gen: 1 MW PEM electrolyser for MethFuel in Germany. In: Fuel Cells Bulletin, (2019) 3, S. 9

[3] Ayers, K. E.: High Performance, Low Cost Hydrogen Generation from Renewable Energy. Annual Merit Review Meeting of the US DOE Hydrogen and Fuel Cell Program, Washington D.C., 2011

[4] Ayers, K. E.; Renner, J. N.; Danilovic, N.; Wang, J. X.; Zhang, Y.; Maric, R.; Yu, H.: Pathways to ultralow platinum group metal catalyst loading in proton exchange membrane electrolyzers. In: Catalysis Today, 262 (2016), S. 121-132

[5] Babic, U.; Suermann, M.; Büchi, F. N.; Gubler, L.; Schmidt, T. J.: Critical Review\textemdashIdentifying Critical Gaps for Polymer Electrolyte Water Electrolysis Development. In: J. Electrochem. Soc., 164 (2017) 4, F387-F399

[6] Bienert, C.; Brandner, M.; Skrabs, S.; Venskutonis, A.; Sigl, L. S.; Megel, S.; Becker, W.; Trofimenko, N.; Kusnezoff, M.; Michaelis, A.: CFY-Stack Technology: The Next Design. In: ECS Trans, 68 (2015) 1, S. 2.159-2.168

[7] BMWi: Die Nationale Wasserstoffstrategie. 2020, Online, [https://www.bmwi.de/Redaktion/DE/Publikationen/Energie/die-nationale-wasserstoffstrategie.html.]

[8] Brandner, M.; Bienert, C.; Megel, S.; Kusnezoff, M.; Trofimenko, N.; Sauchuk, V.; Venskutonis, A.; Kraussler, W.; Michaelis, A.; Sigl, L. S.: Long Term Performance of Stacks with Chromium-Based Interconnects (CFY). In: ECS Trans., 57 (2013) 1, S. 2.235-2.244

[9] Burggraf, F.; Friedrich, A.; Noack, C.; Pregger, T.; Bünger, U.; Michalski, J.; Voglstätter, T.; Smolinka, T.: Plan-DelyKaD. Studie über die Planung einer Demonstrationsanlage zur Wasserstoff-Kraftstoffgewinnung durch Elektrolyse mit Zwischenspeicherung in Salzkavernen unter Druck. DLR, Stuttgart, 2015

[10] Carmo, M.; Fritz, D. L.; Mergel, J.; Stolten, D.: A comprehensive review on PEM water electrolysis. In: International Journal of Hydrogen Energy, 38 (2013) 12, S. 4.901-4.934

[11] Divisek, J.; Malinowski P.; Mergel, J.; Schmitz, H.: Improved construction of an electrolytic cell for ad-vanced alkaline water electrolysis. In: International Journal of Hydrogen Energy, 10 (1985) 6, S. 383-388

[12] Divisek, J.; Schmitz, H.; Balej, J.: Ni and Mo coatings as hydrogen cathodes. In: J Appl Electrochem, 19 (1989) 4, S. 519-530

[13] Dönitz, W.: High-temperature electrolysis of water vapor? Status of development and perspectives for application. In: International Journal of Hydrogen Energy, 10 (1985) 5, S. 291-295

[14] FCH 2 JU: Hydrogen Roadmap Europe. 2019, Online, [https://www.fch.europa.eu/publications/hydrogen-roadmap-europe-sustainable-pathway-european-energy-transition]

[15] Grot, W.: Perfluorierte Ionenaustauscher-Membrane von hoher chemischer und thermischer Stabilität. In: Chemie Ingenieur Technik, 44 (1972) 4, S. 167-169

[16] Harboe, S.; Schreiber, A.; Margaritis, N.; Blum, L.; Guillon, O.; Menzler, N. H.: Manufacturing cost model for planar 5 kWel SOFC stacks at Forschungszentrum Jülich. In: International Journal of Hydrogen Energy, 45 (2020) 15, S. 8.015-8.030

[17] Hauch, A.; Küngas, R.; Blennow, P.; Hansen, A. B.; Hansen, J. B.; Mathiesen, B. V.; Mogensen, M. B.: Recent advances in solid oxide cell technology for electrolysis. In: Science (New York, N.Y.), 370 (2020), S. 6.513

[18] Hausmann, E.: Technischer Stand der Wasser-Elektrolyse. In: Chemie Ingenieur Technik, 48 (1976) 2, S. 100-103

[19] Holmin, S.; Näslund, L.-Å.; Ingason, Á. S.; Rosen, J.; Zimmerman, E.: Corrosion of ruthenium dioxide based cathodes in alkaline medium caused by reverse currents. In: Electrochimica Acta, 146 (2014), S. 30-36

[20] Hug, W.; Divisek, J.; Mergel, J.; Seeger, W.; Steeb, H.: Highly efficient advanced alkaline electrolyzer for solar operation. In: International Journal of Hydrogen Energy, 17 (1992) 9, S. 699-705

[21] Ito, H.; Miyazaki, N.; Ishida, M.; Nakano, A.: Cross-permeation and consumption of hydrogen during proton exchange membrane electrolysis. In: International Journal of Hydrogen Energy, 41 (2016) 45, S. 20.439-20.446

[22] Janssen, H.: Safety-related studies on hydrogen production in high-pressure electrolysers. In: International Journal of Hydrogen Energy, 29 (2004) 7, S. 759-770

[23] Kim, J. S.; Boardman, R. D.; Bragg-Sitton, S. M.: Dynamic performance analysis of a high-temperature steam electrolysis plant integrated within nuclear-renewable hybrid energy systems. In: Applied Energy, 228 (2018), S. 2.090-2.110

[24] Kjartansdottír, C.; Caspersen, M.; Egelund, S.; Nielsen, L. P.; Møller, P.: Manufacturing of Electrocatalytic Material for Large Scale Hydrogen Production by the Combination of Electroplating, PVD, Thermochemical Diffusion and Leaching Processes. In: NASF Surface Technology White Papers, 79 (2015) 6, S. 1-12

[25] Kreuter, W.; Hofmann, H.: Electrolysis: The important energy transformer in a world of sustainable energy. In: International Journal of Hydrogen Energy, 23 (1998) 8, S. 661-666

[26] Kupecki, J.; Motylinski, K.; Jagielski, S.; Wierzbicki, M.; Brouwer, J.; Naumovich, Y.; Skrzypkiewicz, M.: Energy analysis of a 10 kW-class power-to-gas system based on a solid oxide electrolyzer (SOE). In: Energy Conversion and Management, 199 (2019), S. 111.934

[27] Lang, M.; Raab, S.; Lemcke, M. S.; Bohn, C.; Pysik, M.: Long-Term Behavior of a Solid Oxide Electrolyzer (SOEC) Stack. In: Fuel Cells, 2020

[28] Leonida, A.; McElroy, J.; Sexauer, R.; A Low Pressure Electrolyzer for the Next Generation Submarine. In. SAE Transactions, 101 (1992), S. 409-413

[29] LeRoy, R. L.: Industrial water electrolysis: Present and future. In: International Journal of Hydrogen Energy, 8 (1983) 6, S. 401-417

[30] Lickert, T.; Kiermaier, M. L.; Bromberger, K.; Ghinaiya, J.; Metz, S.; Fallisch, A.; Smolinka, T.: On the influence of the anodic porous transport layer on PEM electrolysis performance at high current densities. In: International Journal of Hydrogen Energy, 45 (2020) 11, S. 6.047-6.058

[31] Megel, S.; Kusnezoff, M.; Trofimenko, N.; Sauchuk, V.; Michaelis, A.; Venskutonis, A.; Rissbacher, K.; Kraussler, W.; Brandner, M.; Bienert, C.; Sigl, L. S.: High Efficiency CFY-Stack for High Power Applications. In: ECS Trans., 35 (2011) 1, S. 269-277

[32] Michalski, J.; Bünger, U.; Crotogino, F.; Donadei, S.; Schneider, G.-S.; Pregger, T.; Cao, K.-K.; Heide, D.: Hydrogen generation by electrolysis and storage in salt caverns. Potentials, economics and systems aspects with regard to the German energy transition. In: International Journal of Hydrogen Energy, 42 (2017) 19, S. 13.427-13.443

[33] Nutall, L.: Conceptual design of large scale water electrolysis plant using solid polymer electrolyte technology. In: International Journal of Hydrogen Energy, 2 (1977) 4, S. 395-403

[34] O'Brien, J. E.; Hartvigsen, J. L.; Boardman, R. D.; Hartvigsen, J. J.; Larsen, D.; Elangovan, S.: A 25 kW high temperature electrolysis facility for flexible hydrogen production and system integration studies. In: International Journal of Hydrogen Energy, 45 (2020) 32, S. 15.796-15.804

[35] Olsthausen, C.: Electrolysis – the Link Between Electricity and Chemistry. Praxisforum „Power-to-X 2019", Frankfurt/M, 2019

[36] Peterson, D.; Miller, E.: Hydrogen Production Cost from Solid Oxide Electrolysis. DOE Hydrogen and Fuel Cells Program Record 16014, DoE, 2016

[37] Posdziech, O.; Schwarze, K.; Brabandt, J.: Efficient hydrogen production for industry and electricity storage via high-temperature electrolysis. In: International Journal of Hydrogen Energy, 44 (2019) 35, S. 19.089-19.101

[38] Quandt, K.; Streicher, R.: Concept and design of a 3.5 MW pilot plant for high temperature electrolysis of water vapor. In: International Journal of Hydrogen Energy, 11 (1986) 5, S. 309-315

[39] Reytier, M.; Di Iorio, S.; Chatroux, A.; Petitjean, M.; Cren, J. Saint Jean, M. de; Aicart, J.; Mougin, J.: Stack performances in high temperature steam electrolysis and co-electrolysis. In: International Journal of Hydrogen Energy, 40 (2015) 35, S. 11.370-11.377

[40] Riedel, M.; Heddrich, M. P.; Friedrich, K. A.: Analysis of pressurized operation of 10 layer solid oxide electrolysis stacks. In: International Journal of Hydrogen Energy, 44 (2019) 10, S. 4.570-4.581

[41] Rinaldi, G.; Diethelm, S.; Oveisi, E.; Burdet, P.; van Herle, J.; Montinaro, D.; Fu, Q.; Brisse, A.: Posttest Analysis on a Solid Oxide Cell Stack Operated for 10,700 Hours in Steam Electrolysis Mode. In: Fuel Cells, 17 (2017) 4, S. 541-549

[42] Saba, S. M.; Müller, M.; Robinius, M.; Stolten, D.: The investment costs of electrolysis – A comparison of cost studies from the past 30 years. In: International Journal of Hydrogen Energy, 43 (2018) 3, S. 1.209-1.223

[43] Sakai, T.; Takenaka, H.; Torikai, E.: Gas Diffusion in the Dried and Hydrated Nafions. In: J. Electrochem. Soc., 133 (1986) 1, S. 88-92

[44] Sandstede, G.: Moderne Elektrolyseverfahren für die Wasserstoff-Technologie. In: Chemie Ingenieur Technik, 61 (1989) 5, S. 349-361

[45] Santos, D. M. F.; Sequeira, C. A. C.; Figueiredo, J. L.: Hydrogen production by alkaline water electrolysis. In: Quím. Nova, 36 (2013) 8, S. 1.176-1.193

[46] Schafbauer, W.; Menzler, N. H.; Buchkremer, H. P.: Tape Casting of Anode Supports for Solid Oxide Fuel Cells at Forschungszentrum Jülich. In: Int. J. Appl. Ceram. Technol., 11 (2014) 1, S. 125-135

[47] Schalenbach, M.; Lueke, W.; Stolten, D.: Hydrogen Diffusivity and Electrolyte Permeability of the Zirfon PERL Separator for Alkaline Water Electrolysis. In: J. Electrochem. Soc., 163 (2016) 14, F1.480-F1.488

[48] Schefold, J.; Brisse, A.; Poepke, H.: 23,000 h steam electrolysis with an electrolyte supported solid oxide cell. In: International Journal of Hydrogen Energy, 42 (2017) 19, S. 13.415-13.426

[49] Schiller, G.; Henne, R. H.; Peinecke, V.: High performance electrodes for an advanced intermittently operated 10-kW alkaline water electrolyzer. In: International Journal of Hydrogen Energy, 23 (1998) 9, S. 761-765

[50] Schmidt, O.; Gambhir, A.; Staffell, I.; Hawkes, A.; Nelson, J.; Few, S.: Future cost and performance of water electrolysis. An expert elicitation study. In: International Journal of Hydrogen Energy, 42 (2017) 52, S. 30.470-30.492

[51] Schug, C. A.: Operational characteristics of high-pressure, high-efficiency water-hydrogen-electrolysis. In: International Journal of Hydrogen Energy, 23 (1998) 12, S. 1.113-1.120

[52] Selamet, Ö. F.; Acar, M. C.; Mat, M. D.; Kaplan, Y.: Effects of operating parameters on the performance of a high-pressure proton exchange membrane electrolyzer. In: Int. J. Energy Res., 37 (2013) 5, S. 457-467

[53] Sigurvinsson, J.; Mansilla, C.; Lovera, P.; Werkoff, F.: Can high temperature steam electrolysis function with geothermal heat? In: International Journal of Hydrogen Energy, 32 (2017) 9, S. 1.174-1.182

[54] Smolinka, T.: Fuels – Hydrogen Production | Water Electrolysis. In: Encyclopedia of Electrochemical Power Sources. Elsevier, Amsterdam, 2009, S. 394-413

[55] Plan-DelyKaD: Demonstrationsanlage zur Wasserstoff-Kraftstoffgewinnung durch Elektrolyse mit Zwischenspeicherung in Salzkavernen unter Druck. Stuttgarter EnergieSpeicherSymposium, Stuttgart, 2015

[56] Smolinka, T.: Water electrolysis as a key element of sector coupling. Challenges on the way to a GW industry. f-cell Stuttgart, Stuttgart, 2020

[57] Smolinka, T.; Günther, M.; Garche, J.: NOW-Studie. Stand und Entwicklungspotenzial der Wasserelektrolyse zur Herstellung von Wasserstoff aus regenerativen Energien. NOW GmbH, Berlin, 2011

[58] Smolinka, T.; Ojong, E. T.; Garche, J.: Hydrogen Production from Renewable Energies—Electrolyzer Technologies. In: Electrochemical Energy Storage for Renewable Sources and Grid Balancing. Elsevier, Amsterdam, 2015, S. 103-128

[59] Smolinka, T.; Wiebe, N.; Sterchele, P.; Palzer, A.; Lehner, F.; Jansen, M.; Kiemel, S.; Miehe, R.; Wahren, S.; Zimmermann, F.: Studie IndWEDe: Industrialisierung der Wasserelektrolyse in Deutschland. Chancen und Herausforderungen für nachhaltigen Wasserstoff für Verkehr, Strom und Wärme. NOW GmbH, Berlin, 2018

[60] Stolten, D.; Krieg, D.: Alkaline ELectrolysis – Introduction and Overview. 18th World Hydrogen Energy Conference 2010 – WHEC 2010, Proceedings, In: Stolten, D.; Grube, T. (Hrsg.): Schriften des Forschungszentrums Jülich Reihe Energie & Umwelt, Bd. 78,3, Forschungszentrum IEF-3, Jülich, 2010, S. 243ff

[61] Stoots, C. M.; O'Brien; J. E.; Condie, K. G.; Hartvigsen, J. J.: High-temperature electrolysis for large-scale hydrogen production from nuclear energy – Experimental investigations. In: International Journal of Hydrogen Energy, 35 (2010) 10, S. 4.861-4.870

[62] Stucki, S.; Scherer, G. G.; Schlagowski, S.; Fischer, E.: PEM water electrolysers: evidence for membrane failure in 100 kW demonstration plants. In: J. Appl. Electrochem., 28 (1998) 10, S. 1.041-1.049

[63] Su, H.; Bladergroen, B. J.; Pasupathi, S.; Linkov, V.; Ji, S.: Performance Investigation of Membrane Electrode Assemblies for Hydrogen Production by Solid Polymer Electrolyte Water Electrolysis. In: International Journal of Electrochemical Science, 7 (2012) 5, S. 4.223-4.234

[64] Takahashi, T.: Water Electrolysis. In: Solar-Hydrogen Energy Systems. Elsevier, Amsterdam, 1979, S. 35-58

[65] Thema, M.; Bauer, F.; Sterner, M.: Power-to-Gas: Electrolysis and methanation status review. In: Renewable and Sustainable Energy Reviews, 112 (2019), S. 775-787

[66] UNFCCC secretariat.: The Paris Agreement. 2015, Online, [https://unfccc.int/process-and-meetings/the-paris-agreement/the-paris-agreement]

[67] van Wijk, A.; Chatzimarkakis, J.: Green Hydrogen for a European Green Deal. A 2x40 GW Initiative. 2020, Online, [https://hydrogeneurope.eu/news/2x40gw-green-hydrogen-initiative-paper]

[68] Wang, L.; Chen, M.; Küngas, R.; Lin, T.-E.; Diethelm, S.; Maréchal, F.; van Herle, J.: Power-to-fuels via solid-oxide electrolyzer. Operating window and techno-economics. In: Renewable and Sustainable Energy Reviews, 110 (2019), S. 174-187

[69] Zatoń, M.; Rozière, J.; Jones, D. J.: Current understanding of chemical degradation mechanisms of per-fluoro-sulfonic acid membranes and their mitigation strategies: a review. In: Sustainable Energy Fuels ,1 (2017) 3, S. 409-438

[70] Zhang, X.; O'Brien, J. E.; O'Brien, R. C.; Hartvigsen, J. J.; Tao, G.; Housley, G. K.: Improved durability of SOEC stacks for high temperature electrolysis. In: International Journal of Hydrogen Energy, 38 (2013) 1, S. 20-28

Advertorial

BiON® - Reines Methan durch CO_2-Upgrade

Die energiereichen Gase Wasserstoff und Methan, die über Power-to-Gas-Verfahren hergestellt werden können, sind für die Energiewende entscheidend. Als erneuerbare synthetische Gase nehmen Sie die Energie aus Wind- und PV-Strom auf und machen sie im Gasnetz speicherbar. Methan ist aufgrund des flächendeckend vorhandenen Gasnetzes und der etablierten Anwendung besonders wertvoll für schnelle Erfolge.

Als Vorreiter der Branche entwickelte die zur Viessmann Gruppe gehörende microbEnergy GmbH das BiON®-Verfahren zur biologischen Methanisierung. Mikroorganismen wandeln Wasserstoff und Kohlendioxid, vorzugsweise aus Klär- oder Biogas, in Methan um. Das so entstehende synthetische Methan (CNG, Grüngas) ist von fossilem Erdgas nicht zu unterscheiden und kann ins bestehende Gasnetz eingespeist werden.

Biologische Methanisierung im Industriemaßstab
In Dietikon im Kanton Zürich entsteht seit September 2020 die europaweit größte Power-to-Gas-Anlage mit mikrobiologischer Methanisierung BiON® pro. Sie wird mit einer Elektrolyse-Leistung von 2,5 Megawatt (450 m^3 Wasserstoff pro Stunde) ab Ende 2021 synthetisches Methan in das Netz einspeisen. Bauherr und Betreiber der Power-to-Gas-Anlage ist der Limmattaler Energieversorger Limeco in Kooperation mit einem Stadtwerkekonsortium und unter der Begleitung der Stadtwerke-Allianz Swisspower AG. Die Realisierung der Anlage erfolgt durch das Viessmann Tochterunternehmen Schmack BioEnergie GmbH. Entscheidend für das Zustandekommen des Projekts war der Wille der Schweizer Stadtwerke, die notwendigen Rahmenbedingungen zu schaffen, die eine wirtschaftliche Darstellung der biologischen Methanisierung ermöglichen.

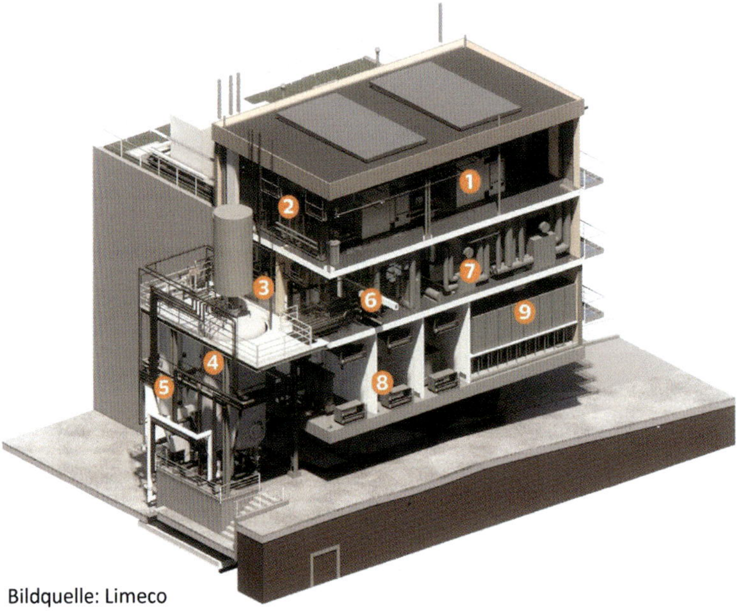

Bildquelle: Limeco

Die Technologie ist an den Standort angepasst
Die Standortvoraussetzungen in Dietikon sind ideal, da auf dem Areal des Limmattaler Regiowerks eine Müllverwertungsanlage den regenerativen Strom liefert und zusätzlich eine Abwasserreinigung Klärgas mit dem benötigten CO_2 bereitstellt. Aus Abfall und Abwasser werden die Schweizer so erneuerbares Methan produzieren und fossiles Heizgas ersetzen. Die CO_2-Einsparung beträgt jährlich 4.000 bis 5.000 Tonnen CO_2, was dem Ausstoß von rund 2.000 Haushalten für Heizung entspricht. Im Betrieb der Anlage soll über 15 Jahre die industrielle Tauglichkeit der Power-to-Gas-Technologie unter Beweis gestellt werden.

Verfahrens- und Anlagenkompetenz begleiten das Projekt
Die Schmack BioEnergie GmbH bündelt die Verfahrensexpertise der microbEnergy mit der langjährigen Erfahrung im Anlagenbau der Schmack Biogas. Als kompetente Partner begleitet die Schmack BioEnergie das Projekt durch alle Phasen, von der Idee, der Machbarkeitsuntersuchung über die Realisierung bis zu Instandhaltung, Prozessbegleitung und Service.

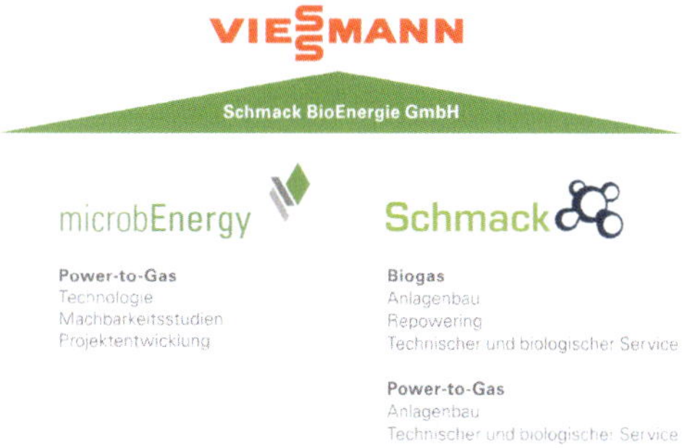

Das zeichnet das BiON®-Verfahren aus
BiON® ist ein innovatives biologisches Verfahren, das in gestaffelten Konfigurationen – basic, economic und pro – je nach Anforderung des Standortes, Kohlendioxid und Wasserstoff in leicht speicher- und transportierbares Methan umwandelt. Für die Umwandlung zu Methan werden die beiden Gase Wasserstoff und Kohlenstoffdioxid kontinuierlich einem Druckbehälter zugeführt. Dort verstoffwechseln spezielle Mikroorganismen die Gase zu Methan. Verunreinigungen im Rohgas sind hierbei kein Problem und auch im On-off-Betrieb, bleiben die Produktionsraten flexibel steuerbar.

Anlagedaten der biologischen Methanisierung:
Technische Parameter am Beispiel einer BiON® 400 pro

Allgemeine Daten	**Anlagengröße individuell skalierbar**
Input:	H_2-Volumenstrom 400 Nm^3/h
Input:	CO_2-Volumenstrom 100 Nm^3/h
Mögliche Inputgase ohne weitere Aufreinigung	Reingas, Klärgas, Biogas, Pyrolysegas, Deponie-
gasGesamtwirkungsgrad	bis zu 95 % (inkl. Wärmenutzung)
Biologische Methanisierung mit Gasaufbereitung	**Einspeisung ins Erdgasnetz mit geringer H_2-Toleranz**
Produktgas-Volumenstrom	100 Nm^3/h aufbereitetes Methan (SNG)
Methan-Konzentration	bis zu 99 %
Platzbedarf	1500 m^2

Referenzprojekt: Power-to-Gas-Anlage in Allendorf, Eder
Bildquelle: Viessmann Werke

microbEnergy GmbH
Bayernwerk 8
92421 Schwandorf

Telefon: +49 9431 751-210
Telefax: +49 9431 751-5210
E-Mail: info@microbenergy.com

4. Erzeugung von synthetischem Erdgas über PtG-Prozesse

Frank Graf (4.1), Peter Kussin (4.2), Mathias Held (4.3), Katharina Bär (4.3), Siegfried Bajohr (4.3), Ruth Schlautmann (4.4), Johanna Gegenheimer (4.4, 4.5), Christian Müller (4.4), Janina Leiblein (4.5)

4.1 Einführung

Wie bereits in Kapitel 2 erläutert, kann Wasserstoff mit einer Kohlenstoffquelle weiter zu Kohlenwasserstoffen umgewandelt werden, die z. B. als gasförmige oder flüssige Kraftstoffe wie CNG, LNG oder Kerosin genutzt werden können. Hierzu bedarf es weiterer verfahrenstechnischer Schritte, die der Wasserstofferzeugung über Elektrolyseprozesse (Kapitel 3) nachgeschaltet sind. Zu nennen sind die Kohlenstoffbereitstellung in Form von CO_2 und die Methanisierung zur Umwandlung von Wasserstoff und Kohlenstoffdioxid in Methan. In Kapitel 4 wird die Erzeugung von synthetischem Erdgas (Synthetic Natural Gas, SNG) über PtG-Prozesse im Detail vorgestellt. Hierzu wird in Kapitel 4.2 zunächst auf unterschiedliche Technologien und Quellen zur Bereitstellung von CO_2 eingegangen. Gegenstand von Kapitel 4.3 sind Verfahren zur biologischen und katalytischen Methanisierung. Intelligente Kopplungsmöglichkeiten der einzelnen Prozessschritte, die einen wesentlichen auf die Energieeffizienz und die Gestehungskosten haben, werden in Kapitel 4.4 vorgestellt. Insbesondere die Kopplung von Power-to-Gas mit Verfahren zur Biomassekonversion (Biogas, Vergasung) erscheint hier besonders vielversprechend. Weiterhin werden in diesem Kapitel die heimischen Erzeugungspotenziale quantifiziert. Abschließend wird in Kapitel 4.5 der Import von EE-Gasen (Wasserstoff, SNG) diskutiert.

4.2 Technologien zur CO_2-Bereitstellung

Für die Bereitstellung von CO_2 für PtX-Prozesse steht eine Vielzahl an Abtrennprinzipien und Aufbereitungsverfahren zur Verfügung [1]. Es ist zweckmäßig, den folgenden Überblick zu den Technologien der CO_2-Bereitstellung primär in zwei Hauptkategorien zu unterteilen: Einerseits werden Technologien für die CO_2-Bereitstellung aus Punktquellen analysiert, bei denen das CO_2 in den aufzubereitenden Rohgasen im zweistelligen Prozentbereich vorliegt (**Bild 4.1**). Zum anderen gewinnen gegenwertig Technologien an Bedeutung, die CO_2 aus der Luft oder aus Wasser bei niedriger Konzentration gewinnen (**Bild 4.2**).

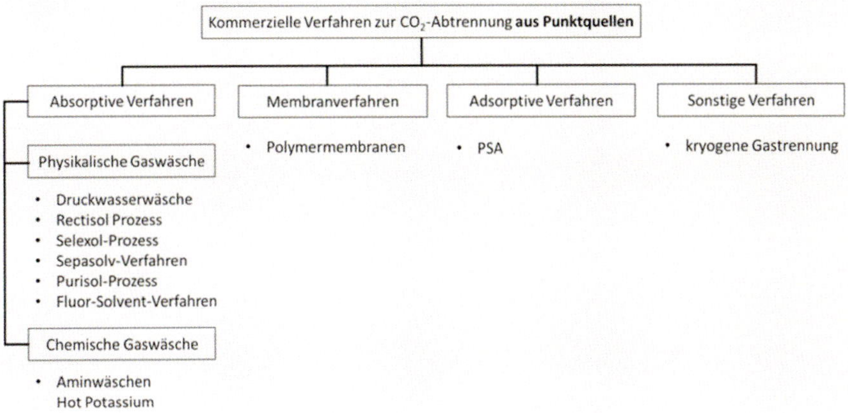

Bild 4.1: Kommerzielle Verfahren zur CO_2-Abtrennung aus Punktquellen

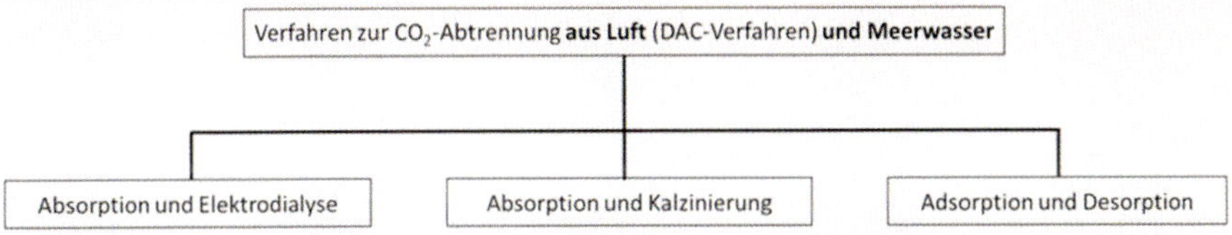

Bild 4.2: Verfahren zur CO_2-Abtrennung aus Luft und Meerwasser

4.2.1 Verfahren zur CO_2-Gewinnung aus Punktquellen

CO_2-Punktquellen fallen insbesondere bei Prozessen der Industrie- und Energiewirtschaft an. Mobile Quellen (z. B. Fahrzeuge mit Verbrennungskraftmaschinen) und Quellen, die nur in geringem Umfang Gas emittieren (z. B. Privathaushalte), fallen nicht unter diese Bezeichnung. Eine ausführliche Darstellung des CO_2-Potentials findet sich in Kapitel 4.4.2.

4.2.1.1 Adsorptive Verfahren

4.2.1.1.1 Grundlagen

Die Adsorption beschreibt die Anlagerung von Molekülen aus der Gas- oder Flüssigphase an einer festen Oberfläche (Adsorbens) [2]. Die Verteilung zwischen dem Adsorpt (adsorbierte Moleküle) und dem Adsorptiv (nicht adsorbierte Moleküle im Gasraum) folgt bei gegebener Temperatur einem Gleichgewicht. Je nach Art der bestimmenden Bindungskräfte zwischen Adsorpt und Adsorbens wird zwischen Physisorption und Chemisorption unterschieden.

Die bei der Physisorption vorliegenden Bindungskräfte zwischen Adsorpt und Feststoff (Adsorbens) resultieren u. a. aus Van-der-Waals-Wechselwirkungen. Hierbei handelt es sich um schwache Bindungen, die jedoch über relativ große Abstände wirken. Das Gleichgewicht einer physikali-

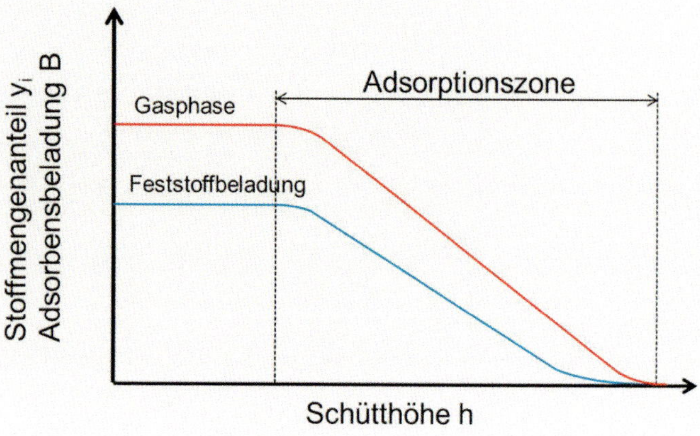

Bild 4.3: Schematisches Konzentrations- und Beladungsprofil eines Schüttbetts

schen Adsorption wird durch eine Isothermengleichung (z. B. Isotherme nach Langmuir) beschrieben, die den Zusammenhang zwischen Partialdruck einer Gasphasenkomponente und deren Anreicherung auf dem Adsorbens (Beladung) angibt. Für das Gleichgewichtsmodell nach Irving Langmuir wird dieser Zusammenhang durch Formel (4.1) beschrieben.

$$q = \frac{q_{max} \cdot K \cdot P_i}{(1 + K \cdot P_i)} \qquad (4.1)$$

K Langmuir-Konstanten in Pa^{-1}
pi Partialdruck des Adsorptivs in Pa
q_{max} Maximale mögliche Beladung in $\frac{mg}{g}$
q Beladung in $\frac{mg}{g}$

Die freiwerdende Energie der physikalischen Adsorption liegt im Bereich der Kondensationsenthalpie der zu adsorbierenden Spezies (< 40 kJ/mol). Physisorptive Prozesse lassen sich grundsätzlich durch Verschiebung der Gleichgewichtsbedingungen (Partialdruck und/oder Temperatur) umkehren, was dann zur Desorption der angelagerten Spezies führt.

Der Chemisorption gehen zunächst die Vorgänge der physikalischen Adsorption voraus. Sind chemische Wechselwirkungen zwischen Adsorpt und Adsorbens möglich, muss die Aktivierungsenergie wie bei jeder chemischen Reaktion zur Ausbildung chemischer Bindungskräfte aufgebracht werden. Adsorbierte Moleküle können infolge der starken Wechselwirkungen mit den aktiven Zentren aufbrechen und ihre Eigenschaften verändern (dissoziative Adsorption). Die freiwerdenden Energiebeträge liegen hierbei in der Größenordnung chemischer Reaktionen (50-400 kJ/mol). Eine Desorption ist bei der Chemisorption entsprechend mit einem höheren energetischen Aufwand verbunden und auch nicht in jedem Falle möglich, ohne das Adsorbens zu schädigen.

Für die technische Anwendung wird die Adsorption in dynamischer Betriebsweise umgesetzt. Hierzu wird das Adsorbens als Schüttbett vom Fluid durchströmt, wobei sich ab einer bestimmten

Bild 4.4: Schematische Durchbruchskurve

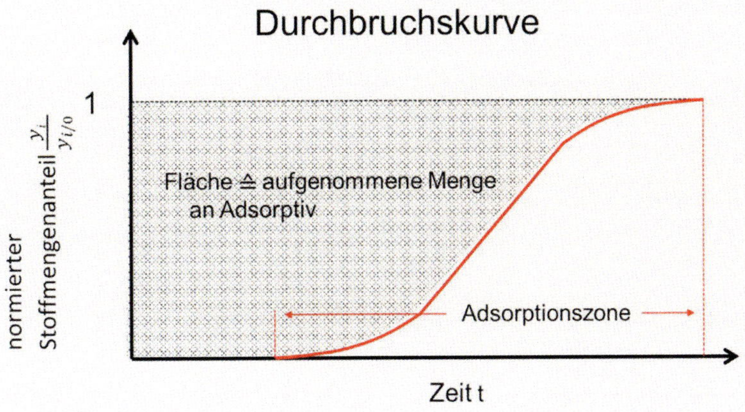

Betthöhe die abzureichernde Komponente nicht mehr im Fluid nachweisen lässt. Im Schüttbett bildet sich das entsprechende Beladungsprofil aus. **Bild 4.3** zeigt die Profile beider Phasen entlang der Adsorber-Schütthöhe, wobei die dargestellten Größen über die Formeln (4.2) und (4.3) definiert werden.

Stoffmengenanteil der Komponente i in der Gasphase:

$$y_i = \frac{n_i}{n} \tag{4.2}$$

yi Stoffmengenanteil der Komponente i in $\frac{mol}{mol}$
n gesamte Stoffmenge in mol
n_i Stoffmenge der Komponente i in mol

Beladung des Adsorbens:

$$B = \frac{m_i}{m_{Ad}} \tag{4.3}$$

B Beladung in $\frac{mg}{g}$
m_{Ad} Adsorbensmasse in g
m_i adsorbierte Masse der Komponente i in mg

Diese Profile wandern mit zunehmender Betriebszeit durch das Adsorberbett, wobei nur in der Adsorptionszone der Stofftransport an die Feststoffphase stattfindet. Wird die Konzentration der abzureichernden Komponente am Adsorberausgang aufgenommen, ergibt sich unter Verwendung des normierten Stoffmengenanteils y_i/y_{i0} eine Durchbruchskurve (DBK) gemäß **Bild 4.4**.

Aus der DBK lassen sich die statische und die dynamische Beladung berechnen. Die statische Beladung entspricht einem Punkt der Gleichgewichtsisothermen und beschreibt das generelle

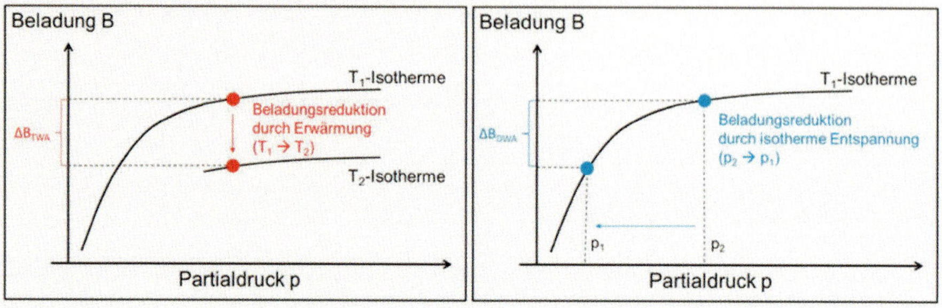

Bild 4.5: Prinzipien der Desorption: Temperaturwechsel (links)- und Druckwechsel (rechts)

Beladungspotenzial des Adsorbens. Die dynamische Beladung erfasst dagegen auch den kapazitätsmindernden Einfluss der fluiddynamischen Bedingungen und ist die auslegungsrelevante Größe für die technische Anwendung.

Der Trenneffekt eines adsorptiven Verfahrens beruht auf den unterschiedlichen komponentenspezifischen Faktoren der Gaskomponenten:

- Wechselwirkung mit dem Adsorbens
- Sterische Effekte (Siebeffekt durch definierte Porendurchmesser)
- Transportgeschwindigkeit im Porensystem (Kinetik).

Je unterschiedlicher die Faktoren für zwei zu trennende Gaskomponenten ausfallen, desto geringer ist der adsorptive Trennaufwand. Für den kontinuierlichen Betrieb einer Adsorberstufe werden mehrere Adsorber derart verschaltet, dass der Einsatzgasstrom beim Durchbruch der abzutrennenden Komponente an einem Adsorber auf einen unbeladenen Adsorber umgeleitet wird.

Für die Wirtschaftlichkeit einer adsorptiven Trennstufe ist die Regenerierbarkeit des Adsorbens (Desorption) von großem Interesse. Mit Blick auf eine kontinuierliche Betriebsführung kommen für die Desorption grundsätzlich Verfahren mit Druck- bzw. Temperaturmodulation in Betracht.

Bei der Temperaturwechseladsorption (TWA bzw. TSA, Temperature Swing Adsorption) basiert die Desorption auf der Verringerung der Gleichgewichtsbeladung infolge einer Temperaturerhöhung. Hierzu wird die Energie entweder indirekt über Heizelemente oder direkt über warmes Inertgas zugeführt. In Abhängigkeit von der thermischen Stabilität des Adsorbats (Adsorpt und Adsorbens) können bei hohen Temperaturen auch stark gebundene Komponenten desorbiert werden. Wesentlicher Nachteil dieses Verfahrens ist der hohe Zeitbedarf für Heiz- und Kühlprozesse.

Bei der Druckwechseladsorption (DWA bzw. PSA, Pressure Swing Adsorption) wird der beladene Adsorber entspannt, womit sich auch die Partialdrücke der einzelnen Gasbestandteile reduzieren. Die Druckreduktion führt so unter Abgabe adsorbierter Moleküle (Desorption) zu einer Gleichgewichtsverschiebung in Richtung der Gasphase. Der wesentliche Verfahrensvorteil liegt in den kurzen Desorptionszeiten, die eine hohe Zyklusfrequenz für den Gesamtprozess (und somit kleinere Apparate) ermöglichen. Nachteilig ist der hohe Bedarf an elektrischer Energie für die Verdichtung

Tabelle 4.1: Klassifizierung technischer Adsorbentien nach ihrer chemischen Beschaffenheit

Klasse	Adsorbentien
Kohlenstoffhaltige Materialien	Aktivkohle, Kohlenstoffmolekularsiebe
Oxidische Materialien	Silicagele, Zeolithe, Aluminiumoxide und -hydroxide, Aktivtonerde
Polymere	Adsorberharze

während der Beladungsphase und gegebenenfalls für den Aufbau von Vakuum bei der Regeneration. **Bild 4.5** zeigt das Prinzip beider Desorptionsverfahren im Gleichgewichtsdiagramm.

Technische Adsorbentien müssen für den Einsatz unter Betriebsbedingungen möglichst folgende Bedingungen erfüllen:

- Große Oberfläche: Da sich bei der Adsorption die Moleküle auf der Festphase akkumulieren, sind für technische Anwendungen nur Adsorbentien mit einer großen inneren Oberfläche von Interesse (z. B. Zeolithe 500-1.000 m^2/g, Aktivkohle > 1.000 m^2/g).
- Hohe Selektivität: Mit Blick auf die Trennaufgabe sollte das gewählte Adsorbens möglichst nur die Zielkomponente anreichern.
- Hohe dynamische Beladung: Unter den fluiddynamischen Bedingungen sollte die Adsorptionszone möglichst kurz sein, um eine hohe Nutzkapazität des Adsorbers zu gewährleisten (Apparategröße).

Des Weiteren müssen auch der Materialpreis, die Regenerierbarkeit, die thermische und mechanische Stabilität sowie der Druckverlust berücksichtigt werden. Technische Adsorbentien lassen sich hinsichtlich des Materials gemäß **Tabelle 4.1** klassifizieren.

4.2.1.1.2 Stand der Technik

Adsorptive Gasreinigungsverfahren, bei denen unter anderem auch CO_2 abgeschieden wird, werden seit langem industriell genutzt. Beispielsweise wird bei der H_2-Produktion aus Synthesegas nach der katalytischen Konvertierung des COs zur Erzielung der gewünschten H_2-Reinheit ausschließlich eine Druckwechseladsorption (PSA) eingesetzt. Adsorptionsverfahren, die mittels Temperaturänderungen die Regeneration betreiben (TSA), haben sich nicht durchgesetzt, da der Zyklustakt durch zeitintensive Heiz- und Abkühlvorgänge bestimmt wird [3]. Im Bereich der Biogasaufbereitung ist die PSA ebenfalls seit vielen Jahren ein etabliertes Verfahren zur Methananreicherung [4].

CO_2-Abscheidung bei der Wasserstoffgewinnung durch Dampfreformierung:
Gegenwärtig wird Wasserstoff hauptsächlich durch Reformierung fossiler Rohstoffe gewonnen [5]. Als Hauptrohstoffquelle dient dabei Erdgas, aus dem ein Großteil des weltweiten Wasserstoffbe-

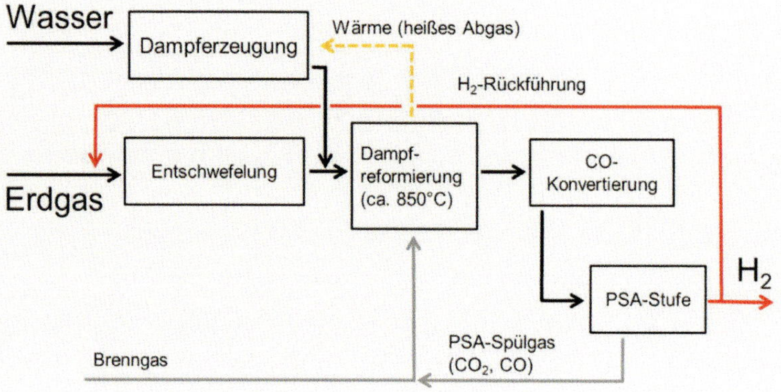

Bild 4.6: Dampfreformierung (Blockschema)

darfs mittels Dampfreformierung gewonnen wird. Bei der Dampfreformierung von Erdgas wird dem Erdgas nach einer Entschwefelung überhitzter Prozessdampf zugemischt. Das Gemisch tritt in den Reformer (850 °C, p > 20 bar) ein und wird am Nickelkontakt zu H_2, CO, CO_2, und CH_4 umgesetzt, wobei Reste an nicht umgesetztem H_2O im Gas verbleiben. Im anschließenden Wassergas-Shift-Reaktor wird CO mit Wasserdampf am Eisenkontakt bei ca. 300 °C zu CO_2 und H_2 oxidiert und somit der H_2-Anteil im Gas erhöht. Anschließend wird das Gas auf Raumtemperatur abgekühlt und getrocknet. Zur Herstellung von hochreinem Wasserstoff wird das Synthesegas in einer PSA-Stufe aufbereitet. Die erzielbare H_2-Reinheit wird mit bis zu 99,9999 Vol.-% angegeben. Die Desorption wird nahe dem Umgebungsdruck betrieben und das brennbare Abgas zur Beheizung des Reformers genutzt. Je nach Hersteller werden die Anlagen für Synthesegasdurchsätze zwischen 100 und 120.000 m^3/h angeboten. **Bild 4.6** zeigt das Schema einer Anlage zur Dampfreformierung mit PSA.

CO_2-Abscheidung bei der Biogasaufbereitung:
Aus dem Bereich der Biogasaufbereitung liegen langjährige Erfahrungen zur adsorptiven CH_4-/CO_2-Trennung mittels PSA-Verfahren vor. Für NaWaRo-Anlagen lassen sich die Volumenanteile der Hauptkomponenten auf 50-55 Vol.-% Methan und 45-50 Vol.-% Kohlenstoffdioxid eingrenzen. Des Weiteren wird die Gasmatrix durch die Begleitkomponenten Wasser (ca. 5-6 Vol.-%), Sauerstoff (< 1 Vol.-%) und H_2S (< 0,3 Vol.-% für NaWaRo-Anlagen) sowie weitere Spurenstoffe (z. B. NH_3, Si, Carbonsäuren) ergänzt.

Im Falle der Biogasaufbereitung wird die PSA meist bei einem Druck von ca. 7 bar betrieben und trennt das CO_2 vom Methan, wobei sich das CO_2 auf dem Adsorbens anreichert und während der Desorption durch Druckabsenkung dem Gasstrom entzogen wird. Als Adsorbentien werden überwiegend Aktivkohle, Molekularsiebe (Zeolith) und Kohlenstoffmolekularsiebe verwendet. Eine mögliche Prozesskette mit PSA zeigt **Bild 4.7**.

Für die PSA-Technologie ist der Aufwand von elektrischer Energie zum Betreiben der Verdichter sowie der Vakuumpumpen bestimmend. Dieser Aufwand entfällt jedoch beim Betrieb im Verbund

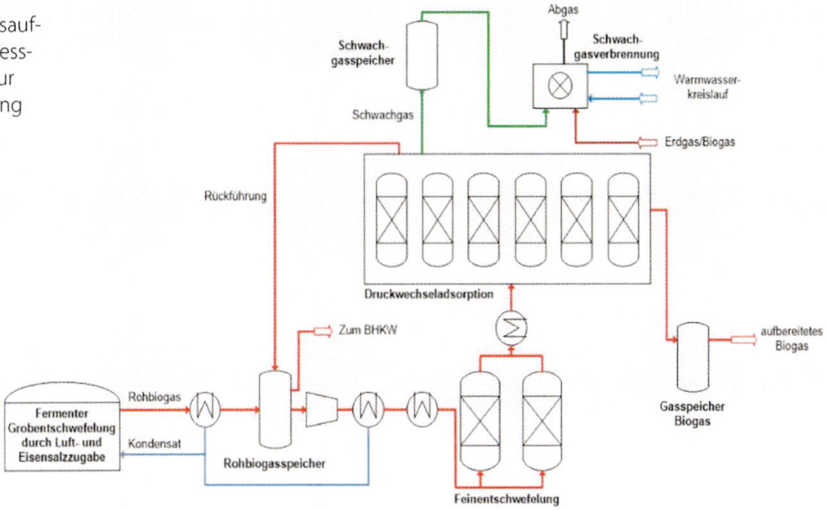

Bild 4.7: Biogasaufbereitungsprozesskette mit PSA zur CO_2-Abscheidung

mit der Dampfreformierung, da die PSA bereits mit komprimiertem Gas (bei ca. 20 bar) aus der Konvertierung beschickt wird. Solange die Druckmodulation oberhalb des Umgebungsdruckes durchgeführt wird, fällt daher kein nennenswerter Energieverbrauch für den PSA-Betrieb an. Angaben zum Investitionsbedarf, die sich nur auf die PSA-Stufe einer Reformieranlage beziehen, wurden in der Literatur nicht gefunden.

Für einen wirtschaftlichen Betrieb der PSA muss das zugeführte Gas möglichst trocken und frei von Schwefelverbindungen sein. Insbesondere Schwefelverbindungen lagern sich dauerhaft auf dem Adsorbens ab und reduzieren mit jedem Adsorptionszyklus die Trennleistung – ein frühzeitiger Materialaustausch ist die Folge. Da sich ein Wasseranteil im Gas nicht vermeiden lässt, werden die Adsorber meist mit zwei Adsorbermaterialien befüllt. Für die untere Schicht wird zu Trocknungszwecken ein hydrophiler Zeolith verwendet, während die zweite Schicht mit hydrophobem Kohlenstoffmaterial ausgeführt wird. Für die kontinuierliche Prozessführung sind mehrere Adsorber notwendig, die jeweils vier Zyklen sequentiell durchlaufen. Im ersten Zyklus findet die eigentliche Beladung mit CO_2 sowie der Restfeuchte bei ca. 7 bar statt. Vor Erreichen des CO_2-Durchbruchs wird der Beladungszyklus beendet. Der Adsorber tritt mit dem zweiten Zyklus in die Regeneration ein. Hierfür wird der Adsorber in mehreren Schritten im Gegenstrom entspannt. Um Methanverluste zu minimieren, wird das hierbei anfallende Gas in den Einsatzgasstrom vor dem Verdichter rückgespeist. Im dritten Zyklus wird der Adsorber über eine Vakuumpumpe evakuiert. Dabei liegen die typischen Enddrücke im Bereich von ca. 100 mbar. Das anfallende Gas, das als Schwachgas bezeichnet wird, beinhaltet neben CO_2 und Wasser noch ca. 3 Vol.-% Methan. Bei modernen Prozessketten wird das Gas einer Schwachgasverbrennung zugeführt, bevor es in die Atmosphäre abgegeben wird. Im vierten Zyklus wird der Adsorber, der nun vollständig regeneriertes Material enthält, auf Beladungsdruck gebracht. Dazu wird für die ersten Schritte der Druckanhebung Entspannungsgas aus Adsorbern, die gerade im zweiten Zyklus entspannt werden,

Tabelle 4.2: Spezifische CO_2-Kosten bei der Biogasaufbereitung mittels PSA-Technologie

Anlagenkapazität in (m^3 Rohbiogas /h)	Spezifische Investitionskosten in € / (m^3 CO_2)	Spezifische Betriebskosten in ct / (m^3 CO_2)
100	9.300	15
500	3.200	6
1.000	2.000	5

genutzt. Für die Anhebung auf Adsorptionsdruck wird letztlich komprimiertes Rohbiogas zugeführt. Die erzielte CH_4-Reinheit im Produktgas liegt für die PSA-Technologie bei > 96 Vol.-%, die Methanausbeute bei 97 Vol.-% [6]. Wird auf eine Rückspeisung und mehrstufige Entspannung verzichtet, kann die PSA auch mit vier Adsorbern kontinuierlich betrieben werden. Allerdings sinkt die Methanausbeute infolge des erhöhten Methangehalts im Schwachgas. Die Standzeiten der Adsorbentien sind bei sachgemäßem Betrieb nahezu unbegrenzt.

Für die PSA-Technologie im Rahmen der Biogasaufbereitung geben die Autoren in [7] nach Auswertung verschiedener Literaturquellen spezifische Kosten für Investitionen und Betrieb in Abhängigkeit von der Anlagenkapazität an. Unter der Annahme, dass der CO_2-Gehalt im Rohbiogas 50 Vol.-% beträgt, lassen sich die in **Tabelle 4.2** aufgeführten CO_2-spezifischen Kosten ableiten.

Wegen der prinzipiellen Limitierung adsorptiver Verfahren durch Beladungskapazität und Selektivität konzentrieren sich die Forschungsaktivitäten zur adsorptiven CO_2-Abtrennung auf die Entwicklung von Materialien mit hoher Selektivität und hoher CO_2-Kapazität für technisch relevante Gaszusammensetzungen. Nach [8] stehen dabei die in **Tabelle 4.3** aufgeführten Materialien im Fokus.

Aktivkohle als Adsorbens gehört zu den meistverbreiteten Materialien. Sie lässt sich leicht herstellen, kostet wenig und gilt als relativ hydrophob. In [9] wurden verschiedene Aktivkohlen für die Adsorption aus Abgasen (post-combustion: 1 bar, 298 K) untersucht. Als Ergebnis geben die Autoren eine maximale CO_2-Beladung von 10-11 Ma.-% als realistische Kapazität für typische Aktivkohlen an. Für erhöhten Druck (> 20 bar) werden Maximalbeladungen von 60-70 Ma.-% angegeben. Andere Autoren [10] haben gezeigt, dass die CO_2-Beladung bei Aktivkohle für niedrige Drücke kleiner ausfällt als bei Zeolithen. Für höhere Drücke jedoch kehren sich die Beladungsverhältnisse um, weshalb die Aktivkohle für Hochdruckanwendungen als Material zur CO_2-Abtrennung interessant bleibt. Trotz des hydrophoben Charakters von Aktivkohle ist der kapazitätsmindernde Einfluss der Gasfeuchte immer noch beträchtlich. Als wesentlicher Nachteil der Aktivkohlen gegenüber Zeolithen gilt ihre mäßige Selektivität I (5- bis 10-mal schlechter [11]). Für eine CO_2-N_2-Trennung wird in [12] eine Selektivität von 10 bei 1 bar und 25 °C angegeben. Des Weiteren wurde in Versuchen an zwei Aktivkohlen für die Selektivität keine signifikante Temperaturabhängigkeit nachgewiesen (25-110 °C). Mit steigendem Druck (1-10 bar) reduziert sich jedoch die Selektivität für das Stoffsystem auf ca. 50 %.

Tabelle 4.3: Untersuchte Materialien zur CO_2-Abtrennung

Adsorption	Material
Physisorption	▪ Kohlenstoff (z. B. Aktivkohle) ▪ Zeolith ▪ MOF (metal-organic-frameworks)
Chemisorption	▪ aminimprägniertes und -dotiertes Material (mesoporöse Silicate (SBA-15, MCM-41) ▪ Metalloxide (lithium- u. kalziumbasiert)

Gegenwärtig stellt der Zeolith X13 nach Ansicht vieler Autoren unter den Zeolithen den für die CO_2-Trennung meistversprechendsten Typen dar. Praxiserfahrungen liegen zu diesem Zeolithen durch den Einsatz in PSA-Anlagen bei der Wasserstoffreinigung vor. Zeolithe haben eine polare Oberfläche, welche die hohe Affinität zum Wasser begründet. Der hydrophile Charakter führt zu signifikanten Kapazitätsverlusten, wenn Wasser ein Bestandteil der Gasmatrix ist. In [13] werden Beladungsdaten für den Zeolithen X13 zitiert, die den Einfluss von Wasserdampf zeigen. Im trockenen Gas (p_{CO2} = 0,15 bar, T= 295 K) wurde eine Gleichgewichtsbeladung von 13 Ma.-% ermittelt. Wird der Zeolith dagegen mit Wasser vorbeladen (rel. F. 1,5 % bei 21 °C), sinkt die CO_2-Beladung auf 1,2 Ma.-%. Die Arbeiten zur Weiterentwicklung von Zeolithen zeigen nach [10], dass die chemische Zusammensetzung und die Porenstruktur für die CO_2-Kapazität von Bedeutung sind. So soll der Einbau von Kationen in die Struktur zu einer stärkeren Wechselwirkung zwischen CO_2 und dem Zeolithen führen [14].

Bei mesoporösen Silikaten handelt es sich um synthetisch erzeugtes poröses Material, bei dem ebenfalls die Porendurchmesser, wie bei den Zeolithen, definiert werden. Die Porendurchmesser fallen allerdings größer als beim Zeolithen aus (2-5 nm). Die bekanntesten Vertreter sind MCM-41 und SBA-15. Gegenwärtig liegt der Fokus auf der Funktionalisierung der Oberfläche mit Amingruppen, um die CO_2-Kapazität bei niedrigem Druck durch Carbamatbildung zu erhöhen. Die Imprägnierung der Träger (MCM-41) hat sich allerdings im Zyklusbetrieb nicht als ausreichend stabil erwiesen [8]. Um eine stabilere Bindung der amintragenden Komponente an der Oberfläche zu erreichen, wurden von einer Forschergruppe [15] erfolgreich Versuche zur Polymerisation von Aziridin (C_2H_5N) auf Trägermaterial (SBA-15) durchgeführt. Hierbei wird die Polymerisation durch OH-Gruppen des Trägers (Silanol) katalysiert. Im Ergebnis entstand ein stark vernetzter Verband mit Amingruppen, der über kovalente Bindungen am Träger fixiert ist. Die Autoren geben für ihr entwickeltes Aminosilika (hexagonal mesoporous silica – HMS) eine CO_2-Beladung von 3,1 mmol/g unter Rauchgasbedingungen an. Die Versuche zur Zyklusstabilität (TSA) über 12 Zyklen zeigten keinen Kapazitätsverlust hinsichtlich der CO_2-Beladung.

MOFs (metal organic frameworks) sind metallorganische Strukturen, die aus metallischen Knotenpunkten bestehen und durch organische Moleküle (Linker) verbunden sind. Sind sie dreidimensional aufgebaut, resultiert ein hochporöses Material, das sich durch eine sehr hohe innere Oberfläche auszeichnet. Mit Oberflächen von bis zu 7.000 m^2/g [16] übertreffen sie die klassischen Adsorbentien (Aktivkohle, Zeolithe) um ein Vielfaches. MOFs können hinsichtlich der Porenweite und chemischen Eigenschaften über einen weiten Bereich durch die Kombination von Metallzentrum und Linker definiert werden. Mittlerweile sind sehr viele Typen bekannt, die gegenüber Zeolithen höhere Beladungswerte aufweisen [13]. Hohe Beladungswerte gelten jedoch z. T. nur für eine reine CO_2-Atmosphäre. Der entscheidende Nachteil ist nach [8], dass sich die CO_2-Kapazität in Gasmischungen dramatisch reduziert, was für eine schlechte Selektivität spricht.

Für Anwendungen zur adsorptiven CO_2-Gewinnung stehen verschiedene Materialtypen zur Verfügung. Die Beladungskapazität der unterschiedlichen Materialien variiert sehr stark mit den Prozessbedingungen. Insbesondere spielt die Gasfeuchte eine entscheidende Rolle.

4.2.1.2 Membranverfahren

4.2.1.2.1 Grundlagen

Membranen sind flächige, semipermeable Strukturen, die spezifisch für einige Komponenten eines angrenzenden Fluids durchlässig sind. Der bei einer Membrananlage eintretende Stoffstrom wird dabei als Feed, der die Membran passierende Fluss als Permeat und der zurückgehaltene Stoffstrom als Retentat bezeichnet [17]. Die Membran bildet die Trennschicht zwischen den beiden Teilströmen Permeat und Retentat. Sie bestimmt durch ihre Spezifikationen die Art und Geschwindigkeit der Abtrennung einzelner Komponenten aus dem Feed. Die Anordnung von Membranen erfolgt in Modulen, welche miteinander zu einer Membrananlage verschaltet werden. **Bild 4.8** verdeutlicht schematisch die vorgestellten Stoffströme in einer Membran und deren Anordnung in einer geschlossenen Einheit, dem Modul.

Treibende Kraft des Trennvorgangs an Membranen ist ein chemisches Potenzial, welches in Form eines Partialdruck- oder Konzentrationsgefälles vorliegt. Grundsätzlich kann der daraus resultierende Stofftransport einer der zwei Grundformen zugeordnet werden. Zum einen kann sich die permeierende Substanz im Membranmaterial lösen und mittels Diffusion transportiert werden. Zum anderen kann der Transport über ein vorhandenes Porensystem stattfinden.

Zur Beurteilung des Trennerfolges an einer Membran existieren verschiedene Bewertungsparameter, deren Berechnung und Interpretation nachfolgend dargestellt werden.

Permeat-Feed-Verhältnis:

Um eine erste Abschätzung zum Permeationsverhalten einer Membran zu treffen, empfiehlt sich der Vergleich des Permeatflusses mit dem Ausgangsvolumenstrom auf der Feedseite. Das Verhältnis beider Volumenströme verdeutlicht, welcher Anteil des Feeds durch die Membran permeiert. Die Aussagekräftigkeit des Permeat-Feed-Verhältnisses bezüglich der Membran ist jedoch begrenzt, da weder der Grad der Anreicherung einer Komponente im Permeat noch die Trennschärfe der Membranen beurteilt werden können.

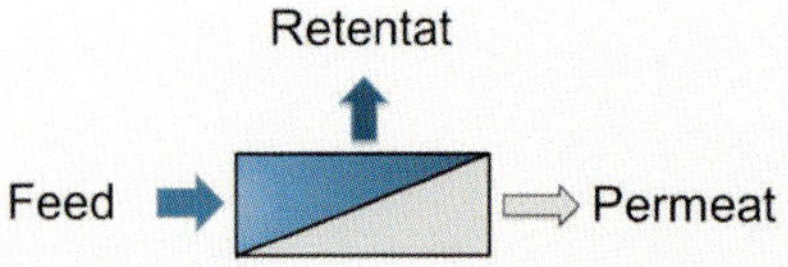

Bild 4.8: Schematische Darstellung der Stoffstromtrennung an einer Membran

Aus diesem Grund werden Selektivität und Permeanz zur Bewertung der Qualität einer Membran herangezogen.

Selektivität:

Von zentraler Bedeutung zur Bewertung der Qualität einer Membran ist die aus der Trenntechnik bekannte Selektivität. Sie wird als Maß für die Anreicherung einer Komponente i und Abreicherung einer Komponente j im Permeat gegenüber dem Feed gesehen und beschreibt die Fähigkeit einer Membran, zwischen den Komponenten einer Mischung zu unterscheiden. Die Selektivität α_{ij} berechnet sich nach Formel (4.4) über den Quotienten der Stoffmengenverhältnisse zweier Komponenten i und j im Permeat und Feed [18].

$$\text{Selektivität: } \alpha_{ij} = \frac{n_i^P / n_j^P}{n_i^F / n_i^F} \tag{4.4}$$

α_{ij} Selektivität der Komponente i gegenüber der Komponente j
n_i^P Stoffmenge der Komponente i im Permeat in mol
n_i^F Stoffmenge der Komponente i im Feed in mol

Permeanz:
Bezieht man das durch eine Membran permeierte Volumen auf die Membranfläche und die Druckdifferenz zwischen beiden Seiten der Membran, erhält man nach [19] die komponentenspezifische Permeanz P_i.(Formel (4.5)). Diese gibt an, wie viel Permeat pro Membranfläche und Druckdifferenz anfällt.

$$\text{Permeanz der Komponente i: } P_i = \frac{V_i}{A \cdot \Delta_{Pi}} \tag{4.5}$$

P_i Permeanz der Komponente i in) $\frac{m^3}{s \cdot m^2 \cdot kPa}$
V_i Volumenstrom der Komponente i im Permeat in $\frac{m^3}{s}$
A Membranfläche in m^2
Δp_i Partialdruckdifferenz der Komponente i in kPa

Liegt für eine Komponente i eine höhere Permeanz als für eine Komponente j vor, bevorzugt die Membran die Komponente i gegenüber der Komponente j. Die Membran ist „i/j-selektiv" [18].

Es wird darauf hingewiesen, dass in der Literatur oftmals Abweichungen in der Bezeichnung der Membranparameter zu finden sind, die Berechnung jedoch auf gleiche Weise erfolgt. Daher muss bei einem Vergleich unterschiedlicher Studien immer auf die Berechnung der vorgestellten Parameter zur Beurteilung einer Membran geachtet werden.

Vereinfacht dargestellt ergeben sich unter Einbeziehung der Stabilität drei Größen, die über die Eignung einer Membran für einen Trennprozess entscheiden (**Bild 4.9**). Mit Kenntnis dieser Parameter ist eine Anlagenplanung und Betrachtung der Kosten möglich.

Die Eigenschaften Permeanz und Selektivität einer Membran sind druck- und temperaturabhängig. Im Falle der Polymermembranen muss zusätzlich die zulässige Höchsttemperatur beachtet werden.

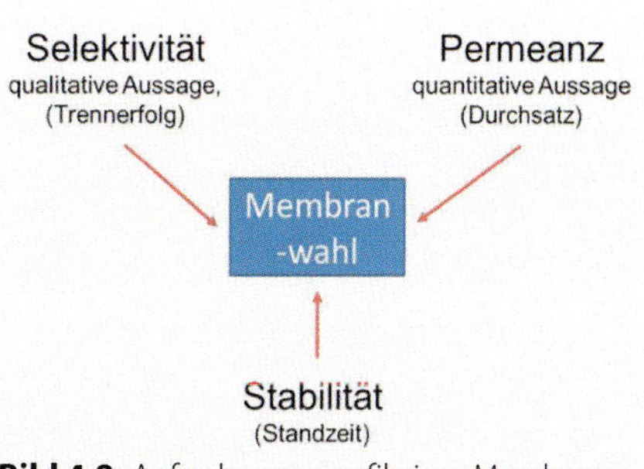

Bild 4.9: Anforderungsprofil einer Membran

Die Klassifizierung von Membranen unterscheidet sich nach:

- Membranwerkstoff (anorganische und organische Materialien)
- Morphologie
- Modultyp (Platten-, Taschen-, Wickel-, Rohr- und Hohlfasermodule) und Strömungsführung.

Die gängigsten Membranwerkstoffe sind organischer Natur und werden als Polymermembranen bezeichnet. Sie weisen gegenüber den Membranen auf anorganischen Materialien (Kohlenstoff, Metall, Keramik) auch den höchsten Entwicklungsstand aus. Des Weiteren gibt es Komposit-Membranen, die aus verschiedenen Materialschichten aufgebaut sind.

Weist eine Membran mikroskopisch zu erkennende Poren auf, wird diese nach ihrer Morphologie den porösen Membranen zugeordnet. Anderenfalls zählt sie zu den dichten Membranen. Dichte Membranen wiederum bestehen aus polaren und unpolaren Werkstoffen. Aufgrund der fehlenden Poren basiert die Trennung in diesem Fall auf dem Lösungs-Diffusions-Mechanismus, während in porösen Membranen u. a. Knudsen-Diffusion, Adsorptionseffekte und Kapillarkondensation auftreten. Die technische Stromführung von Feed und Permeat können als Gleichstrom, Gegenstrom oder Kreuzstrom ausgeführt werden.

Zur Gewährleistung mechanischer Stabilität werden Membranen auf sogenannte Träger, auch als Support bezeichnet, aufgebracht. Hierbei hat die Wahl des Trägermaterials und der Trägergeometrie erheblichen Einfluss auf den Trennprozess. Durch Variation der Packungsdichte bei verschiedenen Trägergeometrien kann zudem die Trennleistung beeinflusst werden. Für Polymermembranen werden technisch ausgereifte Modultypen in Form von Wickelmodulen oder Hohlfasermodulen angeboten. Technisch ausgereifte Trägergeometrien für anorganische Membranen stellen die Mono- bzw. Mehrkanalrohre dar. Durch Verkleinerung der Innendurchmesser der Monokanalrohre hin zu Kapillaren und Bündelung dieser, gelangt man zu einer weiteren Trägergeometrieform: der Kapillarbündelgeometrie. Kapillarbündelmembranen weisen deutlich höhere Packungsdichten als Mehrkanalträger auf, zeigen jedoch geringe Druckstabilität und Entwicklungsbedarf hinsichtlich der Kapillarbündelung.

Folgende Vor- und Nachteile sind für Membranverfahren gegenüber anderen Trennverfahren zu nennen.

Vorteile:

- Geringer Energiebedarf
- Hohe Flexibilität bezüglich sich ändernder Stoffströme
- Modularer Aufbau und damit leicht erweiterbar
- Schnelles An- und Abfahren der Anlagen möglich
- Kein Bedarf an chemischen Hilfsstoffen, frei von Abfallstoffen.

Nachteile:

- Eingeschränkte Stabilität der Membran (je nach Material) gegenüber Gasbestandteilen wie Schwefelwasserstoff, Kohlenwasserstoffen und Wasser
- Quellung der in der Membrantechnik verbreiteten organischen Trägermaterialien bei Kontakt mit Kohlenwasserstoffen oder Kondensaten
- Potenzielle Auswirkung des Joule-Thomson-Effekts
- Kapazitätserweiterung führt nicht zu einer Degression der spezifischen Kosten.

4.2.1.2.2 Stand der Technik

Die Membrantrenntechnik zur CO_2-Abtrennung kommt derzeit hauptsächlich im Bereich der Bio- und Erdgasaufbereitung zur technischen Anwendung (**Bild 4.10**). Kohlenstoffdioxid ist als Begleitkomponente in hoher Konzentration in ca. 20 % aller Erdgasfelder anzutreffen. Entsprechend wurden in der Vergangenheit im Erdgassektor starke Anstrengungen unternommen, um selektive Membranen zur CH_4/CO_2-Separation zu entwickeln. In den USA dominieren die auf Zelluloseacetat basierenden Polymermembranen.

Ebenfalls in breitem Maße genutzte Membranen sind Zellulose-triacetat-Membranen, wobei Anlagengrößen bis 800.000 m^3/h Erdgas erreicht werden. Notwendigen Aufbereitungsschritte vor der Membran sind die Entfernung von Aerosolen, Partikeln, einigen schweren Kohlenwasserstoffen und aromatischen Verbindungen. In Deutschland sind keine Membrananlagen an Erdgasfeldern mit dem Ziel der CO_2-Entfernung im Einsatz.

In [20] sind die verschiedenen Verfahren der CO_2-Entfernung einem Vergleich unterzogen worden. Grundlage sind realisierte Projekte. Dabei zeigte sich ein Kostenvorteil des Membranverfahrens bei kleineren Aufbereitungsanlagen. Mit zunehmender Anlagengröße ergab sich ein deutlicher Kostenabfall bei den konkurrierenden Verfahren. In **Tabelle 4.4** sind die Kosten im Vergleich zu einer Druckwechseladsorption aus derselben Quelle aufgeführt.

4.2.1.2.3 Forschungsaktivitäten

Es fanden einzelne Forschungsprojekte zur CO_2-/N_2-Trennung mit dem Ziel der Abgasaufbereitung statt, wobei nur in wenigen Fällen auch direkt im Rauchgas untersucht wurde (z.B. Deutsch-

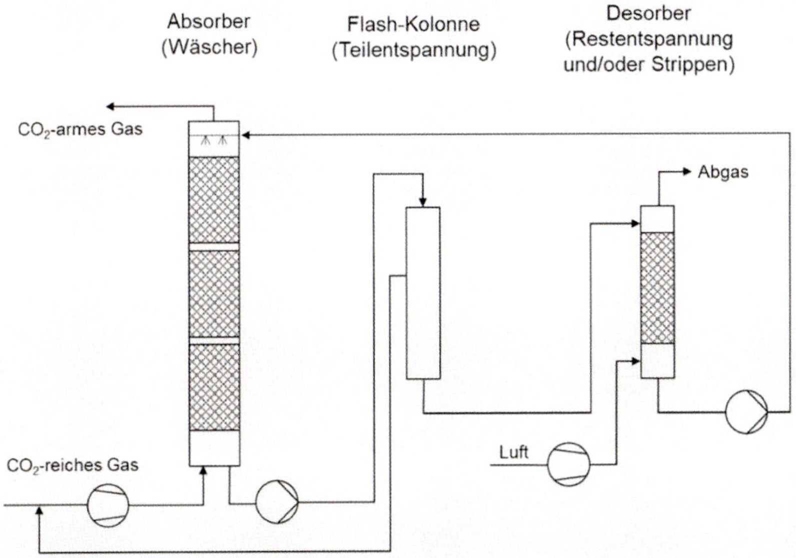

Bild 4.10: Vereinfachtes Fließbild einer Biogasaufbereitung mittels Membrantechnik

Tabelle 4.4: Kosten der Biogasaufbereitung mittels Membranverfahren im Vergleich zur PSA nach [20]

Kostentyp	Membranverfahren	PSA
Typische Investitionskosten in €/(m³/h) Biomethan		
für 100 m³/h Biomethan	7.300-7.600	10.400
für 250 m³/h Biomethan	4.700-4.900	5.400
für 500 m³/h Biomethan	3.500-3.700	3.700
Typische Betriebskosten in ct/m³ Biomethan		
für 100 m³/h Biomethan	10,8-15,8	12,8
für 250 m³/h Biomethan	7,7-11,6	10,1
für 500 m³/h Biomethan	6,5-10,1	9,2

land, Norwegen, USA). Kritische Komponenten der Abgase sind Staub, Wasserdampf, Sauerstoff, SO_2 und NO_x.

In Deutschland wurde kürzlich das BMW-Projekt „MemKoR" (Förderkennzeichen: 03ET7064C) zur Untersuchung einer effektiven Abtrennung von CO_2 aus den Rauchgasen fossil befeuerter Kraftwerke mittels Membranen beendet. Bei den durchgeführten Membrantests wurde auch die typische lastflexible Fahrweise, der die deutschen Großkraftwerke heute unterliegen, berücksichtigt. Sowohl keramische als auch polymere Membranwerkstoffe wurden im Rauchgas der Kraftwerke Niederaußem (Braunkohle) und dem Rheinhafen-Dampfkraftwerk Karlsruhe (Steinkohle) getestet.

Dennoch werden beim derzeitigen technologischen Entwicklungsstand keine weiterführenden Projekte zur CO_2-Abtrennung aus Rauchgasen, die über Pilotanlagen hinausgehen, initiiert.

4.2.1.3 Absorptive Verfahren (Gaswäschen)

Die Entfernung von Kohlenstoffdioxid mittels absorptiver Verfahren beruht auf dem Prinzip, das abzutrennende CO_2 physikalisch oder chemisch innerhalb einer sogenannten Waschflüssigkeit zu binden. Der Bindungsprozess ist i. d. R. reversibel und das gebundene CO_2 wird bei geeigneten Regenerationsbedingungen wieder freigegeben.

4.2.1.3.1 Physikalische Gaswäschen

4.2.1.3.1.1 Grundlagen

Die physikalische Gaswäsche nutzt den Effekt, dass sich die gelöste Menge einer Komponente i proportional zu ihrem jeweiligen Partialdruck in der Gasphase pi verhält. Die Gaslöslichkeit wird im Allgemeinen mithilfe des Henryschen Gesetzes (Formel (4.6)) beschrieben, welches für verdünnte Lösungen und niedrige Drücke anwendbar ist[1]:

[1] Gilt in Näherung für die Verhältnisse an einer Biogasaufbereitungsanlage

$$p_i = x_i\, H_i\,(T) \tag{4.6}$$

p_i Partialdruck der Komponente i in der Gasphase in bar
x_i Stoffmengenanteil der Komponente i in der Flüssigphase in $\frac{\text{mol}}{\text{mol}}$
H_i Henry-Konstante der Komponente i in bar

Für das Henry-Gesetz existieren je nach Bezugsgrößen verschiedene Definitionen (vgl. Formel (4.7), Formel (4.8) und Formel (4.9))

$$H_i = \frac{p_i}{c_i} \text{ in bar} \tag{4.7}$$

$$H_i = \frac{p_i}{c_i} \text{in} \frac{\text{bar} \cdot \text{m}^3}{\text{mol}} \tag{4.8}$$

$$H_i = \frac{c_{i(gas)}}{c_{i(fl.)}} \;[-] \tag{4.9}$$

Der Vorteil von physikalischen Gaswäschen ist, dass zur Trennung eines Stoffgemischs lediglich ein Partialdruckgefälle notwendig ist. Steht entsprechend prozessseitig bereits Druck zur Verfügung (wie z. B. bei der CO_2-Entfernung aus Erdgas oder Synthesegas), können physikalische Gaswäschen ähnlich Adsorptions- oder Membranverfahren sehr energieeffektiv eingesetzt werden. Bei physikalischen Wäschen muss i. A. keine oder nur wenig thermische Energie zugeführt werden. Durch die geringen Betriebstemperaturen und die vergleichsweise einfachen Waschflüssigkeiten besteht keine große Gefahr der Degenerierung der Betriebsmittel. Um auch bei geringeren CO_2-Partialdrücken einen ausreichenden Abscheidegrad sicherzustellen, wird in der Praxis der Absorptionsdruck durch Kompression der Einsatzgase erhöht. Dadurch wird allerdings ein hoher Anteil von elektrischer Energie benötigt. Ferner kann durch Wahl des Absorptionsmediums die Selektivität der Absorption maßgeblich beeinflusst werden. Beispielsweise kann bei gewünschter Co-Absorption von weiteren Gasbestandteilen, z. B. Schwefelkomponenten, ein entsprechendes Waschmedium gewählt werden. Im Falle der Biogasaufbereitung ist es möglich, mit physikalischen Gaswäschen bis zu ca. 98 % des CO_2 im Rohgasstrom abzutrennen. Die abgetrennte Menge an CO_2 korreliert jedoch stark mit der aufzuwendenden Energiemenge. Höhere Abscheidegrade führen zu einem höheren elektrischen Energiebedarf für Verdichtung und Waschmittelpumpen und einer größeren Menge an benötigtem Waschmittel.

Trotz der großen Ähnlichkeiten im Aufbau der Anlagen unterscheiden sich die Verfahren in ihren Betriebsparametern mitunter deutlich. Hauptsächlich liegt dies an den unterschiedlichen Löslichkeiten der Gase in den verwendeten Waschflüssigkeiten. Ebenfalls gibt es Unterschiede in den Einsatztemperaturen. Einige organische Waschmittel, z. B. Methanol, werden bei tiefen Temperaturen betrieben, um einen Austrag über die Gasphase durch Verdunstung zu vermeiden.

Neben der Löslichkeit von CO_2 sind die Viskosität, die Dichte und die molare Masse der Waschflüssigkeit wichtige Faktoren. Während die Löslichkeit, Dichte und molare Masse beeinflussen, wieviel Flüssigkeit in der Anlage umgepumpt werden muss, bestimmt vor allem die Viskosität der Flüssigkeit die Stofftransporteigenschaften und damit letztendlich auch die Dimensionierung der Anlage.

4.2.1.3.1.2 Stand der Technik

Zu den physikalischen Gaswäschen, die kommerziell erhältlich sind, gehören folgend Verfahren:

- Druckwasserwäsche
  - Sepasolv-Verfahren
- Rectisol Prozess
  - Purisol-Prozess
- Selexol-Prozess / Genosorb-Prozess
  - Fluor-Solvent-Verfahren.

Die Druckwasserwäsche (**Bild 4.11**) ist ein einfaches und weit erforschtes System zur CO_2-Entfernung. Um die Löslichkeit von CO_2 in Wasser zu verbessern, wird der Prozess bei einem Betriebsdruck zwischen 8 und 20 bar betrieben. Hierzu werden Feedgas und Waschflüssigkeit auf hohen Druck und in einer Füllkörperkolonne im Gegenstrom miteinander in Kontakt gebracht. Durch das herrschende Konzentrationsgefälle findet ein Massentransfer von der Gas- in die Flüssigphase statt. In einer ersten Flash-Stufe wird die beladene Waschflüssigkeit teilentspannt. Das sogenannte Flash- oder Recyclegas wird dem Feedgasstrom zugeführt und durchläuft erneut den Absorptionsprozess, um Co-absorbierte Produkte in das Produktgas zurückzuführen. Die Regeneration des Waschmittels erfolgt durch Absenkung des Partialdrucks der abzutrennenden Komponente in der Desorptionseinheit. Dies kann durch Entspannung der Flüssigkeit auf Umgebungsdruck, ggf. zusätzlich durch Einblasen eines Strippmediums in den Regenerator, sog. „Strippen", erfolgen. Die Vorteile der Druckwasserwäsche sind, dass keine ggf. umweltschädlichen Chemikalien eingesetzt werden müssen. CO_2 hat jedoch eine relativ schlechte Löslichkeit in Wasser. Die großen Mengen an benötigtem Wasser führen zu einem großen Flüssigkeitsinventar und vergleichsweise großen Absorptions- und

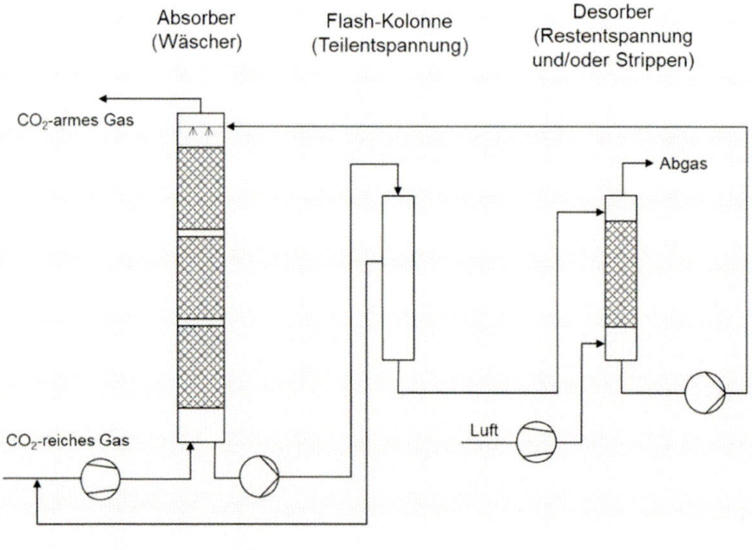

Bild 4.11: Vereinfachtes Fließbild einer Druckwasserwäsche

Desorptionskolonnen. Ein typisches Anwendungsbeispiel der Druckwasserwäsche ist die Aufbereitung von Rohbiogas zu Biomethan, z. T. auch die Aufbereitung von Synthesegas.

Für die Abtrennung von CO_2 mittels Druckwasserwäsche ist hauptsächlich elektrische Energie notwendig. Beispielsweise müssen im Fall von Biogas 1-1,5 kWh/m³ (CO_2) aufgewendet werden. Für Biogasanlagen mit Kapazitäten von 250-1.500 m³/h (NTP) Rohgas ergeben sich spezifische Investitionskosten von ca. 4,2-11,5 ct/m³ (CO_2) in Abhängigkeit der Nutzungsdauer (typischerweise 10-25 Jahre). Die Betriebskosten belaufen sich bezogen auf den Produktgasvolumenstrom auf 12,2-42,1 ct/m³ (CO_2).

Der Rectisol-Prozess wurde Mitte des 20. Jahrhunderts von Lurgi in Deutschland und später in Zusammenarbeit mit Linde entwickelt. Mit diesem Prozess lassen sich sehr geringe Schwefelgehalte im ppb-Bereich und die gleichzeitige Entfernung aller anderen Spurenstoffe und CO_2 in einem einzigen Prozessschritt realisieren. Weltweit waren im Jahre 2005 mehr als 60 dieser Anlagen in Betrieb. Zur Gasaufbereitung kommt kaltes Methanol (-25 bis -80 °C) zum Einsatz. Im Gegensatz zur Druckwasserwäsche ist die Anlage aufgrund der erforderlichen Prozesskälte verfahrenstechnisch komplexer (**Bild 4.12**).

Die Löslichkeit von Sauergasen steigt stark mit sinkender Methanoltemperatur an, während die Löslichkeit von unpolaren Gasen wie Wasserstoff (H_2), Kohlenstoffmonoxid (CO) oder Stickstoff (N_2) keine große Temperaturabhängigkeit aufweist. Durch die hohen Betriebsdrücke (> 20 bar) und geringe Temperaturen (< -25 °C) des Gaswäschers kann der Flüssigkeitsverlust durch Verdunsten stark reduziert werden. Im stationären Betrieb wird die meiste Kälte durch interne Wärmeübertrager und Temperaturerniedrigung durch Entspannung bereitgestellt. Den Hauptanteil am Energiebedarf des Rectisol-Prozesses nimmt der Kältekreislauf ein. Der spezifische Primärenergiebedarf einer Rectisol-Anlage liegt bei 0,4-1,1 kWh/m³ (CO_2). Dieser große Bereich an Energiebedarfen ist der Tatsache

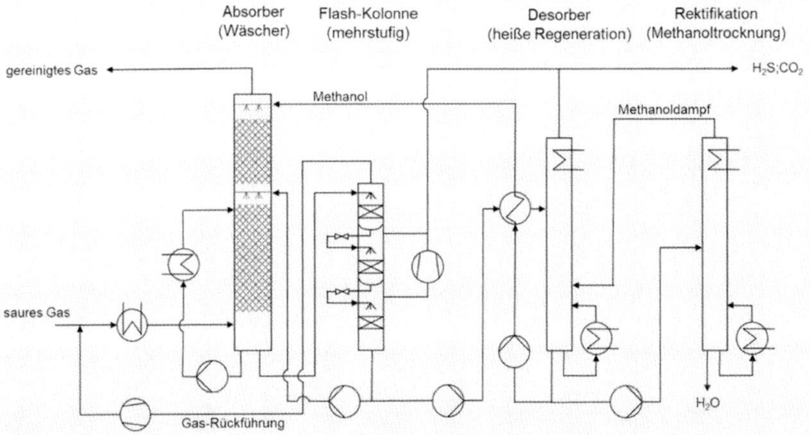

Bild 4.12: Standard-Rectisol-Anlage zur gleichzeitigen Entfernung von CO_2 und H_2S

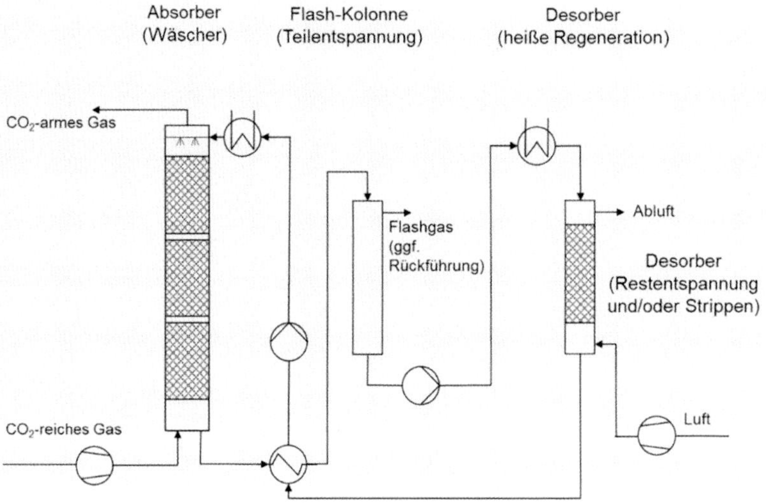

Bild 4.13: Vereinfachtes Fließbild einer CO_2-Gaswäsche nach dem Selexol-Verfahren

geschuldet, dass der Rectisol-Prozess sowohl in einstufiger als auch in zweistufiger Konfiguration realisiert werden kann. Wenn lediglich CO_2 aus dem Gas entfernt werden soll, wird die Anlage üblicherweise einstufig ausgeführt. Ist aber in dem Gas ein relevanter Anteil von H_2S enthalten, ist es sinnvoll, die Rectisol-Wäsche zweistufig auszuführen und H_2S ggf. zusätzlich als Wertprodukt abzuscheiden. Der zweistufige Prozess benötigt mehr Energie als der einstufige, bedingt durch den größeren Tieftemperaturkreislauf und zusätzliche Tanks und Kolonnen. Jedoch ist im Gegensatz zur Druckwasserwäsche die energetische Integration in großtechnische Prozesse relativ einfach möglich. Dies ist darauf zurückzuführen, dass, anders als bei der Druckwasserwäsche, die Rectisol-Wäsche auf unterschiedlichen Temperaturniveaus arbeitet. Nach der Absorption muss die Waschflüssigkeit von den tiefen Temperaturen zur Regeneration aufgeheizt werden. Hierbei kann sehr einfach thermische Energie aus umliegenden Prozessen eingekoppelt werden. Da die energetische Integration für einen wirtschaftlichen Betrieb einer solchen Anlage zwingend notwendig ist, ist es nicht sinnvoll, eine Rectisol-Wäsche für kleine Aufbereitungsaufgaben wie z. B. bei einer Biogasanlage einzusetzen. Die spezifischen Betriebskosten liegen in einem Bereich von 1,3-14,4 ct/m^3 (CO_2). Die geringen Betriebskosten können nur dann erreicht werden, wenn, wie zuvor beschrieben, die Anlage optimal in den Gesamtprozess eingebunden werden kann. Die Investitionskosten belaufen sich bei Anlagengrößen von 100.000 bis 1.000.000 m^3/h Rohgas (NTP) auf 0,6 bis 2,8 ct/m^3 (CO_2).

Beim Selexol-Prozess (**Bild 4.13**) kommt eine Mischung aus verschiedenen Polyethylenglykol-Dimethylethern (PEG-DME) zum Einsatz. Das Verfahren wurde in einer Kooperation von verschiedenen Chemieunternehmen entwickelt. Lizensiert ist dieser Prozess von der Firma Norton und UOP. Das Waschmittel ist ein Produkt von DOW Chemicals und wird auch von DOW vertrieben. Die gleiche Mischung wird auch im Genosorb-Prozess von Krupp Uhde und Clariant verwendet.

Entwickelt zur Erdgasaufbereitung (große Rohgasvolumenströme, bspw. mit 40.000-340.000 m^3/h (NTP)), kommt dieses Verfahren inzwischen auch in der Synthesegasverarbeitung oder bei der Aufreinigung von Deponiegas zum Einsatz. Im Jahr 2005 gab es mehr als 50 Anlagen mit dem Selexol-Prozess. Das Haupteinsatzgebiet von Selexol ist die Aufreinigung von Gasströmen, die mit viel Schwefelwasserstoff (H_2S) verunreinigt sind oder hohe Konzentrationen von CO_2 aufweisen. Je nachdem, wie viele Sauergase abzutrennen sind und in welcher Konzentration diese vorliegen, wird die Abscheidung in einem einstufigen oder zweistufigen Aufreinigungsschritt realisiert. Im ersten Absorber wird H_2S absorbiert und dann thermisch mit Kondensation von niederkalorischem Dampf regeneriert. In einem zweiten Absorber wird CO_2 abgeschieden und durch stufenweise Reduzierung des Druckes wieder aus der Flüssigkeit ausgetrieben.

Aufgrund der unterschiedlichen Löslichkeiten lässt sich eine selektive Abtrennung von H_2S und CO_2 gut bewerkstelligen. Somit steht bei einem H_2S- und CO_2-reichen Gasstrom neben dem CO_2 auch H_2S als mögliches Wertprodukt zur Verfügung. Nachteilig bei diesem Verfahren ist allerdings die Tatsache, dass die Waschlösung aus mehreren organischen Komponenten mit unterschiedlichen Kettenlängen und Siedepunkten besteht. Somit muss darauf geachtet werden, dass durch die Regeneration nicht zu viele leichtere Bestandteile aus der Waschflüssigkeit ausgetrieben werden. Dies führt mitunter zu einer erheblichen Reduzierung der Reinigungseffektivität.

Das Verfahren ist heute auch für kleine Anwendungen (bspw. Biomethan bis 1.900 m^3/h (NTP)) erhältlich. Für die Rohgasverdichtung muss in diesem Prozess die meiste Energie bereitgestellt werden. Hinzu kommt noch ein nicht unerheblicher Teil an thermischer Energie, welche für die „Reboiler" der Kolonnen aufgewendet werden muss. Zu beachten ist außerdem, dass eine relativ niedrige Selektivität von CO_2 zu unpolaren Gasbestandteilen besteht. Somit ist bei der CO_2-Bereitstellung mit diesem Verfahren immer mit einem gewissen Schlupf von Gasbestandteilen in den CO_2-Strom zu rechnen. Im Falle Biogas führt dieser (Methan-)Schlupf zu CH_4-Anteilen im CO_2-Strom von 1-4 Vol.-%.

Der spezifische Primärenergiebedarf für eine Selexol-Abscheideanlage an einer Biogasanlage mit 1.900 m^3/h Biomethan (NTP) kann auf 1,2 kWh/m^3 (CO_2) ansteigen, wobei eine voll integrierte Anlage, die ca. 3.000.000 m^3/h CO_2 (NTP) an einem IGCC-Kraftwerk abscheidet, nur 0,5 kWh/m^3 (CO_2) benötigt. Somit variiert die aufzubringende spezifische Primärenergiemenge zwischen 0,5 und 1,2 kWh/m^3 (CO_2). Ebenso wie die Energiebedarfe unterscheiden sich die Investitionskosten erheblich. Im Biogasbereich sind nur zwei Anlagen dieses Typs in Betrieb. Aus diesem Grund gibt es keine verlässlichen Angaben zu Investitionskosten. Es kann aber davon ausgegangen werden, dass sich die Investitionskosten in der Größenordnung der Kosten für eine Druckwasserwäsche bewegen. Großtechnische Anlagen haben einen Bereich der möglichen Investitionskosten von 0,3-0,75 ct/m^3 (CO_2) bei Rohgasvolumenströmen (NTP) von 20.000-840.000 m^3/h. Die spezifischen Betriebskosten der Anlagen betragen 1,6-7,5 ct/m^3 (CO_2) bei typischen Nutzungsdauern von 10-25 Jahren.

In Bezug auf das verwendete Lösungsmittel, den verfahrenstechnischen Aufbau wie auch auf die Betriebsparameter ist das Sepasolv-Verfahren von BASF sehr ähnlich zum Selexol-Prozess. Vorrangig zur Entfernung von H_2S gedacht, kann das Sepasolv-Verfahren auch zur CO_2-Entfernung aus Synthesegas benutzt werden. Seit 1992 ist das Verfahren nicht mehr von der BASF lizensiert und frei erhältlich.

Im Purisol-Prozess wird eine Mischung aus N-Methyl-2-Pyrrolidon und Wasser als Absorptionsmedium eingesetzt. Entwickelt wurde er von der Firma Lurgi in Deutschland, welche ihn auch zur Verfügung stellte. Dieser Prozess kann entweder als Umgebungstemperatur- oder als Tieftemperaturabscheidung (-15 °C) genutzt werden. Verfahrenstechnisch ist dieser Prozess auf seinen Einsatzgebieten (Erdgas- und Synthesegasaufbereitung) ausgereift und seit mehreren Jahrzehnten erfolgreich im Einsatz. Verglichen mit Selexol ist die Löslichkeit von CO_2 und H_2S in NMP um etwa 10 % geringer.

Zu Beginn werden Feed- und Strippgas mit kleinen Mengen NMP vorgetrocknet, um den Wasseranteil in der CO_2-Abscheidesektion gering zu halten. Dies liegt daran, dass mit steigendem Wassergehalt der Siedepunkt des Waschmittels herabgesetzt wird. In der Wasserabscheidung ist das ein wünschenswerter Effekt, in der Absorption ist es ungünstig. Durch eine Wasserwäsche am Kopf der Kolonnen lässt sich der Verlust an NMP deutlich verringern. Wird die Anlage bei Temperaturen unterhalb der Umgebungstemperatur betrieben, sind Wasserwäschen zur NMP-Rückgewinnung meist nicht notwendig.

Beim Purisol-Verfahren muss mit einem Primärenergiebedarf von 0,3-1,4 kWh/m^3 (CO_2) für die Aufreinigung gerechnet werden. Mit einem Feedgasvolumenstrom von bis zu 120.000 m^3/h (NTP) liegen die üblichen Anlagengrößen in einem Bereich, in dem auch das Selexol-Verfahren erhältlich ist. Investitionskosten und Betriebskosten bewegen sich in der gleichen Größenordnung wie beim Selexol-Verfahren.

Das Fluor-Solvent-Verfahren ist ein Lizenzprodukt von Fluor Daniel Inc. und wurde 1960 kommerzialisiert. Dieses Verfahren wurde in 13 Anlagen mit Propylencarbonat (PC) als Waschflüssigkeit gebaut, von denen neun für die Erdgasaufbereitung, zwei zur Aufarbeitung von Ammoniak-Synthesegas und zwei zur Bereitstellung von Wasserstoff dienen.

Wie bei fast allen Verfahren wird die Regeneration der Flüssigkeit mit einer stufenweisen Entspannung der Flüssigkeit und anschließender Strippung durchgeführt. Der Prozess wird typischerweise bei Einsatztemperaturen kleiner der Umgebungstemperatur oder sogar bei Temperaturen unter 0 °C betrieben. Das Rohgas wird analog zu den anderen Verfahren im Gegenstrom mit der Flüssigkeit in Kontakt gebracht. Beim Flour-Solvent-Verfahren wird ebenfalls das Gas aus der ersten Flashstufe rückverdichtet und wieder auf die Absorberkolonne aufgegeben. Besonders effektiv ist das Fluor-Solvent-Verfahren, wenn Gasströme mit einer hohen Konzentration an CO_2 aufgereinigt werden sollen, denn PC hat eine sehr hohe Löslichkeit für CO_2. Allerdings sind andere Verfahren zu bevorzugen, wenn gleichzeitig noch andere Sauergase wie H_2S im Rohgas vorhanden sind. PC hat nur eine begrenzte Wasserlöslichkeit. Gelangt zu viel Wasser von außen in den Prozess, muss zusätzlich Wasser entfernt werden. Bei Temperaturen über 90 °C reagiert PC langsam und irreversibel mit CO_2. Dies macht die Einstellung des Wassergehalts zu einem schwierigen Verfahrensschritt.

Wie das Purisol- und das Selexol-Verfahren weist auch das Fluor-Solvent-Verfahren einen spezifischen Energiebedarf von 0,2-0,9 kWh/m^3 (CO_2) auf. Auf der Grundlage der Daten in der Literatur sind keine genauen Angaben zu Investitions- und Betriebskosten zu finden. Es wird davon ausgegangen, dass die Investitionskosten sich nicht signifikant von denen einer Selexol-Anlage unterscheiden. Ebenso kann aufgrund der ähnlichen Energiebedarfe und der vergleichsweise einfachen chemischen Struktur der Lösungsmittel von vergleichbaren Betriebskosten ausgegangen werden.

Tabelle 4.5 gibt einen abschließenden Überblick über Anwendungsfelder und Bedingungen der hier vorgestellten kommerziellen Verfahren der physikalischen Gaswäsche.

4.2.1.3.2 Chemische Gaswäschen

4.2.1.3.2.1 Grundlagen

Wie bei der physikalischen Wäsche wird in der chemischen Gaswäsche CO_2 in einer Waschflüssigkeit gelöst. Hierbei wird allerdings die physikalische Löslichkeit durch eine chemische Reaktion

Tabelle 4.5: Zusammenfassung kommerziell eingesetzten Verfahren der physikalischen Wäsche ([1] für Biogas kommerziell erhältlich, [2] für Anwendungen bei der Synthesegas- oder Erdgasaufbereitung kommerziell erhältlich, [3] existierend als Forschungsanlage zur Dekarbonisierung von Kraftwerksrauchgasen, [4] Nutzungsdauer: 10-25 Jahre)

	Verfahren					
	Druckwasserwäsche	**Rectisol**	**Selexol/ Genosorb**	**Sepasolv**	**Purisol**	**Fluor Solvent**
Waschflüssigkeit	Wasser	Methanol	Polyethylenglykoldimethylether	Polyethylenglykolmethylisopropylether	N-Methyl-2-Pyrrolidon (NMP)	Propylencarbonat (PC)
Anwendung	Biogasaufbereitung	Kohlevergasung, FT, in Kombination mit Tieftemperaturprozessen	Erdgas-/Synthesegasaufbereitung			
Absorberdruck p_{abs} in bar	> 20					
Absorbertemp. T_{abs} in °C	25-35	- 80 … - 25	25-35	> 20	> 20	> 20
Einsatzkapazität in m^3/h (NTP)	250-1.500	0,1-1 Mio.	(5001) … 20.000-300.0002	20.000-300.0002	120.000	k. A. (ähnlich Selexol)
Investitionskosten[4] in ct/m^3 CO_2 (NTP)	4,2-11,5	0,6-2,8	0,36-0,75	0,36-0,75	k. A. (ähnlich Selexol)	
Spezifischer Primärenergiebedarf $e_{primär}$ in $kWh/m^3 CO_2$ (NTP)	1,0-1,5	0,4-1,1	0,5[2]-1,2[1]	0,5[2]-1,2[1]	0,3-1,4	0,2-0,9
Betriebskosten in ct/m^3 CO_2 (NTP)	12,2-42,1	1,4-14,4	1,6-7,5	0,52-1,21	0,3-1,4	0,2-0,9
Technologiereifegrad (TRL)	9[1]	7[3]-9[1,2]	7[3]-9[1,2]	7[3]-9[1,2]	7[3]-9[2]	7[3]-9[2]

von CO_2 mit der Waschflüssigkeit verstärkt. Zum Einsatz kommen hierbei meist Amine. Monoethanolamin (MEA), Diethanolamin (DEA), Methyldiethanolamin (MDEA), Piperazin (PZ), Ammoniak (NH_3), Diisopropylamin (DIPA) und Poly(methyldiglykol)amin sind die am weitesten verbreiteten Absorbentien. Eingesetzt werden diese Amine in Mischungen mit anderen Flüssigkeiten wie beispielsweise Wasser oder Methanol. Die Absorptionsgeschwindigkeit sinkt von primären zu tertiären Aminen. Die chemische und thermische Stabilität folgt einem gegenläufigen Trend und steigt von primären zu tertiären Aminen.

Beim Absorptionsvorgang löst sich CO_2 zunächst physikalisch in der Waschflüssigkeit. Das nun vorhandene Hydrogencarbonat reagiert unter Bildung eines Carbamats mit der Amingruppe, wobei diese dabei deprotoniert wird. In einer parallelen Reaktion wird noch eine weitere Amingruppe mit dem frei gewordenen H^+ protoniert (s. Formel (4.10), Formel (4.11), Formel (4.12) und Formel (4.13))

$$CO_2 + 2\,H_2O \rightleftharpoons H_3O^+ + HCO_3^- \qquad (4.10)$$

$$R\text{-}NH_2 + H_3O^+ \rightleftharpoons R\text{-}NH_3 + H_2O \qquad (4.11)$$

$$R\text{-}NH_2 + HCO_3^- \rightleftharpoons R\text{-}NHCOO^- + H_2O \qquad (4.12)$$

$$\sum: 2\,R\text{-}NH_2 + CO_2 \rightleftharpoons R\text{-}NH_3^+ + R\text{-}NHCOO^- \qquad (4.13)$$

Tertiäre Amine können hingegen nicht direkt mit CO_2 reagieren [21]. Sie bilden instabile Carbamat-Ionen, welche in einer Folgereaktion mit Wasser Hydrogencarbonate bilden (s. Formel (4.14), Formel (4.15) und Formel (4.16)). Tertiäre Amine werden während der Beladung der Waschflüssigkeit lediglich protoniert und dienen als Protonenakzeptor.

$$RRR\text{-}N + CO_2 \rightleftharpoons RRR\text{-}NCOO^- \qquad (4.14)$$

$$RRR\text{-}NCOO^- + H_2O \rightleftharpoons RRR\text{-}NH^+ + HCO_3^- \qquad (4.15)$$

$$\sum: RRR\text{-}N + CO_2 + H_2O \rightleftharpoons RRR\text{-}NH^+ + HCO_3^- \qquad (4.16)$$

Die Reaktionsgleichungen (4.10) bis (4.16) sind Gleichgewichtsreaktionen. Durch Erhitzen der Waschflüssigkeit unter gleichzeitiger Entfernung von CO_2 kann das chemische Gleichgewicht auf die Eduktseite der Reaktion verschoben werden. Technisch wird hierbei die Waschflüssigkeit auf Temperaturen zwischen 100 und 160 °C erhitzt und die Gasphase abgezogen. Im Vergleich zur physikalischen Absorption kann die chemische Absorption auch bei kleinen Sauergaskonzentrationen eingesetzt werden, da der Stofftransport durch die chemische Reaktion stark verstärkt wird und die Beladungskapazität somit nicht mehr direkt vom Partialdruck von CO_2 in der Gasphase anhängig ist.

4.2.1.3.2.2 Stand der Technik

Allen chemischen Gaswäschen ist gemein, dass mit ihnen eine Abscheidung bis zu kleinen Restkonzentrationen möglich ist. Hierbei wird auch das Hauptunterscheidungsmerkmal zwischen physikalischer und chemischer Wäsche sichtbar. Bei der physikalischen Wäsche sind tiefe Temperaturen von Vorteil, der Betriebsdruck muss aber vergleichsweise hoch sein, um den Partialdruck von CO_2 für eine ausreichende Beladungskapazität und den Massentransport zu erhöhen. Bei der chemischen Wäsche wird, bedingt durch die freiwerdende Energie beim Absorbieren, unter moderater Temperatur absorbiert, wobei der Druck aber atmosphärischem Druck entspricht. Physikalische Waschflüssigkeiten lassen sich in erster Näherung durch Entspannung auf atmosphärischen Druck regenerieren. Chemische Waschflüssigkeiten müssen mitunter stark erhitzt werden, damit eine ausreichende Regeneration gewährleistet ist. Absorptionsanlagen mit chemisch aktiven Waschflüssigkeiten sind speziell darauf zugeschnitten, große Mengen CO_2 bis hin zu sehr niedrigen Konzentrationen im Produktgas zu absorbieren. Neben den schon genannten Aminen gibt es noch zahlreiche Möglichkeiten, die Effektivität des Absorbers z. B. durch Mischen verschiedener Amine zu optimieren.

Bild 4.14 zeigt das allgemeine Fließbild einer Aminwäsche. Dieser verfahrenstechnische Grundaufbau liegt nahezu allen chemischen Gaswäschen mit Aminen zugrunde. Das aufzureinigende Gas wird in einer Absorberkolonne mit frischer Aminlösung im Gegenstrom in Kontakt gebracht. Auf dem Weg nach unten absorbiert die Waschflüssigkeit das im Feedgas enthaltene CO_2 und fließt in beladenem Zustand in einen Wärmeübertrager. Während der Absorption erwärmt sich die Waschflüssigkeit aufgrund der Exothermie der Reaktion. Im Wärmeübertrager wird die warme und beladene Waschflüssigkeit aus dem Absorber mit regenerierter und heißer Waschflüssigkeit aus dem Desorber weiter aufgeheizt. Anschließend findet im Desorber die Rege-

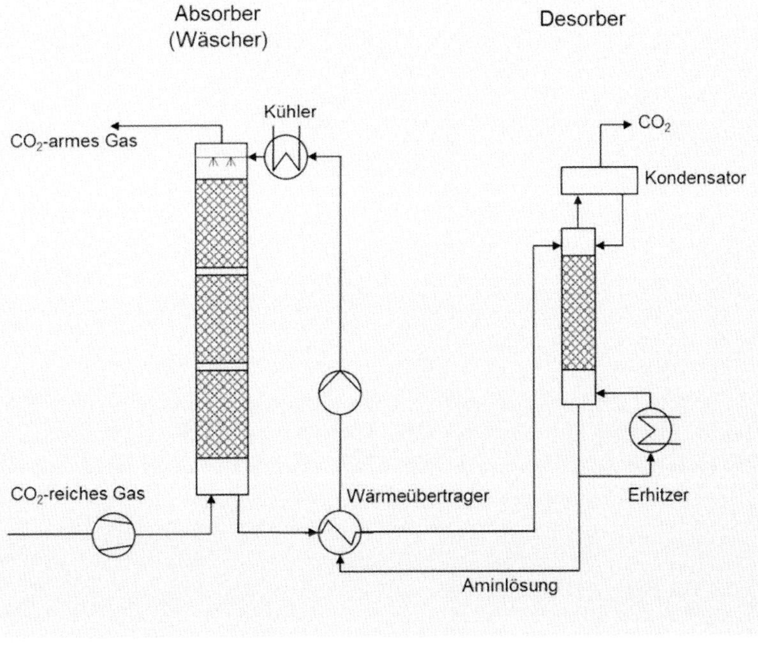

Bild 4.14: Allgemeines Fließbild einer Aminwäsche für die CO_2-Entfernung

neration statt. Hierzu wird die aufzubringende Energie für das Aufheizen und das Brechen der chemischen Bindung vom Erhitzer im Sumpf der Kolonne in das System eingebracht. Durch die hohen Temperaturen im Desorber herrscht aufgrund des Dampfdrucks der Waschflüssigkeit (hier in Mischung mit Wasser) ein erhöhter Druck von 2-6 bar. Um Waschmittelverluste zu minimieren, wird nach der Kolonne noch in einem Kondensator dampfförmig austretende Waschflüssigkeit auskondensiert und rückgeführt. Grundsätzlich können die Absorptionsanlagen mit Aminen jegliche Volumenstrommengen verarbeiten. Die Spanne reicht von der Aufbereitung von Biogas zu Biomethan (bis ca. 2.000 m^3/h Rohgas (NTP) bis zur Aufbereitung von Erdgasfeldern (bis zu 6.000.000 m^3/h Rohgas (NTP)).

Primäre Amine wurden viele Jahre als einziges amin-basiertes Waschmedium eingesetzt. Entwickelt wurden diese Waschflüssigkeiten für die Reinigung von Erdgas. Prominentester Vertreter dieser Gruppe ist Monoethanolamin (MEA). Üblicherweise werden MEA-Konzentrationen von bis zu 30 Ma.-% in der Waschflüssigkeit eingesetzt. Jedoch ist zu beachten, dass mit steigender Aminkonzentration auch die Korrosivität steigt und somit die Belastung der Rohre und Behälter zunimmt.

Neben den Vorteilen (hohe Reaktionsgeschwindigkeit, niedrige Viskosität, Preis) hat MEA auch gravierende Nachteile. So bildet MEA mit organischen Schwefelkomponenten irreversibel Zersetzungsprodukte. Diese erhöhen auch die Korrosivität der Waschflüssigkeit stark. Die hohe Absorptionsenthalpie macht auch große Mengen an Dampf für die Regeneration notwendig. Aus diesen Gründen werden nach und nach alle MEA-Anlagen durch fortschrittlichere ersetzt. Neue Korrosionsinhibitoren lassen eine erhöhte Aminkonzentration in der Waschflüssigkeit zu, wodurch der Einsatz von MEA als Waschflüssigkeit wieder attraktiver wird. Diese Inhibitoren schließen allerdings Gasströme mit H_2S aus, da der Inhibitor mit Schwefelwasserstoff reagiert.

Für die Regeneration ist es notwendig, zum Austreiben von CO_2 1,6-3 kWh/m^3 (CO_2) an Primärenergie aufzubringen. Dies beinhaltet sowohl den elektrischen Energiebedarf für Gebläse und Flüssigkeitspumpen als auch die notwendige thermische Energie im Reboiler des Desorbers. Hierbei ist anzumerken, dass, wie bei der physikalischen Gaswäsche, der spezifische Primärenergiebedarf mit steigender Anlagengröße zum niedrigeren Wert tendiert. Große Anlagen werden meist an großtechnische Produktionsanlagen wie Zementwerke oder Kraftwerke angeschlossen. Hier ist es relativ einfach, einen größeren Anteil der zur Regeneration notwendigen thermischen Energie einzukoppeln. Für den Bau einer CO_2-Abscheideanlage auf Basis von MEA ist mit 0,6 bis 8,5 ct/m^3 (CO_2) als Investitionskosten für eine Anlage zu rechnen. Diese große Spanne rührt daher, dass diese Anlagen ein so breites Anwendungsspektrum haben. Die spezifischen Betriebskosten der Anlagen betragen 6,8-17,3 ct/m^3 (CO_2). Je kleiner die Anlage und je weniger Wärmeintegrationsmöglichkeiten vorhanden sind, umso teurer wird die Abscheidung, da mehr thermische Energie von außerhalb der Quelle zugeführt werden muss.

Die Sekundären Amine DEA und DIPA werden hauptsächlich eingesetzt, um Raffineriegase und Hochdruckgase aufzubereiten. DEA wird in Konzentrationen von 20-30 Ma.-% in Wasser als Waschflüssigkeit verwendet. Gegenüber MEA hat es den Vorteil, dass es weniger aggressiv gegenüber Stahl ist und mit organischen Schwefelverbindungen deutlich schlechter reagiert beziehungsweise die Reaktionsprodukte deutlich weniger korrosiv sind.

Die Absorptionsenthalpie von DEA und DIPA ist um ca. 18 % niedriger als bei MEA. Dies resultiert in einem geringeren Primärenergiebedarf zur Regeneration der Waschflüssigkeiten. Für die Abscheidung mit sekundären Aminen müssen 1,4-1,9 kWh/m^3 (CO_2) an Primärenergie aufgewendet werden. Zwischen einem Verfahren mit MEA und einem Verfahren mit DEA gibt es verfahrens-

Bild 4.15: Allgemeines Fließbild einer Anlage nach dem „activated MDEA"-Prozess mit adsorptiver Filterstufe für primäre und sekundäre Amine

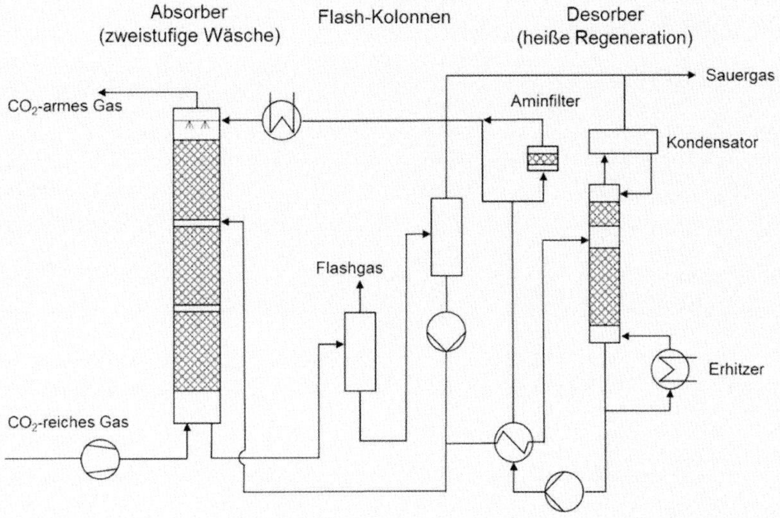

technisch kaum Unterschiede in der Hauptausrüstung der Anlage. Somit kann davon ausgegangen werden, dass sich die Investitionskosten im gleichen Rahmen bewegen. Die spezifischen Betriebskosten der Anlagen belaufen sich auf 7,5-11 ct/m^3 (CO_2) und sind, bedingt durch den geringeren Einsatz an thermischer Energie, erwartungsgemäß niedriger als bei MEA.

Methyldiethanolamin (MDEA) ist in der Gruppe der tertiären Amine der am häufigsten eingesetzte Stoff. Im Vergleich mit primären und sekundären Aminen ist MDEA resistenter gegenüber Schwefelkomponenten, da lediglich die bei der Reaktion mit Wasser freiwerdenden Protonen aufgenommen werden. Begünstigt durch die niedrige Absorptionsenthalpie können im Vergleich mit anderen Aminen auch niedrigere Restbeladungen der regenerierten Waschflüssigkeit erzielt werden. Daher können niedrigere Sauergaskonzentrationen im aufgereinigten Gas erreicht werden. MDEA weist zudem eine bedeutend niedrigere Korrosivität als MEA oder DEA auf. Dadurch können auch Aminkonzentrationen von bis zu 50 Ma.-% in der Waschflüssigkeit eingesetzt werden. Viele Anlagen, die auf MEA oder DEA ausgelegt sind, werden heutzutage wegen dieser Vorteile auf MDEA umgerüstet, um die Kapazität der Anlage zu erhöhen oder den Energiebedarf zu senken.

Ausgehend von MDEA als Waschflüssigkeit sind weitere Varianten dieser Waschflüssigkeit entwickelt worden. Durch Zugabe geringer Mengen an sekundären oder primären Aminen kann die Absorptionskapazität und -rate deutlich gesteigert werden. So hat die BASF beispielsweise den „activated MDEA" (aMDEA)-Prozess entwickelt. Hierbei wird Piperazin als Aktivator zu MDEA zugegeben, um die Reaktion zu beschleunigen.

MDEA ist stabil gegenüber vielen Gasbegleitstoffen. Ein geringer Anteil zersetzt sich allerdings dennoch im Laufe eines Betriebszyklus. Die Zersetzungsprodukte von MDEA sind primäre und sekundäre Amine. Diese begünstigen zwar die Absorption, steigern allerdings auch die Korrosivität der Waschflüssigkeit. **Bild 4.15** zeigt ein allgemeines Fließschema einer aMDEA-Anlage. Zur

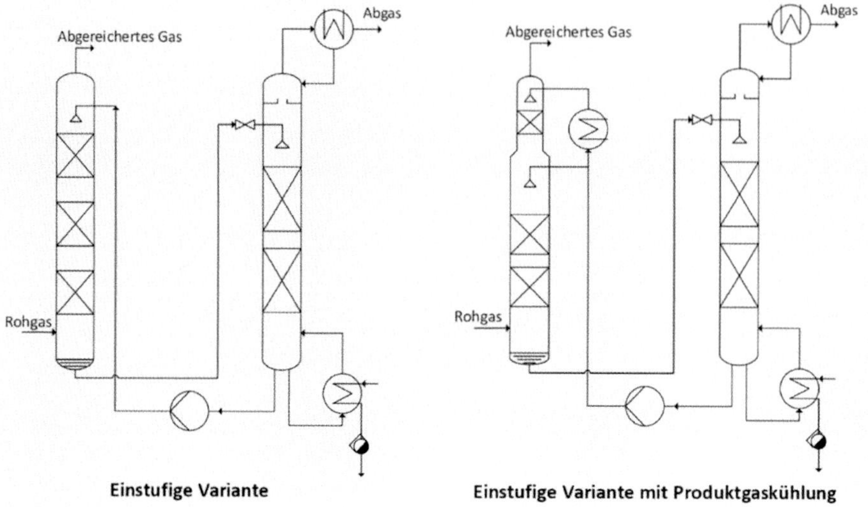

Bild 4.16: Vereinfachtes Fließbild: Einstufige Varianten des HP-Prozesses

Abscheidung von CO_2 müssen 1,1-1,8 kWh/m³ (CO_2) Primärenergie aufgewendet werden. Die spezifischen Betriebskosten betragen hierbei 4,5-7,9 ct/m³ (CO_2).

Der „Hot Potassium Carbonate Process" (HP) ist ein seit den 1960er-Jahren etablierter Prozess zur Entfernung von CO_2. Bei dem HP-Verfahren wird eine wässrige Kaliumcarbonat-Lösung (K_2CO_3) als Absorptionsmedium verwendet. Idealerweise wird die Lösung auf einem Temperaturniveau nahe dem atmosphärischen Siedepunkt der Waschflüssigkeit eingesetzt. Somit muss wenig zusätzliche Energie für die Regeneration bereitgestellt werden. Der HP-Prozess kann in verschiedenen Varianten ausgeführt werden. Die einstufige Variante dieses Prozesses kann mit einer Produktgaskühlung modifiziert werden. Hierbei wird gekühlte Waschflüssigkeit im Kopf der Kolonne zugegeben, um etwaig austretende Waschflüssigkeit zurück zu halten und eine erhöhte Produktreinheit zu erzielen (**Bild 4.16**).

Mit der zweistufigen Ausführung (**Bild 4.17**) kann der Abtrenngrad weiter erhöht werden. Hierbei kann CO_2 bis zu einem Restgehalt von 0,5 Vol.-% aus dem Gas entfernt werden. Das Einsatzgebiet ist die CO_2-Entfernung aus Reformergas. Üblicherweise liegt der CO_2-Partialdruck in Reformergas bei 4-7 bar und somit im optimalen Bereich für das Gleichgewichtsverhalten der Waschflüssigkeit. Höhere Drücke sind aber ebenso möglich. Neben den drei grundlegenden Modifikationen gibt es verschiedene Ausführungen dieses Prozesses. Im Benfield-Prozess wird eine 25-30 Ma.-%ige K_2CO_3-Lösung mit Zusätzen aus Vanadium verwendet. Dieser wird hauptsächlich bei der Ammoniakherstellung aus Erdgas oder Naphtha verwendet. Der Catacarb-Prozess benutzt zusätzliche Aktivatoren aus Aminen. Diese steigern die Geschwindigkeit des Stofftransportes und inhibieren Korrosion. Die Firma Lurgi entwickelte den Lurgi HP-Prozess, welcher durch Zugabe von Boraten die gleichzeitige Entfernung von organischen und anorganischen Schwefelverbindungen

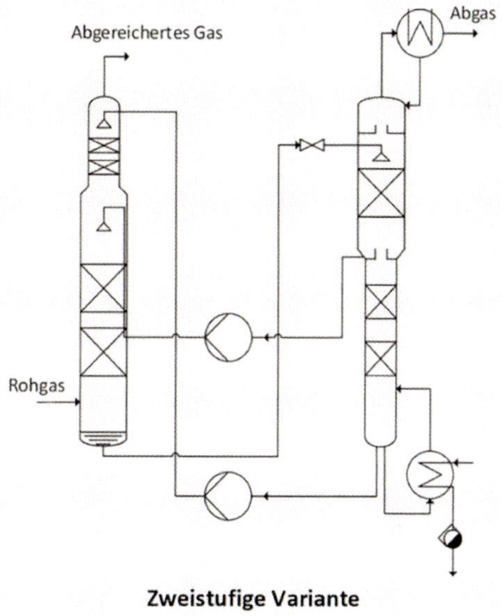

Bild 4.17: Vereinfachtes Fließbild: Zweistufiger HP-Prozess

erlaubt. Mit diesen Verfahren ist es möglich, eine CO_2 Abscheidung unter Einsatz von 1-1,4 kWh/m^3 (CO_2) zu realisieren. Im Betrieb kosten diese Anlagen spezifisch 4,9-13,75 ct/m^3 (CO_2).

CO_2-Entfernung mit Laugewäschen ist prinzipiell vorstellbar und wird teilweise auch angewendet. Natriumhydroxid (NaOH) bildet in wässriger Lösung Natriumhydrogencarbonat ($NaHCO_3$). Ebenso finden Reaktionen mit Schwefelverbindungen statt. Mit dieser Methode sind Volumenanteile für die Sauergaskomponenten < 0,1 ppmv erreichbar. Die Regeneration der Waschflüssigkeit ist technisch möglich, aber wegen dem sehr hohen Energieeinsatz nicht sinnvoll. In der Praxis werden die Waschflüssigkeiten eingedampft und der feste Rückstand in Deponien gelagert. Dieses Verfahren kommt hauptsächlich zur Feinreinigung von Gasen zur Anwendung.

Tabelle 4.6 gibt einen abschließenden Überblick über Anwendungsfelder und Bedingungen der kommerziell verfügbaren Verfahren zur chemischen Gaswäsche.

4.2.1.3.3 Forschungsaktivitäten

Im Bereich der physikalischen Absorption gibt es kaum grundlegend neue Verfahrenskonzepte. Die genannten Verfahren sind auf ihren jeweiligen Einsatzgebieten ausgiebig erprobt und meist bereits seit Mitte des 20. Jahrhunderts im Einsatz. Forschungsbestrebungen gibt es noch bzgl. der Entwicklung neuer Waschflüssigkeiten bzw. im Bereich der Erprobung neuer Waschflüssigkeitsmischung. So werden teilweise Hybridsysteme aus physikalischer und chemischer Gaswäsche, die Zugabe von Aktivatoren, das Design von Absorberkolonnen oder Desorptionsverfahren untersucht [22]. Gänzlich neue Arten von Waschflüssigkeiten, beispielsweise der Einsatz von ionischen Flüssigkeiten, sind vereinzelt in Erprobung [23]. Interessant ist diese Stoffklasse dahingehend, dass sie zum einen eine gute Löslichkeit von CO_2 aufweisen und ebenso eine gute Selekti-

Tabelle 4.6: Übersicht über den Stand der Technik bei chemischen Wäschen ([1] für Biogas kommerziell erhältlich, [2] für Anwendungen bei der Synthesegas- oder Erdgasaufbereitung kommerziell erhältlich, [3] existiert als Forschungsanlage zur Dekarbonisierung von Kraftwerksrauchgasen, [4] Nutzungsdauer: 10-25 Jahre)

	MEA	DEA	Sulfinol D / M / X	MDEA	aMDEA	Hot Potassium (Benfield)
Waschflüssigkeit	MEA-Lsg. (bis 30 Ma.-%)	DEA-Lsg. (bis 30 Ma.-%)	Sulfolan (40 Ma.-%) + (MDEA/) DIPA (40 Ma.-%) + Wasser + (PZ)	MDEA-Lsg. (bis 55 Ma.-%)	MDEA-Lsg. + Piperazinaq (bis 55 Ma.-% MDEA; 10 Ma.-% PZ)	K_2CO_3 – Lsg. (20-30 Ma.-%)
Anwendung	Erdgas-/Synthesegas-aufbereitung, Biogas-aufbereitung		Erdgasaufbereitung / Sauergasbehandlung	Erdgas-, Synthesegas-, Sauergas-, Biogasgasaufbereitung		Erdgas-/Synthesegasaufbereitung
Absorberdruck pabs. in bar	1; 5	1; 4	> 20; 4	1; 3	1; 3	> 7; 3
T_{Abs}; T_{Des} in °C	35; 160	35; 140	35; 140	35; 120	35; 120	80; 120
Einsatzkapazität in m^3/h (NTP)	1.000-6 Mio.					
Investitionskosten[5] in ct/m^3 CO_2 (NTP)	1,1-1,5 (bei 450.000 m^3/h Rohgas)					
Spezifischer Primärenergiebedarf $e_{primär}$ in kWh/m^3 CO_2 (NTP)	1,6-3,0	1,4-1,9	1,13[4]-1,9[4]	1,1-1,8	ähnlich MDEA	1,0-1,4
Betriebskosten in ct/m^3 CO_2 (NTP)	6,8-17,7	7,5-11	k. A.	4,5-7,9		4,9-13,7
Technologiereifegrad (TRL)	7[3]-9[1,2]	7[3]-9[1,2]	9[2]	7[3]-9[1,2]	7[3]-9[1,2]	7[3]-9[2]

vität von CO_2 gegenüber anderen Gasen haben. Zum anderen besitzen sie keinen messbaren Dampfdruck und sind je nach Anion und Kation thermisch sehr stabil. Somit gäbe es so gut wie keine Waschflüssigkeitsverluste durch Austrag und es könnte auf zusätzliche Waschstufen der Produktgase verzichtet werden. Der Preis und die bei Raumtemperatur mitunter ungünstigen physikalischen Stoffeigenschaft (bspw. Viskosität oder Dichte) verhindern jedoch bisher einen Einsatz dieser Stoffklasse.

Ein in der Diskussion befindliches Einsatzgebiet ist die CO_2-Abscheidung im Kraftwerksbereich. Im Falle physikalischer Absorptionsverfahren werden hierzu vorwiegend sog. Pre-Combustion-Carbon-Capture-Verfahren betrachtet. Diese Forschung stellt allerdings selten Entwicklungen neuartiger Abscheideverfahren dar, sondern zielt eher auf die energetisch und ökonomisch optimale Einbindung von bestehenden physikalischen Abscheideanlagen in Kraftwerkskonzepte ab [24].

Gegenstand derzeitiger Forschungsprojekte im Bereich der chemischen Gaswäsche ist hauptsächlich die Entwicklung neuer bzw. die Weiterentwicklung bestehender Waschflüssigkeiten (z. B. ionische Fluide, GenosorbN). Ergänzend gibt es weltweit eine Vielzahl an großen Forschungsprojekten, welche sich mit der Weiterentwicklung von bestehenden Technologien zum Einsatz in Kraftwerken beschäftigen. Wichtige Forschungsprojekte sind z. B. „Luminant carbon managment program", „International test centre (ITC) for CO_2 capture", „CASTOR", „iCap" und „CAPRICE". Der Fokus hierbei liegt auf der Integration in bestehende Großanlagen (Kraftwerke), Fallstudien, aber auch technischen Entwicklungen wie der Untersuchung und Verbesserung von Absorberkolonnen und Ausrüstung [25]. Die erzielten Energieeinsparungen sollen dazu dienen, „Carbon Capture and Storage" (CCS) wirtschaftlicher und somit attraktiver für die Kraftwerksbetreiber zu machen. Trotz der vielen Forschungsprojekte findet CCS, aufgrund der in der Vergangenheit noch recht niedrigen CO_2-Zertifikatspreise, bisher in Deutschland keine Anwendung.

4.2.1.4 Sonstige Verfahren zur CO_2-Abtrennung aus Punktquellen

Neben den genannten Verfahren zur CO_2-Bereitstellung existieren weitere Möglichkeiten, die sich jedoch im grundlegenden Wirkprinzip fundamental unterscheiden. Keines der nachfolgend erwähnten Verfahren ist derzeit kommerziell erhältlich, die meisten sind Gegenstand von Forschungsarbeiten und basieren bestenfalls auf Demonstrations- oder Pilotanlagen. Daher sind Angaben zu Investitions- oder Betriebskosten häufig nicht verfügbar.

Jedes Gas weist ein charakteristisches Phasendiagramm mit Siede- und Schmelztemperaturen auf. Wird ein Gas unterhalb der Temperatur abgekühlt, wird es flüssig bzw. fest (für CO_2, vgl. z. B [26]). Dieses Prinzip macht sich die kryogene CO_2-Abtrennung zunutze. Es existieren Verfahren basierend auf den Erfahrungen aus Luftzerlegungsanlagen, welche seit Mitte des 20. Jahrhunderts im Einsatz sind. Angedacht ist der Einsatz bei der Aufbereitung von Rohbiogas zu Biomethan [27], bei der Kohlenstoffabscheidung in Rauchgasen von Kraftwerken [28] oder bei der Aufbereitung von Erdgas an der Quelle. In [4] wird auf einen Anlagenbauer verwiesen, der im Zusammenhang mit der Biomethanverflüssigung die kryogene CO_2-Abtrennung umsetzt.

Staub und aggressive Gase wie HCl können bei der Verdichtung der Gase die Kompressoren beschädigen und müssen daher vorher entfernt werden. Daher durchläuft das Rohgas je nach Gasqualität und Gasbeschaffenheit zunächst einige Vorbehandlungen. Anschließend wird das Gas durch stufenweise Verdichtung und Zwischenkühlung auf hohen Druck verdichtet. Durch Entspannung des verdichteten Gases kann die Temperatur weiter abgesenkt und die einzelnen Bestandteile können fraktionsweise abgetrennt werden. Im Falle von Kraftwerksabgasen ist das Produkt flüssiges CO_2. Innerhalb einer solchen Anlage können neben der Temperaturabsenkung als Trennprinzip auch Membranen oder Druckwechseladsorptionen eingesetzt werden, um die Reinheit der entstehenden Produkte oder die Energieeffizienz der Anlage zu verbessern. Air

Liquide bietet beispielsweise eine kryogene CO_2-Entfernung bei der Wasserstofferzeugung an. Mit diesem Verfahren wäre es möglich, CO_2 unter einem Primärenergieaufwand von 0,4-0,9 kWh/m^3 (CO_2) abzutrennen. Allerdings ist der Nachteil dieses Systems die hohe Komplexität der Anlage.

Neuere Systeme verzichten auf eine Druckerhöhung vor der Verflüssigung und scheiden das CO_2 aus der Gasphase in fester Form ab. Der Effekt, welcher dazu führt, dass Gase sich beim Entspannen abkühlen, ist der Joule-Thompson-Effekt. Dieser Effekt wird u. a. bei der sogenannten „Supersonic Gas Separation" (Überschallabscheidung) ausgenutzt. Entwickelt wurde dieses Verfahren für die CO_2-Abscheidung auf See. Hier ist es notwendig, kompakt, leicht und gegenüber Bewegung unempfindlich zu bauen.

Abgase aus einer Gasturbine werden abgekühlt, getrocknet und anschließend verdichtet. Durch die Lavaldüse werden die Gase entspannt und auf Überschallgeschwindigkeit beschleunigt. Dadurch kühlen sie sich so stark ab, dass CO_2 in fester Form ausfällt. Durch eine induzierte Rotationsbewegung kann dann das CO_2 an den Seiten der Düse in einen Zyklon geleitet und anschließend abgetrennt werden [29].

4.2.1.5 Zusammenfassung

Nachfolgend sind die wichtigsten Eigenschaften kommerziell verfügbarer Verfahren zur CO_2-Bereitstellung zusammenfassend dargestellt (**Tabelle 4.7**). Im Ergebnis lässt die Zusammenstellung den Schluss zu, dass bereits heute Verfahren mit hohem Technologiereifegrad (technology readiness level – TRL) zur CO_2-Bereitstellung aus industriellen CO_2-Quellen und aus der Energiebranche existieren. Membrantrennverfahren weisen eine jüngere Historie auf und sind daher nur für den Einsatz im Biogasbereich mit hohem TRL verfügbar.

Eine Übersicht zu den spezifischen Investitions- und Betriebskosten der vorgestellten Technologien in Abhängigkeit von den Einsatzgebieten sowie den Rohgasmengen zeigen **Bild 4.18** und **Bild 4.19**.

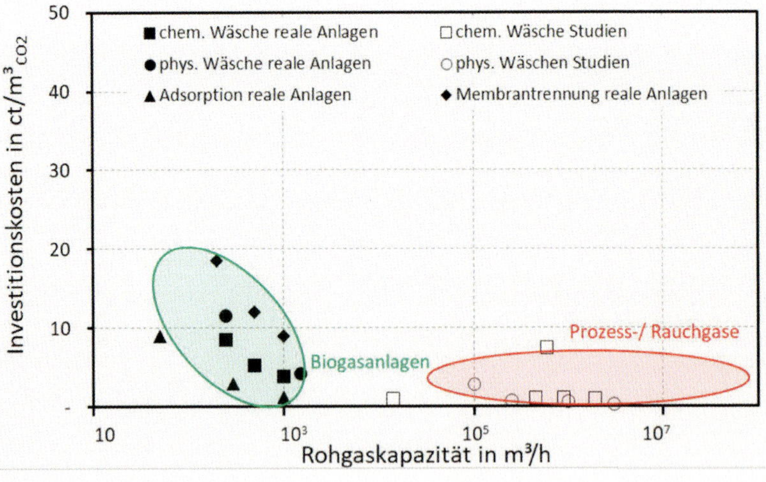

Bild 4.18: Spezifische Investitionskosten der CO_2-Bereitstellung nach [1]

Tabelle 4.7: Vergleich kommerziell verfügbarer Technologien zur CO_2-Bereitstellung aus Punktquellen

	Adsorption	Absorption	Membrantrennung
Trennprinzip	Physikalische oder chemische Bindung an die Oberfläche eines Feststoffs	Physikalisches oder chemisches Lösen in einer möglichst selektiven Waschflüssigkeit	Selektive Permeation (Durchdringung) einer Membran
Betriebsmittel	Adsorbentien (z. B. Aktivkohle, Kohlenstoffmolekularsiebe, Silicagele, Zeolithe, Aluminiumoxide, etc.)	Waschflüssigkeiten (z.B. Wasser, Kohlenwasserstoffe, wässrige Aminlösungen)	Membranen (z. B. Polymermembranen, Kompositmembran, anorganische Membranen)
Kommerzielle Anwendungsbereiche	Wasserstoffproduktion, Biogasaufbereitung, Gasfeinreinigung	Erdgas- und Synthesegasaufbereitung, Biogasaufbereitung, auch F&E bzgl. CCS	Biogasaufbereitung
Betriebsbedingungen	$p_{Absorption}$ ↑; T ↓	$p_{Absorption}$ ↑ oder $T_{Regeneration}$ ↑	$p_{Absorption}$ ↑; T ↓
Erzielbare Reinheiten CO_2	Hoch (Desorption instationär)	> 99,5 % (chem.) < 98 % (phys.)	< 98 %
Volumenströme (Anlagengröße)	Bis zu 120.000 m^3/h	Bis zu 6 Mio. m^3/h	Bisher ≤ 1.000 m^3/h
TRL Biogasaufbereitung	9	9	9
TRL Abgasaufbereitung	Abgas: < 7; Luft: 7-9	7-9	4-5
Spezifischer Energiebedarf kWh/m^3 CO_2 (NTP)	Elektrisch: 0,25-1,25 Thermisch: -	Elektrisch: 0,05-0,5 Thermisch: 0,1-1,4	Elektrisch: 0,1-0,6 Thermisch: 0,2-1,2
Entwicklungspotenzial	Ausgereifte Technologien, Weiterentwicklungen v. a. im Bereich der Betriebsmittel		Höher als bei Adsorption und Absorption
Vorteile	Stand der Technik, bereits vielfach bewährt	Skalierungsvorteile, vorteilhaft für Großanlagen einsetzbar	Technologisch einfach, flexibel, Membrankosten sinken
Nachteile	Instationärer Betrieb, daher apparativ aufwendig	Geringe Stabilität einiger Absorptionslösungen im Abgas	Fehlender Stabilitätsnachweis in Abgas

Bild 4.19: Spezifische Betriebskosten der CO_2-Bereitstellung nach [1]

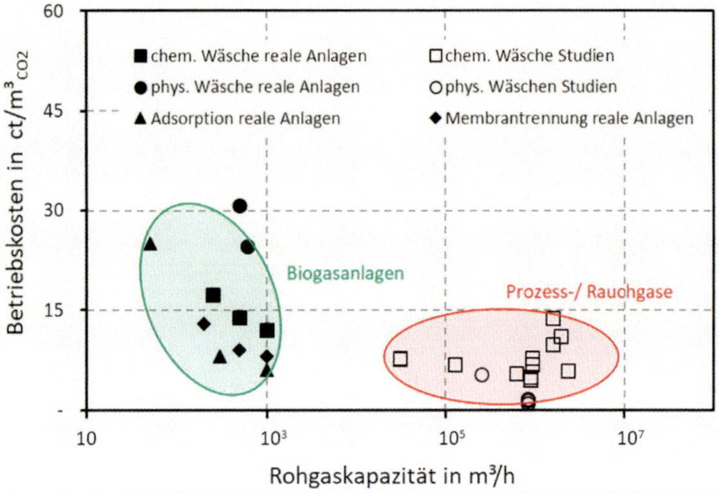

4.2.2 Verfahren zur CO_2-Gewinnung aus Meerwasser

Nach [30] liegt die CO_2-Konzentration in Meerwasser in einem Bereich von 85-104 mg/l H_2O. Näherungsweise zeigen die Konzentrationsverläufe in Abhängigkeit von der Meerestiefe für die ersten 1.000-1.200 m einen gleichmäßigen Anstieg. In [31] wird die CO_2-Konzentration in den Weltmeeren mit 100 mg/l angegeben, wobei der überwiegende Teil chemisch gebunden ist und nur 2-3 % als gelöstes Gas vorliegen. Unter der Annahme einer CO_2-Kozentration von 0,7 mg/l (370 ppmv) in der Atmosphäre ergibt sich für das im Meerwasser gebundene CO_2 ein 140-faches Volumenäquivalent. Dieses Verhältnis zeigt, welches Potenzial Meerwasser für die CO_2-Gewinnung hat.

Das Verfahren der Elektrodialyse ist grundsätzlich dazu geeignet, Ionen von ungeladenen Komponenten durch Anlegen eines elektrischen Potenzials zu trennen. Apparativ wird das Verfahren in Stapeln kombinierter Membranpaare ausgeführt. Werden hierbei bipolare Membranen verwendet, können Salzlösungen in ihre korrespondierenden Säuren und Laugen aufgetrennt werden. Dieser Effekt wird bei der CO_2-Gewinnung aus Meerwasser mittels Elektrodialyse genutzt. Da die CO_2-Beladung des Meerwassers (Absorption) auf natürlichem Wege stattfindet, entfällt diese als Kostenfaktor für den Prozess. Seewasser wird in eine Anordnung verschiedener Membrane eingeleitet und Strom angelegt. Dadurch wandern die Ionen in verschiedene Flüssigkeitsströme innerhalb des Aufbaus. So kann erreicht werden, dass ein Teil des eingeleiteten Seewassers saurer und der andere Teil basischer wird. Das Gleichgewicht der Reaktion von CO_2 mit Wasser ($H_2O + CO_2 / CO_3^{2-} + 2H^+$) wird somit auf die Seite der Ausgangsprodukte verschoben. Wenn anschließend die Flüssigkeit entspannt wird, entweicht CO_2 in Form von entstehenden Blasen aus der Flüssigkeit.

Eine Abscheideeffizient von 50-70 % unter Einsatz von 3 kWh/m^3 (CO_2) ist realisierbar. Optimierungspotenzial besteht in der Entwicklung neuer Membranen bzw. der Verbesserung des flächen-

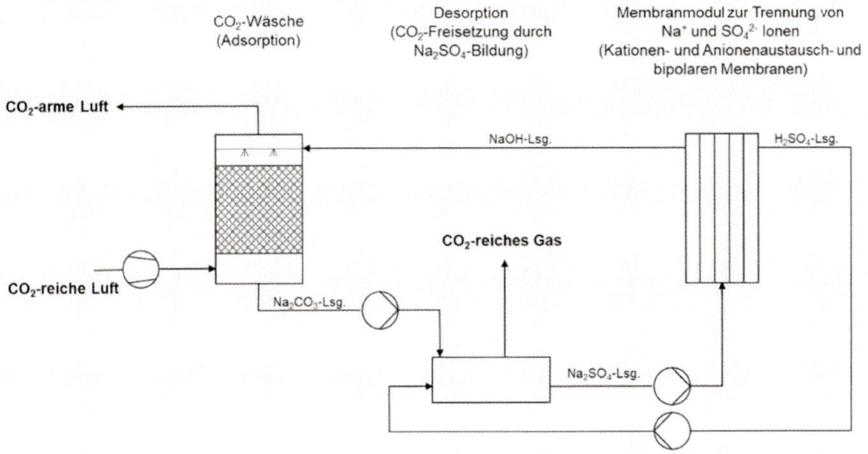

Bild 4.20: Vereinfachtes Fließbild zur CO_2-Abscheidung mittels Elektrodialyse

bezogenen Energieeintrags von Anode und Kathode auf die Flüssigkeit [32]. Auch dieser Prozess hat es in seiner Entwicklung bisher nicht in den kommerziellen Anwendungsbereich geschafft.

4.2.3 Verfahren zur CO_2-Gewinnung aus Luft

Die derzeit entwickelten Technologien zur CO_2-Abscheidung aus Luft (Direct Air Capture, DAC) lassen sich nach [33] in folgende drei Technologiepfaden unterteilen:

- Absorption und Elektrodialyse
- Absorption und Kalzinierung
- Adsorption und Desorption.

Absorption und Elektrodialyse:
Bei diesem Prozess (**Bild 4.20**) wird im ersten Schritte Luft mit Natriumhydroxidlösung (NaOH) in Kontakt gebracht, wobei sich eine Natriumcarbonatlösung (Na_2CO_3) bildet (chemische Gaswäsche). Die anschließende CO_2-Desorption wird durch die Zugabe von Schwefelsäure (H_2SO_4) erreicht. Die entstandene $Na^+/SO4^{2+}$-Lösung wird letztlich über einen elektrochemisch getriebenen Membranprozess mit bipolaren Membranen zu NaOH und H_2SO_4 aufgereinigt und dem Prozess erneut zugeführt. Der Prozess hat einen Strombedarf von 5,3 kWh/m^3_{CO2} und hat mit einem TR-Level von max. 5 derzeit keine Bedeutung für den kommerziellen Einsatz.

Absorption und Kalzinierung:
Das kanadische Unternehmen Carbon Engineering hat ein Verfahren bis in den Maßstab der Pilotanlage entwickelt, bei dem die CO_2-Desorption bei sehr hohen Temperaturen stattfindet. Im ersten Schritt wird das CO_2 aus der Luft in einer KOH-Lösung gebunden. Hierbei entsteht eine K_2CO_3-

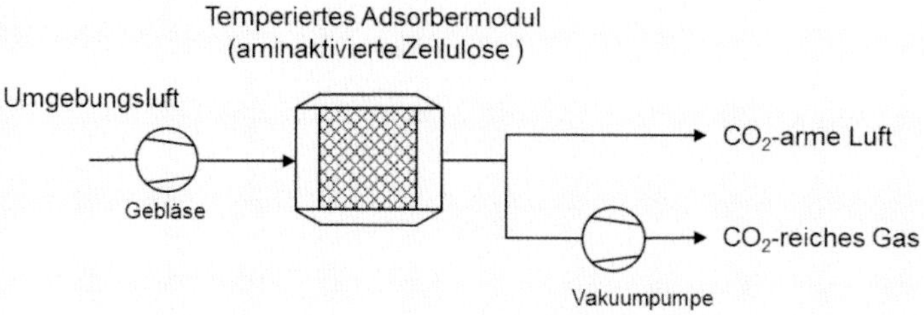

Bild 4.21: Vereinfachtes Fließbild für das Climeworks-Verfahren (ein Modul)

Lösung. In einem zweiten Schritt wird die K_2CO_3-Lösung in einem Pellet-Reaktor mit $Ca(OH)_2$ versetzt, wobei $CaCO_3$ ausfällt und wieder eine KOH-Lösung vorliegt, die der Absorberstufe für eine erneute Beladung zugeführt wird. Das ausgefällte $CaCO_3$ gelangt im dritten Schritt in die Kalzinierung, in der es bei Temperaturen oberhalb 850 °C in CaO und CO_2 zersetzt und getrennt wird. Letztlich wird das CaO durch Zugabe von Wasser zu $Ca(OH)_2$ umgesetzt und dem Pellet-Reaktor zugeführt. In [33] wird der Energiebedarf mit ca. 5,5 kWh/m^3_{CO2} und der technologische Reifegrad für dieses Verfahren mit 5 angegeben.

Adsorption und Desorption:
Das DAC-Verfahren der Firma Climeworks (**Bild 4.21**) basiert auf der chemisorptiven Bindung des CO_2-Moleküls an aminaktivierter Zellulose (nanofibrillated cellulose (NFC)). Als dominanter Mechanismus kann ein Reaktionsschema nach Formel (4.16) formuliert werden, bei dem CO_2 in Carbamatform gebunden wird.

Das entstandene Carbamat ist thermisch nicht sehr stabil. Bei Temperaturen um 100 °C liegt das Reaktionsgleichgewicht auf Seiten der Edukte, d. h. CO_2 wird bei diesem Temperaturniveau wieder freigesetzt. Das Climeworks-Verfahren nutzt diese thermische Instabilität für die Desorption seiner Adsorber. Die erzielbare CO_2-Reinheit wird mit > 99,5 % angegeben. Die gewünschte Anlagenleistung kann infolge der Modulbauweise sehr einfach dimensioniert werden, da das Standardmodul einen vollständig regenerierbaren Adsorber darstellt. Im Folgenden werden wesentliche Elemente des Verfahrens näher beschrieben, da es gegenwärtig als einziges DAC-Verfahren kommerziell verfügbar ist. Gegenwärtig werden kommerzielle Anlagen mit einer CO_2-Kapazität von bis zu 5 t/d angeboten.

Beladung (Adsorption):
Über Gebläse wird Umgebungsluft durch einen patentierten Filter geführt. Die Filter bestehen aus mehreren Materialschichten mit integriertem Rohrsystem zum Temperieren. Das CO_2 der Luft (ca. 400 ppm) adsorbiert am Filtermaterial und wird als Carbamat über die Amingruppen des Trägermaterials chemisch gebunden. Nach ca. 3 h ist die Beladungsphase einer Adsorbereinheit beendet. Das zugehörige Gebläse wird abgeschaltet und die Einheit verschlossen.

Regeneration (Desorption):
Zu Beginn wird die Adsorbereinheit evakuiert und so die im Filter verbliebene Gasmenge reduziert. Insbesondere muss der Sauerstoffanteil reduziert werden, um eine oxidative Wirkung auf die

Tabelle 4.8: Energiebedarf des Climeworks-Verfahrens

	In kWh/m³ CO_2	
	Von	Bis
Thermische Energie	2,95	3,93
Elektrische Energie	0,39	0,59

Amingruppen bei höheren Temperaturen zu vermeiden. Durch die anschließende Erwärmung des Filters auf ca. 100 °C werden die Carbamate gespalten und CO_2 freigesetzt. Das CO_2-reiche Gas wird über eine Vakuumpumpe abgesaugt und einem nachgeschalteten Speicher zugeführt. Desorbiert kein weiteres CO_2 mehr, wird der Filter hinsichtlich Temperatur und Druck wieder an die Betriebsbedingungen der Adsorptionsphase angepasst, wobei das integrierte Temperiersystem eine schnelle Abkühlung zulässt. Die Adsorbereinheit steht nun für eine erneute Beladung bereit.

Energetische Kenndaten nach [34] sind in **Tabelle 4.8** aufgeführt. Die Daten basieren auf Abschätzungen der Firma Climeworks und werden sich mit zunehmenden Verfahrenseinsätzen präzisieren.

Im Rahmen des EU-Forschungsvorhabens „Store&Go" wurde der CO_2-Bedarf für eine Methanisierungsprozesskette mittels Climeworks-Verfahrens bereitgestellt. Das Projektkonsortium veröffentlicht einen CO_2-spezifischen Energiebedarf von 7,1 kWh/m³ für die CO_2-Bereitstellung, wobei infolge von Optimierungsmaßnahmen eine Bedarfsreduktion auf ca. 3,9 kWh/m³ erwartet wird [35].

Auch das US-Unternehmen Global Thermostat betreibt eine Pilotanlage, die auf Basis von Ad- und Desorption betrieben wird. Die Betreiber geben die aktuellen Kosten nach [36] mit 45 €/t CO_2 an, wobei tendenziell die Kosten auf 14-40 €/t CO_2 gesenkt werden sollen. Genauere Informationen zum Verfahren liegen jedoch nicht vor.

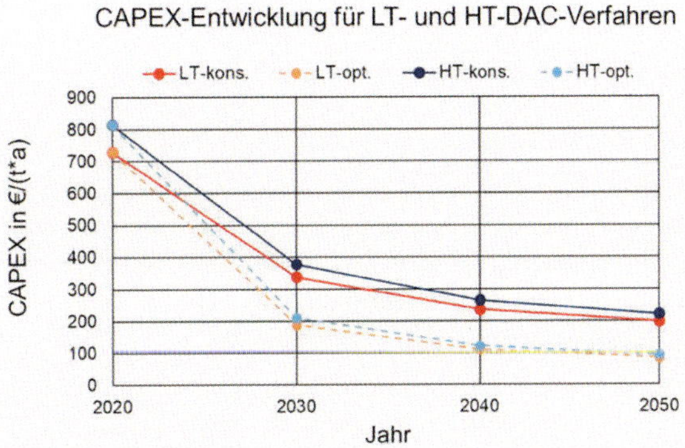

Bild 4.22: CAPEX-Entwicklung nach [37]

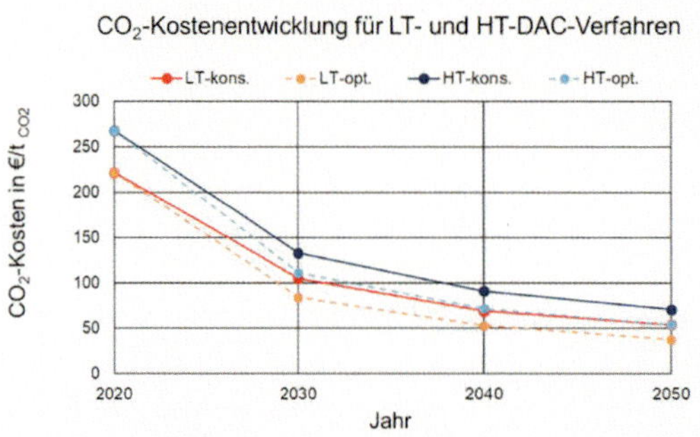

Bild 4.23: CO_2-Kostenentwicklung nach [37]

In [37] wurden Daten zur Wirtschaflichkeit verschiedener DAC-Verfahren aus Veröffentlichungen zusammengestellt und bewertet. Zu den DAC-Technologien mit Hochtemperatur-Desorption (HT-DAC) und denen mit Niedertemperatur-Desorption (LT-DAC) wurden von den Autoren wirtschaftliche Kenndaten für jeweils ein konservatives (kons.) und ein optimistisches Szenario (opt.) prognostiziert. **Bild 4.22** zeigt die entsprechenden Daten für die CAPEX-Entwicklung.

Die Entwicklung der spezifischen Kosten für das Produktgas CO_2 sind in **Bild 4.23** dargestellt.

4.3 Methanisierung

4.3.1 Grundlagen

Die Methanisierung beschreibt die Synthese von Methan aus den Kohlenstoffoxiden CO_2 und CO. Hierbei kann generell zwischen der katalytischen und der biologischen Methanisierung unterschieden werden. Zur Übersicht werden im weiteren Verlauf dieses Kapitels verschiedene Reaktorkonzepte zur katalytischen und biologischen Methanisierung vorgestellt.

Die katalytische Methanisierung beschreibt die Umsetzung von Kohlenstoffmonoxid (CO) oder Kohlenstoffdioxid (CO_2) und Wasserstoff (H_2) zu Methan (CH_4) und Wasser (H_2O) entsprechend den Reaktionsgleichungen Formel (4.17) und Formel (4.18). Wenn sowohl CO als auch CO_2 im Reaktionsgas vorhanden sind, kann als weitere Reaktion die Wassergas- oder CO-Shift-Reaktion (Formel (4.19)) ablaufen, bei der sich eine Gleichgewichtszusammensetzung der beteiligten Edukte einstellt. Über die Boudouard-Reaktion (Formel (4.20)) wird schließlich die Reaktion zwischen C, CO und CO_2 beschrieben, die eine bei der Methanisierung i. d. R. ungewollte Bildung von festem Kohlenstoff zur Folge haben kann. Diese tritt vor allem dann auf, wenn hohe CO-Anteile bzw. unterstöchiometrische H_2/CO_x-Mischungen unter den typischen Reaktionsbedingungen der katalytischen Methanisierung vorliegen.

Bei der katalytischen Methanisierung von CO_2 müssen prinzipiell zwei Reaktionsschritte berücksichtigt werden: Durch die Umkehrung der Wassergas-Shift-Reaktion (= Rückreaktion nach Formel (4.19)) entsteht im ersten Schritt CO, welches in der darauffolgenden CO-Methanisierung (Formel (4.17)) zu CH_4 umgesetzt wird [38], [39], [40], [41]. In der Literatur finden sich zwei etablierte Ansätze, um den Reaktionsmechanismus der CO-Methanisierung zu beschreiben: Der erste Ansatz beschreibt die Dissoziation von CO zu adsorbiertem Kohlenstoff mit daran anschließender Bildung von CH_4 [42], [43], [44], im zweiten Ansatz wird CH_4 vornehmlich über Hydroxylgruppen (COH) gebildet [45], [46], [47].

Weiterhin werden in der Literatur auch Ansätze postuliert, welche den Reaktionsmechanismus einer direkten Methanisierung von Kohlenstoffdioxid nach Formel (4.18) diskutieren. Die tatsächlich ablaufenden Reaktionsmechanismen konnten jedoch bislang nicht final identifiziert werden und sind aktuell noch Gegenstand laufender Forschungsaktivitäten [48], [49], [50], [51].

Reaktionsgleichung	$\Delta_R H^0_{298}$ K in kJ mol^{-1}	Bezeichnung	
$CO + 3\,H_2 \rightleftharpoons CH_4 + H_2O$	-206,4	CO-Methanisierung	(4.17)
$CO_2 + 4H_2 \rightleftharpoons CH_4 + 2H_2O$	-164,9	CO_2-Methanisierung	(4.18)
$CO + H_2O \rightleftharpoons CO_2 + H_2$	-41,5	Wassergas-Shift-Reaktion	(4.19)
$2CO \rightleftharpoons C + CO_2$	-172,4	Boudouard Reaktion	(4.20)

Generell handelt es sich bei der Methanisierung um eine stark exotherme Hydrierung von Kohlenstoffoxiden. Liegt ein Gemisch aus CO und CO_2 vor, wird zunächst das reaktionsfreudigere CO zu CH_4 umgewandelt, was mit der zuvor beschriebenen zweistufigen Reaktionsabfolge über CO einhergeht. Aufgrund der starken Wechselwirkungen von CO mit der Aktivoberfläche des Katalysators erfolgt die CO_2-Methanisierung erst nach Abreaktion von nahezu dem gesamten in der Gasphase verfügbaren CO [52], [53], [54]. Wie bereits erwähnt, sind beide Hydrierreaktionen durch die Wassergas-Shift-Reaktion (Formel (4.19)) miteinander verknüpft. Die sich daraus ergebenden Änderungen der Gleichgewichtskonzentrationen der beteiligten Gase bestimmen wiederum die Zusammensetzung des Produktgases der Methanisierung. Bei den kommerziell am häufigsten genutzten Methanisierungskatalysatoren auf Basis der Aktivkomponente Nickel tritt eine CO-Umwandlung durch die Wassergas-Shift-Reaktion normalerweise erst bei höheren Temperaturen (> 300 °C) auf [55]. Durch Verwendung anderer Katalysatoren kann bei einem bezüglich der CO-Konzentration zu geringem H_2-Anteil (= unterstöchiometrisches H_2/CO-Verhältnis) im Eduktgas gezielt das notwendige Verhältnis über einen der Methanisierung vorgeschalteten zusätzlichen Wassergas-Shift-Reaktor eingestellt werden. Dies ist allerdings nur bei der Verwendung von CO-haltigen Synthesegasen – beispielsweise aus der thermischen Biomassevergasung – von Relevanz und wird im Folgenden nicht weiter betrachtet. Im Rahmen der Prozesskettenbetrachtungen (Kapitel 4.4) wird exemplarisch eine PtG-Kopplung mit einer Biomassevergasung diskutiert. Bei diesem Verfahrenskonzept sind beide Methanisierungspfade – sowohl mit CO als auch mit CO_2 – relevant.

Die biologische Methanisierung von CO_2 und H_2 über Archaeen ist seit 1906 bekannt [56] und der anaerobe Stoffwechsel der Archaeen wurde 2008 beschrieben [56]. Wie Formel (4.21) zeigt, werden Wasserstoff und Kohlenstoffdioxid zu Methan und Wasser umgesetzt, was formal der katalytischen Methanisierung entspricht. Im Gegensatz zur katalytischen Methanisierung liegt aber das Wasser unter den bei der biologischen Methanisierung herrschenden Bedingungen flüssig vor, was in einer um die Kondensationsenthalpie des Wassers größeren Reaktionsenthalpie resultiert. Ein weiterer signifikanter Unterschied ist, dass bei der Biogaserzeugung bzw. bei der biologischen Methanisierung etwa 5 % der eingesetzten Biomasse bzw. des zugesetzten Wasserstoffs samt Nährstoffe für den Biomasseaufbau benötigt werden und somit nicht für die Produktgasproduktion zur Verfügung stehen [57].

$$4\,H_2 + CO_2\,(g) \rightleftharpoons CH_4\,(g) + 2\,H_2O\,(l) \qquad \Delta_R H^0 = -253\ \text{kJ/mol} \tag{4.21}$$

Anstelle eines Katalysators sind bei der biologischen Methanisierung verschiedene Mikroorganismen für die Produktion des Methans verantwortlich. Bei Verwendung von Reinkulturen können einzelne Stämme oder mehrere aufeinander abgestimmte Archaeen verwendet werden [58], [59], [60], [61]. Archaeen sind einzellige Organismen, die im Gegensatz zu eukaryotischen Zellen keinen Zellkern mit Kernmembran haben. Weiterhin können Biozönosen aus Biogasanlagen, langsam angepasst an die Lebensbedingungen (s. Kapitel 4.3.3) der biologischen Methanisierung, verwendet werden [62].

Technische Reaktoren zur biologischen Methanisierung werden bei Temperaturen von 30-70 °C und pH-Werten von 6-9 betrieben. Ein erhöhter Druck bietet thermodynamische Vorteile und verbessert den Stoffübergang der Gase in die Flüssigkeit. Die verwendeten Archaeen sind auch bei extremen Drücken überlebensfähig und wurden bereits bei Drücken von bis zu 400 bar untersucht [63], [64]. Bei der technischen Umsetzung wirken sich extrem hohe Drücke jedoch negativ auf die Wirtschaftlichkeit des Gesamtprozesses aus, sodass biologische Methanisierungsreaktoren üblicherweise bei Drücken von 1-10 bar betrieben werden.

4.3.1.1 Definitionen

Allgemein werden zur reaktionstechnischen Beschreibung der Methanisierung sowie zur Bewertung der unterschiedlichen Reaktorkonzepte meist folgende Größen genutzt:

Umsatz (X):

Der Umsatz X kann im stationären Zustand für jede Eduktgaskomponente bestimmt werden und beschreibt im Fall der CO_2-Methanisierung die Mengen an bei der Reaktion umgesetztem H_2 bzw. CO_2, bezogen auf die jeweils in den Reaktor eintretende Menge. Wie in Formel (4.22) und Formel (4.23) gezeigt wird, kann der Umsatz einer Eduktgaskomponente volumen-, massen- oder stoffmengenstrombezogen definiert werden.

$$X_{CO_2} = \frac{\dot{V}_{CO_2,ein} - \dot{V}_{CO_2,aus}}{\dot{V}_{CO_2,ein}} = \frac{\dot{m}_{CO_2,ein} - \dot{m}_{CO_2,aus}}{\dot{m}_{CO_2,ein}} = \frac{\dot{n}_{CO_2,ein} - \dot{n}_{CO_2,aus}}{\dot{n}_{CO_2,ein}} \tag{4.22}$$

$$X_{H_2} = \frac{\dot{V}_{H_2,ein} - \dot{V}_{H_2,aus}}{\dot{V}_{H_2,ein}} = \frac{\dot{m}_{H_2,ein} - \dot{m}_{H_2,aus}}{\dot{m}_{H_2,ein}} = \frac{\dot{n}_{H_2,ein} - \dot{n}_{H_2,aus}}{\dot{n}_{H_2,ein}} \tag{4.23}$$

Raumgeschwindigkeit (GHSV):

Die Raumgeschwindigkeit (engl. gas hourly space velocity – GHSV) ist das Verhältnis aus dem insgesamt in den Reaktor eintretenden Gasvolumenstrom zu dem für die Reaktion maßgeblichen Reaktorvolumen. Normalerweise wird die GHSV für einen auf Normbedingungen 1,013 bar und 0 °C bezogenen Gasstrom angegeben. Speziell in der internationalen Literatur gibt es jedoch

Bild 4.24: Bedeutung des Bezugsvolumens für die Angabe der GHSV

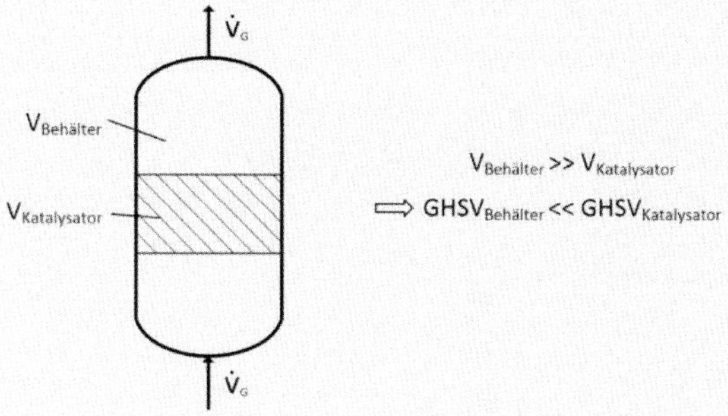

Abweichungen von diesem Bezugszustand. Diese sollten daher klar gekennzeichnet und beachtet werden. Anhand der GHSV kann bei einem vorgegebenen Umsatz der Eduktgaskomponenten das notwendige Reaktionsvolumen V_R für einen vorgegebenen Eduktgasstrom bestimmt werden.

$$GHSV = \frac{\dot{V}_G}{V_R} \text{ in } h^{-1} \qquad (4.24)$$

Bei Angaben zur GHSV ist besonders zu beachten, dass die Definition des als Bezugsgröße genutzten Reaktorvolumens V_R viel Spielraum zulässt. In der Reaktionstechnik wird V_R oft mit dem Katalysatorvolumen V_{Kat} gleichgesetzt. Im Anlagenbau hingegen bezieht sich das Reaktorvolumen oft auf das gesamte geometrische Volumen des eigentlichen Reaktorbehälters $V_{Behälter}$. Je nach Ausführung und Bauweise des Reaktors oder dem eingesetzten Reaktortyp kann dies zu stark abweichenden Werten für die GHSV führen, wie dies exemplarisch in **Bild 4.24** zu sehen ist.

4.3.1.2 Thermodynamisches Gleichgewicht

Die Betrachtung des thermodynamischen Gleichgewichts bezüglich des Drucks, der Temperatur und der Gaskonzentrationen ist die Grundlage für die Festlegung der optimalen Betriebsbedingungen und die Auswahl eines passenden Reaktorkonzepts. Das thermodynamische Gleichgewicht gibt Auskunft über den maximal erzielbaren Umsatz bei festgelegten Betriebsparametern wie Druck, Temperatur und Zusammensetzung der Edukte. Annahme bei allen Gleichgewichtsberechnungen ist stets, dass das betrachtete System beliebig viel Zeit zur Einstellung des Gleichgewichtszustandes hat und somit die Reaktionsgeschwindigkeit keinen Einfluss auf die Zusammensetzung hat. Besonders für langsame Reaktionen bedeutet dies, dass der theoretisch erzielbare Umsatz in der Praxis unter technisch realisierbaren Verweilzeiten nicht erreicht werden kann und dass durch geeignete Reaktorkonzepte und Prozessführung (z. B. Rückführung unreagierter Edukte) diese Tatsache berücksichtigt wird. Zur Auslegung eines Reaktors und für die Berechnung von erzielbaren Produktzusammensetzungen muss daher meist die Reaktionskinetik gleichwertig zur Thermodynamik betrachtet werden. Das Thema Reaktionskinetik wird in Kapitel 4.3.2.2 näher diskutiert.

Für den Fall der Methanisierung eines stöchiometrischen H_2-CO_2-Gemisches zeigt **Bild 4.25** die Stoffmengenanteile der beteiligten Gase im Gleichgewichtszustand. Es ist deutlich zu erken-

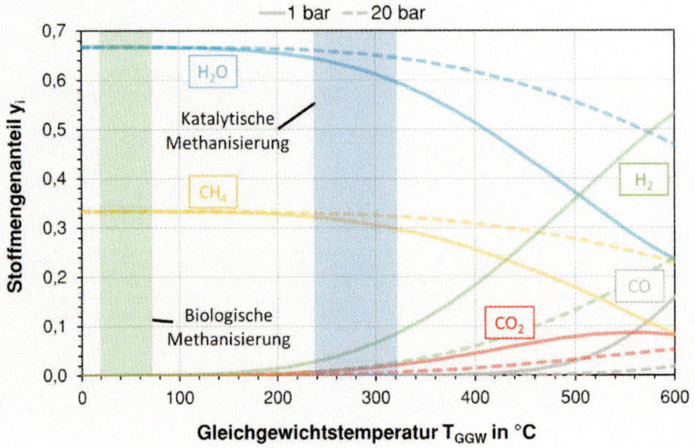

Bild 4.25: Gleichgewichts-Gaszusammensetzung in Abhängigkeit von Druck und Temperatur für ein stöchiometrisches Eduktgas (y_{H2} / y_{CO2} = 4 und $y_{H2O,ein} = y_{CH4,ein} = 0$)

nen, dass sich die Gaszusammensetzung bei niedrigen Temperaturen dem Vollumsatz von CO_2 nähert. In diesem Bereich spielt der Gesamtdruck lediglich eine untergeordnete Rolle auf die Produktgaszusammensetzung. Für höhere Temperaturen wird jedoch der Umsatz durch das Gleichgewicht zunehmend limitiert. Dies lässt sich durch das Prinzip von Le Chatelier erklären, da es sich bei der CO- bzw. CO_2-Methanisierung um eine stark exotherme Reaktion handelt. Gleichzeitig kann durch Druckerhöhung der erzielbare Methananteil erhöht werden, da bei allen Methanisierungsreaktionen die Stoffmenge abnimmt.

Mit steigender Temperatur wird auch der Einfluss der Wassergas-Shift-Reaktion nach Formel (4.3) größer, da diese schwach exotherm ist. Im Temperaturbereich von über 800 °C werden üblicherweise Prozesse zur Erzeugung von Synthesegas aus Methan betrieben (z. B. Steamreforming). Bei diesen Temperaturen liegt das Gleichgewicht stark auf der Eduktseite, sodass nur noch sehr wenig Methan im Gasgemisch enthalten ist. Der Kohlenstoff liegt dann als CO oder CO_2 und der Wasserstoff vornehmlich als H_2 vor.

Durch die Diskussion des thermodynamischen Gleichgewichts einer Reaktion lässt sich vorhersagen, welche Betriebsbedingungen prinzipiell gewählt werden müssen, damit eine angestrebte Gaszusammensetzung erreicht werden kann. Als Fazit aus den Betrachtungen zur Thermodynamik lässt sich generell für alle Methanisierungsverfahren festhalten, dass im Reaktor hoher Druck und niedrige Temperaturen gewählt werden sollten. So kann mit möglichst geringem Aufwand eine hohe CH_4-Konzentration im erzeugten Produktgas erzielt werden. Berücksichtigt werden muss dabei aber, dass eine Druckerhöhung direkt mit steigendem CAPEX (z. B. Reaktorkosten) und OPEX (z. B. Kosten für Verdichtung) verbunden ist. Bei der Wahl der Prozesstemperatur muss hingegen beachtet werden, dass die Reaktionsgeschwindigkeit mit sinkender Temperatur ab- und damit das notwendige Reaktionsvolumen zunimmt. Besonders für die in Kapitel 4.3.3 betrachtete biologische Methanisierung ist dies von großer Bedeutung hinsichtlich der erzielbaren GHSV und der damit verbundenen Reaktorgrößen. Eine thermodynamische Betrachtung der Methanisierung ist daher für die Auslegung eines Prozesses keinesfalls ausreichend – unabhängig von der gewählten Prozessvariante oder den gewählten Prozessparametern.

4.3.2 Katalytische Methanisierung

Unter der katalytischen Methanisierung wird die Umwandlung von CO_2 bzw. CO mit H_2 zu CH_4 mithilfe eines i. d. R. festen Katalysators verstanden. Dieses Verfahren wurde erstmals 1902 von P. Sabatier und J. P. Senderens beschrieben [65]. Sabatier erhielt für seine Entdeckung der katalytischen Methanisierung 1912 den Nobelpreis, eine technische Umsetzung seiner Erkenntnisse erfolgte als Teil der Prozesskette der Ammoniakherstellung nach dem Haber-Bosch-Verfahren ab 1913. Zur Entfernung der ansonsten schädlichen Kohlenstoffoxide aus dem Einsatzgas der Ammoniaksynthese werden diese auch heute noch zu Methan umgewandelt. Da Methan bei der Ammoniaksynthese quasi ein Inertgas ist und auch die verwendeten Katalysatoren nicht schädigt, können die Kohlenstoffoxide somit ohne großen Aufwand unschädlich gemacht werden. Die Übertragung dieser Verfahren zur Feinreinigung des Ammoniak-Synthesegases auf eine technische Methansynthese ist allerdings nicht möglich, da beim Haber-Bosch-Verfahren nur das Ziel der Umsetzung von Spuren an Kohlenstoffoxiden bei sehr hohem Wasserstoffüberschuss verfolgt wird, wohingegen bei der hier vorgestellten Methanisierung ein stöchiometrisches Eduktgas möglichst vollständig umgesetzt werden soll. Wie nachfolgend noch gezeigt wird, ist dabei vor allem die hohe Wärmefreisetzung der stark exothermen Methanisierung eine verfahrenstechnische Herausforderung.

In den 50er-Jahren wurden erste Verfahren entwickelt, um feste oder flüssige kohlenstoffhaltige Brennstoffe über den Zwischenschritt der Umwandlung zu Synthesegas zu Methan umzuwandeln. Ziel war dabei vor allem eine rohstoffseitige und auch politische Unabhängigkeit der (Erd-)Gasversorgung zu erreichen, welche einen immer größer werdenden Stellenwert im Energiesystem einnahm. Eine umfassende Übersicht zu den Verfahren, die beispielsweise von Lurgi, Linde und Haldor Topsoe entwickelt wurden, ist in den Veröffentlichungen von Kopyscinski und Rönsch [66], [67] zu finden.

Im Rahmen von Power-to-Gas Konzepten gewinnt in den letzten Jahren die Methanisierung von regenerativ erzeugtem Wasserstoff (= ohne Freisetzung von fossilen Kohlenstoffoxidemissionen bei der Erzeugung) und CO_2, welches aus regenerativen Quellen oder bislang unvermeidbaren fossilen Abgasen stammt, immer mehr an Bedeutung. Vielerorts laufen daher entsprechende Bestrebungen die Entwicklungen aus den vergangenen Jahren an die neuen Rahmenbedingungen und die sich daran anschließenden Anforderungen an die Methanisierung anzupassen.

4.3.2.1 Katalysator

Generell kann durch den Einsatz eines Katalysators die Aktivierungsenergie einer chemischen Reaktion reduziert werden. Als Folge hiervon steigt die Reaktionsgeschwindigkeit an und die für einen technischen Reaktor maßgebliche GHSV (Formel (4.24)) wird erhöht. Ein Katalysator nimmt an der von ihm beschleunigten Reaktion teil, wird aber weder verbraucht noch beeinflusst er das thermodynamische Gleichgewicht. Dementsprechend können auch mithilfe eines Katalysators die durch die Thermodynamik vorgegebenen Grenzen bezüglich erzielbarer Umsätze oder erzielbarer Produkte nicht überschritten werden.

Das eigentliche Katalysatormaterial bestehen meist aus einem Träger und der eigentlichen Aktivkomponente. Als Träger können beispielsweise SiO_2, Al_2O_3, ZrO oder andere Oxide/Oxidgemische genutzt werden. Im Fall der Methanisierung dient der Träger meist der Bereitstellung einer möglichst großen Oberfläche, auf der dann die eigentliche Aktivkomponente möglichst feinverteilt vorliegt. Die Aktivkomponente ist oft metallischen Ursprungs.

Zur katalytischen Methansynthese können verschiedene Aktivkomponenten eingesetzt werden, meist werden Metalle der achten Nebengruppe genutzt. Wichtige Kenngrößen für die Aktivkomponenten sind die Aktivität und die Selektivität, welche sich für die Metalle deutlich unterscheiden können [68], [69]:

- Aktivität: Ru > Fe > Ni > Co > Rh > Pd > Pt > Ir
- Selektivität: Pd > Pt > Ir > Ni > Rh > Co > Fe > Ru.

Für die meisten Anwendungen der katalytischen Methanisierung werden Katalysatoren basierend auf der Aktivkomponente Nickel genutzt, da diese eine hohe Aktivität und Selektivität bei vergleichsweise geringen Kosten bieten [70].

Im Betrieb kann die Aktivität des Katalysator bei der katalytischen Methanisierung durch verschiedene Desaktivierungsmechanismen beeinträchtigt werden. Prinzipiell können diese Phänomene nach Bartholomew [71] in drei Kategorien unterteilt werden:

- Mechanische Desaktivierung: Verschiedene mechanische Vorgänge können zu einer Abnahme der Katalysatoraktivität führen. Beispielsweise können durch Ablagerungen (Partikel im Synthesegas, Rußbildung durch Nebenreaktion etc.) auf dem Katalysator aktive Zentren blockiert werden, wodurch die katalytisch aktive Oberfläche reduziert und die Aktivität des Katalysators verringert wird. Eine weitere Form der mechanischen Desaktivierung ist der Abrieb von Katalysatorpartikeln. Dieser Effekt ist vor allem bei bewegten Katalysatorpartikeln zu beobachten, wie dies z. B. in Wirbelschichtreaktoren sowie Mehrphasensystemen der Fall sein kann.
- Chemische Desaktivierung: Eine chemische Desaktivierung des Katalysators kann durch Katalysatorgifte (beispielsweise Schwefelverbindungen) erfolgen. Diese werden bevorzugt an den katalytisch aktiven Stellen adsorbiert, sodass an diesen die eigentlich erwünschte Reaktion nicht mehr oder nur eingeschränkt stattfinden kann. Oftmals lassen sich diese adsorbierten Spezies nicht mehr entfernen, was dann die irreversible Zerstörung des Katalysators zur Folge hat. Im Reaktionssystem kann es zudem zu unerwünschten Reaktionen zwischen Reaktanden, Trägermaterial, Zusatzstoffen und dem Katalysator selbst kommen. Hierbei können inaktive und volatile Komponenten entstehen, was zur Zerstörung des Katalysators führt.
- Thermische Desaktivierung: Bei hohen Temperaturen kann eine thermische Desaktivierung des Katalysators auftreten. Die hohen Temperaturen führen zur Versinterung der Katalysatorpartikel und/oder des Trägermaterials. Dementsprechend verringert sich die katalytisch aktive Oberfläche beispielsweise aufgrund von Kristallwachstum, teilweisem Aufschmelzen oder Porenkollaps.

Hauptursache für die Desaktivierung bei der Methanisierung CO-haltiger Synthesegase und bedingt auch bei unterstöchiometrischem Verhältnis in H_2/CO_2-Synthesegasen ist die Bildung von kohlenstoffhaltigen festen Ablagerungen auf der aktiven Katalysatoroberfläche. Speziell hohe CO-Partialdrücke beschleunigen die Desaktivierung, was mit der Boudouard-Reaktion in Formel (4.20) zu erklären ist. Wird ein kritisches H_2/CO-Verhältnis von 1 unterschritten, so ist in jedem Fall eine Ablagerung von Kohlenstoff festzustellen. Einmal initiiert, ist auch bei höherem Wasserstoffanteil ein Wachstum von Karbidspezies zu beobachten [72].

Da eine Vielzahl an Reaktionen für das Auftreten von kohlenstoffhaltigen Ablagerungen verantwortlich sein kann, können Vorausberechnungen nur grobe Anhaltspunkte und Tendenzen hierzu liefern. Zuverlässige Aussagen basieren auf experimentellen Ergebnissen, die nur bedingt mit der Berechnung von kritischen Temperaturen, Konzentrationen oder Drücken auf Basis thermodynamischer Daten übereinstimmen.

4.3.2.2 Reaktionskinetik

Wie bereits erwähnt, spielt die Reaktionskinetik neben der Betrachtung des thermodynamischen Gleichgewichts eine wichtige Rolle für die Umsetzung reaktionstechnischer Prozesse von der Theorie über den Laboraufbau hin zu einem technischen Prozess. Zur zuverlässigen Beschreibung der ablaufenden Reaktionen müssen die maßgebenden Reaktionsmechanismen und die geschwindigkeitsbestimmenden Reaktionsschritte identifiziert werden. Diese hängen u. A. vom Trägermaterial und der verwendeten Aktivkomponente ab, somit ergeben sich zahlreiche mögliche Kombinationen. Im Rahmen dieses Kapitels wird auf eine detaillierte Beschreibung dieses sehr umfangreichen Feldes der Reaktionstechnik verzichtet und auf die entsprechende Fachliteratur verwiesen [73], [74], [75].

Zur vereinfachten Beschreibung wird der Reaktionsmechanismus meist über einen geeigneten reaktionskinetischen Ansatz angenähert oder mechanistisch beschrieben. So entstehen verschiedene reaktionskinetische Gleichungen, welche sich je nach verwendetem Modell und den gemessenen Parametern unterscheiden. Hierbei muss beachtet werden, dass jede entwickelte Gleichung nur für eine bestimmte Katalysatorkombination (d. h. Kombination aus Trägermaterial, Aktivkomponente sowie Konzentration der Aktivkomponente auf dem Träger) gilt. Eine Extrapolation oder Übertragung auf vergleichbare Systeme gelingt nur in den seltensten Fällen. Trotz allem ist die Kenntnis der relevanten reaktionskinetischen Daten eine wesentliche Voraussetzung für die zuverlässige Berechnung und Auslegung von Reaktoren und muss daher mit ausreichender Sorgfalt erfolgen.

In der Literatur existieren verschiedene Modelle zur Berechnung von Reaktionsgeschwindigkeiten an der Katalysatoroberfläche. Mechanistische Ansätze berücksichtigen eine Vielzahl von Teilreaktionen und erlauben daher detaillierte Aussagen über theoretische Reaktionsgeschwindigkeiten in einem weiten Temperatur- und Druckbereich. Neben mechanistischen Ansätzen werden häufig einfachere Potenzansätze verwendet. Diese erlauben die Berechnung der Reaktionsgeschwindigkeit, also die zeitliche Änderung der Reaktanden-Stoffmenge durch Reaktion in einem Kontrollvolumen. Bei der heterogenen Katalyse, also auch bei der Methanisierung, wird die Reaktionsgeschwindigkeit oft auf die Masse des Katalysators statt auf dessen Volumen bezogen (s. Formel (4.25)).

Zur Beschreibung der Temperatur- und Partialdruckabhängigkeiten wird häufig ein allgemeiner Potenzansatz genutzt (s. Formel (4.26)). Die Temperaturabhängigkeit der Geschwindigkeitskonstanten k folgt dabei üblicherweise dem Arrheniusansatz (s. Formel (4.27)). Dieser beschreibt die Abhängigkeit der Reaktionsgeschwindigkeit r_i von der Reaktionstemperatur T, der Aktivierungsenergie E_A sowie dem Häufigkeitsfaktor .k_∞

$$r_i = \frac{1}{m_{Kat}} \cdot \frac{dn_i}{dt} \qquad (4.25)$$

$$r_i = k \cdot \prod^{i} p_i^{n_i} \qquad (4.26)$$

$$k = k_{\infty} \cdot e^{\frac{-E_A}{R \cdot T}} \tag{4.27}$$

Exemplarisch für reaktionskinetische Ansätze zur Beschreibung der Methanisierungsreaktion in herkömmlichen Reaktionssystemen seien die beiden Ansätze von Kopyscinski und Koschany in Formel (4.28) und Formel (4.29) genannt [76], [77]. Hierbei folgen auch die Adsorptionskonstanten K_{CH}, K_{OH}, K_{H2} und K_{mix} dem Arrhenius-Ansatz. Lediglich K_{eq} entspricht einer Gleichgewichtskonstanten und führt zu einer Hemmung der Reaktionsgeschwindigkeit bei Annäherung an die Gleichgewichtszusammensetzung. Wie zuvor beschrieben, sei an dieser Stelle nochmals erwähnt, dass aufgrund des starken Adsorptionsverhaltens von CO die Methanisierung von CO_2 erst nach nahezu vollständiger Abreaktion von CO erfolgt.

$$r_{CO \to CH_4} = \frac{k \cdot K_{CH} \cdot p_{CO}^{0,5} \cdot p_{H_2}}{\left(1 + K_{CH} \cdot p_{CO}^{0,5} \cdot p_{H_2}^{0,5} + K_{OH} \cdot p_{H_2O} \cdot p_{H_2}^{-0,5}\right)^2} \tag{4.28}$$

$$r_{CO_2 \to CH_4} = \frac{k \cdot p_{H_2}^{0,5} \cdot p_{CO_2}^{0,5} \cdot \left(1 - \frac{p_{CH_4} \cdot p_{H_2O}^2}{p_{CO_2} \cdot p_{H_2}^4 \cdot K_{eq}}\right)}{\left(1 + K_{OH} \cdot \frac{p_{H_2O}}{p_{H_2}^{0,5}} + K_{H_2} \cdot p_{H_2}^{0,5} + K_{mix} \cdot p_{CO_2}^{0,5}\right)^2} \tag{4.29}$$

Auf die später diskutierte Methanisierung im Dreiphasen-Reaktor sind die vorgestellten Ansätze nicht übertragbar. Es zeigt sich speziell hier sehr deutlich, dass Ansätze aus der Literatur nur bedingt auf andere als die ihnen zugrundeliegenden Reaktionssysteme übertragbar sind. Von Lefebvre [78] wurde daher eigens der folgende Zusammenhang zur Beschreibung der Reaktionsgeschwindigkeit der CO_2-Methanisierung in Dreiphasen-Reaktoren aufgestellt, welcher sich deutlich von den Ansätzen in Formel (4.28) und Formel (4.29) unterscheidet:

$$r_{CO_2 \to CH_4,3PM} = 3{,}91 \cdot 10^5 \cdot \exp\left(\frac{-79061}{R \cdot T}\right) \cdot \frac{c_{H_2,L}^{0,3} \cdot c_{CO_2,L}^{0,1}}{\left(1 + c_{H_2O,L}\right)^{0.1}} \cdot K \tag{4.30}$$

4.3.2.3 Reaktorkonzepte

Im Rahmen der verfahrenstechnischen Umsetzung ist die Wahl eines passenden Reaktorkonzeptes für den Prozess entscheidend. Für die katalytische Methanisierung werden hierfür exemplarisch vier verschiedene Reaktorkonzepte untersucht: Festbett-, Wirbelschicht-, strukturierte und Dreiphasen-Reaktoren. Meist zielen diese Reaktorkonzepte speziell darauf ab, eine ausreichende Temperaturkontrolle in der Hauptreaktionszone sowie einen möglichst hohen Reaktionsumsatz zu erreichen [79].

Aufgrund der starken Exothermie der Methanisierungsreaktionen von CO und CO_2 (Formel (4.17) und Formel (4.18)) muss bei den für PtG-Prozesse angestrebten hohen Umsätzen und Methanausbeuten eine große spezifische Wärmemenge aus dem Reaktor abgeführt werden. Nur so kann gewährleistet werden, dass unzulässig hohe Temperaturen und ein unkontrollierbarer Reaktionsverlauf (= thermisches Durchgehen, welches ein Sicherheitsrisiko darstellt) vermieden werden. Erstes führt zur thermischen Desaktivierung des Katalysators, zweites kann ein ernstes

Sicherheitsrisiko darstellen, wenn es zum „thermischen Durchgehen" des Reaktors führt. Aus thermodynamischer Sicht ist eine effiziente Temperaturkontrolle ebenfalls sinnvoll, da die angestrebten hohen Methanausbeuten bei hohen Temperaturen nur durch erhöhten verfahrenstechnischen Aufwand (z. B. Eduktgas-Rückführung) erreicht werden können. Prinzipiell können die für die Methanisierung geeigneten Reaktorkonzepte in zweiphasige und dreiphasige Reaktorsysteme unterteilt werden.

In zweiphasigen Reaktorsystemen umströmen die Reaktivgase direkt einen festen Katalysator. Beide stehen in direktem Kontakt miteinander und die Reaktion läuft an deren Phasengrenzfläche ab. Folgende Reaktorkonzepte haben sich für diese Systeme etabliert und kommen bei der katalytischen Methanisierung vorwiegend zur Anwendung [77], [80]:

- Festbettreaktoren
- Wirbelschichtreaktoren
- Strukturierte Reaktoren.

In dreiphasigen Systemen liegt eine zusätzliche Flüssigphase im Reaktor vor. Diese hat die Aufgabe, die Reaktionswärme in-situ aufzunehmen und aus dem Reaktor abzuführen. Die drei Phasen im System sind somit der Katalysator (fest), ein Wärmeträgerfluid (flüssig) und die Edukt- und Produktgase (gasförmig). Die Gasphase tritt durch einen Gasverteiler in den Reaktor ein und sorgt für eine homogene Durchmischung des Reaktionsraums und damit für nahezu ideale isotherme Bedingungen. Durch diese Konfiguration bieten dreiphasige Reaktoren die Möglichkeit zur hochdynamischen Fahrweise mit schnellen Lastwechseln von hohem Betrag. Die Flüssigphase zeichnet sich durch eine hohe Wärmekapazität aus und wirkt somit als Dämpfungsglied für Temperatur und Gaskonzentrationen. Nachteilig ist der zusätzliche Stofftransportwiderstand, welcher durch die Flüssigphase eingebracht wird. Die Eduktgas-Komponenten müssen zunächst in Lösung gehen, mit der Flüssigphase an die Katalysatoroberfläche gelangen und dort wiederum an die katalytisch aktiven Zentren diffundieren. Diese Transportvorgänge bremsen die Reaktion und sorgen für eine gegenüber zweiphasigen Systemen reduzierte Reaktionsgeschwindigkeit. Für die Anwendung in einem dreiphasigen Reaktionssystem muss eine potenzielle Flüssigphase neben hohen Gaslöslichkeiten auch über eine hinreichende thermische und chemische Stabilität unter Reaktionsbedingungen verfügen, was die Auswahl in der Regel auf einige wenige Substanzen begrenzt [81].

4.3.2.3.1 Festbettreaktoren

In Festbettreaktoren bilden normalerweise poröse Katalysatorpartikel eine Schüttung, die von den Reaktivgasen durchströmt wird (**Bild 4.26**). Diese Reaktoren können sowohl adiabat als auch isotherm betrieben werden. Adiabate Festbettreaktoren (**Bild 4.26a**) werden i. d. R. als Kaskade aus mehreren Reaktoren ausgeführt, um den Temperaturanstieg im Einzelreaktor zu begrenzen. Eine weitere Begrenzung der Reaktortemperatur, vor allem in der ersten Stufe, erfolgt entweder durch Produktgasrückführung oder durch Verdünnung des Reaktionsgases. Zur Verdünnung eignet sich beispielsweise Wasserdampf, welcher nach dem Reaktor auskondensiert und somit leicht wieder entfernt werden kann. Da Wasser ein Reaktionsprodukt ist, wird durch die Zugabe allerdings auch das thermodynamische Gleichgewicht unvorteilhaft auf die Eduktseite verschoben. Je nach Katalysator kann auch die Reaktionskinetik signifikant gehemmt werden (s. Formel (4.28) und Formel (4.29)), was die notwendige Katalysatormenge erhöht. Eine weitere Möglichkeit zur Begrenzung des Temperaturanstieges im adiabaten Festbettreaktor ist die gestufte Zugabe von Edukten oder alternativ die überstöchiometrische Zugabe einer Eduktgaskomponente. Wird Wasserstoff im Überschuss zugegeben, sorgt die hohe molare Wärmekapazität für eine bessere Wärmeabfuhr aus dem Reaktor [82]. Allerdings wird durch eine nicht stöchiometrische Fahrweise auch der Umsatz limitiert und das Produktgas enthält nicht umgesetzten Wasserstoff in hohen Anteilen. Als Alternative kann auch CO_2 im Überschuss, beispielsweise durch einen Recycle aus der Gaswäsche, zugeführt und nach dem Reaktor wieder mittels Sauergaswäsche abgetrennt werden. Dies wird beim ECN-Konzept in den Niederlanden sowie beim GoBiGas-Projekt in Schweden angewandt [68], [83]. Dabei muss jedoch beachtet werden, dass bei solchen Konzepten die in Kapitel 4.3.2.1 diskutierte Katalysatordesaktivierung durch Kohlenstoffablagerungen auftreten kann und das Feld der zulässigen Betriebsparameter somit nachteilig eingeschränkt ist. Generell gilt für adiabate Methanisierungsreaktoren, dass der verfahrenstechnische Aufwand meist recht groß ist, da mehrere Reaktoren benötigt und/oder Kreislaufströme gefahren werden müssen. Diese Konzepte eignen sich daher eher für Anlagen mit großer Methanproduktionsleistung von 100 MW oder größer, die darüber hinaus auch nicht auf eine dynamische Fahrweise abzielen.

(Quasi) isotherm betriebene Festbettreaktoren werden häufig als Rohrbündelreaktoren ausgeführt, bei denen die Wärmeabfuhr von außen mithilfe eines geeigneten Kühlmediums erfolgt (**Bild 4.26b**). Hierdurch können bei passender Dimensionierung Temperaturspitzen im Katalysatorbett vermieden werden. Durch die geringere Gasaustrittstemperatur können pro Reaktor höhere Umsätze als bei adiabater Betriebsweise erzielt werden. Umgesetzt wurde ein solches Konzept bisher beispielsweise bei einem mit Salzschmelze gekühltem Methanisierungsreaktor (3.200 kW) der Power-to-Gas-Anlage in Werlte [84] und im (wasser-)dampfgekühlten Methanisierungsmodul (60 kW) des HELMETH-Projekts [85]. Bedingt durch die starke Exothermie der Methanisierung und die verhältnismäßig schlechte Wärmeabfuhr in üblichen Katalysatorschüttungen liegt der Durchmesser der einzelnen Reaktionsrohre üblicherweise im einstelligen Zentimeter-Bereich. Aus diesen Gründen werden, abhängig von der Reaktorgröße, hunderte bis tausende einzelner Reaktionsrohre benötigt und die Kosten für Siedewasserreaktoren sind entsprechend hoch. Festbettreaktoren können in Form von Rohrbündelreaktoren auch mit gekühltem Mantel ausgeführt werden.

Festbettreaktoren sind aktuell der Stand der Technik für katalytische Methanisierungsverfahren im großen Maßstab. Sie finden Anwendung bei der SNG-Produktion aus Kohle oder Biomasse

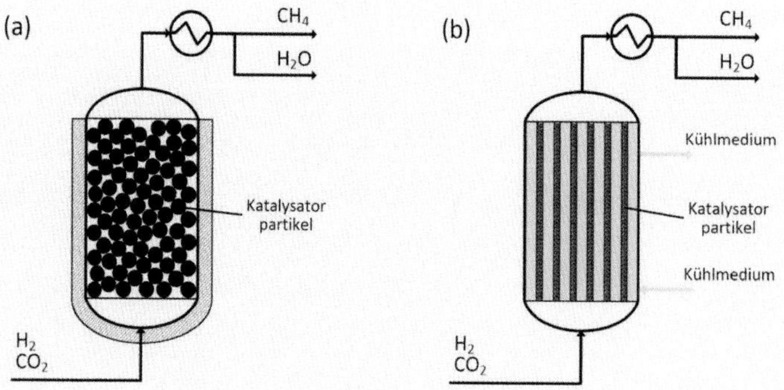

Bild 4.26: Schematische Darstellung eines einfachen Festbettreaktors (a) und eines Rohrbündelreaktors (b) zur CO_2-Methanisierung

(meist als adiabate Reaktorkaskaden mit Zwischenkühlung) und werden auch als gekühlte Reaktoren für die ersten dezentralen PtG-Pilotprozesse verwendet [66], [67], [85], [86].

4.3.2.3.2 Wirbelschichtreaktor

Bei Wirbelschichtreaktoren werden die Eduktgase von unten in den Reaktor eingeleitet (**Bild 4.27**). Hierdurch wird der üblicherweise in Form feiner Partikel vorliegende Katalysator fluidisiert und es bildet sich eine Wirbelschicht aus. Da diese näherungsweise als ideal durchmischt betrachtet werden kann, gibt es in diesen Reaktoren keine Konzentrations- oder Temperaturgradienten. Optimale Bedingungen vorausgesetzt, kann die bei der Methanisierung freiwerdende Reaktionswärme durch im Reaktor eingebaute Wärmeübertragungsflächen sehr effizient abgeführt werden. Im Idealfall ist der Bereich, in dem sich die katalytische Wirbelschicht ausbildet, nahezu isotherm und so kann im Gegensatz zum Festbettreaktor der angestrebte hohe Umsatz in einer einzigen Reaktorstufe erreicht werden. Der Aufbau des eigentlichen Reaktors ist meist recht einfach und daher kostengünstig umzusetzen.

Die gute Wärmeabfuhr sorgt weiterhin für eine erhöhte Toleranz des Reaktionssystems gegenüber Verunreinigungen des Synthesegases speziell aus vorgeschalteten Vergasungsprozessen; so können bei der Wahl hierfür geeigneter Katalysatoren beispielsweise ungesättigte Kohlenwasserstoffe in-situ hydriert und somit unschädlich gemacht werden [84]. Sollte Katalysatordesaktivierung auftreten, so kann im laufenden Betrieb der Katalysator über entsprechende Schleusensysteme ausgetauscht werden. In der Vergangenheit wurden bereits verschiedene Methanisierungsprojekte unter Nutzung von Wirbelschichtreaktoren vorangetrieben. Beispielhaft ist hier das am Engler-Bunte-Institut entwickelte COMFLUX-Verfahren zu nennen, welches bereits in den 1970er-Jahren bis in den Demonstrationsmaßstab überführt wurde [87]. Aufgrund des in den letzten Jahren neu aufkommenden Interesses an der Nutzung nachwachsender Rohstoffe zur Erzeugung hochwertiger Brennstoffe wurden diese Entwicklungen vom Paul-Scherrer-Institut (CH) weiter vorangetrieben und schließlich in Form einer 1 MW Pilotanlage an der Biomassevergasung der Firma repotec in Güssing getestet [88].

Nachteilig an Wirbelschichtsystemen ist, dass es durch die hohe mechanische Beanspruchung der bewegten Katalysatorpartikel zu Abrieb und Austrag von Katalysator aus dem Reaktor sowie Korrosion an Reaktoreinbauten kommen kann. Dies ist einer der Gründe, weshalb aktuell keine

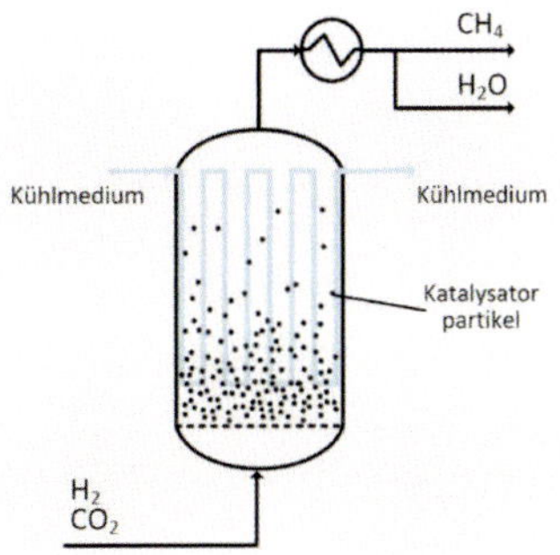

Bild 4.27: Schematische Darstellung eines Wirbelschichtreaktors zur CO_2-Methanisierung

Methanisierungsanlagen mehr mit dieser Technologie betrieben werden [67], [89]. Aktuelle Forschungsarbeiten befassen sich vornehmlich mit der Katalysatorentwicklung und richten ihr Augenmerk speziell auf die für diese Anwendung so wichtige mechanische Stabilität [90], [91]. Im Hinblick auf die für PtG-Systeme wichtige Fähigkeit zum lastflexiblen Betrieb muss angemerkt werden, dass Wirbelschichtsysteme stets durch die notwendige Mindestanströmung zum Aufbau eines Wirbelbetts und die Maximalanströmung zur Vermeidung von Feststoffaustrag unterliegen, was einen dynamischen Betrieb sehr stark einschränkt.

4.3.2.3.3 Strukturierte Reaktoren

Strukturierte Reaktoren können als Sonderform der von außen mittels Kühlmedium gekühlten Festbettrektoren gesehen werden. Die Eduktgase werden hierbei über eine katalytisch wirkende Oberfläche geleitet, welche auf einem Trägermaterial mit vorzugsweise hoher Wärmeleitfähigkeit aufgebracht ist (**Bild 4.28**). Der Wärmetransport wird durch diese Trägermaterialien gezielt verstärkt, um die Reaktionswärme optimal abführen zu können. Der Vorteil hierbei ist, dass durch die verbesserte Wärmeleitung größere Durchmesser der einzelnen Reaktionsrohre möglich sind, was deren Anzahl und damit auch Kosten drastisch reduziert. Weiterhin sorgt der verbesserte Wärmetransport dafür, dass diese Systeme über eine deutlich gesteigerte Toleranz gegenüber dynamischen Lastwechseln und damit verbundenen Temperaturänderungen verfügen, was sie besonders geeignet für den Einsatz bei PtG-Prozessketten macht.

Für den Einsatz in strukturierten Reaktoren besonders geeignet sind z. B. metallische Wabenkörper, die mit Methansierungskatalysator beschichtet sind (**Bild 4.29**). Bisher wurden zwei Methanisierungsanlagen auf Basis dieser Technologie gebaut: Eine mobile 60 kW Containeranlage der DVGW-Forschungsstelle am Engler-Bunte-Institut [92] und der im Rahmen des EU-Projektes „Store&Go" durch die Firma thyssenkrupp Industrial Solutions errichteten 525 kW Methanisierungsreaktor der PtG-Anlage der Firma Uniper in Falkenhagen (**Bild 4.30**) [93], [94]. Beide Anlagen

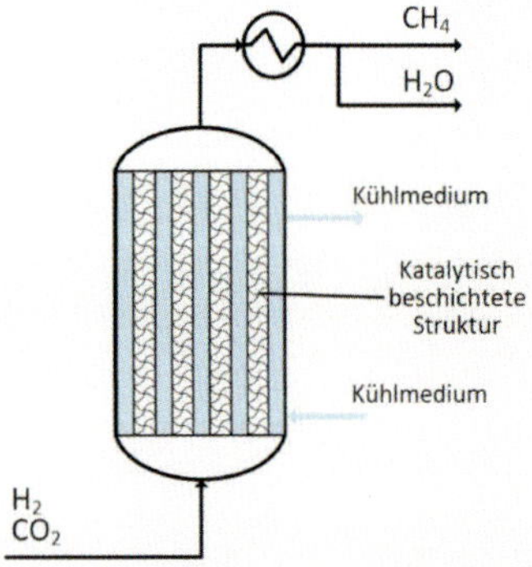

Bild 4.28: Schematische Darstellung eines Wabenreaktors zur CO_2-Methanisierung

Bild 4.29: Katalytisch beschichteter metallischer Wabenkörper für die CO_2-Methanisierung

Bild 4.30: PtG-Anlage Falkenhagen der Firma Uniper mit Waben-Methanisierungsreaktor [34]

nutzen die am Engler-Bunte-Institut des KIT entwickelte Waben-Methanisierungstechnologie und sind zum Zeitpunkt der Erstellung dieses Buches in Betrieb. Weitere aktuelle Entwicklungen beschäftigen sich mit keramischen Trägerstrukturen [95], [96], die allerdings nicht die hohe Wärmeleitfähigkeit der metallischen Waben aufweisen und daher in ihrem thermischen Verhalten zwischen katalytischem Festbett und metallischen Wabenkörpern angesiedelt werden sollten.

Je nach Dimension der eigentlichen Reaktionsräume wird bei den strukturierten Reaktoren auch von Mikroreaktoren gesprochen [97]. Mikroreaktoren bestehen aus Kanälen im Mikrometerbereich, welche mit sehr fein gemahlenen Katalysatorpartikeln als Schüttung gefüllt sind, was zu einem sehr großen Verhältnis von Katalysatoroberfläche zu Reaktorvolumen führt [98]. Aus diesem Grund sind Mikroreaktoren von ihren Abmessungen her zwar sehr kompakt, allerdings bedeutet dies auch, dass die Reaktionswärme der Methanisierung in einem sehr kleinen Volumen frei wird und daraus äußerst effizient abgeführt werden muss, um thermisches Durchgehen zu verhindern. Üblicherweise erfolgt die Wärmeabfuhr dadurch, dass die Kanäle des Mikroreaktors abwechselnd mit Katalysator gefüllt oder von Kühlmedium durchströmt werden. Die für die Fertigung solcher Reaktoren notwendige Technologie ist sehr komplex und die Kosten speziell für die Fertigung solcher Reaktoren sind entsprechend hoch. Ein Beispiel für eine technische Umsetzung ist die Demo-Methansierungsanlage der Firma Athmostat (200 kW) im italienischen Troia, welche dort im Rahmen des EU-Projektes „Store&Go" installiert wurde [94].

4.3.2.3.4 Dreiphasen Reaktor

Bei dreiphasigen Blasensäulenreaktoren (Suspensionsreaktoren) handelt es sich im Prinzip um eine besondere Form des Wirbelschichtreaktors, in dem eine zusätzliche flüssige Phase neben dem festen Katalysator und den gasförmigen Reaktanden vorliegt (Reaktoraufbau s. **Bild 4.31**). Der feste Katalysator bildet dabei eine Suspension mit der unter Reaktionsbedingungen stabilen Flüssigphase, welche normalerweise durch die Eduktgase fluidisiert wird. Alternativ kann auch ein

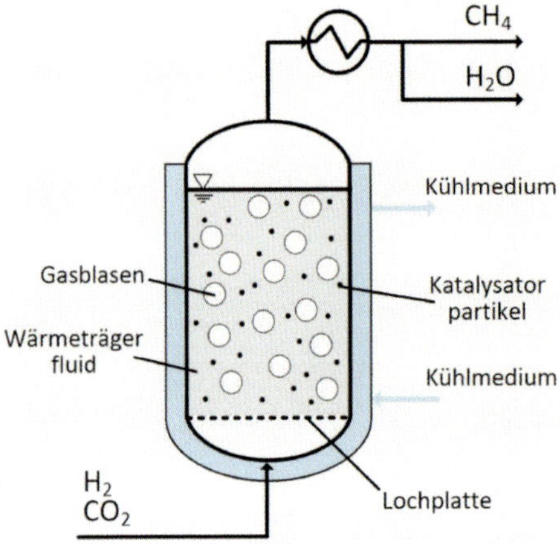

Bild 4.31: Schematische Darstellung eines dreiphasigen Blasensäulenreaktors zur CO_2-Methanisierung

Zwangsumlauf der Suspension beispielsweise durch Pumpen realisiert werden [99]. Hauptvorteil der dritten Phase sind die verbesserten Wärmetransporteigenschaften im Reaktionssystem. Die freiwerdende Reaktionswärme wird über die Flüssigphase, welche eine im Vergleich zur Gasphase sehr hohe Wärmekapazität und Wärmeleitfähigkeit aufweist, auf die gekühlten Reaktorwände, eingebauten Kühlregister oder externen Wärmeüberträger (bei Umlauf der Suspension) übertragen. Bei der Reaktion verdampfte Flüssigphase wird nach der Kondensation in den Reaktor rückgeführt [70]. Durch entsprechende Auswahl des Stoffsystems und Reaktorkonfiguration kann somit eine äußerst effiziente Wärmeabfuhr aus dem Reaktor realisiert werden.

Dank des durch den Gasverteiler eintretenden Gasstrom ist der Grad der Durchmischung im Reaktor sehr hoch. Dementsprechend kann der Reaktor quasi isotherm betrieben werden. Ähnlich wie beim Wirbelschichtreaktor können somit Temperaturhotspots im Reaktor vermieden werden, welche zu Katalysatordesaktivierung führen und über das thermodynamische Gleichgewicht den Umsatz begrenzen. Im Gegensatz zur zweiphasigen Wirbelschicht mit einem eingeschränkten Betriebsfenster bezüglich der möglichen Anströmgeschwindigkeiten können Dreiphasenreaktoren in einem deutlich weiteren Lastbereich effizient betrieben werden. Im Extremfall, z. B. bei Einsatz eines gepumpten Flüssigkeitsumlaufs, kann die Mindestlast zum Betrieb des Reaktors theoretisch auf null reduziert werden. Zusammen mit der hohen Wärmekapazität des Reaktorinventars ist somit ein speziell für PtG-Prozesse vorteilhafter Betrieb mit dynamischen Lastwechseln, temporärem Stillstand oder zeitweisem Betrieb unter Überlast möglich [100].

Prinzipiell ist in einem Blasensäulenreaktor zur CO_2-Methanisierung ein hoher Reaktionsumsatz in einer Stufe realisierbar. Die ausgezeichnete Temperaturkontrolle durch die im Reaktor vorliegende Flüssigphase ermöglicht einen nahezu isothermen Betrieb bei der gewünschten Reaktionstemperatur. Allerdings hemmt diese auch den Stofftransport der Edukte hin zum Katalysator und das spezifische Reaktionsvolumen nimmt entsprechend zu [101].

Die derzeit einzige Umsetzung eines Blasensäulenreaktors zur Methanisierung ist die Dreiphasen-Methansierungsanlage im Energy Lab 2.0 des KIT in Karlsruhe. Die in **Bild 4.32** gezeigte

Bild 4.32: Dreiphasen-Methanisierungsanlage im Energy Lab 2.0 am Campus Nord des KIT mit 100 kW Methan-Produktion

Anlage liefert 100 kW Methanoutput und wurde 2019 in Betrieb genommen. Erste Versuche zeigen ein hochdynamisches Betriebsverhalten des Reaktors bezüglich Lastwechseln im Eduktgas. So können große Lastwechsel innerhalb von Sekunden umgesetzt werden, was insbesondere für eine PtG-Verschaltung mit dynamischen Elektrolyseeinheiten interessant ist.

4.3.2.4 Dynamisches Betriebsverhalten

Durch den erhöhten Anteil erneuerbarer Energien in zukünftigen Energiesystemen erfolgt die Energiebereitstellung zunehmend fluktuierend. Da diese Fluktuationen aufgrund von Umwelteinflüssen (Tag-Nacht-Rhythmus, Wind-Sturm-Flaute-Phasen etc.) unvermeidbar sind, wächst der Bedarf an zunehmend hochdynamischen PtG-Prozessketten, mit deren Hilfe die volatile elektrische Energie in Form von chemischen Energieträgern gespeichert werden kann. Parallel zu den Arbeiten an dynamischen Syntheseprozessen laufen Entwicklungsprozesse für ebensolche Wasser-Elektrolyseverfahren, da diese den gleichen Anforderungen genügen müssen.

Um kostspielige Zwischenspeicher für Elektrizität oder auch Wasserstoff zu vermeiden, fokussiert die aktuelle Forschung neben der in Kapitel 3 diskutierten dynamisch betreibbaren Wasser-Elektrolyse auch auf dynamischen Methanisierungskonzepten. In Kapitel 4.3.2.3 wurden bereits die technischen Grenzen der Dynamikfähigkeit bei den betrachteten Reaktorkonzepten diskutiert. Für die Bewertung des dynamischen Betriebsverhaltens von Reaktorsystemen wird oft der Begriff der Lastflexibilität genutzt. Dieser Begriff ist nicht eindeutig definiert, umfasst aber meist Angaben zur Mindestlast und maximalen Überlast der Synthese. Diese Werte beziehen sich auf die Nominallast, für welche der Reaktor ausgelegt wurde. Weitere wichtige Kenngrößen, die in den Bereich „Lastflexibilität" fallen sind An- und Abfahrzeiten aus verschiedenen Ausgangszuständen (cold-standby, hot-standby, etc.) und die eigentliche Laständerungsgeschwindigkeit, durch welche festgelegt wird, wie schnell ein Lastsprung auf das System aufgebracht werden kann, ohne dass dies negative Auswirkungen auf die Produktgasqualität oder die Anlage hat.

Speziell der letzte Parameter ist für die Beurteilung der Fähigkeit zum dynamischen Betrieb einer Synthese maßgebend und soll daher für die zuvor vorgestellten Reaktorkonzepte Festbettreaktor und Dreiphasenreaktor diskutiert werden, da diese im Hinblick auf dynamische Betriebsweise die Extremfälle darstellen:

Prinzipiell ergeben sich für Methanisierungsanlagen auf Basis von Festbettreaktoren deutlich geringere Laständerungsgeschwindigkeiten, als dies für die vorgeschaltete Wasser-Elektrolyse möglich ist. Für typische Festbett-Methanisierungsreaktoren wird beispielsweise ein Lastbereich von 40 % Mindestlast bis zu 100 % Nominallast angegeben. Aus den zuvor aufgeführten Gründen der Wärmeabfuhr ist Überlast auslegungsbedingt problematisch, wenn nicht generell die Nominallast unter der theoretischen Maximallast des Reaktors liegt. Laständerungsgeschwindigkeiten werden üblicherweise mit maximal +/-1 % pro Minute angegeben, beruhen aber meist auf einfachen theoretischen Annahmen [102]. Die Dynamikfähigkeit wird vor allem durch den schlechten Wärmetransport aus dem Katalysatorbett begrenzt. Laständerungen bewirken daher starke Temperaturgradienten und ggf. unzulässige Hotspots am Katalysator, was zur Deaktivierung führt. Um dies zu vermeiden, werden verschiedene Ansätze verfolgt: So kann beispielsweise durch eine Gasrückführung mit Zwischenkühlung der Temperaturanstieg kontrolliert werden, was allerdings die Kosten für Gasrückführung und Gasabtrennung signifikant erhöht [103].

Wie am Beispiel des Festbettreaktors deutlich wird, ist das dynamische Betriebsverhalten eines katalytischen Methanisierungsreaktors stark von einem effizienten Wärmemanagement abhängig. Insbesondere der dreiphasige Blasensäulenreaktor zeichnet sich durch die Möglichkeit eines hochdynamischen Betriebs aus. Die in den Reaktionsraum zusätzlich eingebrachte Flüssigphase wirkt als Puffer sowohl für Temperatur- als auch für Konzentrationsgradienten. Durch den zusätzlichen Stofftransportwiderstand der zwischengeschalteten Flüssigphase steigen die Eduktgaskonzentrationen am Katalysator nicht so abrupt an, wie diese dem System aufgeprägt werden. So können sogar bei negativen Lastsprüngen die in der Flüssigphase gelösten Gase für eine gewisse Zeit weiter am Katalysator reagieren. Als Konsequenz hieraus werden Lastsprünge „gedämpft" und in ihrer Schärfe deutlich reduziert weitergegeben. Kleinere Lastsprünge oder kurzzeitige Änderungen der Eduktgaszusammensetzung können sogar komplett „geschluckt" werden und wirken sich nicht auf die Produktgaszusammensetzung aus.

Durch die Flüssigphase werden außerdem Temperaturhotspots im Reaktor vermieden. Grund dafür sind die hohe spezifische Wärmekapazität der Flüssigphase sowie die gute Durchmischung im Reaktor. Die an den Katalysatorpartikeln freigesetzte Reaktionswärme wird direkt und ohne weitere Transporthemmungen an die Flüssigphase abgegeben, im Reaktionsvolumen gleichverteilt und kann über die diskutierten Kühleinrichtungen aus dem Reaktor abgeführt werden. Besonders im heterogenen Regime wird durch Rückvermischung im Reaktor ein isothermer Reaktorbetrieb realisiert. Dementsprechend können sehr große Lastsprünge auf den Reaktor aufgegeben werden ohne negative Effekte wie Katalysatordesaktivierung oder thermisches Durchgehen befürchten zu müssen.

Wie beim Festbettreaktor muss theoretisch auch beim Blasensäulenreaktor zu jeder Zeit eine Mindestlast gegeben sein, damit eine Sedimentation der Katalysatorpartikel vermieden werden kann. Allerdings kann dies auch durch Umpumpen des Reaktorinventars oder Kreislaufführung eines Inertgases erfolgen und es ist mit dieser Konfiguration möglich, den Reaktor auch im „Leerlauf" oder „hot-standy" bei 0 % Last zu betreiben.

Die zusätzliche Flüssigphase im Reaktionssystem bewirkt weiterhin ein deutlich verbessertes An- und Abfahrverhalten aus dem „cold-standby" verglichen mit zweiphasigen Reaktoren. Durch die hohe Wärmekapazität der Flüssigphase bleibt die Temperatur im Reaktor auch ohne Dosierung von Eduktgasen hoch, wenn die Kühlung des Reaktors ausgestellt wird.

Im Rahmen aktueller Untersuchungen am dreiphasigen Blasensäulenreaktor im Energy Lab 2.0 des KIT konnte eine Laständerungsgeschwindigkeit von 100 % in 15 Sekunden umgesetzt werden, dabei stieg die Reaktortemperatur um weniger als 20 K an. Eine detaillierte Diskussion der dynamischen Betriebsweise des dreiphasigen Blasensäulenreaktors im Energy Lab 2.0 ist in [100] zu finden.

4.3.3 Biologische Methanisierung

Bei der biologische Methanisierung übernehmen Mikroorganismen, sogenannte Archaeen, die Rolle des Katalysators und setzten H_2 und CO_2 enzymatisch im Verhältnis von 4:1 zu Methan um (s. Formel (4.21)).

Der Abbau der gasförmig in den Prozess eingebrachten Edukte H_2 und CO_2 erfolgt durch Mikroorganismen und läuft in einer wässrigen Phase bei Temperaturen von 30-70 °C ab. Anders als bei der katalytischen Methanisierung sind die methanbildenden Mikroorganismen vergleichsweise schwefeltolerant und eine vollständige Abtrennung von H_2S und NH_3 wäre sogar nachteilig für den Stoffwechsel der Mikroorganismen [104], [105], [106]. Dadurch kann grobentschwefeltes Biogas direkt biologisch methanisiert werden. Gasförmige Schwefelkomponenten werden dann nach der Methanisierung aus dem Produktgas abgetrennt. Mountfort et al. fanden bei einer H_2S-Konzentration von 0,87 mmol/l ein Optimum bezüglich der Archaeenmasse und der Methanproduktivität. Ab einer H_2S-Konzentration von 7,5 mmol/l nahm die Archaeenmasse und die Methanproduktivität stark ab, sodass dieser Wert als Toxizitätsgrenze festgelegt wurde [105]. Ähnliche Grenzwerte ($c_{H2S,min}$ = 6,3 mmol/l) wurden auch von McCarty, unabhängig der Art der Mikroorganismen, definiert [104].

Da die biologische Methanisierung in der wässrigen Phase abläuft, müssen die gasförmigen Edukte CO_2 und H_2 zunächst aus der Gasphase über die Flüssigphase zu den Mikroorganismen transportiert werden (Formel (4.31), [107]). Dabei kann der Stofftransport der Komponente i von der Gas- in die Flüssigphase über den folgenden Zusammenhang aus der Filmtheorie beschrieben werden [108]:

$$\frac{\dot{n}_{i,GL}}{V_R} = (k_L a) \cdot \left(\frac{p_i \cdot \rho_L}{H_{iL}} - c_{iL} \right) = (k_L a)_i \cdot \Delta c_{i,L} \qquad (4.31)$$

Aufgrund der ca. 25-mal schlechteren Löslichkeit von H_2 im Vergleich zu CO_2 ist der Stofftransport des Gases in die Flüssigkeit der limitierende Schritt bei der biologischen Methanisierung [109], [110]. Eine Verbesserung des Gas-Flüssig-Stofftransportes durch eine Erhöhung des volumetrischen Stoffübergangskoeffizienten k_La und des Konzentrationsgradienten $\Delta c_{i,L}$ gehören daher zu den größten technischen Herausforderungen bei der biologischen Methanisierung und stellen die wichtigsten Anknüpfungspunkte für die Weiterentwicklung des Verfahrens dar. Die technischen Möglichkeiten sind mit dem verwendeten Verfahrenskonzept verknüpft und werden in Kapitel 4.3.3.3 vorgestellt. Im Vergleich zur katalytischen Methanisierung läuft der biologisch katalysierte Prozess der Methanbildung viel langsamer ab, sodass die GHSV (Formel (4.24)) bei der biologischen Methanisierung deutlich geringer ist. Dadurch muss das Reaktorvolumen bei der biologischen Methanisierung bei gleicher Leistung größerer sein. Generell kann zwischen der biologische Methanisierung innerhalb des konventionellen Fermenters (in-situ) bei gleichzeitigem anaerobem Abbau von Biomasse zu Biomethan und in einem separaten, nachgeschalteten Reaktor (ex-situ) unterschieden werden.

Unabhängig vom Verfahrenskonzept muss bei einer angestrebten Einspeisung ins Erdgasnetz in Deutschland derzeit der H_2-Umsatz größer als 99 % sein. Die DVGW-Arbeitsblätter G 260 und G 262 schreiben einen Mindestgehalt von Methan von 95 Vol.-% für Erdgas H und einen maximalen Wasserstoffgehalt von 10 Vol.-% unter Einhaltung des Wobbe-Index vor [111]. Der Wasserstoffgrenzwert wird allerdings in Netzabschnitten, in denen wasserstoffsensible Anwendung wie beispielsweise Erdgastankstellen vorhanden sind, auf 2 Vol.-% begrenzt. Ein Wasserstoffgrenzwert von 2 Vol.-% bedeutet, dass mindestens 99,5 % des eingesetzten Wasserstoffs umgesetzt werden müssen. Bei einem Grenzwert von 10 Vol.-% muss immerhin noch ein Wasserstoffumsatz von mehr als 97,3 % erreicht werden. Da die technische Trennung von H_2 und CH_4 in einer nachgeschalteten Gasreinigung einen zusätzlichen technischen Mehraufwand bedeutet und hohe Kosten verursachen würde, ist die Einhaltung des H_2-Grenzwerts eine wichtige Zielgröße bei der Wahl geeigneter Reaktorkonzepte und Reaktorfahrweisen.

4.3.3.1 In-situ-Verfahrenskonzept

Beim In-situ-Verfahren wird das im konventionellen Biogasprozess entstehende CO_2 (Zusammensetzung Biogas: y_{CO2} = 15-50 Vol.-%, y_{CH4} = 50-85 Vol.-%) direkt im Fermenter umgesetzt [112]. Wie **Bild 4.33** zeigt, wird zusätzlich Wasserstoff in den Biomassefermenter eingebracht, um parallel zum Biomasseabbau, das In-situ gebildete CO_2 zu Methan umzusetzen.

Der große Vorteil der in-situ Methanisierung ist, dass vorhandene Bestandsbiogasanlagen genutzt werden können und somit kein separater Reaktor benötigt wird. Dies gilt jedoch nur, wenn Bestandsanlagen eine gute Dichtigkeit bezüglich des Wasserstoffs aufweisen.

Allerdings weisen einige Forscher darauf hin, dass die Einspeisung von H_2 in einen konventionellen Fermenter Einfluss auf den Biomasseabbau nehmen kann. Durch die Erhöhung des Partialdrucks des H_2 in der Gasphase steigt auch die H_2-Konzentration in der Flüssigphase über das normalerweise recht niedrige Niveau. Hierdurch können einzelne Abbauschritte (z. B. Propionsäureabbau) thermodynamisch gehemmt werden und es kann zu einer Versäuerung des Reaktors kommen [113], [114], [115]. Dies kann zum Erliegen des biologischen Wachstum führen und eine Ausspülung der gehemmten Mikroorganismen zur Folge haben [116].

Eine Herausforderung bei der In-situ-Methanisierung ist die H_2-Einbringung in die Flüssigkeit und der notwendige H_2-Umsatz von mindestens 97,3 %. Bei Simulation der In-situ-Methanisierung wird die betrachtete Bestandsbiogasanlage als eine Mischung aus Rührkessel-und Blasensäulenreaktor angenommen. Wie **Bild 4.34** zeigt, steigt der H_2-Umsatz in einer Blasensäule mit der Flüssigkeitshöhe an. Daher ist bei der Bewertung des Umbaus von konventionellen Biogasanlagen zur Power-to-Gas-Anlage die Fermenterhöhe entscheidend. Der Bestand der Biogasanlagen weist im Mittel eine Höhe von 5-8 m auf. Da dies nach den Modellergebnissen nicht für einen vollständigen Umsatz des eingetragenen Gases ausreicht, könnte das Produktgases theoretisch im Kreis geführt werden. Die Modellierungen zeigen aber, dass dadurch die Gasphase stärker rückvermischt und somit die mittlere Konzentrationsdifferenz in der Blasenströmung verringert wird. Dadurch ist die In-situ-BM zur Erhöhung der Methanausbeute geeignet, aber nicht zur Produktion von einspeisefähigem Erdgas.

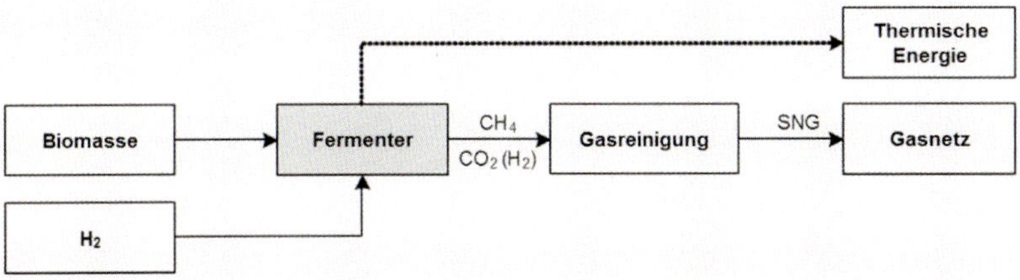

Bild 4.33: Blockfließbild der biologischen Methanisierung innerhalb eines konventionellen Fermenters (In-situ-Verfahren)

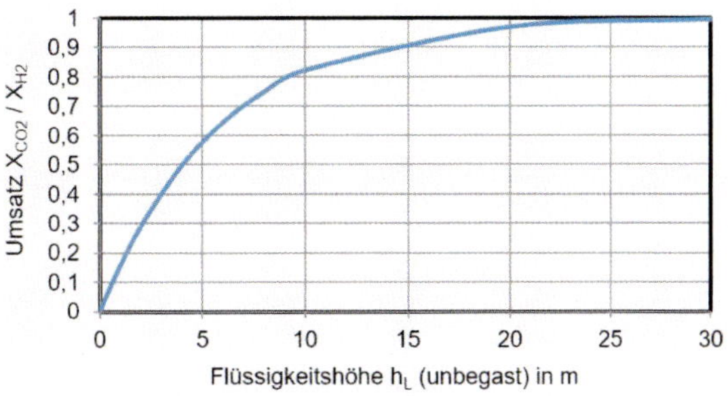

Bild 4.34: Variation der Flüssigkeitshöhe h_L in einem Blasensäulenreaktor (p = 1 bar, T = 37 °C, u_{Gas} = 0,01 m/s, $(H_2/CO_2)_{ein}$ = 4)

4.3.3.2 Ex-situ-Verfahrenskonzept

Im zweiten Verfahrenskonzept wird die biologische Methanisierung in einem separaten biologischen Reaktor, also ex-situ durchgeführt. Wie **Bild 4.35** zeigt, wird das Biogas aus dem Biogasfermenter ohne zusätzliche Gasreinigung in einen separaten Reaktor für die biologische Methanisierung gefahren und zusätzlich H_2 eingebracht. Dabei kann das im Verlauf des Biomasseabbaus gebildete CH_4 als inerte Komponente mit in die biologische Methanisierung eingebracht werden. Bei anschließender Einspeisung ins Erdgasnetz wird das Verfahren durch eine Gasreinigung zur Entfernung von nicht umgesetztem CO_2, H_2O, O_2 und H_2S ergänzt. Danach wird das Biomethan verdichtet, konditioniert und eingespeist. Bei einer vollständigen Umsetzung des CO_2 in Methan kann die CO_2-Entfernung entfallen.

Weiterhin kann der Reaktor zur biologischen Methanisierung auch an eine Biomethaneinspeiseanlage integriert werden. Dabei wird zuerst das CO_2 aus dem Rohbiogas entfernt und danach ohne Vorhandensein der inerten Komponente Methan mit Wasserstoff biologisch methanisiert. Diese Verfahrensvariante hat den Vorteil, dass bei niedrigen Strompreisen sehr günstig elektrolytisch Wasserstoff hergestellt und das CO_2 der Biogasanlage biologisch methanisiert werden kann. Zu Zeiten hoher Strompreise fungiert die Biogasanlage weiterhin als Biomethaneinspeiseanlage. Dadurch kann der Reaktor zur biologischen Methanisierung kleiner gebaut werden, da der Methanvolumenstrom nicht durch den Reaktor geschleust werden muss. Nachteil dieser Verfahrensvariante ist der bauliche und wirtschaftliche Aufwand aufgrund der zwei verschiedenen Reaktoren zur biologischen Methanisierung und der CO_2-Abtrennung.

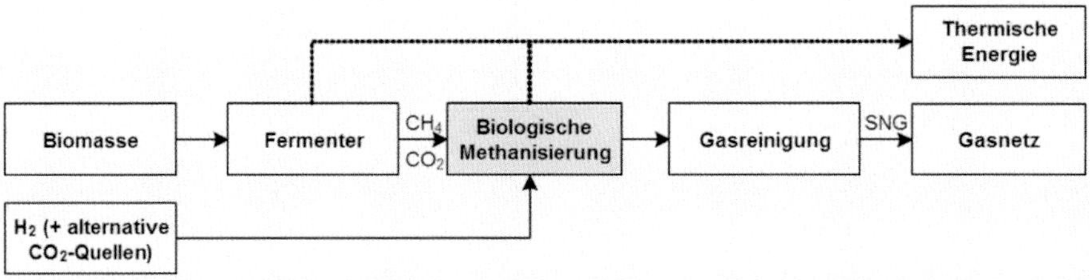

Bild 4.35: Blockfließbild der biologischen Methanisierung in einem separaten Reaktor (Ex-situ-Verfahren)

Generell hat die ex-situ biologische Methanisierung den Vorteil, dass die Betriebsbedingungen im Reaktor, wie z. B. pH-Wert, Temperatur und Druck, hinsichtlich der hydrogenotrophen Methanogenese optimiert werden können. Dies beinhaltet auch die Verwendung von speziellen Reinkulturen oder ein auf wechselnde Bedingungen im Betrieb optimal abgestimmtes Konsortium aus Kulturen. Dies wäre bei einer technischen Fermentation von Biomasse nicht möglich, da durch die Biomasse fortwährend Mikroorganismen (nicht sterile) eingetragen werden und die komplexen Abbauschritte von der Biomasse zum Biogas eine Vielzahl unterschiedlicher Mikroorganismen benötigen. Ein weiterer Vorteil des Ex-situ-Konzepts ist die Möglichkeit, weitere CO_2-Quellen, z. B. aus Vergasung von Biomasse, im Prozess zu verwenden und so den Einsatzbereich zu vergrößern.

4.3.3.3 Reaktorkonzepte

Die technisch größte Herausforderung bei der biologischen Methanisierung ist der Transport der Eduktgase in die Flüssigkeit und zu den Mikroorganismen. Deshalb wurden in den letzten Jahren im Labormaßstab verschiedene Reaktorkonzepte untersucht, bevor die ersten als Pilotanlagen realisiert wurden. Neben dem im Labormaßstab häufig eingesetzten kontinuierlichen Rührkesselreaktor werden auch andere Reaktortypen wie Festbett,- Rieselbett-, Membran- und Blasensäulenreaktoren eingesetzt [62], [117], [118], [119], [120]. Bei allen Untersuchungen zeigte sich, dass der Gas-/Flüssig-Stofftransport von Wasserstoff in die Flüssigphase den limitieren Schritt bei ausreichender Nährstoffversorgung der Mikroorganismen darstellt. Aus Formel (4.1) wird ersichtlich, dass der Stofftransportstrom über die Gas-/Flüssig-Phasengrenze abhängig vom volumetrischen Stoffübergangskoeffizienten und vom treibenden Konzentrationsgefälle ist. Diese Limitierungen können in den verschiedenen Reaktoren durch unterschiedliche Maßnahmen verbessert werden.

Um die Leistung der Reaktoren zu quantifizieren und untereinander vergleichen zu können, werden im Folgenden einige Leistungsindikatoren definiert. Neben der bereits in Formel (4.24) definierten GHSV gehört die Methanbildungsrate (MFR, englisch: Methane Formation Rate) als eine Art Reaktorausnutzung zu den wichtigsten Indikatoren:

$$MFR = \frac{\dot{V}_{CH_4,aus} - \dot{V}_{CH_4,ein}}{V_R} \qquad (4.32)$$

Wie **Bild 4.36** zeigt, sind drei verschiedenen Reaktortypen für die biologische Methanisierung denkbar. Der Rührkesselreaktor ähnelt Biogasanlagen nach dem Stand der Technik (BGA, SdT) und

Bild 4.36: Übersicht über Reaktoren für die biologische Methanisierung; links: Rührkesselreaktor (CSTR); mittig: Gegenstrom-Rieselbettreaktor; rechts: Blasensäulenreaktor

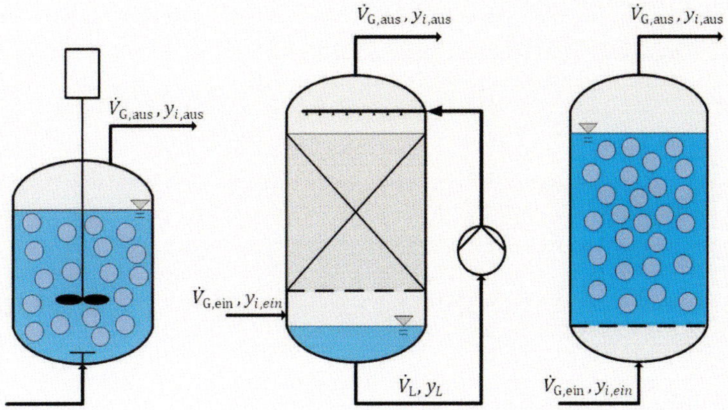

steht somit für die In-situ-BM, wobei die Durchmischung der Fermenterflüssigkeit bei der BM deutlich intensiver ist. Der Wasserstoff wird über einen Gasverteiler, z. B. eine Sinterplatte am Boden des Reaktors, eingebracht. Der Rührer zerteilt die Blasen und verbessert mit steigender Rührerdrehzahl den Stofftransport der Gase in die Flüssigkeit. Gleichzeitig steigt mit erhöhter Rührerdrehzahl der Stromverbrauch, sodass bis zu 16 % der eingesetzten Energie zum Rühren verwendet werden müssen [121]. Eine weitere Verbesserung könnte theoretisch durch die Erhöhung des Reaktordrucks erreicht werden. Bei Biogasanlagen nach dem Stand der Technik ist eine Erhöhung des Drucks aufgrund der Beschaffenheit des Fermenters allerdings nicht möglich. Ein wesentlicher Nachteil des kontinuierlichen Rührkesselreaktors ist die starke Rückvermischung der Gas- und Flüssigphase. Hierdurch entspricht die Zusammensetzung der Gasphase im gesamten Reaktor der Produktgaszusammensetzung am Austritt des Reaktors. Damit das Biomethan ohne großen Aufbereitungsaufwand eingespeist werden kann, sind sehr hohe H_2- und CO_2-Umsätzen notwendig (s. Bild 4.25). Dies hat zur Folge, dass die H_2-Konzentration in der Gasphase sehr gering ist und somit auch das für den Stofftransport notwendige treibende Konzentrationsgefälle klein ist.

Um den Stofftransport von der Gas- in die Flüssigphase zu erhöhen, muss die effektive mittlere Konzentrationsdifferenz im Reaktor erhöht werden. Dies gelingt bei Reaktoren zur Ex-situ-BM mit einer nahezu nicht-rückvermischten Gasphase wie z. B. Rieselbettreaktoren oder Blasensäulenreaktoren (Bild 4.26). In diese tritt das Eduktgas bei stöchiometrischer Zusammensetzung mit einem H_2-Gehalt von 80 Vol.-% ein und die Konzentration an H_2 in der Gasphase sinkt im Verlauf des Reaktors durch die biologische Methanisierung bis zur Produktgaskonzentration ab. Hierdurch sind eine höhere mittlere Konzentrationsdifferenz und somit eine Intensivierung des Stofftransports innerhalb des Reaktors möglich.

Gleichzeitig können diese Reaktoren als Druckreaktoren ausgelegt werden, sodass der Methangehalt im Produktgas erhöht und die Methanbildungsrate (MFR) bei gleichbleibender GHSV gesteigert wird. Bei Erhöhung des Reaktordrucks steigt der Wasserstoffpartialdruck und dadurch auch die Konzentration von H_2 an der Phasengrenzfläche. Hierdurch ergibt sich ein größeres Konzentrationsgefälle im Flüssigkeitsfilm und somit ein schnellerer Transport von H_2 in die Flüssigkeit.

Der Bereich der in der Literatur veröffentlichten Leistung (GHSV/MFR) von Reaktoren für die biologische Methanisierung ist relativ groß. Für das Ex-situ-Verfahren liegt die in der Literatur gefundene maximale Methanbildungsrate bei MFR = 28,7 $m^3/(m^3\ h)$ in einem gerührten Fermenter mit V_R = 2 l [61]. Der Methangehalt im Produktgas lag jedoch bei nur $y_{CH4,aus}$ = 13,4 Vol.-%. Aufgrund des geringen Methangehaltes ist dieses Gas jedoch nicht einspeisefähig, da die Anforderungen bezüglich minimaler Methangehalt und maximaler Wasserstoffgehalt zur Einspeisung ins Erdgasnetz deutlich verfehlt werden. Seifert erzielte in einem Rührkesselreaktor einen maximalen Methangehalt im Produktgas von $y_{CH4,aus}$ = 85 Vol.-% bei einer MFR = 5,7 $m^3/(m^3\ h)$ [110]. Burkhardt erreichte einspeisefähiges Gas mit einem Methangehalt von $y_{CH4,aus}$ = 98 Vol.-% bei einer MFR < 0,3 $m^3/(m^3\ h)$ in einem Rieselbettreaktor [122]. Diese Ergebnisse verdeutlichen, dass mit steigendem Methangehalt im Produktgas die Methanbildungsrate absinkt, da bei hohen Umsätzen die Eduktkonzentration abnimmt und damit die effektive Reaktionsgeschwindigkeit im Reaktor sinkt.

4.3.3.4 Demonstrationsanlagen

Neben den Untersuchungen im Labor wurden in den letzten Jahren auch Pilotanlagen (**Tabelle 4.9**) zum Ex-situ-Verfahren in Betrieb genommen. Die Electrochaea GmbH betreibt in Kopenhagen einen Blasensäulenreaktor, der durch ein zusätzliches Rührwerk (multi stage stirrer) schnelleren Stofftransport ermöglicht. Dadurch können 11-23 m^3/d (NTP) Biomethan produziert werden [123]. Bei der Viessmann GmbH wird ein Rührkesselreaktor mit einem Flüssigkeitsvolumen von V_R= 3 m^3 betrieben. Die Anlage ist für die Einspeisung ins Erdgasnetz konzipiert und liefert 15-55 m^3/h (NTP) Biomethan [124], [125]. Das PFI Deutschland betreibt zwei Rieselbettreaktoren mit je 40 m^3 Reaktorvolumen und erfüllt mit dem Produktgas die Kriterien für die Einspeisung ins Gasnetz [126]. Im Rahmen des EU-Projekts „Store&Go" wurde von Electrochaea eine gerührte Bla-

Tabelle 4.9: Kurzübersicht über Pilotanlagen zur biologischen Methanisierung [123], [125], [127], [128], [129], [130]

Institut/Firma	Verfahrenskonzept	Land	Kennzahlen
Electrochaea GmbH	Ex-situ in gerührter Blasensäule	Dänemark	CO_2-Quelle: Biogas AEL-Elektrolyse: 1 MW SNG: 19-58 m^3/h (NTP)
Electrochaea GmbH	Ex-situ in gerührter Blasensäule	Schweiz	CO_2-Quelle: Abwasseranlage PEM-Elektrolyse: 557 kW SNG: 30 m^3/h (NTP)
Viessmann GmbH	Ex-situ in Rührkessel	Deutschland	CO_2-Quelle: Biogas PEM-Elektrolyse: 300 kW SNG: 15-55 m^3/h (NTP)
MicroPyros GmbH	Ex-situ, k. a.	Deutschland	CO_2 aus Bioabfallvergärung Leistung: bis 250 kW
PFI (Pirmasens)	Ex-situ in Rieselbettreaktor	Deutschland	CO_2-Quelle: Biogas SNG: bis zu 50 m^3/h (NTP)

sensäule als Demonstrationsanlage gebaut. Während des Betriebs wurden bis zu 30 m^3/h Methan produziert [35] und die dynamische Fahrweisen erprobt (s. Kapitel 4.3.3.5).

4.3.3.5 Dynamisches Betriebsverhalten

Aufgrund des permanent steigenden Anteils erneuerbarer Energien wächst auch die fluktuierende Strommenge aufgrund von unterschiedlichen Wetterbedingungen sowie Tag-Nacht-Zyklen. Im Gegensatz zu den meisten chemischen Anlagen, die kontinuierlich gefahren werden, müssen einzelne Anlagen innerhalb der PtG-Prozesse dynamisch betrieben oder Zwischengasspeicher integriert werden. Da Gasspeicher zusätzliche Investitionen bedeuten, kann ein möglichst dynamischer Betrieb einzelner Prozesse der PtG-Kette die Wirtschaftlichkeit erhöhen. Beim Betrieb der Elektrolyse ist die Dynamik insbesondere von dem verwendeten Elektrolyseur abhängig (s. Kapitel 3). Auch bei der biologischen Methanisierung weisen die verschiedenen Reaktorkonzepte nach ersten Untersuchungen unterschiedlich gute Optionen für einen dynamischen Betrieb auf.

Bei Versuchen im Labormaßstab zur biologischen Methanisierung berichtet die Krajete GmbH, dass nach 560 h Stand-by ein Wiederanfahren des Prozesses möglich war [131]. Neuere Arbeiten von Electrochea zeigen, dass ein Warmstart innerhalb von 15 min möglich ist [35].

Das dynamische Betriebsverhalten der biologischen Methanisierung wurde im EU-Projekt „Store&Go" an einer Demonstrationsanlage untersucht. Generell ist das erstmalige Anfahren der gerührten Blasensäule nicht innerhalb weniger Tage möglich, da die Mikroorganismen Zeit benötigen, um sich an die Umgebungsbedingungen anzupassen und zu vermehren. Nach der Anfahrphase wurde für die im Projekt betriebene biologische Methanisierung ein breiter Lastenbereich nachgewiesen. So kann die gerührte Blasensäule ohne Verschlechterung der Produktgasqualität, vom Stand-by-Betrieb bis zu 60 % der maximalen Last bei einer Lastwechselrate von 5,5 %/Min betrieben werden [35].

Die Mikroorganismen reagieren im Vergleich zur Gesamtanlage schnell auf Laständerungen. Allerdings ist in vielen Fällen eine Mindestlast notwendig [131], [132], [133]. Für die biologische Methanisierung sind bisher noch keine Grenzwerte bezüglich der Mindestlast vorhanden. Um die Mikroorganismen bei gerührten Systemen in Schwebe zu halten, wird die Mindestlast vermutlich durch den Energiebedarf des Rührers und der Heizung definiert.

4.3.4 Vergleich der katalytischen und biologischen Methanisierung

Wie bereits in Kapitel 4.3.2.3 und 4.3.3.3 gezeigt, werden sowohl bei der katalytischen als auch bei der biologischen Methanisierung verschiedene Reaktorkonzepte genutzt. Ein Überblick ist in **Bild 4.37** dargestellt.

In **Tabelle 4.10** werden die beiden biologischen mit dem etablierten katalytischen Reaktorkonzept, dem Festbettreaktor (FB) sowie der Dreiphasenmethanisierung (3PM) im Blasensäulenreaktor verglichen.

Dynamisches Betriebsverhalten:

Das dynamische Betriebsverhalten von katalytischen Methanisierungsreaktoren wurde bereits in Kapitel 4.3.2.4 diskutiert. Sowohl die Mikroorganismen als auch der Katalysator reagieren im Vergleich zur Gesamtanlage schnell auf Laständerungen.

Allerdings ist in vielen Fällen eine Mindestlast notwendig [131], [132], [133]. Für die biologische Methanisierung sind bisher noch keine Grenzwerte bezüglich Mindestlast vorhanden.

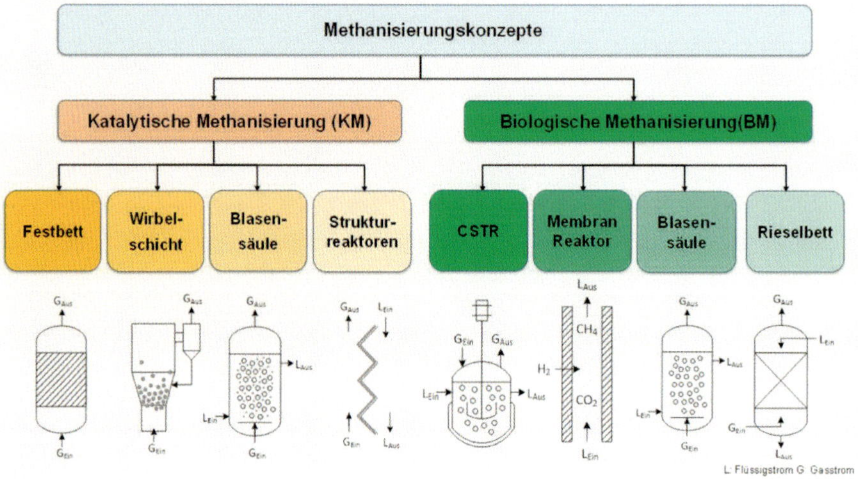

Bild 4.37: Übersicht verschiedener Reaktorkonzepte zur katalytischen und biologischen Methanisierung

Tabelle 4.10: Vergleich der biologischen und der katalytischen Methanisierung [131], [134], [135]

Reaktor Typ	**BM (in-situ) CSTR**	**BM (ex-situ) Gerührte Blasensäule**	**3PM**	**FB**
Katalysator	Mikroorganismen	Mikroorganismen	Ni-basiert	Ni-basiert
Stufen	1	1-2	1-2	2-6
T in °C	30-60	40-70	300-350	300-550
p in bar	1	1-10	20	> 10
Entwicklungsstand	Labor- und Pilotmaßstab	Pilotmaßstab	Pilotmaßstab	Kommerziell
GHSV in h^{-1}	< 13	< 100	500-1.000	2.000-5.000
Limitierungen	Stofftransport Gas-Flüssigkeit Kohlenstoffquelle	Stofftransport Gas-Flüssigkeit, Rückvermischung	Stofftransport Gas-Flüssigkeit	Gleichgewicht
Toleranz gegenüber Verunreinigungen	hoch	hoch	niedrig-mittel	niedrig
Strombedarf in kWh/m^3 SNG (Einspeisedruck 16 bar)	~ 1,8	0,3-1,3	< 0,4	< 0,4
Wärmerückgewinnung	schlecht	schlecht	gut-sehr gut	sehr gut

Um die Mikroorganismen bei gerührten Systemen in Schwebe zu halten, wird die Mindestlast vermutlich durch den Energiebedarf des Rührers und die Heizung definiert.

Bei Versuchen im Labormaßstab zur BM berichtet die Krajete GmbH, dass nach 560 h Stand-by ein Wiederanfahren des Prozesses möglich war [131]. Neuere Arbeiten von Electrochea zeigen, dass ein Warmstart innerhalb von 15 min möglich ist [35].

Spezifisches Reaktorvolumen:
Um verschiedene Verfahren vergleichen zu können, bietet sich die GHSV bei vergleichbaren Umsatzraten an. Aufgrund der hohen Temperaturen und geringen Stofftransportwiderständen wird die größte GHSV mit Festbett-Reaktoren erreicht [131], [136]. Da die in-situ biologische Methanisierung bei niedrigen Temperaturen und nur parallel zur Methanogenese abläuft, werden hier GHSV-Werte von weniger als 13 h^{-1}, bei gleichzeitig niedrigen Methanbildungsraten, realisiert. Um den gleichen Eingangsvolumenstrom umsetzen zu können, sind bei der biologische Methanisierung im Vergleich zur katalytischen um den Faktor 10-100 größere Reaktoren nötig, was wiederum die Investitionskosten erhöht.

Toleranz gegenüber Spurenkomponenten:
Viele Störstoffe wie z. B. H_2S, NH_3 oder Aromaten können bei katalytischen Methanisierungskonzepten bereits in geringen Konzentrationen die aktiven Zentren des Katalysators blockieren, während dies, laut Literatur, den Mikroorganismen weitaus weniger Probleme bereiten. Hier wäre eine vollständige Abtrennung von H_2S und NH_3 sogar nachteilig für den Stoffwechsel der Mikroorganismen [104], [105], [106]. Dadurch kann grobentschwefelten Biogas direkt biologisch methanisiert werden.

Energiebedarf und Wärmenutzung:
In Reaktoren zur biologischen Methanisierung werden häufig Rührwerke verwendet, die meist einen hohen spezifischen Energiebedarf aufweisen. Durch eine Optimierung der Wasserstoffeinbringung durch Vergrößerung der gas- zu flüssigseitigen Austauschflächen (z. B. Rieselbettreaktor, Blasensäule) kann der spezifische Energiebedarf der biologischen Methanisierung deutlich gesenkt werden. Zudem läuft der biologisch katalysierte Prozess bei moderaten Temperaturen ab. Somit kann kaum Energierückgewinnung betrieben werden. An einigen Standorten bieten Wärmepumpen eine wirtschaftliche Möglichkeit, das Temperaturniveau anzuheben und die entstehende Wärme somit im Nah- bzw. Fernwärmenetz zu nutzen [35]. Da katalytische Methanisierungsreaktoren bei entsprechend hohen Temperaturen betrieben werden, kann die entstehende Abwärme in den PtG-Prozess oder externe Prozesse integriert werden. Die sich hierbei ergebenden Potenziale werden in Kapitel 4.4.2 diskutiert.

4.4 SNG-Prozessketten und Erzeugungspotenziale

4.4.1 Prozessketten zur Erzeugung von SNG

Nachdem in den vorherigen Kapiteln die einzelnen PtG-Prozessschritte und Technologien vorgestellt wurden, wird in den folgenden Abschnitten auf vielversprechende Gesamtprozessketten zur Erzeugung von SNG eingegangen. Die Auswahl geeigneter Technologien und die Verfahrensauslegung hängen von Faktoren wie der gewünschten Produktionskapazität, den verfügbaren CO_2-Quellen sowie weiteren lokalen Gegebenheiten ab. Durch eine geeignete Gestaltung der Prozessketten kann ein hoher stofflicher und energetischer Ausnutzungsgrad erreicht werden.

4.4.1.1 Methodik zur Erstellung und energetischen Bewertung von PtG-Prozessketten

Zunächst wird die allgemeine Methodik zur Konzeptionierung und Optimierung von PtG-Prozessketten beschrieben. Die betrachteten PtG-Prozessketten werden nach dem „Baukastenprinzip" aus jeweils drei Hauptprozessstufen zusammengestellt:

- Bereitstellung von CO_2
- Bereitstellung von H_2
- Methanisierung und Produktgasaufbereitung (Verdichtung bzw. Verflüssigung).

Neben den Hauptprozessstufen sind weitere Prozessschritte erforderlich wie beispielsweise die Kompression der Edukte (CO_2 und H_2) auf den Betriebsdruck der Methanisierung und, abhängig von der CO_2-Quelle, weitere Gasreinigungsschritte.

Im Folgenden werden beispielhaft vier PtG-Prozessketten betrachtet, welche im Wesentlichen durch die Wahl der CO_2-Quelle charakterisiert sind:

- Ligninreiche Biomasse wird über die thermochemische Vergasung in Synthesegas umgewandelt. Das produzierte Synthesegas wird einer katalytischen Methanisierung zugeführt.
- Fermentierbare Biomasse wird in Biogasanlagen zu CO_2 und CH_4 umgewandelt. Wird eine biologische oder katalytische Methanisierung angeschlossen, so kann das anfallende CO_2 ebenfalls zu CH_4 umgewandelt und die Kohlenstoffausbeute deutlich erhöht werden.
- Industrielle Abgase stellen große Kohlenstoffpunktquellen dar. CO_2 wird aus industriellem Abgas abgetrennt und in einer nachgeschalteten katalytischen Methanisierung zu SNG umgewandelt.
- Umgebungsluft kann als CO_2-Quelle dienen, wenn weder biogene noch industrielle Punktquellen zur Verfügung stehen. Das abgetrennte CO_2 kann in einer nachfolgenden katalytischen Methanisierung zu SNG umgewandelt werden.

Für die energetische Bewertung werden die Ein- und Ausgangsströme für alle Prozessschritte hinsichtlich chemischer, thermischer und elektrischer Energie bestimmt. In **Bild 4.38** ist ein Sankey-Diagramm dargestellt, welches die Energieströme schematisch für eine PtG-Prozesskette darstellt. Der chemische Energiestrom in Form von SNG wird nach Formel (4.33) berechnet.

$$\dot{E}_{ch,SNG} = \dot{V}_{SNG} \cdot H_{i,CH4} \tag{4.33}$$

$\dot{E}_{ch,SNG}$ chemischer Energiestrom in Form von SNG in $\frac{J}{s}$

$\dot{V}_{SNG}$ Volumenstrom SNG bei NTP in $\frac{m^3}{s}$

$H_{i,CH4}$ Heizwert Methan in $\frac{J}{m^3}$

Ein Maß für die Effizienz eines PtG-Prozesses ist die Ausnutzung der aufgewendeten Energie. Der sogenannte energetische PtG-Ausnutzungsgrad $\eta_{PtG,\ chem+therm}$ setzt die chemische und thermi-

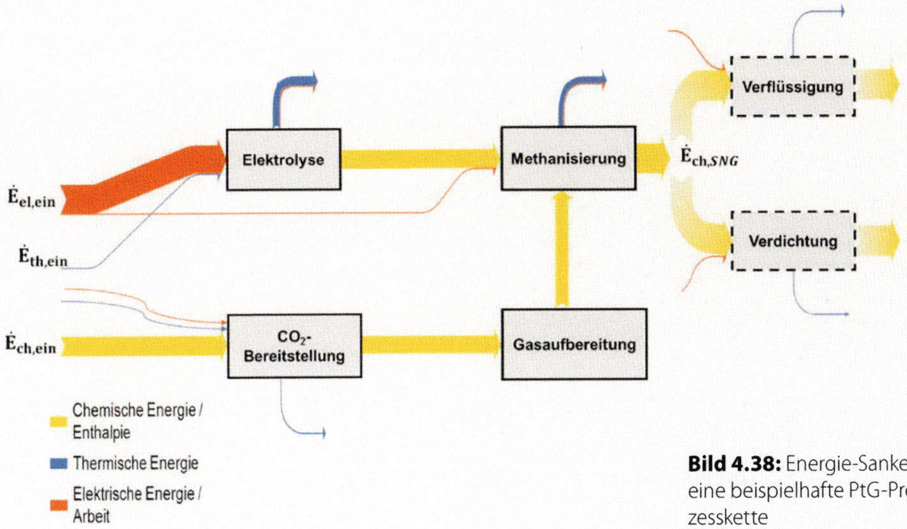

Bild 4.38: Energie-Sankey für eine beispielhafte PtG-Prozesskette

sche Nutzenergie ins Verhältnis mit der aufgewendeten Energie und berechnet sich im Allgemeinen nach Formel (4.34).

$$\eta_{PtG,chem+therm} = \frac{\dot{E}_{ch,SNG,aus} + \dot{E}_{th,Nutz}}{\dot{E}_{ch,ein} + \dot{E}_{el,ein} + \dot{E}_{th,ein}} \quad (4.34)$$

$\dot{E}_{ch,SNG,aus}$ austretender chemischer Energiestrom in Form von SNG in $\frac{J}{s}$

$\dot{E}_{th,Nutz}$ extern nutzbarer thermischer Energiestrom in $\frac{J}{s}$

$\dot{E}_{ch,ein}$ eintretender chemischer Energiestrom in $\frac{J}{s}$

$\dot{E}_{el,ein}$ eintretender elektrischer Energiestrom in $\frac{J}{s}$

$\dot{E}_{th,ein}$ eintretender thermischer Energiestrom in $\frac{J}{s}$

Die folgende technische Bewertung der vier PtG-Prozessketten umfasst die Produktion von SNG mit anschließender Aufbereitung bis hin zu einem Kraftstoff (CNG, LNG) aus erneuerbaren Energien (EE). Da die, bei der Verbrennung von SNG entstehende, Kondensationswärme von Wasser beim Einsatz als Kraftstoff nicht genutzt werden kann, sind die im Folgenden dargestellten Ergebnisse auf den Heizwert bezogen.

Indem die Teilprozesse nicht nur stofflich, sondern auch thermisch durch Wärmeintegration zu einem Gesamtprozess verschaltet werden, kann dieser energetisch optimiert werden. Bei der folgen-

Tabelle 4.11: Parameterfestlegung der betrachteten Elektrolyseverfahren [107], [137], [138], [139]

		Niedertemperatur (NT) Elektrolyse		Hochtemperatur (HT) Elektrolyse	
		Literatur	Auswahl	Literatur	Auswahl
Betriebstemperatur	in °C	20-100	80	700 - 1000	800
Betriebsdruck	in bar	> 1	Synthese-druck	1-10	10
Wirkungsgrad	in %	41-69	65	85-95[1]	95[2]/ 68[1]
Elektrischer Energiebedarf[3]	in MJ/m^3	–	16,6	–	15,7

[1] Ohne Berücksichtigung der benötigten Energie für Verdampfung und Aufwärmung
[2] Mit Berücksichtigung der benötigten Energie für Verdampfung und Aufwärmung
[3] Energiebedarf bezogen auf Output Wasserstoff (NTP)

den technischen Bewertung der Prozessketten wird zunächst der energetische PtG-Ausnutzungsgrad einer Konfiguration ohne Wärmeintegration (WI) $\eta_{PtG,\,chem+therm,\,ohne\,WI}$ bestimmt. Darüber hinaus werden energetische Optimierungsmöglichkeiten aufgezeigt und für ein beispielhaftes Prozessdesign der energetische PtG-Ausnutzungsgrad mit Wärmeintegration $\eta_{PtG,\,chem+therm,\,mit\,WI}$ diskutiert.

Die Reaktionswärme aus der Methanisierung kann bei geeignetem Prozessdesign innerhalb der Prozesskette genutzt werden, z. B. zur Regeneration von beladenem Waschmittel bei der CO_2-Bereitstellung. Damit kann die von außen zuzuführende thermische Energie reduziert und der energetische PtG-Ausnutzungsgrad erhöht werden.

Eine Möglichkeit, die Abwärme aus der katalytischen Methanisierung zu nutzen, bietet die Hochtemperaturelektrolyse (HT) (s. Parameterübersicht in **Tabelle 4.11**). Die HT-Elektrolyse benötigt Wärme für die Erzeugung von Wasserdampf und dessen anschließende Überhitzung. Die im Folgenden betrachteten Prozessketten werden beispielhaft mit unterschiedlichen Elektrolysetechnologien (NT- und HT-Elektrolyse) ausgeführt.

Für eine optimale Nutzung der Ressourcen muss ein PtG-Prozess auf die Bedingungen vor Ort angepasst sein. Fällt am Standort beispielsweise Abwärme aus einem Industrieprozess an, sollte diese nach Möglichkeit genutzt werden. Steht vor Ort keine Wärmequelle zur Verfügung, muss die benötigte thermische Energie mit Hilfe von elektrischer Energie bereitgestellt werden. Für die allgemeine Betrachtung in diesem Kapitel können keine Standortfaktoren berücksichtigt werden. Es wird deshalb im Folgenden vereinfachend davon ausgegangen, dass alle Energieformen in ausreichender Menge vor Ort zur Verfügung stehen. Steht nutzbare thermische Energie zur Verfügung, kann diese nicht nur prozessintern genutzt, sondern auch externen Verbrauchern zur Verfügung gestellt werden; dadurch erhöht sich der energetische PtG-Nutzungsgrad. Die externe Wärmenutzung wird im Folgenden jedoch nicht berücksichtigt, da diese ortsabhängig ist.

4.4.1.2 Parameterfestlegung für die Elektrolyse, Verdichtung und Verflüssigung

Zunächst werden die Parameter für die Elektrolysetechnologien und Verdichtung bzw. Verflüssigung von CH_4 vorgestellt. Die ausgewählten Parameter für die weiteren Technologien werden in den Unterkapiteln zur jeweiligen Prozesskette beschrieben.

Elektrolyse zur H_2-Produktion:
Es kommen drei verschiedene Elektrolyseverfahren für die H_2-Bereitstellung infrage: die beiden NT-Elektrolysen, Alkali (AEL)- und Proton-Exchange-Membrane (PEM)-, sowie die HT-Elektrolyse. Während die ersten Beiden bereits kommerziell verfügbar sind, ist die HT-Elektrolyse bislang nur in Pilotanlagen und Kleinserien realisiert. Die im Rahmen der Prozesskettenbewertung gewählten Betriebsparameter für die Elektrolyse sind in Tabelle 4.11 zusammengefasst. Der auf den Heizwert bezogene Wirkungsgrad der AEL- und der PEM-Elektrolyse wird mit 65 % angenommen. Der Wirkungsgrad der HT-Elektrolyse ist mit 95 % deutlich höher. Wird jedoch die zusätzlich benötigte Energie zur Dampferzeugung mitberücksichtigt, reduziert sich der Wirkungsgrad auf 68 %.

Verdichtung und Verflüssigung:
In der Methanisierung wird SNG produziert, das prinzipiell direkt in das Gasnetz eingespeist werden kann. Für die weitere Verwendung als Kraftstoff muss das SNG entweder verdichtet (250 bar, EE-CNG) oder verflüssigt (-163 °C, EE-LNG) werden.

Für die Verdichtung wird ein Verdichterwirkungsgrad von 60 % angenommen. Dieser setzt sich aus dem elektrischen und mechanischen Wirkungsgrad des Verdichters sowie aus dem polytropen Wirkungsgrad der Zustandsänderung zusammen. Der Wirkungsgrad der Verflüssigungsanlage ist grundsätzlich von der Anlagengröße abhängig. Bei zu verflüssigenden Gasströmen von unter 30.000 t/a, beträgt der elektrische Energiebedarf etwa 0,7 kWh/kg bezogen auf das produzierte LNG [140].

4.4.1.3 Prozesskette Wirbelschichtvergasung mit katalytischer Methanisierung

Die PtG-Prozesskette mit ligninreicher Biomasse als CO_2-Quelle ist als Blockfließbild in **Bild 4.39** dargestellt. Ligninreiche Biomasse wird zunächst in einer Wirbelschicht mit Wasserdampf vergast. Anschließend wird das Synthesegas (v. a. CO_2, CO und H_2) in einer Kaltgasreinigung von Gasbegleitstoffen gereinigt, die als Katalysatorgifte in der Methanisierung wirken können. Nach der Gasaufbereitung wird das Synthesegas zusammen mit H_2 aus der Elektrolyse katalytisch zu Methan und Wasserdampf umgesetzt. Vereinfachend wird von einer reinen CO-Methanisierung ausgegangen, welche bei hohen Temperaturen von etwa 600 °C stattfindet. Das erzeugte SNG kann nach der Trocknung entweder zu EE-CNG verdichtet oder zu EE-LNG verflüssigt werden. Bevor die energetische Bewertung dieser Prozesskette vorgestellt wird, wird die Biomassevergasung als CO_2- bzw. CO-Quelle näher beschrieben. Ebenso werden die relevanten Parameter für die weiteren verwendeten Technologien aufgelistet.

CO_2-Bereitstellung durch Biomassevergasung:
Holzartige Reststoffe aus Gewerbe und Industrie, kommunalen Abfällen sowie Hölzer und Stroh aus Land- und Forstwirtschaft können durch thermochemische Prozesse zu SNG umgewandelt werden [141], [142], [143], [144]. Diese unterschiedlichen ligninreichen Biomassen werden im Folgenden näherungsweise durch eine Modellbiomasse mit der Zusammensetzung $C_6H_9O_4$ abgebildet. Bei

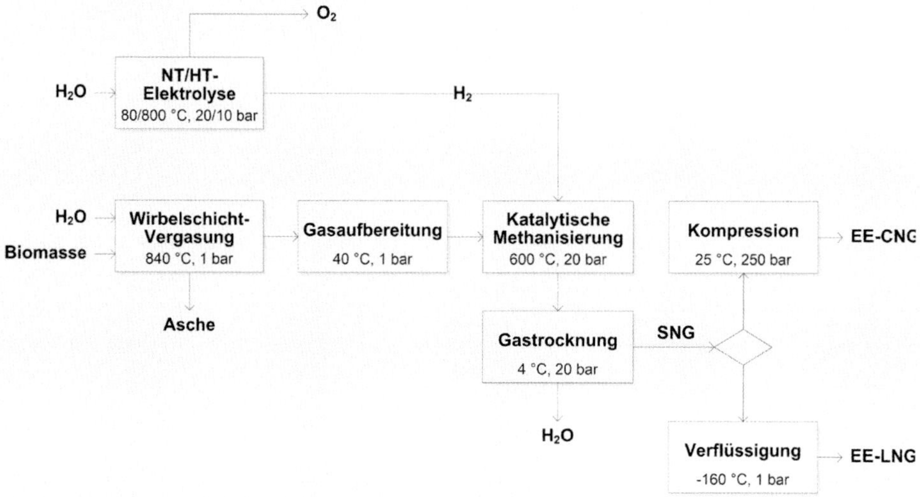

Bild 4.39: Blockfließbild der Prozesskette „Wirbelschichtvergasung mit katalytischer Methanisierung"

der thermochemischen Umwandlung ligninreicher Biomasse, der sogenannten Vergasung, laufen mehrere Prozesse auf unterschiedlichen Temperaturniveaus und je nach Vergasertyp räumlich getrennt oder parallel in der Reaktionszone ab. Die ligninreiche Biomasse wird getrocknet, aufgeheizt und bis ca. 500 °C pyrolysiert. Das in der Vergasung produzierte Gas besteht aus H_2, CO, CO_2 und gegebenenfalls CH_4. Außerdem können teerartige Nebenprodukte und Koks entstehen. Da die Vergasungsreaktionen in Summe endotherm sind, muss dem Vergasungsprozess Wärme zugeführt werden. Die benötigte Reaktionswärme kann dabei über Teilverbrennung des Brennstoffes im Vergasungsraum, autotherme Vergasung genannt, oder über Wärmezufuhr von außen, allotherme Vergasung genannt, bereitgestellt werden [145], [146]. Bei autothermer Vergasung erfolgt die Verbrennung vollständig nach Formel (4.35) oder unvollständig nach Formel (4.36).

$$C\,(s) + O_2\,(g) \rightleftarrows CO_2\,(g) \quad \Delta H_R^0 = -393{,}5\ \text{kJ/mol} \tag{4.35}$$

$$C\,(s) + \tfrac{1}{2}\,O_2\,(g) \rightleftarrows CO\,(g) \quad \Delta H_R^0 = -110{,}5\ \text{kJ/mol} \tag{4.36}$$

Das Vielstoffgemisch wird schließlich durch CO_2 oder Wasserdampf bei 800 bis 1.100 °C nach der Boudouard-Reaktion (Formel (4.37)) und der heterogenen Wassergasreaktion (Formel (4.38)) reduziert und Synthesegas produziert. Die Vergasung kann aufgrund der Vielzahl an ablaufenden Reaktionen nur ungenügend durch das thermodynamische Gleichgewicht beschrieben werden.

$$C\,(s) + CO_2\,(g) \rightleftharpoons 2\,CO\,(g) \quad \Delta H_R^0 = 172{,}5\ \text{kJ/mol} \tag{4.37}$$

$$C\,(s) + H_2O\,(g) \rightleftharpoons CO\,(g) + H_2\,(g) \quad \Delta H_R^0 = 131{,}3\ \text{kJ/mol} \tag{4.38}$$

Tabelle 4.12: Parameterfestlegung für die Wirbelschichtvergasung [148], [150], [152], [153]

		Wirbelschichtvergasung	
		Literatur	Auswahl
Betriebstemperatur	in °C	800-1.000	840
Betriebsdruck	in bar	1	1
Kaltgaswirkungsgrad[1]	in %	57-96	91
Thermischer Energiebedarf[2]	in kJ/m³	–	386
Chemischer Energieverlust[2]	in kJ/m³	–	386

[1] Bezogen auf 25 °C und 1 bar
[2] Bezogen auf Output Synthesegas (NTP)

Für die Vergasung von Biomasse stehen verschiedene Technologien zur Auswahl, welche sich in ihrer Betriebsweise teilweise stark unterscheiden. Neben Festbettvergasern sind vor allem Wirbelschichtverfahren (WS) verbreitet, welche als Einzelbett [147] oder als DFB-Vergaser (Dual Fluidized Bed) [83] ausgeführt sind. Durch die intensive Durchmischung in der Wirbelschicht ist sowohl eine vollständige Vergasung binnen Sekunden oder Minuten als auch ein isothermer Betrieb möglich [148], [149], [150]. Außerdem können Flugstromvergaser (FS) genutzt werden, welche aufgrund hoher Temperaturen ein teerarmes Synthesegas produzieren. Am Karlsruher Institut für Technologie wird eine Demonstrationsanlage (Bioliq-Verfahren) mit einer Brennstoffleistung von 5 MW betrieben [151].

Für Brennstoffleistungen von 5-200 MW ist die Vergasung in Wirbelschichten verbreitet. Als Ausgangsstoff kommt bislang vor allem Kohle zum Einsatz. Der typische thermische Leistungsbereich von Wirbelschichtvergasungen liegt je nach Verfahrensvariante zwischen 10-50 MW (stationäre Wirbelschicht) und größer 100 MW (zirkulierende Wirbelschicht) [149]. Als Stand der Technik für die Vergasung von Biomasse wird derzeit das „Güssing-Verfahren" betrachtet.

Für die Bewertung der Prozesskette auf Basis ligninreicher Biomasse wird im Folgenden eine autotherme Einbett-Wirbelschichtvergasung mit einer Betriebstemperatur von etwa 840 °C gewählt. CO_2 als Verbrennungsprodukt verbleibt hierbei im Synthesegas und kann für eine nachfolgende Methanisierung genutzt werden. Der Vergaser kann prinzipiell bei atmosphärischem Druck oder bei Überdruck betrieben werden. In **Tabelle 4.12** sind die ausgewählten Parameter für die Wirbelschichtvergasung zusammengefasst. Dabei wird der Wirkungsgrad als Kaltwirkungsgrad (Bezugspunkt 25 °C und 1 bar) angegeben. Der Bedarf an thermischer Energie entspricht der für die endotherme Vergasungsreaktion benötigten Reaktionsenthalpie und der Wärme, die zur Vorheizung der Edukte benötigt wird.

Die Zusammensetzung des produzierten Synthesegases wird u. a. durch die Wahl des Vergasungsmediums bestimmt und muss entsprechend der nachfolgenden Synthese gewählt werden. Die angenommene Zusammensetzung des Rohsynthesegases ist in **Tabelle 4.13** dargestellt. Das

Tabelle 4.13: Angenommene Synthesegaszusammensetzung nach der Wirbelschichtvergasung nach [154] und [155]

	CO_2	CO	H_2	CH_4	Höhere KW[1]	CO/(CO+ CO_2)	H_2/CO
Wirbelschicht-vergasung	0,17	0,29	0,39	0,11	0,03	0,63	1,34

[1] Höhere Kohlenwasserstoffe

durch die Vergasungsverfahren erzeugte Rohsynthesegas enthält außerdem Störstoffe und Katalysatorgifte, wie z. B. Staub, Alkaliverbindungen, Stickstoffverbindungen und Schwefelverbindungen. Aufgrund der moderaten Temperaturen bei der Wirbelschichtvergasung sind auch höhere Kohlenwasserstoffe bis hin zu Teer im Gas enthalten. Um das Rohsynthesegas als Synthesegas in einem katalytischen Prozess zu verwenden, müssen diese Stoffe abgetrennt werden. Aufgrund der hohen Reinheitsanforderungen der nachfolgenden Methanisierung kommen nur Kaltgasverfahren infrage. Der Energiebedarf für die Gasreinigung wird im Folgenden vernachlässigt.

Katalytische Methanisierung

Verschiedene Reaktorkonzepte für die katalytische Methanisierung wurden in Kapitel 4.3.2 vorgestellt. Für die Prozesskettenbewertung wird für die katalytische Methanisierung eine Festbettkaskade angenommen [66], [67]. In **Tabelle 4.14** sind die Parameterfestlegungen für die katalytische CO-Methanisierung und CO_2-Methanisierung zusammengefasst. Bei der Methanisierung muss aufgrund der hohen Freisetzung von Reaktionswärme die Betriebstemperatur reguliert werden. Für die CO-Methanisierung wird in diesem Kapitel angenommen, dass nach dem ersten Reaktor ein Teilstrom zurückgeführt und so der Eduktstrom verdünnt wird. Das zurückgeführte Gas, das sogenannte Recycle-Gas, muss komprimiert werden, um den Druckverlust zu kompensieren, wofür elektrische Energie aufgewendet wird. Der angegebene elektrische Energiebedarf der Methanisierung beinhaltet zudem die Verdichtung der Edukte (Synthesegas und H_2) auf den Prozessdruck.

Zunächst wird für die auf ligninreicher Biomasse basierende Prozesskette die Konfiguration mit NT-Elektrolyse und ohne Wärmeintegration betrachtet. Das zugehörige Energie-Sankey-Diagramm ist in **Bild 4.40** dargestellt. Der energetische Ausnutzungsgrad der Prozesskette wird dabei nach der oben beschriebenen Formel (4.34) berechnet. Der energetische PtG-Ausnutzungsgrad für die Prozesskonfiguration mit PEM und ohne Wärmeintegration $\eta_{PtG,\, chem+therm,ohne\, WI,\, PEM}$ beträgt 59 % für EE-CNG bzw. 58 % für EE-LNG.

Im Fall einer Wirbelschichtvergasung mit nachfolgender katalytischer Methanisierung (**Tabelle 4.15**) werden für 1 MJ SNG-Output insgesamt etwa 977 kJ elektrische Energie benötigt. Unter Verwendung einer NT-Elektrolyse werden 96 % des gesamten elektrischen Energiebedarfs für die H_2-Bereitstellung benötigt. Der wesentlich kleinere Teil entfällt auf den Prozessschritt der Methanisierung: Verdichtung der Edukte auf Betriebsdruck und Verdichtung des Recycle-Gasstroms. Das

Tabelle 4.14: Parameterfestlegung der katalytischen Methanisierung [66], [67], [107], [156]

Parameter		CO-Methanisierung		CO_2-Methanisierung	
		Literatur	Auswahl	Literatur	Auswahl
Betriebstemperatur	in °C	250-600	600	250-500	300
Betriebsdruck	in bar	1-80	20	1-80	20
Wirkungsgrad	in %	–	80	–	80
Elektrischer Energiebedarf [1]	in kJ/m³	–	1.435	–	466
Thermischer Energiebedarf [1]	in kJ/m³	–	–	–	–

[1] Bezogen auf Output Methan (NTP)

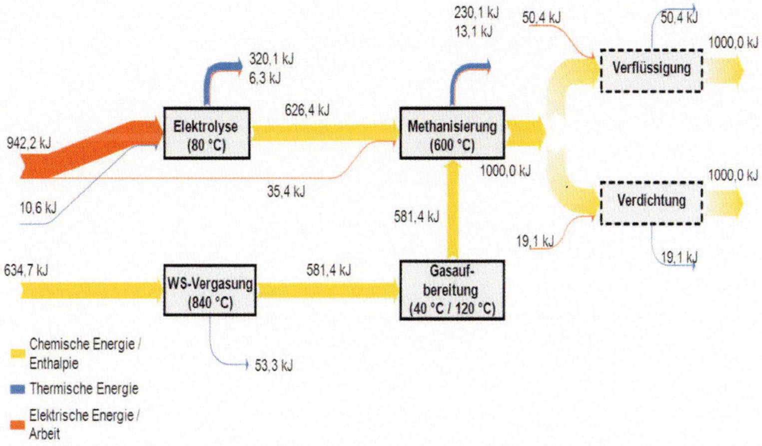

Bild 4.40: Energie-Sankey der Prozesskette „Wirbelschichtvergasung mit katalytischer Methanisierung" (ohne Wärmeintegration)

Tabelle 4.15: Übersicht der verschiedenen energetischen PtG-Ausnutzungsgrade für die Prozesskette „Wirbelschichtvergasung mit katalytischer Methanisierung"

	EE-CNG	EE-LNG
Energetischer PtG-Ausnutzungsgrad der Konfiguration ohne WI $\eta_{PtG, chem+therm, ohne WI, PEM}$	59 %	58 %
Energetischer PtG-Ausnutzungsgrad der Konfiguration mit WI $\eta_{PtG, chem+therm, mit WI, HT}$	75 %	74 %

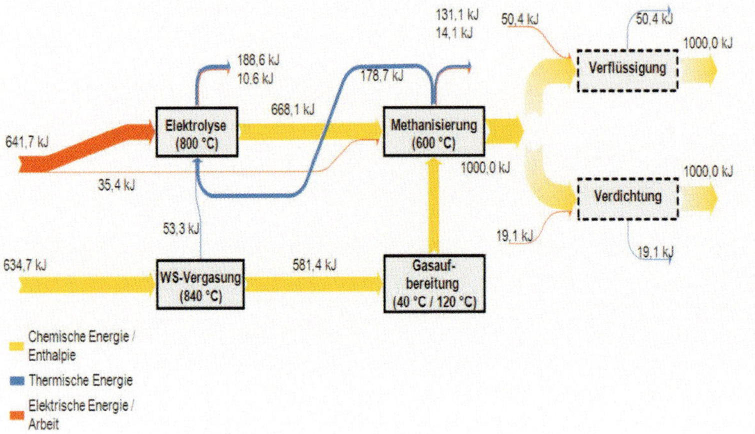

Bild 4.41: Energie-Sankey der Prozesskette „Wirbelschichtvergasung mit katalytischer Methanisierung" mit interner Wärmeintegration (optimiert)

produzierte SNG muss je nach Anwendung noch verflüssigt oder verdichtet werden. Hierfür wird ebenfalls elektrische Energie aufgewendet.

Neben elektrischer Energie wird für die PtG-Prozesskette thermische Energie benötigt bzw. freigesetzt. Bei der Produktion von 1 MJ SNG-Output werden in der Methanisierung etwa 230 kJ Wärme frei. Die Reaktionswärme der exothermen Reaktion wird auf einem hohen Temperaturniveau frei und eignet sich somit für die Wärmeintegration innerhalb der PtG-Prozesskette. Die Vergasung ist ein endothermes Verfahren, weshalb thermische Energie in Form von Wärme zugeführt werden muss. Zusätzlich wird für das Aufheizen der Edukte auf die Betriebstemperatur von 840 °C thermische Energie benötigt. Um diese Energie bereitzustellen, wird ein Teil der in Form von Biomasse zugeführten chemischen Energie genutzt. Nach der Vergasung muss das produzierte Synthesegas für die Gasreinigung abgekühlt werden. Die dabei freigesetzte Wärme kann prozessintern ebenfalls als Wärmequelle genutzt werden.

Im Folgenden werden Möglichkeiten zur energetischen Optimierung der PtG-Prozesskette aufgezeigt. In **Bild 4.41** ist beispielhaft eine mögliche optimierte Konfiguration der Prozesskette dargestellt. Gegenüber der Konfiguration ohne Wärmeintegration unterscheidet sich die Technologieauswahl ausschließlich hinsichtlich der gewählten Elektrolysetechnologie. Anstelle einer NT-Elektrolyse ist eine HT-Elektrolyse implementiert. Die NT-Elektrolyse stellt keine interne Wärmesenke dar, da thermische Energie nur im Anfahrtsbetrieb benötigt wird. Beim Betrieb der NT-Elektrolyse wird Abwärme auf einem niedrigen Temperaturniveau frei und eine Abkühlung mit Luftkühlern ist erforderlich. Die HT-Elektrolyse stellt hingegen eine prozessinterne Wärmesenke, bei einem höheren elektrischen Wirkungsgrad, dar.

Um den Wärmebedarf der HT-Elektrolyse zur Dampferzeugung und Überhitzung des Wasserdampfs auf 800 °C (ca. 232 kJ) zu decken, werden die anfallenden Wärmeströme aus der Methanisierung (ca. 230 kJ bei 600 °C) und aus der Vergasung (ca. 53 kJ bei 800 °C) prozessintern genutzt.

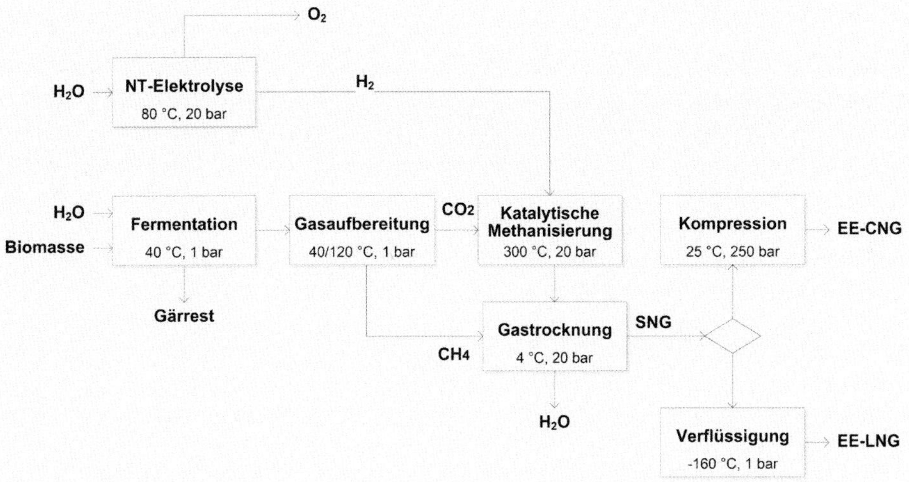

Bild 4.42: Blockfließbild der Prozesskette „Fermentation mit katalytischer Methanisierung"

Durch die Wärmeintegration kann der energetische PtG-Ausnutzungsgrad deutlich erhöht werden. Für das gewählte Prozessdesign beträgt der optimierte energetische PtG-Ausnutzungsgrad 75 % (EE-CNG) bzw. 74 % (EE-LNG).

Detailliertere Untersuchungen im Rahmen des Verbundvorhabens „Innovative Erzeugung von SNG und CNG aus biogenen Rest- und Abfallstoffen (Res2CNG)" [148], [157] zeigen, dass für eine optimierte PtG-Prozesskette auf Basis ligninreicher Biomasse noch höhere energetische PtG-Ausnutzungsgrade erreicht werden können. Perspektivisch können die HT-Elektrolyse sowie die Vergasung unter Druck betrieben werden. Durch diese technische Optimierung und mit Wärmeintegration innerhalb der PtG-Prozesskette wird ein energetischer PtG-Ausnutzungsgrad von etwa 80 % erwartet.

Eine weitere Steigerung des energetische PtG-Ausnutzungsgrad ist möglich, wenn lokale Gegebenheiten berücksichtigt und Synergien genutzt werden, wie z. B. externe Wärmesenken. Diese Option ist vor allem interessant, wenn Abwärme auf niedrigem Temperaturniveau, wie bei der NT-Elektrolyse, anfällt und nicht innerhalb der PtG-Prozesskette genutzt werden kann. Lokale Wärmesenken auf niedrigem Temperaturniveau können z. B. Nahwärmenetze oder Prozesse zur Biomassetrocknung sein.

4.4.1.4 Prozesskette Fermentation mit katalytischer Methanisierung

Im Folgenden wird eine PtG-Prozesskette auf Basis von fermentierbarer Biomasse betrachtet. **Bild 4.42** zeigt das Blockfließbild der Prozesskette zur Erzeugung von EE-CNG bzw. EE-LNG aus fermentierbarer Biomasse mit nachfolgender katalytischer Methanisierung. Bevor auf die Bewertung der Prozesskette näher eingegangen wird, wird die Parameterwahl für die Fermentation und für die CO_2-Wäsche beschrieben. Die verwendeten Parameter der katalytischen Methanisierung werden bereits bei der vorherigen Prozesskette „Wirbelschichtvergasung mit nachfolgender katalytischer Methanisierung" in Kapitel 4.4.1.3 beschrieben.

Fermentation von Biomasse:
Bei der CO_2-Bereitstellung via Fermentation werden üblicherweise ligninarme Biomassesubstrate wie Bioabfälle, Gülle oder Energiepflanzen eingesetzt. Die vornehmlich aus Cellulose und Stärke bestehenden Substrate werden von Mikroorganismen zu Biogas umgesetzt. Die eingesetzte Biomasse wird etwa zu 80 % zu Rohbiogas (CH_4 und CO_2) umgesetzt. Der zurückbleibende Fermentationsrückstand (Gärrest) kann nicht weiter fermentativ umgewandelt werden [158]. Insbesondere für das Rührwerk und die Beheizung des Fermenters, aber auch für Pumpen und die Beschickung mit Substrat wird Energie benötigt. Der Energiebedarf der Fermentation kann vollständig durch das produzierte Biogas gedeckt werden. Zur Deckung des elektrischen Energiebedarfs werden etwa 7,5 % und zur Deckung des thermischen Energiebedarfs etwa 20 % des produzierten Biomethans benötigt [159], [160]. Die Parameterfestlegung für die Fermentation von Biomasse ist in **Tabelle 4.16** zusammengefasst. Für die folgende Bewertung der PtG-Prozessketten wird eine drucklose Fermentation bei 40 °C angenommen.

Als Ausgangsstoffe für die biochemische Umsetzung wird dieselbe Modellbiomasse wie auch für die Vergasung angenommen ($C_6H_9O_4$). Diese Annahme ist gerechtfertigt, da die Abweichungen in der Elementarzusammensetzung bezogen auf die Trockenmasse sehr gering sind und bei der Betrachtung der nachgeschalteten Prozesse kaum ins Gewicht fallen.

Chemische Wäsche zur CO_2-Abtrennung:
Die Abtrennung von CO_2 aus Gasströmen kann durch Adsorption, Membrantrennung oder Absorption erfolgen [162], wie in Kapitel 4.2.1 beschrieben wurde. Bei der Bewertung der Prozessketten wurde eine chemische Wäsche auf Basis von Monoethanolamin (MEA) angenommen. Das Aufheizen des Waschmittels auf die benötigte Desorptionstemperatur stellt den mit Abstand energieintensivsten Prozessschritt der CO_2-Abtrennung dar. Der Energieaufwand für das Verfahren beträgt etwa 5,4-9,9 MJ/m^3 (NTP) absorbiertes CO_2 [1], [163], [164], [165]. Für die Prozesskettenbewertung wurde der elektrische Energiebedarf vernachlässigt und ein thermischer Energiebedarf von 6,3 MJ/m^3 (NTP) angenommen. Weitere Reinigungsschritte, wie die Entfernung von Schwefel, werden aufgrund des verhältnismäßig geringen Energiebedarfs in der energetischen Bewertung vernachlässigt. Die Parameterfestlegung für die CO_2-Abtrennung mit einer MEA-Wäsche ist in **Tabelle 4.17** zusammengefasst.

Der energetische PtG-Ausnutzungsgrad für die PtG-Prozesskette auf Basis fermentierbarer Biomasse liegt für die Konfiguration ohne Wärmeintegration bei 56 % (EE-CNG) bzw. 55 % (EE-LNG). Die Abwärme aus der katalytischen Methanisierung fällt auf einem hohen Temperaturniveau (etwa 300 °C) an und kann vollständig in den bestehenden Prozess integriert werden. Innerhalb der PtG-Prozesskette weisen die NT-Elektrolyse, die Fermentation und die CO_2-Bereitstellung einen thermischen Energiebedarf auf. Die beiden erstgenannten Prozessschritte werden jedoch auf niedrigem Temperaturniveau betrieben. Wie in der Parameterfestlegung für die CO_2-Abtrennung beschrieben, wird das CO_2 aus der Waschflüssigkeit bei etwa 120 °C desorbiert. Die Abwärme der Methanisierung kann folglich für die Desorption genutzt werden. Durch die Kopplung der Abwärme aus der Methanisierung mit der Gasaufbereitung via MEA-Wäsche kann der energetische PtG-Ausnutzungsgrad auf 60 % (EE-CNG) bzw. 59 % (EE-LNG) gesteigert werden. Eine Übersicht der berechneten energetischen PtG-Ausnutzungsgrade wird in **Tabelle 4.18** gegeben. Eine weitere Möglichkeit zur internen Wärmeintegration bietet die Kopplung der katalytischen Methanisierung mit einer HT-Elektrolyse. Wie bereits in der Prozesskette „Wirbelschichtvergasung mit

Tabelle 4.16: Parameterfestlegung für die Fermentation von Biomasse [143], [156], [160], [161]

Parameter		Fermentation	
		Literatur	Auswahl
Betriebstemperatur	in °C	20-60	40
Betriebsdruck	in bar	drucklos	1
Wirkungsgrad	in %	ca. 70	69
Elektrischer Energiebedarf [1]	in kJ/m^3	–	290
Thermischer Energiebedarf [1]	in kJ/m^3	–	965
Chemischer Energieverlust [1]	in kJ/m^3	–	2.607

[1]Bezogen auf Output Biogas (NTP)

Tabelle 4.17: Parameterfestlegung der CO_2-Abtrennung mit einer MEA-Wäsche

Parameter		MEA-Wäsche	
		Literatur	Auswahl
Betriebstemperatur	in °C	40 °C/120 °C	40 °C/120 °C
Betriebsdruck	in bar	5 /1 bar	5/1 bar
Wirkungsgrad	in %	–	–
Elektrischer Energiebedarf [1]	in MJ/m^3	5,4-9,9	–
Thermischer Energiebedarf [1]	in MJ/m^3		6,3

[1]Bezogen auf Output CO_2 (NTP)

Tabelle 4.18: Übersicht der verschiedenen energetischen PtG-Ausnutzungsgrade für die Prozesskette „Fermentation von Biomasse mit katalytischer Methanisierung"

	EE-CNG	EE-LNG
Energetischer PtG-Ausnutzungsgrad der Konfiguration ohne WI $\eta_{PtG, chem+therm, ohne WI, PEM}$	56 %	55 %
Energetischer PtG-Ausnutzungsgrad der Konfiguration mit WI $\eta_{PtG, chem+therm, mit WI, PEM}$	60 %	59 %

katalytischer Methanisierung" (vgl. Kapitel 4.4.1.3) beschrieben, kann die Reaktionswärme zur Bereitstellung der thermischen Energie für die HT-Elektrolyse genutzt werden.

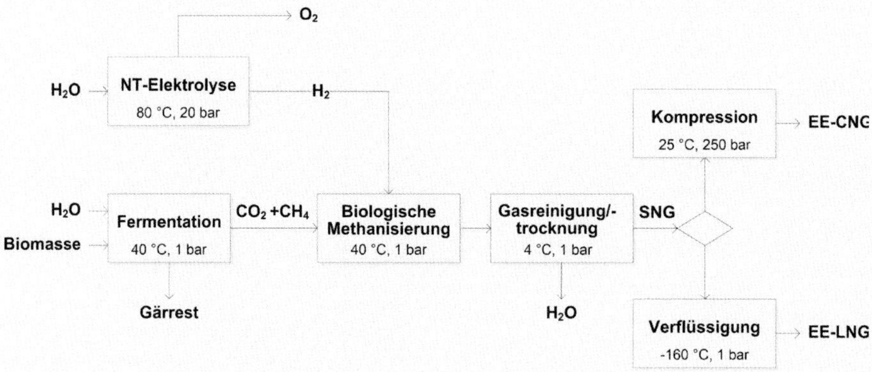

Bild 4.43: Blockfließbild der Prozesskette „Fermentation mit biologischer Methanisierung"

4.4.1.5 Prozesskette Fermentation mit biologischer Methanisierung

Für die PtG-Prozesskette auf Basis von fermentierbarer Biomasse wird im Folgenden die biologische Methanisierung als Alternative zur katalytischen Methanisierung betrachtet [166]. **Bild 4.43** zeigt das Blockfließbild der Prozesskette zur Erzeugung von EE-CNG und EE-LNG aus Biomasse über den Weg der fermentativen Umwandlung zu Biogas und der anschließenden biologischen Methanisierung.

Biologische Methanisierung:
Die biologische Methanisierung wird in Kapitel 4.3.3 ausführlich beschrieben und die ausgewählten in **Tabelle 4.19** zusammengefasst.

Gegenüber der katalytischen Methanisierung weist die biologische Methanisierung eine hohe Toleranz gegenüber Begleitstoffen im Rohbiogas, wie Schwefel, auf (vgl. Kapitel 4.3.3). Das Rohbiogas aus der Fermentation kann deshalb direkt der biologischen Methanisierung zugeführt werden. Rohbiogas aus der Fermentation wird zusammen mit H_2 aus der NT-Elektrolyse in der biologischen Methanisierung zu CH_4 umgewandelt. In Abhängigkeit von dem gewählten Reaktorkonzept und der Prozessführung wird ein nahezu CO_2-freies SNG produziert. Im Anschluss an die biologische Methanisierung muss jedoch trotzdem eine Gasreinigung und Trocknung erfolgen, um die geforderte Reinheit für die Verdichtung bzw. Verflüssigung zu erfüllen. Analog zu den vorgestellten Prozessketten werden Gasreinigungsschritte, wie eine Entschwefelung, in der energetischen Bewertung nicht berücksichtigt. Der energetische PtG-Ausnutzungsgrad für die Konfiguration ohne Wärmeintegration beträgt 57 % für EE-CNG und 56 % für EE-LNG. Die berechneten energetischen PtG-Ausnutzungsgrade der PtG-Prozesskette mit biologischer Methanisierung sind in **Tabelle 4.20** angegeben.

Da die biologische Methanisierung bei Temperaturen zwischen 45 und 70 °C abläuft und Abwärme auf niedrigem Temperaturniveau bereitstellt, bietet dieser Prozessschritt nur wenige Möglichkeiten zur internen Wärmeintegration. Die Kopplung der biologischen Methanisierung mit einer HT-Elektrolyse ist deshalb verfahrenstechnisch nicht sinnvoll. Dennoch kann die nieder-

Tabelle 4.19: Parameterfestlegung der biologischen Methanisierung [107], [156], [167]

Parameter		Biologische Methanisierung	
		Literatur	Auswahl
Betriebstemperatur	in °C	40-70	40
Betriebsdruck	in bar	1-10	5
Wirkungsgrad	in %	–	71
Elektrischer Energiebedarf [1]	in kJ/m^3	–	3.337
Thermischer Energiebedarf [1]	in kJ/m^3	–	–

[1]Bezogen auf Output Methan (aus Fermentation und Methanisierung) (NTP)

Tabelle 4.20: Übersicht der verschiedenen energetischen PtG-Ausnutzungsgrade für die Prozesskette „Fermentation von Biomasse mit biologischer Methanisierung"

	EE-CNG	EE-LNG
Energetischer PtG-Ausnutzungsgrad der Konfiguration ohne WI $\eta_{PtG, chem+therm, ohne WI, PEM}$	57 %	56 %

kalorische Abwärme der biologischen Methanisierung saisonal zur Beheizung des Fermenters genutzt werden. Je nach lokalen Gegebenheiten kann die Abwärme auch ausgekoppelt und vor Ort genutzt werden, z. B. zur Beheizung umliegender Gebäude oder des örtlichen Schwimmbads. Zudem sind weitere energetische Optimierungsmöglichkeiten mit zusätzlichem prozesstechnischem Aufwand möglich. Mithilfe einer Wärmepumpe kann das Temperaturniveau angehoben und somit z. B. die Wärme in ein Fernwärmenetz eingekoppelt werden. Dass der prozesstechnische Aufwand einer Wärmepumpe sowie die Anpassung der PtG-Anlage an die lokalen Gegebenheiten vorteilhaft ist, konnte im Projekt „Store&Go" gezeigt werden. Am Standort Solothurn, in der Schweiz, wurde eine biologische Methanisierung in ein lokales Energiesystem integriert. Dadurch kann die Abwärme der NT-Elektrolyse (Temperaturniveau von etwa 60 °C) mithilfe einer bereits vorhandenen Wärmepumpe genutzt und in ein Fernwärmenetz (Vorlauftemperatur liegt zwischen 90 und 110 °C) eingespeist werden. Durch das angepasste Anlagenkonzept wurde ein energetischer PtG-Ausnutzungsgrad von 76 % erreicht [35].

4.4.1.6 Prozesskette Direct Air Capture mit katalytischer Methanisierung

Die Prozesskette zur Erzeugung von EE-CNG und EE-LNG mit Abtrennung von CO_2 aus Umgebungsluft (engl. Direct Air Capture, kurz: DAC) und nachfolgender katalytischer Methanisierung ist in **Bild 4.44** als Blockfließbild dargestellt. Für die CO_2-Bereitstellung aus Umgebungsluft wird beispielhaft das Verfahren der Climeworks AG gewählt, welches auf dem Prinzip der Temperatur-Druck-Wechseladsorption basiert. Nachfolgend wird das abgetrennte CO_2 zusammen mit H_2 bei

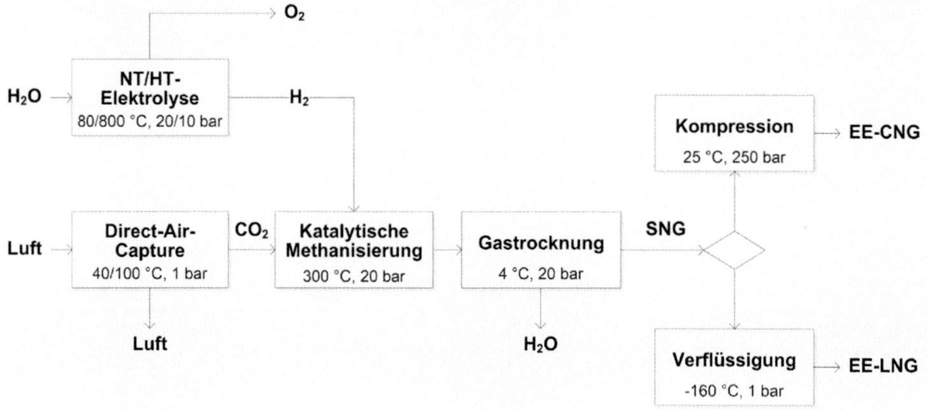

Bild 4.44: Blockfließbild der Prozesskette „Direct-Air-Capture mit katalytischer Methanisierung"

etwa 300 °C katalytisch zu CH_4 und Wasserdampf umgesetzt. Das produzierte SNG wird nach einer Gastrocknung entweder zu EE-CNG verdichtet oder zu EE-LNG verflüssigt.

CO_2-Bereitstellung durch Direct Air Capture:
Der Prozess setzt sich aus einer beliebigen Anzahl an modularen Anlagenblöcken zusammen, wodurch ein quasi-kontinuierlicher Betrieb realisiert werden kann. CO_2 adsorbiert im Modul an einem aminbasierten Filter und wird so aus der Umgebungsluft abgetrennt. Um CO_2 als Reinstrom wieder freizusetzen, wird im nachfolgenden Schritt das Modul luftdicht abgeschlossen, der Druck abgesenkt und die Temperatur erhöht, sodass das CO_2 desorbiert. Die einzelnen Anlagenblöcke haben eine Kapazität von bis zu 35 kg/h CO_2. Aufgrund des geringen CO_2-Anteils in der Umgebungsluft (ca. 400 ppm) müssen im DAC-Verfahren verhältnismäßig hohe Volumenströme behandelt werden. Aus diesem Grund weist die CO_2-Abtrennung aus Luft einen hohen spezifischen Energiebedarf auf. Der thermische Energiebedarf wird mit 7,2 MJ/kg CO_2, der elektrische Energiebedarf mit 1,0 MJ/kg CO_2 angegeben [168]. Dabei wird vor allem thermische Energie zur Desorption des CO_2 benötigt. Die Desorptionstemperatur beträgt ca. 100 °C. Durch interne Wärmerückgewinnung und -nutzung kann der Energiebedarf der DAC reduziert werden.

CO_2 besitzt per se keinen Energieinhalt. Für die Prozessstufe der CO_2-Abtrennung aus der Luft kann dementsprechend kein Wirkungsgrad angegeben werden. Die Parameterfestlegung für die CO_2-Abtrennung aus Umgebungsluft ist in **Tabelle 4.21** zusammengefasst.

Der energetische PtG-Ausnutzungsgrad der Konfiguration ohne Wärmeintegration beträgt 42 % für EE-CNG und 41 % für EE-LNG. Zur energetischen Optimierung der gesamten PtG-Prozesskette kann dem DAC-Prozessschritt die Abwärme aus der Methanisierung zugeführt werden. Diese Option ist vor allem in Kombination mit einer NT-Elektrolyse interessant, da in diesem Fall die Abwärme aus der katalytischen Methanisierung nicht anderweitig benötigt wird. Eine weitere Nutzung der Abwärme aus der Methanisierung ergibt sich, wenn H_2 über eine HT-Elektrolyse bereitgestellt wird. In diesem Fall kann der Wärmebedarf der HT-Elektrolyse insbesondere zur

Tabelle 4.21: Parameterfestlegung der CO_2-Abtrennung aus Umgebungsluft nach Climeworks AG [169], [170]

Parameter		Direct Air Capture (DAC)	
		Literatur	Auswahl
Betriebstemperatur	in °C	40/100	40/100
Betriebsdruck	in bar	1 / < 1 bar	1 / < 1 bar
Wirkungsgrad	in %	–	–
Elektrischer Energiebedarf [1]	in MJ/m^3	1,7	1,7
Thermischer Energiebedarf [1]	in MJ/m^3	12,9	12,9

[1]Bezogen auf Output CO_2 (NTP)

Tabelle 4.22: Übersicht der verschiedenen energetischen PtG-Ausnutzungsgrade für die Prozesskette „Direct-Air-Capture mit katalytischer Methanisierung"

	EE-CNG	EE-LNG
Energetischer PtG-Ausnutzungsgrad der Konfiguration ohne WI $\eta_{PtG, chem+therm, ohne WI, PEM}$	42 %	41 %
Energetischer PtG-Ausnutzungsgrad der Konfiguration mit WI $\eta_{PtG, chem+therm, mit WI, HT}$	57 %	56 %

Dampferzeugung anteilig durch die prozessintern zur Verfügung stehende Abwärme gedeckt werden. Durch die energetische Verschaltung der HT-Elektrolyse und der katalytischen Methanisierung wird eine Steigerung des energetischen PtG-Ausnutzungsgrads um 15 % (EE-CNG) bzw. 14 % (EE-LNG) erreicht. Der optimierte energetische PtG-Ausnutzungsgrad für die Konfiguration mit WI ist in **Tabelle 4.22** eingetragen und beträgt 57 % (EE-CNG) bzw. 56 % (EE-LNG).

4.4.1.7 Prozesskette CO_2-Abtrennung aus industriellem Abgas mit katalytischer Methanisierung

Industrieprozesse stellen große CO_2-Punktquellen dar. Eine Herausforderung, insbesondere gegenüber biogenen Gasen, ist die häufig starke Verunreinigung der Rohgasströme aus konventionellen Industriezweigen. Gasbestandteile, wie Schwefelkomponenten, wirken als Katalysatorgift und müssen im Hinblick auf die nachfolgende katalytische Methanisierung aus dem Abgas entfernt werden. Die Zusammensetzung des industriellen Abgases und die damit einhergehenden notwendigen Aufbereitungsschritte sind abhängig von dem gewählten Industrieprozess und werden im Folgenden energetisch nicht berücksichtigt. Zudem entfällt der überwiegende Energieaufwand auf die CO_2-Abtrennung selbst. Für die Bewertung der PtG-Prozesskette wird für die

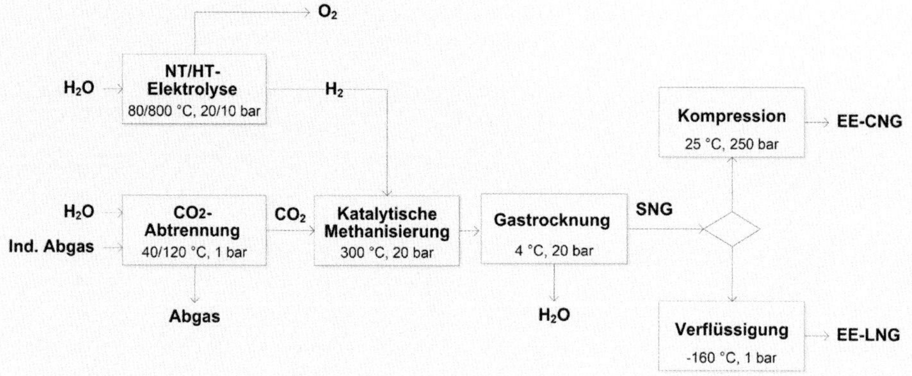

Bild 4.45: Blockfließbild der Prozesskette „CO_2-Abtrennung aus industriellem Abgas mit katalytischer Methanisierung"

Abtrennung des CO_2 aus dem Rohgas eine MEA-Wäsche berücksichtigt. Die Parameterfestlegung der MEA-Wäsche ist in Tabelle 4.17 zusammengefasst.

Das abgetrennte CO_2 wird zusammen mit H_2 aus einer NT-Elektrolyse in einer katalytischen Methanisierung zu CH_4 umgewandelt. Nachfolgend wird das Produktgas getrocknet und verdichtet bzw. verflüssigt. **Bild 4.45** zeigt das Blockfließbild der Prozesskette zur Erzeugung von EE-CNG bzw. EE-LNG aus industriellem Abgas. Der energetische PtG-Ausnutzungsgrad liegt für diese Prozesskette bei 48 % (EE-CNG) bzw. 47 % (EE-LNG).

Die Abwärme aus der katalytischen Methanisierung fällt auf einem Temperaturniveau von etwa 300 °C an. Beim Einsatz einer HT-Elektrolyse kann die Abwärme der Methanisierung zur Dampferzeugung genutzt und so der energetische PtG-Ausnutzungsgrad optimiert werden. Thermische Energie wird zudem für die CO_2-Abtrennung benötigt. Wie in der Parameterfestlegung für die CO_2-Abtrennung beschrieben, wird die Desorption des CO_2 aus der Waschflüssigkeit bei etwa 120 °C betrieben. Die energetische Kopplung der katalytischen Methanisierung mit der CO_2-Abtrennung stellt folglich eine weitere Möglichkeit zur Erhöhung des energetischen PtG-Ausnutzungsgrads dar. Des Weiteren sind an Industriestandorten meist Wärmequellen oder -senken verfügbar. Die Möglichkeiten zur Nutzung extern bereitgestellter Wärme bzw. die Abgabe von Nutzwärme aus dem PtG-Prozess sollte für ein optimales Prozessdesign unbedingt berücksichtigt werden.

4.4.1.8 Perspektiven von PtG-Anlagen – Flexibilität und Dynamik

Die vorgestellten PtG-Prozessketten zeigen auf, dass verschiedene CO_2-Quellen für PtG-Pfade erschlossen werden können. Für alle Pfade kann auf bereits weitgehend ausgereifte Technologien zurückgegriffen werden. Diese PtG-Technologien sind technisch erprobt und werden in den vorangegangenen Kapiteln 3, 4.2 und 4.3 vorgestellt. Allerdings wurden die Technologien bislang meist nur als einzelne Pilotanlagen realisiert. In weiterführenden Untersuchungen müssen die Anlagen im gekoppelten Betrieb getestet und hinsichtlich des Betriebs im Anlagenverbund optimiert werden (vgl. Kapitel 8).

Tabelle 4.23: Übersicht der verschiedenen energetischen PtG-Ausnutzungsgrade für die Prozesskette „CO_2-Abtrennung aus industriellem Abgas mit katalytischer Methanisierung"

	EE-CNG	EE-LNG
Energetischer PtG-Ausnutzungsgrad für die Konfiguration ohne WI $\eta_{PtG,\ chem+therm,\ ohne\ WI,\ PEM}$	48 %	47 %

Für die exemplarisch vorgestellten Prozessdesigns ist durch die prozessinterne Abwärmenutzung eine Steigerung des energetischen PtG-Ausnutzungsgrads von bis zu 15 % möglich. Eine weitere Steigerung des energetischen PtG-Ausnutzungsgrads ist möglich, wenn lokale Gegebenheiten, wie z. B. die örtliche Verfügbarkeit von CO_2-Quellen sowie von externen Wärmequellen und -senken, bei der Konzeptionierung von PtG-Anlagen berücksichtigt werden (**Tabelle 4.23**).

PtG-Anwendungen bieten zudem eine vielversprechende Möglichkeit zur flexiblen Nutzung von erneuerbaren Energien. Aufgrund der volatilen Bereitstellung von EE-Strom werden große Herausforderungen an das Stromnetz und dessen Ausbau gestellt. Deshalb rückt die Untersuchung und Entwicklung von lastflexiblen und dynamischen PtG-Technologien immer stärker in den Fokus von Forschungs- und Entwicklungsaktivitäten. Eine Anlage weist Lastflexibilität auf, wenn diese neben Volllast auch in Teillast betrieben werden kann. Die Dynamik einer PtG-Anlage wird durch die Lastwechselrate beschrieben, welche angibt, wie lange es dauert, im regulären Betrieb vom Volllast- in den Teillastbetrieb oder umgekehrt zu wechseln. Treten Zeiten mit geringem EE-Stromangebot auf, sogenannte Dunkelflauten, muss die PtG-Anlage ggf. in den Stand-by-Betrieb gebracht werden. Die benötigte Anfahrtszeit aus dem Stand-by in den regulären Betrieb als auch der Energiebedarf für den Warmhaltebetrieb sind somit charakteristische Kenndaten von PtG-Anlagen.

Das fluktuierende Eingangssignal wird direkt auf die Elektrolyse beaufschlagt, weshalb diese grundsätzlich die höchste Lastflexibilität und Dynamik aufweisen muss. Unter den Elektrolyseuren zeichnet sich insbesondere die PEM-Elektrolyse durch dynamisches Verhalten aus. Die Startzeit aus dem Stand-by-Betrieb beträgt etwa eine Minute und auch die Kaltstartzeit ist kleiner als zehn Minuten. Zudem kann bereits heute eine minimale Teillast von etwa 5 % erreicht werden und der Energiebedarf im Stand-by beträgt weniger als 1 % der nominellen Leistungsaufnahme [138].

Der in der Elektrolyse produzierte H_2 kann in einem H_2-Pufferspeicher für einige Stunden zwischengespeichert werden, sodass die nachfolgende Methanisierung bei konstanter Last gefahren werden kann. Der H_2-Pufferspeicher weist jedoch verhältnismäßig hohe Investitionskosten auf, welche den Einbußen durch geringere Betriebsstunden der Methanisierung gegenübergestellt werden müssen. Deshalb rückt auch das Lastmanagement der Methanisierung immer mehr in den Fokus der Forschung und Entwicklung. Das dynamische Betriebsverhalten unterschiedlicher Methanisierungskonzepte wurde z. B. im EU-Projekt „Store&Go" an drei Demonstrationsanlagen untersucht [35]. Für die im Projekt betriebene biologische Methanisierung wurde ein breiter Lastbereich nachgewiesen. Die gerührte Blasensäule konnte ohne Verluste der Produktgasqualität vom Stand-by-Betrieb bis zu 60 % der maximalen Last bei einer Lastwechselrate von 5,5 %/Min. betrieben werden. Im Rahmen des Projekts wurden zwei Reaktorkonzepte für die katalytische

Methanisierung realisiert. Im Wabenreaktor mit anschließendem Polishing-Festbettreaktor konnten Lastwechselraten von 3,2 %/Min bei einem Lastwechsel von 71 auf 81 % der maximalen Last nachgewiesen werden. Dabei konnte durchgängig eine Produktgasqualität von y_{CH4} > 98 Vol.-% aufrechterhalten werden. Der Wabenreaktor konnte Lastwechsel zwischen 40 und 100 % Last ohne Verluste in der Produktgasqualitat realisieren. Im Milli-Struktur-Reaktor konnten Lastwechselraten von 5,0 %/Min. bei einem Lastwechsel von 20 auf 80 % der Volllast gemessen werden. Auch hier konnte die Produktgasqualität von y_{CH4} > 96 Vol.-% beibehalten werden [35].

4.4.2 CO_2-Potenziale in Deutschland für PtG-Prozesse

Die Inhalte dieses Kapitels wurden maßgeblich im Rahmen der DVGW-Forschungsvorhaben G201621 „Bewertung von Quellen und Abtrennungsverfahren zur Bereitstellung von CO_2 für PtG-Prozesse" [1] sowie G201710 „Ermittlung des Gesamtpotenzials erneuerbarer Gase zur Einspeisung ins deutsche Erdgasnetz" [171] erarbeitet.

Soll erneuerbarer Wasserstoff methanisiert oder über PtL-Verfahren in andere Kohlenwasserstoffe umgewandelt werden, ist neben elektrischer Energie aus erneuerbaren Quellen für die Wasserstofferzeugung die Verfügbarkeit von CO_2 entscheidend. Biogenes CO_2 aus „grünen" Quellen kann nahezu CO_2-neutral bereitgestellt werden. Aufgrund der weiten Verbreitung in Deutschland sind hier insbesondere Biogasanlagen hervorzuheben. Wird das Biogas aufbereitet, kann das im Rohgas enthaltene CO_2 mit einer hohen Reinheit bereitgestellt werden. Als alternative, „graue" CO_2-Quellen können Gasströme aus industriellen Prozessen (z. B. aus Kalk- oder Zementwerken, Stahlwerken oder der chemischen Industrie) in Betracht gezogen werden. Weiterhin kann auch CO_2 aus anderen regenerativen Quellen (z. B. aus Biomassevergasungsanlagen, Kläranlagen) verwendet werden. Bei der Auswahl von CO_2-Quellen muss insbesondere die langfristige Verfügbarkeit (bis 2050 und darüber hinaus) gewährleistet sein. Vor diesem Hintergrund sind neben den bevorzugt einzusetzenden biogenen Quellen auch industrielle CO_2-Quellen relevant, die sich aufgrund des langfristig bestehenden Bedarfs an den entsprechenden Produkten (z. B. Zement) auch in Zukunft nicht vermeiden lassen. Da CO_2 aus Abgasströmen nur in den seltensten Fällen in reiner Form anfällt, muss es vor einer Verwendung häufig abgetrennt und gereinigt werden. Auf entsprechende Verfahren wurde in Kapitel 4.2 näher eingegangen.

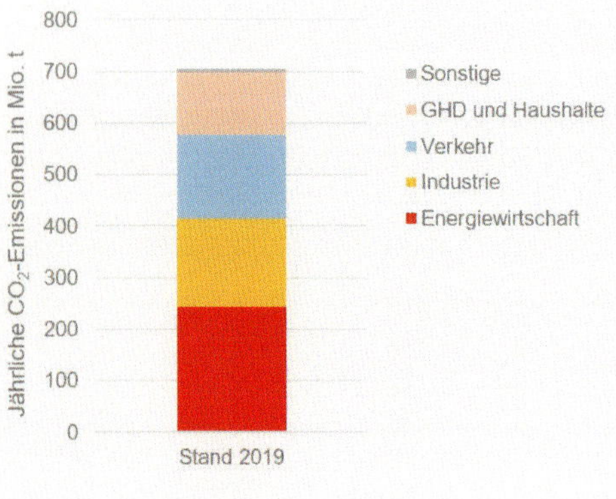

Bild 4.46: CO_2-Emissionen im Jahr 2019 in Deutschland nach Sektoren [171]

Laut Vorjahresschätzungen des Umweltbundesamtes (Stand: 11.03.2020) beliefen sich die CO_2-Emissionen in Deutschland im Jahr 2019 auf ca. 706 Mio. t. Den größten Beitrag stellte die energetische Nutzung von Brennstoffen mit einem Anteil von ca. 93 % dar. Die restlichen Emissionen von 49,8 Mio. t pro Jahr fallen prozessbedingt an. Wie in **Bild 4.46** zu sehen ist, betrug der Anteil stationärer Emittenten an den Emissionen im Jahr 2019 in den Sektoren Energieerzeugung und Industrie ca. 414 Mio. t CO_2 [172]. Die höchsten CO_2-Mengen stammen hierbei aus Prozessfeuerungen bzw. aus Verbrennungsprozessen, die der Erzeugung von Strom und Wärme dienen.

4.4.2.1 Kategorisierung der CO_2-Quellen

Je nach Ursprung des CO_2 kann es unterschiedlichen Kategorien zugeordnet werden. Klärgas, Biogas aus Biomasse und Deponiegas sind laut § 3, 10c des EnWG als Biogase definiert und somit erneuerbare Quellen. CO_2 aus diesen Quellen wird deshalb grundsätzlich als „grünes" CO_2 eingestuft [173]. Bei Biogas aus der Vergärung von Abfall handelt es sich bei dem Abfall um Biomasse, wie Bioabfälle, Klärschlamm oder Gülle. Dementsprechend entsteht auch hier „grünes" CO_2. Ebenso handelt es sich bei der Verbrennung von Biomasse um eine CO_2-Quelle auf Basis erneuerbarer Energieträger, also ebenso um eine „grüne" CO_2-Quelle.

Bei der Verbrennung fossiler Energieträger entsteht „graues" CO_2. Dies trifft somit auf die Quellen Verbrennung von Mineralöl, Verbrennung von Erdgas, Verbrennung von Kohle und Verbrennung von Braunkohle zu. Bei der Verbrennung von Abfall hingegen ist der jeweilige Einzelfall zu betrachten. Die Anlagen sind entsprechend der Zusammensetzung des eingesetzten Abfalls in „grün", „grau" oder als Mischform einzuordnen. CO_2, welches durch die anteilige Nutzung von erneuerbarer Energie freigesetzt wird, deren Anteil an erneuerbaren Energien aber unter 80 % liegt, werden als Mischform von „grünem" und „grauem" CO_2 eingeordnet.

Bei der Produktion von Zement, Nichteisen-Metallen, Glas und Kalk wird ein Anteil des CO_2 prozessbedingt freigesetzt. Zur Einordnung der einzelnen Anlagen als „graue" oder Misch-CO_2-Quellen sind die jeweils eingesetzten Brennstoffe zu betrachten.

An dieser Stelle sei vermerkt, dass bislang keine einheitliche Berechnung für die THG-Emissionen bei PtG-Anlagen existiert [174].

4.4.2.2 Langfristiges Potenzial der betrachteten Quellen

Im Rahmen des DVGW-Forschungsvorhaben G201621 „Bewertung von Quellen und Abtrennungsverfahren zur Bereitstellung von CO_2 für PtG-Prozesse" [1] wurde zum einen das aktuelle CO_2-Potenzial (Basisjahr 2015) ortsaufgelöst ermittelt sowie Prognosen für die Jahre 2030 und 2050 abgegeben. In **Bild 4.47** sind diese Prognosen aus den betrachteten Sektoren Energiewirtschaft und Industrie abgebildet. Ausgangspunkt sind Zahlen des Umweltbundesamtes [175], [176]. Es ist festzuhalten, dass in der Literatur differierende Ausgangswerte berichtet werden [177]. Ursachen dafür sind z. B. abweichende Zuordnungen einzelner Anwendungen innerhalb der Sektoren oder Differenzen in der Einbeziehung sehr kleiner Anlagen. Es wird nicht davon ausgegangen, dass die verschiedenen Branchen im gleichen Maße zur Erreichung der Klimaschutzziele beitragen können. Grund dafür sind prozessbedingte Emissionen und die Effizienz der Industrieanlagen.

Eine zukünftige Reduktion von CO_2-Emissionen ist hauptsächlich im Bereich der konventionellen Energie- und Wärmeerzeugung zu erwarten. Langfristiges Potenzial für die Erzeugung von EE-Methan ist vor allem bei prozessbedingten, industriellen CO_2-Quellen zu sehen. Diese machen derzeit ca. 40-70 Mio. t (5-9 %) der jährlichen CO_2-Emissionen aus.

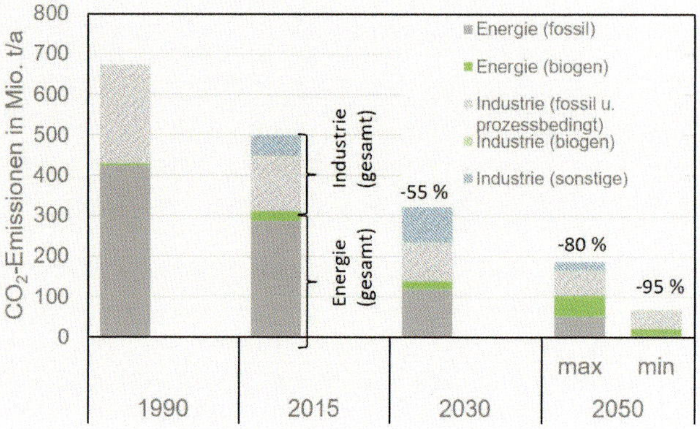

Bild 4.47: Entwicklung der nutzbaren CO_2-Emissionen für die Sektoren Energie und Industrie (Angaben in Mio. t CO_2/a); unter der Kategorie „Industrie (sonstige)" sind Kleinstanlagen und Emissionen aus dem Baugewerbe subsumiert, die im Rahmen dieser Studie nicht erfasst sind, aber bei den Werten des Umweltbundesamtes dem Sektor Industrie zugerechnet werden

Bis 2050 könnten in Deutschland insgesamt noch ca. 70-185 Mio. t/a CO_2 für die stoffliche Nutzung verfügbar sein. In [178] werden vom BDI pfadabhängig für 2050 für den Sektor Energie Bandbreiten der CO_2-Emissionen von 1 bis 122 Mio. t CO_2/a gesehen, für die Industrie 13 bis 75 Mio. t CO_2/a. Der niedrigste Pfad im Sektor Industrie erfordert den massiven Einsatz der Abtrennung von CO_2 z. B. in Form von CCS. Analog wird in [179] von ca. 40 Mio. t CO_2-Anfall bei der Energiebereitstellung ausgegangen. Von den 44-60 Mio. t CO_2 der Industrie würden 2050 zwischen 18,8 und 40,6 Mio. t prozessbedingt anfallen. Quellen sind der Karbonateinsatz, die Koksnutzung bei der Stahlproduktion, der Erdgaseinsatz bei der Ammoniakproduktion sowie der Anodenverbrauch der Aluminiumherstellung. Der niedrigere Wert als Potenzial ist anzunehmen, falls ein massiver Wasserstoffeinsatz auf elektrolytischer Basis in der Stahlindustrie (Reduktionsprozesse) und bei der Ammoniakproduktion erfolgt.

Der Anteil biogener CO_2-Emissionen (heute ca. 2-3 %) könnte bei weitgehender Ausschöpfung der Biomassepotenziale und Reduktion der fossilen CO_2-Emissionen 2050 auf einen Anteil von 30-50 % steigen. Laut Fachagentur Nachwachsende Rohstoffe e.V. ist das Potenzial der in Deutschland zur Verfügung stehenden Biomasse noch nicht ausgenutzt [180]. Momentan werden eine Vielzahl von alternativen Verwertungswegen in Forschungsprojekten untersucht, sodass langfristige Nutzungspfade zum gegenwärtigen Zeitpunkt schwer abzuschätzen sind. Etablierte großvolumige Nutzungspfade sind die Biomethanproduktion (Vergärung) und die Wärme- bzw. Stromproduktion nach Verbrennung. Die Bioethanolproduktion aus Stroh ist ebenfalls Stand der Technik. In Entwicklung befinden sich Vergasungsverfahren für Holz und holzartige Biomassen, bei welchen ebenfalls ein großes Potenzial besteht [171], [181].

Die zukünftig prognostizierten CO_2-Mengen (grüne und graue Emissionen) reichen dabei aus, um den nach der dena Leitstudie „Integrierte Energiewende" [182] und nach der Studie „Die Energiewende nach COP 21" [183] für 2050 prognostizierten Bedarf an EE-Methan von 500-880 TWh/Jahr zu decken. Dies deckt sich auch mit den Energiesystemmodellierungen für Europa im Rahmen des europäischen Forschungsprojektes „Store&Go" [184]. Demnach wird es erforderlich sein, bis zum Jahr 2050 PtG-Anlagen mit einer elektrischen installierten Gesamtleistung von bis zu 546 GW zu betreiben. Der hierfür erforderliche CO_2-Bedarf kann je nach Szenario zu 40-175 % gedeckt werden und entstammt zu 80-90 % biogenen Quellen. Einschränkend muss erwähnt werden, dass ggf. auch andere Industriezweige CO_2 als zukünftigen Rohstoff erschließen werden, was die zur Verfügung stehenden Mengen für EE-Methan reduzieren wird.

4.4.2.3 Räumliche Verteilung von CO_2-Quellen in Deutschland

Die räumliche Verteilung der CO_2-Emissionen ist branchenabhängig und wird u. a. von der Rohstoffsituation, Synergien mit anderen Industriezweigen, Verfügbarkeit von Arbeitnehmern und der räumlichen Verortung von Kunden bestimmt. Im Rahmen der Studie „Bewertung von Quellen und Abtrennungsverfahren zur Bereitstellung von CO_2 für PtG-Prozesse" [1] des DVGW wurden ausgewählte Industriebranchen hinsichtlich der räumlichen und mengenmäßigen Verteilung der zugehörigen stationären Emittenten unter Berücksichtigung prozessbedingter Emissionen betrachtet. Die Daten basieren auf dem Unionsregister der deutschen Emissionshandelsstelle DEHSt [185], [186], dem Nationalen Inventarbericht zum Deutschen Treibhausgasinventar 1990 -2015 [175] und Angaben des Verbandes der Deutschen Zementindustrie (VDZ) für 2014. Für die Chemieindustrie wurden 23 Chemieparks in Deutschland berücksichtigt [187], [188]. Chemiebetriebe, welche Wasserstoff für den Eigenverbrauch oder den Verkauf erzeugen, wurden gesondert betrachtet, da durch die Dampfreformierung eine konstant verfügbare CO_2-Quelle mit hoher Konzentration zur Verfügung steht. Es ist jedoch davon auszugehen, dass diese CO_2-Quelle bis 2030 nicht mehr zur Verfügung stehen wird, da die chemische Industrie direkt mit Wasserstoff, möglichst aus regenerativen Energien, versorgt werden soll.

Insgesamt konnten für eine räumliche Analyse 11.438 Standorte über alle Branchen hinweg recherchiert werden. Die zusammenfassende Darstellung aller Standorte der diskutierten Branchen in **Bild 4.48** zeigt eine deutschlandweite Verteilung mit Konzentration der kleineren Biogas- und Klärgasanlagen im Süden und Norden Deutschlands. Im Durchschnitt über alle CO_2-Emittenten kann in erster Näherung davon ausgegangen werden, dass CO_2 in Deutschland flächendeckend verfügbar ist. In Summe ergeben sich Gesamtemissionen in Höhe von 435 Mio. t CO_2 pro Jahr. Gegenüber Bild 4.46 (500 Mio.t CO_2/a) besteht ein Defizit in Höhe von 75 Mio. t CO_2. Die Ursache ist in den nicht erfassten Emissionen der Bauindustrie und kleinerer Industriezweige sowie einer teilweise unterschiedlichen Datenbasis zu sehen.

Für die Erschließung des „grünen" CO_2 aus Klärgas-, Biogas- und Biogasaufbereitungsanlagen, welches in Deutschland flächendeckend verfügbar ist, wird eine Vielzahl kleinerer Gasaufbereitungsanlagen erforderlich sein. 6.540 der 11.415 erfassten Anlagen emittieren weniger als 1 kt/CO_2 im Jahr. Der Aufwand der CO_2-Abtrennung und -Aufbereitung nimmt mit steigender Anlagengröße ab. Deshalb müssen insbesondere für die Nutzung von grünem CO_2 aus Klärgas- und Biogasanlagen geeignete politische Rahmenbedingungen geschaffen werden. Die bei Biogaseinspeiseanlagen (BGEA) anzutreffende Größenordnung von 2 bis 25 kt/a CO_2-Emissionen, die im Übrigen bereits abgetrennt werden, korreliert mit Emissionen industrieller Größenordnungen in der Glasindustrie, bei kleineren Kraftwerken und kleineren Kalkwerken. Vom Gesichtspunkt der CO_2-Nutzung, der Anlagenplanung und der technischen Umsetzung können damit Synergieeffekte erschlossen werden.

Bei der Verteilung der Anlagenanzahl auf verschiedenen Größenklassen ist bemerkenswert, dass 1 % der Kraftwerke der Größenklasse > 10.000 kt/a angehört, was zehn Großkraftwerken entspricht, wodurch rund 40 % der branchenspezifischen CO_2-Emissionen erzeugt werden. Insgesamt wurden lediglich 1,7 % der CO_2-Emissionen im Jahr 2015 durch 57 % aller erfassten Anlagen

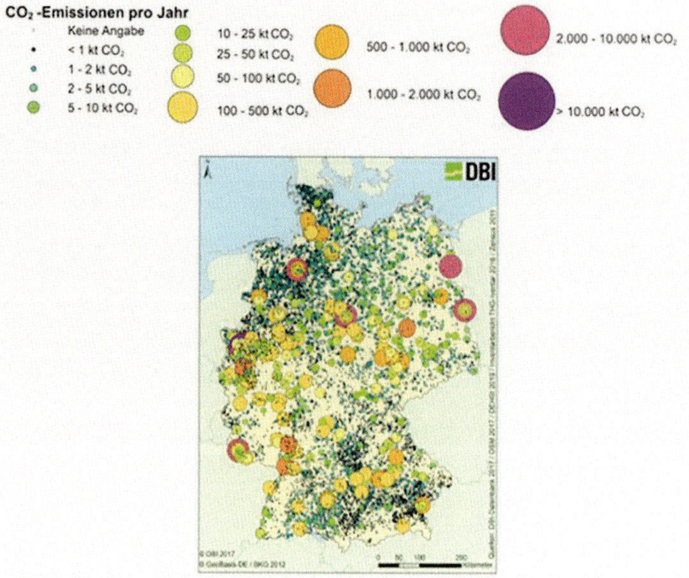

Bild 4.48: Räumliche Verteilung der jährlichen CO_2-Emissionen aller erfassten Anlagen in Deutschland, ohne Kraftwerke [189]

emittiert. Andererseits wurden 33,5 % des erfassten CO_2-Ausstoßes von lediglich 0,1 % der größten Anlagen emittiert.

4.4.2.4 Gesamtpotenzial für die Erzeugung von EE-Methan in Deutschland

Ausgehend von dem beschriebenen Potenzial an Überschussstrom nach der DVGW-Studie G201710 „Ermittlung des Gesamtpotenzials erneuerbarer Gase zur Einspeisung ins deutsche Erdgasnetz" [171] wurde das Gesamtpotenzial zur Erzeugung von Wasserstoff sowie Methan aus erneuerbaren Quellen ermittelt. Hierbei wurden die Verfügbarkeit an elektrischer Energie aus erneuerbaren Energien, die Kohlenstoffverfügbarkeit und gasnetzseitige Rahmenbedingungen berücksichtigt.

Zunächst wurde das wirtschaftliche Potenzial für die Erzeugung von Methan aus regenerativen Quellen in Deutschland ohne Kopplung mit PtG-Verfahren bestimmt. Neben Biogasanlagen, welche als relevanteste Quelle für biogenes Methan und somit auch für grünes CO_2 gelten, wurde zusätzlich die Erzeugung von SNG aus holzartiger Biomasse bestimmt. Wie in Kapitel 4.4.1 beschrieben, kann ligninreiche Biomasse durch thermochemische Konversion in Vergasungsanlagen mit anschließender Methanisierung zu Methan umgewandelt werden. Aufgrund der ausschließlichen Nutzung von Biomasse kann das bei diesem Prozess verwendete CO_2 als grün und nachhaltig eingestuft werden. Für die Kopplung mit PtG-Verfahren wurde ein vollständiger Ausbau, sowohl des fermentativen als auch des thermochemischen Methanerzeugungspotenzials, vorausgesetzt.

Das Gesamtpotenzial von grünem Methan wurde für Deutschland auf Gemeindeebene bestimmt. Sowohl aufbereitetes Biogas als auch SNG aus Vergasungsanlagen können gemäß [112],

Tabelle 4.24: Potenziale für grüne Gase in den Jahren 2030, 2050 sowie Einspeisekapazitäten von Methan in das Ortsverteilnetz in Deutschland

	Methangaspotenzial in Mrd. m^3 i.N./a	
	2030	**2050**
Aufnahmefähigkeit von Methan im Ortsverteilnetz (in Deutschland gesamt)	18,38	10,06
Biogaspotenzial ohne PtG-Kopplung	10,55	10,76
SNG aus Vergasungsanlagen ohne PtG-Kopplung	9,65	9,93
EE-Methan durch PtG-Kopplung	2,47	9,87
Summe Methan für die Einspeisung	22,66	30,55
Durch maximale Kapazität je Gemeinde direkt einspeisbar ins Ortsverteilnetz	2,77	2,67
Methan für übergeordnete Netzebenen	19,89	27,77

[190] unbegrenzt ins Gasnetz eingespeist werden. Es wurde auch die potenzielle Verfügbarkeit von Wasserstoff aus Überschussstrom ortsaufgelöst ermittelt. Für die direkte Einspeisung von Wasserstoff ins Ortsverteilnetz wurde landkreisspezifisch ein maximaler H_2-Gehalt von 10 Vol.-% bei Minimallast angenommen. Darüber hinaus verfügbarer Wasserstoff wird methanisiert. Der CO_2-Bedarf für die Methanisierung wird zunächst durch grüne CO_2-Quellen vor Ort sowie in den umliegenden Gemeinden gedeckt. Unter der Annahme eines vollständigen Ausbaus wird erst CO_2 aus Biogasanlagen und anschließend CO_2 aus Vergasungsanlagen genutzt. Besteht weiterer CO_2-Bedarf, wird dieser durch graue CO_2-Quellen und als letzte Möglichkeit durch fossile Kraftwerke gedeckt.

Wie in **Tabelle 4.24** dargestellt ist, könnten im Jahr 2030 auf diese Weise rund 22,7 Mrd. m^3 Methan ins Gasnetz eingespeist werden. Demgegenüber können aufgrund der geringen Gasabnahme in den Sommermonaten lediglich knapp 0,1 Mrd. m^3 H_2 direkt vom Orstverteilnetz aufgenommen werden. In Summe entspricht dies einem heizwertbezogenen Energieinhalt von 227 TWh, welcher durch grüne Gase bereitgestellt werden kann, was wiederum rund 23 % des deutschen Erdgasverbrauchs 2019 entspricht [191]. Etwa 89 % der Energie werden durch die direkte Methanerzeugung aus Biomasse gedeckt, der Rest wird durch PtGA bereitgestellt. Die aktuell vorherrschende Verteilung des spezifischen Energieertrags zeigt, dass die grünen Gase deutschlandweit einen homogenen Beitrag leisten können. Insbesondere in Norddeutschland ist es möglich, den Anteil grüner Gase im Gasnetz zu erhöhen. Besonders Niedersachsen nimmt eine wichtige Rolle in der Energiewende ein. Hier gilt es die, in dieser Studie nicht berücksichtigten, potenziellen Offshore-Stromüberschüsse mittels der PtG-Technologie speicherbar zu machen. Für eine anschließende Methanisierung stehen die erforderlichen grünen CO_2-Mengen durch ein hohes fermentatives Biogaspotenzial (und damit hohes Kohlenstoffdioxidpotenzial) zur Verfügung.

Bis zum betrachteten Prognosejahr 2050 steigen die Wasserstoffpotenziale aus der PtG-Technologie massiv an. Rund 220 TWh elektrische Energie stehen für eine Wasserstofferzeugung mittels Elektrolyse zur Verfügung. Daraus resultierend wird ein deutlich größeres Methanisierungspotenzial von knapp 10 Mrd. m^3 i.N./a berechnet. Dieses EE-Methan kann sich als dritte Säule der Bereitstellung erneuerbarer Gase etablieren und so, vergleichbar mit der fermentativen und synthetischen Biogaserzeugung, rund 100 TWh Energie bereitstellen. Innerhalb der definierten Modellgrenzen verbleibt ein nicht methanisierbares Wasserstoffpotenzial in Höhe von rund 7,0 Mrd. m^3. Daraus ergeben sich weitere Nutzungspotenziale, beispielweise im Sektor der Mobilität.

Laut [192] kann die vollständige Dekarbonisierung der EU durch eine Kombination aus erneuerbarem Strom und Gas bis 2050 am wirtschaftlichsten erreicht werden. Bezogen auf den Heizwert sind hierzu in etwa 1170 TWh grünes Methan erforderlich, welche zu zwei Dritteln von Biogasanlagen und zu einem Drittel durch Vergasungsanlagen gedeckt werden. Zusätzlich werden 1710 TWh Wasserstoff produziert, von denen ein kleiner Teil aus der Dampfreformierung von fossilem Erdgas stammen könnte.

4.5 Import von EE-Gasen

Deutschland wird auch in Zukunft nicht energieautark sein und muss einen relevanten Teil seines Energiebedarfs durch Import von erneuerbaren Energien decken. Diese Importe können prinzipiell in Form von elektrischer Energie oder als chemische Energieträger wie EE-Wasserstoff, EE-Methan oder flüssige Brenn- und Kraftstoffe erfolgen. Da der Transport von großen Strommengen über weite Entfernungen sehr aufwändig und kostenintensiv ist, erscheint die Umwandlung von elektrischer Energie in chemische Energieträger über PtX-Prozesse und deren Transport an den Bestimmungsort der sinnvollere Ansatz. Aufgrund der ganzjährig hohen Intensität und Anzahl an Sonnenstunden sowie guten Rahmenbedingungen für Windenergie bietet die Region „Naher Osten und Nordafrika" (kurz: MENA) ein hohes Potenzial an regenerativ erzeugter elektrischer Energie. Andere Regionen, die diskutiert werden, sind z. B. Patagonien oder Australien [193]. In den folgenden Ausführungen werden wichtige Fragestellungen zum Import von EE-Gasen adressiert und verschiedene Optionen am Beispiel der MENA-Region diskutiert.

4.5.1 Erzeugung von EE-Gasen in der MENA-Region

Die Sonneneinstrahlung in der MENA Region ist gegenüber Deutschland hoch. In Algerien z. B. liegen die Werte der direkten normalen Sonneneinstrahlung (DNI) bei etwa 2.200 kWh/(m^2 a), während in Deutschland nur durchschnittlich 1.000 kWh/(m^2 a) erreicht werden. Die Potenziale für Photovoltaik (PV) werden in Deutschland schon in großem Umfang genutzt, in der MENA-Region ist dagegen noch ein deutlicher Ausbau möglich [194]. In den MENA-Ländern steht viel unbebaute Fläche (Wüstenregionen) zur Verfügung, wodurch ein nahezu unerschöpfliches Potenzial zur EE-Stromerzeugung vorliegt. Limitierende Faktoren für die Produktion von EE-Gasen können jedoch u. a. Wasser- und CO_2-Verfügbarkeit, die notwendige Strom- und Gasinfrastruktur sowie politische Rahmenbedingungen sein. In einer Kurzstudie der Deutschen Energie-Agentur GmbH (kurz: dena) [195] wurden potenzielle Exportländer für EE-Wasserstoff u. a. in der MENA-Region identifiziert. Dabei wurden neben Flächenrestriktionen auch politisch-ökonomische Faktoren evaluiert. In der kurz- bis mittelfristigen Perspektive bis 2030 wird in der MENA-Region den Ländern Marokko, Tunesien und Türkei eine besonders hohe Eignung als Exportländer zugesprochen. Die Eignung als

Exportland ist außerdem maßgeblich davon abhängig, welche langfristigen Ziele zur Treibhausgasreduktion in den Ländern festgelegt werden und ob diese erreicht werden [196], [197].

Die Stromerzeugung durch PV hat in den letzten Jahren enorme Kostensenkungen erfahren. Dies wird durch mehrere Niedrigpreisrekorde veranschaulicht, wie das Gebot von etwa 1,7 ct/kWh für Strom aus einem 300-MW-PV-Kraftwerk im Jahr 2017 in Saudi-Arabien [198] zeigt. Aufgrund der fortschreitenden Kostenreduzierung sollen PV- und Windkraft unter optimalen Bedingungen bei Produktion in großen Mengen im Sonnengürtel bald sogar die Marke von 1 €ct/kWh Produktionskosten erreichen [199]. Die Stromgestehungskosten für PV betragen in Deutschland dagegen über 4 €ct/kWh (solare Einstrahlung: 950-1.300 kWh/(m^2 a), freistehende PV-Anlage) [200].

In Abhängigkeit der vor Ort verfügbaren Ressourcen, wie elektrische Energie, Wasser und CO_2, können verschiedene Verfahrensketten zur Erzeugung von EE-Gasen Anwendung finden. Als Edukt für die Elektrolyse kann die Verfügbarkeit von Süßwasser begrenzend sein, denn die Süßwasservorkommen sind mit nur 2,5 % der globalen Wasservorkommen sehr gering [201]. Grundsätzlich kann auch Meerwasser eingesetzt werden. Dafür muss vor der Elektrolyse eine Meerwasserentsalzung vorgesehen werden. Alternativ wird der direkte Einsatz von Meerwasser in der Elektrolyse im Rahmen von Forschungsarbeiten untersucht [202].

Für die Erzeugung von EE-Methan ist außerdem die örtliche Verfügbarkeit von CO_2 relevant. Biomasse oder industrielle Abgase als CO_2-Quellen stehen nicht weltweit flächendeckend zur Verfügung. Insbesondere in der MENA-Region ist die CO_2-Bereitstellung aus Umgebungsluft, auch Direct-Air-Capture genannt, eine interessante Alternative. DAC-Verfahren sind jedoch energieaufwändig und verhältnismäßig kostenintensiv (vgl. Kapitel 4.2). Ein alternatives Konzept ist, das CO_2 andernorts aus großen Punktquellen bereitzustellen und an den Produktionsort in MENA zu transportieren. Außerdem ist die Erzeugung von EE-Wasserstoff interessant, da dafür kein CO_2 benötigt wird [198], [203]. EE-Wasserstoff kann nach Deutschland transportiert und vor Ort direkt eingesetzt oder über eine Methanisierung zu Methan umgewandelt werden.

4.5.2 Energiedichte von EE-Gasen

Für den ökonomischen Transport von chemischen Energieträgern ist eine hohe gravimetrische und volumetrische Energiedichte (MJ pro kg bzw. pro m^3) erwünscht. Mit zunehmender volumetrischer Energiedichte wird bei gleichbleibender transportierter Energiemenge weniger Transportvolumen benötigt. Daher geht eine Erhöhung der Energiedichte mit geringeren Transportkosten einher. Wasserstoff und Methan weisen im Vergleich zu Energieträgern wie Erdöl oder Kohle geringe Energiedichten auf (**Bild 4.49**). Um die Energiedichte zu erhöhen und die Transporteffizienz zu steigern, werden die EE-Gase für den Transport komprimiert oder verflüssigt.

4.5.3 Import von EE-Methan

Der Import von EE-Methan kann grundsätzlich über Gastransportleitungen in Form von komprimiertem EE-Methan oder mit Schiffen in Form von verflüssigtem EE-Methan (EE-LNG) erfolgen. EE-Methan unterscheidet sich physikalisch/chemisch nicht von fossilem Erdgas. Für den Import von EE-Methan kommen somit die selben Logistikketten wie für Erdgas infrage. Das Logistikkonzept für den leitungsgebundenen Gastransport beinhaltet im Wesentlichen: Verdichterstationen, Gastransportleitungen und bei Bedarf Gasspeicher. Bei Onshore-Pipelines werden Zwischenverdichterstationen vorgesehen, um Druckverluste auszugleichen. Für den Transport über Offshore-Pipelines ist dies grundsätzlich ebenfalls möglich. Da die Zwischenverdichtung auf hoher See

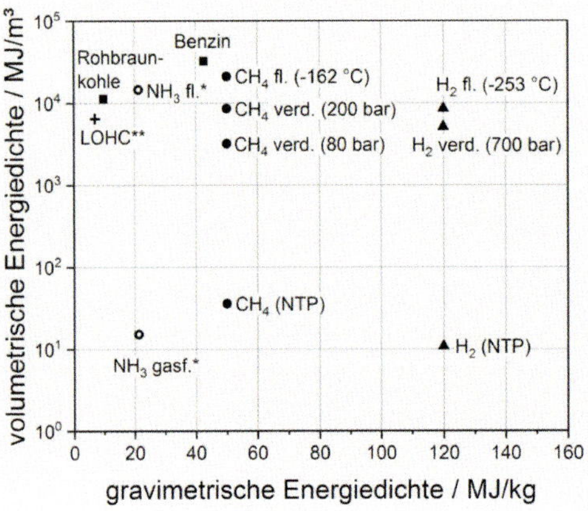

Bild 4.49: Volumetrische und gravimetrische Energiedichten von Wasserstoff und Methan sowie beispielhaft von Benzin und Rohbraunkohle bezogen auf den Heizwert des jeweiligen Energieträgers [205] (*Energiemenge von H_2 in NH_3 (gasförmig: 20 °C, 1 bar; flüssig: -34 °C, 1bar); **bezogen auf Energiemenge von H_2 in H18-DBT (20 °C, 1 bar))

jedoch sehr aufwändig ist, wird darauf nach Möglichkeit verzichtet. Stattdessen wird das Erdgas an der Küste des Exportlandes auf hohen Druck von bis zu 200 bar komprimiert. Das komprimierte Erdgas erreicht die europäische Mittelmeer-Küsten bei etwa 80 bar [205].
Die Logistikkette von LNG besteht aus mehreren Teilschritten (**Bild 4.50**):

- Transport von Erdgas per Rohrleitungen vom Produktionsort an die Verflüssigungsanlagen
- Verflüssigung und Zwischenspeicherung
- Verladung und Transport über LNG-Tankerschiffe
- Regasifizierung bei Ankunft am Bestimmungsort
- Einspeisung des Erdgases in das Gasnetz und dessen Verteilung.

In der Verflüssigungsanlage wird das Erdgas auf -162 °C (bei 1 bar) abgekühlt und die Energiedichte damit etwa um das 600-Fache (ca. 5,6 MWh/m^3, heizwertbezogen) gegenüber Umgebungstemperatur erhöht. Nachteilig ist, dass für die Abkühlung auf tiefe Temperaturen und die Abfuhr der Kondensationsenthalpie ein hoher Energieaufwand notwendig ist. Von besonderer Bedeutung innerhalb der LNG-Logistikkette ist aufgrund des auftretenden Energieverlusts und der hohen Kosten die Verflüssigungsanlage [206], [207].

Eine wesentliche Rolle bei der Auswahl bestehender bzw. dem Neubau von Logistikketten spielen die auftretenden Transportverluste, Transport- und Investitionskosten, aber auch Aspekte wie Flexibilität und Kapazität.

Vorteilhaft an LNG-Logistikketten ist die höhere Flexibilität durch die Verteilung mit Schiffen, welche prinzipiell variabel in ihrer Route sind und alle großen Seehäfen anfahren können. So kann auch flexibler auf Lieferengpässe, z. B. durch politische Krisen, reagiert werden. Neben der Flexibilität muss auch die Kapazität der Logistikkette geprüft werden [206]. Grundsätzlich ist die Übertragungskapazität von einer Gastransportleitung abhängig vom Betriebsdruck und der Nennweite. Die Offshore-Pipline Medgaz, welche Algerien und Spanien verbindet, weist beispielsweise eine Kapazität von 8 Mrd. m^3/a auf [207], [208], [209]. Für den Transport per Schiff kommen verschiedene Tanktypen infrage. Die höchste Kapazität weisen LNG-Tanker mit Membrantanks auf. Über

Bild 4.50: Darstellung des Konzepts zum Transport von verflüssigtem Erdgas bzw. EE-Methan aus der MENA-Region nach Deutschland

eine Schiffslänge von bis zu 350 m können bis zu 265.000 m^3 LNG transportiert werden [208], [209], [210]. Nach [206] liegt der Energieverlust bei leitungsgebundenen Systemen für eine Distanz von 3.000 km bei etwa 10 % der gesamten eingesetzten Primärenergie (PE) und ist vorwiegend von der zu überwindenden Distanz und den damit verbundenen Transportverlusten abhängig. Die energetischen Verluste der LNG-Logistikkette entfallen vor allem auf die Verflüssigung, gefolgt von der Verschiffung [206], [209], [210]. Hocheffiziente medium-scale Verflüssigungsanlagen, wie in Hammerfest (Norwegen), erreichen an den kühlen Standorten Europas elektrische Energiebedarfe ab etwa 0,3 kWh/kg LNG [140], [211]. Die Verluste bei der Produktion, Regasifizierung und Speicherung sind demgegenüber gering [208]. Eine LNG-Logistikkette ist im Vergleich zu Gastransportleitungen die energieintensivere Transportlösung, gleiches gilt für die Treibhausgasemissionen [210].

Aufgrund der gegenüber den Transportkosten hohen Investitionskosten der LNG-Logistikkette ist diese Logistikkette vor allem bei langen Strecken ökonomisch interessant. Der „Break-even-Point" in Abhängigkeit der Transportweglänge liegt je nach Literatur zwischen 2.500 und 8.000 km [209]. Der primäre Anteil der Investitionskosten einer LNG-Logistikkette entfällt mit ca. 45 % der Gesamtinvestition auf die Verflüssigungsanlage [210]. Die für LNG-Logistikketten notwendige Infrastruktur ist aufwändig, kann aber schneller als Gastransportleitungen realisiert werden. Aus Investitionskostengründen sollten bei der Auswahl von Logistikketten bereits bestehende Transportketten vom Produktionsort nach Deutschland bzw. dem Verbrauchsort vorgezogen werden.

Gastransport aus der MENA-Region nach bzw. in Europa und Deutschland:
Die MENA-Region hat bereits heute eine zentrale Stellung als Lieferant von Erdöl und Erdgas. Über 40 % der weltweiten Gasreserven befinden sich in der MENA-Region. Etwa 20 % des weltweit geförderten Erdgases stammt aus dieser Region. Die MENA-Förderländer versorgen auch Südeuropa mit Erdgas, insbesondere Spanien und Italien, über die Gastransportleitungen „Medgaz", „Maghreb-Europa", „Transmed" und „Greenstream". Deutschland importiert bislang direkt aus den MENA-Staaten ausschließlich Erdöl (Stand 2010) [213].

Das europäische Erdgasnetz ist mit einer Fernleitungsnetzlänge von 235.000 km [208] gut ausgebaut. Aus den Hauptlieferantenländern Russland, Norwegen und Niederlande [213] führen die meisten Gastransportleitungen nach Deutschland. Die deutsche Erdgasversorgung aus dem Ausland erfolgt über ca. 23 Entry-Exit-Points [208]. Das Erdgas kann an einem beliebigen dieser Punkte in das Netz eingespeist (=Entry) oder entnommen (= Exit) werden.

Die nationale Gasinfrastruktur übernimmt die Verteilung des aus den Förderländern importierten Gases an die Verbraucher. Der Anteil von Gas am Endenergieverbrauch beträgt in Deutschland ca. 26 %. Deshalb besteht bereits eine leistungsstarke Infrastruktur aus nationalen Transport- und Verteilnetzen sowie Gasspeichern [214].

Export- und Importterminals für LNG in der MENA-Region bzw. in Europa:
Weltweit wurden 2017 etwa 40 % des geförderten Erdgases (ca. 320 Mrd. m^3/a) in Form von LNG gehandelt [215]. Europa ist weltgrößter Erdgasimporteur (ca. 350 Mrd. m^3/a). Auch der Anteil an EU-Gasimporten, welche als LNG bereitgestellt wurden, wuchs in den letzten Jahren und betrug im Jahr 2017 14 %. Der Import von LNG in die EU stammt vorwiegend aus den MENA-Staaten Katar (41 %), Algerien (17 %) und Nigeria (19 %) [216]. Wesentlicher Bestandteil der LNG-Logistikkette sind Exportterminals im Förderland. In Algerien, Libyen, Ägypten und Katar sind bereits LNG-Exportterminals in Betrieb [212]. Katar ist aktuell der global größte agierende LNG-Anbieter mit etwa 100 Mrd. m^3 pro Jahr. [216].

Entscheidend für den LNG-Transport sind neben den Verflüssigungs- und Verladestationen in den Förderländern auch die verfügbaren Regasifierungsanlagen im Importland. In Europa sind derzeit 28 große LNG-Regasifizierungsanlagen in Betrieb. Hinzu kommen acht Regasifizierungsanlagen im kleinen Maßstab u. a. in Deutschland.

Deutschland besitzt bislang kein großes LNG-Importterminal. Ein solches ist unter dem Namen „Brunsbüttel LNG" jedoch in Planung und soll etwa im Jahr 2022 mit einer Kapazität von 5 Mrd. m^3 pro Jahr realisiert werden [215].

Zusammenfassung:
Fossiles Erdgas, welches heute über die oben beschriebenen Wege transportiert wird, unterscheidet sich physikalisch/chemisch nicht von EE-Methan und kann durch dieses, bereits heute, sukzessive ersetzt werden. Für den Transport von EE-Methan kann also grundsätzlich auf vorhandene Infrastruktur zurückgegriffen werden. Sowohl für den leitungsgebundenen Transport von EE-Methan, als auch für den Transport von EE-LNG via Schiff aus MENA nach Europa bestehen bereits Logistikketten. Für die Anlandung von großen Mengen EE-LNG in Deutschland müssten jedoch Regasifizierungsanlagen gebaut werden. Die Tatsache, dass auf vorhandene Logistikketten zurückgegriffen werden kann und so Synergieeffekte genutzt werden können, ist nicht zuletzt den Transportkosten zuträglich.

4.5.4 Import von EE-Wasserstoff

Neben dem Import von komprimiertem bzw. verflüssigtem EE-Methan ist der Import von EE-Wasserstoff denkbar, insbesondere bei mangelnder CO_2-Quelle am Produktionsstandort. Eine große Herausforderung beim Wasserstofftransport stellt die niedrige volumetrische Energiedichte von 3 kWh/m^3 (NTP, heizwertbezogen) dar. Diese Hürde kann durch Kompression, Verflüssigung oder chemische Bindung von Wasserstoff an größere Moleküle überwunden werden. Bei einer Kompression von Wasserstoff von 1 auf 350 bzw. 700 bar werden 9 bzw. 12 % der im Wasserstoff enthaltenen Energie benötigt [137]. Die volumetrische Energiedichte steigt bei einer Kompression auf 700 bar auf 1,4 MWh/m^3 (15 °C, heizwertbezogen) an. Die Verflüssigung von Wasserstoff ist aufgrund der niedrigen Siedetemperatur von -253 °C sehr energieintensiv und benötigt 20-45 % des Energieinhalts von Wasserstoff [217]. Dabei erhöht sich die Energiedichte auf 2,36 MWh/m^3

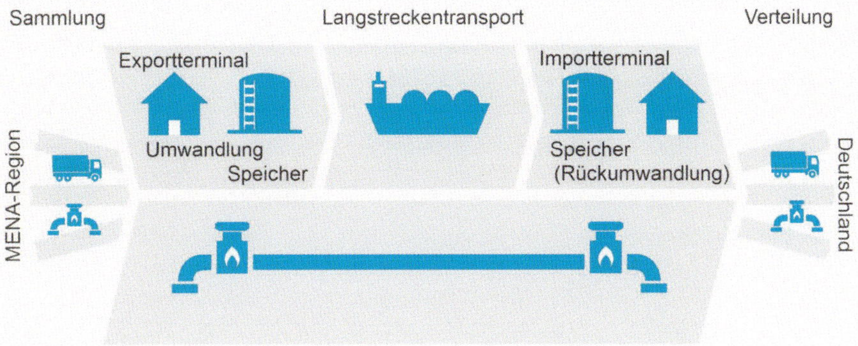

Bild 4.51: Darstellung verschiedener Transportoptionen zum Import von Wasserstoff aus der MENA-Region nach Deutschland

(-253 °C, 1 bar, heizwertbezogen). Beispiele für chemisch gebundenen Wasserstoff sind LOHC (liquid organic hydrogen carrier) und Ammoniak. LOHCs sind organische Substanzen, die Wasserstoff durch Hydrierung aufnehmen (z. B. Umwandlung von DBT (Dibenzyltoluol) zu H18-DBT) und durch Dehydrierung wieder abgeben können. 1 l DBT kann beispielsweise 600 l Wasserstoff aufnehmen. LOHCs können ohne Kühlung als Flüssigkeit transportiert werden. Ammoniak erreicht bei einer Temperatur von -33 °C den flüssigen Zustand und der benötigte Energieaufwand zur Verflüssigung beträgt weniger als 0,1 % des Energieinhalts von Ammoniak [218]. Der Energiegehalt von Wasserstoff in gasförmigem Ammoniak beträgt ca. 4 kWh/m^3 NH_3 (20 °C, 1 bar, heizwertbezogen) und in flüssigem Ammoniak ca. 4 MWh/m^3 LNH_3 (-34 °C, 1 bar, heizwertbezogen). Für den Wasserstofftransport in Form von Ammoniak und LOHC ist zu beachten, dass vor und nach dem Transport Anlagen zur chemischen Umwandlung erforderlich sind (Ammoniak: Ammoniaksynthese/Cracken; LOHC: Hydrierung/Dehydrierung).

Bild 4.51 zeigt mögliche Transportoptionen entlang der Logistikkette für den Import von Wasserstoff aus der MENA-Region. Die Logistikkette umfasst die Zusammenführung des Wasserstoffs von dezentralen Produktionsstätten an einem zentralen Ort in der Exportregion, den Übersee-Langstreckentransport und die Verteilung des Wasserstoffs in Deutschland. Als Transportoptionen kommen für die Zusammenführung und Verteilung Rohrleitungen und LKWs infrage. Für den Langstreckentransport werden Rohrleitungen und Schiffe in Betracht gezogen. Für einen Schiffstransport sind Export- und Importterminals mit entsprechenden Anlagen zur Verflüssigung bzw. Regasifizierung oder chemischen Umwandlung erforderlich. Des Weiteren müssen, abhängig von der Transportoption, an geeigneten Stellen entlang der Logistikkette Lang- und Kurzzeit-Wasserstoffspeicher installiert werden. Im Folgenden werden die verschiedenen Transportoptionen für den Langstreckentransport (Rohrleitung und Schiff) und für die Verteilung von Wasserstoff (Rohrleitung und LKW) näher betrachtet. Die Zusammenführung des Wasserstoffs an einem zentralen Ort in der Exportregion kann ähnlich der Verteilung in Deutschland erfolgen und wird nicht gesondert beschrieben.

Rohrleitungsgebundener Langstreckentransport:
Eine Möglichkeit, große Mengen komprimierten Wasserstoffs über lange Strecken zu transportieren, ist die Einspeisung von Wasserstoff in das existierende leitungsgebundene Erdgasnetz. In diesem Fall würde in den Rohrleitungen ein Erdgas/Wasserstoff-Gemisch vorliegen. Eine große Herausforderung stellt dabei die Wasserstoff-Kompatibilität der Gasinfrastruktur und der Endanwendungen dar sowie die unterschiedlichen länderspezifischen Regelungen zur Einspeisung. Eine Umrüstung von bestehenden Hochdruck-Erdgasleitungen in reine Wasserstoffleitungen ist ebenfalls denkbar und wurde bereits in kleinen Teilnetzen umgesetzt [219].

Weiterhin besteht die Möglichkeit, reine Wasserstofftransportleitungen zu errichten. Aktuell existieren weltweit ausschließlich regionale Wasserstofftransportnetze, die vorwiegend von Wasserstoffproduzenten betrieben werden. In einer Studie von [220] wird vorgeschlagen, eine Rohrleitung zu erbauen, die von Italien, über Griechenland und durch das Mittelmeer bis nach Ägypten führt. Ein weiterer Ausbau nach Äthiopien und in den Mittleren Osten wird ebenfalls betrachtet. Grundsätzlich kann nicht nur komprimierter Wasserstoff, sondern auch Ammoniak oder LOHCs per Rohrleitung transportiert werden. LOHC könnte aufgrund seiner Eigenschaften in bereits existierenden Erdöl-Rohrleitungen transportiert werden. Jedoch müsste LOHC nach der Dehydrierung zur Wiederverwendung an den Ursprungsort zurückgeführt werden.

Langstreckentransport per Schiff:
Für den Schiffstransport kommen flüssiger Wasserstoff und chemisch gebundener Wasserstoff in Form von Ammoniak und LOHC infrage. Derzeit existieren keine Schiffe zum Transport von flüssigem Wasserstoff, jedoch ist die Entwicklung solcher Gegenstand aktueller Forschungsprojekte (z. B. HYSTRA). Der interkontinentale Transport von Ammoniak ist bereits erprobt. Der Schiffstransport von LOHC hätte zum Vorteil, dass Öltanker eingesetzt werden können. Analog zum Rohrleitungstransport ist der zusätzlich entstehende Rücktransport des LOHC für eine Wiederverwendung zu beachten. Voraussetzung für jegliche Art von Schiffstransport ist der Aufbau einer Infrastruktur an den Import- und Exportterminals. Hier sind Anlagen zur Speicherung (Lang- und Kurzzeitspeicher) sowie zur Verflüssigung, Regasifizierung oder chemischen Umwandlung notwendig.

Leitungsgebundene Verteilung in Deutschland:
Analog zum Langstreckentransport kommen für die leitungsgebundene Verteilung ein Neubau reiner Wasserstoffleitungen, Umrüstung von bestehenden Erdgasleitungen oder die Einspeisung in das bestehende Erdgasnetz infrage. Bei der Einspeisung in das bestehende Erdgasnetz müssen die Regeln der DVGW-Arbeitsblätter berücksichtigt werden. Eine Umrüstung einer bestehenden 12 km-Erdgasleitung wurde erstmals vom Fernleitungsnetzbetreiber Gasunie in den Niederlanden durchgeführt [219]. Pläne für ein deutschlandweites Wasserstofftransportnetz werden beispielsweise von deutschen Fernleitungsnetzbetreibern vorgestellt [221]. Im Rahmen des Projektes „Get H2 Nukleus" soll bis Ende 2022 in Deutschland das erste öffentlich zugängliche Wasserstoffnetz mit einer Länge von 130 km gebaut werden [222]. Bereits existierende lokale Wasserstoffnetze werden in Deutschland aktuell von der Air Liquide Deutschland GmbH (Rhein-Ruhr-Gebiet, 240 km) und der Linde AG (Leuna,135 km) betrieben.

Verteilung per LKW:
Die Verteilung von Wasserstoff per LKW erfolgt in komprimierter Form oder bei größeren Transportmengen verflüssigt. Für den Transport von komprimiertem Wasserstoff im Importland werden Druckgasflaschen auf sogenannten CGH_2-Tube-Trailern bei Drücken von 200 bis 500 bar (bis zu 1.100 kg H_2) gebündelt. Flüssiger Wasserstoff wird in isolierten kryogenen Tanks per LH_2-Trailer transportiert (1 bis 4 bar, bis zu 4.000 kg H_2) mit einer Reichweite von ca. 4.000 km [137]. Für die Verteilung von Wasserstoff in Form von Ammoniak oder LOHC könnten sowohl LKWs als auch Rohrleitungen eingesetzt werden.

Pilotprojekt „HYSTRA":
Die Konkurrenzfähigkeit von Wasserstoff ist maßgeblich von den Transportkosten abhängig. Der Optimierung der einzelnen Transportoptionen widmen sich zahlreiche Projekte wie Green Ammonia Consortium, Hydrogenious und CSIRO. Ein weiteres Projekt ist das Pilotprojekt „Hystra" der „CO_2-free Hydrogen Energy Supply-chain Technology Research Association". Innerhalb dieses Projekts wird die gesamte Wertschöpfungskette von der Wasserstofferzeugung in Australien, über den Schiffstransport, bis hin zur Entladung in Japan untersucht. Schwerpunkte sind die Entwicklung des Schiffs und die Erbauung des weltweit ersten Importterminals für Flüssigwasserstoff. Die Umsetzung soll im Jahr 2020 beginnen und die Kommerzialisierung ist für das Jahr 2030 geplant [223].

Zusammenfassung:
Die Wahl von geeigneten Transportoptionen ist individuell zu betrachten und durch die geografische Lage und die Endanwendung des Wasserstoffs bedingt. Transportdistanz und -volumen spielen für die Auswahl, insbesondere unter ökonomischen Gesichtspunkten, ebenfalls eine wichtige Rolle. Nach Einschätzung der IEA [224] ist unter Berücksichtigung der kompletten für die Logistikkette benötigte Infrastruktur für Distanzen < 1.500 km der rohrleitungsgebundene Transport von komprimiertem Wasserstoff am günstigsten. Für Distanzen > 1.500 km ist der Schiffstransport von Ammoniak oder LOHC die kostengünstigste Transportoption. Für eine Abwägung, ob die H_2-Produktion nahe der H_2-Nutzung oder nahe der Energiequelle sinnvoller ist, bedarf es einer Gegenüberstellung der Transportkosten und der örtlichen Stromkosten.

Der Import von EE-Wasserstoff stellt insbesondere dann eine interessante Alternative zum Import von EE-Methan dar, wenn am Ort der EE-Gaserzeugung nicht ausreichend CO_2 für eine Methanisierung zur Verfügung steht. Dabei entfallen die mit der Methanisierung einhergehenden Umwandlungsverluste, weshalb bei der Wasserstoffherstellung ein höherer Wirkungsgrad vorliegt als bei der EE-Methanproduktion. Die Konzepte für den Langstreckentransport von Wasserstoff sind jedoch noch nicht verfügbar und müssen weiterhin erforscht werden. Der Transport von Wasserstoff ist aufgrund der niedrigeren volumetrischen Energiedichte (H2: 12,75 MJ/m^3 (NTP)) zudem energieintensiv.

Literatur

[1] Schäffer, J.; Ortloff, F.; Lubenau, U.; Imberg, C.; Senner, J.: Bewertung von Quellen und Abtrennungsverfahren zur Bereitstellung von CO_2 für PtG-Prozesse. Abschlussbericht G201621, G 1/04/16; 2019

[2] Atkins, P. W.; Höpfner, A.; Trapp, C. A.: Physikalische Chemie. VCH, Weinheim, 1990

[3] Metz, B.: IPCC special report on carbon dioxide capture and storage. Cambridge University Press for the Intergovernmental Panel on Climate Change, Cambridge, 2005

[4] Bajohr, S.; Graf, F.: Biogas-Erzeugung-Aufbereitung-Einspeisung. Oldenbourg Industrieverlag, München, 2010

[5] Häussinger, P.; Lohmüller, R.; Watson, A. M.: Hydrogen. 2. Production. In: Ullmann's Encyc-lopedia of Industrial Chemistry. Wiley-VCH Verlag GmbH & Co. KGaA, Weinheim, 2000

[6] Fachagentur Nachwachsende Rohstoffe e.V. (FNR) (Hrsg.): Leitfaden Biogas. Von der Gewinnung zur Nutzung. 7. Auflage, Druckerei Weidner, Rostock, 2016

[7] Biogas Netzeinspeisung: Systemüberblick Druckwechseladsorption (PSA). 2014

[8] Yu, C.-H.; Huang, C.-H.; Tan, C.-S.: A Review of CO_2 Capture by Absorption and Adsorption. In: Aerosol and Air Quality Research, 12 (2012) 5, S.745-69, Online, [https://doi.org/10.4209/aaqr.2012.05.0132]

[9] Martín, C. F.; Plaza, M. G.; Pis; J. J.; Rubiera, F.; Pevida C.; Centeno, T. A.: On the limits of CO_2 capture capacity of carbons. In: Separation and Purification Technology, 74 (2010) 2, S. 225-229, Online, [https://doi.org/10.1016/j.seppur.2010.06.009]

[10] Choi, S.; Drese, J. H.; Jones, C. W.: Adsorbent Materials for Carbon Dioxide Capture from Large Anthropogenic Point Sources. In: ChemSusChem, 2 (2009) 9, S. 796-854, Online, [https://doi.org/10.1002/cssc.200900036]

[11] Songolzadeh, M.; Soleimani, M.; Takht Ravanchi, M.; Songolzadeh, R.: Carbon dioxide separation from flue gases: A technological review emphasizing reduction in greenhouse gas emissions. In: ScientificWorldJournal, 2014, 2014:828131, Online, [https://doi.org/10.1155/2014/828131]

[12] Radosz, M.; Hu, X.; Krutkramelis, K.; Shen, Y.: Flue-Gas Carbon Capture on Carbonaceous Sorbents: Toward a Low-Cost Multifunctional Carbon Filter for „Green" Energy Producers. In: Ind. Eng. Chem. Res., 47 (2008) 10, S. 3.783-3.794, Online, [https://doi.org/10.1021/ie0707974]

[13] Castro-Gonzales, L.; Kimmerle, K.; Schippert, E.; Fickinger, D.: Finding and Evaluating of Adequate Adsorbents for the Adsorption of CO_2 from Humid Gas Streams. In: Chemis-trySelect, 1 (2016) 11, S. 2.834-2.841, Online, [https://doi.org/10.1002/slct.201600094]

[14] Harlick, P. J. E.; Sayari, A.: Applications of Pore-Expanded Mesoporous Silicas. 3. Triamine Silane Grafting for Enhanced CO_2 Adsorption. In: Ind. Eng. Chem. Res., 45 (2006) 9, S. 3.248-3.255, Online, [https://doi.org/10.1021/ie051286p]

[15] Hicks, J. C.; Drese, J. H.; Fauth, D. J.; Gray, M. L.; Qi, G.; Jones, C. W.: Designing Adsorbents for CO_2 Capture from Flue Gas-Hyperbranched Aminosilicas Capable of Capturing CO_2 Reversibly. In: Journal of the American Chemical Society, 130 (2008) 10, S. 2.902-2.903, Online, [https://doi.org/10.1021/ja077795v]

[16] Kaskel, S.; Böhringer, B.; Caro, J.; Fröba, M.; Göbbert, C.; Klein, N. et al. (Hrsg.): Metallorganische Gerüstverbindungen (MOFs). Technische Informationsbibliothek u. Universitätsbibliothek, Hannover; Frankfurt am Main, 2014

[17] Drews, A.: Membranverfahren in der industriellen und kommunalen Abwassertechnik. Grundlagen der Membranprozesse. Tu Berlin, 2007

[18] Melin, T.; Rautenbach, R.; Membranverfahren. Grundlagen der Modul- und Anlagenauslegung. 3. Auflage, Springer-Verlag, Berlin; Heidelberg, 2007

[19] Koros, W. J.; Ma, Y. H.; Shimidzu, T.: Terminology for membranes and membrane processes. IUPAC Recommendations 1996. In: Pure and Applied Chemistry, 68 (1996) 7, S.1.479-1.489, Online, [https://doi.org/10.1351/pac199668071479]

[20] Technische Universität Wien: Überblick über Biogas-Aufbereitungstechnologien zur Produktion von Biomethan. 2012

[21] Chowdhury, F. A.; Yamada, H.; Higashii, T.; Goto, K.; Onoda, M.: CO_2 Capture by Tertiary Amine Absorbents. A Performance Comparison Study. In: Ind. Eng. Chem. Res., 52 (2013) 24, S. 8.323-8.331, Online [https://doi.org/10.1021/ie400825u]

[22] Gantert, S.; Möller, D.; Ultrasonic Desorption of CO_2. A New Technology to Save Energy and Prevent Solvent Degradation. In: Chem. Eng. Technol., 35 (2012) 3, S. 576-578, Online, [https://doi.org/10.1002/ceat.201100395]

[23] Ortloff, F.; Bajohr, S.; Graf, F.; Kolb, T.: Entwicklung eines Biogasaufbereitungsverfahrens mit ionischen Flüssigkeiten. Vorgehensweise, Potenziale und Herausforderungen. In: gwf-Gas | Erdgas, 154 (2013) 10, S. 762-769

[24] Brouwer, A.S.; van den Broek, M.; Seebregts, A.; Faaij, A. P. C.: The Flexibility Requirements for Power Plants with CCS in a Future Energy System with a Large Share of Intermittent Renewable Energy Sources. In: Energy Procedia, 37 (2013), S. 2.657-2.664, Online, [https://doi.org/10.1016/j.egypro.2013.06.150]

[25] Wang, M.; Lawal, A.; Stephenson, P.; Sidders, J.; Ramshaw, C.: Post-combustion CO_2 capture with chemical absorption. A state-of-the-art review. Chemical Engineering Research and Design, 89 (2011) 9, S. 1.609-1.624, Online, [https://doi.org/10.1016/j.cherd.2010.11.005]

[26] Xu, G.; Le; Li; Yang, Y.; Tian, L.; Liu, T.; Zhang, K.: A novel CO_2 cryogenic liquefaction and separation system. In: Energy, 42 (2012) 1, S. 522-529, Online, [https://doi.org/10.1016/j.energy.2012.02.048]

[27] Tuinier, M. J.; van Sint Annaland, M.: Biogas Purification Using Cryogenic Packed-Bed Technology. In: Ind. Eng. Chem. Res., 51 (2012) 15, S. 5.552-5.558, Online, [https://doi.org/10.1021/ie202606g]

[28] Spero, C.: Callide Oxyfuel Project. Lessons Learned. Global CCS Institut, Docklands (Australien), 2014

[29] Hammer, M.; Wahl, P. E.; Anantharaman, R.; Berstad, D.; Lervåg, K. Y.: CO_2 Capture from Off-shore Gas Turbines Using Supersonic Gas Separation. In. Energy Procedia, 63 (2016), S. 243-252, Online [https://doi.org/10.1016/j.egypro.2014.11.026]

[30] Takahashi, T.; Broecker, W. S.; Bainbridge, A. E.: The Alkalinity and Total Carbon Dioxide Concentration in the World Oceans. Online, [https://scope.dge.carnegiescience.edu/SCOPE_16/SCOPE_16_1.5.07_Takahashi_271-286.pdf]

[31] Willauer, H. D.; Hardy, D. R.; Schultz, K. R., Williams, F. W.: The feasibility and current estimated capital costs of producing jet fuel at sea using carbon dioxide and hydrogen. In: J. Renewable Sustainable Energy, 4 (2012) 3, 33111, Online, [https://doi.org/10.1063/1.4719723]

[32] Eisaman, M. D.; Parajuly, K.; Tuganov, A.; Eldershaw, C.; Chang, N.; Littau, K. A.: CO_2 extraction from seawater using bipolar membrane electrodialysis. In: Energy & Environmental Science, 5 (2012) 6, 7346, Online, [https://doi.org/10.1039/c2ee03393c]

[33] Viebahn, P.; Zelt, O.; Fischedick, M.; Hildebrand, J.; Heib, S.; Becker, D. et al.: Technologien für die Energiewende. Politikbericht. Teilprojekt A im Rahmen des strategischen BMWi-Leitprojekts „Trends und Perspektiven der Energieforschung". Wuppertal, 2018

[34] Schmidt, P. R.; Zittel, W.; Weindorf, W.; Raksha, T.: Renewables in Transport 2050. Empowering a sustainable mobility future with zero emission fuels from renewable electricity. Kraftstoffstudie II, Final Report, 2016

[35] Mörs, F.; Schlautmann, R.; Gorre, J.; Leonhard, R.: Innovative large-scale energy storage technologies and power-to-gas concepts after optimisation (STORE&GO). Final report on evaluation of technologies and processes, 2020

[36] Viebahn, P.; Scholz, A.; Zelt, O.: Entwicklungsstand und Forschungsbedarf von Direct Air Capture. Ergebnis einer multidimensionalen Analyse. In: Energiewirtschaftliche Tagesfragen, 69 (2012) 12, S. 30-33

[37] Fasihi, M.; Efimova, O.; Breyer, C.: Techno-economic assessment of CO_2 direct air capture plants. In: Journal of Cleaner Production, 224 (2019), S. 957-980, Online, [https://doi.org/10.1016/j.jclepro.2019.03.086]

[38] Peebles, D. E.; Goodman, D. W.; White, J. M.: Methanation of carbon dioxide on nickel (100) and the effects of surface modifiers. In: J. Phys. Chem., 87 (1983) 22, S. 4.378-4.387, Online, [https://doi.org/10.1021/j100245a014]

[39] Fujita, S.; Terunuma, H.; Kobayashi, H.; Takezawa, N.: Methanation of carbon monoxide and carbon dioxide over nickel catalyst under the transient state. In: React Kinet Catal Lett, 33 (1987) 1, S. 179-184, Online, [https://doi.org/10.1007/BF02066720]

[40] Falconer, J. L.; Zağli, A. E.: Adsorption and methanation of carbon dioxide on a nickel/silica catalyst. In: Journal of Catalysis, 62 (1980) 2, S. 280-285, Online, [https://doi.org/10.1016/0021-9517(80)90456-X]

[41] Weatherbee, G. D.; Bartholomew, C. H.: Hydrogenation of CO_2 on group VIII metals II. Kinetics and mechanism of CO_2 hydrogenation on nickel. In: Journal of Catalysis, 77 (1982) 2, S. 460-472, Online, [https://doi.org/10.1016/0021-9517(82)90186-5]

[42] Sehested, J.; Dahl, S.; Jacobsen, J.; Rostrup-Nielsen, J. R.: Methanation of CO over nickel. Mechanism and kinetics at high H_2/CO ratios. In: J Phys Chem B, 109 (2005) 6, S. 2.432-2.438, Online, [https://doi.org/10.1021/jp040239s]

[43] Alstrup, I.: On the Kinetics of Co Methanation on Nickel Surfaces. In: Journal of Catalysis, 151 (1995) 1, S. 216-225, Online [https://doi.org/10.1006/jcat.1995.1023]

[44] Araki, M.; Ponec, V.: Methanation of carbon monoxide on nickel and nickel-copper alloys. In: Journal of Catalysis, 44 (1976) 3, S. 439-448, Online, [https://doi.org/10.1016/0021-9517(76)90421-8]

[45] Andersson, M. P.; Abild-Pedersen, F.; Remediakis, I. N.; Bligaard, T.; Jones, G.; Engbæk, J. et al.: Structure sensitivity of the methanation reaction: H_2-induced CO dissociation on nickel surfaces. In: Journal of Catalysis 255 (2008) 1, S. 6-19, Online, [https://doi.org/10.1016/j.jcat.2007.12.016]

[46] Sanchez-Escribano, V.; Larrubia Vargas, M. A.; Finocchio, E.; Busca, G.: On the mechanisms and the selectivity determining steps in syngas conversion over supported metal catalysts: An IR study. Applied Catalysis A. In: General, 316 (2007) 1, S. 68-74, Online, [https://doi.org/10.1016/j.apcata.2006.09.020]

[47] Vannice, M. A.: The Catalytic Synthesis of Hydrocarbons from Carbon Monoxide and Hydrogen. In: Catalysis Reviews, 14 (1914) 1, S. 153-191, Online, [https://doi.org/10.1080/03602457608073410]

[48] Vesselli, E.; Schweicher, J.; Bundhoo, A.; Frennet, A.; Kruse, N.: Catalytic CO_2 Hydrogenation on Nickel. Novel Insight by Chemical Transient Kinetics. In: The Journal of Physical Chemistry C, 115 (2010) 4, S. 1.255-1.260, Online, [https://doi.org/10.1021/jp106551r]

[49] Pan, Q.; Peng, J.; Sun, T.; Wang, S.; Wang, S.: Insight into the reaction route of CO_2 methanation. Promotion effect of medium basic sites. In: Catalysis Communications, 45 (2014), S. 74-78, Online, [https://doi.org/10.1016/j.catcom.2013.10.034]

[50] Aldana, P.U.; Ocampo, F.; Kobl, K.; Louis, B.; Thibault-Starzyk, F.; Daturi, M. et al: Catalytic CO_2 valorization into CH_4 on Ni-based ceria-zirconia. Reaction mechanism by operando IR spectroscopy. In: Catalysis Today, 215 (2013), S. 201-207, Online, [https://doi.org/10.1016/j.cattod.2013.02.019]

[51] Bothra, P.; Periyasamy, G.; Pati, S. K.: Methane formation from the hydrogenation of carbon dioxide on Ni (110) surface. A density functional theoretical study. In: Phys Chem Chem Phys, 15 (2013) 15, S. 5.701-5.706, Online, [https://doi.org/10.1039/C3CP44495C]

[52] Krämer, M.; Stöwe, K.; Duisberg, M.; Müller, F.; Reiser, M.; Sticher, S. et al.: The impact of do-pants on the activity and selectivity of a Ni-based methanation catalyst. Applied Catalysis A. In: General, 369 (2009) 1-2, S. 42-52, S., Online, [https://doi.org/10.1016/j.apcata.2009.08.027]

[53] Inul, T.; Funabiki, M.; Takegami, Y.: Simultaneous methanation of CO and CO_2 on supported Ni-based composite catalysts. In: Industrial & Engineering Chemistry Product Research and Development, 19 (1980) 3, S. 385-388

[54] Fujita, S.; Terunuma, H.; Nakamura, M.; Takezawa, N.: Mechanisms of methanation of carbon monoxide and carbon dioxide over nickel. In: Industrial & Engineering Chemistry Research, 30 (1991) 6, S. 1.146-1.151

[55] Bobrova, L.; Andreev, D.; Ivanov, E.; Mezentseva, N.; Simonov, M.; Makarshin, L. et al.: Water–Gas Shift Reaction over Ni/CeO_2 Catalysts. In: Catalysts, 7 (2017) 10, S. 310, Online, [https://doi.org/10.3390/catal7100310]

[56] Thauer, R. K.; Kaster, A.-K.; Seedorf, H.; Buckel, W.; Hedderich, R.: Methanogenic archaea. Ecologically relevant differences in energy conservation. In: Nat Rev Microbiol, 6 (2008) 8, S. 579-591, Online, [https://doi.org/10.1038/nrmicro1931]

[57] Batstone, D. J.; Keller, J.; Angelidaki, I.; Kalyuzhnyi, S. V.; Pavlostathis, S. G.; Rozzi, A. et al.: The IWA Anaerobic Digestion Model No 1 (ADM1). In: Water Sci. Technol., 45 (2002) 10, 65-73

[58] Jee, H. S.; Yano, T.; Nishio, N.; Nagai, S.: Biomethanation of H_2 and CO_2 by Methanobacterium thermoautotrophicum in membrane and ceramic bioreactors. In: Journal of Fermentation Technology, 65 (1987) 4, S. 413-418, Online, [https://doi.org/10.1016/0385-6380(87)90137-3]

[59] Martin, M. R.; Fornero, J. J.; Stark, R.; Mets, L.; Angenent, L. T.: A Single-Culture Bioprocess of Methanothermobacter thermautotrophicus to Upgrade Digester Biogas by CO_2-to-CH_4 Conversion with H_2. In: Archaea, (2013) 7, S. 1-11, Online, [https://doi.org/10.1155/2013/157529]

[60] Seifert, A. H.; Rittmann, S.; Bernacchi, S.; Herwig, C.: Method for assessing the impact of emission gasses on physiology and productivity in biological methanogenesis. In: Bioresource Technology, 136 (2013), S. 747-751, Online, [https://doi.org/10.1016/j.biortech.2013.03.119]

[61] Nishimura, N.; Kitaura, S.; Mimura, A.; Takahara, Y.: Cultivation of thermophilic methanogen KN-15 on H_2-CO_2 under pressurized conditions. In: Journal of Fermentation and Bioengineering, 73 (1992) 6, S. 477-480, Online, [https://doi.org/10.1016/0922-338X(92)90141-G]

[62] Burkhardt, M.; Busch, G.: Methanation of hydrogen and carbon dioxide. In: Applied Energy, 111 (2013), S. 74-79, Online, [https://doi.org/10.1016/j.apenergy.2013.04.080]

[63] Bartlett, D. H.: Pressure effects on in vivo microbial processes. In: Biochimica et Biophysica Acta (BBA) – Protein Structure and Molecular Enzymology, 1.595 (2002) 1-2, S. 367-381, Online, [https://doi.org/10.1016/S0167-4838(01)00357-0]

[64] Takai, K.; Nakamura, K.; Toki, T.; Tsunogai, U.; Miyazaki, M.; Miyazaki, J. et al.: Cell proliferati-on at 122 degrees C and isotopically heavy CH_4 production by a hyperthermophilic methanogen under high-pressure cultivation. In: Proc Natl Acad Sci U S A, 105 (2008) 31, S. 10.949-10.954, Online, [https://doi.org/10.1073/pnas.0712334105]

[65] Senderens, J. B.; Sabatier, P.: Nouvelles synthèses du méthane. In: C. r. hebd. séances Acad. Sci, 82 (1902), S. 514-516

[66] Kopyscinski, J.; Schildhauer, T. J.; Biollaz, S. M. A.: Production of synthetic natural gas (SNG) from coal and dry biomass – A technology review from 1950 to 2009. In: Fuel, 89 (2010) 8, S. 1.763-1.783, Online [https://doi.org/10.1016/j.fuel.2010.01.027]

[67] Rönsch, S.; Schneider, J.; Matthischke, S.; Schlüter, M.; Götz, M.; Lefebvre, J. et al.: Review on methanation – From fundamentals to current projects. In: Fuel, 166 (2016), S. 276-296, Online, [https://doi.org/10.1016/j.fuel.2015.10.111]

[68] Rabou, L. P. L. M, van der Drift, A.; van der Meijden, C. M.; Aranda Almansa, G.: ECN System for Methanation (ESME). ECN, Wien, 2015

[69] Hedden, K.: Gleichzeitige Konvertierung und Methanisierung CO-reicher Gase. Eggenstein-Leopoldshafen, Karlsruhe, 1986

[70] Seglin, L. (Hrsg.): Methanation of Synthesis Gas. American Chemical Society, Washington D. C., 1975

[71] Bartholomew, C. H.: Mechanisms of catalyst deactivation. Applied Catalysis A. In: General, 212 (2001) 1-2, S. 17-60, Online, [https://doi.org/10.1016/S0926-860X(00)00843-7]

[72] Bartholomew, C. H.: Carbon Deposition in Steam Reforming and Methanation. In: Catalysis Reviews, 24 (2007) 1, S. 67-112, Online, [https://doi.org/10.1080/03602458208079650]

[73] Levenspiel, O.: Chemical Reaction Engineering. In: Industrial & Engineering Chemistry Research, 38 (1991) 11, S. 4.140-4.143, Online, [https://doi.org/10.1021/ie990488g]

[74] Jess, A.; Wasserscheid, P.: Chemical technology: An integral textbook. Wiley-VCH, Weinheim, 2013

[75] Emig, G.; Klemm, E.: Chemische Reaktionstechnik. Springer-Verlag, Berlin; Heidelberg, 2017

[76] Koschany, F.; Schlereth, D.; Hinrichsen, O.: On the kinetics of the methanation of carbon dioxide on coprecipitated NiAl(O)x. Applied Catalysis B. In: Environmental, 181 (2016), S. 504-516, Online, [https://doi.org/10.1016/j.apcatb.2015.07.026]

[77] Kopyscinski, J.; Schildhauer, T.J.; Vogel, F.; Biollaz, S. M. A; Wokaun, A.: Applying spatially resolved concentration and temperature measurements in a catalytic plate reactor for the kinetic study of CO methanation. In. Journal of Catalysis, 271 (2010) 2, S. 262-279, Online, [https://doi.org/10.1016/j.jcat.2010.02.008]

[78] Lefebvre, J.; Trudel, N.; Bajohr, S.; Kolb, T.: A study on three-phase CO_2 methanation reaction kinetics in a continuous stirred-tank slurry reactor. In: Fuel, 217 (2018), S. 151-159, Online, [https://doi.org/10.1016/j.fuel.2017.12.082]

[79] Frick, V.; Brellochs, J.; Specht, M.: Application of ternary diagrams in the design of methanation systems. In: Fuel Processing Technology, 118 (2014), S. 156-160, Online, [https://doi.org/10.1016/j.fuproc.2013.08.022]

[80] Rönsch, S.; Zeymer, M.; Majer, S.: Treibhausgasvermeidungskosten von synthetischem Methan und Methanol aus Biomasse und Braunkohle. In: Chemie Ingenieur Technik, 86 (2014) 10, S. 1.678-1.689, Online, [https://doi.org/10.1002/cite.201400047]

[81] Götz, M.: Methanisierung im Dreiphasen-Reaktor. Dissertation, Karlsruher Institut für Technologie (KIT), Karlsruhe, 2014

[82] Giglio, E.; Deorsola, F. A.; Gruber, M.; Harth, S. R.; Morosanu, E. A.; Trimis, D. et al.: Power-to-Gas through High Temperature Electrolysis and Carbon Dioxide Methanation: Reactor Design and Process Modeling. In: Industrial & Engineering Chemistry Research, 57 (2018) 11, S. 4.007-4018, Online, [https://doi.org/10.1021/acs.iecr.8b00477]

[83] Thunman, H.; Seemann, M.; Berdugo Vilches, T.; Maric, J.; Pallares, D.; Ström, H. et al.: Advanced biofuel production via gasification. Lessons learned from 200 man-years of research activity with Chalmers' research gasifier and the GoBiGas demonstration plant. In: Energy Sci Eng, 6 (2018) 1, S. 6-34, Online, [https://doi.org/10.1002/ese3.188]

[84] Schildhauer, T. J.; Biollaz, S. M. A.: Reactors for Catalytic Methanation in the Conversion of Biomass to Synthetic Natural Gas (SNG). In: Chimia (Aarau), 69 (2015) 10, S. 603-607, Online, [https://doi.org/10.2533/chimia.2015.603]

[85] gwf Gas + Energie: Power-to-Gas mit hohem Wirkungsgrad. Online, [https://www.gwf-gas.de/aktuell/maerkte-und-unternehmen/05-02-2018-power-to-gas-mit-hohem-wirkungsgrad/]

[86] Götz, M.; Lefebvre, J.; Mörs, F.; McDaniel Koch, A.; Graf, F.; Bajohr, S. et al.: Renewable Power-to-Gas. A technological and economic review. In. Renewable Energy, 85 (2016), S. 1.371-1.390, Online, [https://doi.org/10.1016/j.renene.2015.07.066]

[87] Lommerzheim, W.; Friedrichs, G.; Proplesch, P.: The COMFLUX Process for the Conversion of Gasification Gases Into Substitute Natural Gas (SNG). International Gas Union, 1985

[88] Schildhauer, T. J.; Biollaz, S. M. A.: Synthetic Natural Gas from Coal, Dry Biomass, and Power-to-Gas Applications. John Wiley & Sons Inc, Hoboken (USA), 2016

[89] Thema, M.; Bauer, F.; Sterner, M.: Power-to-Gas. Electrolysis and methanation status review. In: Renewable and Sustainable Energy Reviews, 112 (2019), S. 775-787, Online, [https://doi.org/10.1016/j.rser.2019.06.030]

[90] Liu, J.; Cui, D.; Yu, J.; Su, F.; Xu, G.: Performance characteristics of fluidized bed syngas methanation over Ni–Mg/Al2O3 catalyst. In: Chinese Journal of Chemical Engineering, 23 (2015) 1, S. 86-92., Online, [https://doi.org/10.1016/j.cjche.2014.09.038]

[91] Liu, B.; Ji, S.: Comparative study of fluidized-bed and fixed-bed reactor for syngas methanation over Ni-W/TiO2-SiO2 catalyst. In: Journal of Energy Chemistry, 22 (2013) 5, S. 740-746, Online, [https://doi.org/10.1016/S2095-4956(13)60098-4]

[92] Bajohr, S.; Schollenberger, D.; Buchholz, D.; Weinfurtner, T.; Götz, M.: Kopplung der PtG-Technologie mit thermochemischer Biomassevergasung. Das KIC-Projekt „DemoSNG". In: gwf Gas/Erdgas, 155 (2014) 7, S. 470-475

[93] Karlsruher Institut für Technologie; Uniper SE; ThyssenKrupp Industrial Solutions AG; DVGW: Methanisierungsanlage in Falkenhagen geht in Betrieb und liefert synthetisches Methan – weiterer Schritt für eine erfolgreiche Energiewende. 2019

[94] The Project STORE&GO. Shaping the energy supply for the future. 03.09.2019, Online, [https://www.storeand-go.info/about-the-project/]

[95] Biegger, P.; Kirchbacher, F.; Medved, A.; Miltner, M.; Lehner, M.; Harasek, M.: Development of Honeycomb Methanation Catalyst and Its Application in Power to Gas Systems. In: Energies, 11 (2018) 7, S. 1.679, Online, [https://doi.org/10.3390/en11071679]

[96] Schollenberger, D.; Bajohr, S.; Gruber, M.; Reimert, R.; Kolb, T.: Scale-Up of Innovative Honeycomb Reactors for Power-to-Gas Applications. The Project Store&Go. In: Chem Ing Tech, 90 (2018) 5, S. 696-702, Online, [https://doi.org/10.1002/cite.201700139]

[97] DIN – Deutsches Institut für Normung e.V.: Mikroverfahrenstechnik. Begriffe. 01.040.71. 71.040.10(10991). 2009

[98] Gruber, M.; Weinbrecht, P.; Biffar, L.; Harth, S.; Trimis, D.; Brabandt, J. et al.: Power-to-Gas through thermal integration of high-temperature steam electrolysis and carbon dioxide methanation. Experimental results. In: Fuel Processing Technology, 181 (2018), S. 61-74, Online, [https://doi.org/10.1016/j.fuproc.2018.09.003]

[99] Bajohr, S.; Götz, M.; Graf, F.; Kolb, T.: Fachberichte-Power-to-Gas-Dreiphasen-Methanisierung als innovatives Element der PtG-Prozesskette. In: gwf Gas/Erdgas, 153 (2012) 5, S. 328

[100] Held, M.; Schollenberger, D.; Sauerschell, S.; Bajohr, S.; Kolb, T.: Power-to-Gas. CO_2 Methanation Concepts for SNG Production at the Engler-Bunte-Institut. In: Chemie Ingenieur Technik, 92 (2020) 5, S. 595-602, Online, [https://doi.org/10.1002/cite.201900181]

[101] Blum, D. B.; Sherwin, M. B.; Frank, M. E.: Liquid-Phase Methanation of High Concentration CO Synthesis Gas. In: Seglin L. (Hrsg.): Methanation of Synthesis Gas. American Chemical Society, Washington D. C., 1975, S. 149-159

[102] Aicher, T.; Iglesias-Gonzales, M.; Götz, M.: Arbeitspaket 5. Betrachtungen des Gesamtsystems im Hinblick auf Dynamik und Prozessintegration. In: energie | wasser-praxis, (2014), S. 51-55

[103] Rönsch, S.; Matthischke, S.; Müller, M.; Eichler, P.: Dynamische Simulation von Reaktoren zur Festbettmethanisierung. Dynamic Simulation of Fixed-Bed Methanation Reactors. In: Chemie Ingenieur Technik, 86 (2014) 8, S. 198-204, Online, [https://doi.org/10.1002/cite.201300046]

[104] McCarthy, P. L.: Anaerobic Waste Treatment Fundamentals. Part one: Chemistry and Microbiology. Part two: Environmental Requirements and control. Part three: Materials and their Control. Public Works, 1964

[105] Mountfort, D.; Asher, R.: Effect of Inorganic Sulfide on the Growth and Metabolism of Methanosarcina barkeri Strain DM. In: Applied and Environmental Microbiology, 37 (1979) 4, S. 670-675

[106] Koster, I. W.; Rinzema, A.; de Vegt, A. L.; Littinga, G.: Sulfide inhibition of the methanogenic activity of granular sludge at various pH-levels. In: Water Research, 20 (1986) 12, S. 1.561-1.567

[107] Götz, M.; Lefebvre, J.; Mörs, F.; McDaniel Koch, A.; Graf, F.; Bajohr, S. et al.: Renewable Power-to-Gas. A technological and economic review. In: Renewable Energy, 85 (2016), S. 1.371-1.390, Online, [https://doi.org/10.1016/j.renene.2015.07.066]

[108] Lewis, W. K.; Whitman, W. G.: Principles of Gas Absorption. In: Ind. Eng. Chem., 16 (1924), 12, S. 1.215-20, Online, [https://doi.org/10.1021/ie50180a002]

[109] Rittmann, S. K.-M. R.; Seifert, A. H.; Bernacchi, S.: Kinetics, multivariate statistical modelling, and physiology of CO_2-based biological methane production. In: Applied Energy, 216 (2018), S. 751-760, Online, [https://doi.org/10.1016/j.apenergy.2018.01.075]

[110] Seifert, A. H.; Rittmann, S.; Herwig, C.: Analysis of process related factors to increase volumetric productivity and quality of biomethane with Methanothermobacter marburgensis. In: Applied Energy, 132 (2014), S. 155-162, Online [https://doi.org/10.1016/j.apenergy.2014.07.002]

[111] DVGW Deutscher Verein des Gas- und Wasserfaches e.V.: DVGW-Arbeitsblatt G 260: Gasbeschaffenheit. 2013

[112] DVGW Deutscher Verein des Gas- und Wasserfaches e.V.: Technische Regel – Arbeitsblatt G 262 (A). Nutzung von Gasen aus regenerativen Quellen in der öffentlichen Gasversorgung. Wirtschafts- und Verlagsgesellschaft Gas und Wasser mbH, Bonn, 2011

[113] Ruzicka, M.: The effect of hydrogen on acidogenic glucose cleavage. In: Water Research, 30 (1996) 10, S. 2.447-2.451, Online, [https://doi.org/10.1016/0043-1354(96)00112-1]

[114] Mosey, F.: Mathematical modelling of the anaerobic digestion process regulatory mechanisms for the formation of short-chain volatile acids from glucose [acetic acid, butyric acid, propionic acid, methane, filter, expanded and fluidized beds, methane bacteria, waste water]. 1982

[115] Madigan, M. T.; Martinko, J. M.: Brock Mikrobiologie. Pearson Studium, München, 2013

[116] Bensmann, A.; Hanke-Rauschenbach, R.; Heyer, R.; Kohrs, F.; Benndorf, D.; Reichl, U. et al.: Biological methanation of hydrogen within biogas plants. A model-based feasibility study. In. Applied Energy, 134 (2014), S. 413-425, Online, [https://doi.org/10.1016/j.apenergy.2014.08.047]

[117] Jee, H. S.; Nishio, N.; Nagai, S.: CH_4 production from H_2 and CO_2 by Methanobacterium thermoautotrophicum cells fixed on hollow fibers. In. Biotechnol Lett, 10 (1988) 4, S. 243-248, Online, [https://doi.org/10.1007/BF01024413]

[118] Kimmel, D. E.; Klasson, K. T.; Clausen, E. C.; Gaddy, J. L.: Performance of trickle-bed bio-reactors for converting synthesis gas to methane. In: Applied Biochemistry and Biotechnology, 28-29 (1991) 1, 457-469, Online, [https://doi.org/10.1007/BF02922625]

[119] Wise, D. L.; Cooney, C. L.; Augenstein, D. C.: Biomethanation. Anaerobic fermentation of CO_2, H_2 and CO to methane. In: Biotechnol. Bioeng., 20 (1978) 8, S. 1.153-1.172, Online, [https://doi.org/10.1002/bit.260200804]

[120] Neumann, L.; Stubbe, M.; Rilling, N.: Biologische Methanisierung von fluktuierendem Wind- und Solarstrom. In: gwf Gas/Erdgas, 155 (2014) 3, S. 156-60

[121] Bär, K.; Mörs, F.; Götz, M.; Graf, F.: Vergleich der biologischen und katalytischen Methanisierung für den Einsatz bei PtG-Konzepten. In: gwf Gas/Erdgas, 156 (2015) 7, S. 466-473

[122] Burkhardt, M.; Koschack, T.; Busch, G.: Biocatalytic methanation of hydrogen and carbon dioxide in an anaerobic three-phase system. In: Bioresource Technology, 178 (2015), S. 330-333, Online, [https://doi.org/10.1016/j.biortech.2014.08.023]

[123] Electrochaea: Power-to-Gas via Biological Catalysis (P2G-Biocat). Final Report, 2017

[124] BioPower2Gas: Vergleichende Simulation, Demonstration und Evaluation von optimalen leistungsregelbaren Biogastechnologien. 2017

[125] Heller, T.: Power-to-Gas with Biological Methanation. BioPower2Gas, 2016

[126] Boeckh, M.: Auf der Suche nach einem sinnvollen Speicher führt kein Weg an Biogas vorbei. Mit Power zum Gas. 2019, Online, [https://www.umweltwirtschaft.com/news/energiegewinnung-aus-abfallstoffen/biogas-anlagen-vergaerung-komponenten/Auf-der-Suche-nach-einem-sinnvollen-Speicher-fuehrt-kein-Weg-an-Biogas-vorbei-Mit-Power-zum-Gas-18668]

[127] Lardon, L.: Upscaling of biological methanation. Biocat, Grenoble (Frankreich), 05.12.16

[128] BioCatProject: Power-to-Gas via biological catalysis. 10.06.2020, Online, [http://biocat-project.com/about-the-project/facts-figures/]

[129] Lardon, L.: Power to Gas technology by Biological methanation. Integration to a resource treatment plant, Biocat, Grenoble (Frankreich), Juni 2017

[130] Kempkens, W.: Deutsches Unternehmen baut größte Power-to-Gas-Anlage der Welt. ingenieur.de – Jobbörse und Nachrichtenportal für Ingenieure, 13.12.2016, Online, [https://www.ingenieur.de/technik/fachbereiche/verfahrenstechnik/deutsches-unternehmen-baut-groesste-power-to-gas-anlage-welt/]

[131] Graf, F.; Krajete, A.; Schmack, U.: Techno-ökonomische Studie zur biologischen Methanisierung bei Power-to-Gas-Konzepten. Karlsruhe, 2014

[132] Götz, M.; Bajohr, S.; Graf, F.; Reimert, R.; Kolb, T.: Einsatz eines Blasensäulenreaktors zur Methansynthese. In: Chemie Ingenieur Technik, 85 (2013) 7, S. 1-7, Online, [https://doi.org/10.1002/cite.201200212]

[133] Eilers, H.: Flexibler Betrieb der Fischer-Tropsch-Synthese. Katalysator- und Reaktorverhalten mit Co in der 3-Phasen-Blasensäule. Dissertation, Karlsruher Institut für Technologie (KIT), Karlsruhe, 2018

[134] Chen, Y.; Rößler, B.; Zielonka, S.; Lemmer, A.; Wonneberger, A.-M.; Jungbluth, T.: The pressure effects on two-phase anaerobic digestion. In: Applied Energy, 116 (2014), S. 409-415, Online [https://doi.org/10.1016/j.apenergy.2013.11.012]

[135] Bär, K.; Merkle, W.; Tuczinski, M.; Saravia, F.; Horn, H.; Ortloff, F. et al.: Development of an innovative two-stage fermentation process for high-calorific biogas at elevated pressure. In: Biomass and Bioenergy, 115 (2018), S. 186-194

[136] Schaaf, T.; Grünig, J.; Schuster, M.; Orth, A.: Speicherung von elektrischer Energie im Erdgasnetz – Methanisierung von CO_2-haltigen Gasen. Storage of Electrical Energy in a Gas Distribution System. Methanation of CO_2-Containing Gases. In: Chemie Ingenieur Technik, 86 (2014) 4, S. 476-85, Online, [https://doi.org/10.1002/cite.201300144]

[137] Adolf, J.; Fischedick, M.; Balzer, C. H.; Arnold, K.; Pastowski, A.; Louis, J. et al.: Shell Wasserstoff-Studie: Energie der Zukunft? Nachhaltige Mobilität durch Brennstoffzelle und H_2. Hamburg. 2017

[138] Smolinka, T.; Wiebe, N.; Sterchele, P.; Lehner, F. et al.: Studie IndWEDe: Industrialisierung der Wasserelektrolyse in Deutschland. Chancen und Herausforderungen für nachhaltigen Wasserstoff für Verkehr, Strom und Wärme. Fraunhofer-Institut für Solare Energiesysteme ISE; E4tech, Berlin, 2018

[139] Ursua, A.; Gandia, L. M.; Sanchis, P.: Hydrogen Production From Water Electrolysis. Current Status and Future Trends. In: Proceedings of the IEEE, 100 (2012) 2, S. 410-426, Online, [https://doi.org/10.1109/JPROC.2011.2156750]

[140] Wärtsilä Corporation: LNG plants – mini and small scale liquefaction technology. 28.10.2017, Online, [https://cdn.wartsila.com/docs/default-source/product-files/ogi/lng-solutions/brochure-o-ogi-lng-liquefaction.pdf.]

[141] Graf, F.; Bajohr, S.: Erzeugung von SNG aus ligninreicher Biomasse. In: energie | wasser-praxis, 60 (2009) 4, S. 10-16

[142] Schildauer, T. J.; Biollaz, S. M. A.: Synthetic Natural Gas from Coal, Dry Biomass, and Power-to-Gas Applications. John Wiley & Sons Inc, Hoboken (USA), 2016

[143] Kaltschmitt, M.; Hartmann, H.; Hofbauer, H.: Energie aus Biomasse: Grundlagen, Techniken und Verfahren. 2. Auflage, Springer-Verlag, Berlin; Heidelberg, 2009

[144] Köppel, W.; Bajohr, S.: SNG aus Biomasse. Verfahrenstechnische Grundlagen und Herausforderungen. In: gwf Gas/Erdgas, 148 (2007) 2, S. 87-94

[145] Müller, C.; Graf, F.; Lehnert, F.; Erler, R.: Technologien und Potenziale der Biomassevergasung in Deutschland. In: energie | wasser-praxis, 70 (2019) 9, S. 36-42

[146] Müller, C.; Anghilante, R.; Schmid, M.; Härdtlein, M.; Spörl, R.; Colomar, D.; et al.: CNG und LNG aus biogenen Reststoffen. Ein Konzept zur ressourcenschonenden Kraftstoffproduktion. In: Chemie Ingenieur Technik, 92 (2020) 1-2, S. 144-155, Online, [https://doi.org/10.1002/cite.201900097]

[147] Schmid, M.; Beirow, M.; Schweitzer, D.; Waizmann, G.; Spörl, R.; Scheffknecht, G.: Product gas composition for steam-oxygen fluidized bed gasification of dried sewage sludge, straw pellets and wood pellets and the influence of limestone as bed material. In: Biomass and Bioenergy, 117 (2018), S. 71-77, Online, [https://doi.org/10.1016/j.biombioe.2018.07.011]

[148] Warnecke, R.: Gasification of biomass. Comparison of fixed bed and fluidized bed gasifier. In: Biomass and Bioenergy, 18 (2000) 6, S. 489-497, Online, [https://doi.org/10.1016/S0961-9534(00)00009-X]

[149] Trippe, F.: Techno-ökonomische Bewertung alternativer Verfahrenskonfigurationen zur Herstellung von Biomass-to-Liquid (BtL) Kraftstoffen und Chemikalien. Dissertation, Karlsruher Institut für Technologie (KIT), Karlsruhe, 2013

[150] Hiller, H.; Reimert, R.; Stönner, H.-M. (Hrsg.): Gas Production. 1. Introduction. Wiley-VCH Verlag GmbH & Co. KGaA, Weinheim, 2000

[151] Dahmen, N.; Abeln, J.; Eberhard, M.; Kolb, T.; Leibold, H.; Sauer, J.; et al.: The bioliq process for producing synthetic transportation fuels. Karlsruher Institut für Technologie (KIT), Karlsruhe, 2016

[152] Alauddin, Z. A.; Lahijani, P.; Mohammadi, M.; Mohamed, A. R.: Gasification of lignocellulosic biomass in fluidized beds for renewable energy development. A review. In: Renewable and Sustainable Energy Reviews, (2010) 17, S. 285-286

[153] Rauch, R.: 2nd Generation Biofuels from Biomass by steam gasification. 2014

[154] Pfeifer, C.; Puchner, B.; Hofbauer, H.: Comparison of dual fluidized bed steam gasification of biomass with and without selective transport of CO_2. In: Chemical Engineering Science, 64 (2009) 23, S. 5.073-5.083, Online, [https://doi.org/10.1016/j.ces.2009.08.014]

[155] Henrich, E.; Dahmen, N.; Dinjus, E.: Cost estimate for biosynfuel production via biosyncrude gasification. In: Biofuels, Bioprod. Bioref., 3 (2009) 3, S. 28-41, Online, [https://doi.org/10.1002/bbb.126]

[156] Graf, F.; Götz, M.; Henel, M.; Schaaf, T.; Tichler, R.: Technoöko-nomische Studie von Power-to-Gas-Konzepten. Abschlussbericht G3/01/12 TP B-D, Teilprojekt B, Anlagenkonzepte und Betriebsoptimierung, 2014

[157] Graf, F.; Spörl, R.; Eltrop, L.; Colomar, D.: Verbundvorhaben „Innovative Erzeugung von SNG und CNG aus biogenen Rest- und Abfallstoffen (Res2CNG)". Zwischenbericht, Fkz.: BWB15001 – BWB15004

[158] Andruleit, H.; Schmidt, S.; BGR-Energiestudie 2018: Daten und Entwicklungen der deutschen und globalen Energieversorgung, 2019

[159] Fachagentur Nachwachsende Rohstoffe e.V. (FNR): Basisdaten Bioenergie Deutschland. 2017

[160] Pöschl, M.; Ward, S.; Owende, P.: Evaluation of energy efficiency of various biogas production and utilization pathways. In: Applied Energy, 87 (2010) 11, S. 3.305-3.321, Online, [https://doi.org/10.1016/j.apenergy.2010.05.011]

[161] Graf, F.; Bajohr, S: (Hrsg.): Biogas. Erzeugung, Aufbereitung, Einspeisung. Oldenbourg Industrieverlag, München, 2011

[162] Adler, P.; Billig, E.; Brosowski, A.; Daniel-Gromke, J.; Falke, I.; Fischer, E. et al.: Leitfaden – Biogasaufbereitung und -einspeisung. Gülzow, 2014

[163] gwi Gas- und Wärme-Institut Essen e.V.: Bewertung von Quellen und Abtrennungsverfahren zur Bereitstellung von CO_2 für PtG-Prozesse. AP2.2. Klassifizierung von CO_2-Quellen. DVGW-Förderkennzeichen G 1-04-16, Essen, 2017

[164] Galloy, A.: Experimentelle Untersuchungen an einer Carbonate Looping Versuchsanlage mit 1 MW thermischer Leistung. Dissertation, TU Darmstadt, Darmstadt, 2014

[165] Ohle, A.: CO_2-Abtrennung aus Gasströmen durch Absorption in Po-ly(methyldiglykol)amin. Dissertation, TU Dresden, Dresden, 2009

[166] Biogaspartner: Einspeiseatlas. Einspeiseatlas Deutschland. Stand März 2019, Online, [http://www.biogaspartner.de/einspeiseatlas.html]

[167] Bailera, M.; Lisbona, P.; Romeo, L. M.; Espatolero, S.: Power to Gas projects review: Lab, pilot and demo plants for storing renewable energy and CO_2. In: Renewable and Sustainable Energy Reviews, 69 (2017), S. 292-312, Online, [https://doi.org/10.1016/j.rser.2016.11.130]

[168] Climeworks: Climeworks CO_2 capture plant. 08.09.2017, Online, [http://www.climeworks.com/our-products/]

[169] Fasihi, M.; Efimova, O.; Breyer, C.: Techno-economic assessment of CO_2 direct air capture plants. In: Journal of Cleaner Production, 224 (2019), S. 957-980, Online, [https://doi.org/10.1016/j.jclepro.2019.03.086]

[170] Viebahn, P.; Horst, J.; Scholz, A.; Zelt, O.: Technologiebericht 4.4. Verfahren der CO_2-Abtrennung aus Faulgasen und Umgebungsluft innerhalb des Forschungsprojekts TF_Energiewende. 2018

[171] Erler, R.; Lehnert, F.; Grube, E.; Ortloff, F.; Müller, C.; Feldpausch-Jägers, S. et al.: Ermittlung des Gesamtpotentials erneuerbarer Gase zur Einspeisung ins deutsche Erdgasnetz (Gesamtpotenzial EE-Gase). Abschlussbericht, Bonn, 2019

[172] Umweltbundesamt: Nationale Trendtabellen für die deutsche Berichterstattung atmo-sphärischer Emissionen 1990-2017. Endstand zur Berichtserstattung 2019. 14.11.2019, Online, [https://www.umweltbundesamt.de/sites/default/files/medien/361/dokumente/2018_12_19_em_entwicklung_in_d_trendtabelle_thg_v1.0.1_0.xlsx]

[173] Bundesministerium für Wirtschaft und Energie: Gesetz über die Elektrizitäts- und Gasversorgung. Energiewirtschaftsgesetz (EnWG), 2016

[174] Pichlmaier, S.; Regett, A.; Kigle, S.: Ökobilanzen synthetischer Kraftstoffe: Methodikleitfaden. Forschungsstelle für Energiewirtschaft e.V., München, 2020

[175] Umweltbundesamt: Berichterstattung unter der Klimarahmenkonvention der Vereinten Nationen und dem Kyoto-Protokoll 2017. Nationaler Inventarbericht zum Deutschen Treibhausgasinventar 1990-2015, 2017

[176] Umweltbundesamt: Berichterstattung unter der Klimarahmenkonvention der Vereinten Nationen und dem Kyoto-Protokoll 2016. Nationaler Inventarbericht zum Deutschen Treibhausgasinventar 1990-2014. 24.05.2017, Online, [https://www.umweltbundesamt.de/sites/default/files/medien/378/publikationen/climate_change_23_2016_nir_2016_berichterstattung_unter_der_klimarahmenkonvention.pdf]

[177] ewi Energy Research & Scenarios gGmbH: Energiemarkt 2030 und 2050. Der Beitrag von Gas -und Wärmeinfrastruktur zu einer effizienten CO_2-Minderung. 2017

[178] BCG; Prognos: Klimapfade für Deutschland. 2018

[179] Öko-Institut; Fraunhofer ISI.: Klimaschutzszenario 2050: Studie im Auftrag des Bundesministeriums für Umwelt, Naturschutz, Bau und Reaktorsicherheit. 2015

[180] FNR.: Biomassepotenziale Deutschlands. 30.01.2018, Online, [https://bioenergie.fnr.de/bioenergie/biomasse/biomasse-potenziale/]

[181] Ortloff, F.; Müller, C.; Erler, R.; Lehnert, F.: Technologien und Potenziale der Biomassevergasung und der Kopplung mit Power-to-Gas-Verfahren zur Erzeugung von methanbasierten Energieträgern in Deutschland (greenSNG). Bonn, 2019

[182] Bründlinger, T.: dena-Leitstudie Integrierte Energiewende. Impulse für die Gestaltung des Energiesystems bis 2050. Ergebnisbericht und Handlungsempfehlungen, 2018

[183] Nitsch, J.: Die Energiewende nach COP 21. Aktuelle Szenarien der deutschen Energieversorgung. Kurzstudie für den Bundesverband Erneuerbare Energien e.V., 2016

[184] Verleger, S.; Graf, F.; Gerstein, D.: Innovative Power-to-Gas-Technologien für die Energiewende. EU-Leuchtturmprojekt STORE&GO erfolgreich abgeschlossen. In: energie | wasser-praxis, 71 (2020) 6/7, S. 50

[185] Deutsche Emissionshandelsstelle (DEHSt) im Umweltbundesamt: Treibhausgasemissionen 2015. Emissionshandelspflichtige stationäre Anlagen und Luftverkehr in Deutschland. VET-Bericht 2015, Online, [https://www.dehst.de/SharedDocs/downloads/DE/publikationen/VET-Bericht-2015.pdf?__blob=publicationFile&v=3]

[186] Deutsche Emissionshandelsstelle (DEHSt) im Umweltbundesamt: Emissionshandelspflichtige Anlagen in Deutschland 2015. Stand 02.05.2016, Online, [https://www.dehst.de/SharedDocs/downloads/DE/anlagenlisten/2015.pdf?__blob=publicationFile&v=1]

[187] Verband der Chemischen Industrie e.V.: Chemieparks in Deutschland. Online, [https://www.vci.de/ergaenzende-downloads/2015-05-29-praesentation-chemieparks-in-deutschland.pdf], abgerufen am 24.05.2017

[188] Prozesstechnik Online: Chemieparks in Deutschland. Online, [http://prozesstechnik.industrie.de/chemie/von-stetigem-wandel-gepraegt/], abgerufen am 24.05.2017

[189] DBI – Deutsches Brennstoffinstitut gGmbH: DBI-GIS-Datenbank. Freiberg, abgerufen am 02.10.2016

[190] DVGW Deutscher Verein des Gas- und Wasserfaches e.V.: Technische Regel – Arbeitsblatt G 260 (A). Wirtschafts- und Verlagsgesellschaft Gas und Wasser mbH, Bonn, 2013

[191] Bundesverband der Energie- und Wasserwirtschaft e.V.: Erdgasverbrauch in Deutschland 2019. Abgerufen am 05.05.2020

[192] Peters, D.; van der Leun, K.; Terlouw, W.; van Tilburg, J.; Berg, T.; Schimmel, M. et al.: Gas Decarbonisation Pathway 2020-2050. Guidehouse, Utrecht (Niederlande), 2020

[193] Crone, K.; Fasbender, S.; Jugel, C.; Klebe, M.; Löchle, S.; Schumacher, H. et al.: Powerfuels. Missing Link in a successful global Energy Transition. Current state of technologies, markets, and politics and start of a global dialogue. Deutsche Energie-Agentur GmbH (dena), Berlin, 2019

[194] Timmerberg, S.; Kaltschmitt, M.: Hydrogen from renewables. Supply from North Africa to Central Europe as blend in existing pipelines. Potentials and costs. In: Applied Energy, 237 (2019), S. 795-809, Online, [https://doi.org/10.1016/j.apenergy.2019.01.030]

[195] Jensterle, M.; Narita, J.; Piria, R.; Schröder, J.; Steinbacher, K.; Wahabzada, F. et al.: Grüner Wasserstoff. Internationale Kooperationspotenziale für Deutschland. Kurzanalyse zu ausgewählten Aspekten potenzieller Nicht-EU-Partnerländer. 2019

[196] Eichhammer, W.; Oberle, S.; Haendel, M.; Boie, I.; Gnann, T.; Wietschel, M. et al.: Study on the opportunities of „Power-to-X" in Morocco. 10 Hypotheses for Discussion. 2019

[197] Weltenergierat – Deutschland e.V.: International Aspects of a Power-to-Gas Roadmap. 2018

[198] Di Paola, A.: Climate changed. Saudi Arabia Gets Cheapest Bids for Solar Power in Auction. Online, [https://www.bloomberg.com/news/articles/2017-10-03/saudi-arabia-gets-cheapest-ever-bids-for-solar-power-in-auction], abgerufen am 19.05.2020

[199] van Wijk, A.; Wouters, F.: Hydrogen – The Bridge between Africa and Europe. 2019, Online, [http://profadvanwijk.com/wp-content/uploads/2019/09/Hydrogen-the-bridge-between-Africa-and-Europe-5-9-2019.pdf]

[200] Kost, C.; Mayer, J. N.; Thomsen, J.; Hartmann, N.; Senkpiel, C.; Philipps, S. et al.: Stromgestehungskosten erneuerbarer Energien. Studie, Fraunhofer-Institut für Solare Energiesysteme ISE, Freiburg, 2013

[201] Lozán, J. L.; Graßl, H.; Jendritzky, G.; Karbe, L.; Reise, K.: Warnsignal Klima. Gesundheitsrisiken. Gefahren für Menschen, Tiere und Pflanzen. Hamburg, 2005

[202] MethQuest: MethFuel. Erneuerbares Methan effizient und flexibel erzeugen. BMWi gefördertes Leitprojekt. Online, [https://www.methquest.de/ueber-methquest/methfuel/], abgerufen am 27.05.2020

[203] Socolow, R.; Desmond, M.; Aines, R.; Blackstock, J.; Bolland, O.; Kaarsberg, T. et al.: Direct Air Capture of CO_2 with Chemicals. A Technology Assessment for the APS Panel on Public Affairs, 2011

[204] Jany, P.; Thieleke, G.; Langeheinecke, K.: Thermodynamik für Ingenieure. Ein Lehr- und Arbeitsbuch für das Studium. 8. Auflage, Vieweg+Teubner Verlag; Springer Fachmedien, Wiesbaden, 2011

[205] Medgaz: Eliminating distances, bringing energy closer. Algeria-Europe Gas Pipeline, via Spain. Online, [https://www.medgaz.com/medgaz/pages/centro_documentacion-eng.htm], abgerufen am 29.04.2020

[206] Arlt, S.-A.; Hofmann, J.; Nachtmann, K.: Der Markt für Liquefied Natural Gas (LNG) bis 2030. Marktpotenzialanalyse zur Untersuchung des wachsenden Einflusses von LNG auf das internationale und nationale Erdgasgeschäft. DIV Deutscher Industrie-Verlag, Essen, 2018

[207] Mokhatab, S.; Mak, J. Y.; Valappil, J. V.; Wood, D. A.: Handbook of liquefied natural gas. Gulf Professional Publishing GPP Elsevier, Amsterdam; Boston; Heidelberg, 2014

[208] Schütz, S.; Härtel, P.: Climate Change. Klimaschutz und regenerativ erzeugte chemische Energieträger. Infrastruktur und Systemanpassung zur Versorgung mit regenerativen chemischen Energieträgern aus in- und ausländischen regenerativen Energien. 2016

[209] Fasold, H.-G.: Langfristige Gasbeschaffung für Europa. Pipelineprojekte und LNG-Ketten. In: gwf Gas/Erdgas, 151 (2010) 9, S. 528

[210] Kavalov, B.; Petric, H.; Georgakaki, A.: JRC reference reports. Liquefied Natural Gas for Europe. Some Important Issues for Consideration. 2009, Online, [https://publications.jrc.ec.europa.eu/repository/bitstream/JRC47887/eur%2023818%20en.pdf]

[211] Rian, A. B.; Ertesvåg, I. S.: Exergy Evaluation of the Arctic Snøhvit Liquefied Natural Gas Processing Plant in Northern Norway. Significance of Ambient Temperature. In: Energy & Fuels, 26 (2012) 2, S. 1.259-1.267, Online, [https://doi.org/10.1021/ef201734r]

[212] Messner, J.; Babies, H. G.: MENA – Der Nahe Osten und Nordafrika. Eine Schlüsselregion für die Erdölversorgung der Welt. 2011, Online, [https://www.bgr.bund.de/DE/Gemeinsames/Produkte/Downloads/Commodity_Top_News/Energie/34_MENA.pdf?__blob=publicationFile&v=3]

[213] Hohmann, M.: Verteilung der Erdgasbezugsquellen Deutschlands im Jahr 2017. Online, [https://de.statista.com/statistik/daten/studie/151871/umfrage/erdgasbezug-deutschlands-aus-verschiedenen-laendern/], abgerufen am 20.04.2020

[214] Bundesministerium für Wirtschaft und Energie: Gesamtausgabe der Energiedaten. Datensammlung des BMWi. Online, [https://www.bmwi.de/Redaktion/DE/Artikel/Energie/energiedaten-gesamtausgabe.html], abgerufen am 20.04.2020

[215] King & Spalding LLP: LNG in Europe 2018. An Overview of LNG Import Terminals in Europe. 2018

[216] European Commission: Liquefied Natural Gas. Online, [https://ec.europa.eu/energy/en/topics/oil-gas-and-coal/liquefied-natural-gas-lng]

[217] International Renewable Energy Agency: Hydrogen. A renewable energy perspective. 2019

[218] Nelissen, D.: Availability and costs of liquefied bio- and synthetic methane. The maritime shipping perspective. 2020

[219] Gasunie: Gasunie hydrogen pipeline from Dow to Yara brought into operation. Online, [https://www.gasunie.nl/en/news/gasunie-hydrogen-pipeline-from-dow-to-yara-brought-into-operation]

[220] van Wijk, A.; Wouters, F.; Rachidi, S.; Ikken, B.: A North Africa – Europe Hydrogen Manifesto. Dii Desert Energy, Dubai; London; Madrid; München, 2019

[221] FNB Gas: Fernleitungsnetzbetreiber veröffentlichen Karte für visionäres Wasserstoffnetz (H_2-Netz). Online, [https://www.fnb-gas.de/fnb-gas/veroeffentlichungen/pressemitteilungen/fernleitungsnetzbetreiber-veroeffentlichen-karte-fuer-visionaeres-wasserstoffnetz-h2-netz/]

[222] GET H_2 Nukleus: GET H_2 Nukleus – umfangreiche CO_2-Einsparungen durch erstes öffentlich zugängliches Wasserstoffnetz. Online, [https://www.get-h2.de/wp-content/uploads/200317_pi_nukleus_final.pdf]

[223] Hystra: Hydogen Energy Supply Chain Pilot Project between Australia and Japan. Online, [http://www.hystra.or.jp/en/], abgerufen am 23.07.2020

[224] International Energy Agency: The Future of Hydrogen. Seizing today's opportunities. 2019

5. Integration von Wasserstoff in die öffentliche Gasversorgung

Gert Müller-Syring (5.1, 5.3, 5.6), Marek Poltrum, (5.1, 5.3, 5.6), Christopher Knorr (5.1, 5.3, 5.6), Hartmut Krause (5.2), Tobias Rudolph (5.4), Philipp Pietsch (5.5), Marcus Wiersig (5.5), Patrick Enzmann (5.5)

5.1 Einleitung

5.1.1 Wasserstoff in der öffentlichen Gasversorgung – Hintergrund

Für die Integration von Wasserstoff in die Gasversorgung geben laut DVGW-Forschungsvorhaben „Transformationspfade zur Treibhausgasneutralität der Gasnetze und Gasspeicher nach COP21" vor allem die beiden folgenden Aspekte Anlass [1]:

- Transformation zur Treibhausgasneutralität des Gassektors als Teil des Energie- und Verkehrssektors nach COP21[1] um 95 % (2 °C Klimaziel) bis 2050
- Power-to-Gas als einzige großtechnisch verfügbare und perspektivisch wirtschaftlichste Energiespeichertechnologie zur Überbrückung von mehrwöchigen kalten Dunkelflauten in Energiesystemen mit hohen Anteilen von erneuerbaren Energien (EE) an der Stromerzeugung.

Bei der Transformation zur Treibhausgasneutralität von der Gasversorgung spielen neben erneuerbaren Gasen aus biologischen Quellen perspektivisch Gase aus Power-to-Gas, die mittels erneuerbaren Stroms erzeugt werden, eine wesentliche Rolle [1]. Zur Systemintegration von erneuerbaren Power-to-Gas-Gasen (EE-PtG-Gase) in die bestehende Gasinfrastruktur stehen nach derzeitigem Kenntnisstand die folgenden drei Strategien zur Verfügung [1]:

- Beimischung von EE-PtG-Wasserstoff
- Beimischung von EE-PtG-Methan
- Sukzessive, dezentrale Umstellung von Teilnetzen auf 100 % EE-PtG-Wasserstoff.

In dem in [1] vorgenommenen makroökonomischen Vergleich der beiden erstgenannten Technologiepfade war aus Sicht der Gasinfrastruktur (Gasnetze und Untergrundgasspeicher, ohne Gasanwendung) die Beimischung von Wasserstoff, gegenüber der Beimischung von Methan, die weniger kostenintensive Variante. Ein wesentlicher Grund dafür ist, dass Ersatzinvestitionen im Rahmen des regulären Asset Managements zur Ertüchtigung der Gasinfrastruktur für höhere Wasserstoffto-

1 2015 United Nations Climate Change Conference (Abschlussdokument bekannt als sog. „Paris-Abkommen")

leranzen genutzt werden können [1]. Die sukzessive, dezentrale Umstellung von Teilnetzen auf reinen Wasserstoff war nicht Gegenstand der Untersuchung.

Daher werden Betreiber von Gasinfrastrukturen angehalten, bei anstehenden Ersatzinvestitionen jeweils auf das Produkt am Markt mit der höchsten Wasserstofftoleranz zurückzugreifen [1].

5.1.2 Wasserstoff in der öffentlichen Gasversorgung – zeitliche Entwicklung

Das Potenzial von Wasserstoff als Energieträger ist seit Dekaden bekannt, während die öffentliche Aufmerksamkeit schwankt. Bis heute wird das Potenzial von Wasserstoff als Energieträger nicht nennenswert genutzt. Es existieren umfangreiche Erfahrungen mit dem leitungsgebundenen Transport von reinem Wasserstoff, aber auch wasserstoffreichen Gase. Letztere wurden in der öffentlichen Gasversorgung gesammelt.

So wurde in Westdeutschland bis zum Beginn der Umstellung der Gasversorgung auf Erdgas in den 1970er-Jahren mit Stadtgas ein wasserstoffreiches Gas erzeugt sowie in den Gasnetzen zu den Endverbrauchern verteilt und dort verwendet. Auch in der ehemaligen DDR wurde Stadtgas für die öffentliche Gasversorgung genutzt, wobei die Umstellung auf Erdgas erst in den 1990er-Jahren erfolgte.

Ebenso wenig neu ist der Gedanke, Wasserstoff als Gas in der bestehenden Gasinfrastruktur zu transportieren bzw. zu verteilen, welche jedoch auf Erdgas optimiert wurde (**Bild 5.1**). Nach Kenntnis der Autorinnen und Autoren wurde dieser erstmals 1986 veröffentlicht in [8, Kapitel 4.3: Transport- und Verteilungsleitungen]:

„Es ist vorstellbar, daß bei einer schrittweisen Einführung von Wasserstoff auf dem Gasmarkt im Verlaufe des nächsten Jahrhunderts das vorhandene Transportsystem zunächst zum Transport eines Erdgas-Wasserstoff-Gemisches eingesetzt wird – um langfristig, nach Jahrzehnten der Übergangsphase, mit reinem Wasserstoffgas beaufschlagt zu werden."

Seither gab es in den 1990er-Jahren erste Studien wie etwa [15], die eine Machbarkeit der Wasserstoffbeimischung bzw. einen Betrieb mit reinem Wasserstoff für ein Teilnetz der Stadtwerke

Bild 5.1: Ausgewählte Literatur zu Wasserstoff in der Gasinfrastruktur (DBI-Darstellung)

München untersuchten. Auch in den USA gab es ähnlich frühe Arbeiten zur Machbarkeit der Wasserstoffbeimischung und des Betriebs mit reinem Wasserstoff [16]. 2002 wurde die Meta-Studie „Transport von Wasserstoff im Erdgasleitungssystem" für ein Konsortium von Gasversorgern erstellt [2].

International nahm das Thema u. a. durch das breit angelegte EU-Projekt NaturalHy (2005-2009) zwischenzeitlich an Fahrt auf. Dabei wurden umfangreiche theoretische und praktische Untersuchungen zu den Bedingungen angestellt, unter denen Wasserstoff mit akzeptablen Konsequenzen in das Erdgasnetz mit bis zu 50 Vol.-% eingespeist werden kann. Hierbei wurde das Hauptaugenmerk der 39 Projektpartner besonders auf die übergeordneten Sicherheitsaspekte, die Langlebigkeit der Materialien, die Integrität der Stahlrohrleitungen und den Einfluss auf die Endverbraucher gelegt.

In Dänemark wurden am Danish Gas Technology Centre (DGC) seit 2007 Langzeitversuche mit Kunststoffrohren (PE80, PE100) und Stahlrohrleitungen unter reinem Wasserstoff durchgeführt, mit dem Ziel, den Einfluss auf die Integrität der Rohrleitungen zu überprüfen [9].

Im Zeitraum von 2002 bis 2011 erfolgte kein nennenswerter nationaler Wissensaufbau im Bereich der Wasserstofftoleranz des Erdgasnetzes. Ab 2012 folgten auf nationaler Ebene eine Reihe von DVGW-Forschungsvorhaben, die Auswirkungen der Wasserstoffbeimischung auf die gesamte Wertschöpfungskette des Erdgases bzw. auf ausgewählte Teile untersuchten.

Den Anfang machte die DBI GUT zusammen mit vier Partnern aus Wissenschaft und Industrie bei der Betrachtung von Power-to-Gas-Konzepten in [3]. Ein Arbeitsteil enthielt eine erste Abschätzung der Elemente im Erdgasnetz hinsichtlich ihrer Wasserstofftoleranz. Hierzu wurde der damalige Wissensstand auf Basis von Literaturrecherche und Expertenbeiträgen, angereichert mit Erfahrungen aus Stadtgaszeiten und einigen Analogieschlüssen, zusammengetragen. Umfangreiche theoretische wie praktische Untersuchungen zur Verifizierung fanden anschließend zunächst nicht statt.

Darauf aufbauend wurde die Gasversorgung entlang der gesamten Wertschöpfungskette bis zu einer Wasserstoffbeimischung von bis zu 10 Vol.-% detaillierter untersucht, um mögliche Handlungsbedarfe zu identifizieren, die mit dem neuen DVGW-Regelwerk (G 260, G 262) einhergingen [4].

Das Projekt [10] widmete sich vor allem den Auswirkungen von Wasserstoffbeimischung von bis zu 10 Vol.-% auf Volumenstrom- und Gasbeschaffenheitsmessungen. Die verschiedenen Prinzipien zur Volumenstrommessung wurden vorgestellt sowie ausgewählte Hersteller in Bezug auf die Wasserstofftoleranzen befragt. Zusätzlich wurden die Restriktionen bei der Energieabrechnung, Brennwertverfolgung und die Berechnung der K-Zahl erläutert.

Zwei weitere DVGW-Projekte thematisierten die Ausnutzung der Gasbeschaffenheitsvorgaben und deren Folgen. Zum einen wurde sich mit den Auswirkungen auf industrielle sowie gewerbliche Verbraucher [5] und zum anderen mit den allgemeinen volkswirtschaftlichen Auswirkungen beschäftigt [6]. Aufgrund der Berücksichtigung aller Gasbeschaffenheitskennwerte der DVGW G 260 spielte die Betrachtung von Wasserstoff eine eher untergeordnete Rolle.

Zuletzt wurden verstärkt Gasanwendungen [11], [12] wie z. B. Gasbrennwertthermen oder Gasplus-Technologien sowie Hausinstallationen [13] in den Blick genommen. Im Rahmen der Untersuchungen im Labor als auch im Feld wurden Wasserstoffkonzentrationen im Erdgas von 20 bis 30 Vol.-% getestet.

Gasinfrastrukturen mit 100 Vol.-% Wasserstoff waren bislang nicht Gegenstand von DVGW-Projekten.

Seit 2012 sind die ersten Power-to-Gas-Anlagen mit Wasserstoffeinspeisung in die Gasinfrastruktur am Netz. Stand Ende 2018 sind für Deutschland etwa 13 Projekte mit einer installierten Elektrolyseleistung von etwa 13,5 MW bekannt. Im europäischen Ausland gibt es etwa fünf weitere, einschließlich denen in fortgeschrittener Planung. Es konnten dabei bereits wichtige Erfahrungen, von der Planung über die Genehmigung bis zum Betrieb, gesammelt und die technische Machbarkeit demonstriert werden (z. B. Energiepark Mainz, WindGas Falkenhagen & Hamburg, Prenzlau oder Wasserstoffeinspeisung Klanxbüll).

In der „Technology Roadmap – Hydrogen and Fuel Cells" ruft die International Energy Agency mit Blick auf die Gasinfrastruktur zu folgenden Handlungen auf [14]:

- Standards zu etablieren für Erdgas mit Wasserstoffanteilen, wo regional erforderlich
- Die maximal akzeptablen Wasserstoffanteile im Erdgas zu bestimmen, die mit verschiedenen Gasanwendungen kompatibel sind.

Mit der derzeit laufenden L-H-Gas-Marktraumumstellung erfolgt zwischen 2015 und 2030 die nächste Anpassung[2] der Gasbeschaffenheit nach der Erdgasumstellung[3]. Die Gaswirtschaft besitzt dementsprechend historische und laufende Erfahrungen mit Anpassungen bzw. Umstellungen der Gasbeschaffenheit entlang der Wertschöpfungskette.

Literatur

[1] Müller-Syring, G.; Henel, M.; Poltrum, M.; Wehling, A.; Dannenberg, E.; Glandien, J.; Krause, H.; Zdrallek, M.; Möhrke, F.; Ortloff, F.: Transformationspfade zur Treibhausgasneutralität der Gasnetze und Gasspeicher nach COP21. DVGW, Bonn, November 2018. Online, [https://www.dvgw.de/themen/forschung-und-innovation/forschungsprojekte/dvgw-forschungsbericht-g-201624/], Stand: 23.06.2020

[2] Lubenau, U.; Müller-Syring, G.: Transport von Wasserstoff im Erdgasleitungssystem. November 2002, [Vertraulich]

[3] Müller-Syring, G.; Henel, M.; Köppel, W.; Mlaker, H.; Sterner, M.; Höcher, T.: Entwicklung von modularen Konzepten zur Erzeugung, Speicherung und Einspeisung von Wasserstoff und Methan ins Erdgasnetz. DVGW, Bonn, 2012, Online, [https://www.dvgw.de/themen/forschung-und-innovation/forschungsprojekte/dvgw-forschungsbericht-g-10710/], Stand: 23.06.2020

[4] Müller-Syring, G.; Henel, M.: Wasserstofftoleranz der Erdgasinfrastruktur inklusive aller assoziierten Anlagen. DVGW, Bonn, Februar 2014, Online, [https://www.dvgw.de/leistungen/forschung/forschungsberichte/dvgw-forschungsbericht-g-10212/,], zuletzt abgerufen am 23.06.2020

[5] Krause, H.; Werschy, M.; Franke, S.; Giese, A.; Benthin, J.; Dörr, H.: Untersuchung der Auswirkungen von Gasbeschaffenheitsänderungen auf industrielle und gewerbliche Anwendungen. DVGW, Bonn, April 2014, Online, [https://www.dvgw.de/themen/forschung-und-innovation/forschungsprojekte/dvgw-forschungsbericht-g-10610/], Stand: 23.06.2020

[6] Krause, H.; Giese, A.; Dörr, H.; Brückner, H.J.: Hauptstudie zur Analyse der volkswirtschaftlichen Auswirkungen von Gasbeschaffenheitsschwankungen auf die Sektoren des Gasverbrauchs und deren Kompensation. Phase I Hauptstudie Gasbeschaffenheit. DVGW, Bonn, November 2016, Online, [https://www.dvgw.de/medien/dvgw/forschung/berichte/g201504.pdf], zuletzt abgerufen am 23.06.2020

[2] Anpassung ist eine Veränderung der Gasbeschaffenheit innerhalb einer Gasfamilie auf eine andere Gruppe.

[3] Umstellung meint die Veränderung der Gasbeschaffenheit von einer Gasfamilie auf eine andere.

[7] Krause, H.; Werschy, M.; Giese, A.; Leicher, J.; Dörr, H.: Hauptstudie Gasbeschaffenheit. Phase II. DVGW, Bonn, Dezemer 2018

[8] Behrens, D.: Wasserstofftechnologie. Perspektiven für Forschung und Entwicklung. Dechema, Frankfurt am Main, 1986

[9] Iskov, H: Field test of hydrogen in the natural gas grid. In: Proceedings of the WHEC. 16.-21.05.2010. Essen. Schriften des Forschungszentrums Jülich / Energy & Environment. Band 78, Nr. 4, Mai 2010

[10] Schley, P.; Wolf, D.; Henel, M.; Schreck, H.; Müller-Syring, G.; Fiebig, C.; Span, R.: Einfluss von Wasserstoff auf die Energiemessung und Abrechnung. DVGW-Forschungsprojekt G 3-02-12. DVGW, Bonn, April 2014, Online, [https://www.dvgw.de/themen/forschung-und-innovation/forschungsprojekte/dvgw-forschungsbericht-g-30212/], zuletzt abgerufen am 23.06.2020

[11] Dörr, H.; Kröger, K.; Nitschke-Kowsky, P.; Senner, J.; Tali, E.; Feldpausch-Jägers, S.: Untersuchungen zur Einspeisung von Wasserstoff in ein Erdgasnetz. Auswirkungen auf den Betrieb von Gasanwendungstechnologien im Bestand, auf Gas-plus-Technologien und auf Verbrennungsregelungsstrategien. DVGW-Forschungsstelle am Engler-Bunte-Institut (EBI), Karlsruhe, April 2016, Online [https://www.dvgw.de/themen/forschung-und-innovation/forschungsprojekte/dvgw-forschungsprojekt-h2-im-gasverteilnetz/], zuletzt abgerufen am 23.06.2020

[12] Tali, E.; Feldpausch-Jägers, S.; Senner, J.; Buss, P.: AP 1.3. Untersuchungen zur Einspeisung von Wasserstoff in ein Erdgasverteilnetz. Auswirkungen auf den Betrieb von Gasanwendungstechnologien im Bestand, auf Gas-Plus-Technologien und auf Verbrennungsregelungsstrategien. Gas- und Wärme-Institut Essen e.V. (GWI), Essen, 2015

[13] Nowakowski, T.: Untersuchung der Auswirkung von Wasserstoff-Zumischung ins Erdgasnetz auf industrielle Feuerungsprozesse in thermoprozesstechnischen Anlagen. Gas- und Wärme-Institut Essen e.V. (GWI), Essen, September 2017

[14] International Energy Agency (IEA): Technology Roadmap. Hydrogen and Fuel Cells. Paris, Juni 2015, Online [https://www.iea.org/reports/technology-roadmap-hydrogen-and-fuel-cells], zuletzt abgerufen am 23.06.2020

[15] Bünger, U.; Schmalschläger, T.; Zittel, W.: Durchführbarkeitsstudie für einen räumlich begrenzten H_2-Einsatz im Versorgungsgebiet der Stadtwerke München. Ludwig-Bölkow-Systemtechnik GmbH, München, Oktober 1994 [Vertraulich]

[16] Ogden, J.; Strohbehn, J. W.: Assessment of the Feasibility of Using Hydrogen Blends and Pure Hydrogen in the Existing Natural Gas System. Princeton University, Princeton, 1995

5.2 Einfluss der Einspeisung auf die Gasbeschaffenheit

5.2.1 Einordnung und Rahmenbedingungen

In diesem Kapitel soll der Einfluss von Wasserstoff auf die Transporteigenschaften sowie die Nutzungseigenschaften des in öffentlichen Netzen verteilten Gases näher beleuchtet werden. Dazu wird auf die wichtigsten Gaseigenschaften eingegangen, die für die Auslegung und den Betrieb von Netzen und Netzanlagen bzw. beim Betrieb von Gasverwendungseinrichtungen von Bedeutung sind. Die Gasverwendung konzentriert sich in diesem Zusammenhang hautsächlich auf Prozesse der Wärmebereitstellung in Verbrennungseinrichtungen. Die zum Zeitpunkt der Erstellung dieses Buchprojektes vorherrschenden normativen Randbedingungen und Pläne sollen kurz zusammengefasst werden, um den Erkenntnistand und die Intention der folgenden Darstellung in den Kontext aktueller Entwicklungen einordnen zu können.

Die Ausgangssituation für Deutschland wird im DVGW Arbeitsblatt G 262 [2] definiert. Die mögliche Wasserstoffeinspeisung wurde in diesem Arbeitsblatt auf einen Raumanteil von kleiner 10 Vol.-% begrenzt. Diese Grenze gilt vorbehaltlich der Einschränkung durch andere Normen in Bezug auf angeschlossene Nutzergruppen im jeweiligen Netzsegment. Trotz der Einschränkungen wurden in einigen kommunalen Gasnetzen bis zu 10 Vol.-% Wasserstoff als Zusatzgas eingesetzt (Energiepark Mainz, Stadtwerk Haßfurt).

Die Bestrebungen zur Integration des Energieträgers Wasserstoff in die relevanten europäischen und deutschen Normen für Gasnetze haben insbesondere in den Jahren 2019 und 2020 deutlich Fahrt aufgenommen. Das betrifft sowohl die europäischen Gremien CEN/CENELEC als auch den DVGW e.V. als deutschen Regelsetzer für die Gasversorgung. Dabei kristallisieren sich zwei Wege heraus, die parallel begangen werden sollen: Der DVGW plant strategisch das technische Regelwerk zu erweitern und Wasserstoffgehalte bis zu 20 Vol.-% zuzulassen (DVGW e.V., 2019). Perspektivisch werden auch Normungsarbeiten für die Implementierung einer Versorgung mit 100 % Wasserstoff eingeordnet. Als Regelwerk für Wasserstoff wird im europäischen Rahmen bisher insbesondere im Anwendungsbereich von Wasserstoff für Brennstoffzellen die Norm DIN EN 17124:2019-07 mit vergleichsweise hohem Reinheitsgrad von 99,97 Vol.-% zitiert. International existiert als Vornorm die ISO/DIS 14687:2018. Diese Vornorm gibt unterschiedliche Reinheitsgruppen für Wasserstoff an. Als Minimalanforderung ist ein Reinheitsgrad von mindestens 98 Vol.-% für die Verwendung in Verbrennungskraftmaschinen und anderen Verbrennungseinrichtungen vorgesehen.

Dies vorausgeschickt wird im Folgenden neben allgemeinen Eigenschaften zur Beschaffenheit der Grundgase Erdgas/Methan und Wasserstoff insbesondere auf Gemische von Erdgas H und L gemäß dem DVGW Arbeitsblatt G 260 [1] mit Wasserstoff bis 20 Vol.-% sowie Wasserstoff eingegangen.

5.2.2 Allgemeine Stoffdaten der Grundgase Methan und Wasserstoff

Zum Zweck der Übersichtlichkeit sollen in diesem Kapitel die Stoffwerte von Methan (CH_4) und Wasserstoff (H_2) im Normzustand gegenübergestellt werden (**Tabelle 5.1**), da in den folgenden Abschnitten häufig darauf zurückgegriffen werden muss. Methan ist als Grundgas G20 für zahlreiche Prüfprozesse in der Gaswirtschaft festgelegt. Methan wird in diesem Zusammenhang als Vertreter der Erdgase herangezogen, auch wenn die exakten Stoffwerte für Erdgas davon abweichen.

Der Vollständigkeit halber und zum Vergleich mit Methan werden in **Tabelle 5.2** die in Deutschland am häufigsten verteilten Erdgase mit ihrem Brennwert benannt und die möglichen Bandbreiten gekennzeichnet. Dabei handelt es sich um die im DVGW Arbeitsblatt G 260 [1] festgehaltenen Beispiele. Die Schwankungsbreiten sind einer Untersuchung entnommen, welche im Rahmen eines DVGW-Forschungsprojektes für den Zeitraum von 2013 bis 2015 erfasst wurden [4]. In dieser Liste (Tabelle 5.2) sind u. a. auch fiktive Biogase dargestellt. Für diese und für das deutsche Erdgas L sind aus der angeführten Literatur keine Schwankungsbreiten verfügbar.

Der Wobbe-Index ist die wichtigste Kenngröße für die Austauschfähigkeit von Gasen. Deshalb soll auch der Mischungsbereich mit Wasserstoff hier vorgestellt werden. In **Bild 5.2** ist für die im DVGW Arbeitsblatt G 260 [1] fixierten Gaszusammensetzungen typischer Erdgase der Wobbe-Index für die Gemische mit Wasserstoff berechnet worden. Dabei soll der nicht proportionale Zusammenhang zum Wasserstoffgehalt deutlich hervorgehoben werden. Ebenso sei auf Verunreinigungen im Wasserstoff (hier Stickstoff) und deren Wirkung auf den Wobbe-Index hingewiesen, welche sich insbesondere im Konzentrationsbereich nahe 100 % deutlich auswirken.

Tabelle 5.1: Stoffwerte von Methan und Wasserstoff bei Normzustand

Stoffwert		Methan	Wasserstoff
Dichte ρ_n	kg/m³	0,7175	0,08988
Dichteverhältnis d_n	-	0,5549	0,06951
Molares Volumen (Realgas) $v_{m,n}$	m³/kmol	0,02236	0,022428
Molare Masse M	kg/mol	16,04246	2,01588
Spezifische Gaskonstante R_i	kJ/(kg K)	0,51826	4,12447
Heizwert $H_{i,n}$	kWh/m³ MJ/m³	9,9668 35,881	2,9951 10,783
Brennwert $H_{s,n}$	kWh/m³ MJ/m³	11,060 39,816	3,5401 12,744
Unterer Wobbe-Index $W_{i,n}$	kWh/m³ MJ/m³	13,381 48,170	11,360 40,898
Oberer Wobbe-Index $W_{s,n}$	kWh/m³ MJ/m³	14,848 53,454	13,427 48,339
Realgasfaktor Z_n	-	0,997	0,995
Isentropenexponent κ	-	1,317	1,409
Kritischer Druck p_c	bar	45,99	39,4
Kritische Temperatur T_c	K	190,56	32,94
Spezielle Gaskonstante R_i	kJ/(kg K)	0,5182	4,128
Spez. Wärmekapazität $c_{p,n}$	kJ/(m³K)	1,840	1,287
Dynamische Viskosität η_n	10^{-6} Pa s	10,2	8,27
Kinematische Viskosität υ_n	10^{-6} m²/s	14,2	92,0
Schallgeschwindigkeit u	m/s	466	1280

Tabelle 5.2: Brennwert- und Wobbe-Index-Bereiche der in Deutschland verteilen Erdgase nach [1], [4] und Wasserstoff

	H_s [kWh/m³]	H_s [MJ/m³]	dH_s [2])	W_s [kWh/m³]	W_s [MJ/m³]	dW_s [2])
Erdgas H (RF)	11,24	40,28	2,50 %	14,82	53,35	2,44 %
Erdgas H (Nord)	11,35	41,96	8,90 %	14,55	52,36	8,45 %
Biogas H	10,63	38,3	n.v.	13,88	49,96	
Biogas H+LPG	11,65	41,8	n.v.	14,53	52,32	
Erdgas L (NL)	10,15	36,8	5,12 %	12,70	45,72	5,27 %
Erdgas L (D)	9,82	35,3	n.v.	12,43	44,74	
Wasserstoff [1])	**3,54**	**12,74**	**2,00 %**	**13,43**	**48,34**	**12,35 %**

[1]) Wasserstoff Typ I Gruppe A nach ISO/DIS 14687:2018, die Schwankungsbreite bezogen auf den Maximalwert

[2]) dH_s, dW_s – relative Gesamtschwankungsbreite bezogen auf den Mittelwert

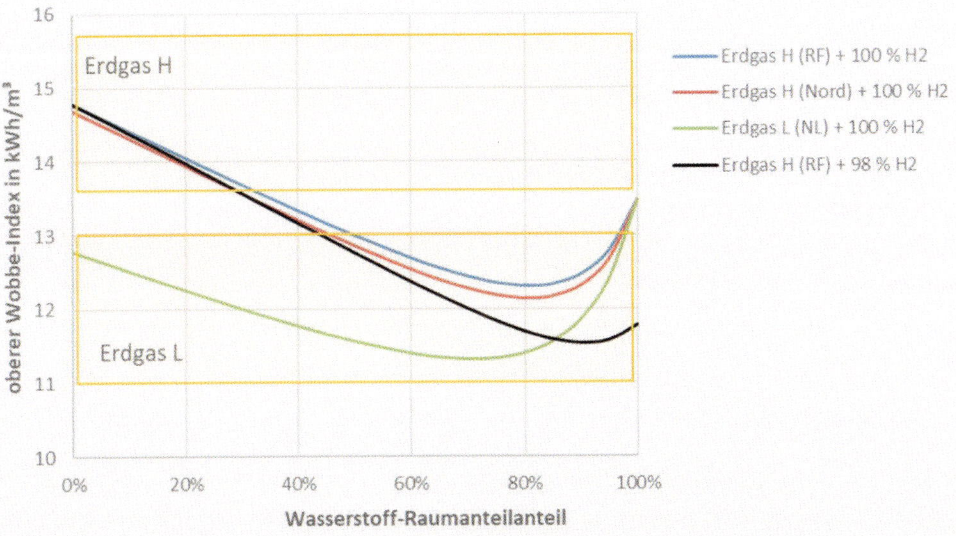

Bild 5.2: Wobbe-Index von Erdgasgemischen mit Wasserstoff in Bezug zu den zulässigen Grenzen, Erdgaszusammensetzungen und Grenzen nach DVGW Arbeitsblatt G 260

5.2.3 Transporteigenschaften von Wasserstoff und Erdgas-Wasserstoff-Gemischen

Wesentliche Aufgabe von Gasnetzen ist der Transport des gasförmigen Energieträgers. Geht man von diesem Ansatz aus, ist für das Gasnetz der jeweils äquivalente Energietransport das kritische Vergleichskriterium, wenn der Energieträger von einer Gasart A zu B verändert wird. Soll also der gleiche Energiestrom $\dot{E}$ durch eine vorhandene Rohrleitung geleitet werden, so gilt:

$$\dot{E}_A = \dot{E}_B \text{ oder } \dot{V}_A \cdot H_A = \dot{V}_B \cdot H_B \tag{5.1}$$

Da die oben angeführten Gase nicht gleich sind, ergibt sich zwangsläufig eine Veränderung des resultierenden Energiestromes bzw. müssen Betriebsparameter der Leitung so angepasst werden, dass der gleiche Energiestrom transportiert werden kann.

5.2.3.1 Transportkapazität von Leitungen

Nachfolgend soll die Abweichung des Energiestromes in Folge der Verwendung von Wasserstoff bzw. bei Gemischen aus Erdgas und Wasserstoff in einer bestehenden Rohrleitung verglichen werden. Die wichtigsten Eigenschaften für den Transport von Gasen leiten sich hauptsächlich aus den thermodynamischen Zustandsgrößen der realen Gase ab, die insbesondere für verdichtete Gase relevant sind und die Strömungsverhältnisse in Leitungen beeinflussen. Dazu gehören neben den in Kapitel 5.2.2 genannten Stoffwerten, insbesondere der Realgasfaktor Z und daraus abgeleitete Größen wie die Kompressibilitätszahl K.

Je nach Betriebsdruck (Eingangsdruck p_1) und dem erforderlichen Lieferdruck (Ausgangsdruck p_2) einer Leitung sowie deren Dimensionen Innendurchmesser D, Länge L und Rauigkeit k definiert sich daraus der maximal mögliche Transportvolumenstrom $\dot{V}_t$ bzw. die Transportkapazität der Leitung (**Bild 5.3**).

Der mögliche Volumenstrom ergibt sich aus der umgestellten Druckverlustberechnung für reale Gase bei beliebigen Drücken zu:

$$\dot{V}_t = \sqrt{p_1^2 \cdot \left[1-\left(\frac{p_2}{p_1}\right)^2\right] \cdot \frac{\pi^2 D^5}{16L} \cdot \frac{1}{\lambda} \cdot \frac{T_n}{p_n T_m} \cdot \frac{1}{\rho_L} \cdot \frac{1}{dK_m}} \tag{5.2}$$

Im Fall des Gastransportes kann man von dem berechtigten Ansatz ausgehen, dass die Strömung in der Rohrleitung im turbulenten, hydraulisch rauen Bereich liegt. Damit wird der Rohreibungsbeiwert λ nur von den geometrischen Daten der Rohrleitung D/k bestimmt. Sollte das nicht der Fall sein, liegt eine zusätzliche Abhängigkeit von der Reynoldszahl und damit von der kinematischen Viskosität und der Gasgeschwindigkeit vor. Reduziert man dann die Formel (5.2) auf die stoffwertabhängigen Größen des Gases, Dichteverhältnis d und Kompressibilitätszahl K, bei gleichbleibenden Randbedingungen, erhält man:

$$\dot{V}_t = \frac{C}{\sqrt{dK_m}} \tag{5.3}$$

mit einem Proportionalitätsfaktor $C = \sqrt{p_1^2 \cdot \left[1-\left(\frac{p_2}{p1}\right)^2\right] \cdot \frac{\pi^2 D^5}{16L} \cdot \frac{1}{\lambda} \cdot \frac{T_n}{p_n T_m} \cdot \frac{1}{\rho_L}}$ (5.3a)

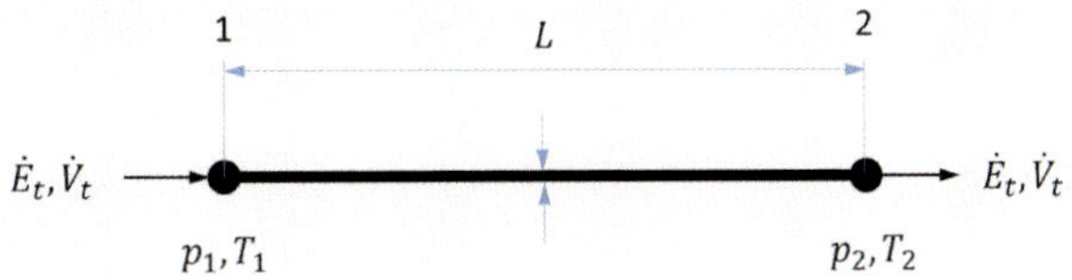

Bild 5.3: Definition der Transportbedingungen an einem Leitungsabschnitt

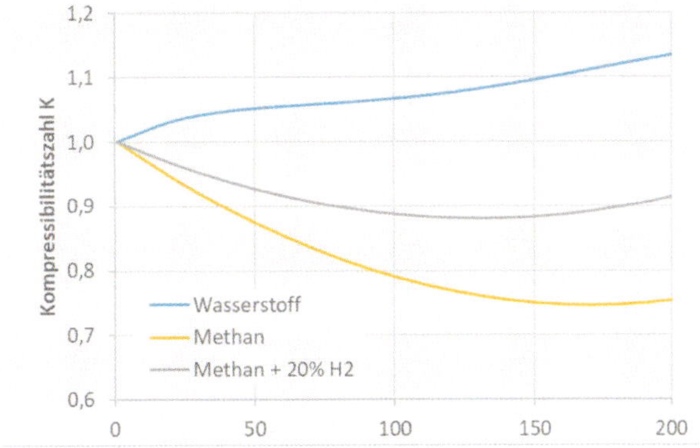

Bild 5.4: Druckabhängige Kompressibilitätszahl für Methan nach [5] und Wasserstoff nach [6] bei 0 °C

Die transportierbare Energiemenge ergibt sich dann mithilfe des Wobbe-Index zu:

$$\dot{E}_t = \dot{V}_t \cdot H_s = \frac{c}{\sqrt{d \cdot K_m}} H_s \text{ alternativ } \dot{E}_t \quad \frac{W_s}{\sqrt{K_m}} = W_s^* \tag{5.4}$$

Für transporttypische Drücke ist die Kompressibilitätszahl in **Bild 5.4** dargestellt. Für die Berechnung der Kompressibilitätszahl von Erdgasen wurden die Approximationen von Papay aus [5] verwendet. Eine genauere Berechnung für Erdgase über die komplexen Approximationen nach GERG oder AGA 8 ist im DVGW Arbeitsblatt G 486 enthalten [13].

Für den Vergleich der Energie-Transportkapazität von Leitungen bei einem Wechsel der Gasart von Methan (Erdgas) zu Wasserstoff kann man das Verhältnis der Energieströme in Bezug auf den mittleren Leitungsdruck bestimmen und erhält faktisch die relative Veränderung der energetischen Transportkapazität e_t nach:

$$e_t = \frac{\dot{E}_{H_2}}{\dot{E}_{CH_4}} = \frac{W_{s,H2}}{W_{S,CH4}} \cdot \sqrt{\frac{K_{m,CH4}}{K_{m,H2}}} \tag{5.5}$$

Für eine fiktive Transportleitung ist der Vergleich zwischen Methan und Wasserstoff exemplarisch in **Bild 5.5** dargestellt. Für sehr typische Transportleitungen mit mittleren Betriebsdrücken zwi-

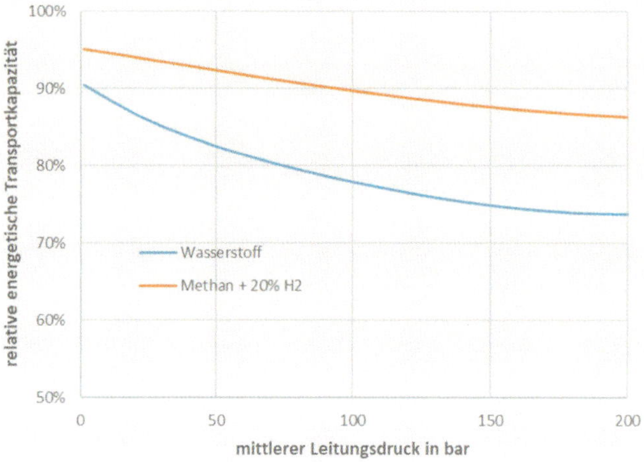

Bild 5.5: Relative energetische Transportkapazität einer Transportleitung für Wasserstoff bezogen auf Methan in Abhängigkeit vom mittleren Leitungsdruck

schen 20-50 bar ergibt sich so lediglich eine Verminderung um 13-17 %. Für Methan mit 20 % Wasserstoff ergibt sich über den gleichen Druckbereich eine Senkung der Transportkapazität um 6-7,5 %. Die deutliche Verringerung des Brennwerts sowie die Steigerung der Kompressibilitätszahl bei Wasserstoff werden physisch durch die deutlich geringere Dichte von Wasserstoff teilweise kompensiert.

Aufgrund der geringeren Dichte von Wasserstoff ergibt sich in Rohrleitungen bei gleichem Druckabfall eine höhere Gasgeschwindigkeit bzw. bei gleichbleibender Gasgeschwindigkeit ein geringerer Druckverlust. Soll dennoch der gleiche Energiestrom $\dot{E}$ in einer bestehenden Leitung erreicht werden, muss der Betriebsdruck der Leitung angehoben oder der zulässige Druckabfall vergrößert werden. Typischerweise muss wegen der vertraglich festgelegten Lieferbedingungen der Enddruck einer Leitung p_2 als gegeben angenommen werden. Damit verbleibt aus planerischer Sicht der Eingangsdruck $p_{1,i}$ als variable Größe für unterschiedliche Gase i. Um die notwendige Anhebung des Eingangsdruckes zu verdeutlichen, wird die relative Änderung des Eingangsdruckes p_{rV} (Formel (5.6)) aufgrund von Gasbeschaffenheitswechseln eingeführt. Bezugsgröße ist sinnvoller Weise der erforderliche Eingangsdruck für Methan als Ausgangssituation.

$$p_{rV} = \frac{p_{1,i}}{p_{1,CH4}} \tag{5.6}$$

Dies vorausgesetzt, können die Formeln (5.3) und (5.4) herangezogen werden, um den angepassten Eingangsdruck $p_{1,i}$ zu bestimmen (Formel (5.7)). Stoffabhängige Größen werden mit dem Index i ergänzt. Alle stoffunabhängigen Größen werden in einer Konstanten C* (Formel (5.8)) zusammengefasst und ein um die Kompressibilitätszahl korrigierter Wobbe-Index $W^*_{s,i}$ (Formel (5.9)) gebildet.

$$\dot{E}_t = \sqrt{\left(p_{1,i}^2 - p_2^2\right) \cdot \frac{\pi^2 D^5}{16L} \cdot \frac{1}{\lambda} \cdot \frac{T_n}{p_n T_m} \cdot \frac{1}{\rho_L}} \cdot \frac{W_{s,i}}{\sqrt{K_{m,i}\left(p_{1,i} \cdot p_2\right)}} = C^* \cdot \sqrt{\left(p_{1,i}^2 - p_2^2\right)} \cdot \frac{W_{s,i}}{\sqrt{K_{m,i}\left(p_{1,i} \cdot p_2\right)}} \tag{5.7}$$

$$\text{mit } C^* = \sqrt{\frac{\pi^2 D^5}{16L} \cdot \frac{1}{\lambda} \cdot \frac{T_n}{p_n T_m} \cdot \frac{1}{\rho_L}} \tag{5.8}$$

$$\text{und } W_{s,i}^* = \frac{W_{s,i}}{\sqrt{K_{m,i}\left(p_{1,i} \cdot p_2\right)}} \tag{5.9}$$

Führt man das Druckverhältnis zwischen Eingangs- und Ausgangsdruck $p_{v,i}$ (Formel (5.10)) ein und stellt die Energiegleichung (5.7) nach diesem Verhältnis für beliebige Gase i um, ergibt sich Formel (5.12):

$$p_{v,i} = \frac{p_{1,i}}{p_2} \tag{5.10}$$

$$\dot{E}^2 = p_2^2 \cdot \left(p_{v,i}^2 - 1\right) \cdot C^{*2} \cdot \frac{W_{s,i}^2}{K_{m,i}\left(p_{1,i} \cdot p_2\right)} \tag{5.11}$$

$$p_{v,i} = \sqrt{\frac{X^2}{W_{s,i}^{*2}} + 1} \tag{5.12}$$

$$\text{mit } X = \frac{\dot{E}}{p_2 \cdot C^*} \tag{5.13}$$

Zur Vereinfachung können wieder die fixen Größen für den gewählten Ansatz (Energiestrom, Leitungsparameter und Enddruck) in einem Parameter X zusammengefasst werden (Formel (5.13)). Die relative Änderung des Eingangsdruckes erhält man dann auch aus Formel 5.14.

$$p_{rV} = \frac{p_{1,i}}{p_{1,CH4}} = \frac{p_{v,i}}{p_{v,CH4}} = \frac{\sqrt{\frac{X^2}{W_{s,i}^{*2}}}}{\sqrt{\frac{X^2}{W_{s,CH_4}^{*2}} + 1}} \tag{5.14}$$

Die Formel (5.14) lässt sich nur iterativ lösen, da der korrigierte Wobbe-Index $W_{s,i}^*$ die vom mittleren Druckniveau abhängige Kompressibilitätszahl enthält. Das Ergebnis für Wasserstoff und das Gemisch Methan und 20 % Wasserstoff ist beispielhaft in Abhängigkeit von der Transportsituation in einer bestehenden Leitung, dem Parameter X, in **Bild 5.6** dargestellt. Als Beispiele wurden Situationen in Verteilnetzen (bis 10.000 m^3/h i. N. und $p_1 = 16$ bar) in überregionalen, innerdeutschen Transportnetzen (bis 500.000 m^3/h i. N. und $p_1 = 64$ bar) sowie auch der sehr große internationale Transport (2.500.000 m^3/h i. N. und $p_1 = 200$ bar) gewählt. Die konkreten Ergebnisse einer Leitung

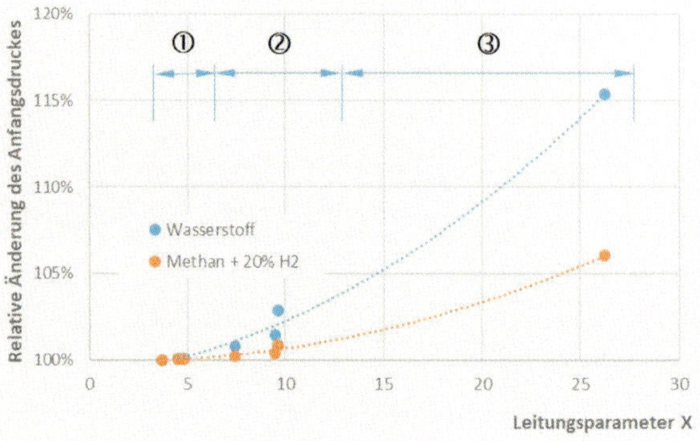

Bild 5.6: Relative Änderung des absoluten Anfangsruckes einer Leitung bei einer Änderung der Gasbeschaffenheit, aber gleichbleibender Leitungsparameter am Beispiel von ① Verteilnetzen, ② überregionalem Transport und ③ internationalem Transport

können je nach Auslegungssituation von dem angegebenen mittleren Zusammenhang abweichen, deshalb soll Bild 5.6 lediglich einen Eindruck der zu erwartenden relativen Änderung des Eingangsdruckes bei gleichbleibendem Energiestrom und gleichbleibender Leitung geben.

5.2.3.2 Speicherkapazität von Untergrundgasspeichern

Ähnlich wie die Transportkapazität von Leitungen wird die Speicherkapazität von Gasspeichern beeinflusst. Der Zusammenhang soll ebenfalls anhand der energetischen Speicherkapazität E_s aufgezeigt werden. In der Erdgasversorgung werden typischerweise Untergrundgasspeicher für die saisonale Speicherung von Erdgas verwendet. Oberirdische Behälterspeicher oder Röhrenspeicher bilden eine Ausnahme. Für die volumetrische Speicherkapazität und damit auch den Energieinhalt von Druckspeichern wird üblicherweise die Zustandszahl für reale Gase z_i herangezogen. Als von der Gasart abhängige Größe ist darin die Kompressibilitätszahl enthalten.

$$z_i = \frac{T_n}{T_s}\frac{p_s}{p_n}\frac{1}{K_i} \tag{5.15}$$

$$E_{s,i} = V_g \cdot z_i \cdot H_{s,i} = V_g \cdot \frac{T_n}{T_s}\frac{p_s}{p_n}\frac{1}{K_{s,i}} \rightarrow E_s \sim \frac{H_s}{K} \tag{5.16}$$

$$e_{s,i} = \frac{K_{CH4}}{K_i} \cdot \frac{H_{s,i}}{H_{s,CH4}} \tag{5.17}$$

Wie in den vorangegangenen Ausführungen soll auch hier die relative Änderung der Speicherkapazität e_s durch die Gasart bei ansonsten gleichbleibenden Rahmenbedingungen bestimmt werden. Zu den gleichbleibenden Rahmenbedingungen gehören die geologisch bedingten Größen maximaler Speicherdruck p_s und Speichertemperatur T_s sowie das geometrische Volumen des Speichers V_g. Für übliche Speicherdrücke stellt **Bild 5.7** den Zusammenhang für Wasserstoff und

Bild 5.7: Relative energetische Speicherkapazität von Gasspeichern bezogen auf Methan bei gleichem Speichervolumen und Druck

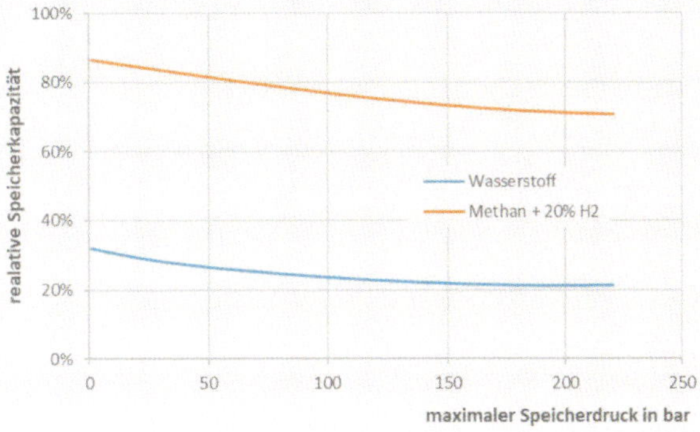

das Gemisch Methan + 20 % H_2 dar. Anders als bei der Transportkapazität von Leitungen sinkt die Speicherkapazität deutlich.

5.2.3.3 Verdichterleistung

Neben der Transportkapazität von Leitungen spielt innerhalb des Ferntransportes von Gasen auch immer die Verdichtung zur Überwindung des Druckverlustes eine erhebliche Rolle. Für die Verdichtung wird üblicherweise die insentrope Verdichtungsarbeit als Richtwert herangezogen. Der konkrete Leistungsbedarf hängt zusätzlich vom Wirkungsgrad des jeweiligen Verdichtersystems ab. Im Folgenden wird die Veränderung der isentropen Verdichtungsleistung bei Änderung der Gasart eingegangen. Grundsätzlich gilt für Verdichtungsleistung:

$$P_V = Z_1 \cdot T_1 \cdot R_i \cdot \frac{n}{n-1} \cdot \left(\pi^{\frac{n-1}{n}} - 1 \right) \cdot \dot{V}_{n,i} \cdot \rho_{n,i} \tag{5.18}$$

Anstelle des Polytropenexponenten wird der Insentropenexponent κ verwendet. π stellt das Verhältnis Ausgangs- zu Eingangsdruck dar. Für den Vergleich der Gasarten soll auch hier wieder der gleiche zu verdichtende Energiestrom herangezogen werden (Formel (5.1)).

$$P_{V,i} = Z_{1,i} \cdot T_1 \cdot R_i \cdot f_{K,i} \cdot \dot{V}_{n,CH4} \cdot \frac{H_{s,CH4}}{H_{s,i}} \cdot \rho_{n,i} \tag{5.19}$$

$$\text{mit } f_{\kappa,i} = \frac{n_i}{n_i - 1} \cdot \left[\left(\frac{p_2}{p_1} \right)^{\frac{n_i - 1}{n_i}} - 1 \right] \tag{5.19a}$$

Bildet man auch hier ein relatives Leistungsverhältnis P_{rV} bezogen auf Methan erhält man:

$$P_{rV,i} = \frac{Z_{1,i}}{Z_{1,CH4}} \cdot \frac{R_i}{R_{CH4}} \cdot \frac{f_{K,i}}{f_{K,CH4}} \cdot \frac{H_{s,CH4}}{H_{s,i}} \cdot \frac{\rho_{n,i}}{\rho_{n,CH4}} \tag{5.20}$$

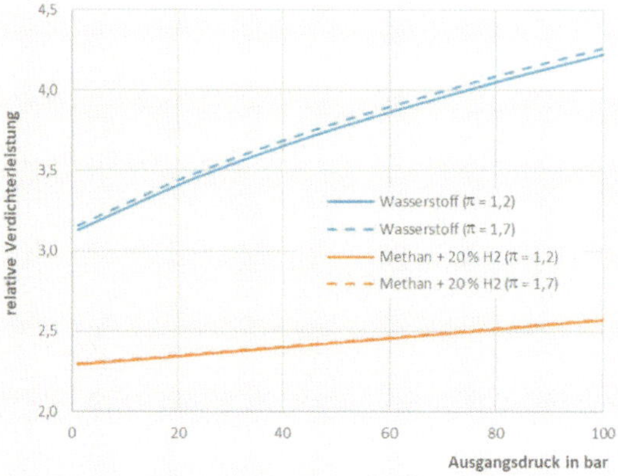

Bild 5.8: Relative Verdichtungsleistung bezogen auf Methan bei gleichem Verdichtungsverhältnis und gleichem Energiestrom

Das Ergebnis für die bisher betrachteten Gasarten im Vergleich zu Methan ist in **Bild 5.8** dargestellt. Da das Verdichtungsverhältnis in der Gleichung auftaucht, wurden zwei typische Verhältnisse gewählt, um die Abhängigkeit aufzuzeigen. Mit der Zumischung bzw. dem Wechsel zu Wasserstoff tritt eine erhebliche Steigerung der relativen Verdichterleistung ein. Das Verdichtungsverhältnis selbst spielt in dieser relativen Betrachtungsweise nur eine untergeordnete Rolle.

5.2.3.4 Der Joule-Thomson-Effekt und die erforderliche Gasvorwärmung

Eine weitere wichtige Eigenschaft in der Gasversorgung ist der Joule-Thomson-Koeffizient realer Gase. Erdgas hat bekanntermaßen einen sehr ausgeprägten Joule-Thomson-Effekt. Analog zu den vorangegangenen Ausführungen wird an dieser Stelle auf Methan als Vergleichswert zurückgegriffen. **Bild 5.9** stellt den Joule-Thomson-Koeffizient für die bisher betrachteten Gaszusammensetzungen dar.

Im Gegensatz zum Erdgas kehrt sich bei Wasserstoff das Vorzeichen des Joule-Thomson-Koeffizienten um und der Betrag wird nahezu vernachlässigbar klein. D. h. auf eine Vorwärmung des Gases bei einer Druckabsenkung kann vollständig verzichtet werden. Selbst bei einer Zumischung von 20 Vol.-% Wasserstoff wird sich bereits eine erhebliche Einsparung bei der Vorwärmung an Gasdruckregelanlagen ergeben.

Die erforderliche Erwärmungsleistung bei einer Veränderung der Gasart und sonst gleichen Randbedingungen (Energiestrom und Druckdifferenz) lässt sich aus Formel (5.21) ableiten. Auch sie lässt sich als relative Änderung der Vorwärmleistung q_r in Bezug auf Methan darstellen (Gleichung 22).

$$\dot{Q}_{VW,i} = c_{p,i} \cdot \rho_{n,i} \cdot \dot{V}_{n,i} \cdot \Delta T_i \quad \text{mit} \quad \Delta T_i = \mu_{JT,i} \cdot \Delta p \tag{5.21}$$

$$q_r = \frac{\dot{Q}_{VW,i}}{\dot{Q}_{VW,CH4}} = \frac{c_{p,i} \cdot \rho_{n,i}}{c_{p,CH\$} \cdot \rho_{n,CH4}} \cdot \frac{H_{s,CH4}}{H_{s,i}} \cdot \frac{\mu_{JT,i}}{\mu_{JT,CH4}} \tag{5.22}$$

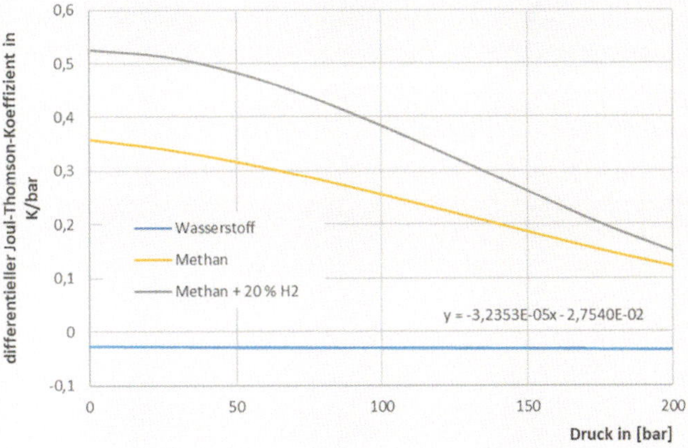

Bild 5.9: Joul-Thomson-Koeffizient für Methan, Methan-Wasserstoff-Gemisch 20 Vol.-% und Wasserstoff bei 15 °C [5], [6]

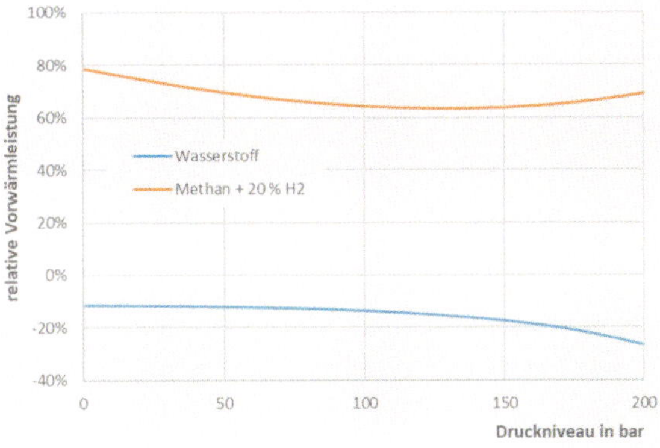

Bild 5.10: Relative Vorwärmleistung bezogen auf Methan auf Basis der differentiellen Größen (c_p, μ_{JT})

Die Ergebnisse für die Beispielgase sind in **Bild 5.10** als Übersicht dargestellt. Die Druckabhängigkeit von Wasserstoff basiert, infolge einer ungenügenden Datenbasis bei der spezifischen Wärmekapazität und hohen Drücken, auf einer begründeten Schätzung aus [5] und [6]. Die Ergebnisse sind in diesen Fällen als Richtwert zu verstehen.

5.2.3.5 Transporteigenschaften – ein Fazit

Mit der Zumischung von Wasserstoff zum Erdgas oder dem vollständigen Wechsel auf Wasserstoff werden die Transportbedingungen in den Gasnetzen verändert, jedoch in unterschiedlicher Weise. Für die energetische Transportkapazität von Leitungsabschnitten in Netzen und ebenso die Kapazität von Regelgeräten, für die ähnliche Ansätze wie beschrieben gelten, bleibt die Verringerung in einem überschaubaren Rahmen. Positiv ist ebenso zu vermerken, dass der Vorwärmbedarf in Gasdruckregelanlagen verringert wird bzw. bei Wasserstoff vollständig entfällt.

Anders verhält es sich beim Aufwand für die Verdichtung (steigt) sowie der Speicherkapazität von Speichern (sinkt). Die Veränderungen erscheinen zunächst dramatisch. Berücksichtigt man jedoch die zukünftige Entwicklung des Gasverbrauches und die Effizienzsteigerung im Verbrauch, kann durch eine effiziente Gestaltung der Betriebsparameter eine teilweise Kompensation des zusätzlichen Aufwandes herbeigeführt werden.

5.2.4 Anwendungseigenschaften von Wasserstoff und Erdgas-Wasserstoff-Gemischen bei der Verbrennung

Analog zu den Transporteigenschaften sollen in diesem Kapitel die wichtigsten Nutzungseigenschaften der vorgestellten Gasarten verglichen werden. Die Nutzung des Energieträgers Gas liegt im Wesentlichen in der Wärmebereitstellung und findet durch Verbrennung statt. Die stoffliche Verwendung beschränkt sich auf einzelne Komponenten des Energieträgers in sehr spezifischen Prozessen. Sie soll in der folgenden Betrachtung zunächst zurückgestellt werden.

Zu den besonderen Eigenschaften von Gasen bei der Verbrennung zählen neben dem Energieinhalt (Heizwert bzw. Brennwert) solche charakteristischen Kennzahlen wie der Verbrennungsmittelbedarf, das Abgasvolumen, die Zündeigenschaften des Gases, die adiabate Verbrennungstemperatur sowie die Brenngeschwindigkeit. Als wichtigste Vergleichskennzahl wird auch für die Verbrennung der Wobbe-Index herangezogen. Da die Verwendung des Energieträgers in der Verbrennung i. d. R. bei sehr geringen Drücken von statten geht, kann auf die Berücksichtigung des Realgasverhaltens verzichtet werden.

Ähnlich wie im vorangegangenen Kapitel soll der Vergleich der Anwendungseigenschaften auf der Basis vergleichbarer Energieströme vorgenommen werden. Wo möglich, werden relative Kennzahlen gebildet, die den Umfang der Abweichungen charakterisieren. Bei der Betrachtung wird der Brennwert als Vergleichsgröße herangezogen. D. h. die nachfolgenden Angaben geben einen Hinweis auf den Einfluss von Wasserstoff bei Beheizungsanlagen, die in der Lage sind, die Kondensationsenthalpie des Abgases zu nutzen. Für Anlagen, in denen eine Kondensation des Abgases nicht vorgesehen ist bzw. aus anderen Gründen vermieden werden muss, ist der Heizwert als Bezugsgröße zu berücksichtigen. In diesem Fall wären die Ergebnisse um die relative Veränderung des Verhältnisses von Heizwert zu Brennwert zu korrigieren. Der entsprechende Korrekturwert beträgt $f_{H/B}$ 0,939 für den Fall, dass Methan durch Wasserstoff ersetzt wird.

$$f_{H/B} = \left(\frac{H_i}{H_s}\right)_{H2} / \left(\frac{H_i}{H_s}\right)_{CH4} \qquad (5.23)$$

5.2.4.1 Veränderungen des Wobbe-Index

Der Wobbe-Index ist die Vergleichskennzahl für die Wärmebelastung von Brenngasverbrauchern bei unterschiedlicher Gaszusammensetzung. Im Wobbe-Index finden sowohl der Energieinhalt als auch die Strömungsgeschwindigkeit bestimmende Größen (Dichte und Druckverlust) ihren Ausdruck. Er ist die zentrale Kennzahl im DVGW-Arbeitsblatt G 260. Gase mit gleichem Wobbe-Index können ohne konstruktive Änderung des Brenners bzw. Umstellung der Brennerdüse ausgetauscht werden. Die strömungsmechanischen Grundlagen ergeben sich aus der Bernoulli-Gleichung (5.24) für den Druckabfall über eine Brennerdüse, die das Gas aus einer Leitung in einen Raum mit Umgebungsdruck entlässt.

Entsprechend **Bild 5.11** kann die Bernoulli-Gleichung wie folgt formuliert werden:

$$p_u + p_l + \frac{\rho_g}{2} u_l^2 = p_u + \frac{\rho_g}{2} u_d^2 \qquad (5.24)$$

Bild 5.11: Ansatz für die Strömungsverhältnisse an einer Brennerdüse

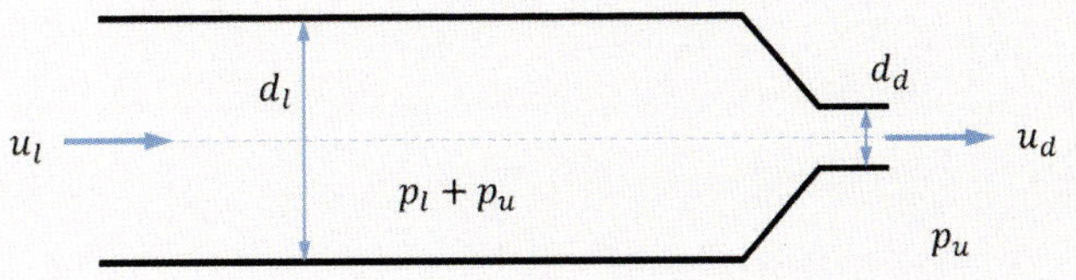

Der Druckabfall über die Brennerdüse entspricht in erster Näherung dem Leitungsüberdruck p_1. Über das Kontinuitätsgesetz (5.25) kann das Verhältnis der Geschwindigkeiten in Leitung und Düse aus dem Durchmessverhältnis abgeleitet werden (5.26).

$$\frac{\pi}{4} d_l^2 \cdot \rho_g \cdot u_l = \frac{\pi}{4} d_d^2 \cdot \rho_g \cdot u_d \quad (5.25)$$

$$\text{oder } \frac{d_l^2}{d_d^2} = \frac{u_d}{u_l} \quad (5.26)$$

Daraus folgt für den Druckabfall

$$\Delta p = \frac{\rho_g}{2} \cdot u_d^2 \cdot \left(1 - \frac{d_d^4}{d_l^4}\right) \quad (5.27)$$

$$\text{oder } \Delta p \approx \frac{\rho_g}{2} \cdot u_d^2 \qquad \text{wegen } \left(1 - \frac{d_d^4}{d_l^4}\right) \rightarrow 1 \quad (5.27a)$$

$$\text{oder } u_d \approx \sqrt{\frac{2\Delta p}{\rho_g}} \quad (5.27b)$$

Bleiben also die Rahmenbedingungen an der Brennerdüse (Druckabfall sowie Leitungs- und Düsendurchmesser) unverändert, steigt zwangsläufig die Austrittsgeschwindigkeit mit dem Sinken der Brenngasdichte. Für die Wärmebelastung $\dot{Q}_B$ eines Brenners oder Endgerätes gilt dann:

$$\dot{Q}_B = \dot{V}_B \cdot H_S \text{ oder } \dot{Q}_B \approx \alpha \frac{\pi}{4} d_d^2 \cdot \sqrt{\frac{2\Delta p}{\rho_g}} \cdot H_S = C \cdot \sqrt{\Delta p} \cdot \frac{H_S}{\sqrt{\rho_g}} \quad (5.28)$$

Mit Einführung des Dichteverhältnisses d erhält man als Parameter den Wobbe-Index:

$$\dot{Q}_B \approx \frac{C}{\sqrt{\rho_{luft}}} \cdot \sqrt{\Delta p} \cdot \frac{H_S}{\sqrt{\frac{\rho_g}{\rho_{luft}}}} = C^* \cdot \sqrt{\Delta p} \cdot \frac{H_S}{\sqrt{d}} = C^* \cdot \sqrt{\Delta p} \cdot W_S \quad (5.29)$$

$$\text{oder } \dot{Q}_B \sim \sqrt{\Delta p} \cdot W_S \quad (5.29a)$$

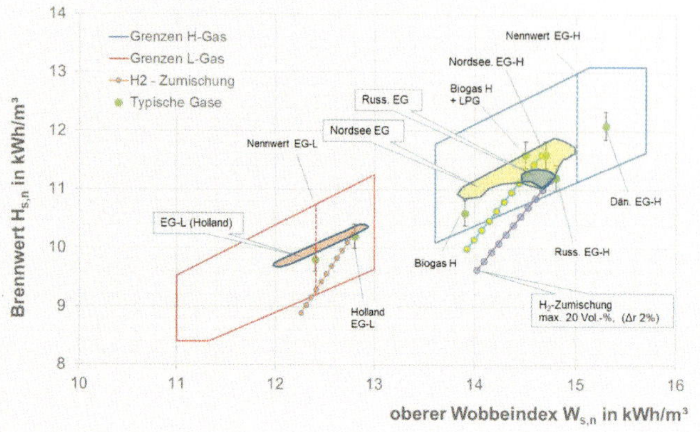

Bild 5.12: Kennfeld der 2. Gasfamilie nach dem DVGW Arbeitsblatt G 260 mit Kennzeichnung der Schwankungsbreite von typischen Erdgasquellen sowie der Veränderung beim Zumischen von Wasserstoff bis 20 Vol.-% nach [4]

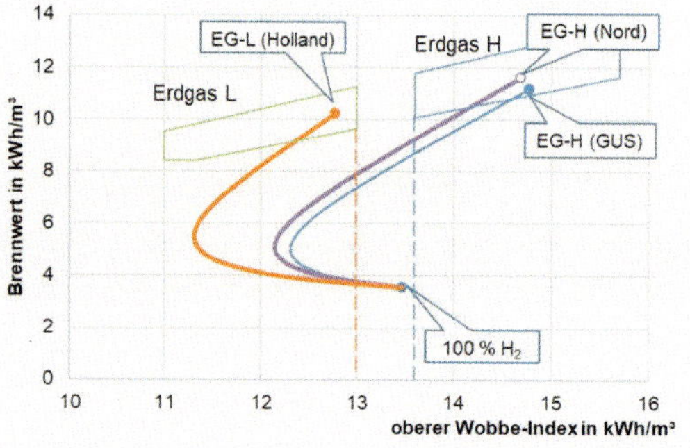

Bild 5.13: Mischungskennlinie Erdgas - Wasserstoff im Kennfeld der 2. Gasfamilie

Als Option zur technischen Anpassung von Gasgeräten (Brennern) an eine Gasart kann der Düsenvordruck (Druckabfall Δp) genutzt werden, woraus sich dann der erweiterte Wobbe-Index $\sqrt{\Delta p} \cdot W_s$ ableitet.

Zwischen Wobbe-Index und Brennwert spannt sich das Arbeitskennfeld eines Gases auf. Dieses Kennfeld legt die zulässigen Grenzen für die verteilten Gase in einem Wirtschaftsraum fest. Für die 2. Gasfamilie ist nach dem DVGW-Arbeitsblatt G 260 das Kennfeld in **Bild 5.12** dargestellt. Darin enthalten sind sowohl die Schwankungsbreiten typischer Erdgasquellen aus dem europäischen Umfeld als auch die Kennlinien für die Zumischung von Wasserstoff bis zu 20 Vol.-%. Grundsätzlich bleibt das Gemisch innerhalb der zulässigen Grenzen von Brennwert und Wobbe-Index. Lediglich die Grenzen des Dichteverhältnisses $0{,}55 \leq d \leq 0{,}75$ werden unterschritten.

Für den vollständigen Mischungsbereich zwischen Erdgas und Wasserstoff ist die Kennlinie in **Bild 5.13** gezeigt. Je nach Grundgasart überstreicht die Mischungskennlinie einen weiten Wobbe-Indexbereich. Für reinen Wasserstoff erreicht die Kennlinie jedoch die untere Wobbe-Index-Grenze des Erdgas-H-Bereiches mit einer Restabweichung vom Grundgas G 20 (Methan) mit -9,6 %. Für

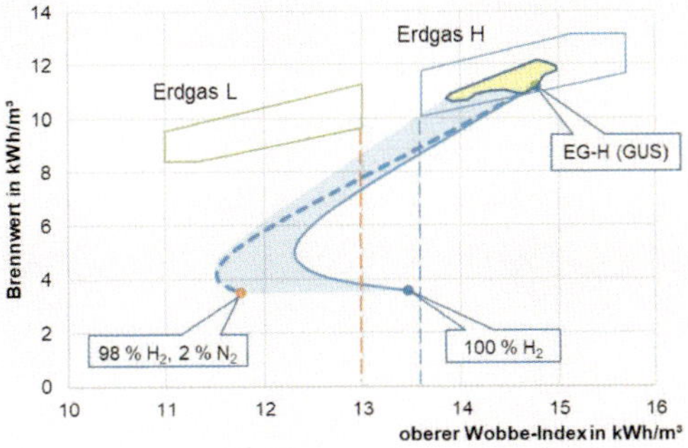

Bild 5.14: Schwankungsbreite des Wobbe-Index einer Erdgas-Wasserstoff-Mischung bei einem Anteil von 2 Vol.-% Stickstoff im Wasserstoff

Mischungen mit einem typischen Erdgas L ergibt sich eine Abweichung zum Grundgas (Erdgas-L-Holland) von +5,4 %.

Die verbleibenden Abweichungen im Wobbe-Index können durch eine Anpassung des Brennervordruckes ausgeglichen werden. Dazu kann eine relative Druckanhebung Δp_r gemäß dem Ansatz aus Formel (5.29a) formuliert werden:

$$\Delta p_r = \frac{\Delta p_{H2}}{\Delta p_{EG}} = \left(\frac{W_{s,EG}}{W_{s,H2}}\right)^2 \tag{5.30}$$

Für die Druckanpassung im Fall des Normprüfgases G 20 ergibt sich daraus eine notwendige Druckanhebung um ca. 17 %. Zum Ausgleich der Abweichung zum Erdgas L (Niederlande) wäre eine Druckabsenkung um ca. 10 % angezeigt.

Der Vollständigkeit wegen soll auch die in Kapitel 5.2.1 erwähnte Wasserstoff-Gasart A aus ISO/DIS 14687:2018 mit zulässigen inerten Verunreinigungen bis 2 Vol.-% in die Analyse einbezogen werden. Da die Verunreinigungen eine deutlich andere Dichte als Wasserstoff haben, ergibt sich auch für diesen Fall eine nicht vernachlässigbare Schwankungsbreite (**Bild 5.14**).

Aus den Daten kann geschlussfolgert werden, dass zumindest aus Sicht des Wobbe-Index (Wärmebelastung) eine Zumischung von Wasserstoff bis 20 Vol.% oder reiner Wasserstoff im Einstellungsbereich heutiger Brenner liegen. Inerte Anteile im Wasserstoff führen nicht zu einer Verringerung der Schwankungsbreite und damit Vereinfachung in der Regelung der Verwendungssysteme.

Dies vorausgeschickt, kann auch für die Situation an einem Verbrennungssystem eine relative Änderung der Wärmebelastung in Folge eines Gasartenwechsels bei sonst gleichbleibenden Verhältnissen definiert werden. Dazu kann die Formel (5.29a) herangezogen werden:

$$\dot{q}_{rB} = \frac{\dot{Q}_{B,i}}{\dot{Q}_{B,CH4}} = \frac{W_{s,i}}{W_{s,CH4}} \tag{5.31}$$

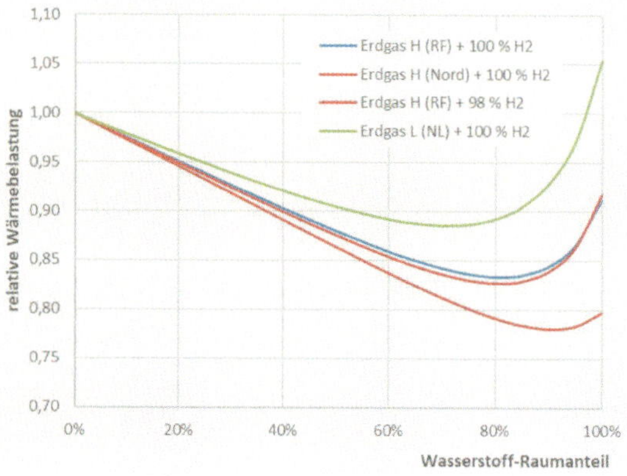

Bild 5.15: Relative Änderung der Wärmebelastung durch zumischen von Wasserstoff bei sonst unveränderten Einstellungen eines Verbrennungssystems

Für die Gasmischungen mit Wasserstoff ist dazu in **Bild 5.15** die relative Veränderung der Wärmebelastung aufgezeigt, jeweils bezogen auf die Wärmebelastung des Erdgases ohne Wasserstoff. Die Kennzahl setzt voraus, dass keine Veränderungen am Gerät oder der Verbrennungsanlage vorgenommen werden.

5.2.4.2 Verbrennungsmittelbedarf und Abgasvolumen

Für die Auslegung von Verbrennungssystemen spielt die Bereitstellung des Verbrennungsmittels, üblicherweise Luft, und die Abführung des Abgases durch die Abgasanlage eine wichtige Rolle. Dies ist umso mehr von Bedeutung, wenn durch die Änderung des Energieträgers auch konstruktive Maßnahmen oder Änderungen an zusätzlichen Aggregaten wie Gebläsen in der Verbrennungsluftversorgung oder der Abgasanlage erforderlich werden. Wie im vorangegangenen Kapitel zum Wobbe-Index gezeigt, liegt die Wärmebelastung des Brenners innerhalb von einstellbaren Bereichen, ohne das zwangsläufig konstruktiv eingegriffen werden muss. Auch für die Kennzahlen Mindestluftbedarf und Mindestabgasvolumen soll hier ein energetischer Ansatz gewählt werden, um die Änderungen im richtigen Zusammenhang darzustellen. Beide Stoffgrößen lassen sich aus den Reaktionsgleichungen ableiten und werden üblicherweise auf das Volumen oder die Stoffmenge des Brenngases bezogen.

$$C_xH_y + \lambda \cdot a \cdot (O_2 + 3{,}76 N_2) \rightarrow xCO_2 + \frac{y}{2} H_2O + (\lambda - 1) \cdot a \cdot O_2 + \lambda \cdot 3{,}76 a \cdot N_2 \quad (5.32)$$

$$\text{mit } a = \left(x + \frac{y}{4} \right) \quad (5.32a)$$

Für den Mindestluftbedarf l_{min} und das feuchte Mindestabgasvolumen $v_{f,min}$ bzw. trockene Mindestabgasvolumen $v_{t,min}$ gilt dann bei einem Sauerstoffanteil in der Luft von 21 %:

$$l_{min} = 4{,}76 \text{ a} \quad (5.33)$$

Tabelle 5.3: Verbrennungsmittelbedarf und Abgasvolumen für Methan und Wasserstoff

Stoffwert			Methan	Wasserstoff
Stoffmenge	**Sauerstoff a**	mol	2	0,5
	Kohlenstoff x		1	0
	Wasserstoff y/2		2	1
Mindestluftbedarf			9,52	2,38
Mindestabgasvolumen	**feucht $v_{f,min}$**		10,52	2,88
	trocken $v_{t,min}$		9,52	1,88

$$v_{f,min} = x + \frac{y}{2} + 3{,}76\ a \tag{5.34}$$

$$v_{f,min} = x + 3{,}76\ a \tag{5.34a}$$

In **Tabelle 5.3** sind die entsprechenden Werte für Methan und Wasserstoff zusammengefasst.

Aufgrund der deutlichen Veränderung der genannten Werte sollen die Ansätze des vorangegangenen Abschnittes aufgenommen werden. Unterstellt man das Erfordernis, die gleiche Leistung in einem Verbraucher umzusetzen, muss Formel (5.28) aufgenommen und nach dem Volumenstrom des Austauschgases $\dot{V}_{B,i}$ umgestellt werden. Der Verbrennungsluftvolumenstrom $\dot{V}_L$ ergibt sich dann aus Formel (5.36). Als Bezugsgröße für den Ausgangszustand wurde hier Methan gewählt, alternativ kann auch das jeweils verwendete Grundgas G20 eingesetzt werden.

$$\dot{V}_{B,i} = \dot{V}_{B,CH4} \cdot \frac{H_{s,CH4}}{H_{s,i}} \tag{5.35}$$

$$\dot{V}_{Le,i} = l_{min,i} \cdot \lambda \cdot \dot{V}_{B,i} = l_{min,i} \cdot \lambda \cdot \dot{V}_{B,CH4} \cdot \frac{H_{s,CH4}}{H_{s,i}} \tag{5.36}$$

Auch hier kann sich eine relative Änderung des Mindesluftbedarfes aufgrund gleicher Leistung v_{rLe} bilden. Für den Einsatz von Wasserstoff im Austausch zu Methan ergibt sich daraus eine Absenkung des Mindestluftbedarfes auf 78 Vol.-%.

$$v_{rLe} = \frac{l_{min,i}}{l_{min,CH4}} \cdot \frac{H_{s,CH4}}{H_{s,i}} \tag{5.37}$$

Unterstellt man unveränderte Parameter des Brennersystems, also keine Anpassung des Brennervordruckes, muss der Ansatz nach Formel (5.27b) gewählt und in der Formel (5.28) berücksichtigt werden. Die Parameter des Brenners werden in f_B zusammengefasst. Die relative Änderung des Mindesluftbedarfes aufgrund gleicher Brennerparameter v_{rLp} ergibt sich dann aus der Formel (5.38). Der Effekt durch den Austausch von Methan durch Wasserstoff ist zwangsläufig mit

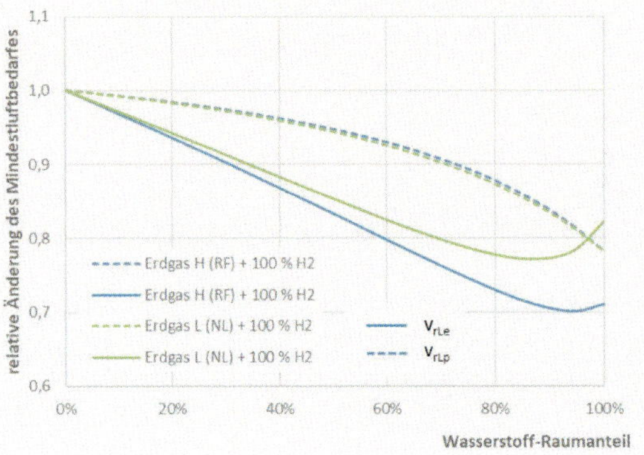

Bild 5.16: Relative Änderung des Mindestluftbedarfes bei gleicher Leistung bzw. gleicher Brennereinstellung für Gasmischungen aus Erdgas H und Wasserstoff

ca. 71 Vol.-% größer. Für beide Kennzahlen ist der Zusammenhang zum Wasserstoff-Raumanteil im Brenngas in **Bild 5.16** dargestellt.

$$\dot{V}_{B,i} = \alpha \frac{\pi}{4} d_d^2 \cdot \sqrt{\frac{2\Delta p}{\rho i}} = \frac{f_B}{\sqrt{\rho i}} \tag{5.38}$$

$$\dot{V}_{Lp,i} = l_{min,i} \cdot \lambda \cdot \dot{V}_{B,i} = l_{min,i} \cdot \lambda \cdot \frac{f_B}{\sqrt{\rho_i}} \tag{5.39}$$

$$V_{rLp} = \frac{l_{min,i}}{l_{min,CH4}} \cdot \frac{\sqrt{\rho_{CH4}}}{\sqrt{\rho_i}} \tag{5.40}$$

Analog zum Mindestluftbedarf kann die Berechnung des Mindestabgasvolumens bei Zumischung von Wasserstoff erfolgen und in gleicher Weise können auch für diese Kennzahlen relative Änderungen formuliert werden. Geht man von einer stöchiometrischen Verbrennung aus (Luftverhältnisses $\lambda = 1$) ergeben sich:

$$\dot{V}_{A,i} = v_{fi,min,} \cdot \dot{V}_{B,i} \tag{5.41}$$

$$v_{rAe} = \frac{v_{f,min,i}}{v_{f,min,CH4}} \cdot \frac{H_{s,CH4}}{H_{s,i}} \quad \text{(gleicher Energiestrom)} \tag{5.42}$$

$$v_{rAp} = \frac{v_{f,min,i}}{v_{f,min,CH4}} \cdot \frac{\sqrt{\rho_{CH4}}}{\sqrt{\rho_i}} \quad \text{(gleiche Brennerparameter)} \tag{5.43}$$

Für den Fall Methan und Wasserstoff ergeben sich daraus für die relative Änderung des feuchten Mindestabgasvolumens von Wasserstoff bezogen auf Methan bei gleicher Leistung ca. 85 % und

Bild 5.17: Laminare Brenngeschwindigkeit für das Gemisch Methan-Wasserstoff, links: in Abhängigkeit vom Wasserstoffanteil bei einem Luftverhältnis von $\lambda = 1$, rechts: in Abhängigkeit vom Äquivalenzverhältnis () nach [10]

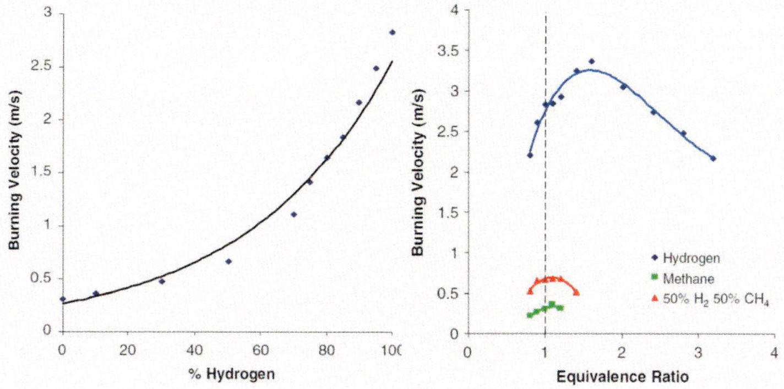

bei gleichen Brennerparametern 77 %. Die Abweichung fällt geringer aus als beim Luftbedarf, hat aber einen ähnlichen Verlauf in Abhängigkeit vom Raumanteil des zugemischten Wasserstoffs. Für Systeme mit Brennwertnutzung ist das trockene Abgasvolumen ein Vergleichskriterium. Für das trockene Mindestabgasvolumen ergeben sich die relativen Änderungen bei gleicher Leistung zu 69 % und bei gleichen Parametern zu 62 %. Daraus kann man schließen, dass weder bei der Verbrennungsluftversorgung noch bei der Abgasabführung zusätzliche Gebläseleistung benötigt wird. In beiden Fällen sinkt der Aufwand deutlich.

5.2.4.3 Brenngeschwindigkeit und adiabate Flammentemperatur

Für die Kennzeichnung der Verbrennung in einer Flamme und damit zur Auslegung von Brennern werden üblicherweise als charakteristische Größen eines Brenngases die laminare Brenngeschwindigkeit und die adiabate Verbrennungstemperatur herangezogen. Die laminare Brenngeschwindigkeit stellt dabei einen Parameter für die Geschwindigkeit des Ablaufes aller Teilreaktionen in der Reaktionskette von den Ausgangsstoffen zu den Produkten dar. Auch wenn in typischen Brennersystemen eine turbulente Strömung vorherrscht, bleibt die laminare Brenngeschwindigkeit die Grundgröße, die im Labormaßstab unter vergleichbaren Bedingungen bestimmt werden kann. Die Werte für Methan, Wasserstoff und deren Gemische sind seit langer Zeit grundsätzlich bekannt. Wasserstoff zeichnet sich durch eine besonders hohe laminare Brenngeschwindigkeit aus. Da die bisher gängigen Labormessmethoden eher auf niedrige Brenngeschwindigkeiten fokussiert sind, ist die Genauigkeit begrenzt, ebenso die Genauigkeit aktueller Reaktionsmodelle. Dies wird auch aus **Bild 5.17**, **Bild 5.18** und **Bild 5.19** deutlich. In Bild 5.17 ist die laminare Brenngeschwindigkeit (Messungen und Modell) für das Gemisch Methan-Wasserstoff nach [10] dargestellt. Aus Bild 5.17 wird ebenso deutlich, dass die Brenngeschwindigkeit zusätzlich vom Luftverhältnis abhängt. Das Maximum der Brenngeschwindigkeit von Wasserstoff wird im mageren Bereich bei ca. $\lambda = 0{,}6$ mit ca. 3,4 m/s identifiziert. Bei stöchiometrischen Bedingungen wird ein Wert von ca. 2,8 m/s angegeben im Gegensatz zu Methan mit ca. 0,36 m/s. In Bild 5.18 werden Gemische von 20 und 40 % Wasserstoff aus verschiedenen Quellen zusammengefasst. Für 20 % Wasserstoffanteil ergibt sich ein Wert von ca. 0,45 m/s.

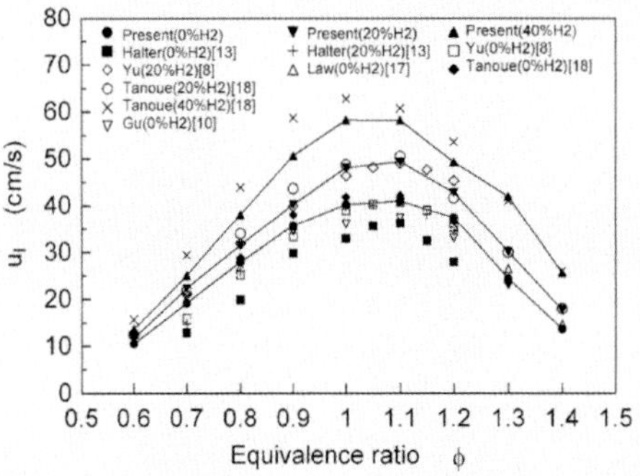

Bild 5.18: Laminare Brenngeschwindigkeit für Methan-Wasserstoffgemische bis 40 % Wasserstoff in Abhängigkeit vom Äquivalenzverhältnis nach [9]

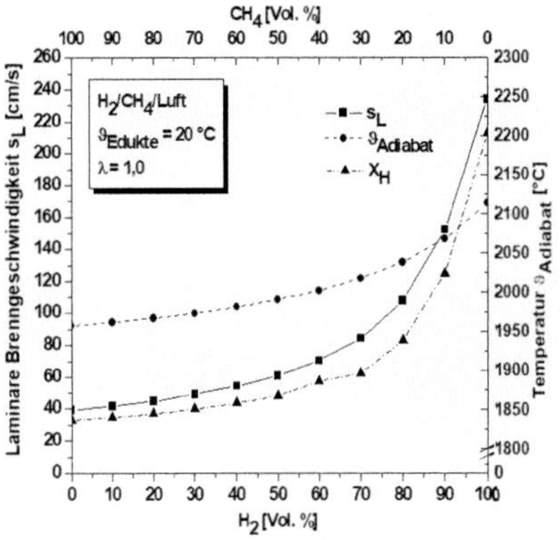

Adiabate Flammentemperatur

Methan:	1970 °C
Wassersstoff:	2130 °C

Bild 5.19: Laminare Brenngeschwindigkeit und adiabate Flammentemperatur aus Simulationsrechnungen nach [7]

Die adiabate Flammentemperatur stellt die maximal mögliche Temperatur der Produkte einer Brennstoff-Luft-Flamme bei verlustfreier Verbrennung dar. Für Gemische von Methan und Wasserstoff ist der Zusammenhang gemeinsam mit der laminaren Brenngeschwindigkeit in Bild 5.19 dargestellt.

5.2.4.4 Einfluss auf die Stoffwerte des Abgases

Mit der Zusammensetzung des Brenngases verändert sich auch die Zusammensetzung des Abgases. Kohlendioxid verschwindet und Wasserdampf nimmt zu. Für ein Abgas aus stöchiometrischer Verbrennung von Wasserstoff erhält man ca. 34,7 Vol.-% Wasserdampfanteil. Die Konsequenzen sind Änderungen in der Dichte des Abgases, der spezifischen Wärmekapazität oder dem Gesamtemissionsgrad. Eine Bewertung des Gesamtemissionsgrades würde den Rahmen dieses Kapitels sprengen, da der Einfluss wesentlich von den Prozessen selbst abhängt. In **Tabelle 5.4** sind lediglich einige Vergleichswerte für exemplarische Fälle zusammengefasst.

Tabelle 5.4: Vergleich der Kennwerte für Abgase aus Methan und Wasserstoff bei einem Verbrennungsluftverhältnis von $\lambda = 1$

Stoffwert				Methan	Wasserstoff
Zusammensetzung	**CO_2**		Mol.-%	9,5	
	H_2O			19,0	34,7
	N_2			71,5	65,3
Dichte ρ_n,	**Abgas, feucht**		kg/m³	1,235	1,095
	Abgas, trocken			1,336	1,250
Spez. Wärmekapazität $c_{p,n}$			kJ/(m³K)		
	Abgas, feucht			1,371	1,369
	Abgas, trocken			1,342	1,303
Taupunkt des Abgases			°C	60	73
Wasserdampfgehalt bezogen auf trockenes Abgas			kg/m³	0,193	0,427
Emissionsgrad Abgas, feucht		**1.000 °C**		0,261	0,229
(Schichtdicke s = 1 m)		**1.300 °C**		0,226	0,231
		1.800 °C		0,172	0,234

5.2.4.5 Anwendungseigenschaften – ein Fazit

Zieht man ein Fazit zu den Anwendungseigenschaften eines Gemisches von Erdgas und Wasserstoff bis 20 %, so wird klar, dass die wichtigsten Kennzahlen meist innerhalb der Schwankungsbreiten der üblichen Erdgasversorgung liegen. Die erwartbaren Änderungen durch Wasserstoff als Zusatzgas bis 20 % sollten also für die meisten Anwendungstechnologien im Rahmen der für Erdgas technisch üblichen Methoden kompensierbar sein, sofern die energetische Nutzung im Vordergrund steht.

Betrachtet man den vollständigen Austausch von Erdgas durch reinen Wasserstoff, so wird deutlich, dass Parameter wie Wärmebelastung, Verbrennungsluft- und Abgasmengen bei gleicher Wärmebelastung nur kleineren Änderungen unterliegen. Diese Änderungen führen aber nicht dazu, dass die Verbrennungsluftversorgung oder die Abgasanlage überlastet werden. Wesentliche Änderungen sind insbesondere in der Brenngeschwindigkeit und der adiabaten Flammentemperatur zu erwarten. Die Konsequenz daraus sind kürzere, heißere Flammen, die eine erhöhte Belastung für die Materialien in unmittelbarer Nähe zur Flamme darstellen.

Eine besondere Beachtung muss Spurenstoffen im Wasserstoff gespendet werden. Da alle denkbaren Spurenstoffe eine deutlich höhere Dichte aufweisen, führt dies dazu, dass die Aussagen zur nahezu äquivalenten Wärmebelastung relativiert werden müssen. Schon kleine Anteile bis 2 Vol.-% haben einen deutlichen senkenden Einfluss auf den Leistungseintrag in Gasverwendungssystemen, sofern keine Änderung der Einstellung vorgenommen wird.

Tabelle 5.5: Explosionsparameter und Zündbedingungen für Methan und Wasserstoff in Luft bei Raumtemperatur (20 °C) und Atmosphärendruck im Vergleich [11], [12]

Stoffwert		Methan	Wasserstoff
Untere Explosionsgrenze (UEG) [1])	Mol.-%	4,2	4,1
Obere Explosionsgrenze (OEG) [1])	Mol.-%	16,6	75,6
Sauerstoff Grenzkonzentration LOC	Mol.-%	10,1	4,3
Zündtemperatur [2])	°C	595	560
Mindestzündenergie	mJ	0,23	0,017
Normspaltweite [3])	mm	1,14	0,29
Maximaler Explosionsdruck [4])	bar	8,1	8,3
Druckanstiegsgeschwindigkeit bei kubischen Ausbreitung K_G [5])	bar / (m s)	52	800

1) gemäß DIN 51649 bzw. nach prEN 1839

2) gemäß DIN 51794 bzw. DIN EN 50 014

3) gemäß DIN EN 60079-20-1

4) gemäß DIN EN 15967

5) gemäß DIN EN 15967

5.2.5 Sicherheitstechnische Fragestellungen beim Umgang mit Wasserstoff

5.2.5.1 Zündeigenschaften

Wesentliche sicherheitstechnische Fragen im Umgang mit Gasen ergeben sich aus deren Zündfähigkeit und den Zündgrenzen, insbesondere dann, wenn durch Leckagen an Leitungen, Armaturen oder Geräten brennbare Gase in die Umgebung abgegeben werden und ein zündfähiges Gemisch erreicht wird. D. h. typische Randbedingungen für Leckagen sind die Umgebungsbedingungen mit einer Raumtemperatur zwischen 15 und 25 °C und einem Umgebungsdruck um 1,013 bar. Von wesentlicher Bedeutung ist in diesem Fall das Erreichen der unteren Explosions- bzw. Zündgrenze sowie die erforderliche Zündenergie bzw. Zündtemperatur. Die im Folgenden dargestellten Werte für die Zündgrenzen stammen aus einer zusammenfassenden Übersicht der Bundesanstalt für Materialforschung und -prüfung [11] und beziehen sich auf die Explosionsgrenzen gemäß DIN 51649 bzw. nach prEN 1839. **Tabelle 5.5** fasst die wichtigsten Werte für die Reingase Methan und Wasserstoff zusammen.

Die Zünd- und Explosionsbereiche im System der reinen Gase mit Luft und Stickstoff sind in **Bild 5.20** dargestellt. Dieser Zusammenhang ist von Bedeutung, wenn Leitungen und Behälter inertisiert werden müssen.

Die Zündgrenzen und Explosionsgrenzen sind vom jeweiligen Zustand des Gases (Temperatur und Druck) abhängig. Eine steigende Temperatur erweitert den Zündbereich in einem linearen Zusammenhang. Für die Abhängigkeit vom Druck existiert eine solche lineare Abhängigkeit nicht.

Bild 5.20: Explosionsbereiche von Methan und Wasserstoff im System mit Luft und Stickstoff [12]

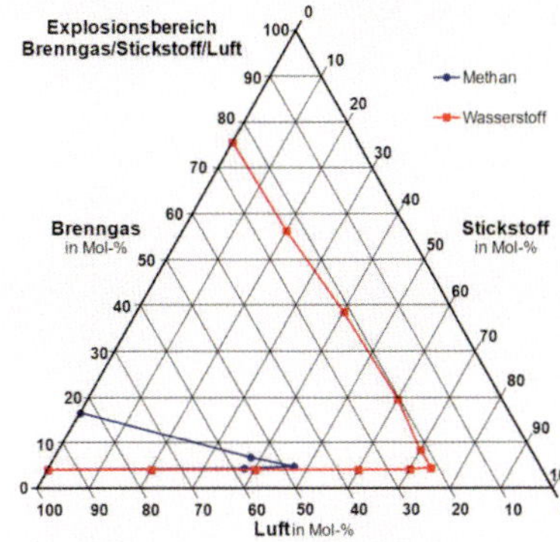

Bild 5.21: Obere und untere Zünd- und Explosionsgrenze für das Gemisch Methan/Wasserstoff in Luft bei Raumtemperatur nach [11]

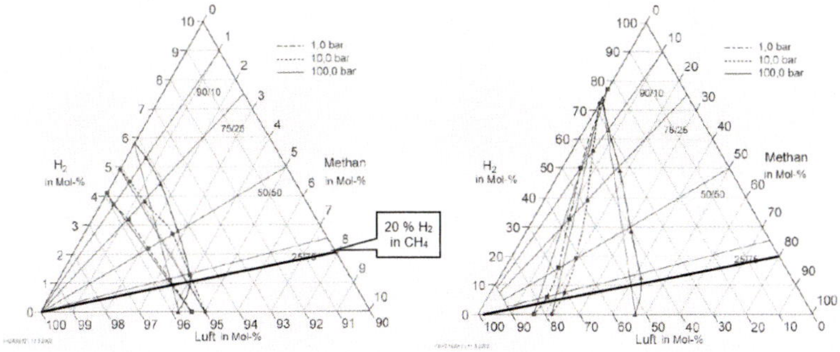

Für die untere und die obere Zünd- und Explosionsgrenze im Gemisch aus Methan und Wasserstoff in Luft ist der Zusammenhang in **Bild 5.21** gezeigt.

5.2.5.2 Leckagen

Die Ursache für die Entstehung von zündfähigen Brenngasgemischen sind Leckagen, durch die ein bestimmter Volumenstrom in die Umgebung entlassen wird. Gemäß den im vorangegangenen Abschnitt dargestellten unteren Explosionsgrenzen ist das Gasvolumen, das für das Erreichen eines zündfähigen Gemisches austreten muss, für Wasserstoff und Methan nahezu identisch. D. h. die bisherigen Leckraten für Erdgas können auch für Wasserstoff als Grenzwert angewendet werden. Allerdings ist, wie in Kapitel 5.2.3.1 und 5.2.4.1 gezeigt, der Leckvolumenstrom durch die Gasart deutlich beeinflusst. Dazu sind folgende Fälle zu berücksichtigen:

1. Lecks aus düsenähnlichen Öffnungen $\frac{l}{d} \approx 1$ mit großen Dichteunterschieden, unterkritische bzw. überkritische Entspannung → z. B. Löcher in Rohrleitungen
2. Lecks durch Schleichströmungen $\frac{l}{d} \gg 1$, laminare Strömung → z. B. Lecks durch Dichtungen, geschlossenen Absperrarmaturen etc.

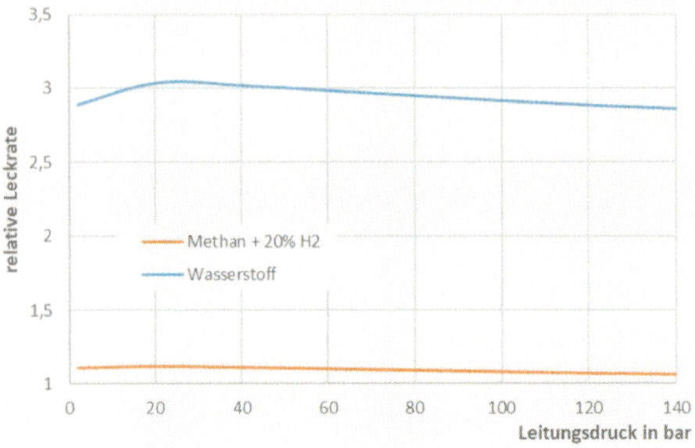

Bild 5.22: Relative Leckrate bei großen Lecks mit unterkritischer, turbulenter Ausströmung (Fall 1)

Für den Fall 1 können für den Leckvolumenstrom $\dot{V}$ folgende Beziehungen verwendet werden:

$$\dot{V} = \alpha A_d p_1 \psi \sqrt{\frac{2}{K_1 \rho_n}} \tag{5.44}$$

$$\psi = \pi^{\frac{1}{\kappa}} \cdot \sqrt{\frac{\kappa}{\kappa - 1}\left[1 - \pi^{\frac{\kappa-1}{\kappa}}\right]} \quad \text{mit } \pi = \frac{p_2}{p_1} \tag{5.45}$$

Bildet man auch hier ein relatives Volumenstromverhältnis v_r bezogen auf die Verhältnisse von Methan können die gleichbleibenden Rahmenbedingungen eliminiert werden und es ergibt sich folgende Beziehung:

$$v_r = \frac{\psi_i}{\psi_{CH4}} \cdot \sqrt{\frac{K_{CH4}}{K_i} \cdot \frac{\rho_{CH4}}{\rho_i}} \tag{5.46}$$

Für den überkritischen Ausströmfall kann die Geschwindigkeit im Ausströmquerschnitt maximal die Schallgeschwindigkeit annehmen. D. h. der Druck im Ausströmquerschnitt p_2 steigt. Das kritische Druckverhältnis π_{kr} ist ebenfalls vom Isentropenexponenten κ abhängig. Da sich dieser nur geringfügig ändert, bleiben die Verhältnisse wie im unterkritischen Fall erhalten. Die Ergebnisse für die Formel (5.46) sind in **Bild 5.22** zusammengefasst.

Im Fall 2 – laminare Schleichströmung – gilt für die Bestimmung des Druckverlustes Formel (5.47). Stellt man die Gleichung nach dem Volumenstrom um, erhält man Formel (5.48).

$$\Delta p = \lambda \cdot \frac{l}{d} \frac{\rho}{2} c^2 \cdot \text{mit } \lambda = \frac{64}{Re} \tag{5.47}$$

$$\dot{V} = \Delta p \cdot \frac{\pi}{128} \cdot \frac{d^4}{l} \cdot \frac{1}{\eta} \tag{5.48}$$

Auch in diesem Fall soll ein relatives Volumenstromverhältnis bezogen auf Methan gebildet werden. Bei sonst gleichen Randbedingungen im Leck ergibt sich daraus Formel (5.49). Das relative Volumenstromverhältnis ist damit umgekehrt proportional zum Verhältnis der dynamischen Viskosität.

$$V_r = \frac{\eta_{CH4}}{\eta_i} \tag{5.49}$$

Für Umgebungsbedingungen beträgt dieses Verhältnis für das Gemisch Methan-20 %-Wasserstoff ca. 0,99 und für Wasserstoff ca. 1,23.

5.2.5.3 Sicherheitstechnische Eigenschaften – ein Fazit

Eine wesentliche Aussage für das Sicherheitsniveau bei der Ausströmung von Methan, Wasserstoff oder deren Gemischen lässt sich aus den Explosionsgrenzen ziehen. Sie liegen auf gleichem Niveau. Damit würde der Eintritt eines Schadensereignisses bei nahezu identischem ausgetretenem Gasvolumen liegen. Die Dauer, bis zu der das Volumen ausgetreten ist, muss allerdings differenziert betrachtet werden. Bei freiem Ausströmen tritt dieser Fall bei reinem Wasserstoff etwa in einem Drittel der Zeit wie bei Methan ein. Handelt es sich um ein sehr kleines Leck mit einer vorwiegend laminaren Strömung, liegt die Leckrate auf ähnlichem Niveau wie bei Methan.

Grundsätzlich lässt sich Wasserstoff mit wesentlich geringerer Zündenergie entzünden. Das ist jedoch nur von untergeordneter Bedeutung, da die Zündenergie in beiden Fällen sehr klein ist. Die Zündtemperatur liegt wieder auf sehr ähnlichem Niveau.

Literatur

[1] DVGW e.V.: Arbeitsblatt G 260 (A): Gasbeschaffenheit. März 2013

[2] DVGW e.V.: Arbeitsblatt G 262 (A): Nutzung von Gasen aus regenerativen Quellen. September 2011

[3] DVGW e.V.: Mehr Wasserstoff technisch sicher verankern. DVGW-Regeln für klimafreundliche Energieinfrastruktur. Pressemeldung, 09.04.2019, Online [https://www.dvgw.de/der-dvgw/aktuelles/presse/presseinformationen/dvgw-presseinformation-vom-09042019-mehr-wasserstoff-technisch-sicher-verankern/]

[4] Krause, H. et al.: Hauptstudie zur Gasbeschaffenheit. Phase I. Abschlussbericht. DVGW e.V., Bonn, 2016.

[5] Mischner, J.; Fasold, H.-G.; Kadner, K.: gas2energy.net. Systemplanerische Grundlagen der Gasversorgung. Oldenbourg Industrieverlag, München, 2011

[6] Schmitz, St. et al.: WESpe. Teil: Gaseinspeisung und Untergrundgasspeicherung. DBI – Gastechnologisches Institut gGmbH, Freiberg, 2018

[7] Eckard, S.; Krause, H.: Simulation nach GriMech 3.0.TU Bergakademie Freiberg, Professur Gas- und Wärmetechnische Anlagen, 2016, unveröffentlicht

[8] Homann, K. et al.: Handbuch der Gasversorgungstechnik. Deutscher Industrieverlag, München, 2017

[9] Huang, Z. et al.: Measurements of laminar burning velocities for natural gas-hydrogen-air mixtures. In: Combustion and Flame, 146 (2006), S. 302-311

[10] Ilbas, M. et al.: Laminar-burning velocities of hydrogen-air and hydrogen-methane-air mixtures. An experimental study. In: International Journal of Hydrogen Energy, 2006, S. 1.768-1.779

[11] Schröder, V.: Forschungsbericht 253. Explosionsgrenzen von Wasserstoff und Wasserstoff/Methan-Gemischen. BAM, Berlin, 2002

[12] Schröder, V. et al.: Abschlussbericht zum FV 2539. Sicherheitstechnische Eigenschaften von Erdgas-Wasserstoff-Gemischen. BAM, Berlin, 2016

[13] [13] DVGW e.V.: G 486 (A). Gasmessung, Realgasfaktoren und Kompressibilitätszahlen von Erdgasen. WVGW, Bonn, 1992

5.3 Stand des Wissens zum technischen Einfluss von Wasserstoff auf die Gasnetze

Die heutige Gasversorgung in Deutschland wurde in Ost- und Westdeutschland mehrere Jahrzehnte lang für Erdgas optimiert. Im Vergleich zu Erdgas besitzt Wasserstoff unterschiedliche physikalische Eigenschaften, wie in Kapitel 5.2 gezeigt wurde. Es ist daher zu untersuchen, welchen Einfluss Wasserstoff als Zusatz- bzw. Austauschgas auf die Gasversorgung entlang der gesamten Wertschöpfungskette ausübt.

Trotz diverser, national wie international verteilter Forschungsarbeiten in den vergangenen Jahren (vgl. Kapitel 5.1.2) ist festzustellen, dass ein vollständiges, belastbares Gesamtbild dazu nicht vorhanden ist. Dieser Abschnitt beschäftigt sich daher mit dem Stand von Forschung und Entwicklung zum Einfluss von Wasserstoff in der Gasversorgung.

In der Vergangenheit wurde die Gasversorgung in diesem Kontext als System, also als Summe der einzelnen Komponenten z. B. von der Stahl-Hochdruck-Rohrleitung über Druckregelgeräte bis hin zu Gasbrennwertkesseln, verstanden und betrachtet. Einzelnen Komponenten wurde hierzu eine bestimmte Wasserstofftoleranz in Vol.-% zugewiesen. Die verbaute Komponente mit der kleinsten Wasserstofftoleranz ist bestimmend für den betrachteten Bereich der Gasversorgung.

Die Kürze dieses Abschnittes kann nur einen Überblick bieten und folgt daher dieser Logik. Bei detaillierterer Betrachtung des technischen Einflusses von Wasserstoff in der Gasversorgung sind stärkere Differenzierungen erforderlich:

- Technische Wasserstofftoleranz in Materialbeständigkeit und technisch-physikalisches Funktionsprinzip
- Unterscheidung in Bestand und Beschaffung unter Berücksichtigung des Zustands im Bestand
- Berücksichtigung von zeitlich und räumlich schwankenden Wasserstoffanteilen
- Systemische Aspekte, wie betriebliche oder sicherheitstechnische Themen

Schließlich müssen alle beteiligten Akteure involviert werden. Betreiber von Assets werden insbesondere ohne belastbare Aussagen der jeweiligen Komponentenhersteller, z. B. in Form von Herstellererklärungen oder auch Konformitätsbewertungen, und ohne eine mittelfristige Anpassung der geltenden technischen Regeln und Normen keine höheren Wasserstoffanteile oder gar reinen Wasserstoff ermöglichen können.

Dies wird anhand der Form eines Balkendiagrammes erläutert, welches die technische Wasserstofftoleranz der Gasinfrastruktur und Gasanwendungsgeräte darstellt (**Bild 5.23**). Diese Form der Darstellung ist aus vergangenen DVGW-Forschungsprojekten vertraut und wurde im Rahmen der Marcogaz Task Force Hydrogen im ersten Quartal 2019 unter Federführung von der DBI Gas- und Umwelttechnik GmbH und unter Mitwirkung von europäischen Partnern aus Industrie und Forschung aktualisiert [1]. In die Erstellung der Übersichtsgrafik sind daher Erkenntnisse aus abgeschlossenen und laufenden Forschungs- und Industrieprojekten – national wie international – eingeflossen.

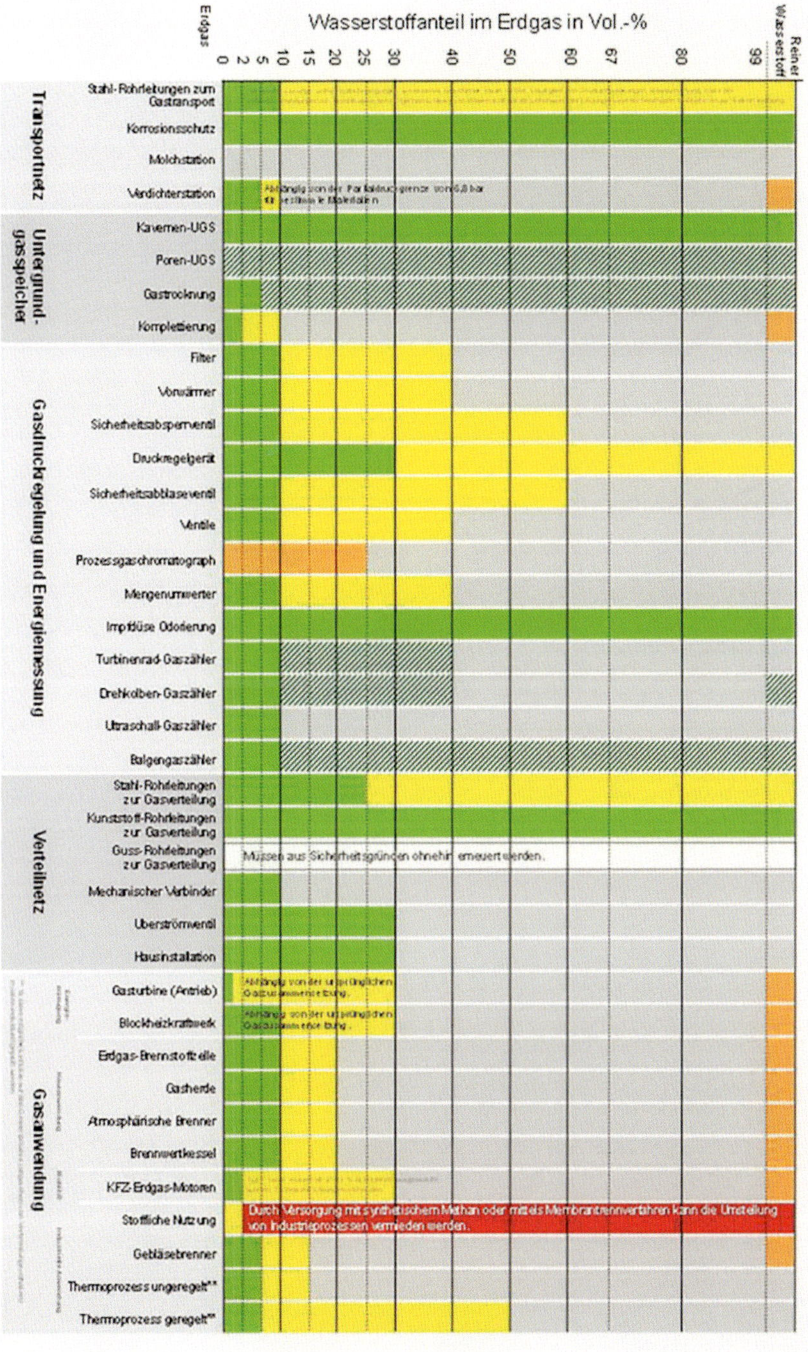

Bild 5.23: Übersichtsgrafik Einfluss von Wasserstoff auf die Gasversorgung (DBI-Darstellung nach [1])

5.3.1 Transportnetz

Auf der Transportnetz-Ebene sind die beiden wesentlichen Komponenten im System die Gastransportleitungen und die Verdichterstationen.

Bei Gastransportleitungen ist ab 10 Vol.-% Wasserstoff eine Einzelfallbetrachtung erforderlich, was die Materialeignung des Rohrstahles für wasserstoffhaltige Gase anbelangt. Eine pauschale Aussage über alle verwendeten Rohrstähle hinweg zur Anfälligkeit für wasserstoffspezifische Schädigungsformen (Wasserstoffversprödung) ist aufgrund fehlender Forschung und der Vielfalt an historischen Rohrwerkstoffen nicht möglich. Die Industriegase-Industrie schaut jedoch auf etwa einhundert Jahre Betrieb von Wasserstoffleitungen zurück und besitzt ihrerseits entsprechende Regelwerke. Die Stadtgas-Erfahrung wurde in dieser Frage forschungsseitig noch nicht eindeutig eingeordnet: Die komplexere Gaszusammensetzung des Stadtgases mit u. a. Anteilen von Kohlenstoffmonoxid könnten Wasserstoffversprödung abgemildert haben (Inhibitorwirkung), während Bestandteile von Schwefelwasserstoff aggressiver wirken als reiner Wasserstoff. Über die Verträglichkeit der Rohrwerkstoffe hinaus ist bei höheren Wasserstoffgehalten die Frage nach der Kapazität von Leitungen, aufgrund der etwa um den Faktor drei geringeren Energiedichte, individuell zu klären. Bei vorausgesetztem gleichbleibendem Energietransport ist in der Folge bei etwa dreifach höherem Volumenstrom eine deutliche Erhöhung des Druckverlustes durch Rohrreibung zu erwarten.

Dieser Druckverlust entlang der Leitung wird durch Verdichterstationen kompensiert. Diese sind noch einmal differenziert zu betrachten und zwar als Kombination von Turboverdichter (Arbeitsmaschine) und Antriebsaggregat, welches die Antriebsleistung für die Verdichtung bereitstellt. Dieses Antriebsaggregat kann als Gasturbine oder Elektromotor ausgeführt sein. Die Gasturbine verbrennt ihrerseits einen Teil des im Turboverdichters zu verdichtenden Gasstroms mit dem entsprechenden Wasserstoffanteil. In der Verbrennungstechnik der Gasturbine liegt die unkritische Beimischung von 5 Vol.-% Wasserstoff in der Darstellung begründet. Darüber hinaus muss eine Einzelfallbetrachtung vorgenommen werden. Für elektromotorische Antriebe entfällt diese Begrenzung. Jedoch ist weiterhin, unabhängig vom Antrieb, ein erhöhter Leistungsbedarf für die Verdichtung zu beachten. Diese ergibt sich aus den im Vergleich zu Erdgas ungünstigeren thermodynamischen Eigenschaften der Verdichtung (Wärmekapazität, Isentropenexponent, Kompressibilität).

5.3.2 Untergrundgasspeicherung

Die Untergrundgasspeicherung wird in Kapitel 5.4 ausführlich behandelt.

5.3.3 Gasdruckregelung und Energiemessung

Grundsätzlich ist der Bereich der Gasdruckregelung und Energiemessung im Transport- und Verteilnetz vergleichbar und unterscheidet sich – wenn überhaupt – durch die Druckstufen. Mit Blick auf hohe Drücke deutlich über 16 bar gilt, ähnlich wie für Gastransportleitungen, dass eine pauschale Aussage zur Unempfindlichkeit der verwendeten metallischen Werkstoffe gegenüber wasserstoffhaltigen Gasen nicht getroffen werden kann und eine Einzelfallbetrachtung erforderlich ist.

Die zur Gasdruckregelung in einer Regelschiene benötigten Geräte und Absperreinrichtungen sind allesamt für einen Betrieb mit 10 Vol.-% Wasserstoff geeignet. Darüber hinaus ist funktionell für alle druckgesteuerten Komponenten (Druckregler, Sicherheitsabsperrventil, Sicherheitsabblaseventil) keine Einschränkungen zu erwarten. Die erforderliche Filterfläche zur Reinigung des

Gasstroms vor Eintritt in die Regelstrecke wird standardmäßig auf den Betriebsvolumenstrom dimensioniert. Mit Erhöhung der Wasserstoffanteile im Gasstrom und bei gleichbleibendem Energietransport wird der Betriebsvolumenstrom und damit die Filterbelastung von Bestandsfiltern ansteigen. Im Falle der Vorwärmung sinkt der Wärmebedarf mit steigendem Wasserstoffanteil aufgrund des negativen Joule-Thompson-Effektes von Wasserstoff. All dies ist in einer Bestandsanlage im Einzelfall zu prüfen.

Zur Gasmessung, also der Erfassung des Betriebsvolumenstroms, kommen unterschiedliche Gaszähler mit unterschiedlichen Messprinzipien zum Einsatz. Über alle gängigen Messprinzipien hinweg wird von einer Kompatibilität mit Wasserstoffanteilen von bis zu 10 Vol.-% ausgegangen. Darüber hinaus fehlen Erkenntnisse aus der Forschung bzw. Angaben von Herstellern für pauschale Aussagen – gerade für Bestandsgeräte. Prinzipiell sind die vorliegenden Messprinzipien und Bauarten auch für jedes weitere Erdgas-Wasserstoff-Gemisch sowie reinen Wasserstoff geeignet. Der Einfluss von zeitlich stark schwankenden Gasbeschaffenheiten ist ferner nicht hinreichend geklärt.

Bei Gaschromatographen ist eine Einzelfallbetrachtung erforderlich. Die lange Zeit verbauten 11-Komponenten-PGC konnten Wasserstoffanteile größer 0,2 Vol.-% teilweise nicht erfassen. Zur Messung von relevanten Wasserstoffanteilen ist Helium als zusätzliches Trägergas erforderlich. Solcher Ersatz mit Kompatibilität bis zu 25 Vol.-% Wasserstoff ist erhältlich. Beim Mengenumwerter ist ebenfalls zu unterscheiden, nach welcher Zustandsgleichung dieser vom Betriebs- in den Normzustand umrechnet. Während AGA8 und SGERG jeweils 10 Mol-% Wasserstoff zulassen, ist mit GERG2004 ein Wasserstoffanteil von bis zu 40 Mol-% möglich.

5.3.4 Verteilnetz

Das Gasverteilnetz beschreibt den Systemausschnitt von der Übergabestation zwischen Transportnetzbetreiber und Verteilnetzbetreiber bis zur Hauptabsperreinrichtung sowie Druckregler und Gaszähler bei den Gasverbrauchern. Typischerweise liegt ein Großteil auf einem Druckniveau im Mittel- und Niederdruck. Für Hochdruckleitungen aus Stahl (insbesondere deutlich über 16 bar) sind wie bei Transportleitungen Einzelfallbetrachtungen der verwendeten Stähle geboten und eine pauschale Aussage aktuell nicht möglich. Unter 16 bar wird davon ausgegangen, dass 25 Vol.-% unkritisch sind.

Kunststoff-Rohrleitungen stellen die weit überwiegenden Leitungskilometer und können als kompatibel mit wasserstoffhaltigen Gasen angesehen werden. Mechanische Verbinder können mit 10 Vol.-% bedenkenlos eingesetzt werden. Darüber hinaus fehlen eindeutige Informationen auch von Herstellerseite. Für Gasströmungswächter und Inneninstallation sind bis zu 30 Vol.-% Wasserstoff im Erdgas bestätigt.

5.3.5 Gasanwendung

Die Gasanwendung wird in Kapitel 5.5 ausführlich behandelt.

Literatur

[1] Marcogaz: Overview of Available Test Results and Regulatory Limits for Hydrogen Admission into Existing Natural Gas Infrastructure and End Use. Broschüre, 2019, Online [https://www.marcogaz.org/app/download/8105290863/TF_H2-427.pdf], zuletzt abgerufen am 08.04.2020

5.4 Einfluss von Wasserstoff auf die Untergrundgasspeicherung

5.4.1 Einführung

Die Transformation des deutschen Energiemarktes verlangt grundsätzlich neue Optionen für die Energieversorgung. Eine wichtige Option ist die Umwandlung von elektrischer Energie in den chemischen Energieträger Wasserstoff. Der Wasserstoff kann dann im gasförmigen Zustand in die Gasinfrastruktur sowie untertägig in der Gasspeicherinfrastruktur nachhaltig eingespeist werden. Zur Gasspeicherinfrastruktur gehören die künstlich geschaffenen Salzkavernen, aber auch die Porenspeicher mit den salinen Aquiferspeichern sowie den ausgeförderten und umgewidmeten Kohlenwasserstofflagerstätten.

Aktuell existiert nur eine begrenzte Erfahrung in der untertägigen Speicherung von Wasserstoff. Hierzu gehören auf der einen Seite reine Wasserstoffspeicher in Salzkavernen für die Nutzung in der chemischen und petrochemischen Industrie und auf der anderen Seite Porenspeicher zur testweisen Einspeicherung von Erdgas-/Wasserstoffgemischen in der modernen Anwendung der Energiewende. Aus der Frühphase der untertägigen Gasspeicherung in den 60er- und 70er-Jahren des vergangenen Jahrhunderts existieren in Europa noch begrenzte Erkenntnisse aus der untertägigen Speicherung von Stadtgas und Raffineriegas mit einem Wasserstoffanteil von bis zu 60 %. Bei Stadtgas handelt es sich um ein aufbereitetes und gereinigtes Kokereigas – das Rohgas, welches bei der Verkokung von Steinkohle entsteht. Bei Raffineriegas handelt es sich um ein Nebenprodukt aus der Verarbeitung von Erdöl.

Die großvolumige, gasförmige Speicherung von reinem Wasserstoff oder als Gasgemisch u. a. mit Erdgas erfolgt in natürlichen Systemen. Daher ist es wichtig, ein integriertes Verständnis des Standortes zum Zusammenspiel von Druck, Temperatur, Gesteinen und Salzgesteinen, Lagerstättenwässern, aber auch zu möglichen geo- und biochemischen Prozessen sowie technischen Einbauten, wie der Bohrung, zu erhalten [15]. Dadurch lassen sich die zukünftigen Untergrundwasserstoffspeicher nachhaltig und sicher betreiben.

5.4.2 Grundlagen

Die großvolumige und untertägige Speicherung von gasförmigem Wasserstoff erfolgt in Kavernen- und Porenspeichern. Bei den Porenspeichern handelt es sich um sedimentäre, hoch poröse und sehr gut durchlässige Gesteinsschichten, meist Sandsteine, die mit einer nicht durchlässigen, impermeablen Gesteinsschicht, häufig Tonsteine, überlagert werden. Bei den salinen Aquiferspeichern handelt es sich, ähnlich wie bei den ehemaligen und ausgeförderten Kohlwasserstofflagerstätten, um geologische Fallenstrukturen, in die aber initial keine Kohlenwasserstoffe migriert sind. Die porösen Sandschichten der Porenspeicher haben eine laterale Ausdehnung von mehreren Kilometern und eine Mächtigkeit im Bereich von Zehnermetern. Das Lagerstättenvolumen liegt bei mehreren Millionen bis wenige Milliarden m^3. Der Speicherdruck ist abhängig von der Tiefenlage der Speicherhorizonte und kann im Bereich von 70 bis zu 200 bar liegen. Die Leistungsfähigkeit eines Porenspeichers wird durch die Anzahl von Bohrungen definiert.

Das Prinzip der Gasspeicherung in Kavernen beruht auf dem Prinzip, dass Salzgesteine gasdicht sind. Bei Kavernen handelt es sich um künstlich geschaffene Hohlräume in mächtigen Salzlagen oder Salzstrukturen in einer Tiefenlage ab etwa 1.000 m, die jeweils mit einer Tiefbohrung erschlossen sind. Über diese Tiefbohrung wird Süßwasser eingepresst, welches das Salz und seine weiteren

Tabelle 5.6: Ehemalige Untergrundspeicher mit Stadt- und Raffineriegas in Deutschland

Ort		Medium	Typ	Anzahl	Referenz
1	**Bad Lauchstädt**	Stadtgas	Kaverne	6	[38]
2	**Engelbostel**	Stadtgas	Porenspeicher	1	[10]
3	**Eschenfelden**	Stadtgas	Porenspeicher	1	[24]
4	**Kirchheiligen**	Stadtgas	Porenspeicher	1	[39]
5	**Ketzin**	Stadtgas	Porenspeicher	1	[10]
6	**Hähnlein**	Stadtgas	Porenspeicher	1	[10]
7	**Reitbrook**	Raffineriegas	Porenspeicher	1	[14]
8	**Rönne**	Stadtgas	Kaverne	1	[14]

Bestandteile löst. Die so entstehende Sole wird ausgefördert. Über die ingenieurtechnische Steuerung des Solvorganges entsteht im Untergrund ein Hohlraum von etwa 500.000 m^3 pro Kaverne. Nach Abschluss des Solvorganges wird die Bohrung als Kavernenspeicherbohrung umgerüstet. Je nach Teufenlage der Kaverne lässt sich diese in einem Druckbereich von einem Minimaldruck von 60 bis 70 bar bis zu einem Maximaldruck von bis zu 180 bis 200 bar betreiben. Eine Einzelkaverne hat ein Gesamtgasvolumen von mehreren Millionen m^3. An einem Kavernenspeicher werden meist mehrere Kavernen zusammen betrieben.

Bei dem Betrieb von Untergrundspeichern wird zwischen dem Kissengas und dem Arbeitsgas unterschieden. Das Kissengas ist das Gas, welches in der Untergrundstruktur bleibt und diese stützt, das Arbeitsgas ist das Gas, welches im Betrieb mittels Einspeicherung und Ausspeicherung umgeschlagen wird. Der Anteil von Kissengas zum Arbeitsgas liegt bei 30-50 % bei den Kavernenspeichern und bei 50-70 % bei den Porenspeichern.

Mit dem Beginn der überregionalen Nutzung von Gas in den 50er-Jahren des 20. Jahrhunderts entstanden auch die ersten Untergrundspeicher, die mit Stadtgas und Raffineriegas gefahren wurden. In Deutschland wurde in sechs Porenspeichern und zwei Kavernenspeichern Stadt- und Raffineriegas gespeichert (**Tabelle 5.6**, **Bild 5.24**).

In Europa gab es zusätzlich zwei weitere ehemalige Porenspeicher mit Stadtgas (Bild 5.24, **Tabelle 5.7**).

Diese ersten Stadtgas- und Raffineriegasspeicher sind heute, nach der Umgasung auf Erdgas, teilweise noch als klassische Erdgasspeicher in Betrieb. Auf Basis dieser Erfahrung hat sich die weltweit etablierte Technik der Untergrundspeicher entwickelt.

Aktuell wird nur begrenzt Wasserstoff im Untergrund gespeichert (**Tabelle 5.8**). Hier sind vor allem die Kavernen in den USA und Großbritannien für die chemische und petrochemische Industrie zu nennen. Zusätzlich gibt es zwei Testanlagen, eine in Argentinien und eine in Österreich, die Wasserstoff in ehemaligen Erdgaslagerstätten speichern. Hierbei wird ein Wasserstoff-Erdgas-Gemisch mit einem Wasserstoffanteil von bis zu 10 % eingespeichert. Daneben gibt es noch weitere Untergrundspeicher für Wasserstoff in Russland, vor allem für die Raumfahrtindustrie [25].

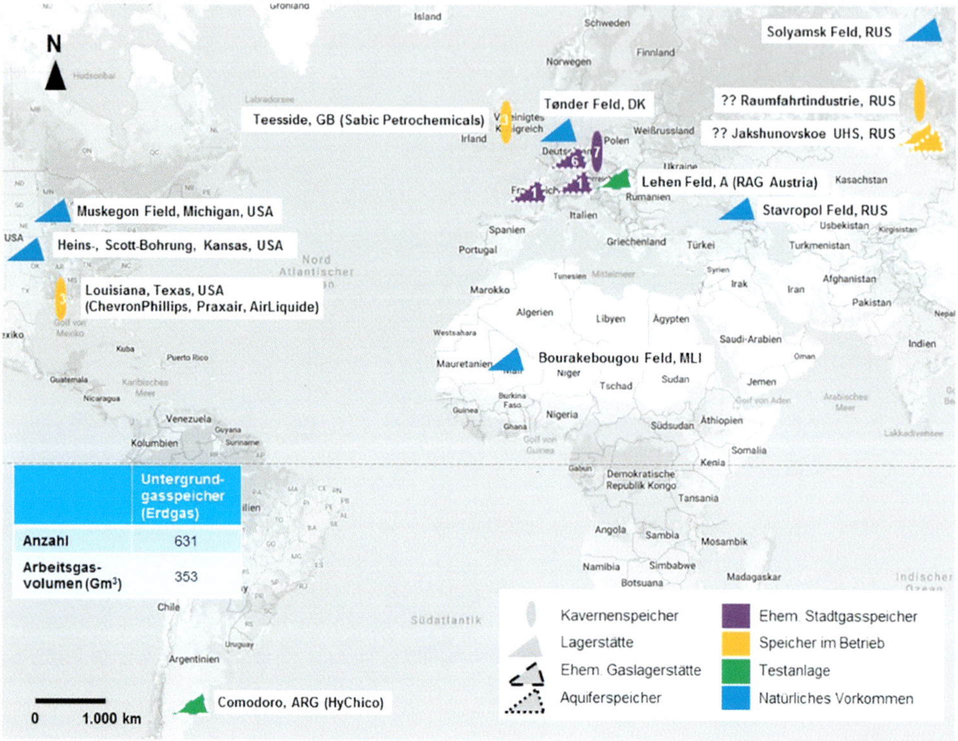

Bild 5.24: Darstellung aller weltweit bekannten ehemaligen sowie aktiven Untergrundwasserstoffspeicher (unter der Angabe der Kavernenanzahl bzw. Standortanzahl) und natürlichen Wasserstofflagerstätten (IGU 2019, Kartenbasis GoogleMaps, weitere Quellen im Text)

Tabelle 5.7: Ehemalige bekannte europäische Porenspeicher mit Stadtgas

Ort		Land	Speichermedium	Referenz
1	**Beynes, Ile de France**	Frankreich	Stadtgas	[25]
2	**Lobodice**	Tschechien	Stadtgas	[5]

Zusätzlich gibt es weltweit auch erbohrte Wasserstoffvorkommen in sedimentären Lagerstätten (Bild 5.24). Hier sind die Vorkommen in Kansas [8], [12] und Michigan [23] zu nennen. Weitere Lagerstätten sind das Stavropol Feld, das Solyamsk Feld und das Tønder Feld sowie das Bourakebougou Feld [17], [29], [37]. Bei diesen Vorkommen handelt sich um einen sogenannten „abiotischen Wasserstoff", ein Verwitterungsgas von vulkanischen Gesteinen. Die Wasserstoffgehalte liegen im Bereich von zweistelligen Prozentanteilen. Daneben gibt es weltweit weitere natürliche

Tabelle 5.8: Aktuelle Untergrundwasserspeicher

Ort		Land	Speichertyp	Betriebsart	Referenz
1	**Teesside**	Großbritannien	Kaverne	In Betrieb	[3]
2	**Moss Bluff Saltdome**	USA	Kaverne	In Betrieb	[28]
3	**Clemens Dome**	USA	Kaverne	In Betrieb	[7]
4	**Beaumont**	USA	Kaverne	In Betrieb	[1]
5	**Lehen**	Österreich	Ehem. Gaslagerstätte	Testanlage	[32]
6	**Comodoro**	Argentinien	Ehem. Gaslagerstätte	Testanlage	[18]
7	**Jashunovskoe**	Russland	Ehem. Gaslagerstätte	In Betrieb	[4]

Wasserstoffvorkommen und natürliche Ausgasungen an der Tagesoberfläche, die u. a. an vulkanische Aktivität, an mikrobiologische Aktivität oder an tiefe Störungssysteme geknüpft sind, aber nicht in Lagerstätten im eigentlichen Sinne migriert sind [37].

5.4.3 Wasserstoff und die untertägige Anwendung

Die bereits existierenden Erfahrungen aus dem Betrieb der ehemaligen Stadtgas- und Raffineriegasspeichern, die Erfahrungen aus dem Betrieb der aktuellen Untergrundwasserstoffspeicher sowie der Umgang mit den natürlichen Vorkommen von Wasserstoff in Lagerstätten zeigen, dass erste Kenntnisse vorliegen.

Aufgrund der langen operativen Fahrweise von Untergrundspeichern, die deutlich länger ist als die klassische Produktionsphase eines Kohlenwasserstofffeldes, ist es wichtig, für die Errichtung von modernen Untergrundwasserstoffspeichern bzw. die Weiterentwicklung von Untergrunderdgasspeichern umfassende Erkenntnisse zum Zusammenspiel von Druck, Temperatur, Gesteinen, Fluiden, Mikroorganismen und technischen Einbauteilen (z. B. Bohrung) zu bekommen. Wasserstoff ist deutlich reaktiver als die normalerweise gespeicherten Kohlenwasserstoffe, besitzt andere chemische Eigenschaften und kann einen Energieträger für Mikroorganismen darstellen [11].

So zeigte sich im Betrieb des Stadtgasspeichers Lobodice Ende der 1980er-Jahre, dass sich die Zusammensetzung des eingebrachten Stadtgases über die Zeit veränderte und der Wasserstoffanteil abnahm sowie der Methananteil zunahm (**Bild 5.25**) [5].

Die primären Veränderungen in der chemischen Zusammensetzung wurden in Lobodice auf eine mikrobielle Aktivität in der Lagerstätte zurückgeführt [5]. Zusätzlich wurden untertägige Diffusionsprozesse aufgrund der anderen, dynamisch-chemischen Eigenschaften von Wasserstoff im Vergleich zu Methan festgestellt.

Somit sind die im folgenden thematisierten Fragen für den Betrieb eines modernen Untergrundwasserstoffspeichers zu klären (**Tabelle 5.9**, **Bild 5.26**).

Die biotischen Reaktionen lassen sich weiter chemisch untergliedern (**Tabelle 5.10**). Hierbei sind vor allem die Prozesse der Schwefelreduktion und Methanogenese zu nennen.

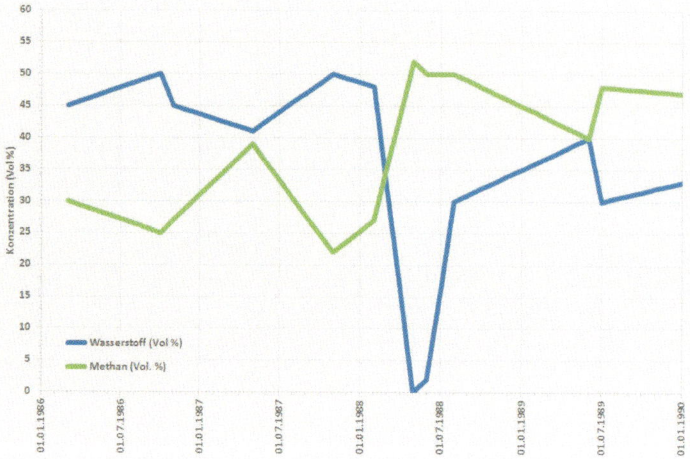

Bild 5.25: Veränderung der chemischen Zusammensetzung des Stadtgases im Stadtgasspeicher Lobodice nach [5]

Tabelle 5.9: Mögliche Prozesse in der Betrachtung eines modernen Untergrundwasserstoffspeichers (Zahlen s. **Bild 5.26**) mit Erläuterungen im Text

Bereich	Detailprozesse
1. Bohrung	a) Integrität der Bohrung (Barriere-Elemente), der Zementation, des Bohrlochausbaus (z. B. Packer, Elastomere) b) Einfluss auf den Stahl (z. B. Versprödung)
2. Untertägige Dynamik	c) Geringere Energiedichte von Wasserstoff im Vergleich zum Erdgas (beim Umgasen oder bei der Speicherung von Gasgemischen) d) Geringere Kompressibilität von Wasserstoff im Vergleich zum Erdgas e) Andere Druck/Temperaturverhalten von Wasserstoff im Vergleich zum Erdgas f) Mögliche Veränderungen in der chemischen Zusammensetzung und der Einfluss auf Produktions-/Injektionszyklen g) Hydrodynamische Prozesse
3. Untertägiger Chemismus	h) Wasserstoff ist ein Energieträger für mögliche mikrobielle Aktivität, dies gilt insbesondere in Porenspeichern mit Lagerstättenwässern (biotische Reaktion) i) Mögliche geochemische Reaktionen von Wasserstoff mit dem Lagerstättenwasser und/oder dem Lagerstättengestein; dies gilt insbesondere in Porenspeichern (abiotische Reaktion) j) Mögliche Beeinflussung der Lagerstättendeckung insbesondere bei Porenspeichern

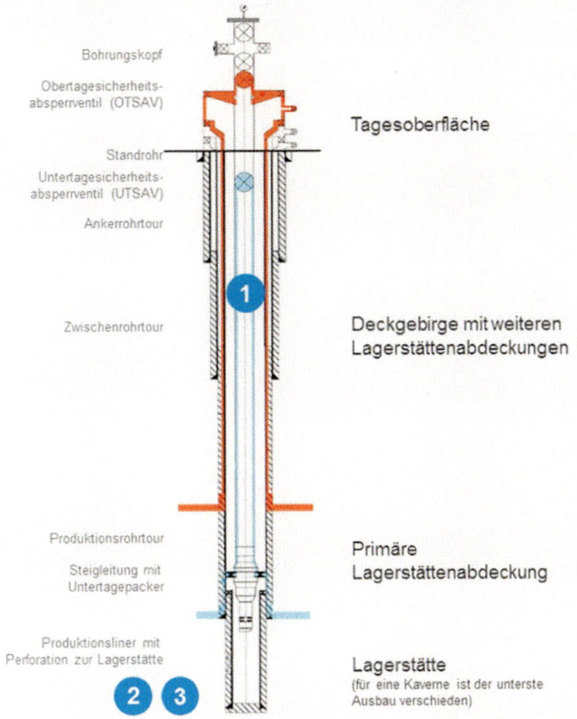

Bild 5.26: Schematische Darstellung einer Bohrung mit ihren Barriereelementen (blaue Linie = primäre Barriere, rote Linie = sekundäre Barriere) und offenen Fragen zur Wasserstoffspeicherung nach [6]

Tabelle 5.10: Übersicht möglicher (bio-)chemischer Reaktionen mit den wichtigen Reaktionen im Fettdruck (nach Giese et al. 2013)

Prozess		Reaktion
1	Eisenreduktion	$H_2 + 2\,Fe^{3+} \rightarrow 2\,H^+ + 2\,Fe^{2+}$
2	**Sulfatreduktion**	$\mathbf{4\,H_2 + SO_4^{2-} + H^+ \rightarrow HS^- + 4\,H_2O}$
3	**Sulfatreduktion**	$\mathbf{CH_4 + SO_4^{2-} \rightarrow HS^- + HCO^{3-} + H_2O}$
4	**Schwefelreduktion**	$\mathbf{H_2 + S \rightarrow HS^- + H^+}$
5	**Hydrogenotrophe Methanogenese**	$\mathbf{4\,H_2 + HCO_3^- + H^+ \rightarrow CH_4 + 3\,H_2O}$
6	Homoacetatgenese	$4\,H_2 + 2\,HCO^{3-} + H^+ \rightarrow CH_3COO^- + 4\,H_2O$

Die Betrachtung der Schwefwelreduktion ist wichtig, da Schwefelwasserstoff toxisch für Organismen ist und zusätzlich korrosiv wirkt. Für die mögliche Verstoffwechselung des Schwefels ist zu berücksichtigen, dass präventiv durch die Einspeicherung eines Wasserstoff-Erdgasgemisches möglichst wenig Schwefel mit dem Gasstrom eingebracht wird, um so die potenziellen Reaktionen so gering wie möglich zu halten [34]. Auch sollten für den Aufbau von Untergrundwasserstoffspeichern die Untergrundspeicher genutzt werden, die ein möglichst schwefelfreies Gas originär bzw. als Speichergas beinhalten.

Eine weitere biotische Reaktion ist die Verstoffwechselung des Wasserstoffes mit einer Kohlenstoffquelle hin zu Methan (Tabelle 5.9, Reaktion 5). Dieser Prozess ist von seinen Endprodukten unkritisch im Hinblick auf Toxizität und Korrosion, hat aber Einfluss auf die Gasqualitäten.

Zusätzlich ist bei der mikrobiellen Aktivität zu berücksichtigen, dass ein erhöhtes Wachstum von Biomasse zu einer Verstopfung von Porenhälsen in den Speichersteinen, aber auch zu Bohrlochinstallationen führen kann [36].

Neben chemischen Reaktionen laufen insbesondere in einem Porenspeicher (hydro-)dynamische Prozesse ab. Aufgrund der anderen chemischen/physikalischen Eigenschaften von Wasserstoff gegenüber dem Erdgas kommt es untertägig innerhalb der Speicherhorizonte zu einer Diffusion und gravimetrischen Segregation. Dies gilt insbesondere für bestehende Erdgasspeicher, die umgegast werden [13]. Bei einem Neuaufbau eines Untergrundspeichers kann es zu einer nicht gleichmäßigen Verdrängung des Lagerstättenwassers, einem Überschießen mit Wasserstoff von der Lagerstättenwasserzone sowie der Ausbildung von Gasfingern kommen [13]. Weiterhin sind Diffusionsverluste im Bereich des Gas-Wasser-Kontaktes, die aber über die Betriebsdauer abnehmen, zu beobachten [36].

Aufgrund des Zusammenspiels von Kissengas und Arbeitsgas und der damit verbundenen teilweisen Durchmischung ist ebenfalls zu berücksichtigen, das über längere Betriebszeiträume veränderliche Gasgemische mit unterschiedlichen Gasqualitäten ausgespeichert werden.

Abschließend ist zu berücksichtigen, dass die untertägigen Prozesse dazu führen können, dass bei der Ausspeicherung andere Gasqualitäten vorliegen als bei der Einspeicherung. Die kann einen Einfluss auf den energetischen Inhalt des Speichergases und somit einen kommerziellen Einfluss haben.

5.4.4 Wasserstoffspeicherung und Kavernenspeicher

Die Ansätze zur untertägigen Speicherung in Kavernen basieren auf natürlichen, geologischen Systemen, die durch den vorherrschenden Druck und die Temperaturverhältnisse in Verbindung mit den geologischen und mikrobiologischen sowie hydro- und geochemischen Gegebenheiten gesteuert sind. Kavernen nutzen hierbei künstlich geschaffene, gesolte Hohlräume. Hierbei handelt es sich um extrem salinare Umgebungen mit einer Restsole im Kavernensumpf und der Salzoberfläche an der Kavernenwand und im -dach. Aufgrund der Nutzung von Süßwasser zur Solung der Kaverne können Mikroben und Biomasse in das System der Kaverne eingetragen werden. Bei der Speicherung von Wasserstoff besteht aufgrund der vorherrschenden Temperaturbedingungen innerhalb der Kaverne die Möglichkeit erhöhter mikrobielle Aktivität von halophilen (salzliebenden) Mikroben. Gegebenenfalls steigt die mikrobielle Aktivität zeitlich verzögert nach einer Anpassung der eingebrachten Mikroben an die Bedingungen der Kaverne [4]. Aktuelle Untersuchungen zeigen aber, dass die vorherrschenden Temperaturen und die extrem salinare Bedingungen die mikrobiellen Aktivitäten reduzieren [4]. Diese Erkenntnis, dass die mikrobielle Aktivität bei einem hochsalinaren Umfeld zum Erliegen kommt, wird auch durch die Ergebnisse anderer Arbeiten und Projekte, wie z. B. Hypos, gestützt [35], [36].

Die Kombination der wissenschaftlichen Ergebnisse mit den operativen Erfahrungen aus der Speicherung von Wasserstoff in Kavernen in den USA und Großbritannien zeigt, dass die Speicherung von gasförmigem Wasserstoff in Kavernen grundsätzlich möglich ist. Dies wird weiterhin auch durch die Erfahrungen aus der störungsfreien und sicheren, untertägigen Speicherung von Helium, als mögliches Analogiegas zu Wasserstoff, in Kavernen unterstützt [1].

5.4.5 Wasserstoffspeicherung und Porenspeicher

Zur Speicherung von Wasserstoff in Porenspeichern werden ebenfalls natürliche Systeme genutzt. Die Gasspeicherung erfolgt in den mikroskopisch kleinen, mit salinarem Lagerstättenwasser benetzten Poren zwischen den einzelnen Sand-/Gesteinskörnern. Durch die deutlich größere Kontaktfläche als in einer Kaverne besteht in Porenspeichern eine mögliche abiotische und biotische Beeinflussung durch und mit dem eingebrachten Wasserstoff. Zusätzlich können die wenigen und in geringen Konzentrationen vorkommenden Begleitstoffe des Erdgases, wie z. B. Kohlendioxid oder Kohlenmonoxid, gegebenenfalls verstoffwechselt werden [11]. Die durch Stoffwechselprozesse entstehenden Abfallprodukte können als Fluide oder als Gase die Qualität des Speichergases, der Lagerstätte und die technischen Einbauteile, aber auch die operative Fahrweise des Speichers beeinflussen.

Diese Prozesse sind insbesondere für den europäischen Speichermarkt sehr intensiv im Leuchtturm-Forschungsprojekt „H2Store" untersucht worden [30]. Weitere wichtige Erkenntnisse sind in den Arbeiten der RAG Austria mit dem Wasserstoffspeicher-Projekt „UndergroundSun.Storage" zu finden [27].

Im Rahmen des Forschungsprojektes „H2Store" wurden Versuche mit Wasserstoff unter lagerstättennahen Bedingungen (Druck, Temperatur, Lagerstättenwasser und Abwesenheit von Sauerstoff) an Gesteinsmaterial von fünf deutschen und einem österreichischen Speicherhorizont zu abiotischen und biotischen Prozessen durchgeführt.

Die geochemischen Reaktionen (abiotische Prozesse) (Tabelle 5.9, Punkt i), die vor allem eine Veränderung der Porosität und Permeabilität hervorrufen, sind in höher salinaren und höher temperierten Lagerstätten (Permo-Karbon, Trias) zu finden (**Bild 5.27**) [30]. Eine Beeinflussung der petrophysikalischen Eigenschaften von Gesteinen der Lagerstättenabdeckung war nur von untergeordneter Bedeutung und es kam zu keiner Veränderung der Integrität der Lagerstättenabdeckung. Dies zeigen auch Arbeiten am Untergrundwasserstoffspeicher in Argentinien [26]. Alle geochemischen Reaktionen sind zukünftig aber standortspezifisch zu bewerten.

Mittels biochemischer Laborversuche (biotische Reaktion) (Tabelle 5.10, Punkt h) wurden die möglichen biotischen Reaktionen überprüft (Tabelle 5.10, Bild 5.27). Auch diese Reaktionen sind durch die Salinität gesteuert worden und erliegen bei hohen Salinitäten. Die Bildung von Schwefelwasserstoff (H_2S) (Tabelle 5.10, Reaktion 2, 3, 4) erfolgte nur im geringen Maße in den Laborversuchen [27]. Die biochemischen Laborversuche sind zusätzlich durch eine numerische Simulation abgebildet und so umfassend und skaliert auf die Größe einer Lagerstätte nachvollzogen worden.

Die vorliegenden wissenschaftlichen Arbeiten und insbesondere das Leuchtturmprojekt „H2Store" liefern wichtige Grundlagenerkenntnisse zur untertägigen Speicherung von Wasserstoff in Porenspeichern und zeigen, dass diese grundsätzlich möglich ist. Es wird aber auch deutlich, dass aufgrund der Komplexität der möglichen Prozesse jeweils standortspezifische Untersuchunten zu empfehlen sind.

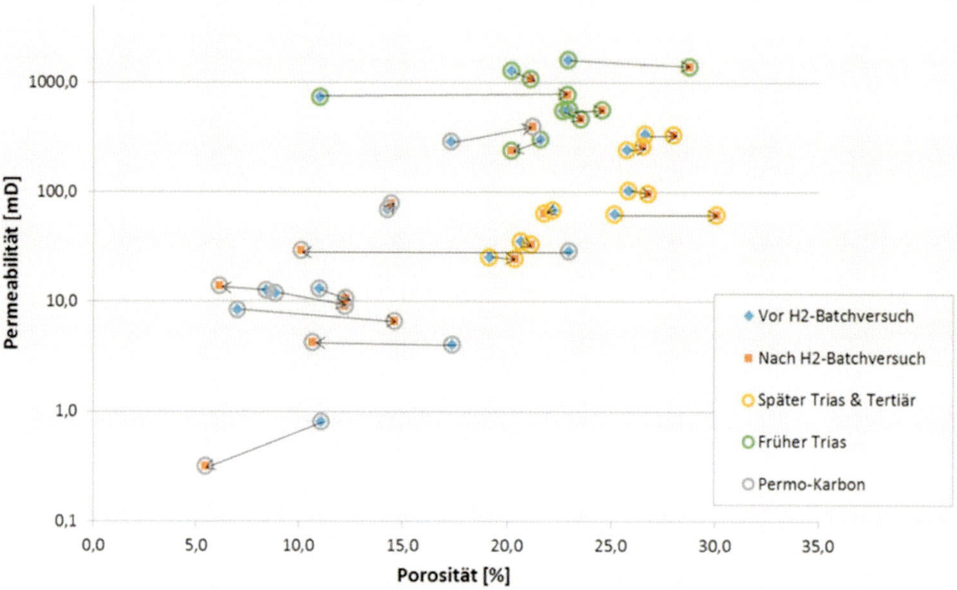

Bild 5.27: Veränderung der petrophysikalischen Eigenschaften der Gesteinsproben im Projekt H2STORE vor und nach der Exposition mit Wasserstoff [30]

5.4.6 Wasserstoffspeicherung und der Bohrlochausbau

Neben den Speicherhorizonten sind die Bohrungen und deren technische Einbauteile ebenfalls dem eingebrachten Wasserstoff oder den Stoffwechselprodukten ausgesetzt. Hier sind insbesondere die Zementation, die letzte Verrohrung und deren Rohrschuh sowie die Steigleitung und -komplettierung zu benennen (Bild 5.26). Aufgrund der grundsätzlichen Erfahrungen im operativen Betrieb und der Handhabung von Wasserstoff in chemischen und petrochemischen Obertageanlagen liegen umfassende Erfahrungswerte in der Verwendung von Stählen und Elastomeren vor. Der sichere und störungsfreie Betrieb der Wasserstoffkavernen mit seinen Bohrungen in den USA und Großbritannien zeigt, dass ein sicherer Betrieb möglich ist. Auch sind bei den ehemaligen Stadtgasspeicher keine technischen Auffälligkeiten im Bereich der Bohrungen dokumentiert. Weitergehende, moderne Untersuchungen bestätigen diese Aussagen zu den Stählen, Zementen und Elastomeren [33], [36].

Zur Überprüfung der Erkenntnisse und Erweiterung der technischen Erfahrungen wurde auf der Grundlage der Ergebnisse aus „H2Store" das Forschungsprojekt „HyInteger" initiiert. Das Ziel des Projektes ist die Überprüfung des Zusammenspiels von Speichergestein, Bohrungszementation und -verrohrung mit Wasserstoff unter lagerstättennahen Laborbedingungen [19]. Die Ergebnisse zeigen, dass es unter hoch salinaren Bedingungen nur begrenzte Fluidreaktionen mit der Zementation und bestimmten Stählen gibt [16]. Durch die RAG Austria sind im Rahmen ihres

Speicherprojektes sowohl vorbereitende Laboruntersuchungen zur Wasserstoffverträglichkeit, als auch nach Abschluss des Feldversuches technische Integritätsuntersuchungen von Zementen und Bohrlochkomplettierungen durchgeführt worden [31], [32]. Es ergaben sich keine Auffälligkeiten. Diese Arbeiten zeigen, dass es möglich ist, für eine untertägige Wasserstoffspeicherung Tiefbohrungen mit entsprechenden Stahltypen und Elastomere sicher zu komplettieren und auszurüsten.

5.4.7 Wasserstoffspeicherung und Geomonitoring

Für den Betrieb von Untergrundwasserstoffspeichern ist eine breite öffentliche Akzeptanz notwendig. Als Teil der Betreiberverantwortung und der behördlichen Genehmigung kann diese neue alte Technologie der Wasserstoffspeicherung nur dann umgesetzt werden, wenn ein umfassendes, integriertes Geomonitoring zur Überwachung implementiert wird. Hierdurch wird auch wieder Vertrauen der Öffentlichkeit erzeugt.

Das Geomonitoring baut initial auf den Ergebnissen der grundsätzlichen Untergrundanalyse und -simulation aus der Erkundung und Erschließung des jeweiligen Standortes auf und sollte im operativen Betrieb die folgenden, regelmäßig zu wiederholenden Prozesse umfassen:

- Chemische und biologische Untersuchung der Gase/Gasgemische in der Zusammensetzung und Isotopie bei der Einspeicherung
- Chemische und biologische Untersuchung von Gasen/Gasgemischen und Fluiden in der Zusammensetzung und Isotopie in der Lagerstätte (soweit technisch möglich) und bei der Ausspeicherung
- Druck und Temperaturüberwachung der Bohrung (Steigleitung, Ringraum) und der Gase/Gasgemische bei der Ausspeicherung
- Betriebliche Integritätsmessungen der Bohrung bei Veränderungen (soweit technisch möglich).

Durch die mikrobiologischen und chemischen Untersuchungen der eingespeicherten Gase wird sichergestellt, dass keine zusätzliche Biomasse bzw. Mikroben in den Untergrundspeicher eingetragen werden, die dann Stoffwechselreaktionen auslösen können [40]. Durch die Überwachung der Gaszusammensetzung bei der Ausspeicherung ist es möglich, frühzeitige Veränderungen und Prozesse zu erkennen. Die Überwachung der Bohrung dient der Sicherung der technischen Integrität. Durch die Kombination von vorab festgelegten Grenzwerten z. B. in der Gaszusammensetzung und/oder technischen Grenzbedingungen kann der Betreiber eines Untergrundwasserstoffbetreibers somit die operative Führung sicherstellen. In der weitergehenden Integration der gewonnenen Ergebnisse mit den Erkenntnissen aus der Erkundung und Erschließung des Standortes kann das untertägige Modell- und Simulationsverständnis weiterentwickelt und so mögliche Veränderungen aufgrund der untertägigen Speicherung von Wasserstoff erkannt werden. Hierdurch wird im Rahmen der Betreiberverantwortung eine umfassende Standortintegrität, eine breite Transparenz und volle öffentliche Akzeptanz erreicht.

5.4.8 Zusammenfassung

Die Erkundung und Förderung von natürlichen Wasserstoffvorkommen in sedimentären Lagerstätten zeigen, dass eine untertägige Speicherung von Wasserstoff grundsätzlich möglich ist. Dies wird auch durch die historischen Erfahrungen aus der untertägigen Speicherung von Stadtgas unterstützt. Zusätzlich zeigen die Speicherung von Wasserstoff in Kavernen in den USA und in

Großbritannien sowie die Testanlagen in Porenspeichern in Argentinien und Österreich, dass moderne Erfahrungen im untertägigen Umgang mit Wasserstoff vorliegen.

Die sichere, untertägige Speicherung von Erdgas über die vergangenen Jahrzehnte zeigt, dass die Untergrundspeicherung erwiesenermaßen sicher ist und dass eine obertägige, großvolumige Speicherung von Gas nicht möglich ist. Der Einfluss von Wasserstoff auf die modernen Untergrundwasserstoffspeicher ist technisch durchführbar, sollte aber durch integrierte Geomonitoringprogramme im operativen Betrieb eng überwacht werden. Es sind immer die standortspezifischen Einflussgrößen zu evaluieren.

Somit stellt die moderne, untertägige Speicherung von Wasserstoff in Kavernen und Porenspeichern einen wichtigen und notwendigen Beitrag zur europäischen Transformation des Energiemarktes dar.

Literatur

[1] AirLiquide: World premiere. Air Liquide operates the first pure helium storage facility. 2016, Online, [URL: https://www.airliquide.com/media/world-premiere-air-liquide-operates-first-pure-helium-storage-facility], zuletzt abgerufen am 16.02.2019

[2] AirLiquide: USA. Air Liquide operates the world's largest hydrogen storage facility. 2017, Online, [URL: https://www.airliquide.com/media/usa-air-liquide-operates-world-largest-hydrogen-storage-facility], zuletzt abgerufen am 15.02.2019

[3] Ajayi-Oyakhire, O.: Hydrogen – Untapped Energy? Institution of Gas Engineers & Managers, 2012, Online, [URL: http://www.igem.org.uk/media/251537/IGEM_Hydrogen_%20Report_FINAL-v2013.pdf], zuletzt abgerufen am 11.02.2019

[4] Basniev, K. S.; Omelchenko, R. J.; Adzynova, F. A.: Underground Hydrogen Storage Problems in Russia. Proceedings WHEC2010, 2010, Online, [URL: http://juser.fz-juelich.de/record/135540/files/HS1_pp_Bas_Basniev_rev0610.pdf] zuletzt abgerufen am 15.02.2019

[5] Buzek, F.; Onderka, V; Vančurat, P.; Wolf, I.: Carbon Isotope study of methane production in a town gas storage reservoir. In: Fuel, 73 (1994) 5, S. 747-752

[6] BVEG: Technische Regel Bohrungsintegrität. 2017, Online, [URL: https://www.bveg.de/content/download/9960/114730/file/BVEG_TR_Bohrungsintegrität_final.pdf], zuletzt abgerufen am 15.02.2019

[7] ChevronPhillips: The Chevron Phillips Chemical Sweeny Complex. 2019, Online, [URL: http://www.cpchem.com/en-us/company/loc/Pages/Sweeny.aspx], zuletzt abgerufen am 15.02.2019

[8] Coveney, R. M.; Goebel, E. D.; Zeller, E. J.; Dreschhoff, G. A. M., Angino, E. E.: Serpentinization and the Origin of Hydrogen Gas in Kansas. In: AAPG Buletin, 71 (1987) 1, S. 39-48

[9] Diederich, F.; Wagner, M.; Wagner, M.: Microbial risks and Case-specific countermeasures in Reservoirs, Underground Storages and Geothermal Facilities. In: Oil Gas European Magazine, 4 (2011) 11, S. 203-211

[10] Eckhardt, G.; Beer, H.: Entwicklung der Untergrundgasspeicherung in Brandenburg. In: Brandenburgische Geowiss., 6 (1999), S. 79-89

[11] Giese, C.; Bombach, P.; Rakoczy, J.; Hoth, N.; Schlömann, M.; Richnow, H. H.; Krüger, M.: Relevance of Deep-Subsurface Microbiology for Underground Gas Storage and Geothermal Energy Production. In: Schippers, A.; Glombitza, F.; Sand, W.: Geobiotechnology II. Energy Resources, Subsurface Technologies, Organic Pollutants and Mining Legal Principles. Springer-Verlag, Berlin; Heidelberg, 2014

[12] Goebel, E. D.; Coveney, R. M.; Angino, E. E.; Zeller, E.: Naturally Occurring Hydrogen Gas from a Borehole on the Western Flank of Nemaha Anticline in Kansas. In: AAPG Buletin, 67 (1983) 8, S. 1.324

[13] Hagemann, B.: Numerical and Analytical Modeling of Gas Mixing and Bio-Reactive Transport during Underground Hydrogen Storage. TU Clausthal, Clausthal, 2017

[14] Haury, G.; Schikarski, W.; Thöne, E.: Zusammenstellung der in der Bundesrepublik Deutschland durch die Erzeugung und den Verbrauch von Energie bedingten Auswirkungen auf die Umwelt und der legislativen und technischen Maßnahmen zu ihrer Verminderung. Kernforschungszentrum Karlsruhe – Institut für Angewandte Systemtechnik und Reaktorphysik (KFK 2103 UF), Karlsruhe, 1974

[15] Heineke, C.: Geologische Aspekte der untertägigen Wasserstoffspeicherung. Bachelorarbeit an der WWU Münster, Münster, 2012

[16] Henkel, S.; Pudlo, D.; Heubeck, C.: Laboratory Experiments for Safe Underground Hydrogen/Energy Storage in Depleted Natural Gas Reservoirs. Fourth Sustainable Earth Sciences Conference (EAGE), Malmö, 2017

[17] Hiller, C. v.: Mali – Das sagenhafte Reich voller Gold und Bodenschätze. In: FAZ, 14.01.2013, Online, [UrL: https://www.faz.net/-gqe-75qf3], zuletzt abgerufen am 15.02.2019

[18] HyChico: Developing sustainable future from Patagonia. 2019, Online, [URL: http://www.hychico.com.ar/eng/index.html], zuletzt abgerufen am 14.02.2019

[19] HyInteger: Untersuchungen zur Integrität von Bohrungen und technischen Materialien unter stark korrosiven Bedingungen in geologischen Wasserstoff-Untergrundreservoiren (BMBF Förderprojekt mit dem Kennzeichen 03ET6073). 2019, Online, [URL: https://www.hyinteger.com/], zuletzt abgerufen am 19.02.2019

[20] H2Store: Wasserstoff unter Tage speichern (BMBF Förderprojekt mit dem Kennzeichen 03SF0434). 2017, Online, [URL: https://forschung-energiespeicher.info/wind-zu-wasserstoff/projektliste/projekt-einzelansicht/74/Wasserstoff_unter_Tage_speichern/], zuletzt abgerufen am 15.02.2019

[21] IGEM: Storage and Utilisation. How can hydrogen be stored? 2019, Online, [URL: http://www.igem.org.uk/technical-standards/research/hydrogen/storage-and-utilisation.aspx], zuletzt abgerufen am 14.02.2019

[22] IGU: Natural Gas Facts & Figures. 2019, Online, [URL: https://www.igu.org/sites/default/files/node-page-field_file/FactsFigures_4.pdf], zuletzt abgerufen am 15.02.2019

[23] Newcombie, R. B.: Natural Gas Fields of Michigan. In: AAPG Bulletin, 1934, S. 787-812

[24] OGE: Erdgasspeicher Eschenfelden. 50 Jahre für eine sichere Gasversorgung. 2019, Online, [URL: https://www.open-grid-europe.com/cps/rde/SID-F21D6281-E9CF305D/oge-internet-preview/hs.xsl/NewsDetail.htm?newsId=D57BF9C9-BB64-4783-9530-56261768095A], zuletzt abgerufen am 11.02.2019

[25] Panfilov, M.: Underground Storage of Hydrogen. In Situ Self-Organisation and Methane Generation. In: Transp. Porous Med., 85 (2010), S. 841-865

[26] Pérez, A.: Clean Hydrogen Production and Renewable Energy Storage. An experience underway in Patagonia. 2017, Online, [URL: https://www.4echile.cl/4echile/wp-content/uploads/2017/05/Clean-Hydrogen-Production-and-Renewable-Energy-Storage-ArielPerez-Hychico.pdf], zuletzt abgerufen am 17.02.2019

[27] Pichler, M.: Assessment of Hydrogen. Rock Interactions during geological Storage of CH_4-H_2 Mixtures. Masterarbeit an der Montanuniversität Leoben, 2013, Online, [URL: https://www.underground-sun-storage.at/fileadmin/bilder/tx_templavoila/Final_Version_Master_Thesis_Markus_Pichler_about_Storage_of_H2-CH4_Mixtures_in_the_Underground.pdf], zuletzt abgerufen am 17.02.2019

[28] Praxair: Praxair Commercializes Industry's Only Hydrogen Storage. 2007, Online, [URL: https://www.praxair.com/news/2007/praxair-commercializes-industrys-only-hydrogen-storage], zuletzt abgerufen am 11.02.2019

[29] Prinzhofer, A.; Cissé, C. S. T.; Diallo, A. B.: Discovery of a large accumulation of natural hydrogen in Bourakebougou (Mali). In: International Journal of hydrogen Energy, 43 (2018) 42, S. 19.315-19.326

[30] Pudlo, D.; Henkel, S.; Gaupp, R.; H2store Partner: Zusammenfassung des Leuchtturm-Verbundprojektes H2Store („Hydrogen to Store"). Untersuchung von geohydraulischen, mineralogischen, geochemischen und biogenen Wechselwirkungen bei der Untertage-Speicherung von Wasserstoff in konvertierten Gaslagerstätten. (BMBF Förderprojekt mit dem Kennzeichen 03SF0434). 2016

[31] RAG Austria: Underground Sun Storage. Publizierter Endbericht 31. Oktober 2017 (Projektnummer 840705), 2017, Online, [URL: https://www.underground-sun-storage.at/fileadmin/bilder/SUNSTORAGE/Publikationen/UndergroundSunStorage_Publizierbarer_Endbericht_3.1_web.pdf], zuletzt abgerufen am 17.02.2019

[32] RAG Austria: Underground Sun Storage. 2019, Online, [URL: https://www.underground-sun-storage.at/], zuletzt abgerufen am 15.02.2019

[33] Reitenbach, V.; Albrecht, D.; Ganzer, L.: Einfluss von Wasserstoff auf Untertagegasspeicher. Literaturstudie, DGMK-Forschungsbericht 752, 2014

[34] Schmitz, S.; Kretschmar, H.-J.; Bock, P.; Lubenau, U.; Schreck, H.: Einfluss von Schwefelverbindungen und Odoriermittel auf Untertagegasspeicher. Literaturstudie, DGMK-Forschungsbericht 755, 2014

[35] Schmitz, S.; Kleinickel, C.; Barsch, M.; Schulz, P.; Keßler, B.; Rockmann, R.: Eignung von Salzkavernen-Untergrundspeichern für Wasserstoff aus fluktuierenden, regenerativen Quellen. 2018, Online, [URL: http://www.hypos-eastgermany.de/fileadmin/content/downloads/HYPOS_Dialog_5/18-11-08_UFZ_H2_Schmitz_DBI.pdf], zuletzt abgerufen am 22.02.2019

[36] Schulze, K.; Kersten, C.; Wallbrecht, H.; Bauer, S.; Höcher, T.: Potenzielle Auswirkungen von Brenngasen aus erneuerbaren Energien auf Untertagegasspeicher. In: Erdöl Erdgas Kohle, 133 (2014) 11, S. 428-433

[37] Smith, N. J. P.: It's time for explorationists to take hydrogen more seriously. In: EAGE First Break, 20 (2002) 4, S. 246-253

[38] VNG: Untergrundgasspeicher Bad Lauchstädt. 2019, Online, [URL: https://www.vng-gasspeicher.de/documents/10184/22763/VGS_Broschuere_BDL.pdf/ccd80deb-4934-4a91-8e31-1dd05db3336f], zuletzt abgerufen am 18.02.2019

[39] VNG: Untergrundgasspeicher Kirchheiligen. 2019, Online, [URL: https://vng-gasspeicher.de/documents/10184/22763/VGS_Broschuere_KIH.pdf/18c0129c-f541-4f5c-bfc9-3d751e66afd1], zuletzt abgerufen am 11.02.2019

[40] Wagner, M.; Ballerstedt, H.: Einfluss von Biogas und Wasserstoff auf die Mikrobiologie in Untertagegasspeichern. Literaturstudie, DGMK-Forschungsbericht 756, 2013

5.5 Stand des Wissens zum technischen Einfluss von Wasserstoff auf die Gasanwendung

5.5.1 Einleitung

Bei der Beimischung von Wasserstoff in Erdgas spielen Verbrennungsprozesse eine zentrale Rolle, da die Verbrennung den größten Nutzungspfad für Erdgas darstellt. Dies reicht vom häuslich/gewerblichen Sektor (Koch- und Heizprozesse) über die industrielle Anwendung (stoffliche Nutzung und Prozesswärme) bis in die Energiewirtschaft. Diese Endverbrauchstechnologien sind für den Einsatz von Erdgas ausgelegt und optimiert. Die Beimischung von H_2 ins Erdgas wirft daher Fragen auf, wie solche Endverbraucher auf die veränderten Eigenschaften des Erdgas-Wasserstoff-Gemisches reagieren. Im Nachfolgenden sind Auswirkungen höherer Wasserstoffkonzentrationen im Erdgas auf industrielle Verbrennungsprozesse und Anlagen der Energiewirtschaft sowie auf die häusliche und gewerbliche Gasversorgung zusammengefasst. Außerdem beschäftigt sich das Kapitel mit dem Einfluss von Wasserstoff auf die brennstoffführenden Systeme von Gasverbrauchseinrichtungen.

5.5.2 Einfluss von Wasserstoff auf die Bestandteile der Gasinstallation im häuslichen und gewerblichen Bereich

Bestandteile der Gasinstallation für den häuslichen und gewerblichen Gebrauch nach TRGI wurden in den letzten Jahren umfangreich unter Prüfbedingungen bis 550 kPa und einer maximalen Wasserstoffbeimischung von 100 Vol.-% umfangreich getestet [2]. Verwendet wurden hierbei verschiedenste Prüflinge und Komponenten von diversen Herstellern. Ziel war es, einen Überblick über die Wasserstoffeignung der untersuchten Bestandteile der Gasinstallation zu erhalten und ggf. kritische Materialien zu erkennen. Nachfolgend werden die Ergebnisse dieser Untersuchungen vorgestellt.

5.5.2.1 Leitungssystem

Alle nach TRGI zulässigen Materialien für die Innenleitung (Stahl, Edelstahl, Präzisionsstahl, Kupfer, Mehrschichtverbundrohre, Edelstahl-Wellrohrleitungen, Gasschläuche) sind bezüglich der Beständigkeit sowie bezüglich ihrer Funktionalität für Wasserstoffanteile von bis zu 100 Vol.-% bei bis zu 5 bar Druck geeignet [1], [2], [3]. Kunststoffleitungen aus PE wurden bezüglich der Materialbeständigkeit für Wasserstoffanteile von bis zu 100 Vol.-% als geeignet erklärt [2].

Permeation der nach TRGI zulässigen Leitungsmaterialen sind sicherheitstechnisch unkritisch [2]. Für Wellrohrleitungen und Mehrschichtverbundrohre sind derzeit noch keine belastbaren Quellen verfügbar.

Alle nach TRGI zulässigen Leitungen für die Gas-Inneninstallation sind auch unter reinem Wasserstoff technisch dicht und somit uneingeschränkt gebrauchsfähig [4], [2].

Permeation von PE Kunststoffleitungen sind sicherheitstechnisch unkritisch. Die Leckagemengen liegen unterhalb der gemäß TRGI zulässigen Grenzwerte [2].

5.5.2.2 Leitungsdimensionierung

Aufgrund des niedrigeren Heizwertes von Wasserstoff im Vergleich zu Erdgas ist eine Erhöhung der Brennstoffzufuhr für das Erreichen der gleichen Feuerungsleistung erforderlich. Dadurch erhöht sich die Strömungsgeschwindigkeit im Leitungssystem, sodass es auch im Hinblick auf veränderte physikalische Eigenschaften zu veränderten Druckverlusten im Leitungssystem kommt. Nach DVGW G 600 (A) kann die Leitungsdimensionierung anhand von Diagrammen oder Tabellen erfolgen. Zur Berücksichtigung von Wasserstoffanteilen im Gasgemisch kann ein Kalkulationsfaktor f(x) (dimensionslos) zur Leitungsdimensionierung für unterschiedlich zusammengesetzte Brenngase herangezogen werden [2]. Das Arbeitsblatt DVGW G 600 (A) legt für die Leitungsdimensionierung L-Gas zu Grunde.

$$f(x) = \frac{Hl,B(L-gas)}{Hl,B(x)} \tag{5.50}$$

In der Formel f(x) wird $H_{l,B}$(L-Gas) als Brennwert eines definierten L-Gases verwendet. $H_{l,B}(x)$ ist der Heizwert des Gases, für das die Leitung dimensioniert wird. **Tabelle 5.11** zeigt hierzu ausgewählte Gase und die dazugehörigen Kalkulationsfaktoren. Daraus ergibt sich, dass der Kalkulationsfaktor für H-Gas mit 23 Vol.-% Wasserstoff dem Kalkulationsfaktor von L-Gas entspricht. Für diesen Fall wären keine Anpassungen erforderlich. Für eine Wasserstoffbeimischung von 30 Vol.-% Wasser-

Tabelle 5.11: Kalkulationsfaktoren für ausgewählte Gase/Gaszusammensetzungen [2]

Gasart	$H_{I,B}$	f
	kWh/m³	[]
L-Gas	8,6	1,00
LL-Gas	7,5	1,15
H-Gas	10,3	0,83
10 Vol.-% H_2 + H-Gas	9,8	0,88
23 Vol.-% H_2 + H-Gas	8,6	1,00
30 Vol.-% H_2 + H-Gas	8,1	1,06
100 Vol.-% H_2	3,0	2,87

stoff in H-Gas beträgt der Berechnungsfaktor 1,06. In der Praxis wäre der Unterschied zur referenzierten Dimensionierung von L-Gas vernachlässigbar [2].

Bei Auslegungen mit dem Tabellenverfahren ist, aufgrund der Änderungen in der Gaszusammensetzung, das Rohrdruckgefälle mit zu beachten. Es wird bei steigendem Wasserstoffgehalt durch eine steigende kinematische Viskosität, jedoch auch durch eine sinkende Reynoldszahl beeinflusst. Da Wasserstoff eine geringere Dichte als L- bzw. H-Gas hat, verringert sich auch die Dichte des Gasgemisches und unter der Annahme einer konstanten Verbrennungsleistung erhöht sich die durchschnittliche Strömungsgeschwindigkeit. Wie bei dem Verfahren mit Diagrammen wird auch in diesem Fall auf die Dimensionierung mit L-Gas Bezug genommen. Als Fazit zum Tabellenverfahren kann festgehalten werden, dass ein auf L-Gas ausgelegtes Gasleitungssystem für ein 23 Vol.-% Wasserstoff-H-Erdgas-Gemisch ausreichend ausgelegt ist. Weiterhin ist anzumerken, dass nach dem DVGW Arbeitsplatt G 600 (A) das Rohrnetz auf einen maximalen Gesamtdruckverlust von 300 Pa dimensioniert und diese Regel von Wasserstoffanteilen im Erdgas nicht beeinflusst wird.

5.5.2.3 Dichtheit von Verbindern

Zum Bestandteil einer Gasstrecke nach TRGI gehören Verbindungsglieder, die Formteile, wie z. B. Bögen, Reduzierung, Armaturen und Ventile, miteinander verknüpfen und daraus ein Leitungssystem bilden. In [2] wurden dazu Press- sowie Glattrohrverbinder bzw. auch Dichtungen und damit die Materialien auf eine Beständigkeit gegenüber Wasserstoff geprüft. Als Prüflinge wurden Verbinder von verschiedenen Herstellern und bestehend aus unterschiedlichen Materialien bzw. Größen eingesetzt. Zu Beginn der Untersuchungen wurde zur Kontrolle die Dichtheit der Prüflinge nach DIN 3387-1 im Wasserbad bei 550 kPa Druckluft untersucht. Anschließend wurde die gleiche Prüfung ebenfalls mit 100 Vol.-% Wasserstoff bei 550 kPa durchgeführt. Danach erfolgten Belastungstests. Die Prüflinge wurden tordiert sowie 10-malig demontiert und wieder montiert. Dem folgend wurden die Dichtheitsprüfungen mit Druckluft und Wasserstoff wiederholt. Zusammenfassend lässt sich aus den Versuchsergebnissen ableiten, dass gebräuchliche Press- und Glattrohrverbinder, unabhängig ob metallisch oder weichdichtend, auch nach einer mechanischen Beanspruchung unter Wasserstoffeinfluss technisch dicht sind.

Zusätzlich wurden Alterungsversuche durchgeführt, um Langzeitauswirkungen von Wasserstoff auf die Verbinder und Dichtungsmaterialien zu erkennen. Nach sechsmonatiger Beaufschlagung der Verbinder mit Wasserstoff wurden die Dichtheitsversuche nach DIN 3387-1 erneut durchgeführt. Dabei waren die weichdichtenden Glattrohrverbinder mit FKM- und FPM-Dichtungen versehen. Im Ergebnis konnte ausgehend von den Dichtheitsversuchen kein Altern der Materialien festgestellt werden.

Weiterhin wurden für vier verschiedene Verbinder (zwei Press- und zwei Glattrohrverbinder, alle weichdichtend) Permeationsversuche mit Wasserstoff durchgeführt. Aus den Ergebnissen sollten insbesondere Rückschlüsse auf die Anwendung gängiger Dichtungsmaterialien unter Wasserstoffeinfluss gezogen werden können. Um Dichtheit der Prüflinge im Ausgangszustand zu kontrollieren, wurden zunächst Permeationstests mit Wasserstoff und Methan durchgeführt. Das permeierte Gas wurde über 24 Stunden hinweg in Messzellen unter Stickstoffatmosphäre bei einem Innendruck von 50 kPa aufgefangen und anschließend gaschromatographisch analysiert. Die Verbindungsstücke standen unter einem Innendruck von 550 kPa. Nach den Eingangsversuchen wurden die Prüflinge einer mechanischen Beanspruchung ausgesetzt. Zur Erfassung von Langzeitauswirkungen bzw. zur Erkennung von Alterungserscheinungen der Verbinder bzw. Materialien wurden die Prüflinge sechs Monate lang mit 100 Vol.-% Wasserstoff beaufschlagt. Nach der Alterung wurden die Permeationstests mit Wasserstoff wiederholt.

Bei den Kontrollprüfungen wurde an keinem Prüfling gaschromatographisch gemessenes Methan oder Wasserstoff dokumentiert. Alle Verbindungen erwiesen sich als dicht. Das gleiche Ergebnis ergab die Messung der mechanisch beanspruchten Prüflinge. Nur ein Prüfling wies eine höhere Permeationsrate auf. Zusammenfassend lässt sich feststellen, dass bei den getesteten Glattrohrverbindern selbst nach sechsmonatiger Konditionierung mit Wasserstoff keine Permeation beobachtet werden konnte.

5.5.2.4 Aktives-Sicherheitskonzept – Gasströmungswächter

Als aktive Sicherheitseinrichtung überwachen Gasströmungswächter den Gasdurchfluss, der beim Überschreiten des Schließvolumenstroms mechanisch gesperrt wird. Aufgrund eines niedrigeren Heizwertes von Wasserstoff gegenüber Erdgas bzw. Methan führt ein steigender Wasserstoffgehalt in Erdgasen zu einem sinkenden Heizwert des Gasgemisches. Für das Erreichen der gleichen Verbrennungsleistung muss infolge einer Wasserstoffbeimischung die Brennstoffzufuhr erhöht werden. Dazu wurde von [2] die Funktionsweise von Gasströmungswächtern unter Wasserstoffeinfluss untersucht. Das Aufzeigen der Auswirkungen veränderter physikalischer Eigenschaften des Betriebsmediums sowie des Einflusses einer erhöhten Brennstoffzufuhr als Anpassung auf eine Wasserstoffbeimischung auf das Schließverhalten war das Ziel dieser Versuche. Als Prüflinge wurden verschiedene Typen Gasströmungswächter von unterschiedlichen Herstellern verwendet. Zunächst wurde zu Beginn mit dem Medium Luft die Funktion der Prüflinge gemäß DVGW G5305-2 überprüft. Die Kontrolle wurde mit Methan als Betriebsmedium wiederholt. Die Versuche mit Wasserstoff erfolgten meist mit einem 10 zu 90 Vol.-% Wasserstoff-Methan-Gemisch. Um ggf. Trends aufzuzeigen, wurde auch eine Mischung von ca. 30 Vol.-% Wasserstoff verwendet. Mit steigendem

Wasserstoffgehalt bis zu 30 Vol.-% und trotz der damit verbundenen Erhöhung der Brennstoffzufuhr zur Aufrechterhaltung einer konstanten Verbrennungsleistung ist die Differenz von Schließdurchfluss zum Betriebsvolumen so groß, dass die Funktion des Gasströmungswächters gewährleistet werden kann. Somit erfolgt keine Sperrung der Gaszufuhr durch den Gasströmungswächter aufgrund veränderter physikalischer Eigenschaften sowie erhöhten Brennstoffbedarfs in Folge einer Wasserstoffbeimischung ins Erdgas. Als Fazit lässt sich anmerken, dass die Dimensionierung nach den aktuellen technischen Regeln bis 20 Vol.-% beibehalten werden kann.

5.5.2.5 Gaszähler

In den Untersuchungen von [2] wurde auch der Einfluss von Wasserstoff auf Gaszähler erprobt. Getestet wurde in einer Prüfstation, bei der neun Gaszähler dreier verschiedener Typen (Balgengaszähler, Ultraschallgaszähler, thermische Gaszähler) mit einem Ventilator zur Medienversorgung in Reihe geschaltet waren. Nach einer einmonatigen Exposition mit reinem Wasserstoff wurden Funktionstests durchgeführt, zunächst als Vergleich mit Luft bzw. Stickstoff. Die Tests zeigten keinen negativen Einfluss auf die Funktion der Gaszähler durch die Beaufschlagung mit Wasserstoff. Beispielhaft zeigt **Bild 5.28** die Funktionstests für drei Gaszähler bei drei Messdurchläufen mit Luft/Stickstoff vor (v.E.) und nach der Exposition (n.E.) mit Wasserstoff. Die in der DVGW-Forschungsstelle durchgeführten Prüfungen an Gaszählern ergaben unter beiden Bedingungen keine Funktionsänderungen in Bezug auf Wiederholbarkeit bzw. Messunsicherheit. Beim Einsatz von Wasserstoff als Medium reagierten die Gaszähler mit großen Messungenauigkeiten jedoch völlig gegensätzlich.

Ultraschall- und thermische Gaszähler waren von den Messungenauigkeiten insbesondere betroffen. Darüber hinaus konnte für Ultraschallgaszähler festgestellt werden, dass bei einem Wasserstoffgehalt von 60 Vol.-% die Messwertanzeige nicht funktionsfähig war. Anzumerken ist, dass die Eichgültigkeit der Gaszähler mit der Beimischung von Wasserstoffanteilen nicht mehr gegeben und auch eine Auslegung der untersuchten Gaszähler auf die bei der Untersuchung verwendeten Wasserstoffgehälter nicht vorhanden war.

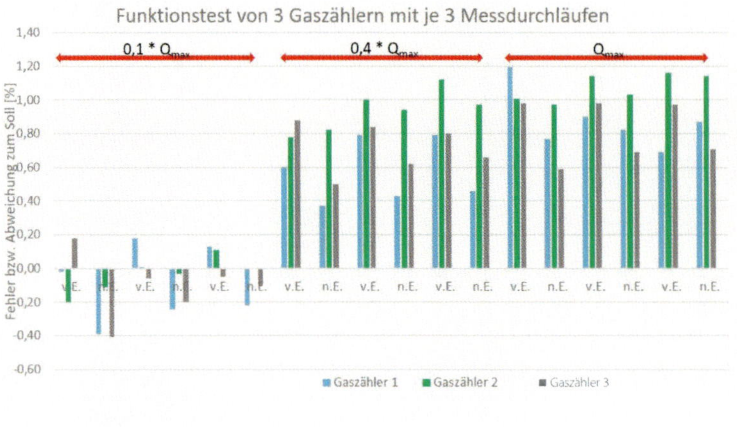

Bild 5.28: Überprüfung der Funktion für drei Gaszähler [2]

Mit dem Hintergrund, dass bei Gaszählern elektrische Bauteile vom Gasstrom erfasst werden und der zündfähige Bereich bei Erdgas-Wasserstoff-Luft-Gemischen größer ist als bei reinen Erdgas-Luft-Gemischen, wurden Zündversuche nach DIN EN 13611:2015 mit zündfähigen Gemischen aus Propan-Luft- und Propan-Wasserstoff-Luft-Gemischen durchgeführt. Die Prüfungen erfolgten nach der Exposition mit Wasserstoff und mit einer Beimischung von 10 Vol.-% sowie 30 Vol.-% Wasserstoff. Im Ergebnis konnte festgestellt werden, dass keiner der getesteten Gaszähler eine Zündung verursachte.

Derzeit sind verschiedene Forschungsprojekte damit beschäftigt, die genaueren Einflüsse auf Gaszähler zu untersuchen und Kalibrierstrategien zu entwickeln.

5.5.2.6 Flammenüberwachung

Die Flammenüberwachung in Haushaltsgasgeräten wird größtenteils über die Ionisationsstrommessung realisiert. Selten wird eine UV-Flammenüberwachung verwendet. Auf die marktübliche Ionisations-Flammenüberwachung haben geringe bis mittlere Anteile Wasserstoff keinen relevanten Einfluss, mit steigendem Anteil kann es aber zu einem Abfall des Ionisationsstroms kommen. Bei Anteilen von über 50 Vol.-% Wasserstoff kann, je nach geometrischer Positionierung der Überwachungselektroden, ein Abfall des Ionisationsstroms beobachtet werden. UV-Überwachungssysteme können unter Umständen Probleme mit ihrer geometrischen Anordnung am Brenner bekommen, da sie aufgrund der veränderten Flammenlage diese nicht mehr ausreichend detektieren können. Daher sind sie ohne zusätzliche Überprüfung der Einbau-Geometrien bei höheren Wasserstoffanteilen nur bedingt einsetzbar. Prinzipiell ist allerdings in Laborversuchen eine Eignung beider Flammenüberwachungstechnologien gezeigt worden.

5.5.3 Einfluss von Wasserstoff auf die Bestandteile der Gasinstallation im industriellen Bereich

Die DIN EN 746-2 legt mit der DIN EN 746-1 die Sicherheitsanforderungen für Einzel- und Mehrbrenner Systeme fest, welche in industriellen Thermoprozessanlagen eingesetzt werden. Sie umfasst die Gefährdungen und Gefährdungspotenziale für Brenner und brennstoffführende Systeme und ihre Handhabung. In der nachfolgend dargestellten Untersuchung wurden nur die Brennstoff-Leitungssysteme betrachtet. Üblicherweise werden die untersuchten Baugruppen in der Versuchsreihenfolge vor Brenner geschalten, um einen sicheren, ungestörten Betrieb zu gewährleisten. In **Bild 5.29** ist schematisch die Verschaltung der einzelnen Regelkomponenten zu erkennen. Die Gasflussrichtung ist dabei mit einem Pfeil gekennzeichnet.

Der Versuchsaufbau wurde montiert und pneumatisch und elektrisch nach Hersteller- und DIN EN 746-2 Vorgabe verschalten. Als Eingangsgröße vor dem Absperrhahn wurde technisch reiner Wasserstoff mit 1 bar(ü) bereitgestellt. Die Regelstrecke ist auf einen Regeldruck von 85 mbar(ü) ausgelegt. Das Abblaseventil öffnet bei 100 mbar(ü), das Sicherheitsabsperrventil schließt bei 120 mbar(ü). Um regelmäßige Funktion und Durchfluss zu gewährleisten, wurden die beiden dafür relevanten Magnetventile, welche nur unter Strom öffnen, mit einem Zeitschaltrelais versehen, welches mit regelmäßigen Steuerzeiten das Öffnen und Schließen (10 min geschlossen, 1 s offen) der Magnetventile gewährt. Gleichzeitig sorgt diese Steuerung neben einer regelmäßigen, funktionsgerechten Bedienung für einen geringen Wasserstoffverbrauch. Während der zehnminütigen Schließzeit werden Dichtungen und Membrane mit Wasserstoff beaufschlagt. Anschließend wird ein kurzer Gasdurchfluss gewährt.

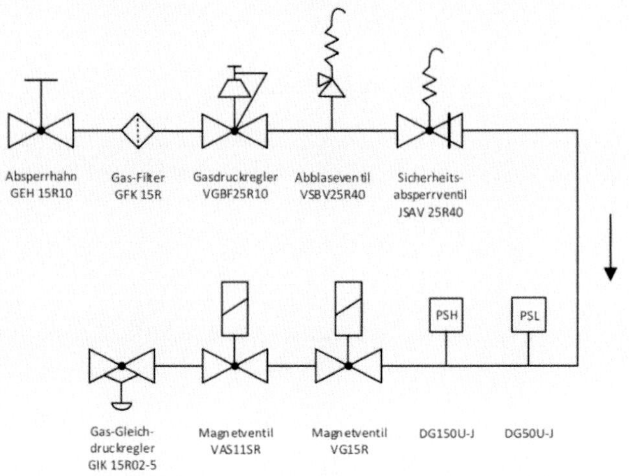

Bild 5.29: Gasfluss im Fluss-Diagramm mit Baugruppen im Versuchsaufbau

Nach der Montage mit Klemmringverschraubungen aus Edelstahl und für Erdgas zugelassenem Teflon-Band wurde eine erste Dichtheitskontrolle aller Bauteile unter Wasserstoff vorgenommen. Zusätzlich wurde dies nach einer einwöchigen Spülzeit durchgeführt. Die Dichtheitskontrolle wurde mit einem wasserstoffsensiblen Gasspürgerät ausgeführt. Die eingesetzten Verbinder und das Teflon-Band erwiesen sich in Vorprojekten im Dauerversuch als 100 Vol.-% wasserstofftauglich. Im Anschluss an die Dichtheitsprüfungen wurde der Prüfstand in Betrieb genommen. In der Funktionsprüfung wurde während der Schaltzeiten geprüft, ob die gleichen Druckniveaus und Schaltzeiten eingehalten werden können wie unter Erdgas. Zusätzlich wurde durch eine Erhöhung der Vordrücke die korrekte Funktion von Sicherheits-Absperrventil und Abblaseventil geprüft. Die Funktionsprüfung wurde nach einer einwöchigen Prüfzeit nochmals vorgenommen. Nach Abschluss der Funktionsprüfungen wurden sämtliche Baugruppen im Dauerversuch für sechs Monate mit technisch reinem Wasserstoff beaufschlagt. Während der Laufzeit der Alterungsversuche strömten weiterhin 100 Vol.-% technisch reiner Wasserstoff nach dem erarbeiteten Schaltmuster zehn Minuten geschlossen, eine Sekunde freies Durchströmen durch die Bauteile des Prüfstandes. Danach wurden ein weiteres Mal korrekte Funktionen und Dichtheit der Baugruppen untersucht. Im Anschluss daran wurden zusätzlich die Baugruppen demontiert und Dichtungen, Ventilteller und Membranen auf Degradation untersucht.

Alle verwendeten Baugruppen waren zu Beginn der Versuche dicht. Zur Leckage-Kontrolle wurde ein wasserstoffsensibles Gasspürgerät verwendet, welches im Bereich 10 ppm empfindlich ist. Alle Gehäuse-Trennstellen, Dichtungspunkte, Einstellschrauben und Fittinge wurden damit untersucht. Auch die wiederkehrenden Prüfungen nach einer Woche und drei Monaten zeigten keine erhöhten Leckagen. Die Dichtheitsversuche wurden dementsprechend von allen Bauteilen erfolgreich bestanden, was sich auch mit den theoretischen Erwartungen an die Baugruppen deckt, da die verwendeten Materialien sich alle im Einzelversuch schon als 100 Vol.-% wasserstoff-

Tabelle 5.12: Ergebnisse der Funktionsprüfung 1 (Versuchsbeginn)

Komponente	Korrekte Funktion	Abweichung vom Schalt-/Regeldruck
Gas-Gleichdruckregler	Wurde in den Versuchen nur durchströmt	-
Sicherheitsabsperrventil	Ja	< 1 %
Abblaseventil	Ja	< 1 %
Gas-Druckregler	Ja	< 1 %
Gas-Magnetventile	Ja	-
Gasfilter	Ja	-
Gas-Druckwächter	Elektrisch nicht eingebunden, nur durchströmt/beaufschlagt	-

beständig erwiesen. Auch die kritischen Membranen aus Polypropylen zeigten bisher keine Anzeichen einer Undichtigkeit.

In **Tabelle 5.12** sind die Ergebnisse der ersten Funktionsprüfung unter 100 Vol.-% Wasserstoff zusammengefasst. Vom Werk an wurden die Regelarmaturen auf feste Regel- und Druckwerte mit Erdgas eingestellt. Die Funktionsprüfung sollte nun nachweisen, dass diese Werte zum einen auch unter Wasserstoff erbracht werden und zum anderen die korrekte Funktion aller Baugruppen gegeben ist. Der Gleichdruckregler wurde mit Erdgas auf einen Regelwert von 85 mbar eingestellt. Basierend auf seiner druckgeregelten Funktionsweise ist es nicht zu erwarten, dass sich im Betrieb mit einem anderen Gas die Regelwerte ändern. Dies deckt sich auch mit der Messung aus der Funktionsprüfung. Hier wurden unter Wasserstoff die gleichen Messwerte ermittelt wie mit Erdgas. Um die Funktion des Abblaseventils zu testen, wurde im Anschluss der Regelwert des Druckreglers auf 110 mbar angehoben, um ein korrektes Abblasen des Ventils (auf 100 mbar eingestellt) sicher zu stellen. Auch hier deckten sich die Messwerte mit den eingestellten Werten und das Ventil blies korrekt ab. Im Anschluss wurde der Regelwert des Gasdruckreglers und des Abblaseventils erhöht (ändern der Vorspannung des Federtellers), um die korrekte Funktion des Sicherheits-Absperrventils zu testen. Auch hier konnte die sichere Funktion und ein Schließen bei 125 mbar (Einstellwert) sichergestellt werden. Alle weiteren Komponenten dienen nur der Betriebssicherheit und stellen keine Regelglieder dar. Dementsprechend konnte hier nur auf korrekte Funktion geprüft werden. Diese war bei allen Bauteilen gegeben. Nach den Funktionsprüfungen wurden alle Regelwerte wieder auf ihr ursprüngliches Niveau reduziert.

Die zweite Funktionsprüfung nach einer einwöchigen Konditionierung sowie auch die Funktionsprüfungen nach Abschluss der sechsmonatigen Alterungsversuche wurden nach dem gleichen Verfahren durchgeführt und zeigten die gleichen Resultate wie die vorangegangene Prüfung. Nach Abschluss aller Funktionsprüfungen lässt sich, wie zu erwarten war, eine korrekte Funktion aller

Baugruppen auch über einen längeren Zeitraum hinweg mit 100 Vol.-% Wasserstoff konstatieren. Alle eingestellten Druckniveaus konnten gehalten werden und auch die Funktion von Ventilen war nicht beeinträchtigt. Im Anschluss aller Dichtheits- und Funktionsprüfungen wurden die Baugruppen nach Anleitung demontiert, um die Dichtungswerkstoffe und Membranen optisch zu begutachten. Wie die korrekte Funktion und Dichtheit schon andeuteten, konnten an allen kritischen Komponenten keinerlei Erscheinungen von wasserstoffinduzierter Degradation beobachtet werden. Zusammenfassend leitet sich die Aussage ab, das konventionelle Erdgas-Regelstrecken nach DIN EN 746-2 eine prinzipielle Eignung für den Betrieb mit 100 Vol.-% Wasserstoff zeigen.

5.5.4 Einfluss von Wasserstoff auf häusliche und gewerbliche Gasanwendung

Hersteller von Gasendgeräten im Haushaltsbereich müssen sicherstellen, dass alle in den Verkehr gebrachten Geräte einen sicheren Betrieb mit Gasen nach DVGW-AB G 260 gewährleisten (Gasgeräterichtlinie). Entsprechend der DIN EN 437 ist für Erdgas H ein Prüfgas (G 222) mit einem H_2-Anteil von 23 Vol.-% vorgeschrieben. Dieser Test mit dem Prüfgas G 222 ist normativ als Kurzzeittest angesehen (zur Überprüfung der Rückschlagneigung von Gasbrennern) und lässt keine direkten Aussagen zur Langzeiteignung der Geräte für H_2-reiche Gase zu [5].

Durch die in der Gerätezulassung bedingte Eignung für DVGW G 260 Gase besteht für alle Gerätehersteller, welche für den deutschen Markt produzieren, die Notwendigkeit, dass Endgeräte mit Marktzulassung mit mindestens 9,9 Vol.-% Wasserstoff kompatibel sind. Hinzu kommt eine europäisch einheitliche Normung, welche mit nur wenigen nationalen Abweichungen hinsichtlich der Abgasemissionen gleiche Zulassungsprüfungen für Endgeräte vorsieht. Die Abnahmeszenarien zwischen beispielsweise deutscher und österreichischer Marktzulassung unterscheiden sich nur in gewissen Abgaskennwerten und entsprechen ansonsten dem harmonisierten europäischen Regelwerk.

Dementsprechend lässt sich aus der Geräteprüfung für in der EU zugelassene Erdgas-Endgeräte grundsätzlich ein sicherer Betrieb mit bis zu 23 % Wasserstoff hinsichtlich des Rückschlagverhaltens und damit der Explosionsgefahr festhalten [5].

Hinsichtlich Effizienz, Dauerbetrieb und Heizleistung sowie Geräusch- und Abgasemissionen lässt dies aber noch keinen Rückschluss zu.

Das veränderte Verbrennungsverhalten sowie das steigende Rückschlagrisiko bei teil- und vollvorgemischt verbrennenden Endgeräten sind zu beachten. Oberhalb von 23 Vol.-% Wasserstoff kann für diese Geräte momentan keine Freigabe erteilt werden. Hier benötigt es umfangreiche Untersuchungen und ggf. Änderungen der europäischen und nationalen Normung [6].

5.5.4.1 Brennwertgeräte

Gasgerätetests mit wasserstoffhaltigen Brenngasgemischen an Brennwertkesseln mit Gebläsebrenner und einer Heizleistung von 20 kW zeigen die im Folgenden erläuterten Ergebnisse [7]. Wie zu erwarten, wird in **Bild 5.30** sichtbar, dass der Gasbezug durch die Zumischung von Wasserstoff ansteigt, die resultierende Brennstoffleistung aber aufgrund des geringeren Brenn- bzw. Heizwertes von Wasserstoff abnimmt. Da das Brennwertgerät nicht auf die Veränderung der Gasbeschaffenheit reagieren kann, nimmt die erzeugte Wärmeleistung um bis zu 20 % ab, was auch im Rückgang der Vorlauftemperatur bei weitestgehend konstanter Rücklauftemperatur sichtbar wird. Damit sinkt, wie auch in Bild 5.30 erkennbar ist, der thermische Nutzungsgrad. Eine wesentliche Ursache dafür besteht auch im Verbrennungsluftverhältnis (Lambda), das aufgrund der nicht vor-

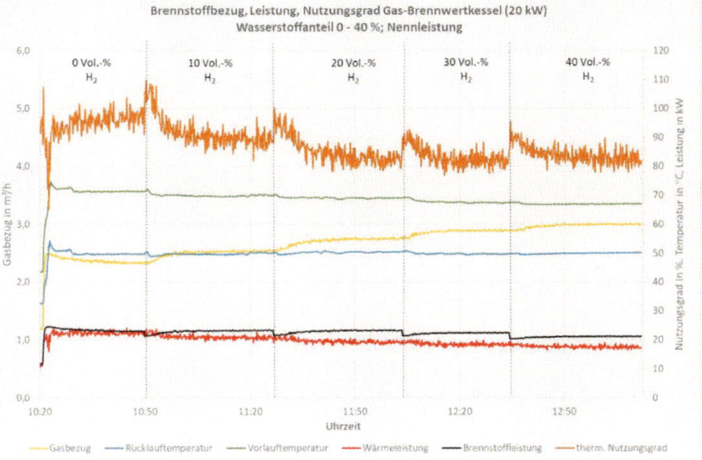

Bild 5.30: Leistungsverhalten eines Brennwertkessels mit steigenden Wasserstoffanteilen
Quelle: [7]

handenen Regelung mit zunehmendem Wasserstoffanteil ansteigt und den resultierenden Abgasvolumenstrom vergrößert.

Neben der uneingeschränkten Rückschlagsicherheit konnten bereits mehrere Brennwertgeräte verschiedener Hersteller durch das DBI mit Wasserstoffmengen von bis zu 25 Vol.-% getestet werden. Alle Geräte wiesen im Bereich bis 15 Vol.-% einen ordnungsgemäßen Betrieb ohne erhöhte Emissionen oder Wirkungsgradverluste auf. Aufgrund des höheren Wasserdampfanteils im Abgas konnten bei einigen Geräten sogar leichte Wirkungsgraderhöhungen durch die erhöhte Brennwertnutzung festgestellt werden. Bei 25 Vol.-% Wasserstoff trat bei manchen Geräten eine erhöhte Schallemission auf.

5.5.4.2 BHKW

Die Beimischung von Wasserstoff zum Erdgas hat Einfluss auf die Verbrennungskinetik bzw. auf die Eigenschaften des Gasgemisches [11], [12]. Die Auswirkungen auf motorisch betriebene Blockheizkraftwerke werden nachfolgen zusammengefasst:

- Mit höherem Wasserstoffanteil sinkt der Heizwert. Für das Erreichen der gleichen Anlagenleistung ist somit eine größere Brennstoffzufuhr notwendig [9].
- Aufgrund der hohen Reaktivität des Wasserstoffs steigt mit einem zunehmenden Anteil von Wasserstoff die laminare Verbrennungsgeschwindigkeit.
- Mit höherem Anteil Wasserstoff sinkt der Luftbedarf.
- Mit zunehmender Beimischung an Wasserstoff verringert sich die Methanzahl bzw. die Klopffestigkeit des Gemisches.
- Die aufgeführten Parameter beeinflussen u. a. den sicheren Betrieb. Eine Anpassung der Regelungstechnik ist daher notwendig.

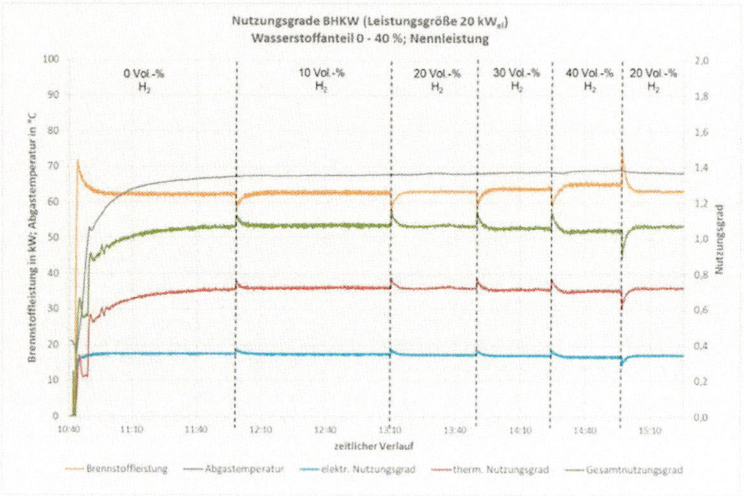

Bild 5.31: Verlauf der Nutzungsgrade und Abgastemperatur bei verschiedenen Gasmischungen [9]

Aktuelle Tests zeigen eine Eignung von BHKWs für bis zu 40 Vol.-% Wasserstoff im Erdgas [7]. Zu beobachten ist neben einer Erhöhung des NO_x-Aufkommens allerdings eine zunehmende Neigung zum Klopfen. Dies hängt mit der sinkenden Methanzahl (empfohlener Gerätebereich = 75-80) zusammen. Prinzipiell lassen sich Erdgas-BHKW über Anpassungen von Zündzeitpunkten und Lambdaregelung auf hohe maximale Wasserstoffmengen umrüsten. Eine Eignung ohne Umrüstung für bis zu 10 Vol.-% ist nachgewiesen [8]

Bei kurzfristigen Änderungen des Wasserstoffanteils muss mit Schwankungen der Brennstoffleistung und Abgasemissionen gerechnet werden. Eine Kompensation der Schwankungen durch entsprechende Regelungstechnik mittels Anpassung der Brennstoffzufuhr sowie des Brennstoff-Luftgemisches ist möglich. Eine Anhebung des Wasserstoffanteils führt zu höheren Verbrennungstemperaturen und dadurch zu einer erhöhten Entstehung von thermischen NO_x im Abgas. Durch Regelungstechnik ist die Einhaltung der Grenzwerte möglich [9]. Bei DBI-internen Untersuchungen an BHKW-Geräten wurde festgestellt, dass eine Überarbeitung der Software mit Anpassung der Brennstoff- sowie gleichzeitiger Einstellung der Luftzufuhr für eine Feuerung von 20 Vol.-% Wasserstoffanteil im Erdgas ausreichend war. Besonders sind dabei die NO_x-Emissionen zu beachten. Grundsätzlich ist der Anpassungsbedarf herstellerspezifisch und auch je nach Gerätegeneration zu untersuchen sowie die Möglichkeit von volatilen Wasserstoffanteilen bis 20 Vol.-% zu berücksichtigen.

Im Rahmen von Gerätetests wurde ein Blockheizkraftwerk mit Gas-Ottomotor im Leistungsbereich von rund 20 kWel gemäß den vom Hersteller angegebenen Aufstell- und Betriebsbedingen installiert und mit den in **Bild 5.31** genannten Gasgemischen betrieben. Während der im Folgenden dargestellten Untersuchungen arbeitete das Gerät mit Nennleistung. Bei den Untersuchungen, die zunächst mit stationären Wasserstoff-Zumischungsraten erfolgten, wurde das BHKW jeweils über eine ausreichend lange Zeitdauer mit dem jeweiligen Gasgemisch betrieben (Ein-

Bild 5.32: Verlauf der Emissionswerte bei verschiedenen Gasmischungen [9]

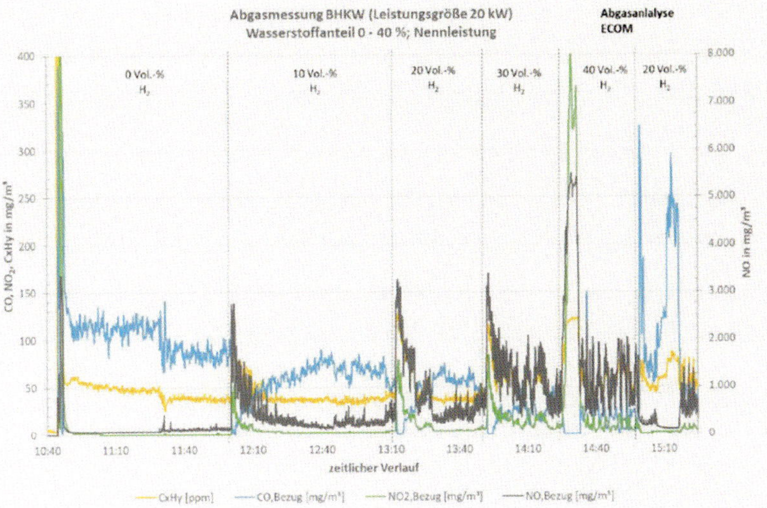

schwingphase), bis stationäre Messdaten verfügbar waren und zur Auswertung verwendet werden konnten.

Die volatilen Wasserstoffanteile, die nach Bild 5.31 sprunghaft erfolgten, veranschaulichen, dass bei Steigerung des Wasserstoffanteils im Brenngas kurze Einschwingphasen auftreten, bei denen die Brennstoffleistung kurzzeitig durch die Verringerung des Heizwertes des Gasgemisches absinkt. Die Regelung des BHKW benötigt danach eine gewisse Zeit, um mit einer Erhöhung des Gasbezuges darauf reagieren zu können. Bei den Nutzungsgraden ist ein kurzzeitiger Anstieg sichtbar, der rechnerisch aus der verringerten Brennstoffleistung resultiert. Bei Reduzierung des Wasserstoffanteils sind entgegengesetzte Einschwingphasen sichtbar.

Im Hinblick auf Abgasemissionen, veranschaulicht in **Bild 5.32**, konnten die Gerätetests kurzzeitig auftretende Emissionsspitzen beim Kaltstart des BHKW mit Erdgas nachweisen, insbesondere von NO_x und CO. Diese sinken mit steigender Abgas- und damit Katalysatortemperatur durch die katalytische Abgasbehandlung in den typischen Wertebereich ab. Beim Wechsel der Zumischraten von Wasserstoff treten erneut Emissionsspitzen, insbesondere von Stickoxiden auf, wobei diese vor allem als Stickstoffmonoxid vorliegen. Diese werden durch die Lambdaregelung reduziert, bleiben aber mit steigendem Wasserstoffanteil im Erdgas auf zunehmend hohem Niveau und überschreiten bereits bei 10 Vol.-% Wasserstoff den Grenzwert der TA Luft von 250 mg/m^3. Bei der Umstellung auf 40 Vol.-% Wasserstoff im Brennstoffgemisch musste die Lambdaregelung durch Erreichen der Endstellung der Stelleinrichtung kurzzeitig vom Hersteller deaktiviert werden, sodass für eine Dauer von ca. vier Minuten eine Sauerstoffkonzentration im Abgas von bis zu 0,3 Vol.-% gemessen werden konnte. Dabei traten auch die in Bild 5.32 sichtbaren, sehr hohen NO und NO_2-Emissionswerte auf. Durch eine Nachjustierung der Stelleinrichtung konnte diese wieder in Betrieb genommen werden, sodass in Bezug auf den Zustand vor der Geräteeinstellung insgesamt effektiv deutlich niedrigere und im Vergleich zum

Erdgasbetrieb adäquate Stickstoffoxid- und Kohlenwasserstoffemissionen gemessen werden konnten.

Die Emissionen von Kohlenmonoxid bei Wasserstoffzumischung nehmen ab. Dies kann damit begründet werden, dass der Anteil von kohlenstoffhaltigen Brenngasbestandteilen abnimmt. Im Zeitraum mit deaktivierter Lambdaregelung bzw. nach der Erhöhung des Wasserstoffanteils wird sichtbar, dass der vorhandene Sauerstoffüberschuss ausreicht, um das vorhandene CO in CO_2 katalytisch umzusetzen.

Abschließen soll erwähnt werden, dass die Markt-Einführung von BHKW-Anlagen mit 100 % Wasserstoff als Brennstoff bereits erfolgt ist [10].

5.5.4.3 Kochgeräte

Vorgemischte Erdgasgeräte, wie z. B. Kochgeräte, besitzen ein höheres Rückschlagrisiko als mündungsmischende Endgeräte (Gebläsebrenner). Diese Rückschlagsicherheit ist bis zu 23 Vol.-% Wasserstoff vollständig abgesichert. In bisherigen Projekten und Tests konnte ein sicherer Betrieb mit 10 Vol.-% nachgewiesen werden [Expertise DBI Gas- und Umwelttechnik]. Einzelne Testgeräte konnten erst ab Wasserstoffanteilen von 96 Vol.-% zum Flammenrückschlag gebracht werden. Dies lässt aber keinerlei Aussage zur Flottentauglichkeit der installierten Geräte zu.

5.5.5 Industrielle Gasanwendung

5.5.5.1 Heißwassererzeuger/ Gaskraftwerke

Die Feuerungstechnik von Heißwassererzeugern beläuft sich im Wesentlichen auf Gebläsebrenner sehr großer Leistungen. Da die freigesetzte Wärme hier ausschließlich zur Erzeugung von Heißwasser oder Wasserdampf eingesetzt wird, gibt es keine bekannten reglementierenden Faktoren hinsichtlich der Bestandteile von Rest-Wasserstoff in der Brennkammer.

Problematisch sind beim Einsatz vom Wasserstoff aber zwei Punkte:

- Eine veränderte Wärmeübertragung auf die Wärmeübertragerflächen der Anlage durch geringere Anteile an Wärmestrahlung
- Veränderungen der Verbrennungssteuerung, der Verbrennungsführung und der Emissionen.

Der erste Punkt wird durch ein nur halb so großes Strahlungsvermögen von Wasserdampf gegenüber CO_2 verursacht. Hier muss erst noch untersucht werden, inwieweit andere Wärmeübertrager-Geometrien bzw. Mechanismen notwendig sind, um das verringerte Strahlungsvermögen auszugleichen. Prinzipiell ist dies allerdings ein Mechanismus, welcher erst bei hohen Wasserstoffanteilen signifikant messbar wird. Sowohl im Schwachgaskessel-Betrieb als auch in früheren Stadtgas-Kesseln stellen hohe Mengen Wasserstoff im Brenngas kein signifikantes Problem bei der Wärmeübertragung dar.

Problematischer ist der Verbrennungsprozess selbst. Aufgrund der steigenden Verbrennungsgeschwindigkeit wandert die Flammenfront bei mündungsmischenden Brennern, zu denen Gebläsebrenner gehören, näher an den Brennermund heran. Dies kann bei Bestandsgeräten zu Überhitzungsproblemen führen. Zudem sinken die Feuerungsleistung und die Temperatur im Kesselraum [14]. **Bild 5.33** zeigt dies exemplarisch für einen nicht ausgeregelten Erdgas-Gebläsebrenner im Betrieb mit bis zu 16 Vol.-% Wasserstoff [13].

Hier ist zu beobachten, wie bei Beginn der Wasserstoff-Beimengung die Temperatur am Brennermund deutlich ansteigt, während die Kesselraumtemperaturen fallen. Je stärker der Prozess

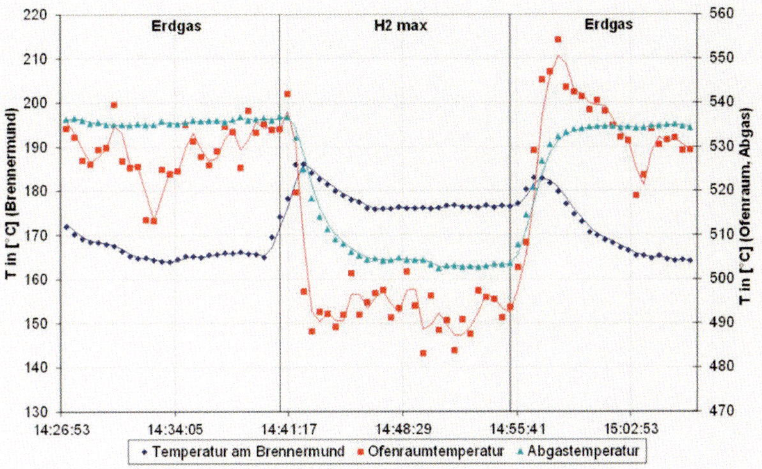

Bild 5.33: Thermisches Verhalten eines Gebläsebrenners bei 16 Vol. % Wasserstoff in Erdgas [9]

ausgeregelt wird, desto mehr kann dieser Vorgang behoben werden und es gelingt auch bei Wasserstoffanteilen von 40 Vol.-% und mehr, die Anlage auszuregeln [14].

Wie Kapitel 5.5.3 zeigen konnte, wurden typische Erdgas-Regelstrecken nach DIN EN 746-2 bereits mit 100 Vol.-% Wasserstoff auch im Alterungsversuch getestet und erwiesen sich als vollumfänglich geeignet. Für Flammenüberwachungssysteme gibt es unterschiedliche Versuche und Experimente zur Funktionsfähigkeit bei hohen Wasserstoffanteilen. Funktionell eignen sich sowohl die Ionisations- als auch die UV-Überwachung für die Überwachung von wasserstoffreichen Flammen. Allerdings kann es zu Problemen mit der Geometrie bzw. Überhitzung der Bauteile kommen, da sie für den Erdgasbetrieb optimiert sind.

Zusätzlich werden momentan Ansätze verfolgt, die Wärmebereitstellung durch Biomassekraftwerke mittels Elektrolyse-Wasserstoff emissionsärmer und effizienter zu gestalten, sodass sich zukünftig im niedrigen MW-Bereich auch hier Lösungen anbieten [15].

5.5.5.2 Gasturbinen und GuD-Kraftwerke

Die Nutzung von Wasserstoffanteilen im Erdgas in Gasturbinen zieht wie bei allen Verbrennungsprozessen ähnliche Effekte nach sich. Da es sich meist um vorgemischte oder teilvorgemischte Verbrennungsprozesse mit hohen Sekundärluft-Anteilen handelt, ändert sich der Flammensitz in den Brennkammern und die adiabaten Verbrennungstemperaturen erhöhen sich unter Wasserstoff deutlich [16]. Da der Flammensitz in der Brennkammer, insbesondere von modernen Maschinen, relativ instabil ist, führen größere Veränderungen der Gasbeschaffenheit unter Umständen zu Instabilitäten oder gar zum Flammenabriss [13], [16].

Bild 5.34 zeigt die Unterschiede im Flammenbild und der Verteilung der Verbrennungsradikale. Die Flammenfront zieht sich in die Brenner hinein zurück und kann zu Überhitzung bzw. anderen negativen Effekten in der Brennkammer führen. Zusätzlich verändern sich die Abgasbestandteile:

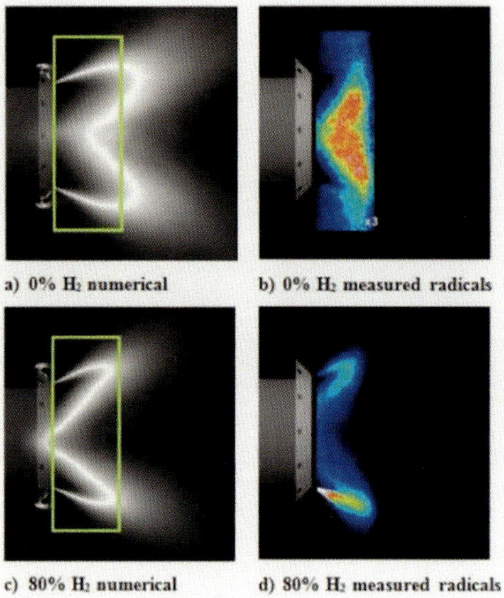

Bild 5.34: Flammensimulation und nachgewiesene Radikal-Verteilung einer Gasturbinen-Brennkammer mit Erdgas und 80 % Wasserstoff in Erdgas [23]

- Sinkende CO_2 und CO Anteile [17]
- Steigende NOX-Anteile (in Abhängigkeit div. Maschinenparameter, wie z. B. Verbrennungstemperatur, Strömungsbedingungen, Luftverhältnis, Druckniveau) [18].

Prinzipiell lassen sich diese Punkte alle über eine optimierte Verbrennung einstellen und beheben, dies gilt aber immer für stabile Gasbeschaffenheiten, unabhängig von der eingespeisten Wasserstoffmenge. Stark volatile Mischungen, insbesondere mit sehr hohen Änderungsgeschwindigkeiten, stellen auch neue Maschinengenerationen vor Herausforderungen. Theoretisch und inzwischen auch praktisch sind angepasste Maschinengenerationen mit bis zu 100 Vol.-% Wasserstoff möglich [16], [19], [20], [21], [22].

Da die Prozesse von GuD-Kraftwerken hauptsächlich von den in der Gasturbine bereitgestellten Abgasen abhängig sind, gelten hier grundsätzlich erst einmal die gleichen Ansprüche an den Brennstoff wie für den singulären Gasturbinen-Prozess. Allerdings gilt es, zusätzlich das veränderte Wärmeübertragungsverhalten von wasserdampfhaltigen Abgasen zu beachten.

5.5.5.3 Industrieanlagen

Die Beimischung von Wasserstoff ins Erdgas kann industrielle Prozesse individuell beeinflussen. Zusammenfassend lässt sich die Beeinflussung folgender Faktoren feststellen:

- Effizienz (Wirkungsgrad, Wärmeübertragung, Prozessdauer)
- Emissionen (besonders NOx, CO)
- Erhöhter Verschleiß durch verkürzte Flammen und erhöhte Temperaturen am Brennermund
- Betriebs-/Prozessführung
- Produktqualität durch Wasserstoff/Wasserdampfatmosphäre

- Produktqualität durch veränderte Wärmeübertragung/Temperatur
- Lieferverträge/technische Regeln/Normen zur Gasqualität (international)
- Anlagenspezifische Prozessparameter (z. B. Verdichterleistung bei Erdgastankstellen).

Besonders hervorzuheben bezüglich sensibler Prozesse sind Reaktionen mit Materialien oder Produkten, die aus einer Wasserstoffbeimischung resultieren. Aus keramischen Erzeugnissen lässt sich unter reduzierender Ofenatmosphäre unter Wasserstoff- oder Wasserdampfatmosphäre und sehr hohen Temperaturen Sauerstoff herauslösen, sodass SiO (gasförmig) entsteht [24], [25]. Hierzu zählen auch aus SiO_2 bestehende Feuerfestmaterialien, die z. B. in Brennkammern eingesetzt werden. Bei Aluminiumschmelzen können der Einsatz von Wasserstoff im Brenngas und die Tatsache, dass sich Wasserstoff in Aluminium löst, zur Minderung der Produktqualität führen. Ein erhöhter Wasserstoffgehalt in der Schmelze ruft eine erhöhte Gasporosität im Produkt hervor. Zusätzlich kann im Rauchgas enthaltener Wasserdampf durch Aluminium in Wasserstoff und Sauerstoff zerlegt werden. Der Sauerstoff reagiert exotherm zu Aluminiumoxid, sodass sich eine Oxidationsschicht auf der Schmelze bildet („Krätze") [26]. Ähnliches gilt für Buntmetalle, wie z. B. Kupfer und Nickel. Auch deren Schmelzen weisen eine temperaturabhängige Löslichkeit von Wasserstoff auf [27]. Als Folge entsteht auch hier eine erhöhte Gasporosität. Für Blei hingegen konnte keine Löslichkeit von Wasserstoff festgestellt werden [28]. Beim Brennen von kohlenstoffhaltigen Verbindungen, wie bei der Herstellung von Hartbrandkohle, kann unter dem Vorhandensein von Wasserdampf dessen Zerfall unter H_2- und CO-Entstehung auftreten [29]. Das sogenannte Winkler-Verfahren verläuft dabei endotherm, wodurch die Temperatur und damit die Effizienz des Verfahrens reduziert wird. Ein direkter Einfluss von Wasserstoff auf die Produkte der Glasindustrie konnte nicht festgestellt werden. Jedoch bringt die Verwendung von Wasserstoff Veränderungen in der Verbrennung (Flammentemperaturen, Flammenlänge) mit sich, die wiederrum durch einen veränderten Wärmeeintrag in die Glasschmelze, die Produktqualität mindern können [30]. Der im Abgas befindliche Wasserdampf kann eine lokale Alkaliverarmung und damit Schlieren im Produkt [30] sowie ein höherer Wassergehalt in der Schmelze, ein verstärktes Blasenwachstum hervorrufen. Wasserdampf im Rauchgas kann auch bei anderen Prozessen, wie z. B. beim Kalkbrennen eine Änderung der Produktqualität bewirken. Je nach Temperaturverlauf im Schachtofen ist eine Reaktion von Brandkalk und damit eine Verringerung des Reinheitsgrades möglich. Auch bei diesem Verfahren sind örtliche Temperaturspitzen, die durch Gasbeschaffenheitsänderungen hervorgerufen werden können, destruktiv für eine homogene Produktqualität [31].

Neben der Material- bzw. Prozessverträglichkeit von Wasserstoff spielen bei der Bewertung von Thermoprozessen auch Emissionen eine übergeordnete Rolle. Die NO_x-Emissionen werden dabei unmittelbar von der Einstellung der Brennstoff- sowie Luftzufuhr auf die vorherrschenden Wasserstoffanteile beeinflusst und korrelieren über Prozesstemperaturen mit der Effizienz des Verfahrens. Einen besonderen Stellenwert nehmen sie u. a. bei Feuerungsprozessen von Gasturbinen und BHKWs ein, bei denen die Feuerungsleistung die Wirtschaftlichkeit bestimmt. Für Krematorien ist die Einhaltung von Emissionsgrenzwerten ebenso elementar. Da der Einäscherungsprozess in Phasen abläuft, sind die mit einer individuellen Anforderung an die Verbrennungsbedingungen einhergehenden Übergänge von Bedeutung. Besonders bei der Sargeinfahrt und beim Sargaufbruch treten bei mangelnder Prozesssteuerung kurzfristige Grenzwertüberschreitungen der Abgasemissionen auf [32]. Die Verwendung von Wasserstoff als Brennstoff ohne Kompensation der Verbrennungsparameter würde durch unzureichende Temperaturen in der Brennkammer, hervorgerufen durch einen geringeren Heizwert des Brenngases, zu einer Steigerung der Emissionswerte von CO, Dioxinen, Furanen und anderen Kohlenwasserstoffverbindungen führen.

Gasbeschaffenheitsschwankungen sind im Hinblick auf die reine Verbrennung insgesamt kritischer, als nur die Beimischung von „x" Vol.-% Wasserstoff zu beurteilen. Eine Anpassung auf Wasserstoffanteile durch Regulierung der Brennstoff- und Luftzufuhr gleicht die veränderten Verbrennungseigenschaften zum Teil aus. Gasbeschaffenheitsschwankungen können kritische Prozessparameter, wie z. B. Überschreitung kritischer Temperaturen, Betriebs- bzw. Prozessstörungen hervorrufen [16]. Weiterhin haben Temperaturänderungen für bestimmte Produktions-/Fertigungsprozesse, in denen erforderliche Temperaturen gehalten werden müssen bzw. ein bestimmter Temperaturverlauf notwendig ist, Auswirkungen auf die Qualität der Produkte.

Brennertechnik kann durch hohe Änderungsgeschwindigkeiten der Gasbeschaffenheit oder eine generelle hohe Volatilität zur Überhitzung und zu instabilen Verbrennungen neigen. Hier kann eine Erfassung der Gasbeschaffenheit in Echtzeit mit geregelter Einstellung der Brennstoff- bzw. Luftzufuhr zu einer Vermeidung kritischer Prozessparameter führen. Beispielhaft soll an dieser Stelle die starke Temperaturempfindlichkeit von Farbbrand bei keramischen Erzeugnissen genannt werden. Eine Schwankung von 5 K kann bereits Fehlfarben hervorbringen [33].

Literatur

[1] Deutscher Verein des Gas- und Wasserfaches (DVGW) e.V.: Technische Regel für Gasinstallationen. Technische Regel – Arbeitsblatt G 600, April 2008

[2] Scholten, K.; Dörr, H.; Werschy, M.: Mögliche Beeinflussung von Bauteilen der Gasinstallation durch Wasserstoffanteile im Erdgas unter Berücksichtigung der TRGI. 2018

[3] European Insdustrial Gases Association (EIGA): Hydrogen Pipeline Systems. 2014

[4] Gaswirtschaftlicher Beirat: Einfluss von Wasserstoffanteilen im Erdgas auf Bauteile der Gasinstallation. Freiberg, 2017

[5] Essbach, R.; Müller-Syring, G.: Effect of H_2 on the materials for inner grids. Naturalhy report, WP-3, Nr. D0058-WP3-R-0, deliverable D34, 2009

[6] de Santoli, L. E.: An overview on safety issues related to hydrogen and methane blend applications in domestic and industrial use. Elsevier, Lecce (Italien), 2017

[7] Pietsch, P.; Erler, F.; Schaaf, C.: Tauglichkeitsuntersuchungen zu volatiler Wasserstoffbeimischung (bis 40 Vol.-%) im Brenngas. In: gwf Gas + Energie, 161 (2020) 6, S.20-27

[8] DBI – Gastechnologisches Institut gGmbH Freiberg: Auswirkungen von Wasserstoff auf die Emissionen von Erdgas-BHKW vor dem Hintergrund der TA-Luft Novellierung. Freiberg, 2017

[9] Erler, F.; Röthig, P.; Werschy, M.: Verhalten bei volatilen Wasserstoffanteilen. Untersuchung des Verhaltens von Bestandsanlagen (Heiz- und KWK-Geräte) unter hohen, volatilen Wasserstoffmengen (0-40 Vol.-%) im Erdgas. DBI – Gastechnologisches Institut gGmbH Freiberg, Freiberg, 2019

[10] 2G Energy AG. Online, [https://www.2-g.com/de/wasserstoff-bhkw/]

[11] Cerbe, B.; Lendt, G.: Grundlagen der Gastechnik. Gasbeschaffung – Gasverteilung – Gasverwendung. 8. Auflage, Hanser, München, 2017

[12] Deutscher Verein des Gas- und Wasserfaches (DVGW) e.V.: DVGW-Regelwerk. DVGW G 260 (A): Gasbeschaffenheit: Technische Regeln. Arbeitsblatt 2013

[13] Krause, H.; Werschy, M.; Franke, S.; Giese, A.; Benthin, J.; Dörr, H.: DVGW-Forschungsauftrag: Gasbeschaffenheit Industrie. Untersuchungen der Auswirkungen von Gasbeschaffenheitsänderungen auf industrielle und ge-

werbliche Anwendungen (G 1/06/10 Phase I und II). Abschlussbericht DVGW-Forschungsprojekt G 1/06/10, 2014

[14] Nowakowski, T.: Wasserstoff-Zumischung ins Erdgasnetz. Auswirkung auf Feuerungsprozesse. 2018

[15] Factory: Wie ein Tiroler mit Wasserstoffgas sein Heizwerk effektiver machte. 2016, Online, [https://factorynet.at/a/wie-ein-tiroler-mit-wasserstoffgas-sein-heizwerk-effektiver-machte]

[16] Abbott, D. J.; Bowers, J. P.; James, S. R.: Impact of Natural Gas Composition Variations on the Operation of Gas turbines for Power Generation. The Future of Gas Turbine Technology 6th International Conference, Brüssel (Belgien), 17.-18.10.2012

[17] Bargiacchi, E.; Frigo, S.; Spazzafumo, G.: Energetic and exergetic analysis of an innovative plant for the production of electricity and substitute natural gas. In: Energy Procedia, 148 (2018), S. 312-319

[18] Larfeldt, J.: Hydrogen Co-Firing in Siemens Low NO_x Industrial Gas Turbines. 2017

[19] Bulat, G.; liu, K.; Brickwood, G.; Sanderson, V.; Igoe, B.: Intelligent operation of Siemens DLW gas turbine combustion system over an extended fuel range with low emis-sions. 2011

[20] Flin, D.: Gas turbine runs on 30 % hydrogen. In. Gas Turbine World, 2018, S. 12-15

[21] Jones, B.; Raddings, T.; Dicampli, J.: Fuel Flexibility Concepts and Experience for Power Generation with Hydrogen Based Fuel. Power-Gen-Europe, Wien (Österreich), 2018

[22] Heimdal Nilson, E.; Larfeldt, J.; Rokka, M.; Karlsson, V.: Hydrogen gas as fuel in gas turbines. Energiforsk AB, 2015

[23] Johnke, T.: Steigerung des H_2-Anteiles im Erdgas im Kraftwerkssektor. Gehalten auf der Sitzung des Arbeitskreises „Industriegasanlagen West" des DVGW, Essen, 2017

[24] Salmang, H.; Scholze, H.; Telle, R.: Keramik (German Edition). Springer, Dordrecht, 2007

[25] Lenz, J.: Feuerfestzustellung für Industrieöfen unter dem Einsatz reagierender Ofenatmosphären. Fachbericht Hüttenpraxis Metallweiterverarbeitung 21, 1983

[26] Ebner, M.: Spültechnologie in der Aluminiumsekundärmetallurgie. Diplomarbeit, 2014

[27] Bargel, H.-J.; Schulze, G.: Werkstoffkunde. 11. Auflage, Springer-Verlag, Berlin; Heidelberg, 2012

[28] Hofmann, W.: Blei und Bleilegierungen: Metallkunde und Technologie. 2. Auflage, Springer-Verlag, Berlin; Heidelberg, 1962

[29] Menrad, H.; König, A.: Alkoholkraftstoffe. Innovative Energietechnik. Springer-Verlag, Wien; New York, 1982

[30] Spielmann, S.: H_2 Einspeisung in das Erdgasnetz Bedenken und mögliche Probleme für die Glasindustrie. (als Beispiel für einen industriellen Fertigungsprozess) (Wasserstoff im Brenngas- Prozessfeuerung). 2012.

[31] Alberti, K.; Schwarz, F.: Über das Problem Hartbrand-Weichbrand. Forschungsberichte des Wirtschafts- und Verkehrsministeriums Nordrhein-Westfalen, 1956

[32] Bachmann, J.; Graf, S.: Verfahrenstechnische Untersuchung zur Optmierung von Verbrennungsprozessen in Anlagen zur Feuerbestattung. Gefördert durch die Deutsche Bundesstiftung Umwelt, 2006

[33] Fleischmann, B.: Einfluss von Gasbeschaffenheitsänderungen auf den Glasherstellungsprozess. Teil 1: Aktuelle Situation. In: HVG-Mitteilung 2160

5.6 Laufende Entwicklungsarbeiten

In diesem Abschnitt wird ein Überblick über die laufenden Entwicklungsarbeiten zur Integration von Wasserstoff in die Gasinfrastruktur gegeben (Stand April 2020). Für Deutschland werden Projekte und Aktivitäten in Schlaglichtern entlang der Wertschöpfungskette für das Transportnetz, die Untergrundgasspeicherung, das Verteilnetz sowie für weitere relevante Akteure wie den DVGW und Hersteller von Komponenten dargestellt. Darüber hinaus werden einige ausgewählte internationale Aktivitäten beschrieben.

5.6.1 Transportnetz

Auf der Transportnetzebene sieht sich der Branchenverband FNB Gas „am Beginn eines grundlegenden Transformationsprozesses hin zu einer im Wesentlichen CO_2-freien beziehungsweise -neutralen Gaswirtschaft“ [1]. Die Fernleitungsnetzbetreiber bereiten sich auf eine Integration von erneuerbaren und dekarbonisierten Gasen wie Wasserstoff etwa bei der Netzplanung vor und verstehen die Gasinfrastruktur als „das Rückgrat für die Entwicklung einer Wasserstoffwirtschaft“ [1].

Weiterhin werden im FNB Gas „Überlegungen zum Aufbau einer Wasserstoffinfrastruktur“ angestellt [1]. Im Januar 2020 veröffentlichte der Verband eine Netzkarte „Vision für ein H_2-Netz“, welche zu über 90 % bestehende Erdgasinfrastrukturen nutzt und eine Gesamtlänge von etwa 5.900 km haben soll. (**Bild 5.35**) [9]. Diese sollen u. a. inländischer Erzeuger bzw. Importstandorte mit Untergrundgasspeichern und Verbrauchern insbesondere aus den Sektoren Industrie, Mobilität, aber auch Wärme verbinden [9].

Auch einzelne Mitglieder des FNB Gas gehen mit Projekten im Bereich Power-to-Gas bzw. Wasserstoff voran. Im Folgenden werden einzelne knapp vorgestellt.

Der Transportnetzbetreiber Open Grid Europe GmbH (OGE) plant gemeinsam mit dem Übertragungsnetzbetreiber Amprion GmbH im Projekt „hybridge“ „Sektorenkopplung auf Systemebene“ zu verwirklichen [11]. Dabei wird der Elektrolyseur als sogenannter „Sektorentrafo“ verstanden, der beide Energieinfrastrukturen, Strom und Gas, auf der höchsten Netzebene miteinander koppelt (**Bild 5.36**).

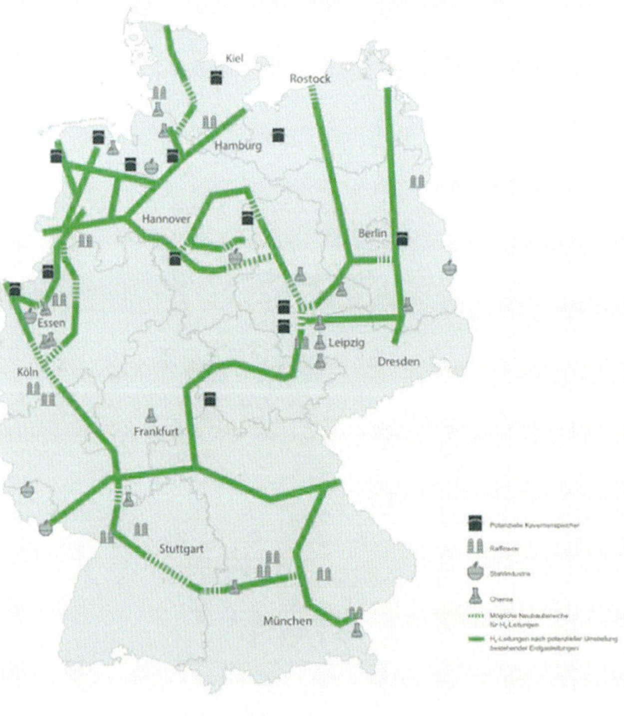

Bild 5.35: Vision für ein H_2-Netz [9]

Konkret plant das Konsortium die Errichtung eines 100 MW Elektrolyseurs in der Nähe einer Umspannanlage von Amprion für 2023, welcher elektrische Arbeit in Wasserstoff umwandeln soll [11]. Ziel ist es, den Wasserstoff schrittweise umliegenden zukünftigen Verbrauchern in allen relevanten Sektoren verfügbar zu machen [11]. Zunächst sollen Industriebetriebe versorgt werden, später wird auch der Mobilitätssektor durch Wasserstofftankstellen für Kfz und Züge avisiert [11].

Um den Wasserstoff von der Erzeugung zu den Verbrauchern zu transportieren, soll in erster Linie eine bestehende OGE-Erdgas-Transportleitung auf den Betrieb mit reinem Wasserstoff umgestellt werden (**Bild 5.37**). Technisch schließen sich dabei auf Seiten des Gastransportnetzes Fragestellungen für alle Elemente an, die dem Elektrolyseur nachgeschaltet sind.

Auch eine Zumischung von Wasserstoff in angeschlossene Erdgasnetze stelle eine weitere Option dar, wodurch der Wasserstoff auch im Wärmesektor genutzt werden würde. Außerdem weist das Konsortium auf die Möglichkeit hin, in Zukunft angeschlossene Untergrundgasspeicher von Erdgas auf Wasserstoff umzuwidmen, um „das Angebot der Erneuerbaren Energien zeitlich von der Nachfrage nach Wasserstoff zu entkoppeln" [11].

Neben „hybridge" ist die OGE an einem weiteren Wasserstoff-Projekt „H2Morrow" beteiligt, welches im Konsortium mit dem norwegischen Erdgasförderer equinor durchgeführt werden soll [10]. Dieses hat neben der Bereitstellung von „blauem" Wasserstoff auf Erdgasbasis auch die Einspeicherung von abgetrenntem CO_2 (Carbon Capture and Offshore Storage, CCOS) zum Inhalt [10].

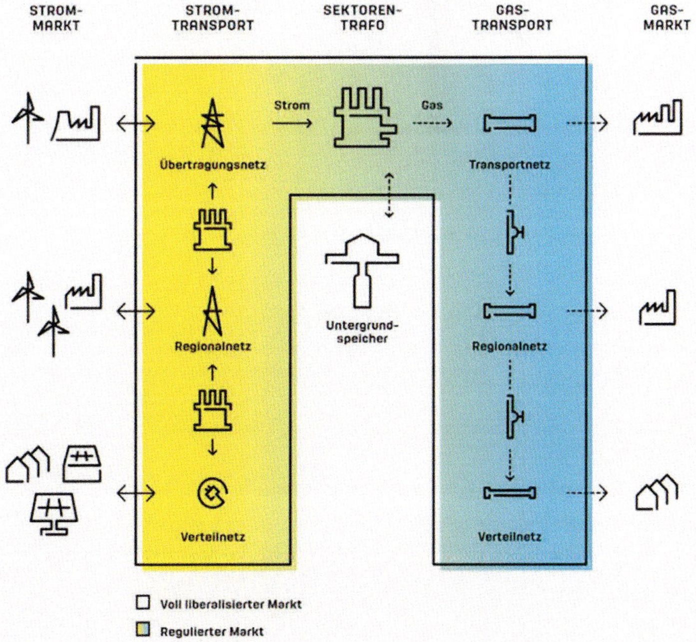

Bild 5.36: Schematischer Aufbau von hybridge [11]

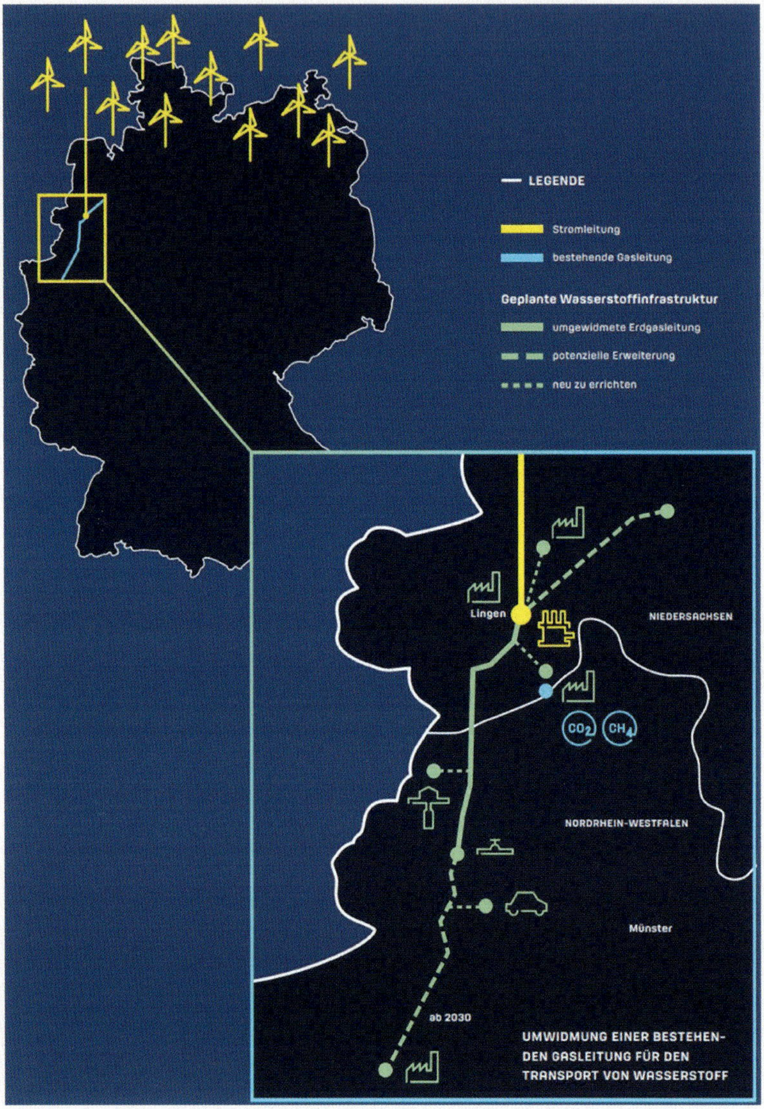

Bild 5.37: Schematischer Aufbau von hybridge [11]

Das Systemprinzip wird in [10] wie folgt beschrieben:

- Erdgas wird aus Norwegen geliefert.
- Erdgas wird durch autotherme Reformierung zu dekarbonisiertem Wasserstoff umgewandelt. Das anfallende CO_2 wird aufgefangen, gereinigt und verflüssigt.
- Das CO_2 wird per Schiff abtransportiert und nach Norwegen verbracht.
- Dort erfolgt die endgültige und sichere Speicherung mehr als 2.000 m unter dem Meeresboden.

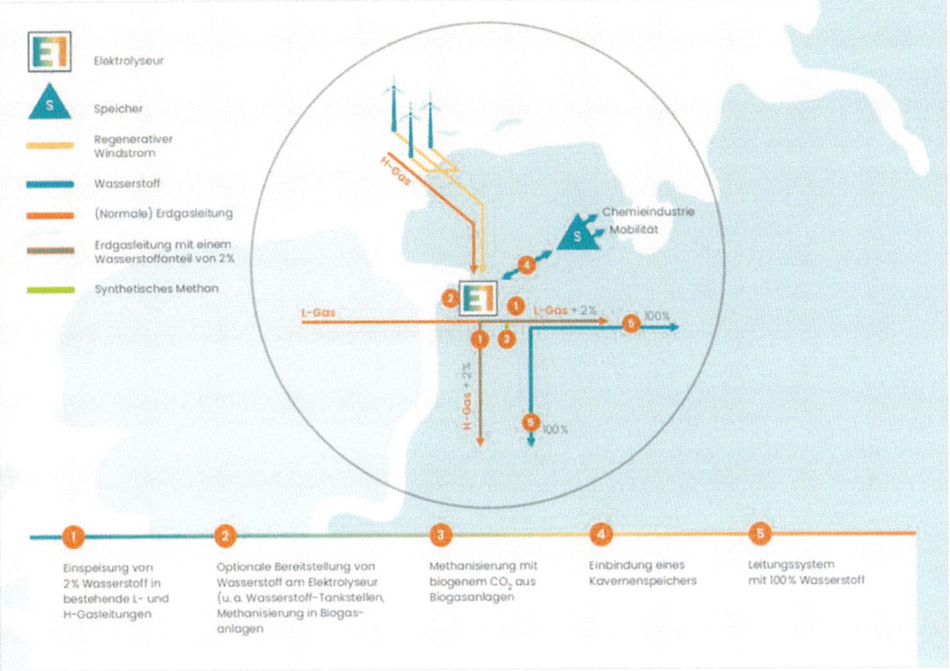

Bild 5.38: Schematischer Aufbau von Element Eins [7]

- Der Wasserstoff wird ins Gasnetz von OGE eingespeist. Dort wird er über reine Wasserstoffleitungen zu den Verbrauchern transportiert.

Laut Konsortium begann die Zusammenarbeit zwischen OGE und equinor Anfang 2018. Nach Veröffentlichung der Machbarkeitsstudie 2019, findet derzeit u. a. die Phase der technischen Planung statt [10]. Nach Ansicht der beiden Unternehmen könnte die gesamte Wertschöpfungskette des Projekts bis 2030 in Betrieb genommen werden [10].

Auch hier beabsichtigt die OGE „eine Umstellung ausgewählter Pipelines auf 100 Prozent Wasserstoff“ [10]. Hierzu sollen neben den Leitungen auch „die einzelnen Bauteile, wie Verdichtereinheiten oder Dichtungen, von unabhängigen Experten geprüft“ werden [10]. OGE hat die Dauer einer vollständigen Umstellung auf fünf Jahre geschätzt, wobei die Kosten deutlich unter denen für einen Neubau lägen [10].

Neben der OGE haben mit Thyssengas und Gasunie weitere Transportnetzbetreiber gemeinsam mit dem Strom-Übertragungsnetzbetreiber TenneT konkrete Pläne für ein Wasserstoff-Power-to-Gas-Projekt an einem Standort in Niedersachsen veröffentlicht [7]. „Element eins“ sieht die Sektorenkopplung von Strom und Gas auf der höchsten Netzebene vor [7]. Im Juli 2019 wurde „Element Eins" als eines der „Reallabore der Energiewende" durch das Bundesministerium für Wirtschaft und Energie ausgewählt [7].

Bild 5.38 zeigt die Systemkonfiguration sowie den avisierten schrittweisen Ablauf von „Element Eins". Im Zentrum steht zur Kopplung der beiden Sektoren die Errichtung eines 100 MW Elektrolyseurs an einem Standort in Ostfriesland. Der erzeugte Wasserstoff soll zunächst dem Erdgasnetz – sowohl L- als auch H-Gas – mit bis zu 2 Vol.-% beigemischt werden. Nach Freiwerden von L-Gasleitungen im Zuge der L-H-Gasanpassung sollen Leitungssysteme mit 100 % Wasserstoff betrieben werden.

5.6.2 Verteilnetz

Auch bei den Verteilnetzbetreibern, die den Transportnetzbetreibern nachgelagert sind, laufen vielfältige Aktivitäten, vor allem in Form von Verbundprojekten.

Im Verbundprojekt „Kompendium Wasserstoff in Gasverteilnetzen" (H_2-Kompendium VNB) untersuchen Verteilnetzbetreiber aus dem deutschsprachigen Raum und die DBI Gas- und Umwelttechnik den Einfluss von Wasserstoff auf Gasverteilnetze.

Die erste Phase wurde im Jahr 2018 zwischen den Unternehmen Avacon Netz GmbH und Thüga AG sowie der DBI Gas- und Umwelttechnik GmbH begonnen.

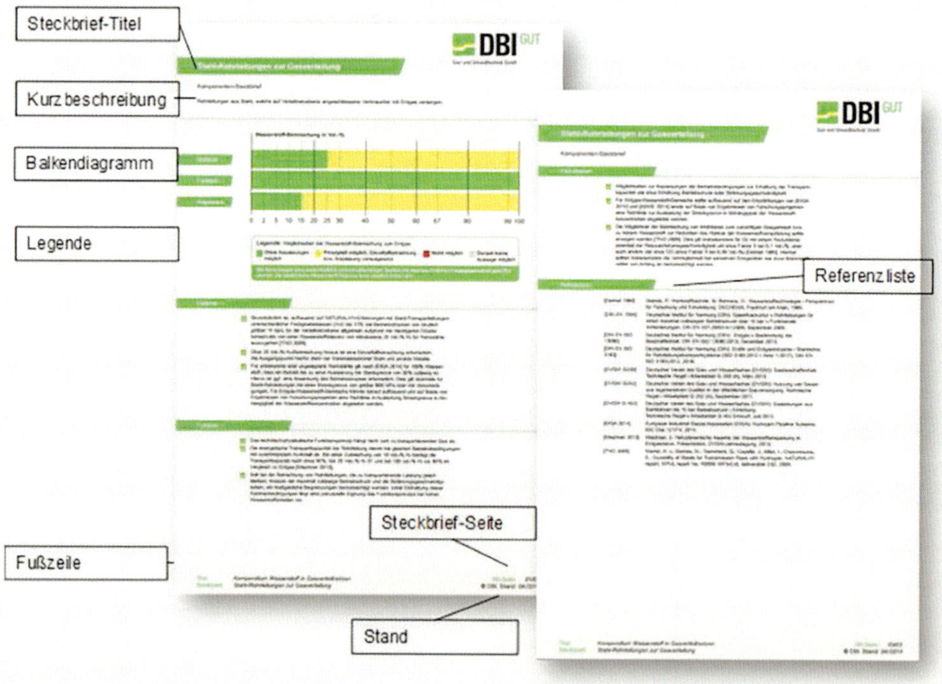

Bild 5.39: Darstellungsbeispiel Technologie-Steckbrief Komponente (Eigene Darstellung)

Ziel war es, ein Kompendium, also ein Nachschlagewerk, über den aktuellen Wissensstand zur Kompatibilität der selbst durch VNB betriebenen und nachgelagerten Assets sowie ausgewählter Systemaspekte mit Erdgas-Wasserstoff-Gemischen und reinem Wasserstoff zu erstellen. Dies erfolgte durch eine umfassende Auswertung von vorliegender Literatur aus Forschung, technischen Regeln und Normen in Form von komponentenspezifischen Technologie-Steckbriefen (**Bild 5.39**). Darüber hinaus wurde auch eine Herstellerumfrage mit 136 Anfragen durchgeführt. Davon wurden 67 vollständig beantwortet und die Ergebnisse in die Form von Produkt-Steckbriefen überführt.

In einer zweiten Phase wurde das Konsortium im September 2019 um weitere Verteilnetzbetreiber aus dem deutschsprachigen Raum erweitert, wie in **Bild 5.40** zu sehen ist.

In der laufenden Phase (Folgeaktivität Produkt-Steckbriefe) wird der Herstellerkontakt intensiviert, um zum einen weitere Produkt-Steckbriefe erstellen zu können. Zum anderen wird in einem geordneten Dialogprozess mit den Herstellern darauf hingearbeitet, dass die Hersteller Erklärungen zu deren Produkten im Hinblick auf die Kompatibilität mit wasserstoffhaltigen Gasen bzw. reinem Wasserstoff abgeben. Diese Phase soll zum Ende des Jahres 2020 abgeschlossen sein. Weitere Folgeaktivitäten befinden sich in Anbahnung.

Ein weiteres Gemeinschaftsprojekt führt derzeit die Avacon Netz GmbH mit dem DVGW durch, in dem die Beimischung von bis zu 20 Vol.-% Wasserstoff zum Erdgas praktisch untersucht werden soll. Die Erkenntnisse sollen in die Regelwerksarbeit des DVGW einfließen [3].

Der ausgewählte Netzabschnitt befindet sich in der Region Fläming in Sachsen-Anhalt mit 340 angeschlossenen Haushalts- und Gewerbekunden [3]. In Schopsdorf soll die Erdgas-Wasserstoff-Mischanlage errichtet werden [2]. Eine schematische Darstellung des Projektes zeigt **Bild 5.41**.

Planmäßig ist die Inbetriebnahme und damit der Beginn der Wasserstoffeinspeisung für Ende 2021 vorgesehen [3]. Vorher erfolgen alle relevanten Vorarbeiten, wie die Kommunikation mit der lokalen Bevölkerung sowie die technischen Überprüfungen der Gasgeräte und des Netzes [3].

Bild 5.40: Konsortium im Projekt H_2-Kompendium VNB Stand April 2020 (Eigene Darstellung)

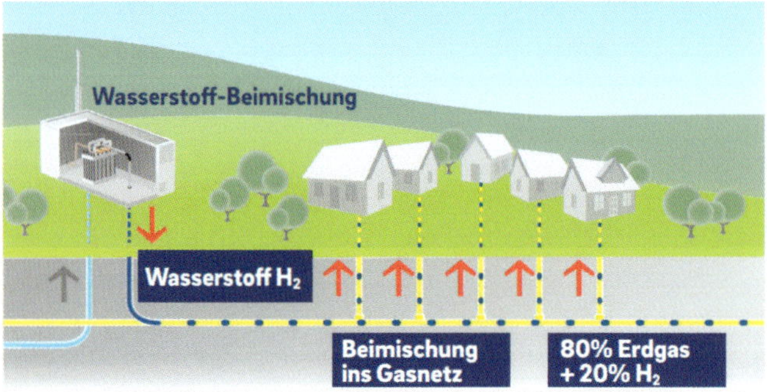

Bild 5.41: Schematischer Aufbau vom Avacon-Pilotprojekt [3]

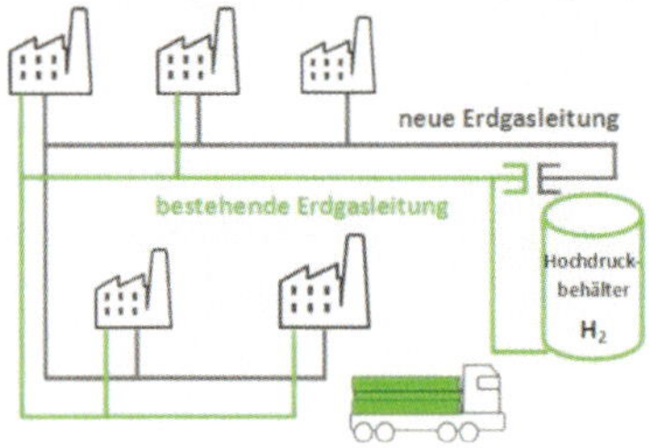

Bild 5.42: Schematischer Aufbau vom Westnetz-Pilotprojekt „H2HOWI" (Quelle: Westnetz GmbH)

Auch EON plant 2020 mit seinem Verteilnetzbetreiber Westnetz den Start mit einem neuen Wasserstoff-Pilotprojekt namens „H2HOWI". Dieses wird in Holzwickede etwa 10 km östlich vom Westnetz-Standort in Dortmund angesiedelt und soll vorerst bis Ende 2023 laufen. Dabei sollen eine bestehende Erdgas-Mitteldruck-Leitung sowie ein Teil der angeschlossenen Verbraucher auf reinen Wasserstoff umgestellt werden. Die Wasserstoffversorgung erfolgt per Traileranlieferung an einen zu errichtenden Wasserstoff-Hochdruckbehälter, der in die umzustellende Gasleitung einspeist. **Bild 5.42** zeigt den schematischen Aufbau von „H2HOWI".

Die umzustellende Leitung ist aus PE, 450 m lang, hat eine Nennweite von DN150, einen Auslegungsdruck von DP1 und soll mit 0,3 bar Betriebsdruck betrieben werden. Anwendungsseitig sollen insbesondere drei Gewerbekunden von Erdgas auf Wasserstoff umgerüstet werden. Zur Versorgung von Verbrauchern, für die derzeit keine passende Wasserstoff-Endanwendung zur Verfügung steht, wird eine neue Erdgas-Mitteldruck-Leitung parallel verlegt. Der Wasserstoffspeicher soll oberirdisch errichtet werden und eine Kapazität von 440 kg H_2 bei DP40 besitzen. Am Wasserstoffspeicher soll neben der erforderlichen Druckregelung auch eine Odorieranlage zur Odorierung des Wasserstoffs aufgestellt werden.

In einem späteren Schritt soll die Wasserstoffversorgung durch einen PEM-Elektrolyseur ergänzt werden, der an eine Photovoltaik-Freiflächenanlage (150 kWp) angeschlossen wird. Außerdem ist eine Wasserstoff-Tankstelle zur Versorgung von brennstoffzellenelektrischen Fahrzeugen angedacht.

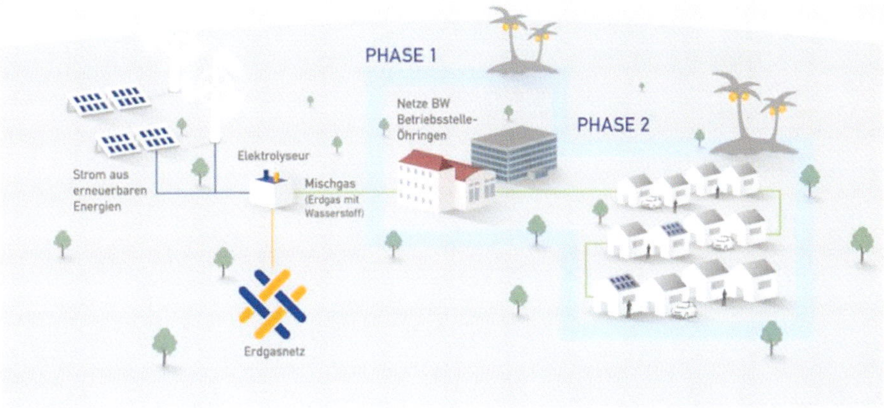

Bild 5.43: Schematischer Aufbau vom Netze BW-Pilotprojekt „Öhringer Wasserstoff-Insel" [12]

Ein weiteres Pilotprojekt wurde von der Netze BW GmbH unter dem Namen „Öhringer Wasserstoff-Insel" im Dezember 2019 vorgestellt [12]. In zwei Phasen sollen schrittweise Wasserstoff-Beimischungen zum Erdgas von bis zu 30 Vol.-% in abgetrennten Gasnetzabschnitten pilotiert werden (**Bild 5.43**). Die erste Phase soll 2020 innerhalb der Netze BW-Betriebsstelle in Öhringen stattfinden [12]. In der zweiten Phase soll das Projekt auf umliegende Straßen erweitert werden [12].

5.6.3 Hersteller

Die erste Phase des Projektes „Kompendium Wasserstoff in Gasverteilnetzen" (vgl. 5.6.2, [4]) hat neben der umfangreichen Literatur-Meta-Analyse wichtige Erkenntnisgewinne im Kontakt mit Komponentenherstellern für das Gasverteilnetz gebracht. Einige Auszüge sind in diesem Abschnitt in Schlaglichtern dargestellt.

Die Hersteller wurden zu spezifischen Produkten bzw. Produktreihen aus dem Bestand bzw. dem Mandatseinkauf von Gasverteilnetzbetreibern kontaktiert. Der Herstellerkontakt geschah in Gestalt einer eigens entwickelten Online-Umfrage.

Insgesamt wurden in dieser Phase des Projektes 136 Anfragen an die Hersteller verschickt. Davon wurden 67 vollständig beantwortet. Das bedeutet, es wurden alle Pflichtfragen beantwortet und der Fragebogen anschließend final abgeschickt. Dadurch ergibt sich eine Rücklaufquote von 54 %, welche gemessen an vorangegangenen Projekten außergewöhnlich hoch ist. Die Umfrage wurde zwischen November 2018 und Februar 2019 durchgeführt.

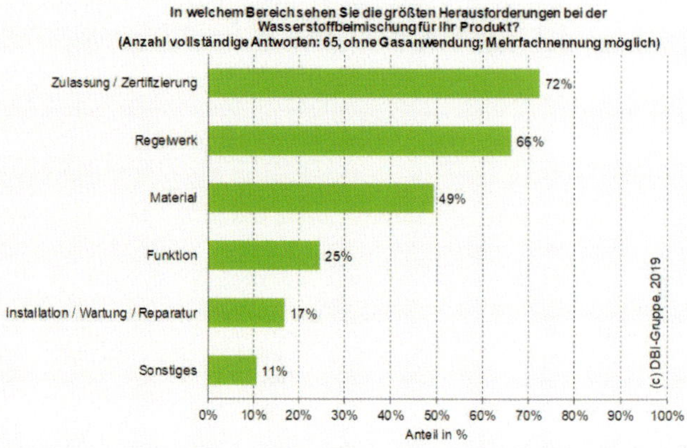

Bild 5.44: H_2-Kompendium VNB Hersteller-Online-Umfrage: Fragengruppe Ausblick – Größte Herausforderung Wasserstoffbeimischung

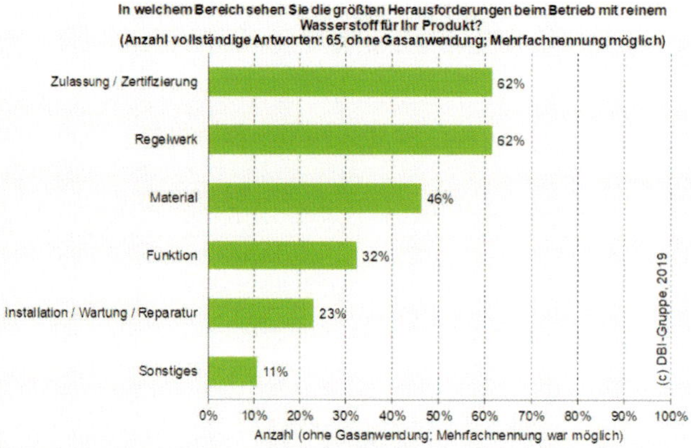

Bild 5.45: H_2-Kompendium VNB Hersteller-Online-Umfrage: Fragengruppe Ausblick – Größte Herausforderung reiner Wasserstoff

In der Fragengruppe „Ausblick" der Online-Umfrage wurden den Herstellern einige zukunftsgerichtete Fragen gestellt. Diese werden in **Bild 5.44**, **Bild 5.45**, **Bild 5.46** und **Bild 5.47** sowie textlich knapp ausgewertet.

Die Teilnehmer der Befragung sehen die größten Herausforderungen für ihre Produkte in Bezug auf die Wasserstoffbeimischung bei der Zulassung/Zertifizierung sowie dem bestehenden Regelwerk. Technische Fragestellungen spielen eine eher nachgeordnete Rolle. Die Materialbeständigkeit wird für 49 %, das technisch-physikalische Funktionsprinzip für 25 % der Produkte als Schwierigkeit gesehen.

Das Ranking für den Betrieb mit reinem Wasserstoff zeigt die gleiche Reihenfolge wie bei der Wasserstoffbeimischung. Die größten Herausforderungen sind die Zulassung/Zertifizierung und das Regelwerk, gefolgt von Material und Funktion. Allerdings wird die Zulassung von Produkten für den Betrieb mit reinem Wasserstoff von nur 62 % gegenüber 72 % (Wasserstoffbeimischung zum

Bild 5.46: Auswertung Herstellerkontakt: Fragengruppe Ausblick – Wasserstoff-F&E-Aktivitäten

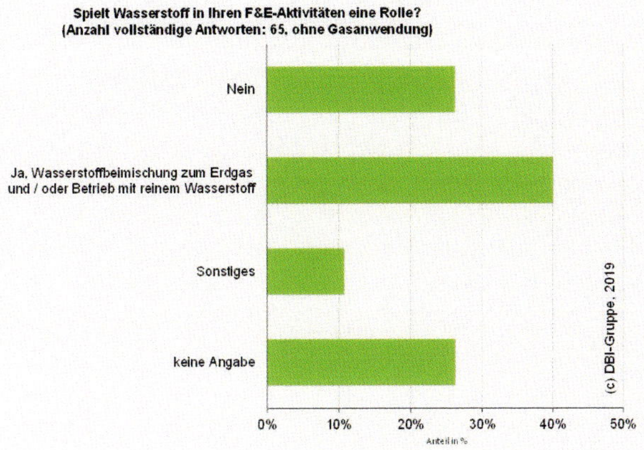

Bild 5.47: Auswertung Herstellerkontakt: Fragengruppe Ausblick – Unterstützung anderer Akteure

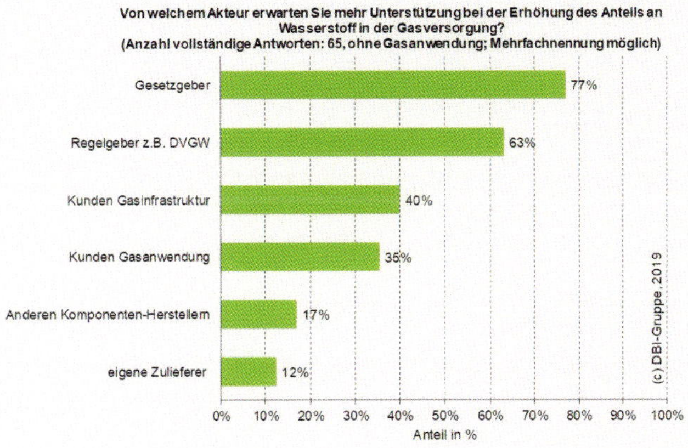

Erdgas) als Herausforderung gesehen. Auch hier spielen technische Fragestellungen eine eher nachgeordnete Rolle.

Die F&E-Aktivität der Produkt-Hersteller zum Thema Wasserstoff ist geteilt. Es ist erkennbar, dass entweder keine F&E-Aktivitäten betrieben werden oder sowohl Wasserstoffbeimischung als auch reiner Wasserstoffbetrieb untersucht wird.

Die Mehrheit der Befragten sieht den Gesetz- sowie Regelgeber in der Verantwortung mehr Unterstützung bei der Erhöhung des Wasserstoffanteils in der Gasversorgung zu leisten. Von anderen Komponentenherstellern und eigenen Zulieferern wird nur wenig Unterstützung erwartet.

5.6.4 Technische Regeln und Normen

Als technisch-wissenschaftlicher Verein und Regelgeber der anerkannten Regeln der Technik im Gasfach ist der Deutsche Verein des Gas- und Wasserfachs e.V. (DVGW) ein wesentlicher Akteur.

Seit April 2019 entwickelt der DVGW die „technischen Regeln für Erzeugung, Einspeisung, Beimischung, Transport, Verteilung und Speicherung von Wasserstoff in der Erdgas-Infrastruktur" gebündelt und umfassend weiter [6]. Das kurzfristige Ziel ist, „die unmittelbare Anwendbarkeit des DVGW-Regelwerks für neu erstellte oder auf Betrieb mit Wasserstoff umgestellte Gasleitungen zu ermöglichen" [6]. Dabei liegt zunächst der Fokus auf 22 Regelwerksdokumenten, welche noch keine 10 Vol.-% Wasserstoff-Anteil zulassen etwa aus dem Bereich der Untertagespeicherung, Gasmessung und -abrechnung oder der Gasmobilität [6].

Mittelfristig, bis 2030, „soll der bereits heute in großen Teilen der Gasnetze mögliche Wert von 10 Prozent Wasserstoffeinspeisung ohne Einschränkungen verbindlich gelten" [6].

Als Zielgröße für die Wasserstoffbeimischung zum Erdgas wird 20 Vol.-% angegeben [6]. Weiterhin soll nach der Überarbeitung auch reiner Wasserstoff vom DVGW-Regelwerk abgedeckt werden, sodass Errichtung und Betrieb von Rohrleitungen sowie (Teil-)Netzen mit 100 % betrieben werden können [6].

Dabei soll die nationale Regelwerksarbeit auch mit der internationalen, insbeondere der der europäischen Nachbarn, koordiniert werden [6].

Die Normenarbeit innerhalb des Deutschen Instituts für Normung e.V. (DIN) findet für Gasinfrastruktur im Fachbereich Gasversorgung des DIN-Normenausschuss Gastechnik (NAGas) statt. Im Jahresbericht 2019 des NAGas wird beschrieben, dass Aktivitäten zur „Normung von Wasserstoff in Erdgasinfrastrukturen" laufen [5]. Im CEN/TC 234 (Gas infrastructure) wird das Thema behandelt, wo im ersten Quartal 2020 ein CEN/TR (Technical Report) zu den Konsequenzen von Wasserstoff für die Gasinfrastruktur aus Normungssicht beleuchtet werden und als Roadmap für die nächsten Schritte dienen soll [5].

5.6.5 „Hypos"

Im Jahr 2013 startete der „Hypos" e.V. seine Aktivitäten mit dem Ziel, eine grüne Wasserstoffwirtschaft vornehmlich in Mitteldeutschland zu etablieren. Das vom Bundesministerium für Bildung und Forschung geförderte Gesamtvorhaben untergliedert sich in mittlerweile 28 Projekte, die teilweise zeitversetzt begonnen haben. Die letzten Projekte des über 100 Mitglieder starken Netzwerkes laufen zum Ende des Jahres 2022 aus. Dabei steht „Hypos" für Hydrogen Power Storage & Solutions East Germany.

Im Jahr 2016 wurden die Arbeiten für die „Hypos"-Projekte „H2-PIMS" und „H2-NETZ" unter der Projektkoordinierung von DBI GUT aufgenommen. Bei ersterem liegt der Fokus auf der Umwidmung von Erdgas-Transportleitungen für eine Wasserstoffzumischung von 10 oder auch 100 Vol.-%. Weiterhin wird ein Pipeline Integrity Management System erstellt, welches Wasserstoff als Medium auf Grundlage von anzustellenden Materialuntersuchungen berücksichtigt. Das Projekt soll 2020 abgeschlossen werden.

Beim „Hypos"-Projekt „H2-NETZ" (**Bild 5.48**) wird ein Verteilnetz für reinen Wasserstoff im Chemiepark Bitterfeld-Wolfen auf Basis von hochdichten Kunststoffrohrleitungen errichtet. Neben der Qualifizierung der Rohrmaterialien werden auch die Odorierung sowie Gasströmungswächter und Gaszähler erprobt. An dem Projekt ist neben der DBI Gas- und Umwelttechnik u. a. der Verteilnetzbetreiber Mitnetz Gas beteiligt.

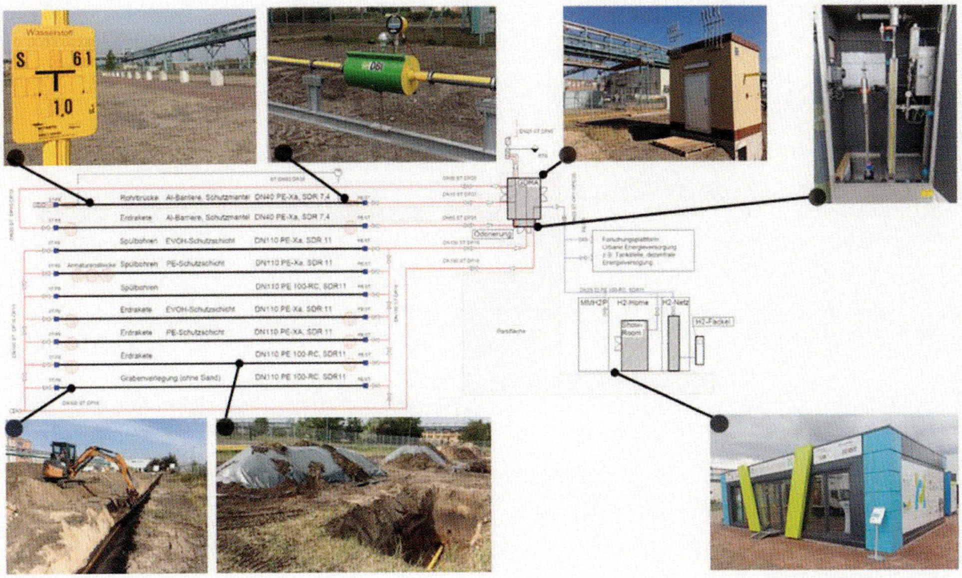

Bild 5.48: Übersichtsgrafik H_2-Netz [16]

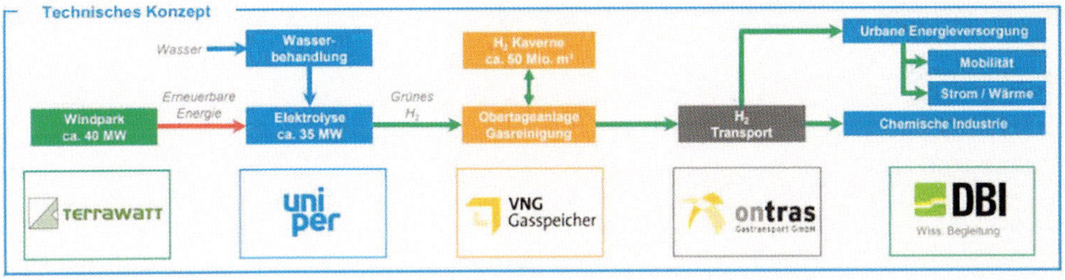

Bild 5.49: Übersichtsgrafik H_2-Forschungskaverne [15]

Ein weiteres Projekt, „H2-Forschungskaverne", überprüft seit Anfang 2019 die Möglichkeit zur großtechnischen Speicherung von Wasserstoff in Untergrundgasspeichern (**Bild 5.49**) . Bestandteil dieses Projektes ist die Planung und Genehmigung von Unter- sowie Obertageanlagen für eine Wasserstoffkaverne als auch die Konzeptionierung des Wasserstoffbezuges.

5.6.6 International UK

Im Vereinigten Königreich wird Wasserstoff bereits seit einigen Jahren auf vielen Ebenen als wichtiger Bestandteil eines treibhausgasneutralen Energiesystems diskutiert und beforscht. Als wesentlicher früher Treiber kann Northern Gas Networks mit der Machbarkeitsstudie „H21 Leeds City

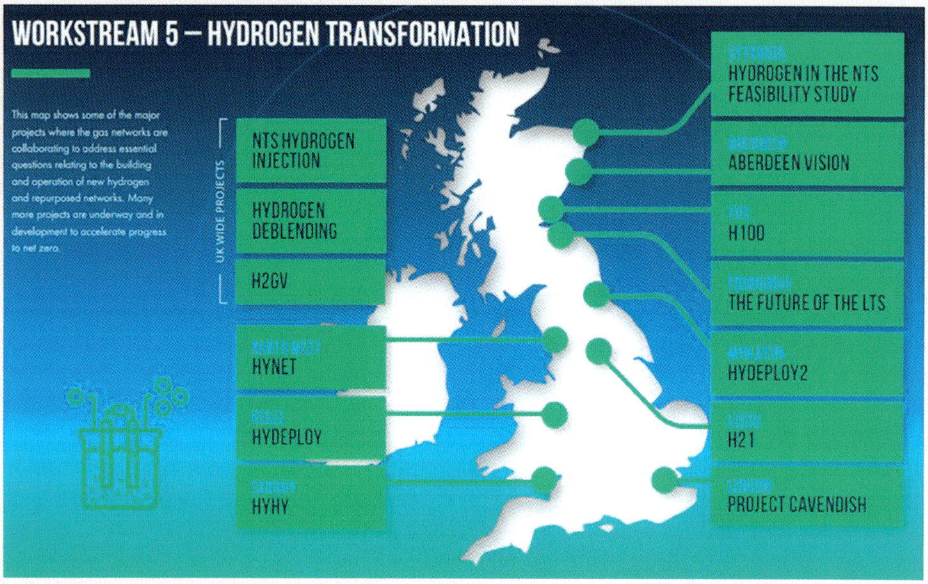

Bild 5.50: UK-Karte der Wasserstoff-Projekte innerhalb des „Gas Goes Green"-Programm [8]

Gate" [13] gesehen werden. Die Betrachtung wurde inzwischen auf den gesamten Norden Englands ausgeweitet [14].

Im Branchenverband Energy Networks Association (ENA) sind die Netzbetreiber aller Netzebenen sowohl für Strom als auch für Gas organisiert. Es gibt dort mit National Grid einen Transportnetzbetreiber sowie vier Verteilnetzbetreiber.

Die Energy Networks Association hat im April 2020 ein Strategiepapier „Gas Goes Green – Delivering the Pathway to Net Zero" herausgegeben, welches ein national koordiniertes Transformationsprogramm aller britischen Gasnetzbetreiber skizziert [8].

Unter „Green Gases" wird darin Biomethan und Wasserstoff, welcher entweder über Wasserelektrolyse oder Erdgas-Dampfreformierung unter Abtrennung und Speicherung des CO_2 gewonnen wird, verstanden.

Neben verschiedenen sicherheitstechnischen, regulatorischen und anwendungsseitigen Handlungsfeldern findet sich ein „Workstream 5 – Hydrogen transformation" mit vielen Einzelprojekten (**Bild 5.50**).

Die wasserstoffspezifischen Projekte teilen sich auf in drei Themenblöcke:

- „Hydrogen blends", also Projekte zu Erdgas- bzw. Methan-Wasserstoff-Gemischen
- „Repurposing network for hydrogen", also Projekte zur Umnutzung der bestehenden Infrastruktur
- „New network, for 100 % hydrogen", also Projekte für eine neue Wasserstoff-Infrastruktur.

Einen Überblick über die verschiedenen Projekte und die zeitliche Abfolge zeigen **Bild 5.51** und **Bild 5.52**.

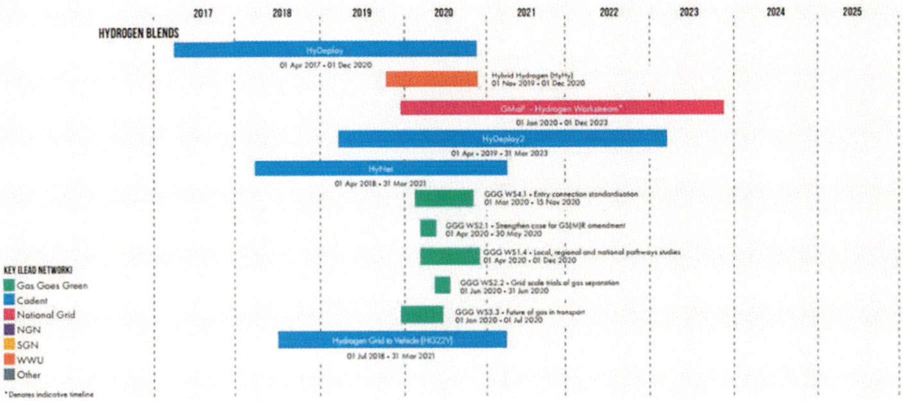

Bild 5.51: „Gas Goes Green"-Projekte im Themenfeld „Hydrogen blends" [8]

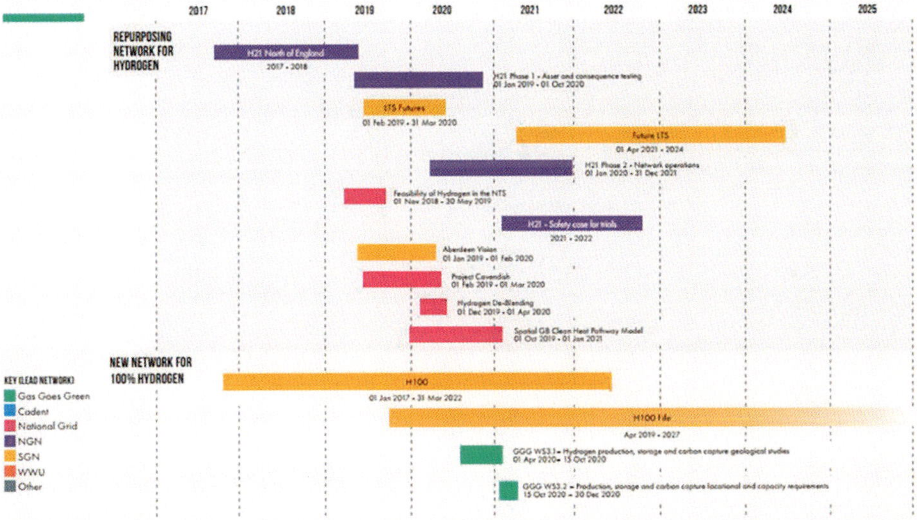

Bild 5.52: „Gas Goes Green"-Projekte im Themenfeld „Repurposing Network for Hydrogen" und „New Network for 100 % Hydrogen" [8]

Literatur

[1] Vereinigung der Fernleitungsnetzbetreiber Gas e.V. (FNB Gas): Die Gasinfrastruktur ist das Rückgrat einer Wasserstoffwirtschaft. energate Interview mit Inga Posch. Oktober 2019. Online, [https://www.fnb-gas.de/fnb-gas/veroeffentlichungen/studien-und-stellungnahmen/posch-die-gasinfrastruktur-ist-das-rueckgrat-einer-wasserstoffwirtschaft/], zuletzt abgerufen am 07.04.2020

[2] Avacon Netz GmbH : Wasserstoff im Gasnetz- Pilotprojekt in der Region Fläming. 2020. Online, [https://www.avacon-netz.de/de/avacon-netz/forschungsprojekte/wasserstoff-im-gasnetz.html], zuletzt abgerufen am 21.04.2020

[3] Angela Brandes (Avacon Netz GmbH): Wasserstoff im Verteilnetz – es ist möglich! Vortrag DVGW Arbeitssitzung, Hannover, 20.02.2020

[4] Poltrum, M.; Schütz, S.; Henel, M.; Knorr, C.; Müller-Syring, G.; Hüttenrauch, J.; Mothes, R.; Pietsch, P.: Kompendium Wasserstoff in Gasverteilnetzen. Analyse zur Verträglichkeit der Gasverteilnetze mit Wasserstoffanteilen im Gasgemisch in Schritten bis zu 100 Vol.-%.: DBI Gas- und Umwelttechnik GmbH, Leipzig, Februar 2019

[5] DIN-Normenausschuss Gastechnik (NAGas): Jahresbericht 2019. DIN e.V. Online, [https://www.din.de/resource/blob/252600/e4f3791c3f00cd52b4d6a003d00a6fc6/nagas-jahresbericht-2019-data.pdf], zuletzt abgerufen am 07.05.2020

[6] Dietzsch, F.; Schrader, A. (DVGW): So wird das Gasnetz H_2-ready. In: energie | wasser-praxis kompakt: Wasserstoff. CO_2-freier Wasserstoff als Schlüsselelement für die Energiewende und den Klimaschutz, November 2019, S. 19

[7] Thyssengas GmbH: Element Eins. Energiewende mit Sektorkopplung. Online, [https://www.element-eins.eu/], zuletzt abgerufen am 07.04.2020

[8] Energy Networks Association (ENA): Gas Goes Green - Delivering the Pathway to Net Zero. April 2020. Online, [https://www.energynetworks.org/assets/files/GGG_Launch_Doc_.pdf], zuletzt abgerufen am 05.06.2020]

[9] Vereinigung der Fernleitungsnetzbetreiber Gas e.V. (FNB Gas): Fernleitungsnetzbetreiber veröffentlichen Karte für visionäres Wasserstoffnetz (H_2-Netz) - Pressemitteilung. Januar 2020. Online, [https://www.fnb-gas.de/fnb-gas/veroeffentlichungen/pressemitteilungen/fernleitungsnetzbetreiber-veroeffentlichen-karte-fuer-visionaeres-wasserstoffnetz-h2-netz/], zuletzt abgerufen am 07.04.2020

[10] Equinor Deutschland GmbH und Open Grid Europe GmbH (OGE): Potenziale von Wasserstoff für eine dekarbonisierte Industrie - Zusammenfassung der Ergebnisse. Oktober 2019. Online, [https://www.equinor.de/content/dam/statoil/image/germany/assets/aktuelles/H2morrow_Potenziale%20von%20Wasserstoff%20f%C3%BCr%20eine%20dekarbonisierte%20Industrie.pdf], zuletzt abgerufen am 21.04.2020

[11] Open Grid Europe GmbH (OGE) und Amprion GmbH (AMPRION): hybridge - MIT SEKTORENKOPPLUNG ZUR ERFOLGREICHEN ENERGIEWENDE-Broschüre. Online, [https://www.hybridge.net/Dokumente/Downloads/Brosch%C3%BCren-und-Faltbl%C3%A4tter/DE/hybridge-Mit-Sektorenkopplung-zur-erfolgreichen-Energiewende .pdf], zuletzt abgerufen am 07.04.2020

[12] Netze BW Wasser GmbH : Die Öhringer Wasserstoff-Insel 2020. Online, [https://www.netze-bw.de/unsernetz/netzinnovationen/wasserstoff-insel], zuletzt abgerufen am 12.05.2020

[13] Sadler, D. et al.: H21 Leeds City Gate. Northern Gas Networks, Juli 2016. Online, [https://www.northerngasnetworks.co.uk/wp-content/uploads/2017/04/H21-Report-Interactive-PDF-July-2016.compressed.pdf], zuletzt abgerufen am 30.07.2019

[14] Sadler, D. et al.: H21 North of England. Northern Gas Networks et al., 2018. Online, [https://www.h21.green/wp-content/uploads/2019/01/H21-NoE-PRINT-PDF-FINAL-1.pdf], zuletzt abgerufen am 05.06.2020

[15] VNG Gasspeicher GmbH: Der Energiepark Bad Lauchstädt hat die großskalige Integration von grünem H_2 in Mitteldeutschland zum Ziel. August 2020. Online, [https://energiepark-bad-lauchstaedt.de/wp-content/uploads/2019/08/U%CC%88bersicht-Reallabor-Energiepark-Bad-Lauchsta%CC%88dt.pdf#page=1&zoom=auto,0,-130], zuletzt abgerufen am 10.08.2020

[16] Henel, Marco; Knorr, Christopher; Pischko, Robin (DBI): Wasserstoff im Transport- und Verteilnetz. In: gwf Gas + Energie, 2020(5), S. 52 ff.

6. Einspeisesysteme für Wasserstoff und Methan

René Schoof (6.1, 6.4), Klaus Steiner (6.2, 6.3), Andreas Schrader (6.2, 6.3)

6.1 Einführung

Basierend auf den Grundlagen der Methanisierung gemäß Kapitel 4 und den Rahmenbedingungen für die Integration von Wasserstoff in das Erdgasnetz gemäß Kapitel 5 wird in diesem Kapitel erläutert, welche Anforderungen an Einspeisesysteme für Wasserstoff und synthetisches Methan derzeit zu berücksichtigen sind.

Basierend auf den vorliegenden Erkenntnissen aus dem Betrieb verschiedener Pilotanlagen in den letzten zehn Jahren und auf wissenschaftlicher Begleitforschung des DVGW wird in Kapitel 6.2 der aktuelle Stand der technischen Regeln für die Einspeisesysteme beschrieben. Diese basieren zum größten Teil auf dem Regelwerk für das Erdgassystem des DVGW und stellen einen ersten Schritt in die Weiterentwicklung desselben mit Blick auf Wasserstoff dar.

Ein weiterer Schwerpunkt ist die Beschreibung und Einordnung der technischen Komponenten für Einspeiseanlagen in Kapitel 6.3. Auch hierbei gilt, dass der dargestellte Wissensstand auf Erfahrungen aus den ersten Pilotanlagen und der wissenschaftlichen Begleitforschung basiert. Dies ist insofern zu beachten, als dass technische Komponenten für Wasserstoff-Einspeiseanlagen bislang nur begrenzt oder unzureichend zur Verfügung standen bzw. einer technischen Weiterentwicklung bestehender Komponenten aus dem Erdgassystem bedürfen. Beispielhaft seien hier eichfähige Messeinrichtungen genannt, die zum Teil detaillierter Prüfungen und Abnahmen durch zertifizierte Stellen wie PtB und Eichämter bedürfen.

Zum Abschluss gibt Kapitel 6.4 einen allgemeinen Überblick über die aktuellen Herausforderungen beim Betrieb der Einspeisesysteme und nachgelagerter Netzabschnitte. Hierbei greift der Autor des Kapitels auf persönliche Erfahrungen und Erkenntnisse aus dem Betrieb zweier Einspeiseanlagen für Wasserstoff und einer für synthetisches Methan zurück.

6.2 Technische Regeln für Einspeisesysteme

6.2.1 Einspeisesysteme

Einspeisesysteme im Sinne des DVGW-Merkblatts G 265-3 sind technische Systeme aus drucktragenden und nicht-drucktragenden Bauteilen zur Einspeisung von Wasserstoff in Gasversorgungsnetze. Die Bauteile dienen der Druck- und Mengenregelung, Druckabsicherung, Verdichtung, Sicherung der Gasbeschaffenheit sowie Messung, Odorierung und Leitung von stofflichen Strömen [1].

Grundsätzlich sind Einspeisesysteme technisch auch geeignet, um Biomethan, wasserstoffangereicherte Erdgase, synthetisches Methan (SNG) bzw. methanisierten Wasserstoff einzuleiten.

6.2.2 Anforderungen an die Funktion und die Sicherheit von Einspeisesystemen

Einspeisesysteme in Gasversorgungsnetzen müssen über ihre gesamte Lebensdauer hinweg die vorgesehene Funktion erfüllen und dürfen bei bestimmungsgemäßer Nutzung keine geschützten Rechtsgüter verletzen. Das bedeutet, dass weder Personen oder Sachen noch die Umwelt ursächlich durch die Anlage geschädigt werden.

Schutzziele beim Betrieb von Einspeisesystemen sind u. a.:

- Gewährleistung der technischen Sicherheit der Anlagen zum Schutz von mit dem Betrieb der Anlagen Beschäftigten und von Dritten vor Gefahren, die von diesen Anlagen oder ihren Betriebsstoffen ausgehen können, z. B. Druckgefährdungen, Explosionsgefährdungen
- Schutz der Umwelt vor schädlichen Einwirkungen
- Gewährleistung der Versorgungssicherheit durch eine hohe Systemverfügbarkeit
- Schutz der Integrität der Gasinfrastruktur durch Absicherung gegen unzulässige Drücke, Temperaturen und Gasbeschaffenheiten am Einspeisepunkt
- Gewährleistung der technischen Sicherheit und der Verfügbarkeit der Anlagen des Letztverbrauchers durch eine Gewährleistung einer festgelegten Gasbeschaffenheit am Ausspeisepunkt
- Verbraucherschutz durch die Bereitstellung der erforderlichen Daten zur Ermittlung der Energiemenge am Ausspeisepunkt
- Gewährleistung der Informationssicherheit und Schutz der Infrastruktur gegen unzulässige Eingriffe Dritter.

Die Einhaltung der genannten Schutzziele wird vom Gesetzgeber in verschiedenen Gesetzen und Verordnungen gefordert, die bei Errichtung und Betrieb von Einspeisesystemen zu beachten sind.

Für die leitungsgebundene Versorgung der Allgemeinheit mit Elektrizität und Gas existiert in Deutschland ein eigener Rechtsrahmen, der im Energiewirtschaftsgesetz und seinen Verordnungen festgelegt ist. Der Gesetzgeber hat die Errichtung und den Betrieb von Power-to-Gas-Anlagen mit der Änderung des Energiewirtschaftsgesetzes im Mai 2011 dem Energierecht zugeordnet, indem er elektrolytisch erzeugten Wasserstoff und synthetisch erzeugtes Methan explizit in die Begriffsdefinitionen des Gesetzes aufgenommen hat. Die wesentlichen Verpflichtungen der Errichter und Betreiber sind im Energierecht festgelegt, jedoch ergeben sich auch Anforderungen aus anderen Rechtsgebieten, z. B. dem Arbeitsschutz, dem Umweltrecht, dem Mess- und Eichrecht und den rechtlichen Anforderungen zur Gewährleistung der Informationssicherheit und zum Schutz kritischer Infrastrukturen. Für Produkte zum Einsatz in Einspeisesystemen sind sicherheitsrelevante Anforderungen in europäischen Richtlinien festgelegt, die über das Produktsicherheitsgesetz und seine Verordnungen in deutsches Recht umgesetzt werden. In diesen Rechtsgrundlagen wird auf unterschiedliche Weise auf technische Regeln verwiesen [2].

Zur Gewährleistung der technischen Sicherheit muss die Funktion des Einspeisesystems im Fall einer Störung nicht zwingend erhalten bleiben, sofern der Verlust der Funktion nicht zu einem unsicheren Zustand führt. Die Einspeiseanlage gilt als „technisch sicher", wenn das Vorhandensein und der Betrieb der technischen Einrichtung sich so beherrschen lassen, dass das damit verbundene gesetzlich definierte und gesellschaftlich akzeptierte Risiko eingehalten wird. Die technische

Sicherheit wird dabei durch die Anwendung von Sicherheitstechnik gewährleistet und nachgewiesen [3], [4], [5].

6.2.3 Technische Regeln

Technische Regeln und Normen ergänzen die rechtlichen Vorgaben in Gesetzen und Verordnungen bei der Festlegung von Mindestanforderungen an die Sicherheit technischer Einrichtungen. Des Weiteren dienen sie der Vereinheitlichung von Anforderungen u. a. an Produkte, Verfahren, Bewertungen, Dienstleistungen, Management und Organisation. Technische Regeln sind Empfehlungen oder technische Vorschläge zur Einhaltung eines Gesetzes, einer Verordnung, eines technischen Ablaufes oder konkretisieren bewährte technische Auslegungen. Sie sind keine Rechtsnormen und haben damit auch nicht zwangsläufig den Charakter von gesetzlichen Vorschriften. Technische Regeln können jedoch Gesetzeskraft erhalten, wenn der Gesetzgeber ihre Einhaltung verbindlich fordert oder in einem Gesetz oder einer Verordnung auf die Einhaltung bestimmter technischer Regeln verwiesen wird [2], [3], [4], [5]. Beispiele sind die Festlegungen zur Technischen Sicherheit von Energieanlagen im Energiewirtschaftsgesetz und der Gashochdruckleitungsverordnung (GasHDrLtgV) [5], [6], [7], [8].

Werden die Anforderungen der einschlägigen technischen Regeln oder Normen eingehalten, ist in der Regel davon auszugehen, dass die Anlage den anerkannten Regeln entsprechend geplant und betrieben wird. Im Fall eines Schadens bewirkt dies eine starke indizielle Wirkung, dass dem Betreiber bzw. dem Arbeitgeber keine Fahrlässigkeit vorzuwerfen ist. Dies setzt allerdings voraus, dass die angezogenen technischen Regeln regelmäßig aktualisiert werden. Ein Beispiel hierfür sind die technischen Regeln des DVGW (Deutscher Verein des Gas- und Wasserfaches e.V.). In seiner Geschäftsordnung GW 100 legt der DVGW die Verfahrensweise zur Festlegung technischer Regeln fest [9]. Die Geschäftsordnung beschreibt einzuhaltende transparente und diskriminierungsfreie Regeln zur Erstellung allgemein anerkannter Regeln der Technik. Werden „veraltete" technische Regeln oder Normen herangezogen, besteht die Gefahr, dass diese bereits hinter den „allgemein anerkannten Regeln der Technik" zurückbleiben, die i. d. R. Mindestanforderungen an technische Sicherheit definieren.

Bei der Anwendung von Gesetzen und Verordnungen muss konsequenterweise auf die Unterschiede zwischen „allgemein anerkannten Regeln der Technik" und dem „Stand der Technik" geachtet werden.

Bei den allgemein anerkannten Regeln der Technik steht deren Anerkennung und Bewährung in der Praxis im Vordergrund. Der Stand der Technik beschreibt die aktuell besten zur Verfügung stehenden Verfahren (im europäischen Kontext „Best Available Techniques"), die sich in der Praxis bewährt haben oder sollten – wenn dies noch nicht der Fall ist – möglichst im Betrieb mit Erfolg erprobt worden sein, deren langjährige Bewährung jedoch noch aussteht [2-8], [10], [11], [12].

Das Energiewirtschaftsgesetz (EnWG) fordert in § 49 Abs. 1, dass Energieanlagen so zu errichten und zu betreiben sind, dass die technische Sicherheit gewährleistet ist. Dabei sind vorbehaltlich sonstiger Rechtsvorschriften die allgemein anerkannten Regeln der Technik zu beachten. Die GasHDrLtgV verschiebt die Anforderungen im § 2 Abs. 1 zum Stand der Technik. Beide Rechtsvorschriften verweisen auf die technischen Regeln des DVGW. Es wird vermutet, dass bei der Einhaltung des DVGW-Regelwerkes der Stand der Technik, mindestens aber die allgemein anerkannten Regeln der Technik, berücksichtigt werden. Es wird widerlegbar angenommen, dass durch die Einhaltung des DVGW-Regelwerks hinreichend Gefährdungen durch Beschaffenheit, Errichtung,

Betrieb und Gebrauchsfähigkeit und Funktion für Personen und Objekte abgewehrt werden. I. d. R. wird dies durch Gefährdungsbeurteilungen und deren Dokumentation belegt. Schlussfolgerungen gehen in die Planung, betrieblichen Verfahrensanweisungen und die Alarmierungs- und Gefahrenabwehrpläne ein [3], [5], [6], [7], [10].

Planer und Betreiber der Einspeiseanlage müssen aber nachweisen können, dass

- die gewählten technischen Regelwerke auch korrekt angewandt werden,
- sie Kenntnis vom Regelwerk haben,
- die Anwendung und Einhaltung im Unternehmen und in der konkreten Anlage sichergestellt ist,
- Weiterentwicklungen verfolgt und angewendet werden sowie
- Schulungen durchgeführt werden.

Es bietet sich für den Betreiber das DVGW-TSM (Technisches Sicherheitsmanagement) an, um nachzuweisen, dass er diesen Anforderungen gerecht wird. Der Betreiber ist dabei derjenige, der das wirtschaftliche und unternehmerische Risiko des Anlagenbetriebes trägt und die Verfügungsgewalt über die Anlage besitzt.

6.2.4 Anwendung Technischer Regelwerke

Eine Verpflichtung zur Anwendung der technischen Regeln des DVGW besteht nach EnWG und GasHDrLtgV nicht. Andere, insbesondere ausländische, Regelwerke repräsentieren Sicherheitsphilosophien, die ihre Praxistauglichkeit ebenfalls hinreichend belegt haben. Die Beweislast, inwiefern diese die Anforderungen des EnWG, GasHDrLtgV und anderen Rechtsvorschriften erfüllen, obliegt bei deren Anwendung aber dem Betreiber der Einspeiseanlage [12].

Es ist aber empfehlenswert, das gewählte Regelwerk durchgängig für alle Stadien von Planung, Errichtung und Betrieb anzuwenden, um unnötige Komplexität bei den Gefährdungsbeurteilungen und Festlegungen der Sicherheitstechnik zu vermeiden. Es sollte aus Sicht der Autoren vermieden werden, dem späteren Betreiber die Berücksichtigung von verschiedenen Sicherheitsphilosophien im betrieblichen Alltag zuzumuten, da dies, insbesondere im Falle und bei der Behebung von Störungen, verwirrend sein kann.

Auf die Durchgängigkeit des Sicherheitskonzeptes ist bereits bei der Spezifikation und Auswahl von Bauteilen während der Planung der Einspeiseanlage zu achten. Zwei Beispiele hierzu:

- Drucktragende Teile der Einspeiseanlage müssen die wesentlichen Sicherheitsanforderungen des Anhangs I der Druckgeräterichtlinie erfüllen. Dies kann u. a. durch die Einhaltung der wesentlichen Anforderungen der relevanten harmonisierten Europäischen Normen gewährleistet werden. Zur Umsetzung der Druckgeräterichtlinie wird aber auch das Verbänderegelwerk AD-2000 herangezogen. AD-2000 ist kein harmonisiertes europäisches Regelwerk. Es erfüllt aber die Anforderungen der Druckgeräterichtlinie, wenn die Konformität durch eine benannte Stelle bestätigt wird [13], [14].
- Beim Einsatz von Druckregelgeräten nach DIN EN 334 und Sicherheitsabsperreinrichtungen nach DIN EN 14382 können integral und differenziell druckfeste Komponenten in einer Einspeiseanlage zur Anwendung kommen. Die Auswahl der Bauform sollte im gesamten Netzgebiet, zumindest aber innerhalb der Anlage, nach einem durchgängigen Sicherheitskonzept erfolgen, um Gefährdungen in Betrieb und Instandhaltung auszuschließen. Da in der Vergangenheit in den Netzen nur integral druckfeste Geräte eingesetzt wurden, legt das DVGW-Arbeits-

blatt G 491 beim Einsatz von differenziell druckfesten Geräten zusätzliche Anforderungen fest, wie die Berücksichtigung der Mischung der Sicherheitskonzepte bei der Prüfung und Inbetriebnahme der Anlage, die Anpassung der Verfahrensanweisungen und Schulungskonzepte für den Instandhalter, die Kennzeichnung differentiell druckfester Bauteile und die Anforderung an Prüfdrücke der eingesetzten Bauteile [15].

Planer und Betreiber sollten sich des Themas bewusst sein und bereits in der Planung durch die Spezifikationen gezielt entscheiden, welche Sicherheitskonzepte und technische Regeln gewählt und welche Kombination von Sicherheitskonzepten zur Gewährleistung der technischen Sicherheit und Funktion der Einspeiseanlage akzeptabel ist.

6.2.5 Arbeitsschutz, Schulungskonzepte und Sicherheitsdatenblätter

Betreiber von Wasserstoffeinspeiseanlagen müssen in Hinblick auf den Arbeitsschutz das Arbeitsschutzgesetz und seine Verordnungen, wie z. B. die Betriebssicherheitsverordnung (BetrSichV) und die Gefahrstoffverordnung (GefStoffV), beachten. Im Sinne dieser Rechtsvorschriften gilt die Einspeiseanlage als Arbeitsmittel, für die der Arbeitgeber (i. d. R. der Betreiber) die Gefährdungen, die bei Errichtung und Betrieb der Anlage entstehen, beurteilen muss. Dazu gehören u. a. Gefährdungsbeurteilungen zu Druck- und Explosionsgefährdungen. Bei der Erstellung der Gefährdungsbeurteilung und der Festlegung von Schutzmaßnahmen sind die jeweils anwendbaren Technischen Regeln für Betriebssicherheit (TRBS) und für Gefahrstoffe (TRGS) zu beachten. Das DVGW-Regelwerk als fachspezifisches Regelwerk kann hierbei als Erkenntnisquelle für die Festlegung technischer Schutzmaßnahmen für die konkrete Anlage herangezogen werden. Der Arbeitgeber/Betreiber ist verpflichtet, die festgelegten Schutzmaßnahmen umzusetzen und deren Wirksamkeit zu überprüfen. Die Gefährdungsbeurteilung ist zu dokumentieren, regelmäßig zu überprüfen und bei Bedarf zu aktualisieren. Zur Vermeidung von Komplexität und Berücksichtigung der Wechselwirkungen zwischen Power-to-Gas-Anlage, Einspeiseanlage und H_2-Anbindeleitungen empfiehlt es sich, eine Gefährdungsbeurteilung für den gesamten Anlagenkomplex auszuarbeiten. Hilfestellungen können über Dienstleistungen spezialisierter Firmen in Anspruch genommen werden.

Gefährdungsbeurteilungen nach dem Arbeitsschutzgesetz und seinen Verordnungen werden vom Arbeitgeber genutzt, um bei der Verwendung eines betreffenden Arbeitsmittels in einer konkreten Arbeitsumgebung Gefährdungen für Personen und Objekte zu erkennen. Das Vorhandensein einer CE-Kennzeichnung am Arbeitsmittel entbindet den Arbeitgeber nicht von der Pflicht zur Durchführung einer Gefährdungsbeurteilung. Ziel ist, Schutzmaßnahmen beim Umgang mit dem Arbeitsmittel abzuleiten und umzusetzen.

Schulungen und Unterweisungen des Instandhaltungspersonals sind Teil üblicher innerbetrieblicher Prozesse bei Instandhaltern und Netzbetreibern. Im Falle von Gashochdruckleitungen mit einem maximal zulässigen Betriebsdruck über 16 bar fordert die GasHDrLtgV ein Managementsystem mit Regelungen zu regelmäßigen Schulungen des Personals [6]. Diese Anforderungen an das Managementsystem gelten als erfüllt, wenn das Unternehmen das Technische Sicherheitsmanagementsystem (TSM) des DVGW oder ein vergleichbares System anwendet und dies durch eine externe Stelle überprüfen lässt. Anforderungen an das TSM sind z. B. im DVGW-Arbeitsblatt G 1000 definiert. Hierbei ist aber zu beachten, dass

- das TSM nach DVGW-Arbeitsblatt G 1000 eines der vielen Managementsysteme heutiger Unternehmen darstellt und

- Power-to-Gas-Einspeiseanlagen für erdgasaffine Dienstleister und Netzbetreiber ein relativ neues Feld darstellen.

Vorhandene Schulungskonzepte müssen daher dem Einsatz der gasförmigen Medien Wasserstoff, wasserstoffangereicherte Erdgase und SNG Rechnung tragen. Schulungskonzepte müssen den sicheren Umgang mit diesen Medien, die eingesetzte Sicherheitstechnik und die Funktion der Einspeiseanlage und deren Wechselwirkungen mit dem Gasversorgungsnetz umfassen. Zielführend kann die Erweiterung von werksinternen Verfahrens- und Betriebsanweisungen sowie die Ergänzung der Gefahrenabwehr- und Alarmierungspläne um Sicherheits-, Umgangs- und Funktionsaspekte sein. Als Anhaltspunkt für erforderliche Inhalte von Schulungen können das Wasserstoff-Sicherheitskompendium des Deutschen Wasserstoff- und Brennstoffzellen-Verbandes und die technischen Regeln des „European Industrial Gases Association (EIGA)" hilfreich sein [16], [17], [18].

Informationen zu möglichen Gefährdungen durch Wasserstoff und der Einspeiseanlage müssen u. a. in Sicherheitsdatenblätter nach § 6 der Gefahrstoffverordnung (GefStoffV) bzw. der Europäischen REACH-Verordnung (EG) Nr. 1907/2006 aufgenommen werden. Im Internet können Leitlinien zur Erstellung REACH-konformer Sicherheitsdatenblätter der Europäischen Chemikalienagentur ECHA abgerufen werden. Nationale Aspekte werden in der TRGS 220 beschrieben [19], [20].

Bei den Einweisungen in die Funktion und Instandhaltung der Anlage und Bauteile sollten die Hersteller der Bauteile hinzugezogen werden.

Alle Maßnahmen müssen zur Inbetriebnahme der Einspeiseanlage erfolgt sein [19], [20].

6.2.6 Einspeiseanlagen als Teil eines Power-to-Gas-Stromspeichers

Eine Einspeiseanlage nach dem DVGW-Merkblatt G 265-3 verbindet eine Wasserstofferzeugungsanlage mit dem Erdgasnetz (**Bild 6.1** und **Bild 6.2**). Sie ist Teil des gasseitigen Netzanschlusses einer Power-to-Gas-Anlage gemäß Gasnetzzugangsverordnung und damit Teil der Gesamtanlage. Im Hinblick auf die Einhaltung der Rechtsvorschriften und technischen Regeln ist die Einspeiseanlage nicht von der Gesamtanlage zu trennen, z. B. bzgl. der Leistungsaufnahme der Gesamtanlage, der lokalen Rückverstromung, der Wasserstoffproduktionsvolumen, der mikrobiellen Methanisierung, der angeschlossenen nachgelagerten Systeme wie Tankstellen, der verbundenen Rohrleitungen, der Verdichtung auf mehr als 16 bar, der mit Standortfragen verbundenen Auflagen, der vor-Ort-Zwischenspeicherung und der Gasaufbereitung sowie der damit verbundenen Gefahren dominieren die einzuhaltenden Rechtsvorschriften und damit auch das technische Regelwerk. Technische Regeln für Einspeiseanlagen decken nur einen Teil der Verfahren ab, die für die Planung, Errichtung und den Betrieb der gesamten Power-to-Gas-Anlage relevant sind. Des Weiteren wird es einen Unterschied ausmachen, ob Pilotanlagen oder großtechnische 100 MW Power-to-Gas-Komplexe errichtet werden sollen [21], [22], [23], [24].

Im Falle einer Methanisierung, der SNG-Produktion, wird Kohlendioxid benötigt. Im industriellen Maßstab wird der Bezug über eine CO_2-Pipeline wahrscheinlich. Zusätzlich wird eine CO_2-Einspeiseanlage betrieben, die CO_2 mengen- und druckgerecht darbietet und die in die Power-to-Gas-Anlage strömenden CO_2-Mengen eichpflichtig misst [25], [26], [27]. Im Falle von CO_2- und H_2-Pipelines, die einen bestimmten Umfang und Länge überschreiten, ist eine Umweltverträglichkeitsprüfung nach dem Umweltverträglichkeitsgesetz (UVPG) anhängig [28]. Merkmale zur

Bild 6.1: H_2-Hochdruck-Einspeiseanlage der Power-to-Gas-Anlage Falkenhagen vor der Inbetriebnahme mit Coriolis-Zähler zur Bilanzierung der H_2-Pipeline in Bild 6.2 (Quelle: Dr. Klaus Steiner)

Begründung einer Umweltverträglichkeitsprüfung stellen aber auch die lokale stoffliche (Zwischen-)Lagerung von Wasserstoff in größerem Umfang und die Einstufung der Power-to-Gas-Anlage inkl. der Einspeiseanlage als integriert chemische Anlage zur chemischen Umwandlung von Stoffen im industriellen Umfang dar. Hinweise auf die Notwendigkeit gibt der Anhang 1 des UVPG. In der Literatur werden großtechnische Stromspeicheroptionen mit geologischen Wasserstoffspeichern diskutiert. Solche interessanten Lösungen benötigen Einspeiseanlagen, die das Bundesberggesetz (BbergG) berühren [29]. Neben dem DVGW-Regelwerk und DIN-Normen werden auch eine Reihe von weiteren technischen Regeln des Bundeverbandes Erdgas, Erdöl und Geoenergie e.V. (BVEG, früher WEG) und des American Petroleum Institutes (API) berücksichtigt [6].

Eine Wasserstofferzeugungsanlage mit allen Hilfseinrichtungen kann eine Anlage nach Ziffer 4.1.12 des Anhangs 1 der 4. BImSchV darstellen und ist in diesem Fall immissionsschutzrechtlich genehmigungsbedürftig [30]. Sie kann aber als Pilotanlage auch unter eine Ausnahmeregelung fallen [31].

Bei der Standortauswahl und erforderlichen Anbindeleitungen können auch Fragen zur Raumordnung auftreten.

Bild 6.2: Anschlussstelle der molchbaren H_2-Hochdruck-Pipeline in Falkenhagen für eine mobile Molchschleuse; die H_2-Pipeline verbindet die H_2-Erzeugungsanlage mit der Einspeisestelle in Bild 6.1 (Quelle: Dr. Klaus Steiner)

Nicht vergessen werden sollten die Eichbehörden, denen die neuen eichpflichtigen Messstellen angezeigt werden müssen. Bei der Inbetriebnahme werden Vertreter der zuständigen Eichdirektion die eichpflichtigen Messstellen inspizieren und auf Regelkonformität prüfen. Die amtlichen Maßnahmen der Eichbehörden und der Prüfstellen werden dokumentiert. Anforderungen an solche Messstellen für Wasserstoff werden in der Literatur und in Kapitel 6.3 beschrieben [32]. Die eichpflichtige Messtechnik ist von der prozessualen und betrieblich erforderlichen Instrumentierung zu unterscheiden. Im Unterschied zu der Instrumentierung sind bei der Spezifikation und dem Betrieb der eichpflichtigen Messtechnik Rechtsvorschriften wie die Europäische Messgeräterichtlinie (MID), das Mess- und Eichgesetz (MessEG), das Messstellenbetriebsgesetz (MsbG) und die Mess- und Eichverordnung (MessEV) neben den technischen Regeln der Physikalisch Technischen Bundesanstalt (PTB) zu berücksichtigen.

Die oben angeführten Beispiele zeigen, dass ohne eine konkrete Vorstellung der zu errichtenden Power-to-Gas-Anlage die Beantwortung der Frage nach den relevanten Rechtsvorschriften und den technischen Regeln nicht trivial ist. Da die Einspeiseanlage nicht von der Power-to-Gas-Anlage zu trennen und grundsätzlich Teil des zu errichtenden Anlagenkomplexes ist, unterliegt die Einspeiseanlage genehmigungs- wie anzeigenrechtlich den Verfahren der gesamten Power-to-Gas-Anlage [5], [7], [10]. Dies bestimmt auch die zu berücksichtigenden technischen Regeln.

Es empfiehlt sich daher frühzeitig diesen Sachverhalt mit den Behörden zu klären. Da die Power-to-Gas-Anlage inkl. der Einspeiseanlage unter das Energiewirtschaftsgesetz (EnWG) fällt, sollte die Energieaufsicht des Bundeslandes, in der der Anlagenkomplex errichtet werden soll, eine erste Anlaufstelle für eine Abstimmung sein. Behörden werden auch Auskunft über relevante allgemeine Verwaltungsvorschriften geben können. Beispiele sind Auflagen zur Einhaltung der TA-Lärm und TA-Luft bei der Standortauswahl oder im Fall der Alkalielektrolyse die Festlegung der Wassergefährdungsklasse, die Einschätzung des Gefährdungspotentials zur Verunreinigung von Wasser.

Im Rahmen des vom Bundesministerium für Wirtschaft und Energie geförderten „Portal Green" Projektes wird zum Zeitpunkt der Erstellung dieses Beitrags ein Leitfaden für effiziente Genehmigungsprozesse für Power-to-Gas-Anlagen erarbeitet. Die praxisnahe Arbeitshilfe soll den regulären Prozessablauf, Lösungsansätze für mögliche Stolpersteine, zu verwendende technische Regeln und rechtliche Normen für verschiedene Anlagetypen und Nutzungszweige umfassen [22].

Darüber hinaus gibt es eine ganze Reihe von technischen Regeln und Vorschriften zu beachten, die nur mittelbar wasserstoffrelevant sind. Dies sind u. a. die landesspezifischen Bauordnungen, Strom- und Wasserversorgung, Anschluss an die Kanalisation, Errichtung des inneren wie äußeren Blitzschutzes, Funktionale Sicherheit, Fernüberwachung und -steuerung sowie die Arbeitssicherheit.

6.2.7 H_2-Produktqualität und Einspeiseanforderungen

Die chemisch-physikalischen Eigenschaften des Wasserstoffes unterscheiden sich in einigen Punkten wesentlich von der Gasbeschaffenheit des Erdgases. Wasserstoff wird daher als Zusatzgas im Sinne des DVGW-Arbeitsblattes G 260 in die Erdgasinfrastruktur eingespeist. Die Netzverträglichkeit des Wasserstoffs ist begrenzt, der maximale Wasserstoffgehalt im Grundgas Erdgas wird aus Interoperabilitätsgründen volumetrisch festgelegt. Die DVGW-Arbeitsblätter G 260 bzw. G 262 erlauben eine volumetrische Beimischung von Wasserstoff bis zu 10 % im Erdgas [33], [34]. Im Unterschied zum Wasserstoff ist SNG praktisch beliebig einspeisbar, da sich die chemisch-physikalischen Eigenschaften von SNG und Erdgas ähneln. SNG wird daher als Austauschgas klassifiziert.

Neben den chemisch-physikalischen Eigenschaften spielen aber auch weitere Aspekte des Gasnetzes eine Rolle:

- Die Netzkompatibilität des Wasserstoffes setzt eine Vermischung des Wasserstoffes mit dem Grundgas Erdgas voraus. Die Einspeisung des Zusatzgases hat so zu erfolgen, dass die Anforderungen der öffentlichen Gasversorgung hinter dem Einspeisepunkt erfüllt werden [10], [35]. Die Vermischung des Wasserstoffes mit dem Erdgas nach dem Einspeisepunkt ist aber in höchstem Maße von der Gasgeschwindigkeit des Grundgases abhängig [32]. Es kann zur Schichtbildung von Wasserstoff über dem Grundgas kommen, die sich erst mehrere Kilometer nach der Einspeisestelle auflöst. Sollte ein Ausspeispunkt flussab der Einspeisestelle betroffen sein, muss dies die Einspeisesteuerung berücksichtigen und ggf. die Einspeisung reduzieren oder stoppen.
- Die Fernleitungen bieten gemessen an den transportierten Volumina die größten Kapazitäten für die Wasserstoffaufnahme. In heutigen Fernleitungsnetzen ist die Flussrichtung aber nicht

zwingend konstant [6]. Es kann Pendelbetrieb resultieren, die Gassäule an der Einspeisestelle läuft mehrmals an dem Einspeisepunkt vorbei. Konstante Wasserstoffeinspeisung könnte in einem solchen Fall zu einer unerlaubten Anreicherung der Wasserstoffkonzentration führen, welche die Interoperabilität in Frage stellt. Es werden Fälle auftreten, welche die Einspeisekapazität begrenzen oder sogar ganz unterbinden.

- Im Zuge zunehmender Wasserstoffeinspeisungen wird es zunehmend wahrscheinlicher, dass das Grundgas an der Einspeisestelle eine Wasserstoffkonzentration aufweist. Die Einspeisekapazität für Wasserstoff kann dadurch begrenzt sein. In einem solchen Fall ist zu prüfen, welcher Einspeiser zeitlich früher angeschlossen worden ist. Dieser Einspeiser wird vorrangig einspeisen dürfen [10], [35].
- Die DVGW-Arbeitsblätter G 260 und G 262 verweisen auf weitere technische Begrenzungen. Diese sind:
  - Gasturbinen mit schadstoffarmen Vormischbrennern mit Wasserstoffverträglichkeiten zwischen 1 und 5 Vol.-%
  - Erdgastankstellen, die aufgrund der DIN 51624 zu einem Grenzwert für Wasserstoff von 2 Vol.-% führen
  - Porenspeicher, bei denen aufgrund bakterieller H_2S-Ereugung Wasserstoffgehalte nicht über 5 Vol.-% liegen sollten.

  Es soll aber hier erwähnt werden, dass Ergebnisse einer Reihe von wissenschaftlich-technischen Forschungsvorhaben höhere Wasserstoffgrenzwerte im Erdgas nahelegen [36], [37], [38].
- Im Falle von Infrastruktureinrichtungen wie H_2-inkompatible Prozessgaschromatographen ist der Netzbetreiber verpflichtet, geeignete Geräte nachzurüsten [10], [35].
- Das EnWG verpflichtet die Netzbetreiber für den Netzanschluss technische Mindestanforderungen festzulegen. Sie beschreiben technische Auslegungen, erforderliche Instrumentierung und eichpflichtige Messanlagen, Verfügbarkeit von Messdaten und Kommunikation, Kontaktdaten, Planungsprüfung sowie Aspekte der technischen Sicherheit. Der Einspeiser hat die technischen Mindestbedingungen zu beachten. Es empfiehlt sich, frühzeitig mit dem Netzbetreiber technische Anforderungen und den Zeitrahmen abzustimmen. Erfüllt der einzuspeisende Wasserstoff die Anforderungen an Biogas im Sinne von § 3 Nr. 10c EnWG, so gelten zusätzlich die Vorschriften des Teils 6 der Gasnetzzugangsverordnung [10], [35].

Kern der meisten Power-to-Gas-Anlagen ist die Elektrolyse. Wasserstoff aus Elektrolysen enthält i. d. R. wenige Verunreinigungen. Begleitstoffe sind hauptsächlich Wasserdampf und Spuren von Sauerstoff. Die Reinheitsanforderungen an Wasserstoff als Energieträger sind für die Einspeisung in das Erdgasnetz bisher gering und werden im DVGW-Merkblatt G 265-3 mit Bezug auf die DVGW-Arbeitsblätter im Sinne einer Zumischung zu Erdgas beschrieben. Die Festlegung einer eigenen Gasfamilie für Wasserstoff im DVGW-Regelwerk steht noch aus. Wird der Wasserstoff an eine Tankstelle für Brennstoffzellenfahrzeuge geliefert, sind die Anforderung ungleich höher. Die Qualitätsanforderungen werden in der ISO 14687 definiert. Der Wasserstoff-Reinheitsgrad 3.7 bzw. ein Wasserstoffanteil von 99,97 Vol. % wird für PEM-Brennstoffzellen gefordert [39].

6.2.8 Regelwerksverweise

Mit der Veröffentlichung des Merkblattes G 265-3 hat der DVGW auf den Wunsch von Netzbetreibern und Power-to-Gas-Anlagenbetreibern nach einer technischen Regel für Einspeiseanlagen reagiert, die grundlegende Anforderungen an die Verbindung zwischen H_2-Erzeugungsanlagen und Erdgasinfrastruktur definiert [1]. In dieses Merkblatt sind Erfahrungen aus den ersten Pilotprojekten der Branche eingeflossen [21]. Das Merkblatt ergänzt die Arbeitsblätter zur Aufbereitung und Einspeisung von Biogas G 265-1 und G 265-2 und beschränkt sich bei den Anforderungen auf Punkte, die über mikrobiell erzeugtes Biogas hinausgehen und für die Einspeisung von Wasserstoff relevant werden. In der H_2-Definition lehnt sich das Merkblatt an die Definition des EnWG an, dass elektrolytisch erzeugter Wasserstoff, der in das Gasversorgungsnetz eingespeist wird, Biogas im Sinne des Gesetztes ist, sofern der Wasserstoff nachweislich weit überwiegend aus erneuerbaren Energiequellen hergestellt wird, Darüber hinaus wird im Merkblatt die messtechnische Bestimmung der eingespeisten H_2-Mengen beschrieben.

Das Merkblatt empfiehlt eine frühzeitige Abstimmung der in Kap. 6.2.7 gelisteten Punkte mit dem Netzbetreiber. Dazu kommt noch die Festlegung der Schnittstellen zur Power-to-Gas-Anlage und verbindenden Rohrleitungen. Des Weiteren werden Anforderungen an die Beschaffenheit des Wasserstoffes spezifiziert. Hersteller und Anlagenbauer von Einspeiseanlagen qualifizieren sich durch Bescheinigungen nach dem DVGW-Arbeitsblatt G 493-1. Andere Referenzen wie z. B. Gasanlagenbau in der chemischen Industrie gelten als gleichwertig. Druckfestigkeitsgrenzen und Druckabsicherung erfolgen nach den Regeln des DVGW-Arbeitsblattes G 491 [15]. Die Festlegung explosionsgefährdeter Bereiche muss mit anerkannten Verfahren unter Berücksichtigung der Anforderungen der TRBS 2152 erfolgen. Prüfung, Inbetriebnahme und Instandhaltung sollen in Anlehnung an das DVGW-Regelwerk unter Einhaltung der Herstellervorgaben und Wasserstoffspezifika erfolgen.

Den Autoren des DVGW-Merkblattes G 265-3 ist bewusst, dass das Merkblatt Wasserstoffspezifika nur erwähnen kann und soll, da bewährte technische Regeln zum Umgang mit Wasserstoff verfügbar sind. Diese beantworten z. B. Fragen zur Werkstoffauswahl und -auslegung, Überwachung, Wasserstoffversprödung, zu Alarm- und Gefahrenabwehrplan sowie zum Betrieb. Beispiele sind:

- Elektrolytische Wasserstofferzeugung nach ISO 22734-1
- IGC Doc 15/06/E, Gaseous Hydrogen Stations; EIGA – European Industrial Gases Association; 2006
- IGC Doc 121/14, Hydrogen Transortation Pipelines; EIGA – European Industrial Gases Association, 2014
- IGC Doc 122/18, Environmental Impacts of Hydrogen Plants; EIGA – European Industrial Gases Association, 2018
- Überwachungseinrichtungen für Wasserstoff nach ISO 26142.

Erfahrungen mit Pilotprojekten zeigen, dass Behörden zusätzliche Auflagen zu den technischen Regeln anordnen können. Verwiesen wird z. B. auf die Einhaltung der Anforderungen der TRFL – Technische Regeln für Rohrfernleitungsanlagen [28]. Bei H_2-Pipelines kann das den Aufbau einer Lecküberwachung [40] und im Falle von Verdichtern zusätzliche Instrumentierung zur Bezifferung von Wasserstoffverlusten bedeuten.

Bleibt noch zu thematisieren, dass nicht alle in der Praxis bewährten Methoden in technischen Regeln abgebildet worden sind. Branchenerfahrung und ggf. auch Ergebnisse von Wissenschaft und Forschung können Auslegungsgrundlage der Einspeiseanlage sein. Beispiele werden im folgenden Kapitel 6.3 beschrieben.

Literatur

[1] DVGW: Technischer Hinweis – Merkblatt DVGW G 265-3 (M). Anlagen für die Einspeisung von Wasserstoff in Gasversorgungsnetze. Planung, Fertigung, Errichtung, Prüfung, Inbetriebnahme und Betrieb. Mai 2014

[2] Cyris, G.: Technische Regeln im Spannungsfeld zwischen Selbstverwaltung und gesetzlichen Vorgaben. In: energie | wasser-praxis, 5 (2020), S. 20-25

[3] VDI-Ausschuss Technische Sicherheit: Das Qualitätsmerkmal „Technische Sicherheit". Denkansatz und Leitfaden. Beuth Verlag, Berlin, 2016

[4] Technische Regeln. [URL: www.wikipedia.org], zuletzt abgerufen am 13.02.2019

[5] Wetzel, U.: Praxis des technischen Rechts für Fach- und Führungskräfte. In: DVGW-Fachbuchreihe Praxis, wvgw Wirtschafts- und Verlagsgesellschaft Gas und Wasser, Bonn, 2012

[6] Homann, K.; Hüwener, T.; Klocke, B.; Wernekinck, U.: Handbuch der Gasversorgungstechnik. DIV Deutscher Industrie Verlag, München, 2017

[7] Zenke, I.; Vollmer, M.: Anlagenplanung, Anlagenbau, Anlagenbetrieb für Unternehmen. De Gruyter Verlag, Berlin, 2016

[8] Bundesministerium der Justiz (Hrsg.): Handbuch der Rechtsförmlichkeit. 3. neu bearbeitete Auflage 2008 in der Bekanntmachung vom 22. September 2008, Nr. 160a, Jg. 60, Bundesanzeiger vom 22. Oktober 2008

[9] DVGW: Geschäftsordnung DVGW GW 100. Tätigkeit der DVGW-Fachgremien und Ausarbeitung des DVGW-Regelwerkes. Februar 2016

[10] Lietz, F.: Rechtlicher Rahmen für die Power-to-Gas-Stromspeicherung. Nomos Verlag, Baden-Baden, 2017

[11] Seibel, M.: Abgrenzung der „allgemein anerkannten Regeln der Technik" vom „Stand der Technik". In: NJW, 41 (2013), S. 3.000-3.004

[12] Bramkamp, F. B.: Zu einigen Aspekten europarechtlicher Einflüsse auf das deutsche Technische Recht. In: energie | wasser-praxis, 9 (2005), S. 40-43

[13] Mußmann, J. W.: Umsetzung der Europäischen Druckgeräterichtlinie 2014/68/EU, 3. überarbeitete und erweiterte Auflage, Beuth Verlag, Berlin, 2016

[14] Verband der TÜV e.V.: AD 2000 Regelwerk. 12. Auflage, Beuth Verlag, Berlin, 2020

[15] DVGW: Technische Regel – Arbeitsblatt DVGW G 491 (A). Gas-Druckregelanlagen für Eingangsdrücke bis einschließlich 100 bar. April 2020

[16] Wurster, R.; Schmidtchen, U.: DWV Wasserstoff-Sicherheits-Kompendium. Deutscher Wasserstoff- und Brennstoffzellenverband e.V.; Ludwig-Bölkow-Systemtechnik GmbH, November 2011

[17] IGC Doc 23.07/18: Safety Training Leaflet 07 Hydrogen. EIGA – European Industrial Gases Association, 2018

[18] IGC Doc 23/18: Safety Training of Employees. EIGA – European Industrial Gases Association, 2018

[19] ECHA European Chemicals Agency: Leitlinien zur Erstellung von Sicherheitsdatenblättern. Fassung 3.1, Helsinki, November 2015

[20] Bundesministerium für Arbeit und Soziales: Technische Regeln für Gefahrstoffe. TRGS 220. Nationale Aspekte beim Erstellen von Sicherheitsdatenblättern, Berlin, Januar 2017

[21] DVGW: Übersicht der Power-to-Gas-Anlagen in Deutschland. Stand April 2019, [URL: https://www.dvgw.de/themen/gas-und-energiewende/power-to-gas/], zuletzt abgerufen am 03.05.2019

[22] Fricke, B.: Genehmigungsleitfaden Power-to-Gas im Projekt Portal Green. Rückmeldungen aus der Praxis zum Arbeitsstand. In: energie | wasser-praxis, 11 (2018), S. 4-5, [URL: https://www.dvgw.de/themen/gas-und-energiewende/power-to-gas/portal-green/], zuletzt abgerufen am 03.05.2019

[23] Amprion und Open Grid Europe Pressemitteilung: Sektorenkopplung. Amprion und Open Grid Europe geben Power-to-Gas in Deutschland einen Schub. Berlin, 20.06.2018

[24] Großjohann, G.: Planung für Sektorenkopplung mit Power-to-Gas nimmt Gestalt an. In: ew magazin, 2 (2019), S. 58-60

[25] Steiner, K.: CO_2-Mess- und Regelanlage. Anforderungen eines Netzbetreibers. In: 3R, 12 (2011), S. 2-5

[26] Steiner, K.; Vieth, D.: Messung von gasförmigen CO_2-Mengen mit Erdgaszählern unter Hochdruck-Bedingungen. In: gwf Gas/Erdgas, 12 (2012), S. 968-971

[27] Steiner, K.: Messtechnik für die Verteilung von regenerativen Gasen in der Erdgasinfrastruktur. In: gwf Gas/Erdgas, 12 (2013), S. 926-930

[28] DIN Deutsches Institut für Normung e.V.: TRFL – Technische Regeln für Rohrfernleitungsanlagen. 3. Auflage, Beuth-Verlag, Berlin, 2017

[29] Genoese, F.; Wietschel, M.: Großechnische Stromspeicheroptionen im Vergleich. In: Energiewirtschaftliche Tagesfragen, 61 (2011) 6, S. 26-31

[30] Antoni, J.; Birkner, P.; Fiedler, H.; Waltehr, G.; Wanke, E.: Praxiserfahrungen – Power-to-Gas Anlage der Thüga-Gruppe. In: gwf Gas/Erdgas, 9 (2014), S. 608-612

[31] Schoof, R.; Zschocke, A.; Boehnke, F.; Powik, P.; Steiner, K.: Windstromspeicherung im Erdgasnetz. „Power to Gas"-Projekt Falkenhagen. In: Energiewirtschaftliche Tagesfragen, 62 (2012) 11, S. 93-96

[32] Steiner, K.: Eichpflichtige Mengenmessung „regenerativer Gase". Wasserstoff in der Energiewirtschaft. In: Hzwei, 16 (2016) April, S. 35-37

[33] DVGW: Technische Regel – Arbeitsblatt DVGW G 260: Gasbeschaffenheit. März 2013

[34] DVGW: Technische Regel – Arbeitsblatt DVGW G 262: Nutzung von Gasen aus regenerativen Quellen in der öffentlichen Gasversorgung. September 2011

[35] Bundesnetzagentur: Positionspapier zur Anwendung der Vorschriften der Einspeisung von Biogas auf die Einspeisung von Wasserstoff und synthetischem Methan in Gasversorgungsnetze. Stand 01.08.2014, [URL: www.bundenetzagentur.de], zuletzt abgerufen am 17.02.2019

[36] Müller-Syring, G.; Henel, M.; Krause, H.; Rasmusson, H.; Mlaker, H.; Köppel, W.; Höcher, T.; Sterner, M.; Trost, T.: Power-to-Gas. In: gwf Gas/Erdgas, 11 (2011), S. 770-777

[37] Nitschke-Kowsky, P.; Wessing, W.; Dörr, H.; Kröger, K.: Praxiserfahrung mit der Wasserstoffeinspeisung in ein Erdgasverteilnetz. In: gwf Gas/Erdgas, 10 (2015), S. 744-752

[38] Müller-Syring, G.; Wehling, A.; Glandien, J.: HIPS-NET. Etablierung eines europaweit einheitlichen Verständnisses zur Wasserstofftoleranz des Erdgasnetzes. In: gwf Gas/Erdgas, 11 (2017), S. 130-135

[39] Shell Wasserstoff-Studie: Energie der Zukunft. Hamburg, 2017

[40] Geiger, G.: Grundlagen der Leckerkennung. Krohne, Duisburg, 2009

6.3 Komponenten von Einspeisesystemen

6.3.1 Wasserstoffreiche Brenngase – die Geschichte der Gasindustrie

„Gas ist das Wunderprodukt, das, aus einer Hand voll Kohlen gewonnen, ebenso leicht stündlich 500 Kerzen Leuchtkraft oder 2.500 Kalorien erzeugt als auch 75 kgm Arbeit leistet".

Was Direktor Gaston Kern aus Straßburg 1917 im „Handbuch der Gastechnik" ausführlich feiert, war wasserstoffreiches Brenngas für die öffentliche Gasversorgung [1]. Wasserstoffreiche Brenngase dominierten jahrzehntelang die Deutsche Gasversorgung, bis methanreiche Erdgase, zunächst aus dem Groningen Feld in den Niederlanden, sie sukzessive seit Ende der 1960er-Jahre fast vollständig ersetzt haben [2], [3]. Die verbliebene Uniper Kokereigas-Leitung im Ruhrgebiet transportiert Brenngase mit bis zu 65 % Wasserstoffanteil von der ArcelorMittal Kokerei Prosper in Bottrop an Kunden, insbesondere aus der Petrochemie [4], [5]. Die Geschichte der Deutschen Gasindustrie ist also eine Wasserstoff-Geschichte. Konsequenterweise haben sich die technischen Regeln des DVGW vor dem Hintergrund der Leitung, Messung und Regelung von Wasserstoff bzw. wasserstoffreichen Brenngasen entwickelt, bevor sie für methanreiche Erdgase weiterentwickelt worden sind. Auch heute noch werden die technischen Regeln des DVGW für Infrastrukturmaßnahmen an den Kokereigasleitungen genutzt. Bedeutet dies, dass sie sich heute auf H_2-Einspeiseanlagen und Leitungen anwenden lassen? Oder was hat sich seit 100 Jahren gastechnisch verändert? Zu nennen sind drei wesentliche Punkte:

- Der Fokus liegt heute auf regenerativ erzeugten Brenngasen, die eine neue Produktqualität darstellen und im Zuge der Energiewende fossiles Erdgas teilweise ersetzen sollen. Diese Brenngase sind hochrein mit sehr geringen Gasbegleitstoffen, vor allem fehlen wie schon im Erdgas giftige Gasbestandteile wie z. B. Kohlenmonoxid (s. Kap. 6.2.7).
- Brenngase werden heute in Leitungen mit Drücken bis zu 100 bar transportiert.
- Das Deutsche Verteilnetz ist mit dem vermaschten Europäischen Fernleitungsnetz mit seinen diversen Gasbeschaffenheiten verbunden.

6.3.2 Mindestanforderungen an Komponenten und Anlagen

Komponenten und Produkte in Wasserstoff-Einspeiseanlagen, die den Richtlinien der Europäischen Gemeinschaft zur Produktsicherheit unterliegen, benötigen als Voraussetzung für ihren Einbau eine CE-Kennzeichnung. Die CE-Kennzeichnung darf nur vom Hersteller oder seinen Bevollmächtigten angebracht werden und setzt ein Verfahren zur Konformitätsbewertung voraus. In Einspeiseanlagen sind u. a. betroffen:

- Druckgeräte (PED: Druckgeräterichtlinie)
- Geräte und Schutzsysteme zur bestimmungsgemäßen Verwendung in explosionsgefährdeten Bereichen (ATEX-Produktrichtlinie)
- Maschinen (Maschinenrichtlinie)
- Messgeräte (MID: Messgeräterichtlinie)
- Elektrische Betriebsmittel (Niederspannungsrichtlinie)
- Geräte mit elektromagnetischen Störpotential (elektromagnetische Verträglichkeit)
- Telekommunikationsendeinrichtungen und Funkanlagen.

Die EU-Richtlinien sind u. a. über das Produktsicherheitsgesetz (ProdSG) und seine Verordnungen in deutsches Recht umgesetzt worden. Die CE-Kennzeichnung bestätigt und bescheinigt die vollständige Einhaltung der grundlegenden Sicherheitsanforderungen, die in EU-Richtlinien festgelegt sind. Das Inverkehrbringen einzelner Produkte kann mehrere EU-Richtlinien betreffen; so unterliegt z. B. ein Gaszähler in Hochdruckanlagen u. a. der PED, ATEX und MID-Richtlinie.

Zur Umsetzung der in den Richtlinien festgelegten sicherheitstechnischen Mindestanforderungen an Produkte dienen die harmonisierten Normen der Europäischen Union. Wird das CE-Kennzeichen durch eine vierstellige Kennziffer ergänzt, weist dies auf die Einbindung einer benannten Stelle in das Konformitätsbewertungsverfahren hin. Inwiefern dies erforderlich ist, wird in den EU-Richtlinien festgelegt [6], [7].

Kern der Bewertungsverfahren ist eine Risikoanalyse und -bewertung zur Erkennung von Gefahrenpotenzialen durch den Hersteller, die von dem Gerät ausgehen. Die Ergebnisse dienen der Risikominderung und gehen in die Konstruktion des betreffenden Produktes ein.

Das CE-Kennzeichnung kann durch Qualitätssiegel wie das DVGW-Produkt- und Qualitätszertifizierungen ergänzt werden [8], [9].

Im Unterschied zu den Bauteilen und Komponenten benötigen Einspeiseanlagen und/oder der gesamte Power-to-Gas-Komplex einschließlich der Einspeiseanlage keine CE-Kennzeichnung [6], [7]. Gründe hierfür sind:

- Die Druckgeräterichtlinie 2014/68/EU legt auf Seite L189/165, Satz (7) fest, dass die Richtlinie nicht für den Zusammenbau von Druckgeräten gelten soll, der – beispielsweise in Industrieanlagen – auf dem Gelände und unter der Verantwortung eines Anwenders erfolgt, der nicht der Hersteller ist. Einspeiseanlagen sind gemäß Artikel 1 Abs. 2a) explizit vom Geltungsbereich der Druckgeräterichtlinie ausgenommen, da sie in der Regel als Nebenausrüstung der Fernleitung, in die sie einspeisen, speziell für diese ausgelegt sind.
- Einspeiseanlagen sind Teil der Erdgasinfrastruktur zur Versorgung der Allgemeinheit mit Gas und fallen unter die Regelungen des Energiewirtschaftsgesetzes (EnWG). Die Technische Sicherheit wird durch die Planung, Errichtung und den Betrieb der Anlagen nach dem DVGW-Regelwerk oder einem mindestens gleichwertigen Regelwerk ausgeführt. Zum DVGW-Regelwerk gehören auch die Prüfungen vor Inbetriebnahme durch Sachverständige und Sachkundige und wiederkehrende Prüfungen. Die Technische Sicherheit der Gesamtanlage ist daher hochwertig und betriebsbewährt, die Umsetzung der wesentlichen Sicherheitsanforderungen sind nachgewiesen und damit erfüllt. Da es sich um Nebenausrüstungen für Fernleitungen handelt, die speziell für diese Leitungen ausgelegt sind, fallen diese Anlagen nicht in den Anwendungsbereich der Druckgeräterichtlinie.
- Im Sinne der Maschinenrichtlinie sind die Power-to-Gas-Gesamtanlage einschließlich der Einspeiseanlage und die Einspeiseanlage für sich genommen mit und ohne Verdichtereinheiten keine Maschinen, da trotz funktionellem bzw. produktionstechnischem Zusammenhang kein sicherheitstechnischer Zusammenhang gegeben ist. Die CE-Kennzeichnung nach Maschinenrichtlinie kann sich hier auf Einzelkomponenten in der verfahrenstechnischen Anlage beziehen, nicht aber auf den gesamten Verfahrenskomplex. Beim Einsatz von Maschinen in verfahrenstechnischen Anlagen ist es zweckmäßig, die Grenzen für die Konformitätsbewertung so nahe wie möglich an die Maschine zu legen, um Prozessparameter, die keinen unmittelbaren Einfluss auf die Sicherheit der Maschine haben, im Betrieb ohne erneute Konformitätsbewertung ändern zu können.

6.3.3 Komponenten eines Einspeisesystems

Technische Grundlagen des Netzzugangs sind:

- Technische Leistungsmerkmale und Funktionen der Einspeiseanlage wie Einspeisekapazität, Lastfluss, H_2-Zumischgrenzen in das Grundgas, Druckdarbietung, Druckabsicherung, Druckstufentrennung, Auslegungsdruck (Design Pressure DP) und maximal zulässiger Betriebsdruck (Maximum Operating Pressure MOP) der Einspeiseanlage
- Technische Sicherheit und technisches Regelwerk
- Technische Mindestanforderungen des Netzbetreibers
- Anlagenbegrenzung und Schnittstellen
- Planungsprüfung und Ansprechpartner
- Betrieb und Instandhaltung
- Behördenengineering
- Projektplan zur Errichtung des Netzanschlusses.

Die Abstimmungsgespräche über die technischen Grundlagen zwischen Einspeiser und Netzbetreiber legen die wesentlichen Komponenten des Einspeisesystems fest. Dazu gehören:

- Druckstufentrennung zwischen Wasserstofferzeugung, Einspeiseanlage und Erdgasnetz
- Sicherheitseinrichtungen zur Unterbindung unzulässiger Drucküberschreitungen
- Sicherheitsabsperreinrichtungen zur Trennung des Einspeisesystems von der Erdgas-Netzinfrastruktur im Wartungs- und Störungsfall
- Druckdarbietung (Druckregelung, Verdichtung)
- Überwachung und Regelung der Einspeisemengen
- Eichpflichtige Messtechnik zur Mengen- und Gasbeschaffenheitsmessung
- Verfahrenstechnische und betriebliche Instrumentierung
- Wasserstoffleitungen
- Ggf. Leckerkennungssysteme
- Gaswarnanlage und Brandmeldesystem
- Automatisierung, Fernsteuerung und Fernüberwachung
- Mischung des Wasserstoffes mit dem Grundgas im T-Stück des Netzzugangs (und/oder Mischanlage).

Mit Beginn der Planung muss sichergestellt werden, dass sämtliche spezifizierte Rohrleitungen, Komponenten und Bauteile der Einspeiseanlage für Wasserstoff und/oder wasserstoffangereicherte Erdgase geeignet sind. Nachweise hierfür sind vom Hersteller anzufordern, zu überprüfen und der Anlagendokumentation zur Inbetriebnahme beizufügen.

Komponenten und Baugruppen in Einspeiseanlagen müssen bei der Bestellung für den jeweiligen Einsatz spezifiziert werden. Auf dieser Basis bescheinigt der Hersteller die Eignung und Funktionalität für die konkrete Anwendung (z. B. durch Datenblatt, Produkthandbuch, Konformitätserklärung, Stellungnahme, Prüfbericht, Betriebsbewährung). Alternativ kann eine Zertifizierung durch eine benannte Stelle angefordert werden. Die Bescheinigungen entbinden den Betreiber nicht von seiner Verantwortung zur richtigen und technisch sicheren Auslegung und Betrieb der Anlage. Des Weiteren ersetzt sie nicht die erforderlichen Prüfungen und Abnahmen zur Inbetriebnahme. Für die konkrete Anwendung werden bevorzugt betriebsbewährte Baugruppen, Konzepte und Lösungen eingesetzt [10]. Systeme für die Einspeisung von regenerativen Gasen in die

Erdgasinfrastruktur werden u. a. nach dem DVGW-Merkblatt G 265-3 geplant, errichtet und betrieben [11]. Das Merkblatt greift Wasserstoffspezifika auf und legt grundlegende Anforderungen an die Einspeisesysteme fest. Auf darüber hinaus gehende Merkmale wird hingewiesen, indem auf weiterführende Normen verwiesen wird. Nachfolgend werden die Themen, die über das Kapitel 6.2 hinausgehen, aufgegriffen und diskutiert.

6.3.3.1 Druckstufentrennung

Die Power-to-Gas-Anlage kann eine Druckquelle für das Erdgasnetz darstellen. Der Einspeisedruck wird von der Hochdruckelektrolyse oder von Verdichtern nach den Elektrolysen als Teil des Einspeisesystems bereitgestellt. Allgemein muss daher von unterschiedlichen Auslegungsdrücken (DP) von Anlagenteilen von der Wasserstofferzeugung bis zum Erdgasnetz ausgegangen werden. Dies bedeutet, dass das Gesamtsystem drucktechnisch in Abschnitte mit unterschiedlichen, aber abschnittsweise einheitlichen Auslegungsdrücken unterteilt ist. Zwischen diesen Bereichen mit einheitlichen Auslegungsdruck befindet sich eine Druckstufentrennung, die mit Sicherheitsab-

Bild 6.3: Sicherheitsabsperreinrichtungen (SAE) der Power-to-Gas Anlage Falkenhagen zwischen Messanlage und Verdichtereinheit [33]
(Quelle: Dr. Klaus Steiner)

sperreinrichtungen (SAE) den Bereich mit der niedrigeren Druckstufe vor unzulässigen Drucküberschreitungen schützt (**Bild 6.3**). Die Schutzfunktion der Sicherheitsabsperreinrichtungen besteht darin, dass abhängig von dem einzustellenden Ansprechdruck der Gasfluss unterbrochen wird (siehe z. B. Sicherheitsabsperreinrichtungen nach DIN EN 14382). Die Auslegung, Auswahl und Anzahl der SAE richtet sich nach dem DVGW-Arbeitsblatt G 491 [12]. Zur Inbetriebnahme werden die SAE von Sachverständigen geprüft und abgenommen.

Bei den bisherigen Power-to-Gas Pilotprojekten sind die erzeugten Wasserstoffmengen derart gering, dass die in das Erdgasnetz eingespeiste Wasserstoffmenge technisch-physikalisch nicht in der Lage ist, eine unzulässige Drucküberschreitung im Erdgasnetz zu produzieren. Das Volumen des Erdgasnetzes ist quasi beliebig groß, gemessen an der maximal einspeisbaren Wasserstoffmenge. In einem solchen Fall sollte frühzeitig mit dem Sachverständigen die Festlegung und Erfordernis der SAE besprochen werden.

Im Falle der Einspeisung von Wasserstoff in eine Hochdruck-Fernleitung liegt nahe, dass der Ausgangsdruck der Elektrolyse nicht ausreicht, um die erzeugte Wasserstoffmenge in die Fernleitung zu fördern. Erforderlich sind dann Kompressoren, die den Wasserstoff auf den erforderlichen Einspeisedruck verdichten. Im Falle des Stand-by-Betriebs besteht die Möglichkeit, dass Erdgas aus der Fernleitung zurückströmt und für die Elektrolyse eine Druckgefährdung, eine unzulässige Drucküberschreitung darstellt. Ein solcher Fall muss durch SAE sicher unterbunden werden; die dem Netzzugang vorgelagerte Anlage muss drucktechnisch geschützt werden.

6.3.3.2 Redundante Einspeisesysteme

Der Netzbetreiber ist nach dem Energiewirtschaftsgesetz verpflichtet, Elektrolyseure und Methanisisierungsanlagen an sein Gasversorgungsnetz anzuschließen. Sofern diese Anlagen überwiegend erneuerbare Energien im Sinne des Energiewirtschaftsgesetz (EnWG) zur Gaserzeugung einsetzen, gelten die besonderen Vorschriften für Biogasanlagen nach Gasnetzzugangsverordnung (GasNZV), wonach der Gasnetzbetreiber die Verfügbarkeit des Netzanschlusses dauerhaft, mindestens aber zu 96 % im Kalenderjahr, sicherzustellen hat [13], [14]. Der Anschlussnehmer, der Betreiber der Power-to-Gas-Anlagen, ist nicht verpflichtet, ganzjährig einzuspeisen. Er kann auch intermittierend einspeisen. Die Gasbeschaffenheit muss allerdings den DVGW-Arbeitsblättern G 260 und G 262, wie sie im Jahr 2007 Bestand hatten, entsprechen. Insofern hat sich bei den bisher errichteten Power-to-Gas-Anlagen aus Sicht des Anlagenbetreibers nicht die Notwendigkeit ergeben, die Einspeisung dauerhaft zu gewährleisten. Know-how-Aufbau beim Umgang mit der Technologie und Betrieb der Anlagen standen im Vordergrund [15]. Dies könnte sich aber mittelfristig ändern, wenn die Betreiber verbindliche Lieferverpflichtungen für erneuerbare Gase eingehen. Redundante Einspeisesysteme könnten dann die ganzjährige Gasdarbietung gewährleisten.

6.3.3.3 Explosionsschutz

Anforderungen an den Explosionsschutz an Einspeiseanlagen werden in dem DVGW-Arbeitsblatt G 265-1 und DVGW-Merkblatt G 265-3 beschrieben [11], [16]. Sofern die Einspeisung in einer Gas-Druckregelanlage erfolgt, sind für diese Anlagen geltenden Anforderungen des DVGW-Arbeitsblattes G 491 zu beachten. Die Überarbeitung des Arbeitsblattes berücksichtigt auch neue Anforderungen der Betriebssicherheits- (BetrSichV) und Gefahrstoffverordnung (GefStoffV) sowie der Technischen Regeln für Betriebssicherheit (TRBS) und zur Gefahrstoffverordnung (TRGS) [12], [17].

Wasserstoffspezifika in Anlehnung an das DVGW Merkblatt G 65-3 (M) werden im normativen Anhang O aufgelistet. Als Erkenntnisquelle zum Explosionsschutz wird auf die DGUV-Regel 113-001 [18] verwiesen, in der u. a. Beispiele zur Zoneneinteilung enthalten sind. Des Weiteren wird festgelegt, dass die Ermittlung der explosionsgefährdeten Bereiche an Ausblaseöffnungen mit einem anerkannten Verfahren unter Berücksichtigung der Anforderungen der TRBS 2152 erfolgen muss [11], [19]. Eine Berechnung nach dem Erdgas-Verfahren aus dem DVGW-Merkblatt G 442 ist gegenwärtig noch nicht möglich, jedoch ist eine entsprechende Erweiterung der Anwendbarkeit des Verfahrens vorgesehen.

An den Abblaseleitungen der Gasanalytik werden permanent geringe Wasserstoffmengen in die Atmosphäre abgeleitet. Darüber hinaus sind im Unterschied zu Erdgasanwendungen anders beschaffene Prüfgase an die Analytik angeschlossen. Inwiefern die geringen, aber unvermeidbaren Freisetzungen von Wasserstoff zu einer gefährlichen explosionsfähigen Atmosphäre führen, muss im Rahmen der Gefährdungsbeurteilung geprüft werden.

Des Weiteren müssen bei Wasserstoff-Kompressoren bei der Einspeisung in Hochdruck-Fernleitungen die Wechselwirkungen zwischen Elektrolyse und angrenzenden Bauteilen bewertet werden.

Es ist davon auszugehen, dass die Einspeiseanlage als Teil der gesamten Power-to-Gas-Anlage gesehen wird. Es ist daher ein einziges Explosionsschutzdokument der Anlage zu erstellen, welches die Explosionsgefährdungen im Bereich der Einspeiseanlage einschließlich der Verbindungsleitungen einschließt.

6.3.3.4 Gaswarneinrichtungen und Brandmeldeanlagen

Gaswarneinrichtungen zur Überwachung der Einspeisesysteme und deren Komponenten können ein Hilfsmittel zur Gefahrenreduzierung sein, indem die Anwesenheit von brennbaren Gasen weit unterhalb der unteren Explosionsgrenze erkannt wird.

Brandmeldeanlagen sind Gefahrenmeldeanlagen für den vorbeugenden Brandschutz, die Meldungen von verschiedenen Brandmeldern auswerten und Aktionen einleiten.

Bei beiden Systemen werden zur Warnung und Alarmierung geeignete akustische und/oder optische Warnungen ausgegeben. Darüber hinaus können Warnungen und Alarme an Instandhalter, Leitstellen und Hilfsorganisationen wie die Feuerwehr kommuniziert sowie Notfunktionen automatisch ausgelöst werden. Eine Notfunktion kann u. a. die Auslösung einer Zwangsbelüftung und das Abfahren, Absperren und ggf. die Druckentlastung von Anlagenteilen bedeuten [16].

Für Gas-Druckregelanlagen nach DVGW-Arbeitsblatt G 491 wird die Installation ortsfester Gaswarneinrichtungen und Brandmeldesystemen aufgrund der vorliegenden Betriebserfahrungen nicht gefordert. Demgegenüber sind in Einspeiseanlagen nach DVGW-Arbeitsblatt G 265-1 Gaswarneinrichtungen zur Überwachung des Aufstellungsraumes in Hinblick auf explosionsfähige Atmosphäre und Auslösung von Notfunktionen erforderlich.

Gaswarneinrichtungen und -geräte für den Explosionsschutz müssen die Anforderungen der DGUV-Information 213-057 / Merkblatt T023 der Berufsgenossenschaft Rohstoffe und chemische Industrie berücksichtigen [20]. Es gibt Empfehlungen für Auslegung, Inbetriebnahme, Betrieb und Instandhaltung. Das Merkblatt berücksichtigt die Anforderungen der Technischen Regeln für die Betriebssicherheit TRBS 2152 und die DGUV-Regel 113-001 [18], [19]. Das Merkblatt betont, dass bei der Auslegung die zu detektierenden Gase inkl. der Querempfindlichkeiten besonders zu berücksichtigen sind. Die Auswahl und Spezifikation der Güte der Wasserstoffsensorik kann dabei über die Kriterien der ISO 26142 unterstützt werden.

Brandmeldesysteme werden nach der DIN 14675-1 in Verbindung mit den Reihen DIN EN 54 und DIN VDE 833 geplant, errichtet und betrieben.

Gaswarneinrichtungen und Brandmeldesysteme als Teil des Sicherheitskonzeptes der Einspeiseanlage müssen kalibriert und nach Betriebssicherheitsverordnung (BetrSichV) wiederkehrend durch zur Prüfung befähigte Personen geprüft werden [21]. Neben den Empfehlungen der T023 sind die Anleitungen der Hersteller zu berücksichtigen.

6.3.3.5 Odorierung

Bei Feldversuchen mit bis zu 10 % Wasserstoffbeimischungen im Erdgas-Verteilnetz wurde festgestellt, dass

- eine ausreichende hohe Menge Odoriermittel vor und während der Einspeisung nachgewiesen wurde,
- das Odormittel „Odor S-free" chemisch stabil bleibt und
- eine Beeinträchtigung der olfaktorischen Wirkung nicht festgestellt wurde [22], [23].

6.3.3.6 Einspeisepunkt

Ein T-Stück an der Erdgasleitung bildet den Einspeisepunkt, an dem der Wasserstoff oder SNG an einen Netzbetreiber in dessen Netz übergeben wird (**Bild 6.4**). Die Einspeiseleitung wird meist über einen Kugelhahn von der Erdgasleitung trennbar ausgelegt. Ist diese Absperrarmatur Teil einer Sicherheitsfunktion, wird sie zur Begrenzung der Reaktionszeiten i. d. R. über einen fernansteuerbaren elektrischen Stellantrieb automatisiert. Wollen sowohl der Netzbetreiber als

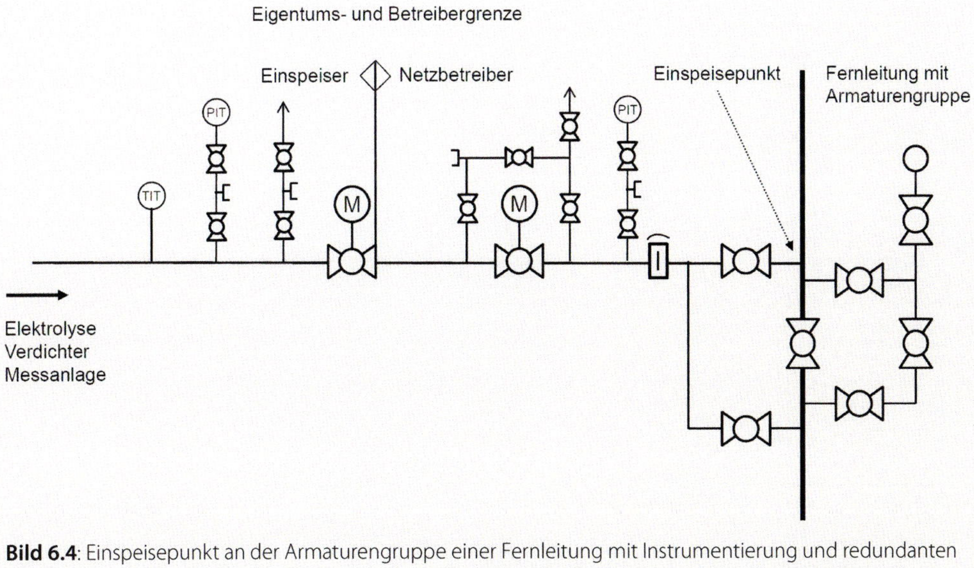

Bild 6.4: Einspeisepunkt an der Armaturengruppe einer Fernleitung mit Instrumentierung und redundanten automatisierten Sicherheitsabsperrarmaturen zur Trennung der Fernleitung von der Power-to-Gas-Anlage

auch der Einspeiser aus Sicherheitsgründen die Einspeisung unabhängig voneinander vom Netz trennen können, kommt auch eine redundante Ausführung von zwei automatisierten Absperreinrichtungen in Reihe infrage. Anforderungen an die funktionale Sicherheit der Armaturengruppe können in Anlehnung an die Normenreihe DIN EN 61508 gelöst werden.

Die ideale Absperrarmatur ist stets dicht, auf Dichtheit prüfbar, verschleißfest und manuell bedienbar. Da es solche Armaturen selten gibt, bestehen Armaturengruppen zur Einspeisung aus Hauptarmaturen, Umgangsleitungen mit Ausblasevorrichtungen sowie Instrumentierung zur Vor-Ort und Ferndrucküberwachung (Bild 6.4). Umgänge weisen auch Hauptabsperr- und sogenannte Verschleißarmaturen auf, damit die Hauptabsperrarmatur bei der Begasung und Entspannung nicht unter dem vollen Differenzdruck betätigt werden müssen.

Aus Wartungs- und Verfügbarkeitsgründen werden Einspeisepunkte in Fernleitungen auch in Armaturengruppen an den Fernleitungen mit Doppelabgriff und Abblasemöglichkeit eingebunden. Die konkrete Gestaltung folgt dabei der Betriebsphilosophie des Netzbetreibers, die oft in Werksnormen und Technischen Mindestanforderungen spezifiziert wird. Ein Beispiel zeigt Bild 6.4. Bei der Abstimmung der Gestaltung und Auslegung des Einspeisepunktes sollten auch Fragen zum aktiven Korrosionsschutz des Einspeisepunktes geklärt werden. Typischerweise müssen Isoliertrennstellen zur elektrischen Trennung der beteiligten Leitungen gesetzt werden. Des Weiteren ist das Erfordernis von Kondensatprüfstellen festzulegen.

6.3.3.7 Mischung des Wasserstoffs mit dem Grundgas

Die Bundesnetzagentur stellt in Ihrem Positionspapier zur Einspeisung von Wasserstoff und SNG in die Gasversorgungsnetze fest, dass die Einspeisung von Zusatzgas so zu erfolgen hat, dass die Anforderungen der öffentlichen Gasversorgung hinter dem Einspeisepunkt erfüllt werden. Das bedeutet die Einhaltung der DVGW-Arbeitsblätter G 260 und G 262 sowie eine vollständige Durchmischung des Zusatzgases mit dem Grundgas nach dem Einspeisepunkt [13], [14]. Da die Durchmischung von der Gasgeschwindigkeit des Grundgases abhängig ist, ist die Forderung technisch nur begrenzt erfüllbar.

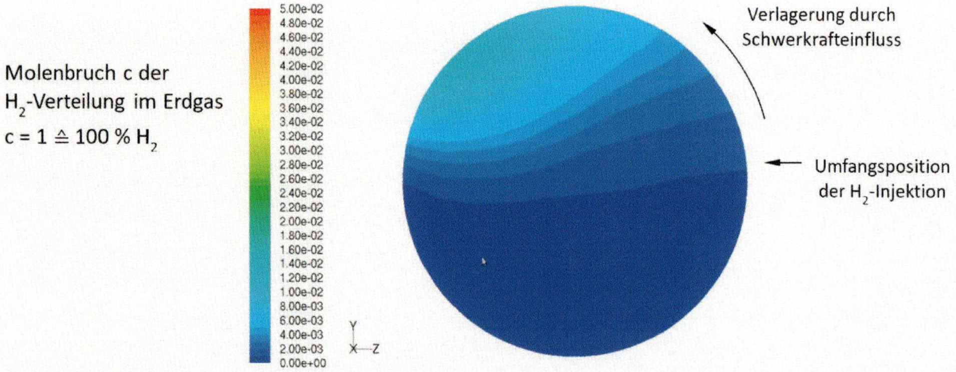

Bild 6.5: Simulierte H2-Verteilung in einer Erdgaspipeline 20 D (12 m) nach der H2-Einspeisung [DN 600; 50 barg]; H_2-Einspeiseleistung 360 Nm^3/h (Quelle: Dr. A. Schmücker, Open Grid Europe [24])

Bild 6.5 aus [24] zeigt eine simulierte Wasserstoff-Erdgas-Mischung in einer DN 600 Hochdruckpipeline 20D (12 m) nach der Einspeisestelle bei 50 bar. Die Einspeisung erfolgt im T-Stück auf 3 Uhr Position. Im Falle einer Strömungsgeschwindigkeit des Grundgases von 3 m/s in der Pipeline liegt die maximale Konzentration des Wasserstoffes bei 1,5 %. Die Durchmischung hängt dabei stark von der Geschwindigkeit des strömenden Gases in der Pipeline ab. Sinkt die Strömungsgeschwindigkeit auf 0,2 m/s, ist eine vergleichbare Durchmischung erst nach 2.500 m erreicht. Nahe der Einspeisestelle ist sogar mit einer Wasserstoffschicht über dem Erdgas zu rechnen. Dies ist zu berücksichtigen, wenn eine Abnahmestelle von Brenngas mit abnehmender Gasgeschwindigkeit in die Durchmischungszone rutschen kann. Je nach Gasgeschwindigkeit und Position der Abnahmestelle am Rohr variiert die Gasbeschaffenheit an der Abnahmestelle.

Grundsätzlich muss der Abrechnungsbrennwert an den Ausspeisestellen gemessen oder anderweitig bestimmt werden. Bei einer Wasserstoff-Schichtbildung wird der Abrechnungsbrennwert unkontrollierbar. Der Einsatz von Mischern mag das Problem reduzieren, aber nicht vollständig beseitigen. Erkauft wird die Mischeffizienz aber mit Druckverlusten in der Fernleitung. Bei der Einspeisesteuerung von Wasserstoff sollten daher die Gasgeschwindigkeit des Grundgases berücksichtigt werden. Rutscht die Gasgeschwindigkeit unter einen vorab definierten Schwellwert, sollte die Einspeisung von Wasserstoff begrenzt werden, falls flussab Abnahmestellen durch die Wasserstoffeinspeisung betroffen werden können.

6.3.3.8 Werkstoffe und Materialauswahl

Die DIN 30690-1 legt sicherheitstechnische Anforderungen an Bauteile und Komponenten in Gasversorgungsanlagen fest. Darunter fallen auch Anforderungen an Werkstoffe, Wanddickenberechnung drucktragender Bauteile und Bauteilauslegung, Verbindung und Verarbeitung von Formstücken sowie die Prüfungen und Prüfzeugnisse. Die Norm ist Teil des DVGW-Regelwerkes.

Bei der Planung und Auslegung der Einspeiseanlage und der verbindenden Rohrleitungen zwischen Elektrolyse, Einspeiseanlage, Messtechnik und Einspeisepunkt an der Erdgas-Netzinfrastruktur können zusätzlich die Veröffentlichungen der European Industrial Gases Association (EIGA) mit dem Fokus auf Wasserstoff und wasserstoffreiche Brenngase nützlich sein, da das DVGW-Regelwerk zurzeit den Transport von quasi reinem Wasserstoff nicht abdeckt. Zu nennen sind insbesondere die folgenden beiden Veröffentlichungen der EIGA:

- IGC Doc 15/06/E, Gaseous Hydrogen Stations; EIGA – European Industrial Gases Association; 2006 [25]
- IGC Doc 121/14, Hydrogen Pipeline Systems; EIGA – European Industrial Gases Association, 2014 [26].

Hilfreich in diesen Normen sind die Tabellen mit Werkstoffen, die für H_2-Anwendungen in Komponenten, Bauteilen und Rohrleitungen empfohlen werden. Die Tabellen enthalten auch Werkstoffe, die gemäß Teil 2 der TRFL empfohlen werden. Für das E.ON Power-to-Gas-Projekt Falkenhagen [27] wurde auf dieser Basis von den Sachverständigen in ihrer gutachterlichen Äußerung der Werkstoff L 290 NB oder MB für Rohre und Rohrbögen der Hochdruckpipeline und für Druckgeräte die Verwendung der Werkstoffe P 265 und P 355 empfohlen. Herstellung und Prüfungen erfolgten nach den Regeln der TRFL.

In dem Untersuchungsbericht „Field test of hydrogen in the natural gas grid" des „Dansk Gasteknisk Center" (DGC) wurden PE80 und PE100 Rohre über vier Jahre hinweg Wasserstoff ausgesetzt.

Das DGC folgert die prinzipielle Eignung der Polyethylen-Rohre für Wasserstoff im Verteilnetz. Des Weiteren wurden mit Wasserstoff gefüllte API 5L X70 Stahlrohre, die in den 1980er-Jahren verlegt worden waren, Druckwechselbelastungen ausgesetzt. Das DGC sieht nach diesen Tests eine prinzipielle Eignung des Materials für den Wasserstofftransport in Fernleitungen [28]. Die Ergebnisse bestätigen und ergänzen technisch-wissenschaftliche Untersuchungen zur Wasserstoff-Verträglichkeit des Europäischen Erdgas-Transport und Verteilnetzes [29], [30], [31].

Für den Nachweis der Eignung der Werkstoffe für Wasserstoff ist grundsätzlich der Hersteller der Produkte und Bauteile verantwortlich. Dies entbindet aber nicht den Betreiber von der sorgfältigen Planung und Überprüfung der Angaben und Zertifikate.

6.3.3.8.1 Wasserstoffversprödung

Die Einlagerung von Wasserstoff in das Metallgitter von Stählen verändert die Sprödigkeit des Materials. Der Werkstoff ermüdet rascher. In der Folge kann es zur Rissbildung kommen, das Material versagt aufgrund des Verlustes an Verformungsvermögen [32-37]. Rissbildung durch Wasserstoffschädigung tritt bevorzugt an niedriglegierten Stählen mit großer Härte auf. Voraussetzungen für die Wasserstoffversprödung sind:

- Saubere, nicht oxidierte metallische Oberflächen, die eine Anreicherung und Dissoziation zu atomarem Wasserstoff an der Oberfläche erlauben (Adsorption); saubere metallische Oberflächen können durch Beschädigung und Abrieb entstehen
- Anschießende Absorption; der Eintritt des atomaren Wasserstoffs in das Metallgitter des Werkstoffs
- Dynamisch-plastische Verformungen des Materials.

Die Oberflächenprozesse können durch CO und O_2 gehemmt und durch CO_2 und H_2S stimuliert werden. Schweißnähte sind nicht unbedingt stärker als Volumenmaterial betroffen, sofern sie ausreichend wärmebehandelt worden sind. Werkstoffempfehlungen zur Begrenzung der Wasserstoffversprödung für Wasserstoffleitungen und Anlagen werden in den EIGA Dokumenten [25], [26] und Lehrbüchern gegeben [33]. Hier werden niederfeste Leitungsrohrgüten bis X52 mit hohen Sicherheitsbeiwerten für Anlagen und Rohrleitungen empfohlen. Bruchmechanische Berechnungsmethoden, insbesondere zur Berücksichtigung des Einflusses der erhöhten Risswachstumsgeschwindigkeit unter Wasserstoffatmosphäre, werden in der ASME B31.12 gegeben.

6.3.3.8.2 Permeation

Permeation bezeichnet die Fähigkeit eines Stoffes (Permeat) zur Durchdringung eines Feststoffes. Treibende Kraft hinter der Permeation sind Konzentrationsunterschiede des wandernden Stoffes. Permeation ist abhängig von den molekularen Eigenschaften des Permeats und des Feststoffes, der durchdrungen wird sowie von Temperatur und Druckunterschieden. Die Neigung von Wasserstoff zur Permeation ist aufgrund der geringen Molekülgröße deutlich höher als bei Methan bzw. Erdgas. Druckwasserstoff in drucktragenden Teilen wandert umso schneller durch Wandmaterialen, je höher der Druck in den drucktragenden Komponenten ist. Im Wasserstoff-Sicherheits-Kompendium des Deutschen Wasserstoff Verbandes wird beschrieben, dass Permeation in Stahltanks und Druckgasflaschen praktisch ausgeschlossen werden kann. Übertragen auf die Komponenten und Rohrleitungen aus Stahl in der Einspeiseanlage bedeutet dies ebenfalls, dass durch Permeation Wasserstoff praktisch nicht verloren geht [38].

Trifft der Wasserstoff im Verteilnetz auf PVC bzw. Polymerrohre und -bauteile, ist die Permeation allerdings messbar. Hochrechnungen für das Deutsche Verteilnetz erreichen beim Methan einen Methanverlust von etwa 0,02 % aller dortigen Methanverluste. Untersuchungen des DBI zeigen einen etwa 6- bis 7-mal höheren Permeationskoeffizienten des Wasserstoffs bei Kunststoffen im Vergleich zum Methan. Damit bleibt der Wasserstoffverlust im Deutschen Verteilnetz durch Permeation ebenfalls gering [38], [39], [40], [41].

6.3.3.9 Auslegung der Wasserstoff-Verbindungsleitungen

Die Planung, Errichtung und der Betrieb einer Wasserstoffpipeline zur Einspeisung von Wasserstoff in die Erdgasinfrastruktur sollten nach dem DVGW-Regelwerk erfolgen. Die erforderliche Berücksichtigung von Wasserstoffspezifika, wie sie in diesem Kapitel beschrieben werden, kann durch Umsetzung von weiteren Technischen Regeln mit H_2-Fokus wie die Veröffentlichungen der EIGA erfolgen [25], [26]. Folgende wesentliche Merkmale sollten u. a. zur Anwendung kommen:

- Vermeidung von Werkstoffen mit hoher Zugfestigkeit
- Betriebsweise für ruhende Beanspruchung bei erdverlegten Leitungen
- Molchbare Wasserstoffleitungen
- Leckerkennunsgsystem (s. Kapitel 6.3.3.10)
- Herstellung und Prüfung der Rohre nach TRFL
- Prüfung und Qualitätssicherung durch Sachverständige [42]
- Alarm- und Gefahrenabwehrplan (als Teil der gesamten Power-to-Gas-Anlage) [43].

Bei der Nutzung vorhandener Rohrleitungen des Erdgasnetzes als Wasserstoffpipeline zur Einspeisung von Wasserstoff in das Erdgasnetz sind eine Reihe von technischen Gesichtspunkten und Rechtsnormen zu berücksichtigen. Die Änderung des Mediums ist in der Regel eine wesentliche Änderung. Im Falle einer wesentlichen Änderung ist ein Sachverständiger für eine gutachterliche Äußerung einzuschalten. Fällt die umgestellte Pipeline in den Anwendungsbereich der Gashochdruckleitungsverordnung, ist darüber hinaus ein Anzeigeverfahren durchzuführen. Es empfiehlt sich bei Umstellungsvorhaben rechtzeitig die zuständige Energieaufsicht einzuschalten, um erforderliche behördliche Verfahren zu klären. Dieses Thema sowie Auslegungs- und Materialfragen werden in der aktuellen Literatur vertieft erörtert [44], [45], [46], [47].

6.3.3.10 Systeme zur Lecküberwachung der Wasserstoffleitungen

Die Errichtung von Wasserstoffleitungen nach dem DVGW-Regelwerk erfordert im Unterschied zu den Technischen Regeln für Rohrfernleitungen (TRFL) keine Messsysteme für die Lecküberwachung der Pipeline. Das DVGW-Regelwerk stellt über ein System der Betriebsüberwachung sicher, dass eine Gefährdung der Rohrleitung möglichst vor Eintritt eines Schadens erkannt wird, um so Schäden weitgehend vorzubeugen [48], [49]. Mit Verweis auf die TRFL können aber Behörden bei H_2-Hochdruckleitungen als Anbindeleitungen zwischen Power-to-Gas-Anlage und Einspeiseanlage eine automatische Lecküberwachung im Sinne der TRFL fordern [27]. Es bieten sich Systeme an, die sich bei der Überwachung von H_2-Prozessgasleitungen bewährt haben und in die Fernüberwachung und -steuerung der Einspeiseanlage eingebunden werden können [50], [51]. Erfahrungen zeigen, dass Lecküberwachungssysteme im Betrieb eingefahren werden müssen, bevor Ansprechempfindlichkeiten von 0,5 % oder besser bezogen auf den nominalen Durchfluss erreicht werden können.

6.3.3.11 H_2-Verdichtung

Für die Einspeisung von Wasserstoff aus Elektrolysen in das Fernleitungsnetz muss i. d. R. der Wasserstoff auf den notwendigen Netzdruck verdichtet werden. Falls H_2-Lieferverpflichtungen verbindlich sind, sollte eine redundante Ausführung der Kompressoren geprüft werden. Anforderungen an die H_2-Verdichtung sind u. a.:

- Auslegung für schwankende Netzdrücke (plus Sicherheitsreserve)
- Druckstufentrennung und Druckabsicherung gemäß DVGW-Arbeitsblatt G 265-1
- Überwachung des Ansprechens von Sicherheitsabblaseventilen
- Auslegung der Saugseite mit mindestens dem Auslegungsdruck (Design Pressure DP) des vorgeschalteten Anlagenteils (z. B. Hochdruckelektrolyse)
- Sichere Vermeidung der Ansaugung von Luft aus dem Aufstellraum
- Ex-geschützte Ausführung
- Pulsationsdämpfer zur Vermeidung der Störung der eichpflichtigen Messtechnik
- Auslegung für Dauerbetrieb und/oder Kurzzeitbetrieb je nach Einsatzplan der Power-to-Gas-Anlage
- Trockenlaufende Ausführung zur Vermeidung des Öleintrages in den Wasserstoff (falls erforderlich)
- Einbindung in Fernüberwachung und -steuerung der Power-to-Gas-Anlage
- Instrumentierung mit Vor-Ort-Anzeigen
- Druck- und Temperaturüberwachung des Gases auf der Saug- und Druckseite
- Überwachung der Kühlung.

An Kompressoren können Wasserstoffverluste auftreten. Falls die eichpflichtige Mengenmessung vor den Verdichtern stattfindet, werden die Eichbehörden nach einer Quantifizierung der Wasserstoffverluste fragen. Zur Vermeidung von bilanztechnischen Nachteilen sollte die eichpflichtige Messtechnik daher nach den Verdichtern aufgebaut werden, sofern die Dynamik der Gaszähler dies erlaubt.

6.3.3.12 Regelung des H_2-Flusses

Regelarmaturen werden eingesetzt, wenn Stoffströme verändert werden müssen. Die Gasdruckregelung in Einspeiseanlagen hat die Aufgabe, hohen Gasdruck des Wasserstoffs auf den Wert zu reduzieren, den das nachfolgende Verteilnetz benötigt.

Gasdruckregelgeräte unterliegen u. a. der Druckgeräterichtlinie (PED). Zusammen mit der Druckabsicherung bildet das Druckregelgerät ein System zur Drucküberwachung. Anforderungen an Gasdruckregelgeräte sind der DIN EN 334 bzw. DIN 33822 festgelegt, die funktionalen Anforderungen an die Drucküberwachung sind im DVGW-Arbeitsblatt G 491 beschrieben. Der Einsatz in Wasserstoffeinspeiseanlagen muss bei der Bestellung spezifiziert werden, damit der Hersteller die Eignung und Funktionalität für Wasserstoff bescheinigen kann (s. Kapitel 6.3.3). Beim Einsatz von Standard-Druckregelgeräten des Erdgasfaches sollte beachtet werden, dass für die Auslegung der Geräte die Durchflusskoeffizienten von Erdgas auf Wasserstoff umgerechnet werden müssen. Darüber hinaus sollte für den Betrieb mindestens eine Reserve von 10 % eingeplant werden.

6.3.3.13 Prüfungen und Inbetriebnahme

Energieanlagen sind in Bezug auf die Druckgefährdungen von den überwachungsbedürftigen Anlagen ausgenommen. Die entsprechenden Prüfungen vor der Inbetriebnahme und wiederkehrend erfolgen auf Grundlage des EnWG, der Gashochdruckleitungsverordnung und des entsprechenden DVGW-Regelwerks.

Prüfung und Inbetriebnahme der Einspeiseanlage erfolgt nach dem DVGW-Merkblatt G 265-3 [11]. Wasserstoffspezifika werden über die Umsetzung der Herstellerangaben, des Sicherheitskonzepts und die Einhaltung der Empfehlungen der Sachverständige berücksichtigt. Primär wird geprüft, ob beim Betrieb der Einspeiseanlage mit Wasserstoff oder wasserstoffangereicherten Erdgasen die Schutzmaßnahmen und Schutzfunktionen der Sicherheitseinrichtungen zur Erreichung der Schutzziele angemessen und ausreichend sind. Zusätzliche Aufgaben für Sachverständige werden in der Literatur eingehend diskutiert [52].

Die Prüfungen der Explosionssicherheit von Anlagen in explosionsgefährdeten Bereichen sind entsprechend den Anforderungen der BetrSichV durchzuführen.

6.3.3.14 Instandhaltung

Die Instandhaltung der Einspeiseanlage erfolgt in Anlehnung an das DVGW-Arbeitsblatt G 495 „Gasanlagen – Betrieb und Instandhaltung" und das Merkblatt G 265-2 „Anlagen für die Aufbereitung und Einspeisung von Biogas in Erdgasnetze – Teil 2: Fermentativ erzeugte Gase – Betrieb und Instandhaltung". Des Weiteren sollte die DGUV-Information 203-092 „Arbeitssicherheit beim Betrieb von Gasanlagen" berücksichtigt werden. Liegen betriebsbewährte Erfahrungen mit Wasserstoff und wasserstoffreichen Brenngasen vor, kann auch eine zustandsorientierte Instandhaltung durchgeführt werden. Der Betrieb und die Instandhaltung der Rohrleitungsanlage erfolgen in Anlehnung an das DVGW-Arbeitsblatt G-466-1 „Gasleitungen aus Stahlrohren für einen Auslegungsdruck größer als 16 bar – Instandhaltung".

Das Betriebshandbuch berücksichtigt die Verfahrens- und Betriebsanweisungen zu Wasserstoff, wasserstoffangereicherten Erdgasen und Erdgasen. Im DVGW-Merkblatt G 265-3 wird die Aufnahme folgender Themen angeregt:

- Betriebsorganisation
- Schulungsplan
- Übungen zum Ereignismanagement
- Alarm- und Gefahrenabwehrplan
- Flucht- und Rettungsplan
- Feuerwehrplan
- Sicherheitskonzept
- Betriebskonzept.

6.3.4 Metrologie der regenerativen Gase

Die Stoffströme werden primär aus zwei Gründen gemessen [53]:

- Prozessdaten: Sie sind Teil der Prozessgrößen zur Steuerung der Verfahrenstechnik und Infrastruktur. Die Spezifikation der Instrumentierung folgt den Anforderungen des Prozesses, des technisch sicheren Betriebes und der Instandhaltung der technischen Einrichtungen. Prozessdaten werden zu Leitstellen kommuniziert, um die Anlage aus der Ferne überwachen und steuern zu können. Aus Gründen der technischen Sicherheit und zur zeitlichen Begrenzung von Reaktionszeiten stehen Prozessdaten in der Leitstelle quasi in Echtzeit zur Verfügung.

- Abrechnungsdaten: Sie „bemessen" stoffliche Mengen und energetische Wertgüter, die eingespeist, transportiert, verteilt und gehandelt werden. Die dafür genutzten Messinstrumente unterliegen somit den Anforderungen des gesetzlichen Messwesens, die in Deutschland im Mess- und Eichgesetz (MessEG) festgelegt worden sind. Getrennt von den Prozessdaten verfügt die Anlage über separate Kommunikationswege für die Abrechnungsdaten. Die Abrechnungsdaten müssen nicht in Echtzeit aber spätestens zum Ende der Abrechnungsperiode zur Verfügung stehen (Time of Use). Messgrößen der Messinstrumente für die Abrechnungsinformationen werden aber auch für die Prozesssteuerung genutzt. In diesem Fall werden die gemessenen Größen höherfrequent, quasi in Echtzeit, an die Leitstelle kommuniziert. Die Anbindung der Abrechnungsmesstechnik an die Prozesssteuerung erfolgt zur Sicherstellung der Integrität der Abrechnungsdaten rückwirkungsfrei.

Die Bestimmung der stofflichen Ströme fossiler Erdgase und deren Mischungen wird ausführlich in [54] beschrieben. Methanisierter Wasserstoff (SNG) kann messtechnisch wie Erdgas behandelt werden, da er in seiner chemischen Zusammensetzung und physikalischen Beschaffenheit den Erdgasen gleicht.

Inwiefern ein Filter und Abscheider vor der Messanlage erforderlich ist, sollte im Rahmen der Vorplanung geprüft und von der Wahrscheinlichkeit des Auftretens von Gasbegleitstoffen wie z. B. Wasser oder Verdichteröle abhängig gemacht werden.

Der Vollständigkeit halber soll hier erwähnt werden, dass die eingangsseitige Medienversorgung der Power-to-Gas-Anlage mit Elektrizitätszählern und Wasseruhren überwacht und abgerechnet wird.

6.3.4.1 Verfahrenstechnische und betriebliche Instrumentierung

Zur Steuerung und Überwachung des Einspeiseprozesses sind eine Reihe von Instrumenten aus betrieblichen und verfahrenstechnischen Gründen erforderlich. Hierzu können u. a. gehören:

- Instrumente zur Überwachung des Sauerstoffgehaltes im elektrolytisch erzeugten Wasserstoff, der Gasbeschaffenheit und Feuchte zur Einhaltung der DVGW-Arbeitsblätter G 260 und G 262 sowie der technischen Mindestanforderungen des Netzbetreibers, der Gastemperatur an und der Kühltemperatur in den Kompressoren, des Ansprechens der Sicherheitsabsperreinrichtungen und der Abblaseventile
- Drucküberwachung mit Vor-Ort Anzeige mit Prüf- und Entspannungseinrichtung für alle absperrbaren Abschnitte der Einspeiseanlage
- Lecküberwachung, Brandmelder und Gaswarnsysteme (s. Kapitel 6.3.3.10)
- Stellungsanzeigen der Aktorik
- Sensorik für die Zustandsüberwachung, Anlagenschwingungen und das Einspeisemanagement
- Instrumentierung der Komponenten und Bauteile nach Herstellerempfehlungen
- Zugangskontrollen.

Die Echtzeit-Signalisierung der Messwerte und Schwellwerte für Warnung und Alarmierung, sollten über eine Gefährdungsbeurteilung begründet werden.

Die Messgrößen der stofflichen Ströme zur Steuerung der Wasserstofferzeugung und Einspeisung werden über die eichpflichtige Messtechnik zur Verfügung gestellt.

6.3.4.2 Eichpflichtige Wasserstoffmessung

Eine Messanlage zur eichpflichtigen Mengenbestimmung von Wasserstoff besteht in der einfachsten Form aus einem geeichten Gaszähler, der die Technische Richtlinie G 19 der Physikalisch Technischen Bundesanstalt einhält und zur Europäischen Messgeräterichtlinie (MID) konform ist (**Bild 6.6**) [24], [54], [55]. Die Konformitätserklärung des Herstellers gilt als „Ersteichung". Das zugrunde liegende Konformitätsbewertungsverfahren kann die Prüfung des Gaszählers auf einer staatlich anerkannten Prüfeinrichtung einschließen.

Anforderungen an elektronische und softwaregesteuerte Messgeräte und Zusatzeinrichtungen sowie deren Schnittstellen werden in den PTB-Anforderungen PTB-A 50.7 und PTB-A 50.1 beschrieben.

Die PTB hält Coriolis-Zähler für einsetzbar, sofern der Einsatzbereich des Messinstruments die Dichte des Wasserstoffstromes abdeckt. Die PTB akzeptiert auch den Einsatz von Drehkolbenzäh-

Bild 6.6: Eichpflichtige Mengenmessung, Feuchte und Gasbeschaffenheitsmessung des eingespeisten Wasserstoffs im Power-to-Gas Projekt Falkenhagen vor der Inbetriebnahme [33] (Quelle Dr. Klaus Steiner)

lern, sofern der Hersteller dies für unbedenklich hält und die Eichbehörden dem Einsatz zustimmen. Werden andere Gaszählertechnologien für die Mengenbestimmung von Wasserstoffeinspeisungen favorisiert, sollte vorab ein Gespräch zur Klärung der Einsatzbedingungen mit der PTB bzw. den Eichbehörden geführt werden.

Für Verrechnungszwecke wird das gemessene Betriebsvolumen in der Abrechnungsperiode auf den Normzustand umgerechnet [54] (**Bild 6.7**). Oberhalb von Überdrücken von 1 bar im Wasserstoff gehen die erfassten Druck- und Temperaturwerte als Umwertungsgrößen in die Zustandsmengenumwertung ein. Für die Umwertung werden kommerziell erhältliche MID Mengenumwerter nach DIN EN 12405 eingesetzt. Als Zustandsgleichung zur Bestimmung der Kompressibilität wird die AGA8-92DC Zustandsgleichung festgelegt (DIN EN ISO 12213-2). Die DVGW Arbeitsblätter G 685 1 bis 7 „Gasabrechnung" bzw. „Realgasfaktoren und Kompressibilitätszahlen von Erdgasen; Berechnung und Anwendung" sind dabei einzuhalten.

Die Reinheit des einzuspeisenden Wasserstoffs ist regelmäßig zu prüfen. Die PTB akzeptiert Probennahmen und anschließende Analysen in einem akkreditierten Labor. Bei Inbetriebnahme kann die Probennahme monatlich stattfinden und später in größeren Abständen erfolgen. An- und Abfahr- sowie Umschalteffekte sollen bei den Probennahmen berücksichtigt werden. Wird die Wasserstofferzeugung überwiegend intermittierend gefahren, sollte der Einsatz eines automatischen, quasi kontinuierlich arbeitenden Messverfahrens zur Gasbeschaffenheitsanalytik geprüft werden, um den Aufwand für Probennahmen zu begrenzen (Bild 6.6).

Beträgt die Reinheit des Wasserstoffs mindestens 99,9 %, wird dem Wasserstoff der Brennwert aus der DIN EN ISO 6976 zugeordnet. In allen anderen Fällen ist die stoffliche Zusammensetzung des Wasserstoffes mit einem von der PTB akzeptierten und kalibrierten Messgerät zu bestimmen. Die Kalibration hat regelmäßig mit rückgeführten, zertifizierten Normalen zu erfolgen. Der Abrechnungsbrennwert ist als Mischbrennwert nach DIN EN ISO 6976 zu berechnen.

Die Inbetriebnahme der eichpflichtigen Messanlage erfolgt nach dem DVGW-Arbeitsblatt G 492 „Gasmessanlagen für einen Betriebsdruck bis einschließlich 100 bar" unter Aufsicht der für den Standort zuständigen Eichdirektion [54].

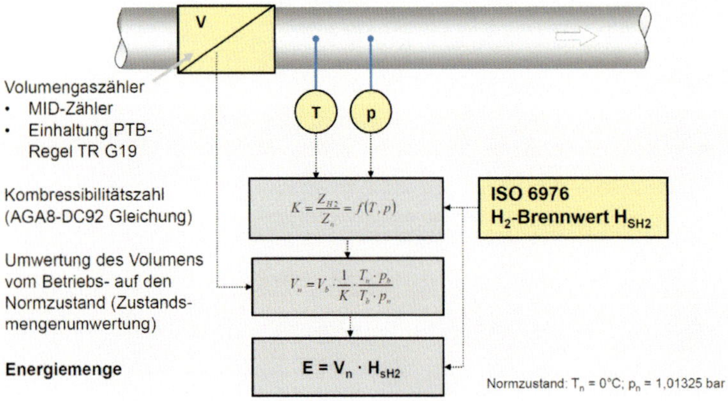

Bild 6.7: Zustandsmengenumwertung und eichpflichtige Bestimmung des H_2-Energieflusses (Quelle: Dr. P. Schley, E.ON [29,56])

6.3.4.3 Wasserstoffangereicherte Erdgase

In [56] wurde der Einfluss von Wasserstoff auf die Hochdruckfehlerkurve von Erdgaszählern untersucht. Ein handelsüblicher Turbinrad- und ein Ultraschallgaszähler wurden auf dem Hochdruckprüfstand pigsar bei 30 bar mit verschiedenen gut durchmischten wasserstoffangereicherten Erdgasen durchströmt. Der Wasserstoffanteil variierte zwischen 0 und 10 Vol.%. Als Ergebnis ergaben sich die Messabweichungen zwischen Q_{min} und Q_{max} (**Bild 6.8**). Es zeigte sich, dass eine Beeinflussung des Messverhaltens des Turbinenradgaszählers und Ultraschallgaszählers bei moderaten H_2-Anteilen bis zu 10 Vol.% praktisch ausgeschlossen werden kann.

Beim Einsatz von handelsüblichen Erdgaszählern für die eichpflichtige Mengenmessung wasserstoffangereicherter Erdgase sind noch folgende Punkte der Technische Richtlinie G 19 der PTB zu beachten:

- Stoffmengenanteil $X_{H2} \leq 5$ % (MID-Gaszähler beliebiger Technologie können eingesetzt werden)
- Stoffmengenanteil X_{H2} bis 10 % (MID-Gaszähler benötigen eine Unbedenklichkeitsbescheinigung des Instrumentenherstellers)
- Stoffmengenanteil $X_{H2} > 10$ % (Neben der Herstellerbescheinigung ist zusätzlich noch eine Unbedenklichkeitsbescheinigung der PTB erforderlich).

Als Zustandsgleichung zur Bestimmung der Kompressibilität wasserstoffangereicherter Brenngase wird die AGA8-92DC Zustandsgleichung festgelegt (DIN EN ISO 12213-2). Die DVGW-Arbeitsblätter G 685 1 bis 7 sind für die Brennwertbestimmung, Brennwertschwankungen im Netz und Abrechnung einzuhalten. Für die Mengenumwertung können handelsübliche MID und zugelassene Mengenumwerter eingesetzt werden [54].

Der Wasserstoffanteil kann vernachlässigt werden, wenn

- Wasserstoffgehalte bis 0,2 % enthalten sind oder
- das Produkt aus Überdruck in bar und Wasserstoffanteil in Prozent kleiner gleich 15 ist.

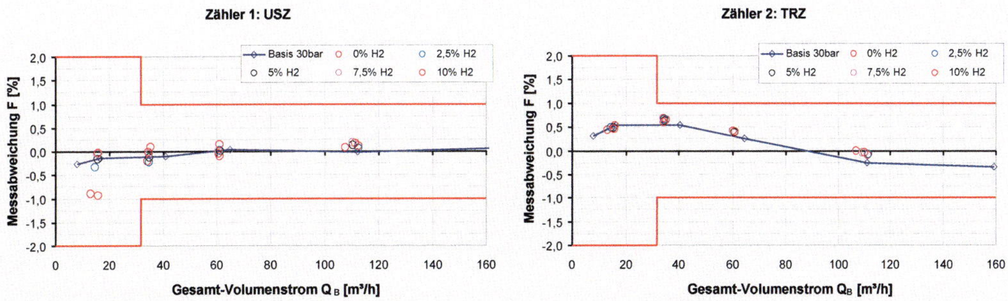

Bild 6.8: Messabweichung eines Ultraschall- und Turbinenradgaszählers in Abhängigkeit des H_2-Anteils im Erdgas [60]

Der Netzbetreiber ist gemäß Gasnetzzugangsverordnung (GasNZV) verpflichtet, Gasbeschaffenheitsmessgeräte bei relevanten Wasserstoffanteilen im Netz soweit zu ertüchtigen, dass die Gasabrechnung nach den DVGW-Arbeitsblättern G 685 1 bis 7 erfolgen kann [13], [14]. Laut Technischer Regel TR G 19 der PTB ist dies der Fall, wenn der Brennwert der abzurechnenden Gasmenge durch Wasserstoffbeimischungen um mehr als 0,1 % verfälscht wird [55].

Zertifizierte Prüf- und Kalibriergase sind kommerziell erhältlich [57].

6.3.4.4 Gasmessstellen im Verteilnetz

Im Unterschied zu eichpflichtigen Messstellen an Einspeiseanlagen und im Fernleitungsnetz werden Abrechnungswerte bei Letztverbrauchern mit Messsystemen bestimmt, die lediglich aus geeichten Regelgeräten zur Effektivdruckdarbietung und Haushaltsgaszählern zur Mengenbestimmung bestehen. Beide Geräte tragen zu den Messabweichungen und Messunsicherheiten bei [58], [59].

Bei einer gleichförmigen Beimischung, die zu einem konstanten Mischungsverhältnis führt, kann erwartet werden, dass die veränderte Gasbeschaffenheit zu einer zusätzlichen systematischen Messabweichung führt. Fluktuierende Beimischungen stellen eine Störgröße dar, welche die Messabweichung je nach Wasserstoffkonzentration variieren lässt. Dies führt zu einer größeren Messunsicherheit der Abrechnungswerte.

In [58] werden dichteabhängige Gerätekenngrößen genutzt, um maximale Messabweichungen von Haushaltsmessstellen und Messunsicherheiten von Abrechnungswerten abhängig von den Wasserstoffanteilen im Erdgas zu berechnen. Bei der thermischen Gasabrechnung können 10 % Wasserstoffanteile im Erdgas zu Messabweichungen bis zu 7 % bezogen auf 1 m^3 führen. Die Messunsicherheiten der Abrechnungswerte schwanken dabei zwischen 1,1 und 1,3 % (erweiterter Vertrauensbereich k = 2) je nachdem, ob die Abrechnungsbrennwerte auf Basis von Messdaten mit Prozessgaschromatographen bestimmt oder über die lastabhängigen Gasflüsse berechnet werden.

6.3.4.5 Gasförmiges Kohlenstoffdioxid

Das Zusatzgas Wasserstoff lässt sich mit Kohlenstoffdioxid methanisieren und so als Austauschgas einspeisen. Als stoffliche Eingangsmenge der Methanisierung wird Kohlenstoffdioxid ein Handelsgut und Wertstoff, der bestimmt, d. h. gemessen, werden muss. Im Falle des Bezuges von Dritten unterliegen in Deutschland die hierfür eingesetzten Messgeräte dem Mess- und Eichgesetz (MessEG).

In einer Messkampagne bis 25 bar mit CO_2 und Erdgas auf akkreditierten Prüfständen wurde gezeigt, dass oberhalb von 10 % $Q_{max,}$ eine praktische Reynolds-Zahl unabhängige Abweichungen von lediglich 0,3 % zwischen den Erdgas- und CO_2-Messungen beobachtet werden. Erdgaszähler können daher für Messungen von gasförmigen CO_2-Mengen eingesetzt werden. Des Weiteren ließ sich von den Untersuchungen her ableiten, dass Hochdruckprüfstände, die Gaszähler mit Erdgas kalibrieren, auch genutzt werden können, um Gaszähler für eichpflichtige Messungen von gasförmigen Kohlendioxidmengen zu prüfen [60].

Anforderungen an den Aufbau, die Errichtung, den Betrieb und die Instandhaltung von Anlagen und Transport können der Literatur [33], [60], [61], [62], [63] und ISO 27913 „Carbon dioxide capture, transportation and geological storage. Pipeline transportation system" entnommen werden.

6.3.5 Fernwirktechnik

Die Fernüberwachung und -steuerung der Einspeiseanlage und Messanlage ist in die Fernwirktechnik der gesamten Power-to-Gas-Anlage integriert. Ein Datenaustausch mit der Leitebene des Netzbetreibers findet statt. I. d. R. wird die Prozessleitebene, die Steuerung der Einspeisung und die Überwachung der technischen Sicherheit, von der eichpflichtigen Messtechnik getrennt. Gründe hierfür sind unterschiedliche Aufgaben, andere Datenqualitäten und Auflagen des Mess- und Eichgesetzes (MessEG).

Die Messgeräte und elektronischen Hilfseinrichtungen der eichpflichtigen Messtechnik werden über einen lokalen Bus, i. d. R. DSfG-Bus nach DVGW-Arbeitsblatt G 485, zum Datenaustausch unabhängig von der Prozessebene vernetzt, um die Voraussetzungen des Eichrechtes zu erfüllen. Eine rückwirkungsfreie Datenfernüberwachung erlaubt die Messgeräteüberwachung, den Fernstart von Selbstkalibrierroutinen und die Datenauslesung. Die Datenübertragung erfolgt primär zum Zwecke der Bilanzierung und Abrechnung. Darüber hinaus können Messdaten an die Prozessleitebene und die messtechnische Revision rückwirkungsfrei kommuniziert werden. Die Revision ist Teil des Betriebes und dient der Überwachung und Aufrechterhaltung der Funktionalität und Güte der eichpflichtigen Messinstrumente.

Aufgaben der Prozessleitebene sind prozessnahe Funktionen wie Einspeisesteuerung, Schalten von Armaturen, Überwachung der Sicherheitsfunktionen, An- und Abfahren der Anlage, Steuerung der H_2-Produktion, Überwachung der Einhaltung der Beimischgrenzen für Wasserstoff, Einleitung von Not-Maßnahmen, Diagnosen und die Prozessmessung inkl. die Unterstützung der Anzeige- und Bedienfunktionen in der Leitwarte und Vor-Ort in der Anlage. Die Reaktion auf veränderliche Zustände erfordert eine Kommunikation in Echtzeit. Abrechnungsinformationen werden ebenfalls zeitnah erhoben, die Kommunikation der Daten zur Abrechnung und Bilanzierung kann aber zeitversetzt zu einem späteren Zeitpunkt erfolgen. Dafür reicht es, Messdaten zu erheben und den gespeicherten Informationen einen Zeitstempel zur Identifikation des Nutzungszeitraumes anzuhängen.

Literatur

[1] Schilling, E.; Bunte, H.: Handbuch der Gastechnik. Band 4, R. Oldenbourg Verlag, München; Berlin, 1917

[2] Körting, J.: Geschichte der deutschen Gasindustrie. Vulkan-Verlag GmbH, Essen, 1963

[3] Mischner, J.; Fasold, H.-G.; Heymer, J.: gas2energy.net. 2. Auflage, DIV Deutscher Industrieverlag, München, 2015

[4] [URL:https://bremen.arcelormittal.com/Ueber-uns/Standort-Bottrop/], zuletzt abgerufen am 25.05.2020

[5] RAG: RAG Sicherheitsdatenblatt Kokereigas. 2008

[6] Wetzel, U.: Praxis des technischen Rechts für Fach- und Führungskräfte. DVGW-Fachbuchreihe Praxis, wvgw Wirtschafts- und Verlagsgesellschaft Gas und Wasser, Bonn, 2012

[7] IGV Industriegaseverband: CE-Kennzeichnung von Gas-Versorgungsanlagen und deren Anlagenteilen. IGV-PP-03B-Rev4, Berlin, Stand: 01.08.2018

[8] Rau, J.: Produkt-Zertifizierungszeichen der DVGW Cert GmbH. In: Der Wassermeister, 2 (2018) 4, S. 4

[9] Jannemann, T. B.: Status der nationalen Zertifizierung – Quo Vadis? In: IRO (Hrsg.): Tagungsband zum Oldenburger Rohrleitungsforum. Band 41, Vulkan-Verlag GmbH, Essen, 2015, S. 581-587

[10] Steiner, K.: Betriebsbewährt, in der Praxis bewährt. Eine technische Sicht der betrieblichen Erprobung und Funktionsnachweis im Gasfach. In: energie-wasser-praxis, 1 (2020), S. 40-45

[11] DVGW: Technischer Hinweis – Merkblatt DVGW G 265-3 (M). Anlagen für die Einspeisung von Wasserstoff in Gasversorgungsnetze; Planung, Fertigung, Errichtung, Prüfung, Inbetriebnahme und Betrieb. Mai 2014

[12] DVGW: Technische Regel – Arbeitsblatt DVGW G 491 (A). Gas-Druckregelanlagen für Eingangsdrücke bis einschließlich 100 bar. April 2020

[13] Bundesnetzagentur: Positionspapier zur Anwendung der Vorschriften der Einspeisung von Biogas auf die Einspeisung von Wasserstoff und synthetischem Methan in Gasversorgungsnetze. Stand: 01.08.2014, [URL: www.bundenetzagentur.de], zuletzt abgerufen am 17.02.2019

[14] Lietz, F.: Rechtlicher Rahmen für die Power-to-Gas-Stromspeicherung. Nomos Verlag, Baden-Baden, 2017

[15] DVGW: Übersicht der Power-to-Gas-Anlagen in Deutschland. Stand: September 2017, [URL: www.dvgw.de/themen/gas-undenergiewende/power-to-gas/], zuletzt abgerufen am 14.02.2019

[16] DVGW: Technische Regel – Arbeitsblatt DVGW G 265-1 (A). Anlagen für die Aufbereitung und Einspeisung von Biogas in Gasversorgungsnetze. März 2014

[17] Faber, W.; Seemann, A.; Schrader, A.: Anfoderungen zum Explosionsschutz nach GefStoffV und BetrSichV für Gasanlagen – neue Rechtslage ab 1. Juni 2015. In: gwf Gas/Erdgas, 156 (2015) 6, S. 366-373

[18] Deutsche Gesetzliche Unfallversicherung (DGUV): DGUV Regel 113-001. Explosionsschutz-Regeln (EX-RL). Juni 2018

[19] Technischen Regeln für die Betriebssicherheit TRBS 2152

[20] Berufsgenossenschaft Rohstoffe und chemische Industrie: DGUV Information 213-057. Merkblatt T023: Sichere Technik – Gaswarneinrichtungen und -geräte für den Explosionsschutz. Februar 2016

[21] Reinecke, M.: Praktische Umsetzung der novellierten Prüfanforderungen zum Explosionsschutz nach BetrSichV für Energieanlagen der Gasversorgung. In: gwf Gas + Energie, 158 (2017) 7-8, S. 68-72

[22] Nitschke-Kowsky, P.; Weßing, W.; Dörr, H.; Kröger, K.: Praxiserfahrung mit der Wasserstoffeinspeisung in ein Erdgasverteilnetz. In: gwf Gas/Erdgas, 156 (2015) 10, S. 744-752

[23] Nitschke-Kowsky, P.; Weßing, W.; Dörr, H.; Kröger, K.: Praxiserfahrung mit der Wasserstoffeinspeisung in ein Erdgasverteilnetz. In: Energie / wasser Praxis, 68 (2015) 10, S. 20-27

[24] Steiner, K.: Eichpflichtige Mengenmessung „regenerativer Gase". Wasserstoff in der Energiewirtschaft. In: Hzwei, 16 (2016) 04, S. 35-37

[25] IGC Doc 15/06/E: Gaseous Hydrogen Station. EIGA – European Industrial Gases Association, 2006

[26] IGC Doc 121/14: Hydrogen Pipeline Systems. EIGA – European Industrial Gases Association, 2014

[27] Schoof, R.; Zschocke, A.; Boehnke, F.; Powik, P.; Steiner, K.: Windstromspeicherung im Erdgasnetz. Power-to-Gas-Projekt Falkenhagen: In: Energiewirtschaftliche Tagesfragen, 62. (2012) 11, S. 93-96

[28] Iskov, H.: Field test of hydrogen in the natural gas grid. Danish Gas Technology Centre, Hørsholm, 2010

[29] Weber, R.-E.; Müßig, S.: Wasserstoff als künftiger Energieträger – dargestellt am Euro-Quebec-Projekt. In: gwf Gas/Erdgas, 133 (1992) 10/11, S. 497-504

[30] NaturalHy: Using the Existing Natural Gas System for Hydrogen. Oktober 2009

[31] Altfeld, K.; Pinchbeck, D.: Admissible hydrogen concentrations in natural gas systems. In: gas for energy, 5 (2013) 3, S. 1-12

[32] Gräfen, H.; Pöpperlin, R.; Schlecker. H.; Schlerkmann, H.; Schwenk, W.: CERT-Untersuchungen an Leitungsrohrstählen über eine Korrosionsgefährdung durch wasserstoffhaltige Gase bei hohen Drücken. In: Werkstoffe und Korrosion 39 (1988) 11, S. 517-525

[33] Mohitpour, M.; Golshan, H.; Murray, A.: Pipeline Design & Construction. A Practical Approach. 3. Auflage, ASME Press, New York, 2007

[34] Jürgensen, J.; Pohl, M.: Stahlbruch infolge Wasserstoff-induzierter Schäden. In: HZwei, 17 (2017) 1, S. 40-42

[35] Brauer, H.; Simm, M.; Wanzenberg, E.; Henel, M.: Stahlrohre für den Transport von gasförmigem Wasserstoff. In: gwf Gas + Energie, 160 (2019) 2-3, S. 58-64

[36] Wackermann, K., Schweizer, F.; Pfeiffer, W.: Wasserstoffversprödung metallischer Werkstoffe. Adsorption, Diffusion und Werkstoffeigenschaften. In: gwf Gas + Energie, 160 (2019) 2-3, S. 66-75

[37] Wossog, G.: Handbuch Rohrleitungsbau. Band 1, 4. Auflage, Vulkan-Verlag GmbH, Essen, 2016

[38] Wurster, R.; Schmidtchen, U.: DWV Wasserstoff-Sicherheits-Kompendium. Hrsg.: Deutscher Wasserstoff- und Brennstoffzellenverband e.V., November 2011

[39] Müller-Syring, G.: Permeation von Gasen durch Kunststoffrohrleitungen. In: Energie / wasser Praxis, 57 (2006) 12, S. 70-73

[40] Müller-Syring, G.; Schütz: Gaspermeation durch Kunststoffrohrleitungen. In: gwf Gas/Erdgas, 150 (2009) 4, S. 194-198

[41] Schütz, S.; König, J.; Glandien, J.; Weßing, W.; Gollanek, S.: Permeationsuntersuchungen an Kunststoffrohren. In: gwf Gas + Energie, 158 (2017) 9, S. 58-65

[42] Engel, C.: Vorteile der Qualitätsüberwachung durch Sachverständige. In: IRO (Hrsg.): Tagungsband zum Oldenburger Rohrleitungsforum. Band 41, Vulkan-Verlag GmbH, Essen, 2015, S. 504-507

[43] Rieche, R.: Gesetzliche und behördliche Anforderungen für Alarm- und Gefahrenabwehrpläne. In: IRO (Hrsg.): Tagungsband zum Oldenburger Rohrleitungsforum. Band 41, Vulkan-Verlag GmbH, Essen, 2015, S. 556-560

[45] Marewski, U.; Engel, C.; Steiner, M.: Umstellung von bestehenden Erdgasleitungen zum Transport von Wasserstoff. In: 3R, 1-2 (2020), S. 55-64

[46] Bick, D.; Schmücker, A.: H_2-Tauglichkeit des Ferngasnetzes der Open Grid Europe. Status, erforderliche Anpassungen und Fahrplan zur Umsetzung. In: Tagungsband zum 34. Oldenburger Rohrleitungsforum, IRO Band 47, Vulkan-Verlag GmbH, Essen, 2020, S. 689-693

[47] Brauer, H.; Simm, M.; Wanzenberg, E.; Henel, M.; Huising, O. J.: Energiewende mit Wasserstoffrohren „H2Ready" und Umstellung existierender Erdgasnetze. In: 3R, 3 (2020), S. 32-45

[48] Scheidt, M.: Untersuchungvorhaben zur Leckerkennung bei unterirdischen Rohrleitungen. In: 3R 6 (2017), S.91-95

[49] Klees, A.; Groos, A.: Gewährleistung der technischen Sicherheit von Gasinfrastrukturen in Deutschland. In: Energie / wasser Praxis, 68 (2017) 6/7, S. 18-25

[50] Leak Detection Systems Critical to Pipeline Safety. In: Pipeline & Gas Journal, 241 (2014) 6, S. 64-66

[51] Geiger, G.: Grundlagen der Leckerkennung. Krohne, Duisburg, 2009

[52] Steiner, K.; Schrader, A.; Bode, A.: Wasserstoffspezifische Abnahmen von Gas-Druckregelanlagen durch Sachverständige. Die Umsetzung des DVGW-Arbeitsblattes G 491, Anhang O. In: energie / wasser Praxis, 4 (2020), S. 21-29

[53] Steiner, K.: Messtechnik für die Verteilung von regenerativen Gasen in der Erdgasinfrastruktur. In: gwf Gas/Erdgas; 154 (2013) 12, S. 926-930

[54] Wernekinck, U.: Gasmessung und Gasabrechnung. 4. aktualisierte Auflage, Oldenbourg Industrieverlag, München, 2012

[55] Physikalisch-technische-Bundesanstalt PTB: Technische Richtlinie TR G 19. Messgeräte für Gas. Ausgabe 12 (2014)

[56] Steiner, K.; Wolf, D.; Mozgovoy, A.; Vieth, D.: Einfluss von Wasserstoff auf die Hochdruckfehlerkurve von Erdgaszählern. In: gwf Gas/Erdgas, 154 (2013) 5, S. 344-347

[57] Adamczyk, S.: Erdgasqualität aus regenerativen Quellen prüfen. In: Energy 2.0, (2014) 6, S. 56-58

[58] Steiner, K.: Messabweichungen und -unsicherheit beim Letztverbraucher infolge der Netzweinspeisung von Wasserstoff. In: gwf Gas + Energie, 159 (2018) 6, S. 40-46

[59] Steiner, K.: Metrological Correctness, In: energie / wasser Praxis, 70 (2019) 1, S. 32-39

[60] Steiner, K.; Vieth, D.: Messung von gasförmigen CO_2-Mengen mit Erdgaszählern unter Hochdruck-Bedingungen. In: gwf Gas/Erdgas, 153 (2012) 12, S. 968-971

[61] Steiner, K.: CO_2-Mess- und Regelanlage: Anforderungen eines Netzbetreibers. In: 3R, 51 (2011) 12, S. 2-5

[62] Mohitpour, M.; Seevam, P.; Botros, K. K.; Rothwell, B.; Ennis, C.: Pipeline Transportation of Carbon Dioxide Containing Impurities. ASME Press, New York, 2012

[63] McAllister, E. W.: Pipeline Rules of Thumb. 7. Auflage, Gulf Professional Publishing, Waltham/MA (USA), 2014

6.4 Betrieb von Einspeisesystemen und nachgelagerten Gasnetzabschnitten

6.4.1 Allgemeine Einführung

Dieses Kapitel beschäftigt sich mit dem Betrieb von Einspeiseanlagen und nachgelagerten Netzabschnitten. Die nachfolgende Ausführungen beruhen dabei im Wesentlichen auf den praktischen Erfahrungen aus dem mehrjährigen Betrieb zweier Power-to-Gas-Anlagen, welche zum einen Wassersoff und synthetisches Erdgas in ein Erdgas-Transportnetz und zum anderen Wasserstoff in ein Erdgas-Verteilnetz einspeisen.

6.4.2 Begriffsdefinition

Einspeiseanlagen für Wasserstoff:

Einspeiseanlagen für Wasserstoff umfassen die Gesamtheit aller technischen Ausrüstungen zur Erzeugung von Wasserstoff mittels Wasserelektrolyse, der für die Einspeisung gegebenenfalls erforderlichen Druckerhöhungsanlagen und die Einrichtungen zur Mengen- und Qualitätsmessung. Eine je nach Standortgegebenheiten erforderliche Verbindungsleistung zwischen Einspeiseanlage und Einspeisepunkt in das Erdgassystem ist ebenfalls Bestandteil der Definition.

Einspeiseanlagen für synthetisches Erdgas:

Einspeiseanlagen für synthetisches Erdgas umfassen die Gesamtheit aller technischen Ausrüstungen zur Erzeugung von Wasserstoff mittels Wasserelektrolyse, der nachgeschalteten Methanisierung und der für die Einspeisung gegebenenfalls erforderlichen Druckerhöhungsanlagen und die Einrichtungen zur Mengen- und Qualitätsmessung. Eine je nach Standortgegebenheiten erforderliche Verbindungsleistung zwischen Einspeiseanlage und Einspeisepunkt in das Erdgassystem ist ebenfalls Bestandteil der Definition.

Nachgelagerte Netzabschnitte:

Nachgelagerte Netzabschnitte sind Abschnitte des Erdgasnetzes in welches der Wasserstoff oder das synthetische Erdgas eingespeist werden.

6.4.3 Betrieb von Einspeiseanlagen für Wasserstoff

Eine wesentliche Führungsgröße für den Betrieb von Einspeiseanlagen für Wasserstoff ist die maximal zulässige Einspeisemenge für Wasserstoff am gewählten Einspeisepunkt. Gemäß Gasnetzzugangsverordnung (GasNZV) hat der für den Betrieb des nachgelagerten Netzes zuständige Netzbetreiber grundsätzlich für die Einspeisung von Wasserstoff einen diskriminierungsfreien Netzzugang zu gewähren, wenn es sich um ein Biogas im Sinne der Definition des Energiewirtschaftsgesetztes (EnWG) handelt. Dabei hat er jedoch die für den technischen Betrieb des nachgelagerten Netzes geltenden Regeln des DVGW e.V. anzuwenden und einzuhalten. Aktuell limitieren diese die Einspeisung von Wasserstoff auf einen einstelligen Vol-%-Bereich. Näheres findet sich unter Kapitel 6.4.3.

Ist die maximale Einspeisemenge in Abstimmung mit dem Netzbetreiber ermittelt, kann die Art der Einspeisung festgelegt werden. Je nach Topologie und Fahrweise des nachgelagerten Netztes kann der Wasserstoff durch eines der folgenden Verfahren in das Erdgassystem eingespeist werden.

Direkte Einspeisung:

Bei der direkten Einspeisung (**Bild 6.9**) wird der Wasserstoff über eine direkte Flansch- oder Schweißverbindung in das Erdgassystem eingespeist. Voraussetzung dafür ist, dass das Fließverhalten des Erdgases im nachschalteten Netz hinsichtlich Fließrichtung und Volumenströmen ausreichend ist, um die erforderliche Durchmischung des Erdgases mit dem eingespeisten Wasserstoff bis zum nächsten Ausspeisepunkt im nachgelagerten Netz zu ermöglichen.

Für den Betrieb der Einspeiseanlage ist ein ständiger Datenaustausch zwischen dem Betreiber des nachgelagerten Netzes und der Einspeiseanlage über geeignete Datenschnittstellen erforderlich. Eine Abschaltmatrix definiert hierbei im Steuerungs- und Überwachungssystem der Einspeiseanlage die Grundanforderungen zur Gewährleistung der technischen Sicherheit und an die Anforderungen an die Gasqualität. **Bild 6.10** zeigt eine typische Abschaltmatrix.

Neben den für die Einhaltung der Gasqualität erforderlichen Messdaten für Wasserstoff, Sauerstoff und Stickstoff wird mit der Abschaltmatrix auch die tatsächliche maximale Einspeisemenge basierend auf der Durchflussmenge im nachgelagerten Netz ermittelt. Werden einzelne Grenz-

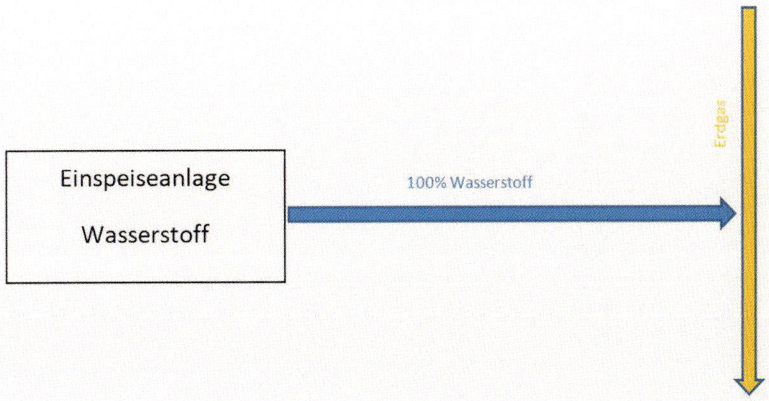

Bild 6.9: Direkte Einspeisung

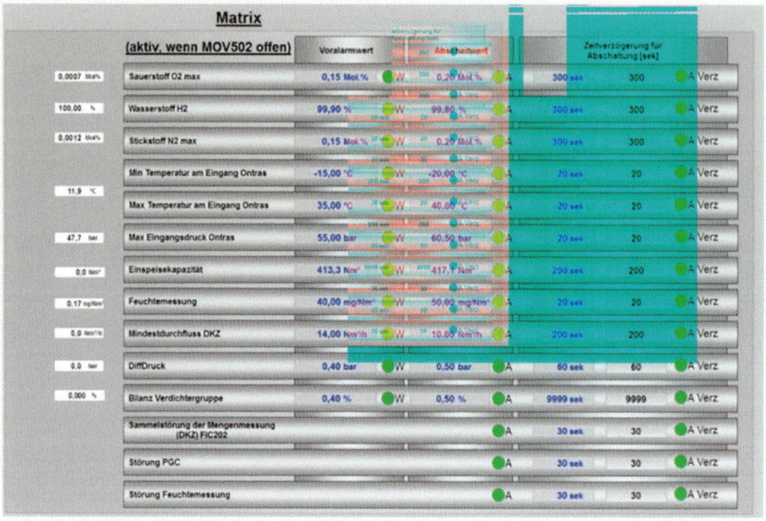

Bild 6.10: Abschaltmatrix

werte überschritten, erfolgt eine Meldung ins Bedien- und Beobachtungssystem der Einspeiseanlage und die Fahrweise der Einspeiseanlage wird bis zum Abschalten nachgeregelt.

Einspeisung mit vorheriger Mischung:
Kann aufgrund zu geringer Fließgeschwindigkeiten oder Volumina im nachgelagerten Netz eine ausreichende Durchmischung von Erdgas und Wasserstoff nach dem Einspeisepunkt nicht erfolgen, dann wird eine vorherige Mischung erforderlich (**Bild 6.11**). Dabei wird zunächst Erdgas aus dem vorgelagerten Netz entnommen und zur Einspeiseanlage geführt. Hier erfolgt die Einspeisung von Wasserstoff über zusätzliche Mischelemente, die eine Mischung beider Gase beschleunigen. Damit ist sichergestellt, dass die zulässige Einspeisemenge sicher eingehalten wird. Das Gemisch wird dann dem nachgelagerten Netz zugeführt. Je nach Gegebenheit wird entweder der gesamte Erdgasvolumenstrom oder ein Teilvolumenstrom der Einspeiseanlage zugeführt.

6.4.4 Betrieb von Einspeiseanlagen für synthetisches Erdgas

Im Gegensatz zu Einspeiseanlagen für Wasserstoff gibt es bei Einspeiseanlagen für synthetisches Erdgas keine Beschränkungen der Einspeisemengen basierend auf den Qualitätsanforderungen für Erdgas. Wie für die Einspeisung von Wasserstoff gilt auch für die Einspeisung von synthetischem Erdgas, dass der Betreiber des nachgelagerten Netzes gemäß Gasnetzzugangsverordnung (GasNZV) einen Netzzugang gewähren muss, wenn das synthetische Erdgas der Biogasdefinition gemäß Energiewirtschaftsgesetz (EnWG) entspricht. Die Einhaltung der Gasqualität ist vom Betreiber der Einspeiseanlage mittels geeichter Messtechnik nachzuweisen. Vielfach kommt hier ein Mehrkomponenten-Prozessgaschromatograph zum Einsatz. Im Gegensatz zur Einspeisung von

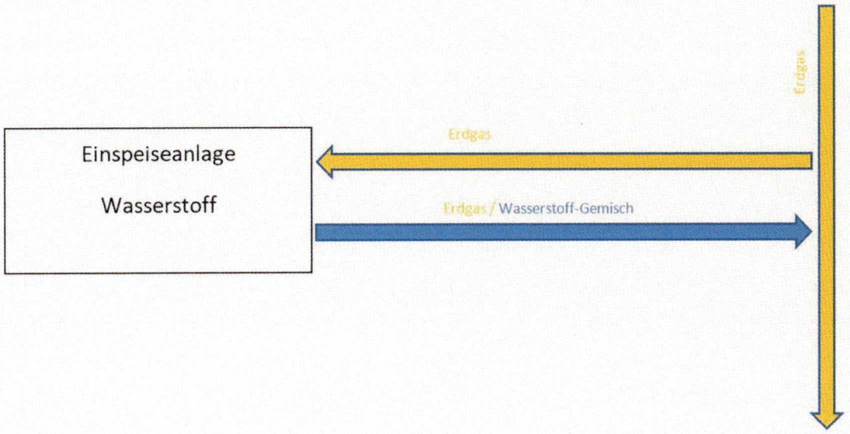

Bild 6.11: Einspeisung mit vorheriger Mischung

Wasserstoff wird die Einspeisung von synthetischem Erdgas nur durch die maximale Transportkapazität des nachgelagerten Netztes begrenzt.

6.4.5 Betrieb von nachgelagerten Gasnetzabschnitten

Der Betrieb von nachgelagerten Gasnetzabschnitten unterliegt grundsätzlich den im DVGW Regelwerk definierten Anforderungen. Mit Blick auf die Einspeisung von Wasserstoff und synthetischem Erdgas ist darauf hinzuweisen, dass der zuständige Netzbetreiber für die Einhaltung der im DVGW-Regelwerk definierten Qualitätsanforderungen des transportierten Erdgases verantwortlich ist. I. d. R. erfolgt dies mit Qualitätsmesseinrichtungen wie z. B. Prozess-Gaschromatographen an den Netzkopplungspunkten. Die Einspeisung von Wasserstoff führt zu einer Änderung der Erdgasqualität, welche vom zuständigen Netzbetreiber zu erfassen ist und in die Ermittlung des Brennwertes einfließt. Der Netzbetreiber hat hierfür seine Qualitätsmesseinrichtungen und Rekonstruktionssysteme entsprechend anzupassen.

Das aktuelle DVGW-Regelwerk sieht eine Einspeisung von Wasserstoff im einstelligen Vol.-%-Bereich in vielen Fällen als unkritisch an. Dabei ist vom Betreiber des nachlagerten Netze jedoch darauf zu achten, dass an sein Netz angeschlossene spezielle kritische Gasverbraucher zu einer deutlichen Begrenzung des Wasserstoffanteils führen können. Speziell bei dem Vorhandensein von Erdgastankstellen im nachgelagerten Netz ist die maximale Einspeisemenge auf 2 Vol.-% zu begrenzen, da die technischen Regeln für die in Erdgasfahrzeugen verbauten Stahltanks eine solche Begrenzung fordern. Weiterhin können Erdgasanwendungen wie Gaskraftwerke, Erdgasspeicher (hier speziell die Porenspeicher) und spezielle Industriezweige (Glas- und Ziegelindustrie) zu einer Limitierung des Wasserstoffanteils und damit der maximalen Einspeisemenge führen. Für den Betreiber des nachgelagerten Netzes empfiehlt sich in jedem Falle eine frühzeitige Information der angeschlossenen Gasverwender.

6.4.6 Betriebsorganisation für Einspeiseanlagen

Grundsätzlich unterscheidet sich die Betriebsorganisation für eine Einspeiseanlage von Wasserstoff oder synthetischem Erdgas nicht von der Betriebsorganisation klassischer Erdgas-Betriebsanlagen oder Biogasanlagen. Der Betreiber der Anlage hat die Verantwortung für den bestimmungsgemäßen Betrieb der Anlage gemäß vorliegender Betriebsgenehmigung. Bestimmte Aufgaben und Tätigkeiten kann der Betreiber an einen Betriebsführer delegieren. Dies kann z. B. für remote gesteuerte Anlagen mit großer räumlicher Entfernung zwischen Betriebszentrale des Betreibers und Anlagenstandort sinnvoll sein. Hierbei werden regionale Dienstleister als Betriebsführer herangezogen und übernehmen die Verantwortung für den täglichen Anlagenbetrieb einschließlich Koordination und Führung von externen Dienstleistern, die Arbeiten im Rahmen der Wartung und Instandhaltung übernehmen.

Das Zusammenspiel aus Betreiber, Betriebsführer und technischen Betriebsdienstleistern bildet die Alarm- und Gefahrenabwehrorganisation, deren Rollen und Verantwortlichkeiten in einem Alarm- und Gefahrenabwehrplan definiert werden. Der Alarm- und Gefahrenabwehrplan enthält Anweisungen und Informationen für das Verhalten im Alarmfall und zur Gefahrenabwehr bei Ereignissen und Schäden im Bereich der Einspeiseanlage. Typischerweise basiert der Alarm- und Gefahrenabwehrplan auf weiteren Dokumenten wie z. B.

- Gesamtlageplan,
- Feuerwehrplan,
- Gefährdungsbeurteilungen,
- Explosionsschutzdokument,
- Sicherheitsdatenblätter,
- Personen- und Kommunikationsverzeichnis,
- Anschriften- und Telefonverzeichnis externer Kräfte,
- Alarmierungsablauf sowie
- Meldeschemen

und ist vor Inbetriebnahme der Einspeiseanlage zu erstellen und durch den Betreiber in Kraft zu setzen. Die genannten begleitenden Dokumente sind regelmäßig zu überprüfen und bei Bedarf bzw. gesetzlichen Änderungen anzupassen. Speziell für die Erstellung des Explosionsschutzdokuments für die Einspeiseanlage empfiehlt sich das Hinzuziehen eines externen Sachverständigen.

Für den Aufbau der Betriebsorganisation empfiehlt sich die Heranziehung der einschlägigen Regelwerke des DVGW e.V. und weiterer technischer Regeln wie TRFL und VDE-Regelwerk. Die Anforderungen der Betriebssicherheitsverordnung, der Gashochduckleitungsverordnung sowie weiterführender gesetzlicher Anforderungen sind einzuhalten.

7. Ökologische, wirtschaftliche und sozioökonomische Bewertung von PtG-Technologien

Frank Graf (7.1), Maximilian Heneka (7.2), Andreas Zauner (7.3), Hans Böhm (7.3), Robert Tichler (7.3), Jed Cohen (7.4), Christina Friedl (7.4), Johannes Reichl (7.4)

7.1 Einführung

Nachdem in den vorherigen Kapiteln PtG-Technologien und -konzepte sowie deren Einbindung ins Energiesystem vorgestellt wurden, widmet sich Kapitel 7 ökologischen, wirtschaftlichen und sozioökonomischen Aspekten. Diese werden maßgeblich den Markthochlauf und die zukünftige Rolle von Power-to-Gas beeinflussen. In Kapitel 7.2 wird auf die ökologische Bewertung von Power-to-Gas eingegangen. Hierzu werden die geltenden gesetzlichen und regulatorischen Rahmenbedingungen und Erkenntnisse aus verschiedenen Studien und Veröffentlichungen vorgestellt. Gegenstand von Kapitel 7.3 ist eine detaillierte ökonomische Analyse von PtG-Technologien hinsichtlich der Entwicklung von Investitions- und Gestehungskosten von Wasserstoff und synthetischem Erdgas. In Kapitel 7.4 wird eine Akzeptanzanalyse diskutiert, die im Rahmen des EU-Demonstrationsvorhabens STORE&GO durchgeführt wurde.

7.2 Ökologische Bewertung von PtG-Prozessen

Generell sind die Produktion, Nutzung und Umwandlung von Energieträgern oder Produkten immer auch mit gewissen Auswirkungen auf Mensch und Umwelt verbunden. Diese Auswirkungen können dabei mehr oder weniger offensichtlich sein und hängen u. a. von den zugrundeliegenden Einsatzstoffen und Produktionsverfahren ab. Insbesondere bei neuartigen Produkten und Technologien ist es daher von großer Bedeutung, eine möglichst umfassende Kenntnis über die möglichen Umweltwirkungen zu besitzen, um die damit verbundenen Vor- und Nachteile möglichst realitätsnahe abwägen zu können.

Eine der umfassendsten wissenschaftlichen Methoden zur Bewertung und Quantifizierung der Umweltauswirkungen verschiedener Produkte und Technologien stellt die sog. Ökobilanz oder Lebenszyklusanalyse (Life Cycle Assessment, LCA) nach DIN EN ISO 14040 [1] und DIN EN ISO 14044 [2] dar. Im Folgenden wird die Methodik im Kontext von PtG-Technologien vorgestellt. Die nachfolgenden Ausführungen beschränken sich dabei in erster Linie auf die Emission von Treibhausgasen bzw. den „Treibhauseffekt" (= Klimabilanz).

Bild 7.1: Die vier Phasen einer Ökobilanz nach [1]

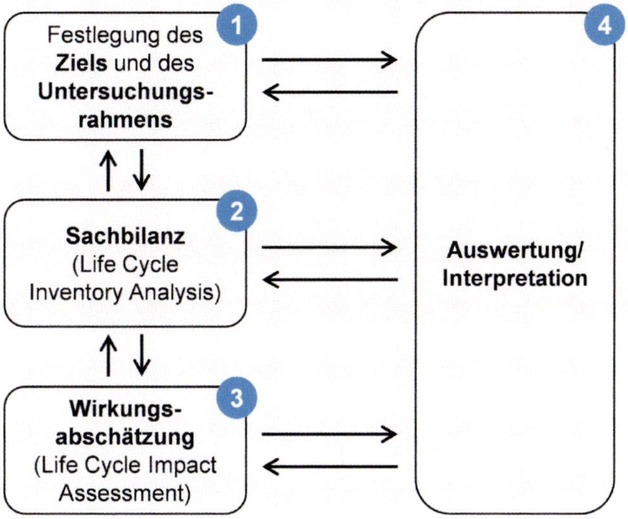

7.2.1 Grundlagen der Ökobilanz-Methode

Die Ökobilanz ist eine integrierte Methode zur systematischen Bewertung der Umweltaspekte und Umweltwirkungen (z. B. Ressourcennutzung, Beitrag zum Klimawandel) im Verlauf des Lebenswegs eines Produkts [1], [2]. Der Produktbegriff ist in einer Ökobilanz grundsätzlich sehr weit gefasst und umfasst neben Waren oder verfahrenstechnischen Erzeugnissen auch Softwareprodukte und Dienstleistungen (z. B. Warentransporte).

Die Durchführung einer Ökobilanz folgt grundsätzlich einem iterativen Prozess, der nach DIN EN ISO 14040 [1] und DIN EN ISO 14044 [2] genormt ist und aus vier Phasen besteht (**Bild 7.1**).

Dabei wird ausgehend von einem festgelegten Ziel zunächst ein Untersuchungsrahmen festgelegt und eine Ersterfassung mit verfügbaren Daten vorgenommen. Diese werden im weiteren Verlauf kontinuierlich hinsichtlich ihrer Signifikanz für das jeweilige Analyseziel evaluiert. Zeigen einzelne Parameter oder Prozessmodule bzw. Lebenswegabschnitte dabei eine geringere oder deutlich höhere Bedeutung als zu Beginn erwartet, wird die anfängliche Systemgrenze entsprechend angepasst. Dieser Vorgang wird solange wiederholt, bis die Ergebnisse und Schlussfolgerungen der Ökobilanz in sich konsistent sind und den Zielanforderungen entsprechen.

Im Folgenden werden die einzelnen Phasen einer Ökobilanz etwas detaillierter betrachtet.

7.2.1.1 Ziel und Untersuchungsrahmen

Eine Ökobilanz wird immer in Bezug auf ein konkretes Ziel bzw. eine konkrete Fragestellung modelliert (z. B. Vergleich der Lebenszyklus-Treibhausgasemissionen verschiedener PtG-Prozessketten). Der sog. Untersuchungsrahmen legt dabei die Systemgrenze bzw. die zu untersuchenden Lebenswegabschnitte (Rohstoffgewinnung, Produktion, Verteilung, Anwendung, Entsorgung, etc.) und den Detaillierungsgrad der einzelnen Prozessmodule fest.

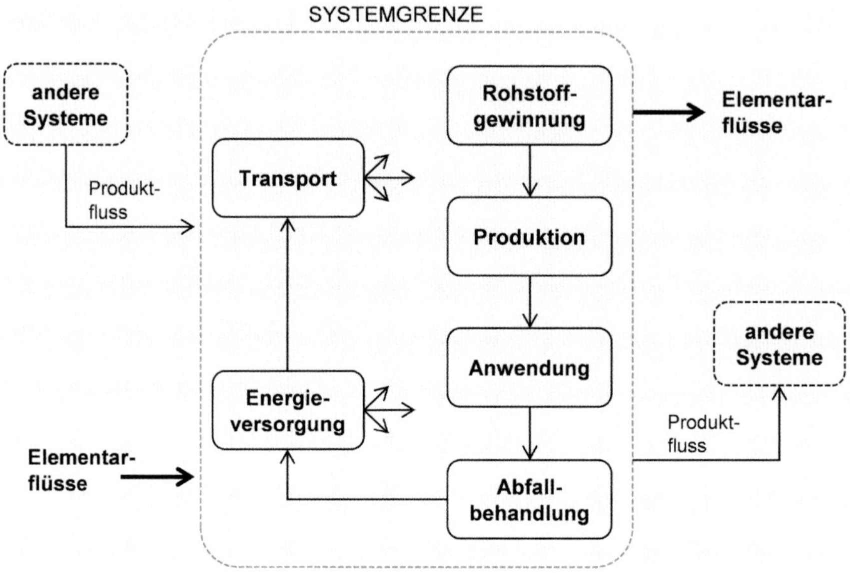

Bild 7.2: Beispiel für den Untersuchungsrahmen einer Ökobilanz nach [1]

Als Prozessmodul wird die kleinste zu bilanzierende Einheit innerhalb der Systemgrenze bezeichnet. Diese steht durch Energie- und Stoffflüsse mit anderen Prozessmodulen oder durch Elementar- und Produktflüsse mit der Umgebung und mit anderen „Produktsystemen" in Verbindung. Durch sog. Abschneidekriterien kann der Umfang der zu untersuchenden Inputs und Outputs reduziert werden. Dabei ist jedoch zu berücksichtigen, dass sämtliche Annahmen und Vereinfachungen dokumentiert und nachvollziehbar begründet werden müssen [1], [2].

Der Untersuchungsrahmen einer Ökobilanz umfasst grundsätzlich den vollständigen Lebensweg des jeweiligen Produkts von der Rohstoffgewinnung bis hin zur Entsorgung bzw. „von der Wiege bis zur Bahre" („Cradle to Grave"). Abhängig vom Untersuchungsgegenstand und der vorgesehenen Zielsetzung der Studie kann die Analyse jedoch auch auf bestimmte Lebenswegabschnitte begrenzt werden. **Bild 7.2** zeigt ein Beispiel für den möglichen Untersuchungsrahmen einer Ökobilanz.

Um die Vergleichbarkeit der Ergebnisse von Ökobilanzen verschiedener Produktsysteme sicherzustellen, werden sämtliche Inputs und Outputs auf eine sog. funktionelle Einheit normiert. Diese stellt eine Art Messwert für die Funktion des betrachteten Produktsystems dar und muss dem Ziel und dem Untersuchungsrahmen der Ökobilanz entsprechen. Beispielsweise könnte bei einem Vergleich verschiedener PtG-Methan-Prozessketten die Menge an produziertem PtG-Methan als funktionelle Einheit dienen.

7.2.1.2 Sachbilanz (Life Cycle Inventory Analysis, LCI)

Nachdem das Ziel und der Untersuchungsrahmen der Ökobilanz feststehen, wird in der Sachbilanz für alle Prozessmodule eine Inventarisierung der Inputs und Outputs vorgenommen. Dabei

Bild 7.3: Beispiel für die Sachbilanz eines Prozessmoduls (hier: Emissionen in Luft)

Sachbilanz: Prozessmodul A

- Lebenszyklusabschnitt: Produktion
- Datenerfassung: Emissionen in Luft
- Funktionelle Einheit (FU): 1 MJ Produkt

Stoff	**Einheit**	**Menge pro FU**
CO_2	kg	0,5
CH_4	kg	1,5
N_2O	kg	0,1
...	...	...

wird für jedes Prozessmodul eine vollständige Massen- und Energiebilanz auf Basis der eingehenden Rohstoffe und Energien sowie der in die Umwelt austretenden Abfälle und Emissionen erstellt. Anschließend werden die Sachbilanzdaten in Beziehung zu der jeweils gewählten funktionellen Einheit gesetzt (**Bild 7.3**).

Die Modellierung der Energie- und Stoffflüsse sollte im Hinblick auf die nachfolgende Wirkungsabschätzung (s. Kapitel 7.2.1.3) möglichst detailgetreu erfolgen. Laut DIN EN ISO 14040 [1] und DIN EN ISO 14044 [2] wird empfohlen, sämtliche Inputs und Outputs an den Systemgrenzen bis auf die entsprechenden natürlichen Ressourcen- bzw. Primärenergieträgerströme und die (unbehandelten) Emissionen aufzuschlüsseln. Diese „Elementarflüsse" sollten dabei immer auch den tatsächlichen Produktions- bzw. Primärenergieträgermix der verschiedenen Einsatzstoffe bzw. Sekundärenergieträger (z. B. elektrische Energie) sowie die zugrundeliegenden Umwandlungs- und Transportverluste berücksichtigen.

Neben den für die Produktion, Energiebereitstellung oder den Transport benötigten Energieträgern und Rohstoffen beinhaltet die Sachbilanz immer auch diejenigen Stoff- und Energieflüsse, die mit dem Bau und der Entsorgung von Produktionsgebäuden, Anlagen, Maschinen, Transportmitteln oder der benötigten Infrastruktur in Verbindung stehen.

7.2.1.3 Wirkungsabschätzung (Life Cycle Impact Assessment, LCIA)

In der Phase der Wirkungsabschätzung werden die Ergebnisse der Sachbilanz zu einzelnen aussagekräftigen Parametern (Wirkungsindikatoren) aggregiert, welche Aufschluss über die entsprechenden Umweltproblemfelder (Wirkungskategorien) des betrachteten Produktsystems geben.

Dazu werden die Stoff-, Energie- und Emissionsflüsse der Sachbilanz zunächst nach der Art der Auswirkungen ihrer Freisetzung (bzw. ihres Entzugs) den zu untersuchenden Umweltproblemfeldern bzw. Wirkungskategorien zugeordnet, die bei der Wahl des Ziels und des Untersuchungsrahmens in Phase 1 festgelegt wurden. Soll beispielsweise die Wirkungskategorie „Treibhauseffekt" bzw. „Klimawandel" untersucht werden, so müssen aus der Sachbilanz die relevanten Treibhausgase (z. B. CO_2, CH_4, N_2O) quantifiziert und dieser Umweltauswirkung zugeordnet werden.

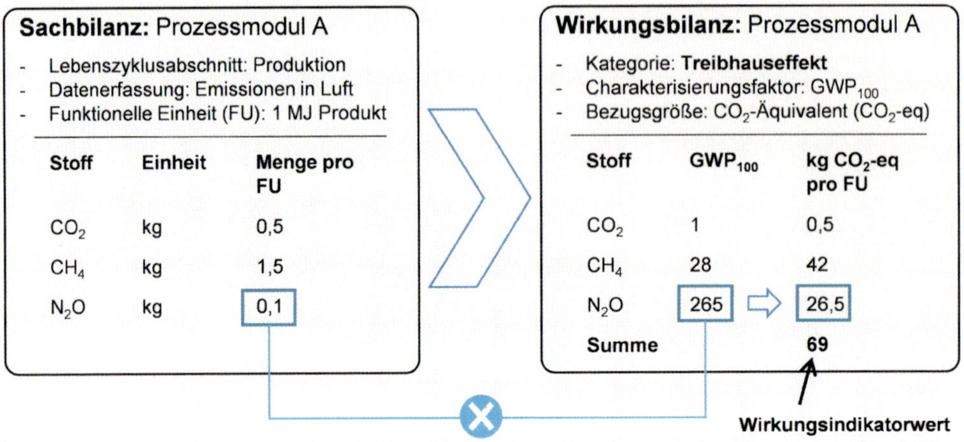

Bild 7.4: Beispiel für die Wirkungsbilanz eines Prozessmoduls bzgl. „Treibhauseffekt"

Tabelle 7.1: Treibhausgasfaktoren bezogen auf 100 Jahre [4], [5]

Treibhausgas	Summenformel	GWP_{100} in g CO_2-eq/g
Kohlenstoffdioxid	CO_2	1
Methan	CH_4	28
Distickstoffoxid	N_2O	265
Wasserstoff*	H_2	6

* Auch Wasserstoff trägt durch die Veränderung stratosphärischer, chemischer Abläufe sowie des stratosphärischen Ozonabbaus zum Treibhauseffekt bei. Laut [5] ist der GWP100-Wert von Wasserstoff im Vergleich zu Kohlenstoffdioxid um einen Faktor von ca. 6 höher. Weitere Informationen über die Treibhauswirkung von Wasserstoff finden sich z. B. in [6].

Weitere häufig berücksichtigte Wirkungskategorien neben dem Treibhauseffekt sind u. a.:

- Versauerung
- Eutrophierung
- Ozonabbau
- Humantoxizität
- Aquatische Toxizität
- Terrestrische Toxizität
- Abiotische Ressourcenerschöpfung.

Im Anschluss an diese Klassifizierung werden die einzelnen Beiträge der Sachbilanz innerhalb einer Wirkungsklasse über sog. Charakterisierungs- oder Äquivalenzfaktoren, die in international anerkannten Methoden der Wirkungsabschätzung empfohlen werden, auf eine Referenzsubstanz bezogen und als Äquivalente der jeweiligen Referenzsubstanz zum sog. Wirkungsindikatorwert, aufsummiert. Dieser entspricht einer quantifizierbaren Darstellung der Umweltauswirkung [3].

Die allgemeine Vorgehensweise der Wirkungsbilanz ist schematisch in **Bild 7.4** dargestellt.

Für die Wirkungskategorie „Treibhauseffekt" wird als Charakterisierungsmethode die Berechnung von CO_2-Äquivalenten auf Basis des vom Weltklimarat angegebenen globalen Erderwärmungspotenzials für einen Zeitraum von 100 Jahren (Global Warming Potential, GWP100) verwendet (**Tabelle 7.1**).

7.2.1.3.1 Allokation

Ein Produktsystem liefert neben dem Hauptprodukt meist auch Nebenprodukte oder Überschussenergien, die als Inputflüsse für andere Produktsysteme dienen können. Auch beim Produktrecycling fallen wiederverwendbare Sekundärmaterial- oder Energieströme an. Werden im Rahmen einer Ökobilanz Produktsysteme betrachtet, die neben dem Hauptprodukt auch Nebenprodukte produzieren oder umgekehrt Nebenprodukte aus anderen Produktsystemen als Eingangsgrößen verwenden, muss darüber entschieden werden, welcher Anteil der betrachteten Umweltauswirkungen jeweils dem Hauptprodukt und dem Nebenprodukt (Koppelprodukt) zuzuordnen ist bzw. welchen „Fußabdruck" ein wiederverwendetes Koppelprodukt in ein Produktsystem einbringt. Diese Aufteilung der betrachteten Umweltwirkungen zwischen Haupt- und Koppelprodukten wird allgemein als Allokation bezeichnet.

Die Herausforderung bei der Ökobilanzierung eines Produktsystems mit Koppelprodukten besteht darin, eine mit dem Ziel der Ökobilanzstudie vereinbare sowie hinsichtlich der Massen- und Energieflüsse stimmige Art der Allokation zu wählen. Hierzu existieren verschiedene Allokationsverfahren, die sich entsprechend DIN EN ISO 14040 [1] und DIN EN ISO 14044 [2] in die Methode der Systemraumerweiterung („Substitutionsmethode") und die Allokation auf Basis physikalischer oder anderer Beziehungen unterteilen lassen.

- Bei der Methode der Systemraumerweiterung wird eine Allokation vermieden, indem das Produktsystem, das durch das Koppelprodukt am ehesten substituiert werden würde, in die Systemgrenze einbezogen wird. Das Nebenprodukt erzeugt dann eine Energie- und Emissionsgutschrift in Höhe der entsprechenden Einsparungen, die dadurch erzielt werden, dass das benötigte Material nicht produziert wird.
- Dagegen erfolgt bei der Allokation auf Basis physikalischer oder anderer Beziehungen eine Zuordnung der jeweiligen Umweltauswirkungen entsprechend der zugrundeliegenden Massen-, Energie- oder Marktwert-Verhältnisse.

7.2.1.4 Interpretation

Die abschließende Phase einer Ökobilanz stellt die Interpretation der Ergebnisse dar [1], [2]. Hier werden die Erkenntnisse aus Sachbilanz und Wirkungsabschätzung zusammengefasst und unter Berücksichtigung der gesetzten Zielstellung und des Untersuchungsrahmens diskutiert.

Dabei werden u. a. die Haupteinflussfaktoren bzw. die signifikanten Probleme des betrachteten Produktsystems identifiziert und die Vollständigkeit, Sensitivität und Konsistenz der Daten überprüft (vgl. Kapitel 7.2.1). Entsprechen die Qualität und der Umfang der Daten den Anforderungen der Zielsetzung, werden Schlussfolgerungen gezogen, Einschränkungen erklärt und Empfehlungen für eventuelle Verbesserungen in einzelnen Wirkungskategorien ausgesprochen[1]. Sämtliche Annahmen, Vereinfachungen und Unsicherheiten sowie alle relevanten Informationen müssen dabei stets transparent kommuniziert werden, sodass der vollständige Kontext der Ökobilanz jederzeit nachvollzogen werden kann.

7.2.2 Weitere Methoden zur Analyse von Umweltauswirkungen

Neben der Ökobilanz-Methode, die im klassischen Sinne eine umfassende Bewertung der lokalen und globalen Umweltwirkungen eines Produkts über dessen kompletten Lebenszyklus vornimmt, haben sich in der Vergangenheit weitere Methoden etabliert, die sich zwar grundsätzlich an den vier Phasen der Ökobilanz orientieren, dabei aber meist nur einzelne Wirkungskategorien und/oder einen stark vereinfachten Untersuchungsrahmen berücksichtigen. Im Ergebnis liefern diese vereinfachten Methoden oft Kennzahlen, die einen schnellen und einfachen Vergleich zwischen verschiedenen Produktsysteme erlauben [7]. Aktuell wird insbesondere der Klimawirksamkeit von Energieträgern bzw. deren Anwendung eine hohe Bedeutung beigemessen. Zu den bekanntesten Methoden zur Bewertung des „Treibhauseffekts" von Brenn- und Kraftstoffen zählen die Well-to-Wheel-Analyse und die Methode der Erneuerbaren-Energien-Richtlinie (Renewable Energy Directive, RED).

7.2.2.1 Well-to-Wheel-Analyse

Der Well-to-Wheel-Ansatz (WtW) beschreibt eine Analysemethode im Bereich der Kraftfahrzeuge. Der Hauptfokus liegt in der Erfassung der Energieeffizienz (Primärenergieverbrauch) und der Bewertung des Treibhauseffekts verschiedener Kraftstoff-Antriebsstrangsysteme [8], [9], [10]. Die Ergebnisse werden i. d. R. auf die innerhalb der Fahrzeugnutzungsdauer geleisteten Fahrzeugkilometer bezogen (z. B. CO_2-eq/Fzg.-km). Im Gegensatz zu einer vollständigen Ökobilanz werden sämtliche Bauvorleistungen sowie Wartungs- und Entsorgungsprozesse ausgeblendet.

Der Untersuchungsrahmen der Well-to-Wheel-Analyse wird üblicherweise in die beiden Teilbereiche „Well-to-Tank" und „Tank-to-Wheel" unterteilt.

Der Well-to-Tank (WtT)-Bereich berücksichtigt alle Prozessmodule, die erforderlich sind, um den Kraftstoff ausgehend von einer Rohstoffquelle in den Kraftstofftank des Fahrzeugs zu überführen. Dies beinhaltet u. a. die Bereitstellung und Aufbereitung der Rohstoffe, die Umwandlung der Rohstoffe in den entsprechenden Kraftstoff sowie die Überführung des Kraftstoffes in den Fahrzeugtank [8].

Im Tank-to-Wheel (TtW)-Bereich werden dagegen ausschließlich die Umwandlung des Kraftstoffes in kinetische Energie betrachtet (Fahrzeugwirkungsgrad) und die dabei freigesetzten Treibhausgasemissionen (CO_2, CH_4 und N_2O) als CO_2-Äquivalente (CO_2-eq) quantifiziert [9].

Die Well-to-Wheel-Analyse ist derzeit die Methode der Wahl, wenn unterschiedliche Antriebsstrangoptionen hinsichtlich ihrer Energieeffizienz und ihres Treibhauseffekts bewertet werden sollen. Für einen aussagekräftigen Vergleich müssen die betrachteten Fahrzeuge jedoch einige Randbedingungen erfüllen [10]:

1 Hierbei ist zu beachten, dass die Verbesserung in einer Wirkungskategorie die Verschlechterung in einer anderen nach sich ziehen kann.

- Identische Fahrzeugklasse
- Vergleichbare Leistung und Mindestreichweite
- Identischer Fahrzyklus/ identisches Fahrprofil.

Werden batterieelektrische Fahrzeuge oder Brennstoffzellenfahrzeuge mit Verbrennerfahrzeugen verglichen, wird der Bilanzraum häufig um das Prozessmodul „Fahrzeugherstellung" erweitert [11], [12], [13], [14]. Dieser Schritt ist notwendig, da die Produktion von Batterien oder Brennstoffzellen i. d. R. einen nicht zu vernachlässigenden Einfluss auf den Treibhauseffekt der Fahrzeuge ausübt.

7.2.2.2 Methode RED

Die Methode der Erneuerbare-Energien-Richtlinie („Methode RED") beschreibt ein stark vereinfachtes Vorgehen zur Quantifizierung des Beitrags von Biokraft- und Biobrennstoffen zum Treibhauseffekt. Die Methode ist Bestandteil der Richtlinie EU 2009/28/EG (Renewable Energy Directive, RED) [15] bzw. der ab 2021 gültigen Neufassung Richtlinie EU 2018/2001 (RED II) [16] und dient der Überprüfung der rechtsverbindlichen Vorgaben für die Mindest-Treibhausgaseinsparungen von erneuerbaren Brenn- und Kraftstoffen gegenüber einem definierten fossilen Referenzwert.

Aktuell (Juli 2020) müssen Biokraftstoffe eine Mindest-Treibhausgaseinsparung von 60 %[2] gegenüber einem fossilen Referenzwert von 83,8 g CO_2-eq/MJ[3] vorweisen, um als „erneuerbare Kraftstoffe" auf die entsprechenden Erneuerbaren-Quote von derzeit 10 %[4] angerechnet werden zu können.

Analog zur Well-to-Wheel-Analyse beschränkt sich der Untersuchungsrahmen der Methode RED auf die Prozessmodule „Rohstoffbereitstellung", „Verarbeitung", „Transport und Vertrieb" und „Kraftstoffnutzung". Bauvorleistungen und Entsorgungsprozesse für Anlagen, Gebäude und Fahrzeuge werden ebenfalls vernachlässigt.

Bei der Wirkungsabschätzung wird ausschließlich die Wirkungskategorie „Treibhauseffekt" berücksichtigt. Zudem ist die Bilanzierung der Kraftstoffanwendung stark vereinfacht und betrachtet nur die auftretenden CO_2-Emissionen. Als funktionelle Einheit wird der Energiegehalt (Heizwert) des jeweiligen Endprodukts in MJ verwendet.

Weitere Vereinfachungen und Besonderheiten der Methode RED sind u. a.:

- Die Nutzung von Biokraftstoffen verursacht keine Emissionen.
- Reststoffen und Abfällen werden bis zu ihrer Sammlung keine Emissionen zugeteilt.
- Fossile Inputs erzeugen CO_2-Emissionen entsprechend ihres Kohlenstoffgehalts – unabhängig davon, ob eine Verbrennung stattgefunden hat.
- Entstehen Nebenprodukte, so werden die Treibhausgasemissionen des Produktsystems nach Maßgabe ihres Energiegehalts (Heizwert) zwischen Kraftstoff und Nebenprodukt(en) aufgeteilt (Energieallokation).

7.2.3 Ökobilanzierung von PtG-Produkten

Die umfassende Bewertung von Umweltwirkungen auf Basis der Ökobilanz-Methode ist grundsätzlich auch auf PtG-Produkte anwendbar. Jedoch ist die Produktion von PtG-Produkten derzeit

---

[2] ab 2021: 65 %
[3] ab 2021: 94 g CO_2-eq/MJ
[4] Bis 2030 soll diese Quote auf 14 % steigen.

noch keine etablierte Technologie, die in großen Skalen zum Einsatz kommt. Die erforderlichen Datensätze für die Sach- und Wirkungsbilanz stehen daher meist nur in unvollständiger Form zur Verfügung oder sind mit hohen Unsicherheiten behaftet [3], [8].

Hinzu kommt, dass PtG-Produkte derzeit vor allem aus klimapolitischer Sicht bewertet werden. Demnach wurden mit der Novellierung der Erneuerbare-Energien-Richtlinie (RED II) erstmalig „strombasierte Kraftstoffe nicht biogenen Ursprungs" als eine mögliche Option zur Erhöhung des Anteils an erneuerbaren Energieträgern deklariert, sofern diese eine Treibhausgaseinsparung von mindestens 70 % erreichen [16]. Eine konkrete Methodik für die Berechnung des Treibhauseffekts bleibt die EU-Richtlinie bislang noch schuldig.

Vor diesem Hintergrund setzen viele Studien derzeit auf mehr oder weniger stark vereinfachte Bewertungsansätze, die auf einen Vergleich des Treibhauseffekts verschiedener PtG-Produkte und -Produktionsverfahren und die Treibhausgaseinsparung gegenüber den jeweiligen fossilen Komparatoren abzielen. Durch die starke Fokussierung auf die Anwendung im Bereich der erneuerbaren Kraftstoffe hat sich in der Vergangenheit insbesondere die Well-to-Wheel-Analyse als gängige Vergleichsmethode für PtG-Produkte etabliert (vgl. [17], [18]).

Dennoch besteht Einigkeit darüber, dass ein aussagekräftiger Technologievergleich immer unter Einbeziehung der gesamten Wertschöpfungskette erfolgen und möglichst viele Umweltproblemfelder berücksichtigen sollte [3], [7]. Nur so können auch weniger offensichtliche Umwelteffekte bzw. Quervernetzungen erkannt und bei der Technologiebewertung berücksichtigt werden.

Aktuelle Studien und Projekte im Themenbereich Power-to-Gas beinhalten daher immer häufiger auch eine Öko- oder zumindest eine Klimabilanz. Beispielsweise wurde im EU-Projekt „STORE&GO" eine Ökobilanz für drei existierende PtG-Demonstrationsanlagen erstellt [19]. Eine umfassende Bewertung der Umweltbelastungen von PtG-Methan im Vergleich zu Methanol und Fischer-Tropsch-Diesel wurde zudem in einer vom Umweltbundesamt in Auftrag gegebenen Studie [20] mit dem Arbeitstitel „SYSEET" vorgenommen.

Auch in der Automobilbranche erfährt die Öko- bzw. Klimabilanz ein zunehmendes Interesse. Daher wurde in einer im Juni 2020 von der Forschungsvereinigung Verbrennungskraftmaschinen e.V. (FVV) veröffentlichten Metastudie die Klimabilanz im Kontext von alternativen Antriebskonzepten analysiert sowie bestehende Betrachtungslücken (Emissionen am Ende der Fahrzeuglebensdauer) und die generell schwierige Vergleichbarkeit bisher veröffentlichter Fahrzeug-Ökobilanzstudien thematisiert [21].

7.2.3.1 Methodische und regulatorische Besonderheiten

Technologiebedingt sind bei der Ökobilanz und speziell bei der Klimabilanz von PtG-Produkten einige Besonderheiten zu beachten, die neben dem vielseitigen Untersuchungsrahmen auch die Zuordnung der Emissionen bei der Kohlenstoff-Bereitstellung (C-Bereitstellung) und den Bezug von erneuerbarer elektrischer Energie für die Wasserstoffbereitstellung (H-Bereitstellung) betreffen. Gegenwärtig existieren weder auf politischer noch auf wissenschaftlicher Ebene klare methodische Leitlinien für die Ökobilanzierung von PtG-Anlagen [3], [22].

7.2.3.1.1 Untersuchungsrahmen und funktionelle Einheit

Der Lebenszyklus von PtG-Produkten lässt sich grundsätzlich in die Prozessmodule „Rohstoffbereitstellung", „Synthese und Aufbereitung", „Verteilung" und „Anwendung" unterteilen. Gemäß

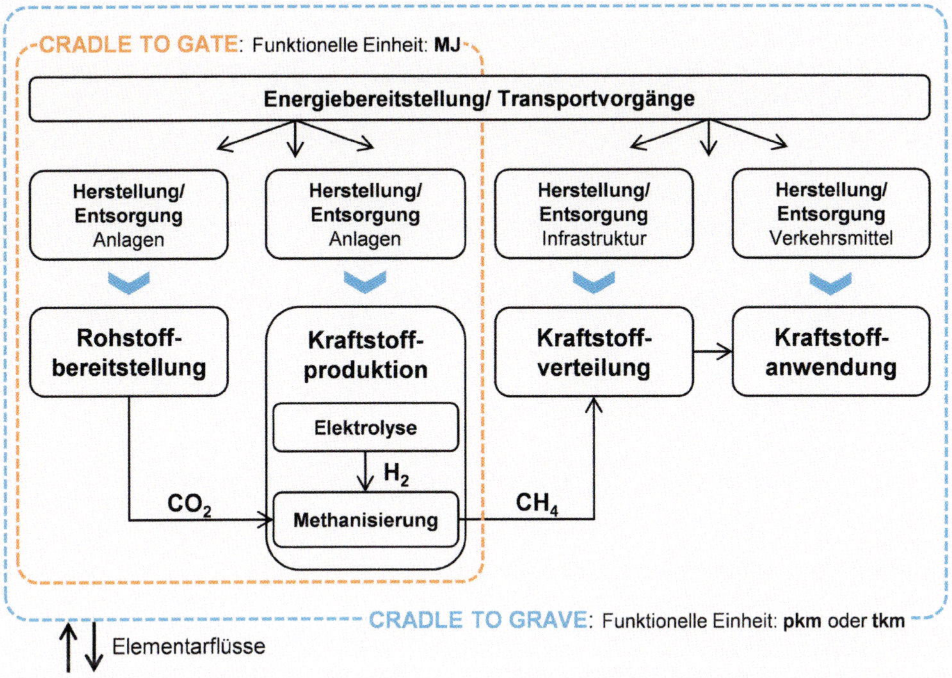

Bild 7.5: Mögliche Bilanzraumgrenzen und funktionelle Einheiten für die Ökobilanz von PtG-Methan nach [3]

DIN EN ISO 14040 [1] und DIN EN ISO 14044 [2] beinhalten die einzelnen Prozessmodule sämtliche Aufwendungen für den Bau und die Entsorgung[5] der Gebäude, Anlagen, Transportmittel und der zugehörigen Infrastrukturen.

Bild 7.5 zeigt einen möglichen (vereinfachten) Untersuchungsrahmen für die Verwendung von PtG-Methan als Kraftstoff in einem beliebigen Verkehrsmittel. Als funktionelle Einheit kann in diesem Fall die Fahrleistung des betrachteten Verkehrsmittels in Fahrzeugkilometern (Fzg.-km) oder die Verkehrsleistung in Personenkilometern (pkm) bzw. Tonnenkilometern (tkm) verwendet werden.

Je nach Zieldefinition ergeben sich verschiedene Möglichkeiten für die Wahl der Bilanzraumgrenzen und der funktionellen Einheit. Weit verbreitet ist die sog. „Cradle-to-Gate"-Betrachtung, die ausschließlich die Rohstoffbereitstellung und die Synthese und Aufbereitung berücksichtigt [3], [7]. Die funktionelle Einheit bezieht sich in diesem Fall auf den Energieinhalt (Heizwert) des PtG-Produkts (z. B. 1 MJ).

[5] Da die PtG-Technologie bisher noch nicht im kommerziellen Maßstab zur Verfügung steht, wird der Entsorgungsaufwand in Ermangelung an belastbaren Daten häufig vernachlässigt [3].

7.2.3.1.2 C-Bereitstellung

Kohlenstoff ist neben Wasserstoff der zentrale Rohstoff für die Produktion von SNG. PtG-Anlagen können je nach Technologie grundsätzlich auf verschiedene C-Quellen zurückgreifen. Zum einen kann Kohlenstoff in Form von CO oder CO_2 aus Abgasströmen bestehender fossiler oder biobasierter Prozesse abgetrennt oder via Direct Air Capture (DAC) in Form von CO_2 aus der Luft gewonnen werden (s. Kapitel 4.4).

Nicht alle C-Quellen sind dabei nachhaltig. So sind insbesondere energie- und prozessbedingte fossile CO_2-Emissionen („graues CO_2") vollständig für die Wirkungsabschätzung zu berücksichtigen. Biogene C-Quellen und CO_2 aus der Atmosphäre („grünes CO_2") gelten dagegen als CO_2-neutral, da nur diejenige Menge an CO_2 emittiert wird, die bereits zuvor während der Wachstumsphase an die Biomasse gebunden bzw. aus der Atmosphäre entnommen wurde[6] [23]. Zur besseren Nachvollziehbarkeit der Ergebnisse werden die auf grüne C-Quellen zurückzuführenden CO_2-Emission in Ökobilanzen jedoch häufig nachrichtlich aufgeführt.

Unabhängig davon, ob eine C-Quelle als „grau" oder „grün" eingestuft wird, stellt sich bei der Bilanzierung dennoch die Frage nach der korrekten Allokation. Die Zuordnung der CO_2-Emissionen und -Gutschriften kann dabei grundsätzlich nach verschiedenen Leitgedanken erfolgen. So können diese z. B. der Bereitstellungsseite (CO_2-Lieferant), dem Betreiber der Umwandlungsanlage oder dem Endnutzer zugewiesen werden [22].

Im Rahmen der Ökobilanzierung von PtG-Produkten existieren im Wesentlichen zwei verschiedene Lösungsansätze für den Umgang mit dieser Zuordnungsproblematik:

- Zuordnung nach dem „Verursacherprinzip"
- Systemraumerweiterung.

In Variante 1 wird davon ausgegangen, dass der Verursacher der CO_2-Emissionen diese grundsätzlich auch zu verantworten hat. Das bedeutet, dass sämtliche Aufwendungen und die damit verbundenen Auswirkungen dem jeweiligen CO_2-liefernden Prozess zugeordnet werden. Das CO_2 wird in diesem Fall als „Abfall zur Verwertung" behandelt, sodass es entsprechend der Vorgaben der DIN EN ISO 14040 [1] und DIN EN ISO 14044 [2] ohne ökologischen Rucksack in den Bilanzraum des PtG-Produktsystems eintritt. Diese Variante bietet sich vor allem für industrielle Prozesse (z. B. Zementherstellung) oder Biogaseinspeiseanlagen an, bei denen das CO_2 im Rahmen einer Wertproduktherstellung (Zement, Biomethan) anfällt. Nachgeschaltete Prozessschritte, wie z. B. die Abtrennung des CO_2 aus einem Prozessabgas, sind dann jedoch wiederum dem PtG-Bilanzraum zuzuschreiben.

In Variante 2 wird eine Zuordnung durch Erweiterung der Bilanzraumgrenzen vermieden. Der entsprechende CO_2-liefernde Prozess wird in das jeweilige PtG-Produktsystem integriert und bei der Bilanzierung vollständig berücksichtigt. Diese Methodik wird häufig in Verbindung mit Biogas- oder Klärgasanlagen angewendet, die sich in unmittelbarer Nähe der PtG-Anlage befinden und deren Output (z. B. Biogas mit 50 Vol.-% CH_4, 50 Vol.-% CO_2) ohnehin einen wesentlichen Bestandteil des PtG-Produktsystems darstellt[7]. Auch CO_2- bzw. CO aus DAC- und Holzgasanlagen werden auf diese Weise zugeordnet.

---

[6] Die Netto CO_2-Emissionen sind dadurch null und für die Wirkungskategorie „Treibhauseffekt" nicht relevant.

[7] Vereinfacht könnte die PtG-Anlage hier beispielsweise als eine Art „Erweiterung" betrachtet werden, welche die Methanausbeute der jeweiligen Biogas- oder Klärgasanlage erhöht.

Bisher existieren weder auf wissenschaftlicher noch auf politischer Ebene klare Vorgaben für den Umgang mit der Allokationsproblematik bei der Verwendung von CO_2 als Rohstoff. Ein entsprechender Vorschlag, der die Wechselwirkungen zu den bestehenden CO_2-Emissionsreduktionsmechanismen der EU berücksichtigt, soll jedoch bis zum 31.12.2021 durch die EU-Kommission erarbeitet werden. So heißt es in Art. 28 Abs. III der Neufassung der Erneuerbare-Energien-Richtlinie (Richtlinie EU 2018/2001) [16]:

„Die Kommission erlässt bis zum 31. Dezember 2021 im Einklang mit Artikel 35 delegierte Rechtsakte, um diese Richtlinie durch Festlegung der Methode (…) zur Bewertung der Treibhausgaseinsparungen durch Nutzung flüssiger oder gasförmiger erneuerbarer Kraftstoffe für den Verkehr nicht biogenen Ursprungs sowie wiederverwerteter kohlenstoffhaltiger Kraftstoffe, wobei diese Methode sicherstellt, dass vermiedene Emissionen nicht gutgeschrieben werden, wenn für die Abscheidung dieses CO_2 im Rahmen anderer Rechtsvorschriften bereits eine Gutschrift erteilt wurde (…)."

7.2.3.1.3 H_2-Bereitstellung

PtG-Anlagen sind eine vielversprechende Möglichkeit zur Erhöhung des Anteils an erneuerbarer Energie in den Sektoren Verkehr, Wärme und Industrie. Damit die erzeugten Energieträger Wasserstoff oder Methan jedoch tatsächlich einen treibhausgasmindernden Effekt ausüben, muss gewährleistet sein, dass der Elektrolyseur ausschließlich oder weit überwiegend mit Elektrizität aus erneuerbarem Quellen betrieben wird (vgl. Kapitel 7.2.4).

Derzeit werden PtG-Produkte aus rechtlicher Sicht nur dann als „erneuerbar" eingestuft, wenn die entsprechenden PtG-Anlagen über eine dezidierte erneuerbare Strombereitstellung verfügen bzw. keinen Netzstrom beziehen [16]. Eine Anrechnung von erneuerbarer elektrischer Energie bei Netzstrombezug ist nur dann möglich, wenn ein Nachweis besteht, dass die Stromproduktionseinheit, mit welcher der PtG-Anlagenbetreiber einen entsprechenden Vertrag geschlossen hat, zeitlich und geografisch mit der PtG-Produktion korreliert [16].

Bisher existiert auf regulatorischer Ebene jedoch noch kein Konzept für die Zertifizierung bzw. Anrechnung von erneuerbarer elektrischer Energie bei netzgekoppelten PtG-Anlagen. Eine einheitliche europäische Methode soll bis zum 31.12.2021 durch die EU-Kommission beschlossen werden [16]. Derzeit wird im Rahmen des EU-Vorhabens „CertifHy" [24] ein Zertifizierungssystem für „grünen" und „CO_2-armen" Wasserstoff ausgearbeitet. Es ist davon auszugehen, dass das „CertifHy"-Herkunfts- und -Nachweissystem als Blaupause für die zukünftige politische Umsetzung eines europaweiten Zertifizierungssystems dient.

Auch bei der Ökobilanzierung ist der Umgang mit EE-Stromzertifikaten bei netzgekoppelten Anlagen umstritten und wird aus wissenschaftlicher Sicht eher abgelehnt [14]. Um den „systemdienlichen" Charakter der PtG-Technologie dennoch in die ökologische Bewertung einfließen zu lassen, werden für netzgekoppelte Anlagen häufig reduzierte Jahresvolllaststunden (z. B. 3.000 h/a) angenommen, die mit der durchschnittlichen Bereitstellung von Überschussstrom durch EE-Anlagen korrelieren. Bei einem weitgehend „kontinuierlichen" Betrieb unter Volllast (z. B. 8.000 h/a) werden die PtG-Anlagen dagegen als regulärer Verbraucher betrachtet und es wird der durchschnittliche Strommix des jeweiligen Produktionslandes, inklusive des zugehörigen CO_2-Rucksacks, angesetzt [7].

7.2.4 Vereinfachte Klimabilanz für ausgewählte PtG-Prozessketten

Im Folgenden werden die Treibhausgasemissionen für vier verschiedene PtG- Prozessketten zur Herstellung von EE-CNG (CNG: Compressed Natural Gas) auf Basis der vereinfachten „Methode

Tabelle 7.2: Betrachtete PtG-Prozessketten und C-Bereitstellungspfade

Bezeichnung	C-Quelle	C-Bereitstellung	Syntheseverfahren
FER_bioMETH	Mais	Fermentation ($CH_4 + CO_2$)	Biolog. Methanisierung
FER_METH	Mais	Fermentation (CO_2)	Katalyt. Methanisierung
WS_METH	Waldrestholz	Wirbelschichtvergasung (CO)	Katalyt. Methanisierung
DAC_METH	Luft	Direct Air Capture (CO_2)	Katalyt. Methanisierung

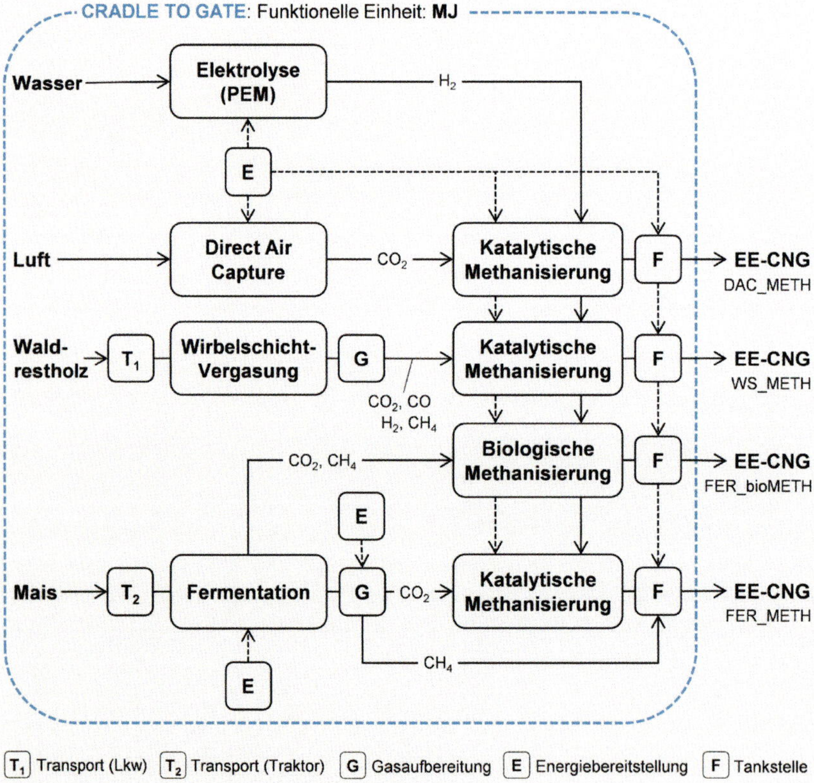

Bild 7.6: „Cradle to Gate"-Untersuchungsrahmen der betrachteten PtG-Prozessketten

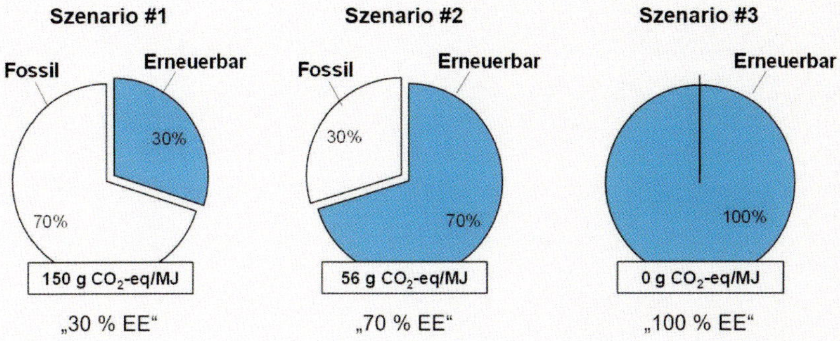

Bild 7.7: Übersicht der betrachteten Strommix-Szenarien

RED" (s. Kapitel 7.2.2.2) berechnet und das THG-Minderungspotenzial gegenüber dem fossilen Vergleichswert der Erneuerbare-Energien-Richtlinie von 83,8 g CO_2-eq/MJ (s. Kapitel 7.2.2.2) ermittelt. Dabei soll auch der Einfluss des zugrundeliegenden Strommixes auf die Ergebnisse untersucht werden. Die verwendeten Daten und Prozessketten stammen aus der DVGW-Studie „Vergleichende Bewertung von PtX-Prozessen zur Bereitstellung von Kraftstoffen aus erneuerbaren Quellen" [17]. **Tabelle 7.2** zeigt eine Übersicht der zugrundeliegenden C-Bereitstellungspfade und Syntheseverfahren.

Für die Analyse der Treibhausgasemissionen wird ein erweiterter „Cradle to Gate" Untersuchungsrahmen festgelegt (**Bild 7.6**), der neben der Kraftstoffproduktion auch die Tankstelle berücksichtigt[8]. Gemäß der Methode RED werden Bauvorleistungen sowie die Anwendung des EE-CNG vernachlässigt. Die funktionelle Einheit wird entsprechend auf 1 MJ (EE-)CNG festgelegt. Als Allokationsmethode für die Verwendung von CO bzw. CO_2 als Rohstoff wurde die Methode der Systemraumerweiterung gewählt (s. Kapitel 7.2.3.1.2).

Der Einfluss unterschiedlicher Strommix-Zusammensetzungen auf die Treibhausgasemissionen der Produktsysteme wird auf Basis von drei Szenarien mit jeweils unterschiedlichen Anteilen von erneuerbaren Energien und dementsprechend unterschiedlich hohen CO_2-Vorbelastungen untersucht (**Bild 7.7**). Das Szenario 1 weist dabei einen ähnlich hohen CO_2-Fußabdruck wie der durchschnittliche deutsche Strommix im Jahr 2018 auf[9].

Vereinfacht wird angenommen, dass das jeweilige Strommix-Szenario sowohl dem Elektrolyseur als auch den Produktionsgebäuden und der Tankstelle (inkl. Kompressor) zugrunde liegt.

7.2.4.1 Ergebnisse

Die Ergebnisse in **Bild 7.8** zeigen deutlich, dass der Anteil an erneuerbaren Energien im verwendeten Strommix ausschlaggebend für die Klimawirkung des betrachteten PtG-Produkts (hier: EE-

---

8 Es wird angenommen, dass sich die Tankstelle auf dem Gelände der PtG-Anlage befindet und kein zusätzlicher Pipelinetransport nötig ist.

9 Vorläufiger CO_2-Emissionsfaktor des deutschen Strommix im Jahr 2018: 130 g CO_2-eq/MJ [25]

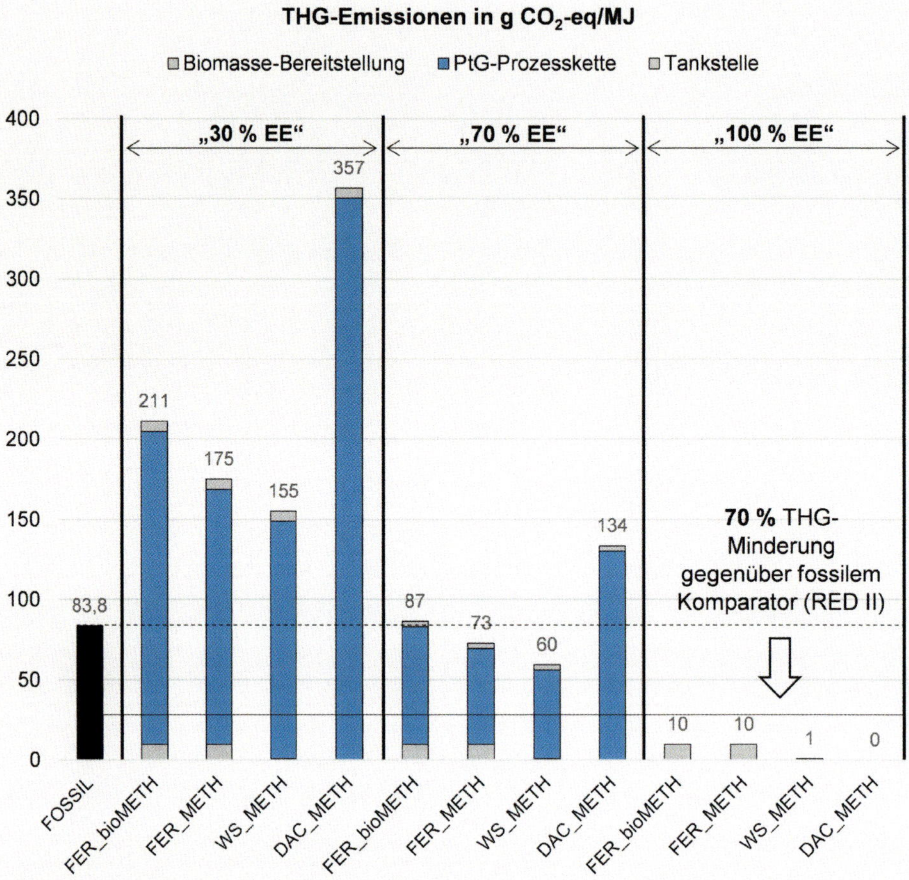

Bild 7.8: THG-Emissionen der betrachteten PtG-Produktsysteme in g CO_2-eq/MJ

CNG) ist. Unabhängig davon, ob die C-Bereitstellung auf einer Fermentation („FER_METH“ bzw. „FER_bioMETH“), auf einer Wirbelschichtvergasung („WS_METH“) oder auf der Abtrennung von CO_2 aus der Luft („DAC_METH“) basiert, ist die zentrale Einflussgröße für die Treibhausgasemissionen des Produktsystems immer die Zusammensetzung des zugrundeliegenden Strommixes. Demnach wird die in der Neufassung der Erneuerbaren Energien-Richtlinie (RED II) geforderte Treibhausgaseinsparung von mindestens 70 % (s. Kapitel 7.2.3) grundsätzlich von allen PtG-Prozessketten erreicht, sofern für den Produktionsprozess und insbesondere für die Elektrolyse eine vollständig auf erneuerbaren Energien basierende Versorgung mit elektrischer Energie hinterlegt ist (Szenario 3: „100 % EE“).

Demgegenüber ist der Einfluss der C-Quelle nahezu vernachlässigbar und nur im 100 % EE-Szenario von Bedeutung. Dennoch ist es insbesondere bei biogenen C-Bereitstellungspfaden möglich, durch kluge Wahl der Einsatzstoffe eine Verbesserung der Klimabilanz zu erzielen. Demnach wird bei den auf Fermentation basierenden Prozessketten („FER_METH" und „FER_bioMETH") mit „Mais" eine C-Quelle verwendet, die vergleichsweise stark mit Treibhausgasemissionen vorbelastet ist. Im Gegensatz zu Abfällen und Reststoffen (wie z. B. Waldrestholz, Bioabfälle) zählt Mais zu den sog. Anbaubiomassen. Das bedeutet, dass für die Wirkungsbilanz sämtliche Aufwendungen berücksichtigt werden müssen, die für den Anbau, die Feldbearbeitung, die Ernte und die Weiterverarbeitung anfallen. Dies beinhaltet sowohl den Bedarf an Düngemitteln und Pestiziden als auch den Einsatz von Diesel für Landmaschinen. Würden stattdessen Rest- und Abfallstoffe eingesetzt werden, so wären diese nicht mit Treibhausgasemissionen vorbelastet. Zudem kann nach der Methode RED durch die Verwendung bestimmter Biomasse-Reststoffe eine zusätzliche Treibhausgas-Einsparung erzielt werden, wenn durch die Verarbeitung dieser Rohstoffe Emissionen infolge natürlicher Abbauprozesse vermieden werden. Beispielsweise weist die Neufassung der Erneuerbare-Energien-Richtlinie bei der Verwendung von Gülle als Substrat für Biogasanlagen eine Gutschrift von „– 45 g CO_2-eq/MJ" aus [16].

Bei auf Direct Air Capture (DAC) basierenden Prozessketten („DAC_METH") ist die C-Quelle (CO_2 aus Luft) grundsätzlich nicht mit Emissionen vorbelastet. Allerdings haben DAC-Anlagen im Vergleich zu biogenen C-Bereitstellungspfaden einen deutlich höheren Energiebedarf, der je nach Art der Energiebereitstellung einen erheblichen Einfluss auf die Klimabilanz des Produktsystems ausüben kann.

Literatur

[1] Umweltmanagement - Ökobilanz - Grundsätze und Rahmenbedingungen, DIN EN ISO 14040, 2009.

[2] Umweltmanagement - Ökobilanz - Anforderungen und Anleitungen, DIN EN ISO 14044, 2018.

[3] Pichlmaier, S.; Regett, A.; Kigle, S.: Ökobilanzen synthetischer Kraftstoffe. Methodikleitfaden. München, 2020, Online [https://www.ffe.de/attachments/article/804/%C3%96kobilanzMethodikleitfaden_EiV.pdf], zuletzt abgerufen am 03.06.2020

[4] Intergovernmental Panel on Climate Change (Hrsg.): Climate Change 2013. The Physical Science Basis. Working Group I Contribution to the IPCC Fifth Assessment Report. Cambridge, 2013

[5] Umweltbundesamt: Treibhauspotenziale (Global Warming Potential, GWP) ausgewählter Verbindungen und deren Gemische gemäß viertem Sachstandsbericht des IPCC bezogen auf einen Zeitraum von 100 Jahren. Online, [https://www.umweltbundesamt.de/sites/default/files/medien/2503/dokumente/treibhauspotentiale_ausgewaehlter_verbindungen_und_deren_gemische.pdf], zuletzt abgerufen am 22.07.2020

[6] Derwent, R. G.: Hydrogen for heating. Atmospheric impacts. A literature review. BEIS Research Paper 21, 2018

[7] Joanneum Research: Geschätzte Treibhausgasemissionen und Primärenergieverbrauch in der Lebenszyklusanalyse von Pkw-basierten Verkehrssystemen. Graz, 2019

[8] Maas, H. et al.: Well-to-tank report version 4.a. JEC well-to-wheels analysis. Well-to-wheels analysis of future automotive fuels and powertrains in the European context. Publications Office, Luxembourg, 2014

[9] Edwards, R. et al.: Well-to-wheels report version 4.a. JEC well-to-wheels analysis. Well-to-wheels analysis of future automotive fuels and powertrains in the European context. Publications Office, Luxembourg, 2014

[10] Boßdorf-Zimmer, B.; Krinke, S.; Lösche-ter Horst, T.: Die Well-to-Wheel-Analyse Umwelteigenschaften mess- und planbar machen. In: MTZ Motortech Z, 73 (2012) 2, S. 106-111

[11] Wietschel, M.; Timmerberg, S.; Ashley-Belbin, N.: Klimabilanz, Kosten und Potenziale verschiedener Kraftstoffarten und Antriebssysteme für Pkw und Lkw. Endbericht. Online, [https://www.isi.fraunhofer.de/content/

dam/isi/dokumente/cce/2019/klimabilanz-kosten-potenziale-antriebe-pkw-lkw.pdf], zuletzt abgerufen am 12.09.2019

[12] Heneka, M.; Köppel, W.; Gerstein, D.; Kröger, K.: Bewertung von Gasbussen für den öffentlichen Personennahverkehr und Vergleich mit Alternativkonzepten. Busstudie. Bonn, 2019, Online, [https://www.dvgw.de/medien/dvgw/forschung/berichte/g201810-busstudie-abschlussbericht.pdf], zuletzt abgerufen am 27.03.2020

[13] Sternberg, A.; Hank, C.; Hebling, C.: Treibhausgas-Emissionen für Batterie- und Brennstoffzellenfahrzeuge mit Reichweiten über 300 km. Studie im Auftrag der H_2 Mobility. Online, [https://www.ise.fraunhofer.de/content/dam/ise/de/documents/news/2019/ISE_Ergebnisse_Studie_Treibhausgasemissionen.pdf], zuletzt abgerufen am 19.08.2019

[14] Agora Verkehrswende: Klimabilanz von strombasierten Antrieben und Kraftstoffen. 2019, Online, [https://www.agora-verkehrswen-de.de/fileadmin/Projekte/2019/Klimabilanz_Batteriefahrzeugen/32_Klimabilanz_strombasierten_Antrieben_Kraftstoffen_WEB.pdf], zuletzt abgerufen am 03.06.2020

[15] Richtlinie 2009/28/EG des Europäischen Parlaments und des Rates vom 23.04.2009 zur Förderung der Nutzung von Energie aus erneuerbaren Quellen und zur Änderung und anschließenden Aufhebung der Richtlinien 2001/77/EG und 2003/30/EG. RL 2009/28/EG, 2009

[16] Richtlinie 2018/2001/EU des Europäischen Parlaments und des Rates vom 11.12.2018 zur Förderung der Nutzung von Energie aus erneuerbaren Quellen (Neufassung): RL 2018/2001/EU, 2018

[17] Heneka, M. et al.: Vergleichende Bewertung von PtX-Prozessen zur Bereitstellung von Kraftstoffen aus erneuerbaren Quellen. Abschlussbericht PtX-Studie. DVGW Förderkennzeichen G 201603, 2018

[18] Schmidt, P. R.; Zittel, W.; Weindorf; W.; Raksha, T.: Renewables in Transport 2050: Empowering a sustainable mobility future with zero emission fuels from renewable electricity. Frankfurt am Main, 2016, Online, [http://www.lbst.de/news/2016_docs/FVV_H1086_Renewables-in-Transport-2050-Kraftstoffstudie_II.pdf], zuletzt abgerufen am 11.03.2017

[19] DVGW Deutscher Verein des Gas- und Wasserfaches e.V. (Hrsg.): Innovative largescale energy storage technologies and Power-to-Gas concepts after optimisation: Roadmap for large-scale storage based PtG conversion in the EU up to 2050. Bonn, 2019, Online, [https://www.storeandgo.info/fileadmin/dateien/STORE_GO_power_to_gas_roadmap.pdf], zuletzt abgerufen am 23.07.2020

[20] IFEU; DLR; Joanneum Research: Systemvergleich speicherbarer Energieträger aus erneuerbaren Energien. Abschlussbericht. Texte 68/2020, Dessau-Roßlau, 2019

[21] Bothe; D.; Steinfort, T.: Cradle-to-Grave-Lebenszyklusanalyse im Mobilitätssektor: Metastudie zur CO_2-Bilanz alternativer Fahrzeugantriebe. Frankfurt a. M., 2020, Online, [https://www.fvv-net.de/fileadmin/user_upload/medien/materialien/FVV_LCA_Lebenszyklusanalyse_Frontier_Economics_R595_final_2020-06_DE.pdf], zuletzt abgerufen am 19.06.2020

[22] Ausfelder, F.; Dura, H. E. (Hrsg.): Optionen für ein nachhaltiges Energiesystem mit Power-to-X Technologien. 1. Roadmap des Kopernikus-Projektes „Power-to-X“. Flexible Nutzung erneuerbarer Ressourcen (P2X). Herausforderungen – Potenziale – Methoden – Auswirkungen. 2018, Online, [https://www.kopernikus-projekte.de/lw_resource/datapool/systemfiles/agent/news/74A887D0C78A746AE0539A695E86E488/live/document/P2X_Roadmap_A4_V2.pdf], zuletzt abgerufen am 09.04.2019

[23] Treibhausgase – Carbon Footprint von Produkten – Anforderungen an und Leitlinien für Quantifizierung. 14067:2019-02, 2019

[24] Veum, K.; Barth, F.; Winkel, T.; Vanhoudt, W.; Altmann, M.: Taking CertifHy to the next level – Roadmap for building a dual hydrogen certification infrastructure for Guarantees of Origin and for Certification of renewable hydrogen in transport. Brüssel, 2019, Online, [https://www.certifhy.eu/images/media/files/CertifHy_2_deliverables/190319_CertifHy2_Roadmap_Final_Draft_as_endorsed_by_the_Steering_Group.pdf], zuletzt abgerufen am 23.07.2020

[25] Icha, P.; Kuhs, G.: Entwicklung der spezifischen Kohlendioxid-Emissionen des deutschen Strommix in den Jahren 1990-2019. Climate Change 13/2020, Dessau-Roßlau, 2020, Online, [https://www.umweltbundesamt.de/publikationen/entwicklung-der-spezifischen-kohlendioxid-5], zuletzt abgerufen am 04.06.2020

7.3 Techno-ökonomische Rahmenbedingungen für Power-to-Gas[10]

Eine ökologisch nachhaltige Energieversorgung, die wirtschaftlich tragfähig und sozial verträglich ist, hat in der europäischen Politik einen hohen Stellenwert. Die europäische Energieversorgung muss aufgrund energetischer, sozialer, wirtschaftlicher, umweltbezogener und klimatischer Faktoren umgestaltet werden. Der Einsatz von grünen Gasen (in Form von Wasserstoff, synthetischem Erdgas (SNG) oder alternativen Kohlenwasserstoffen aus Wasserstoff) auf Basis erneuerbarer elektrischer Energie hat zahlreiche Vorteile, die Europa beim Umbau seines Energiesystems wesentlich unterstützen können. Mit diesen Gasen können wichtige Probleme bei der Entwicklung erneuerbarer Energiequellen gelöst werden, wie die langfristige Speicherung fluktuierender erneuerbarer Stromquellen und damit verbunden die Steigerung der lokalen Produktion und Nutzung, der Transport erneuerbarer Energien über die bestehende Gasinfrastruktur und die Bereitstellung neuer erneuerbarer Energiequellen für Mobilität und industrielle Prozesse. Die Sektorenkopplung über Power-to-Gas (PtG) ist grundlegend für die Transformation des europäischen Energiesystems und ein wichtiger wirtschaftlicher Parameter.

Daher müssen die Bemühungen zur Entwicklung eines kohlenstoffneutralen europäischen Energiesystems als Chance betrachtet werden, um die europäische Führungsrolle in innovativen Energietechnologien sowie die Anwendung und Umsetzung ausgereifter, grüner gasbezogener Technologien zu stärken. Die europäische Politik beabsichtigt häufig die direkte Nutzung von Elektrizität, welche jedoch auf Einschränkungen und Grenzen stößt, die durch den Übergang zu gasförmigen erneuerbaren Energieträgern wie PtG-Produkten (Wasserstoff und SNG) wirksam aufgehoben werden können. Obwohl die technologische Effizienz vergleichsweise geringer ist, erlaubt insbesondere die Produktion von SNG die uneingeschränkte Nutzung der bestehenden Erdgasinfrastruktur und bietet eine völlig ausgereifte Technologie und Marktverfügbarkeit für alle systemrelevanten Komponenten, von der Speicherung bis zum Endverbraucher.

Die vielfältigen Einsatzmöglichkeiten von PtG im Energiesystem können zu verschiedenen Funktionen und Vorteilen führen, aus denen sich zahlreiche Anwendungsfelder ableiten lassen. Folgende Anwendungsfälle, die sich hinsichtlich der Strombezugsquelle unterscheiden, werden im Weiteren genauer analysiert:

- PtG-Anlage, die von einer Photovoltaik-Anlage gespeist wird (PtG-PV)
- PtG-Anlage, die von einem Windpark gespeist wird (PtG-Wind)
- PtG-Anlage, die Strom aus dem öffentlichen Netz bezieht (PtG-Grid).

Die techno-ökonomische Bewertung dieser Anlagenkonfigurationen wurde anhand der Produktgestehungskosten von Wasserstoff (H_2) und SNG durchgeführt, indem die jährlichen Gesamtanlagenkosten in Bezug zu dem Energiegehalt (LHV) des jährlich produzierten Gases gesetzt wurden.

[10] Dieses Kapitel basiert auf Analysen aus dem Projekt STORE&GO – kofinanziert durch das „Horizon 2020 research and innovation programme" der Europäischen Union – und aus den Erstveröffentlichungen die in [14] zu finden sind.

Dabei wurden kapitalgebundene, verbrauchsgebundene, betriebsgebundene und sonstige Kosten sowie Erlöse berücksichtigt. Die durchgeführten Berechnungen gehen von einem Zinssatz von 4 % und einem Beobachtungszeitraum von 20 Jahren aus. Darüber hinaus wurden Sensitivitätsanalysen durch Variation mehrerer Schlüsselparameter durchgeführt, um die Haupttreiber für die Senkung der Produktionskosten zu ermitteln.

7.3.1 Kapitalgebundene Kostenfaktoren

Die kapitalgebundenen Kosten bilden die Investitionskosten für Power-to-Gas-Anlagen ab. Aufgrund der aktuell geringen Marktdurchdringung der Technologie ist zukünftig mit einer starken Reduktion dieser kapitalgebundenen Kosten zu rechnen, die sich aus einem Rollout der Technologie im industriellen Maßstab ergeben. Da diese Abnahme der Anlagenkosten in engem Zusammenhang mit der globalen Marktentwicklung steht, wird diese zusammen mit den resultierenden Effekten in den folgenden Abschnitten beschrieben.

7.3.1.1 Globale Marktpotenziale für Power-to-Gas

Um zukünftige Entwicklungen der Investitionskosten für Elektrolyse und Power-to-Gas-Anlagen abschätzen zu können, ist eine Evaluierung des aktuellen Marktes und dessen Entwicklung über die nächsten Jahre notwendig. Durch das breite Anwendungsspektrum von Wasserstoff und dessen Derivaten in zukünftigen erneuerbaren Energiesystemen sind bisher durchgeführte nationale und internationale Analysen vielfältig und divers.

Für Deutschland beziffern mehrere Studien den Bedarf an Elektrolyseleistung (bezogen auf den Eingangsstrom) für den Energiesektor mit 26-36 GW, in Abhängigkeit von den parallel installierten Kapazitäten an Kurzzeit-Stromspeichern (z. B. Batteriespeicher), bis zum Jahr 2050 [1], [2]. Gerade für die Betrachtung als Flexibilitätsoption werden die benötigten Kapazitäten in demselben Zeitraum aber auch deutlich höher eingeschätzt und zwar in der Größenordnung von 89-134 GW [3]. Auch unter Berücksichtigung ökonomischer Aspekte wird zur Etablierung einer zu 100 % erneuerbaren Stromversorgung bereits bis 2040 mit Elektrolysekapazitäten von 43-45 GW kalkuliert [4]. Unter Berücksichtigung potenzieller zusätzlicher Bedarfskapazitäten in den Sektoren Mobilität, Industrie sowie Raum- und Prozesswärme steigen die Gesamtkapazitäten auf elektrische Leistungen für Elektrolyse auf etwa 130 bis 280 GW, um Wasserstoff und darauf basierende Power-to-X Produkte, wie SNG oder e-Fuels, bereitzustellen [4], [5], [6]. Obwohl Abschätzungen in dieser Hinsicht, auch je nach individueller Verbreitung und jeweiligen alternativen Technologien teilweise stark variieren, zeigt sich, dass der Gesamtbedarf für Industrie und Mobilität in Deutschland jenen für die Bereitstellung von Speicherkapazitäten im Energiesektor wesentlich übersteigen wird [7]. Verglichen damit wird für den spanischen Energiesektor ein Bedarf an Speicherkapazitäten auf Basis von Power-to-Gas mit etwa 7-20 GW abgeschätzt, um Überschüsse aus erneuerbaren Stromquellen zu speichern [8]. Für eine vollständige Dekarbonisierung des Energiesystems in den Bereichen Strom und Wärme in Spanien steigt der Bedarf auf etwa das Vierfache [9]. Vergleichbare Abschätzungen für Italien liegen mit etwa 30 GW in einem ähnlichen Bereich [10].

Für eine überregionale Bewertung des zukünftigen Bedarfs sind allerdings gesamtheitliche Betrachtungen diesbezüglich notwendig, um auch Zu- und Abflüsse aus nationalen Energiesystemen wie Im- und Exporte oder Ausgleichsenergiemengen über Ländergrenzen hinweg entsprechend berücksichtigen zu können. Für ein zukünftiges CO_2-armes Energiesystem der Europäischen Union zeigen aktuelle Simulationen für die Potenziale für Wasserstoff und SNG aus Power-to-Gas eine große Bandbreite, je nach gegebenen ökonomischen und regulatorischen Rahmenbedingungen. Für die reine Betrachtung der Wasserstofferzeugung aus Elektrolyse reichen die abgeschätzten Kapazitäten von 70 bis 1.000 GW [11]. Für die Synthese von SNG aus Power-to-Gas hingegen wird in Szenarien, die ein gasbasiertes Energiesystem favorisieren, mit einer Gesamtkapazität von bis zu etwa 550 GW ausgegangen [12]. Damit wäre in diesen Szenarien auch eine Deckung des prognostizierten EU-weiten Gasbedarfs im Jahr 2050 zu 75 % mit SNG gegeben.

Um Kostenreduktionen durch technologisches Lernen pauschal für eine Technologie bewerten zu können, ist durch die heutige Internationalisierung des Marktes stets die Betrachtung der globalen Marktentwicklung für diese Technologie notwendig. Hierbei sind auch Wechselwirkungen und Konkurrenzmechanismen zu berücksichtigen. In dem Zusammenhang mit Power-to-Gas und Energietechnologien im Allgemeinen stellt sich dabei allerdings die Herausforderung, dass zukünftige Energiesysteme und deren Interaktionen über die nationale Ebene hinweg kaum abzuschätzen sind. Entsprechende Modellrechnungen bzw. Simulationen sind daher nur begrenzt und oftmals mit entsprechenden Einschränkungen verfügbar. Für den zukünftigen globalen Bedarf an SNG aus Power-to-Gas sind verfügbare Ergebnisse daher limitiert. Einzelne Analysen diesbezüglich gehen von einer Gesamtmenge von 1.960 TWh SNG bzw. einer Elektrolysekapazität von 2.360 GW aus, um den Bedarf an Speicher- bzw. Flexibilitätsoptionen in einem weitgehend auf volatilen erneuerbaren Energieträgern basierenden Energiesystem zu decken [13]. Die Bandbreite möglicher Potenziale für die zukünftige Nutzung und den Bedarf von Power-to-Gas je nach Anwendung und geografischem Fokus ist in **Bild 7.9** zusammengefasst.

Ein weiterer wesentlicher Aspekt neben der energetischen Nutzung von SNG ist der steigende Bedarf von Wasserstoff als Prozessgas in industriellen Prozessen. Der heutige Bedarf an reinem Wasserstoff liegt bei etwa 74 Mt pro Jahr, wobei mehr als 99 % aus fossilen Energieträgern hergestellt werden (76 % aus Erdgas, 23 % aus Kohle). Der größte Verbraucher ist dabei die chemische Industrie zur Erzeugung von Ammoniak als Grundstoff für die Düngemittelproduktion, gefolgt von der Produktion von Methanol. Es wird davon ausgegangen, dass der jährliche Wasserstoffbedarf in der Ammoniakproduktion bis zum Jahr 2030 um etwa 7 Mt zunimmt und bis 2050 eine Steigerung von 12 Mt erreicht. Ähnliche Voraussetzungen gelten auch für die Methanolsynthese mit Zuwächsen von 6,5 Mt bzw. 10,5 Mt in den gleichen Zeiträumen. Damit würde der Gesamtbedarf in diesen beiden Industriezweigen, unter Beibehaltung heutiger Nutzungspfade, bis 2050 auf über 96 Mt pro Jahr steigen [15]. Geht man davon aus, dass bis 2050 ein Großteil davon aus erneuerbaren Quellen und damit aus Elektrolyse herzustellen ist, würde für die Produktion der genannten Mengen etwa 4.590 TWh/a elektrische Energie aus erneuerbaren Quellen benötigt[11]. Darüber hinaus kommt in den unterschiedlichen Szenarien zur Dekarbonisierung der Eisen- und Stahlproduktion Wasserstoff als Reduktionsmittel eine wesentliche Rolle zu. Aktuell liegt der weltweite Einsatz von Wasserstoff zur Direktreduktion (DRI) in der Stahlindustrie bei lediglich 4 Mt jährlich. Je nach Bestrebungen zur Senkung der Treibhausgasemissionen in diesem Sektor wird erwartet, dass dieser Wert sich bis zum Jahr 2030 zumindest verdoppelt oder sogar auf 9 bis 11 Mt pro Jahr ansteigen wird. Durch den hohen Aufwand in der Umstellung etablierter Prozessketten wird mit einem wesentlichen Anstieg des Wasserstoffbedarfs in diesem Sektor allerdings erst auf längere Sicht gerechnet. Bis 2050 könnte der Gesamtbedarf für Direktreduktionsprozesse damit auf 47 bis 67 Mt

[11] Unter Annahme eines elektrischen Wirkungsgrads der Elektrolyse von 70 % bezogen auf den unteren Heizwert

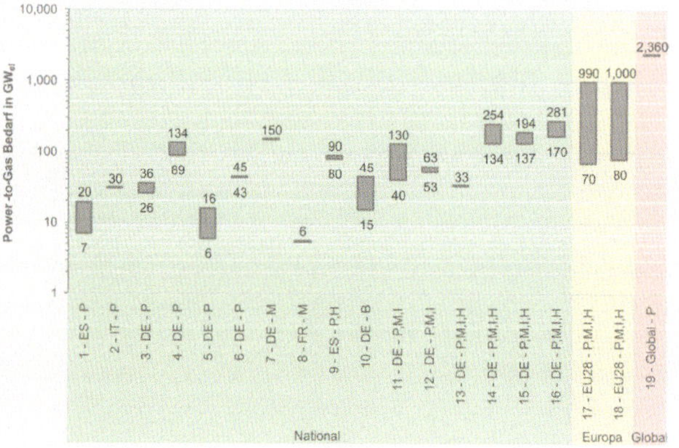

Bild 7.9: Abschätzung zukünftiger Potenziale für Power-to-Gas für die Erzeugung von Wasserstoff und SNG auf nationaler, europäischer und globaler Ebene mit unterschiedlichen Anwendungssektoren (P = Energiesektor, M = Mobilitätssektor, H = Wärmesektor, I = Industriesektor); basierend auf [14]

pro Jahr, je nach Emissionsszenario, steigen [15]. Hierfür würde eine zusätzliche Strommenge von 6.640-7.590 TWh/a benötigt.

Die hier skizzierten Betrachtungen zeigen, dass der Einsatz von Power-to-Gas zur Bereitstellung von Prozessgasen in der Industrie sowie als Speicher- und Flexibilitätsoption im Energiesektor auch unabhängig von der Substituierung des heutigen Erdgasverbrauchs eine wesentliche Rolle spielen wird. Bezogen auf die heute installierten Kapazitäten in diesem Bereich setzt dies allerdings auch ein signifikantes Wachstum der Power-to-Gas-Technologie voraus, um diesen Bedarf mittel- und langfristig decken zu können. Basierend auf den aktuell betriebenen Kapazitäten der Wasserelektrolyse von rund 8 GW weltweit [16] würde dies ein durchschnittliches jährliches Wachstum von 17-21 % voraussetzen. Als Vergleich dazu verzeichnete die Stromerzeugung aus Windkraftanlagen im Zeitraum von 2007-2017 ein ähnliches Wachstum von 19 % pro Jahr , wohingegen im Bereich Photovoltaik zwischen 2012 und 2017 sogar eine durchschnittliche jährliche Wachstumsrate von 48 % zu beobachten war [17], [18]. Dennoch ist eine konstant hohe Zubaurate für Elektrolyseure, über einen Zeitraum von 30 Jahren, als sehr optimistisch zu bewerten. Betrachtet man selbiges für die Methanisierung, ist festzustellen, dass aktuell lediglich etwa 14,5 MW an Power-to-Gas-Anlagen mit Methanisierung in Betrieb sind [19]. Basierend darauf wären Wachstumsraten von 36-43 % notwendig, um den prognostizierten Bedarf an Flexibilitätsoptionen im Energiesektor bis 2050 zu decken. Unter Berücksichtigung von Sättigungseffekten und damit der Notwendigkeit von partiell deutlich höheren Werten scheint dies wenig realistisch. Allerdings wird Methanisierung auch unabhängig von Power-to-Gas, vor allem in China, zur Erzeugung von SNG aus Kohlevergasung großtechnisch eingesetzt. Ausgehend von aktuellen Kapazitäten von bis zu 33 GW weltweit [20] würden die entsprechenden Wachstumsraten auf deutlich realistischere Werte von 7-13 % pro Jahr sinken. Dennoch geht aus diesen Betrachtungen deutlich hervor, dass ein wesentliches Potenzial im Ausbau der Power-to-Gas-Technologien besteht und damit auch ein entsprechendes Potenzial zur Kostenreduktion aus Lernkurven und Skaleneffekten zu erwarten ist.

7.3.1.2 Auswirkung von Lernkurven und Skaleneffekten

Bei der Bewertung von Kostenreduktionen aus Skalierungseffekten wird im Folgenden zwischen zwei unterschiedlichen Effekten differenziert:

- Kostenreduktionen, die sich aus einer Etablierung des Produkts bzw. der Technologie am Markt und damit einer Steigerung der Gesamtproduktion ergeben
- Senkungen der spezifischen Anlagenkosten, die sich aus einer Vergrößerung der individuellen Anlagenkapazität und damit einhergehenden Größeneffekten ergeben.

Erstere Effekte werden im Zeitverlauf als Lern- oder Erfahrungskurven bezeichnet. Sie beruhen auf der Lernkurventheorie, die davon ausgeht, dass jede Verdoppelung der kumulierten Produktion eine Reduktion der Produktionskosten um einen gleichbleibenden Faktor, die Lernrate, bewirkt. Diese Kostensenkungen sind demnach auf eine Verbesserung der Produktionsprozesse, wie Zeit- oder Materialeinsparungen, und damit der steigenden Erfahrung im Herstellungsprozess zurückzuführen. Je nach Betrachtung kann die Lernkurve aber auch zusätzliche Effekte, wie technologischen Fortschritt oder marktgetriebenen Preisdruck, beinhalten. Eine klare Definition der Lernrate oder deren Interpretation aus Literaturdaten ist daher oftmals schwierig.

Grundsätzlich wird die Lernkurventheorie herangezogen, um zukünftige Kostenentwicklungen für neue Produkte oder Technologien auf Basis ihrer Marktdurchdringung abschätzen zu können. Vor allem im Bereich der Energietechnologien wird es dadurch möglich, die Konkurrenzfähigkeit neuer Anwendungen zu bewerten sowie gegebenenfalls Maßnahmen abzuleiten, die für eine (schnellere) Erreichung dieser Konkurrenzfähigkeit notwendig sind [21]. Darüber hinaus lassen sich entsprechende frühe Investitionsvolumina abschätzen, um diese Entwicklung zu beschleunigen – das sogenannte „Learning Investment" (**Bild 7.10**). Gerade unter dem aktuellen Aspekt der Erreichung ambitionierter Klimaziele mit gleichzeitig entsprechend geringem Zeithorizont zur Umsetzung spielt diese Art der Bewertung im Setzen politischer und regulatorischer Lenkungsmaßnahmen eine relevante Rolle.

Die Lernrate einer Technologie wird grundsätzlich über vergangene Entwicklungen der Kosten und Produktionsmengen ermittelt. Dies setzt allerdings voraus, dass diese Daten über mehrere Größenordnungen an kumulierter Produktion hinweg bekannt sind. Für neue Technologien, wie

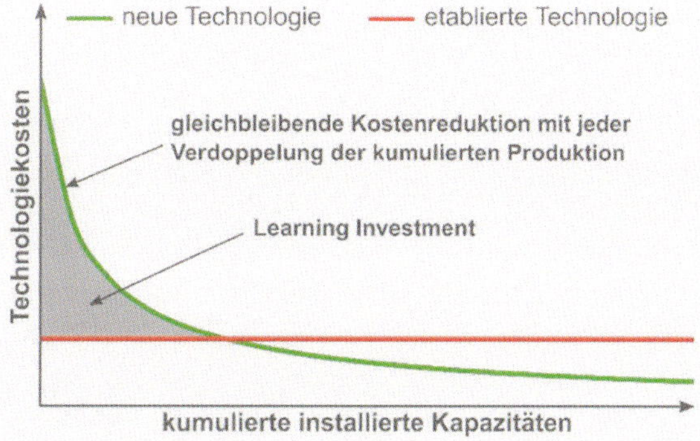

Bild 7.10: Darstellung des Learning Investment zur Erreichung von Konkurrenzfähigkeit gegenüber etablierten Technologien nach [22]

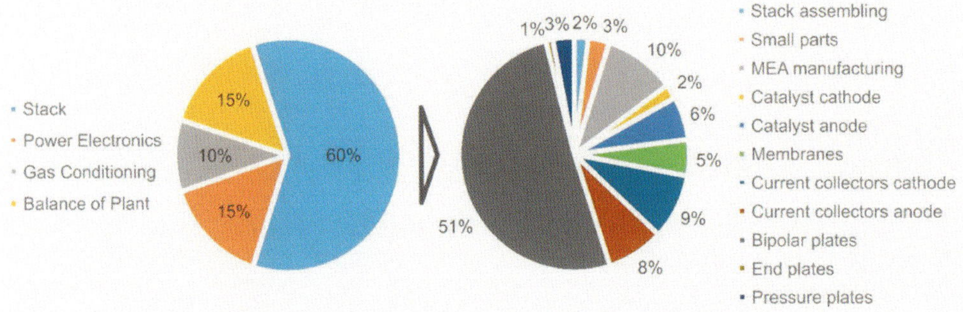

Bild 7.11: Allgemeine Kosten- und Komponentenstruktur für die PEM-Elektrolyse (links: System; rechts: Stack) nach [27]

etwa Power-to-Gas, ist eine entsprechende Abschätzung daher schwierig. Obwohl Einzeltechnologien, wie etwa die Niedertemperatur-Elektrolyse oder die katalytische Methanisierung, Marktreife besitzen und weitgehend etabliert sind, gilt dies etwa für die Hochtemperatur-Elektrolyse oder Power-to-Gas als Gesamtkonzept nur bedingt. In der Literatur beziehen sich Analysen zu Lernraten auf diesem Gebiet in erster Linie auf die alkalische Elektrolyse [23], die seit Jahrzehnten zur industriellen Erzeugung von Wasserstoff eingesetzt wird [24] oder Experteneinschätzungen zur Entwicklung der relevanten Elektrolysetechnologien [25]. Darüber hinaus werden oftmals nur die technologie-relevanten Hauptkomponenten, wie der Zell-Stack im Falle der Elektrolyse, betrachtet und konventionelle Nebenaggregate vernachlässigt.

Als alternativer Ansatz für die Bewertung von zu erwartenden Lerneffekten stellt sich deren Analyse auf Komponentenebene dar [26]. Damit wird es möglich, diese Effekte der Kostenreduktion anhand von dezidierten Produktionsprozessen, Materialeinsparungen oder Erfahrungswerten individuell abzuschätzen bzw. mit vergleichbaren Anwendungen aus anderen Bereichen zu vergleichen. Dies trifft sowohl auf die technologie-relevanten Hauptkomponenten als auch auf peripheren Systemelemente zu. **Bild 7.11** zeigt eine entsprechende Komponenten- bzw. Kostenstruktur für die PEM-Elektrolyse.

Außerdem ermöglicht diese Herangehensweise die Berücksichtigung von sogenannten Spillover-Effekten, also Kostenreduktionen durch technologisches Lernen, die nicht in direktem Zusammenhang mit dem Ausbau der untersuchten Technologie stehen, sondern auch aus nebenläufigen Verwendungen einzelner Komponenten resultieren. Dies ist vor allem für konventionelle Peripheriekomponenten relevant, wie etwa Verdichter, die in einer Vielzahl anderer Bereiche Anwendung finden. Selbiges gilt darüber hinaus für Lerneffekte, die aus Verwendungen in der Vergangenheit resultieren. Damit stehen die kumulierten Produktionsmengen für diese Komponenten auf entsprechend höherem Niveau als jene der untersuchten Technologie und die zu erwartenden Effekte sind geringer, da eine Verdoppelung langsamer erfolgt [26].

Reduktionen der spezifischen Investitionskosten, die aus einer Erhöhung der individuellen Anlagengröße folgen, werden im Allgemeinen als Skaleneffekte bezeichnet. Sie resultieren im

Bild 7.12: Kostenentwicklung für Elektrolysetechnologien durch Lernkurven und Skaleneffekte

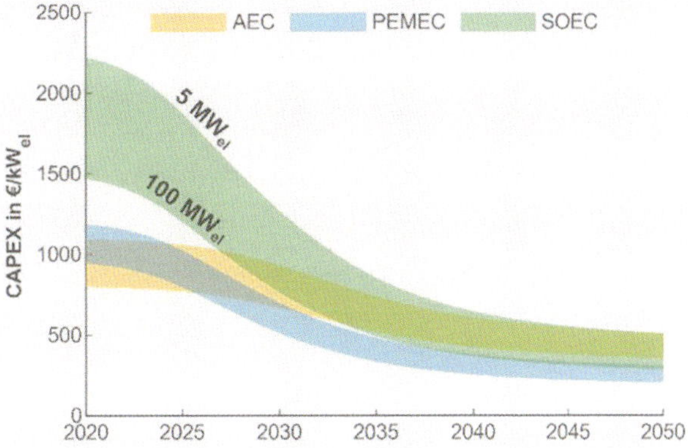

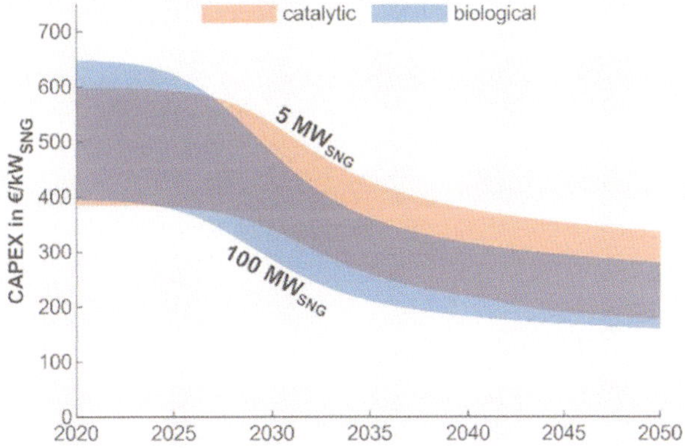

Bild 7.13: Kostenentwicklung für Methanisierungstechnologien durch Lernkurven und Skaleneffekte

Wesentlichen aus geometrischen Faktoren oder der reduzierten Zahl an Einzelkomponenten gegenüber mehreren kleinen Einzelanlagen. Um solche Skaleneffekte im Anlagenbau abzuschätzen, werden sogenannte Skalierungsfaktoren verwendet, die den logarithmischen Zusammenhang zwischen Kosten- und Größenverhältnis abbilden. Da für komplexe Power-to-Gas-Systeme noch Erfahrungswerte fehlen, bietet es sich hier ebenfalls an, auf eine komponentenweise Betrachtung zurückzugreifen [14]. Im chemischen Anlagenbau existieren in der Literatur entsprechende Erfahrungswerten, um die Skalierbarkeit einzelner Systemkomponenten weitgehend abschätzen zu können [28], [29].

Für die unterschiedlichen Power-to-Gas-Technologien lassen sich damit deutliche Potenziale zur Kostenreduktion auf Basis von Lernkurven und Skaleneffekten abschätzen. **Bild 7.12** und **Bild 7.13** zeigen die resultieren spezifischen Investitionskosten für Elektrolyse- bzw. Methanisierungstechnologien auf Basis entsprechender Effekte bei Deckung der zukünftigen globalen Marktpotenziale für Power-to-Gas. Ausgehend von heutigen Anlagengrößen im niedrigen einstelligen MW-Bereich lassen sich langfristig Kostenreduktionen von mehr als 75 % durch Hochskalieren und technologisches Lernen erwarten. Die Lernraten, also die Abnahme der Kapitalkosten je Verdoppelung der kumulierten Produktionsmenge, liegen dabei für alle relevanten Technologien in einem ähnlichen Bereich von 12-15 %. Die Bedienung der gegebenen Marktpotenziale ginge demzufolge mit einer deutlichen Senkung der Investitionskosten und umgekehrt einer stetigen Verbesserung der Wirtschaftlichkeit und Konkurrenzfähigkeit gegenüber etablierten Technologien einher. Dies setzt allerdings voraus, dass das entsprechende „Learning Investment" bereits früh getätigt wird, um die Lerneffekte zu starten. Werden stattdessen Investitionen in die Zukunft verlagert, in der Annahme vermeintlicher Kostenreduktionen, werden diese aufgrund des Fehlens derselbigen nicht eintreten. Folglich wird es in diesem Zusammenhang auch regulatorische Lenkungsmaßnahmen brauchen, die entsprechende Investitionen in Power-to-Gas-Technologien fördern bzw. deren Wirtschaftlichkeit gegenüber fossilen Konkurrenztechnologien und -produkten verbessern.

7.3.2 Verbrauchsgebundene Kostenfaktoren

Die verbrauchsgebundenen Kosten beinhalten sämtliche Kosten, die für Betriebsmittel und Rohstoffe während des Betriebs einer Power-to-Gas-Anlage zu erwarten sind. Darüber hinaus sind außerdem etwaige Erlöse aus dem Verkauf von Nebenprodukten inkludiert. Die einzelnen Kostenfaktoren sind in den folgenden Abschnitten erläutert.

7.3.2.1 Strombezugskosten

Für den wirtschaftlichen Betrieb einer PtG-Anlage sind vor allem die Strombezugskosten von entscheidender Bedeutung. Nachfolgend werden die für die techno-ökonomische Bewertung von PtG verwendeten Stromkosten beschrieben. Es muss jedoch darauf hingewiesen werden, dass die Prognose zukünftiger Stromkosten schwierig ist, da die Stromerzeugung und der Strommarkt maßgeblich von energie- und klimapolitischen Maßnahmen beeinflusst werden und dadurch einem ständigen Wandel unterworfen sind. Dies führt auch zu einer direkten Abhängigkeit von der zukünftigen Entwicklung von PtG und der Entwicklung der Stromkosten.

7.3.2.1.1 Strombezug von PV- und Windkraftanlagen

In diesem Anwendungsfall bezieht die PtG Anlage den benötigten Strom direkt aus einer Photovoltaik- oder Windkraftanlage, wobei grundsätzlich zwei Optionen möglich sind, die sich hinsichtlich der zur Verfügung gestellten Strommenge unterscheiden:

- Nutzung des gesamten erzeugten Stroms: Hier ist die PtG-Anlage auf die maximale Leistung der PV-Anlage bzw. des Windparks ausgelegt – in weiterer Folge als Szenarien PtG-PV-100 % und PtG-Wind-100 % bezeichnet
- Nutzung eines Teils des erzeugten Stroms: Hier wird eine bestimmte Menge des aus PV bzw. Wind erzeugten Stroms in das öffentliche Netz eingespeist. Der Rest (Überschuss) wird von der PtG-Anlage zur Erzeugung von grünem Gas verwendet – in weiterer Folge werden die Szenarien je nach Anteil des von der PtG-Anlage genutzten Stroms als PtG-PV-50 %, PtG-PV-75 %, PtG-Wind-50 % und PtG-Wind-75 % bezeichnet.

Für die Strombezugskosten aus PV-Anlagen werden die prognostizierten Gestehungskosten an Standorten mit einer durchschnittlichen Sonneneinstrahlung herangezogen: 40 €/MWh, 30 €/MWh und 20 €/MWh für 2020, 2030 bzw. 2050 (vgl. [30], [31]).

Wird hingegen Strom aus einem Windpark bezogen, ist im Vergleich zu PV mit höheren Kosten zu rechnen, jedoch würden in diesem Fall höhere Volllaststunden der PtG-Anlage erreicht. Die durchschnittlichen Kosten für Strom aus Windkraftanlagen (Onshore wie Offshore) werden mit etwa 60 €/MWh, 50 €/MWh und 40 €/MWh für 2020, 2030 und 2050 prognostiziert (vgl. [31, 32]).

7.3.2.1.2 Strombezug aus dem Stromnetz

Bei Annahme von Strombezug aus dem öffentlichen Netz basieren die für die techno-ökonomische Bewertung verwendeten Stromkosten auf der Charakteristik (Verlauf der 15-Minuten Werte) der Großhandelspreise in Österreich im Jahr 2017 (Spotmarkt, EXAA), den prognostizierten Großhandelspreisen und deren Preisvolatilität bis 2050.

Der Mittelwert des Großhandelspreises im Jahr 2017 betrug etwa 34,5 €/MWh und schwankte zwischen einem Mindestpreis von -102 €/MWh und einem Höchstpreis von 170 €/MWh [33]. In Zukunft ist ein eindeutiger Trend hin zu höheren jährlichen mittleren Strompreisen erkennbar, im Jahr 2030 auf rund 65 €/MWh und 2050 auf rund 80 €/MWh (vgl. [34-40]). Für 2020 wurden die im Jahr 2017 beobachteten durchschnittlichen Spotmarktpreise angenommen (etwa 35 €/MWh). Neben dem Anstieg der jährlichen Mittelwerte der Großhandelspreise wird auch ein Anstieg der Volatilität der Strompreise prognostiziert. Dies wird berücksichtigt, indem die auftretende Abweichung vom Mittelwert mit einem Volatilitätsfaktor multipliziert wird. Dieser Faktor wird für 2030 auf 1,5 (+ 50 %) und für 2050 auf 2 (+ 100 %) festgelegt.

Bei der wirtschaftlichen Bewertung werden die Schwankungen der Spotmarktpreise durch die Betriebsweise der PtG-Anlage berücksichtigt. Es wird unterstellt, dass die PtG-Anlage immer nur zu Zeiten günstigster Strompreise betrieben wird. Das bedeutet, dass bei einer Begrenzung des maximalen Strombezugspreises, die Anlage nur bis zu einer bestimmten Anzahl an Volllaststunden betrieben werden kann. Diese Situation führt zu einem separaten durchschnittlichen Strompreis in Abhängigkeit der Volllaststunden (**Tabelle 7.3**). Um diese Betriebsweise zu gewährleisten, wird

Tabelle 7.3: Mittlere Preise für Strom vom Spotmarkt für bestimmte Volllaststunden in den Jahren 2020, 2030 und 2050

Volllaststunden		h/a	1.000	2.000	3.000	4.000	5.000	6.000	7.000	8.000
2020	Preisgrenze	€/MWh	17,6	25,2	29,5	33,0	36,7	40,6	45,2	54,6
	Mittlerer Preis	€/MWh	0,7	3,2	6,4	9,9	13,9	18,3	23,2	28,8
2030	Preisgrenze	€/MWh	38,8	50,4	56,8	62,0	67,5	73,3	80,3	94,3
	Mittlerer Preis	€/MWh	2,5	7,7	13,9	20,6	28,0	36,0	44,8	54,6
2050	Preisgrenze	€/MWh	45,1	60,5	69,0	76,0	83,3	91,1	100,4	119,1
	Mittlerer Preis	€/MWh	2,6	8,7	16,2	24,5	33,6	43,5	54,4	66,7

vereinfachend ein ideales Stromnetz vorausgesetzt, das die benötigte Leistung zu jedem Zeitpunkt zur Verfügung stellen kann. Zusätzlich muss der Elektrolyseur sehr kurze Anfahrzeiten aufweisen, um dem Strompreisverlauf folgen zu können und so auch nur kurze Zeiten an zur Verfügung gestellter Energie für die Wasserstoffproduktion nutzen zu können.

7.3.2.2 Kosten für CO_2

Das für die Methanisierung benötigte CO_2 weist je nach Quelle und Abscheidungstechnologie sehr unterschiedlich Kosten im Bereich von etwa 5 bis 350 €/t auf. Durchschnittlich, mit Ausnahme der direkten CO_2-Abscheidung aus der Luft, liegen die Kosten für die CO_2-Abscheidung bei etwa 50 €/t. Bei konzentrierten Quellen, wie Biogas- oder Abwasseraufbereitung sowie Bioethanolerzeugung, können die Kosten mit etwa 5 €/t jedoch deutlich geringer sein. Die Kosten für die CO_2-Abscheidung aus chemischen Industrieprozessen, wie etwa Ammoniakherstellung, können aufgrund der bereits hohen Reinheit des CO_2 im Gasstrom ebenfalls niedriger sein. Im Gegensatz dazu sind die Kosten für CO_2 bei Direktabscheidung aus der Luft vergleichsweise hoch und schwanken zwischen 150 und 360 €/t CO_2 [41], [42]. Für die techno-ökonomischen Berechnungen wird ein mittlerer CO_2 Bezugspreis von 50 €/t angenommen.

7.3.2.3 Verkauf von Nebenprodukten

Als Nebenprodukt der Wasserstofferzeugung durch die Wasserelektrolyse werden pro kg Wasserstoff etwa 8 kg Sauerstoff erzeugt. Der durch den Verkauf von Sauerstoff generierte Erlös verringert die Gestehungskosten von PtG-Produkten. Der Sauerstoffpreis beträgt etwa 50 €/t für große Mengen bei industrieller Verwendung (vgl. [43]). Höhere Preise von durchschnittlich etwa 5 €/kg können für kleine Mengen in Flaschen (z. B. medizinischer Sauerstoff, wobei hier spezielle Anforderungen an die Reinheit und Qualitätssicherung gestellt werden) erzielt werden (vgl. [43]). In den wirtschaftlichen Analysen wird angenommen, dass der vom Elektrolyseur erzeugte Sauerstoff zu einem Preis von 50 €/t verkauft werden kann.

Weitere Erlöse können durch den Verkauf von Abwärme erzielt werden, durch deren Nutzung zusätzlich der Gesamtwirkungsgrad der PtG-Anlage deutlich gesteigert werden kann. Die Integration der Abwärme hängt jedoch stark von den Rahmenbedingungen am Standort ab. Alkali- und PEM-Elektrolyseure produzieren Abwärme im Temperaturbereich von 60 bis 80 °C und eine Abwärmeleistung (abhängig vom Wirkungsgrad) im Bereich von etwa 30 % der elektrischen Nennleistung. Die Abwärme kann zur Gebäudeheizung verwendet oder in ein Fernwärmenetz eingebunden werden. In den wirtschaftlichen Analysen wird angenommen, dass die verfügbare Abwärme zu einem Preis von 55 €/MWh verkauft werden kann (vgl. [44]).

7.3.3 Sonstige Parameter

Neben den Stromkosten sowie den Investitionskosten sind technologische Parameter der PtG-Anlage für die wirtschaftliche Bewertung und den Anlagenbetrieb entscheidend. Zusätzlich zu den nachfolgend beschriebenen Parametern werden noch weitere, wie beispielsweise der heizwertbezogene Wirkungsgrad der Methanisierung (Annahme 80 % bei einem Umsetzungsgrad von 100 %), der Strombedarf der Methanisierung (Annahme 2 % der Methanisierungsleistung) oder die Dynamik bzw. die Anfahrzeiten des Elektrolyseurs (Sekunden-Bereich), berücksichtigt.

7.3.3.1 Effizienz der Elektrolyse

Als Basis für die Berechnungen wird die Effizienzkurve des PEM-Elektrolyseurs im Energiepark Mainz [45] verwendet. Für die zukünftige Entwicklung wird angenommen, dass der Wirkungsgrad bis 2050 um 10 % steigt. Der für die Wirtschaftlichkeitsberechnung verwendete mittlere Elektrolyse-Wirkungsgrad wurde aus der Effizienzkurve und den unterschiedlichen Strombezugsprofilen der untersuchten Anwendungsfälle abgeleitet. Demnach ergibt sich für PtG-PV und PtG-Wind ein Wirkungsgrad von 70 % und für PtG-Grid 65 %.

7.3.3.2 Lebensdauer des Elektrolyseurs

Die Lebensdauer des Elektrolyse-Stacks ist abhängig von der Betriebszeit der PtG-Anlage und damit vom Anwendungsfall. Die Lebensdauer berechnet sich, indem eine maximale Betriebszeit von etwa 40.000 h, 60.000 h und 140.000 h als Technologiestandard in den Jahren 2020, 2030 bzw. 2050 unterstellt wird (vgl. [25], [27]). Die Lebensdauer des Elektrolyse-Stacks ist jedoch zusätzlich durch die maximale Lebensdauer des gesamten Elektrolyseursystems mit angenommen 15, 20 und 30 Jahren für die Umsetzungszeiträume 2020, 2030 bzw. 2050 begrenz [27]. Der Einfluss der Anzahl der Start-/Stopp-Zyklen auf die Lebensdauer des Elektrolyseurstapels wird nicht berücksichtigt, da keine zuverlässigen Daten über das Degradationsverhalten in Bezug auf Start-/Stopp-Zyklen verfügbar sind [27]. Generell sind die Auswirkungen des transienten Betriebs auf die Lebensdauer von Elektrolyse-Stacks und Systemen bei der Kopplung mit einer fluktuierenden Energiequelle oder dem Nachfahren einer Preiskurve im Stromnetz unzureichend untersucht [46].

7.3.3.3 Elektrolyseur – Hot Stand-by Stromverbrauch

Um die bereitgestellte Leistung bestmöglich nutzen zu können, wird von einem Betrieb im Hot-Standby-Modus ausgegangen. Es wird dabei angenommen, dass der Elektrolyseur, wenn keine Leistung aus einer erneuerbaren Energiequelle zur Verfügung steht, eine Stunde lang in einem Hot-Standby-Modus gehalten wird. Nach dieser Zeit wechselt der Elektrolyseur in den Cold-Standby-Modus. In der wirtschaftlichen Betrachtung wird der Energieverbrauch und die dadurch verursachten Kosten des Hot-Standby-Modus für die Wasserstoffproduktion berücksichtigt. Der Stromverbrauch im Hot Standby-Betrieb wird für die folgenden Berechnungen für AEC auf 4 % der elektrischen Nennleistung und für PEMEC und SOEC auf 2 % festgelegt (vgl. [27], [47], [48], [49]).

7.3.4 Ergebnisse der techno-ökonomischen Bewertung

Die techno-ökonomische Bewertung wurde für die bereits eingangs genannten Anwendungsfälle, die sich hinsichtlich der Strombezugsquelle unterscheiden, untersucht:

- PtG-Anlage, die von einer Photovoltaik-Anlage gespeist wird (PtG-PV)
- PtG-Anlage, die von einem Windpark gespeist wird (PtG-Wind)
- PtG-Anlage, die Strom aus dem öffentlichen Netz bezieht (PtG-Grid).

Die nachfolgende Beschreibung und Analyse der Ergebnisse erfolgt ausschließlich auf Basis der SNG-Gestehungskosten, da sich die H_2-Gestehungkosten nur hinsichtlich der Höhe unterscheiden (zurückzuführen auf geringere Investitionskosten und Stromverbrauch, geringere Erlöse für Verkauf von Nebenprodukten, keine Kosten für Bezug von CO_2), sich aber grundsätzlich ähnlich verhalten.

7.3.4.1 PtG-Anlage gekoppelt mit PV- oder Windkraftanlage

Die spezifischen Gestehungskosten von SNG im Jahr 2050 aus einer 100 MW PtG-Anlage (PEMEC und katalytische Methanisierung), die direkt mit einer PV-Anlage gekoppelt ist, liegen je nach Szenario in einem Bereich von 9,6 bis 22,0 €-Cent/kWh (**Bild 7.14**). Die unterschiedlichen Kosten sind auf die Anzahl der erreichbaren Volllaststunden in den Strombezugsszenarien zurückführen (z. B. Szenario PtG-PV-50% = 566 h/a Volllaststunden vs. PtG-PV-100% = 1.395 h/a Volllaststunden). Aufgrund der geringeren Volllaststunden im PtG-PV-50%-Szenario weisen die spezifischen Investitionen einen höheren Anteil auf. Ähnlich verhalten sich die die SNG-Gestehungskosten (10,1-14,1 €-Cent/kWh) bei Versorgung der PtG-Anlage durch einen Windpark (PtG-Wind-50% = 1.619 Volllaststunden vs. PtG-Wind-100% = 3.101 Volllaststunden). Jedoch ist bei der windgekoppelten PtG-Anlage der Anteil der spezifischen Investitionskosten aufgrund der höheren Volllaststunden deutlich niedriger als bei der PV-gekoppelten Anlage. Andererseits ist im PtG-Wind Fall der Anteil der Stromkosten höher, da die Strombezugskosten aus Windkraftanlagen im Jahr 2050 mit etwa 40 €/MWh und aus PV mit etwa 20 €/MWh prognostiziert werden.

Um die zukünftige Entwicklung der SNG-Gestehungskosten aufzuzeigen, werden in **Bild 7.15** vergleichend die Kosten der Jahre 2020, 2030 und 2050 dargestellt. Im PtG-PV-100%-Szenario reduzieren sich die SNG-Kosten in Zeitraum von 2020 bis 2030 um etwa die Hälfte, von rund 43 €-Cent/kWh auf 21 €-Cent/kWh. Langfristig (bis 2050) kommt es zu einer weiteren Halbierung der Kosten auf etwa 10 €-Cent/kWh. Im PtG-Wind-100%-Szenario werden im Jahr 2020 SNG-Gestehungskosten von etwa 29 €-Cent/kWh erreicht, die vergleichsweise deutlich niedriger sind als im PtG-PV-100%-Szenario. Die Kosten sinken jedoch nicht so stark, auf etwa 17 Cent/kWh im Jahr 2030. Bis 2050 sinken die Kosten auf etwa 10 Cent/kWh, was den Kosten vom PtG-PV-100%-Szenario entspricht.

Zusammenfassend kann festgehalten werden, dass in den frühen PtG-Anwendungen (z. B. 2020, 2030) die Nutzung von überschüssigem Strom aus PV oder Wind (PtG-PV-50%-,

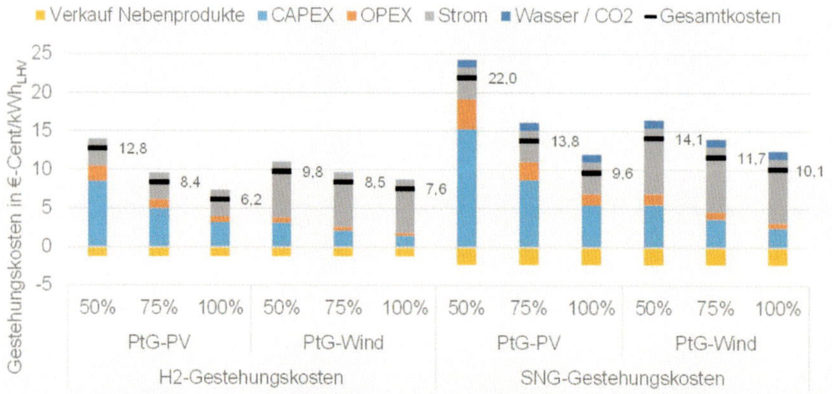

Bild 7.14: Spezifische H_2 bzw. SNG-Gestehungskosten für die Szenarien PtG-PV und PtG-Wind für unterschiedliche Nutzungsanteile des erzeugten Stroms im Jahr 2050 einer 100 MW PtG-Anlage

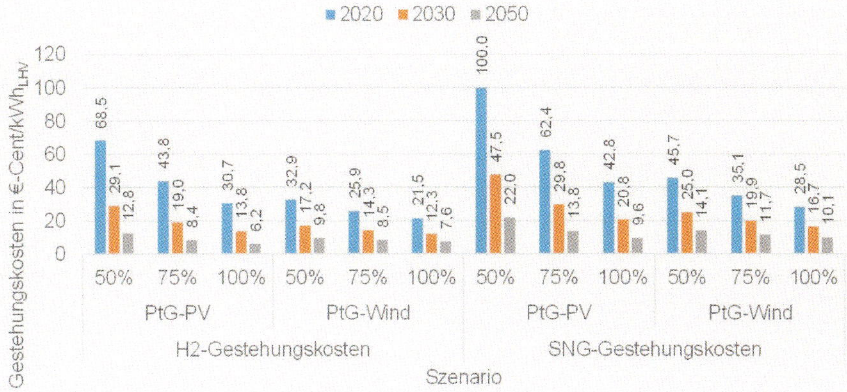

Bild 7.15: Spezifische H_2 bzw. SNG-Gestehungskosten in 2020, 2030 und 2050

PtG-PV-75%-, PtG-Wind-50%-, PtG-Wind-75%-Szenarien) nicht zielführend ist, um akzeptable SNG-Gestehungskosten zu erreichen (Bild 7.15). Je nach Marktbedingungen kann es jedoch im Jahr 2050 sinnvoll sein, bis zu 25 % des Stroms ins Netz einzuspeisen (und somit eine Art Grundlaststrom zu liefern) und mit den restlichen 75 % SNG zu produzieren, da die SNG-Gestehungskosten insbesondere im PtG-Wind-75%-Szenario im Vergleich zum PtG-Wind-100%-Szenario nur unwesentlich höher sind.

7.3.4.2 PtG-Anlage gekoppelt mit Stromnetz

In der Betriebsart PtG-Grid wird die PtG-Anlage an das öffentliche Stromnetz angeschlossen und nur in Zeiten mit den günstigsten Strompreisen am Spotmarkt betrieben. In **Bild 7.16** sind die spezifischen SNG-Gestehungskosten einer 100-MW-PtG-Anlage (PEMEC und katalytische Methanisierung) im Jahr 2050 bei Betrieb mit unterschiedlichen Volllaststunden dargestellt.

Die spezifischen SNG-Gestehungskosten liegen zwischen 5,8 und 14,6 €-Cent/kWh, wobei die geringsten Kosten beim Betrieb der Anlage mit etwa 3.000 Volllaststunden erreicht werden und die höchsten Kosten bei 8.000 Volllaststunden auftreten.

Bei geringen Volllaststunden (< 3.000 h/a) werden die SNG-Gestehungskosten durch den Anteil der Investitionskosten dominiert. Je höher die Volllaststunden der PtG-Anlage, desto geringer ist der Anteil der Investitionskosten, jedoch steigt der Anteil der Stromkosten. Beispielsweise liegt der Anteil der Investitionskosten bei 7.000 Volllaststunden bei rund 1,2 €-Cent/kWh, während der Anteil der Stromkosten rund 11,9 €-Cent/kWh beträgt. Der hohe Anteil der Stromkosten ist auf die höhere Betriebszeit zurückzuführen, die auch den Betrieb der PtG-Anlage bei relativ hohen Strompreisen erfordert, wodurch auch der durchschnittliche Strombezugspreis ansteigt. Andererseits werden bei höheren Volllaststunden die Investitionskosten auf eine größere Gasmenge umgelegt, wodurch ihr Anteil an den SNG-Gestehungskosten sinkt. Dieser Vorteil wird jedoch durch die Erhöhung des Anteils der Stromkosten überlagert, was insgesamt zu höheren SNG-Gestehungskosten führt.

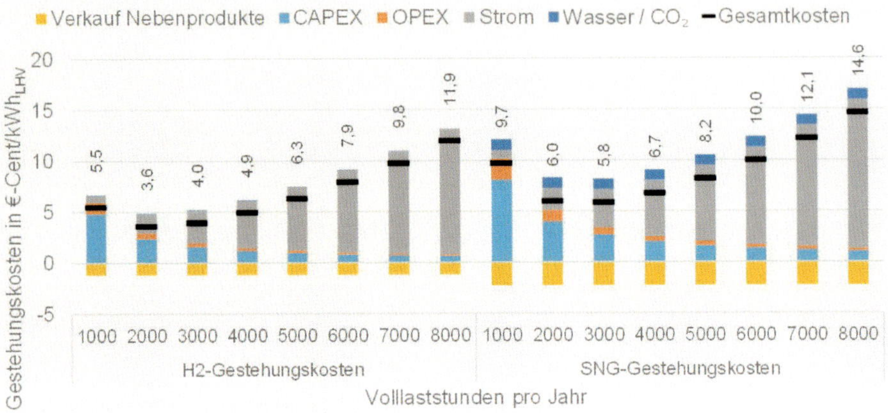

Bild 7.16: Spezifische H_2 bzw. SNG-Gestehungskosten für das Szenario PtG-Grid im Jahr 2050 für unterschiedliche Volllaststunden der PtG Anlage

Eine PtG-Anlage kann auf vielfältige Weise in einem Energiesystem eingesetzt werden, wobei neben Bereitstellung von Systemdienstleistungen das grundlegende Ziel die Produktion von erneuerbaren Gasen ist. Daher kann es durchaus sinnvoll sein (unter Berücksichtigung der Marktsituation für erneuerbare Gase), die Anlage nicht nur mit dem Ziel zu betreiben minimale Gestehungskosten zu erreichen, sondern den Output der PtG-Anlage durch Erhöhung der Volllaststunden zu erhöhen, obwohl dies zu höheren SNG-Gestehungskosten führen würde. Zu beachten ist hier allerdings, dass sich die Zunahme der Gestehungskosten in Abhängigkeit der Volllaststunden progressiv verhält. Zudem sollte in einem auf erneuerbaren Energien basierenden Energiesystem mit einem hohen Anteil fluktuierender Energieträger eine PtG-Anlage nur so betrieben werden, dass die Stromerzeugung bzw. das Stromnetz nicht zusätzlich belastet, sondern unterstützt wird, indem z. B. die im Sommer erzeugten Überschüsse aus Wind und PV in Gas umgewandelt und über Langzeitspeicherung in die Wintermonate transferiert oder durch Sektorenkopplung in anderen Bereichen genutzt werden. Da in einem überwiegend auf erneuerbaren Energien basierenden System im Winter Engpässe in der Stromerzeugung auftreten können, sollten PtG-Anlagen zu diesen Zeiten nur bedingt betrieben werden. Zudem würde dies in deutlich höheren Strompreisen und dadurch entsprechend hohen SNG-Gestehungskosten resultieren. Der kontinuierliche Betrieb (Volllaststunden > 6.000 h/a) von PtG-Anlagen ist daher in Zukunft aus aktueller Sicht wenig sinnvoll. Daher wird für PtG-Anlagen der Betrieb bei Volllaststunden – zur Deckung von Gasproduktion, Kosten und Systemnutzen – in einem Bereich von 2.000 bis 5.000 h/a bei Kosten von etwa 5,8 bis 8,2 €-Cent/kWh gesehen.

Neben den spezifischen SNG-Gestehungskosten für das PtG-Grid-Szenario im Jahr 2050 sind in **Bild 7.17** auch die Kosten für 2020 und 2030 dargestellt. Die Kosten liegen deutlich über denen für 2050, wenn die PtG-Anlage bei niedrigen Volllaststunden betrieben wird. Beim Betrieb mit

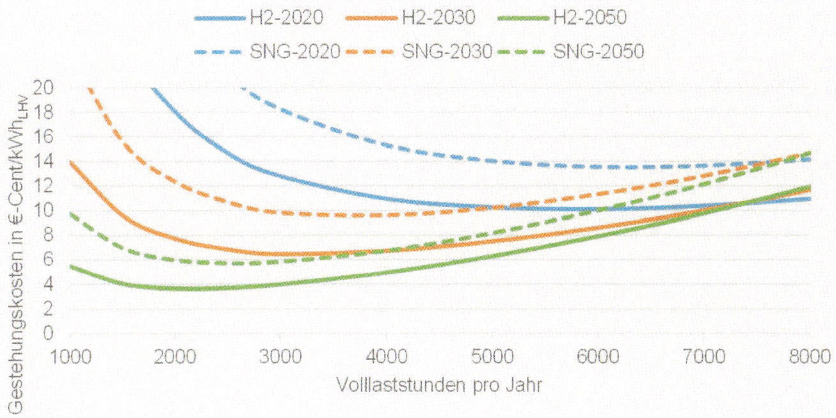

Bild 7.17: Spezifische H_2 bzw. SNG-Gestehungskosten für das Szenario PtG-Grid in den Jahren 2020, 2030 und 2050

8.000 Volllaststunden sind die SNG-Kosten jedoch ähnlich. Dies ist, unter anderem, auf die vergleichsweise geringen Strompreise in 2020 und 2030 und auf den geringen Anteil der spezifischen Investitionskosten bei hohen Volllaststunden zurückzuführen. Das betriebsstundenbezogene Optimum variiert im zeitlichen Verlauf. Im Jahr 2020 werden die geringsten Kosten (etwa 13,5 €-Cent/kWh) bei etwa 6.500 Volllaststunden liegen. Im Jahr 2030 liegt das Minimum der SNG-Gestehungskosten mit 9,5 €-Cent/kWh bei rund 3.500 Stunden und im Jahr 2050 mit 6 €-Cent/kWh bei rund 2.500 h/a.

Zusammenfassend kann festgehalten werden, dass derzeit und in naher Zukunft PtG-Anlagen mit hohen Volllaststunden (> 5.000 h/a) zu betreiben sind, um geringe SNG-Gestehungskosten zu erreichen. In ferner Zukunft werden die geringsten SNG-Kosten bei geringeren Volllaststunden (2.000-4.000 h/a) erreicht, vorausgesetzt, die Anlage wird nur zu Zeiten mit den geringsten Strompreisen betrieben. Mehrere Faktoren, wie z. B. die Forderung nach grüner Gasproduktion, können jedoch für etwas höhere Volllaststunden sprechen, auch wenn dies mit etwas höheren SNG-Kosten verbunden ist.

7.3.5 Zusammenfassung

Durch die vielfältigen Einsatzmöglichkeiten von PtG im Energiesystem werden an die PtG-Anlagen unterschiedliche Anforderungen gestellt. Grundsätzlich stehen zur Wasserstoffproduktion derzeit drei Technologien (AEC, PEMEC und SOEC) und zur nachfolgenden Methanisierung zwei Technologien (katalytische und biologische) zur Verfügung. Diese Technologien und deren Kombinationen wurden hinsichtlich SNG-Gestehungskosten (**Bild 7.18**) mit unterschiedlichen Strombezugsquelle (PV, Wind, Netz) untersucht. In Bild 7.18 wird die Bandbreite der SNG-Gestehungskosten einer 100-MW PtG-Anlage in den Jahren 2020, 2030 und 2050 für verschiedene Szenarien dargestellt.

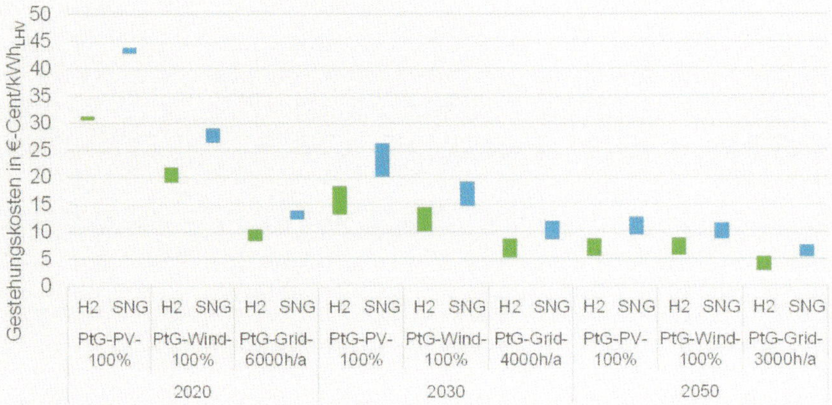

Bild 7.18: Bandbreite der H_2 bzw. SNG-Gestehungskosten einer 100-MW-Anlage in den Jahren 2020, 2030 und 2050 für verschiedene Szenarien

Die Bandbreiten der SNG-Gestehungskosten ergeben sich aufgrund der unterschiedlichen Eigenschaften der für die Produktion verwendeten Technologien. Die zur Methanisierung verwendete Technologie (katalytische oder biologische) hat kaum einen Einfluss auf die Höhe der SNG-Gestehungskosten. Ebenfalls führt im Jahr 2020 die verwendetet Technologie zu keinem signifikanten Unterschied der SNG-Gestehungskosten, mit Ausnahme der Kombination Hochtemperaturelektrolyse mit katalytischer Methanisierung bei der Nutzung thermischer Synergieeffekte (dieser Fall stellt jedoch eher eine theoretische Überlegung dar, da im Jahr 2020 der Bau eines 100 MW SOEC-Systems noch nicht absehbar ist). Künftig werden für PtG-Anlagen mit einem alkalischen Elektrolyseur etwas höhere SNG-Gestehungskosten erwartet als für jene mit einem PEM-Elektrolyseur. Eine PtG-Anlage, bestehend aus SOEC-Elektrolyse und katalytischer Methanisierung, wird in Zukunft tendenziell etwas niedrigere SNG-Produktionskosten aufweisen. In allen Szenarien (PtG-PV, PtG-Wind und PtG-Grid) sind die geringeren SNG-Gestehungskosten der PtG-Anlage mit SOEC-Elektrolyse und katalytischen Methanisierung auf eine höhere Systemeffizienz zurückzuführen. Um diese sehr hohen Wirkungsgrade zu erreichen, benötigt die SOEC-Elektrolyse jedoch eine zusätzliche Abwärmequelle, deren Verfügbarkeit vom jeweiligen Anlagenstandort abhängig ist. Im Gegensatz dazu wird unterstellt, dass in den Varianten mit Niedertemperatur-Elektrolyse die anfallende Abwärme verkauft werden kann. Ist dies nicht der Fall, ist mit höheren SNG-Kosten in diesen Varianten zu rechnen.

Die Sensitivitätsanalyse deutet darauf hin, dass die Senkung der H_2 bzw. SNG-Kosten den Einkauf von kostengünstigem Strom, die Maximierung der Anlageneffizienz, die Senkung der Investitionskosten und in Fällen, in denen die Anlage von einer PV-Anlage oder einem Windpark gespeist wird, den Betrieb an Standorten mit hohen Volllaststunden, erfordert.

Abschließend muss darauf hingewiesen werden, dass die Entwicklung der PtG-Technologie grundlegend von energie- und klimapolitischen Entscheidungen abhängt. Dies hat einen großen

Einfluss auf die in diesen Betrachtungen getroffenen Annahmen und die daraus berechneten zukünftigen H_2 bzw. SNG-Gestehungskosten.

Literatur

[1] Henning, H.-M.; Palzer, A.: Energiesystem Deutschland 2050. Sektor- und energieträgerübergreifende, modellbasierte, ganzheitliche Untersuchung zur langfristigen Reduktion energie-bedingter CO_2-Emissionen durch Energieeffizienz und den Einsatz Erneuerbarer Energien. Fraunhofer-Institut für Solare Energiesysteme, Freiburg, 2013

[2] Agora Energiewende; Öko-Institut e.V.: Erneuerbare vs. fossile Stromsysteme. Ein Kostenvergleich. Stromwelten 2050 – Analyse von erneuerbaren, kohle- und gasbasierten Elektrizitätssystemen. Berlin, 2017

[3] Götz, P.; Huneke, F.; Lenck, T.; Linkenheil, C. P.: Minimaler Bedarf an langfristiger Flexibilität im Stromsystem bis 2050- Studienerweiterung. Öko-Institut e.V., Berlin, 2016

[4] Breyer, C.; Müller, B.; Möller, C.; Gaudchau, E.; Schneider, L.; Gajkowski, K. et al: Vergleich und Optimierung von zentral und dezentral orientierten Ausbaupfaden zu einer Stromversorgung aus erneuerbaren Energien in Deutschland. Reiner Lemoine Institut gGmbH, Berlin, 2013

[5] Hecking, H.; Hintermayer, M.; Lencz, D.; Wagner, J.: Energiemarkt 2030 und 2050 – Der Beitrag von Gas- und Wärmeinfrastruktur zu einer effizienten CO_2-Minderung. ewi Energy Research & Scenarios gGmbH, Köln, 2017

[6] Klein, S.; Klein, S. W.; Steinert, T.; Fricke, A.; Peschel, D.: Erneuerbare Gase. Ein Systemup-date der Energiewende. enervis energy advisors GmbH, Berlin, 2017

[7] Agora Energiewende: Stromspeicher in der Energiewende. Untersuchung zum Bedarf an neuen Stromspeichern in Deutschland für den Erzeugungsausgleich, Systemdienstleistungen und im Verteilnetz. Berlin, 2014

[8] Bailera, M.; Lisbona, P.: Energy storage in Spain. Forecasting electricity excess and assessment of power-to-gas potential up to 2050. Energy, 2018, 143:900-10, Online, [https://doi.org/10.1016/j.energy.2017.11.069]

[9] Lisbona, P.; Frate, G. F.; Bailera, M.; Desideri, U.: Power-to-Gas. Analysis of potential decar-bonization of Spanish electrical system in long-term prospective. Energy, 2018,159:656-68, Online, [https://doi.org/10.1016/j.energy.2018.06.115]

[10] Guandalini, G.; Robinius, M.; Grube, T.; Campanari, S.; Stolten, D.: Long-term power-to-gas potential from wind and solar power. A country analysis for Italy. Int. J. Hydrogen Energ., 2017, 42(19):13.389-406, Online, [https://doi.org/10.1016/j.ijhydene.2017.03.081]

[11] Blanco, H.; Nijs, W.; Ruf, J.; Faaij, A.: Potential for hydrogen and Power-to-Liquid in a low-carbon EU energy system using cost optimization. Applied Energy, 2018, 232:617-39, Online, [https://doi.org/10.1016/j.apenergy.2018.09.216]

[12] Blanco, H.; Nijs, W.; Ruf, J.; Faaij, A.: Potential of Power-to-Methane in the EU energy transi-tion to a low carbon system using cost optimization. Applied Energy, 2018, 232:323-40, Online, [https://doi.org/10.1016/j.apenergy.2018.08.027]

[13] Pleßmann, G.; Erdmann, M.; Hlusiak, M.; Breyer, C.: Global Energy Storage Demand for a 100 % Renewable Electricity Supply. Energy Procedia, 2014, 46:22-31, Online, [https://doi.org/10.1016/j.egypro.2014.01.154]

[14] Böhm, H.; Zauner, A.; Rosenfeld, D. C.; Tichler, R.: Projecting cost development for future large-scale power-to-gas implementations by scaling effects. Applied Energy, 2020, 264:114.780, Online, [https://doi.org/10.1016/j.apenergy.2020.114780]

[15] International Energy Agency: The Future of Hydrogen. 2019

[16] OECD/IEA: Technology Roadmap Hydrogen and Fuel Cells. 2015

[17] International Energy Agency: Global Energy and CO_2 Status Report 2018. The latest trends in energy and emissions 2018. 2019

[18] REN21: Renewables 2018 Global Status Report. Paris, 2018

[19] Thema, M.; Bauer, F.; Sterner, M.: Power-to-Gas. Electrolysis and methanation status review. Renewable and Sustainable Energy Reviews, 2019, 112:775-87, Online, [https://doi.org/10.1016/j.rser.2019.06.030]

[20] Rönsch, S.; Schneider, J.; Matthischke, S.; Schlüter, M.; Götz, M.; Lefebvre, J. et al.: Review on methanation – From fundamentals to current projects. Fuel, 2016, 166:276-96 Online, [https://doi.org/10.1016/j.fuel.2015.10.111]

[21] Ferioli, F.; Schoots, K.; van der Zwaan, B. C. C.: Use and limitations of learning curves for energy technology policy. A component-learning hypothesis. Energy Policy, 2009, 37(7):2.525-35, Online, [https://doi.org/10.1016/j.enpol.2008.10.043]

[22] Wiesenthal, T.; Dowling, P.; Morbee, J.; Thiel, C.; Schade, B.; Russ, P. et al.: Technology Learn-ing Curves for Energy Policy Support. Luxembourg, 2012.

[23] Junginger, M.; Louwen, A. (Hrsg.): Technological Learning in the Transition to a Low-Carbon Energy System. Conceptual Issues, Empirical Findings, and Use in Energy Modeling. Elsevier, Amsterdam, 2020

[24] Schoots, K.; Ferioli, F.; Kramer, G.; van der Zwaan, B. C. C.: Learning curves for hydrogen produc-tion technology. An assessment of observed cost reductions. Int. J. Hydrogen Energ. 2008, 33(11):2.630-45, Online, [https://doi.org/10.1016/j.ijhydene.2008.03.011]

[25] Schmidt, O.; Gambhir, A.; Staffell, I.; Hawkes, A.; Nelson, J.; Few, S.; Future cost and performance of water electrolysis. An expert elicitation study. Int. J. Hydrogen Energ. 2017, 42(52):30.470-92, Online, [https://doi.org/10.1016/j.ijhydene.2017.10.045]

[26] Böhm, H.; Goers, S.; Zauner, A.: Estimating future costs of power-to-gas – a componentbased approach for technological learning. Int. J. Hydrogen Energ. 2019, 44(59):30.789-805, Online, [https://doi.org/10.1016/j.ijhydene.2019.09.230]

[27] Smolinka, T.; Wiebe, N.; Sterchele, P.; Palzer, A.; Lehner, F.; Jansen, M. et al.: Studie IndWEDe. Industrialisierung der Wasserelektrolyse in Deutschland: Chancen und Herausforderungen für nachhaltigen Wasserstoff für Verkehr, Strom und Wärme. NOW GmbH, Berlin; 2018

[28] Peters, M. S.; Timmerhaus, K. D.: Plant design and economics for chemical engineers. 4. Ausgabe, McGraw-Hill, New York, 1991

[29] Perry, R. H.; Green, D. W.; Maloney, J. O.: Perry's chemical engineers' handbook. 7. Ausgabe, McGraw-Hill, New York, 1999

[30] Fraunhofer ISE: Current and Future Cost of Photovoltaics. Long-term Scenarios for Market Development, System Prices and LCOE of Utility-Scale PV Systems. Study on behalf of Agora Energiewende. 2015

[31] Kost, C.; Shammugam, S.; Jülch, V.; Nguyen, H.-T.; Schlegl, T.: Levelized Cost of Electricity – Renewable Energy Technologies. Fraunhofer ISE, Freiburg, 2018

[32] Agora Energiewende: Future cost of onshore wind. Recent auction results, long-term outlook and implications for upcoming German auctions. 2017

[33] Energy Exchange Austria: Historical Data EXAA Energy Exchange Austria. 08.10.2019, Online, [https://www.exaa.at/en/marketdata/historical-data]

[34] European Commission: EU Reference Scenario 2016. Energy, transport and GHG emissions Trends to 2050. 2016

[35] Prognos AG; EWI; GWS: Entwicklung der Energiemärkte. Energiereferenzprognose. 2014

[36] BMLFUW: SuREmMA. Sustainable river management. Energiewirtschaftliche und um-weltrelevante Bewertung möglicher schwalldämpfender Massnahmen. Wien, 2017

[37] Energy Brainpool GmbH & Co. KG: Update: Trends der Strompreisentwicklung – EU Energy Outlook 2050. 29.11.2018, Online, [https://blog.energybrainpool.com/update-trends-der-strompreisentwicklung-eu-energy-outlook-2050/]

[38] Greenpeace e.V. Klimaschutz: Der Plan. Energiekonzept für Deutschland. 2015

[39] Agora Energiewende; Aurora Energy Research: 65 Prozent Erneuerbare bis 2030 und ein schrittweiser Kohleausstieg. Auswirkungen der Vorgaben des Koalitionsvertrags auf Strompreise, CO_2-Emissionen und Stromhandel. 2018

[40] Enervis energy advisors: Der Klimaschutzbeitrag des Stromsektors bis 2040. Entwicklungspfade für die deutschen Kohlekraftwerke und deren wirtschaftliche Auswirkungen. 2015

[41] Van Leeuwen, C.; Zauner, A.: STORE&GO. Deliverable D8.3. Report on the costs in-volved with PtG technologies and their potentials across the EU. 2018

[42] Zauner, A.; Böhm, H.; Rosenfeld, D. C.; Tichler, R.: STORE&GO. Deliverable D7.7. Analysis on future technology options and on techno-economic optimization. 2019

[43] Hurskainen, M.: Industrial oxygen demand in Finland. VTT Technical Research Centre of Finland, Espoo, 2017

[44] Werner, S.: European District Heating Price Series. Report 2016:316

[45] Kopp, M.; Coleman, D.; Stiller, C.; Scheffer, K.; Aichinger, J.; Scheppat, B.: Energiepark Mainz: Technical and economic analysis of the worldwide largest Power-to-Gas plant with PEM electrolysis. International Journal of Hydrogen Energy, 2017, 42(19):13.311-20, Online, [https://doi.org/10.1016/j.ijhydene.2016.12.145]

[46] Buttler, A.; Spliethoff, H.: Current status of water electrolysis for energy storage, grid balancing and sector coupling via power-to-gas and power-to-liquids. A review. Renewable and Sustainable Energy Reviews, 2018, 82:2.440-54, Online, [https://doi.org/10.1016/j.rser.2017.09.003]

[47] Fleischhacker, A.: Modellierung und kombinierte Simulation eines Power-to-Gas Prozesses. Technische Universität Wien, 2014

[48] Deutsches Zentrum für Luft- und Raumfahrt e.V.; Ludwig-Bölkow-Systemtechnik GmbH; Fraunhofer ISE; KBB Underground Technologies GmbH: Studie über die Planung einer Demonstrationsanlage zur Wasserstoff-Kraftstoffgewinnung durch Elektrolyse mit Zwischenspeicherung in Salzkavernen unter Druck. Stuttgart, 2015

[49] Kiaee, M.; Cruden, A.; Chladek, P.; Infield, D.: Demonstration of the operation and performance of a pressurised alkaline electrolyser operating in the hydrogen fuelling station in Porsgrunn, Norway. Energy Conversion and Management, 2015, 94:40-50, Online, [https://doi.org/10.1016/j.enconman.2015.01.070]

7.4 Soziale Akzeptanz von lokalen erneuerbaren Energiesystemen unter Einbeziehung der Power-to-Gas Technologie[12]

7.4.1 Einleitung

Die Länder der Europäischen Union haben sich verpflichtet, die Produktion von Strom aus erneuerbaren Energien signifikant zu erhöhen [2]. Dies schließt den Bau neuer Infrastrukturen für deren Produktion und Transport mit ein. Die öffentliche Meinung zu entsprechenden Bauvorhaben ist jedoch oftmals nicht ungetrübt, was zu geringer Akzeptanz in der Bevölkerung oder sogar zu Protesten gegen die weitere Entwicklung erneuerbarer Energien führen kann. Darüber hinaus wird selbst bei einer positiven allgemeinen Meinung oftmals Widerstand der lokalen Bevölkerung beobachtet, sobald es um ein konkretes Projekt geht [3].

[12] Dieses Kapitel basiert auf Analysen, deren Erstveröffentlichung in [1] zu finden sind.

Während Power-to-Gas (PtG) aus betriebs- und volkswirtschaftlicher Sicht bereits eine gut untersuchte Technologie ist, wurden die gesellschaftliche Perspektiven und die Akzeptanz von PtG in der Forschung bisher wenig beachtet [4], [5], [6]. Diese Lücke soll mit dieser Studie, die sowohl frühere Forschungsarbeiten analysiert, als auch originäre Daten von 2.000 Haushalten aus vier europäischen Ländern auswertet, geschlossen werden.

Die bisherige Forschung betont u. a. die Bedeutung von Werthaltungen in der Bevölkerung, einschließlich der visuellen Wahrnehmung, der wahrgenommenen Umweltschäden, der wahrgenommenen Energiekosten und des persönlichen Risikos, als Faktoren, die sich auf den Widerstand des Einzelnen gegen Energietechnologien wie Kohle, Erdgas, Kernkraft und Windkraftwerke auswirken [3], [7], [8]. Weitere Faktoren können ebenfalls einen Einfluss auf die Akzeptanz von PtG haben und sollen deshalb in dieser Studie untersucht werden. Darüber hinaus wird in mehreren Studien auch die Wohnortnähe des potenziellen Bauwerks untersucht. Das sogenannte „Not-in-My-Backyard"-Phänomen, bei dem die Öffentlichkeit Infrastrukturprojekte als grundsätzlich notwendig wahrnimmt, diese Projekte in der eigenen unmittelbaren Nähe aber stark ablehnt, wird auch im Hinblick auf erneuerbare Energien genannt [9]. Die gefundenen Ergebnisse sind jedoch nicht eindeutig, was darauf hinweist, dass die Nähe je nach Art des betrachteten Kraftwerkstyps oder des Herkunftslandes der Befragten positive oder negative oder gar keine Auswirkungen haben kann [3], [10], [8], [11].

Liebe und Dober geben in [3] des Weiteren zu bedenken, dass das Konzept der Nähe möglicherweise eine weniger wichtige Rolle spielt als soziale Normen in der jeweiligen Region – etwa bzgl. Klimawandel oder erneuerbaren Energien – ebenso wie die Normen der jeweiligen sozialen Gruppe, welcher der Einzelne angehört. In diesem Zusammenhang ist es auch relevant zu untersuchen, ob politische Entscheidungsträger auf verschiedenen Ebenen – auf lokaler, nationaler und europäischer Ebene – Einfluss auf solche energiebezogenen Einstellungen eines Individuums haben.

Das Hauptziel dieser Studie ist die Identifikation von Einflussfaktoren auf die gesellschaftliche Akzeptanz der PtG-Technologie in vier Ländern, nämlich Deutschland, Österreich, Italien und der Schweiz. Um dieses Ziel zu erreichen, wurde eine Umfrage unter 500 Haushalten in jedem der vier Länder im Rahmen des EU-Vorhabens STORE&GO (www.storeandgo.info) durchgeführt. Diese Umfrage beinhaltete ein sogenanntes Choice-Experiment, in dem die Präferenzen der teilnehmenden Haushalte in Bezug auf PtG und alternative Energieinfrastrukturen untersucht wurden. Darüber hinaus sammelte die Umfrage auch Informationen über das Wissen und die Einstellung der Haushalte in Bezug auf erneuerbare Energien sowie über ihre aktuellen soziodemographischen Merkmale und ihre Erfahrungen in Bezug auf ihren Stromversorger (Stromausfälle, Verzögerungen bei der Rechnungsbegleichung usw.).

7.4.2 Datenbasis

In diesem Abschnitt wird die Durchführung der Haushaltsbefragung in den vier genannten Ländern (Österreich, Schweiz, Italien und Deutschland) beschrieben, um die Chancen und nichttechnischen Hindernisse im Zusammenhang mit der großtechnischen Produktion und Nutzung von grünem Methan zu identifizieren.

Tabelle 7.4: Allgemeine Quoten für den Screening-Prozess der Umfrage

Frage im Screener bezüglich:	Quote
Alter	Maximal 35 % pro Altersgruppe, nicht weniger als 10 % pro Altersgruppe
Beruf	Mindestens 70 % erwerbstätig (Vollzeit- und Teilzeitbeschäftigung)
Monatliches Nettoeinkommen pro Haushalt	Ca. 30 %. hohes Einkommen – nicht weniger als 20 % Ca. 40 % mittleres Einkommen – nicht weniger als 30 % Ca. 30 % niedriges Einkommen – nicht weniger als 20 %

Die in dieser Studie herangezogene Stichprobe umfasste 2.000 Haushalte, etwa 500 pro untersuchtem Land. Der Erhebungsmodus zielte auf die Durchführung von Telefon- (CATI[13]) und Online-Interviews (1.000 Haushalte = CATI, 1.000 Haushalte = Online), die zu gleichen Teilen auf die einzelnen Länder aufgeteilt wurden. Die Befragten wurden durch einen Screening-Fragebogen rekrutiert. Danach wurde ein Booklet (online oder per Post) an die Befragten geschickt, das einige unterstützende Materialien für die Interviews enthielt. Da die Befragten das Booklet während des Interviews vor sich haben mussten, wurde die Verfügbarkeit des Heftes vor Beginn des Interviews überprüft. Das Telefoninterview dauerte etwa 25 Minuten.

Das Erhebungsverfahren beinhaltete strenge Vorgaben hinsichtlich der demographischen Zusammensetzung der Befragten, um eine repräsentative Stichprobe in der Bevölkerung Österreichs, Deutschlands, der Schweiz und Italiens zu gewährleisten. Um eine adäquate Stichprobe zu erhalten, wurde eine Vorauswahl mit fünf Fragen zu Alter, Beruf, Heimatort, Einkommen und Postleitzahl durchgeführt (**Tabelle 7.4**). Die Sicherstellung der Einhaltung dieser Vorgaben wurde durch ein der Hauptbefragung vorangestelltes Kurzinterview gewährleistet – einen sogenannten Screener. Die exakten Vorgaben im Screener wurden auf die länderspezifischen Merkmale bezogen.

Die länderspezifischen Teilstichproben wurden in vier Versionen (I-IV) aufgeteilt, welche die politische Unterstützung der verschiedenen Ebenen (Bürgermeister, Bundeskanzler, Europäische Kommission) für eine bestimmte Option in jedem Szenario des Umfrageexperiments hervorhoben (**Tabelle 7.5**). Je nach Version wurde in den Szenarien die Unterstützung des jeweiligen Politikers für eine bestimmte Technologie hervorgehoben („...bitte berücksichtigen Sie bei Ihrer Entscheidung auch, dass Sie aus Medienberichten erfahren haben, dass der Bürgermeister Ihrer Heimatstadt Technologie X nachdrücklich unterstützt").

Zusätzlich gab jedes Szenario des durchgeführten Choice-Experiments unterschiedliche monatliche Kosten vor, die von den Haushalten im Fall der Präferenz für ein Szenario zusätzlich zu den aktuellen Energiekosten zu bezahlen wären, würde der darin enthaltene Technologiemix umgesetzt werden. Das bedeutet, dass jedes Szenario einen randomisierten Betrag innerhalb der

[13] computer-assited telephone interview

Tabelle 7.5: Inhaltliche Konfiguration der fünf verwendeten Szenarien und der jeweils angebotenen drei Optionen für die Ausgestaltung des zukünftigen lokalen Energiesystems

Szenario	Option 1	Option 2	Option 3
1	Photovoltaik + PtG	Fossiles Gaskraftwerk	Status-quo
2	Fossiles Gaskraftwerk + neue Stromleitungen	Photovoltaik + PtG	Status-quo
3	Drei Windräder + PtG	Photovoltaik + neue Stromleitungen	Status-quo
4	Drei Windräder + fossiles Gaskraftwerk	Drei Windräder + PtG + fossiles Gaskraftwerk	Status-quo
5	Photovoltaik + PtG + fossiles Gaskraftwerk	Drei Windräder + neue Stromleitungen	Status-quo

Bandbreite von 0/2/10/25/50/100 € für die österreichischen, deutschen und italienischen Befragten und innerhalb einer Bandbreite von 0/2/10/25/55/110 CHF für die Schweizer Befragten hatte.

In früheren Studien, in denen Choice-Experimente verwendet wurden, wurden Icons oder Bilder zur Darstellung von Merkmalsebenen verwendet, um die Auswahlszenarien für den Probanden leichter verständlich zu machen und so die potenziellen Auswirkungen von kognitiver Distanzierung oder heuristischen Auswahlmustern zu reduzieren [12]. Des Weiteren zeigt [7], dass die visuelle Darstellung Einfluss auf die Akzeptanz oder Ablehnung von Technologien für erneuerbare Energien hat.

In dieser Studie wurde ein Booklet mit der visuellen Darstellung der Energieinfrastrukturen entworfen, wobei die Darstellung jeweils in eine vorstädtische Landschaft eingebettet war (**Bild 7.19**). Diese Bilder wurden zusammen mit der Beschreibung auswählbarer Kombinationen an Energieinfrastrukturen und -technologien gezeigt. Die Bilder mit visueller Darstellung waren in allen vier untersuchten Ländern (Österreich, Deutschland, Schweiz und Italien) identisch.

Insgesamt hatte jeder Teilnehmer die Möglichkeit, fünf Mal zwischen jeweils drei Kombinationen von Energietechnologien zu entscheiden, bzw. seine Präferenz bekannt zu geben (s. Tabelle 7.5). Daher wurden dem Probanden in jeder Entscheidungssituation drei Bilder mit der jeweiligen Energieinfrastruktur und den Technologien gezeigt. Während „Option 3" immer der aktuelle Status-quo war – entsprechend der aktuellen Energieproduktion (Mix aus erneuerbaren und fossilen Energieerzeugungsanlagen) – variierten „Option 1" und „Option 2" in jedem der fünf Entscheidungssituationen.

Ziel der Umfrage war es, Daten zu den Wahrnehmungen und Meinungen zu erneuerbaren Energien und Energieinfrastrukturen im Ländervergleich zu sammeln. Zu diesem Zweck wurde die Umfrage in verschiedene Teile gegliedert. Die Hauptbefragung konzentrierte sich zunächst auf die Meinungen über erneuerbare Energien im Allgemeinen. Diese Fragen standen in engem Zusammenhang mit dem Thema der gesellschaftlichen Akzeptanz, um mehr über die allgemeine Einstellung zu erneuerbaren Energien zu erfahren. Dabei wurden Fragen zu (bereits installierten) erneuerbaren Energietechnologien und -systemen gestellt, die zur Strom- oder Wärmeversorgung von

Bild 7.19: Beispiel für die Darstellung eines möglichen zukünftigen lokalen erneuerbaren Energiesystems (Power-to-Gas-Anlage und Windpark) (Quelle: Eigene Darstellung)

den Haushalten genutzt werden. Weitere Fragen bezogen sich auf Erfahrungen mit größeren, in der Nachbarschaft gelegenen Anlagen zur Produktion oder Speicherung erneuerbarer Energien und auf die allgemeine Einstellung gegenüber erneuerbaren Energieprojekten. Auch Erfahrungen mit dem eigenen Energieversorger in Bezug auf Elektrizität und Wärme wurden abgefragt. Daran schlossen sich spezifische Fragen zum Vorwissen über PtG an. Außerdem wurden die Bürgerinnen und Bürger gefragt, ob sie jemals gehört haben, dass Erdgasfahrzeuge (CNG oder LPG) auch mit Gas aus erneuerbaren Energien betrieben werden können.

Für eine vollständige deskriptive Analyse der gesammelten Daten, einschließlich des verwendeten Fragebogens, siehe Deliverable 7.8 „Report on social and public acceptance determinants in selected EU-countries" des Projekts STORE&GO.[14]

7.4.3 Ergebnisse

Ziel des Experiments war es, herauszufinden welche Kombination aus Technologien zur Bereitstellung von Energie die Akzeptanz der lokalen Bevölkerung erhöhen kann. Jede Veränderung hin zu mehr erneuerbarer Energie ist ein Abweichen vom Status-quo, der in der Studie in jeder der fünf

[14] https://www.storeandgo.info/fileadmin/downloads/deliverables_2019/20190801-STOREandGO-D7.8-EIL-Report_on_social_and_public_acceptance_determinants_in_selected_EU-countries.pdf

Entscheidungssituationen als Option 3 zur Auswahl gestellt wurde. Daher werden die Ergebnisse als Veränderung der Wahrscheinlichkeit der Wahl der Option 3 unter verschiedenen Konfigurationen Technologiemixes für erneuerbare Energien dargestellt. In diesem Abschnitt werden zunächst die Ergebnisse für optionsspezifische Variablen wie Preis, Technologien und das Niveau der politischen Unterstützung vorgestellt, gefolgt von einem Überblick über teilnehmerspezifischen Variablen wie Alter, Bildung und Geschlecht.

Die marginalen Effekte in **Tabelle 7.6** und **Tabelle 7.7** sind als der Effekt einer Erhöhung der Referenzvariablen um eine Einheit auf die Wahrscheinlichkeit, dass ein Befragter den Status-quo einer Situation mit mehr erneuerbaren Energien vorzieht, zu interpretiert. Die marginalen Effekte werden berechnet, wobei alle anderen Variablen auf ihre Stichprobenmittelwerte fixiert sind.

So zeigt sich etwa, dass wenn die monatlichen Kosten eines vorgeschlagenen Technologiemixes um einen Euro erhöht werden, die Wahrscheinlichkeit, dass ein Befragter die Beibehaltung des Status quo vorzieht, um 0,14 % steigt (s. erste Spalte von Tabelle 7.6). Ein signifikanter Zusammenhang zwischen den Kosten für einen spezifischen Technologiemix und der Akzeptanz einer solchen Veränderung ist nicht überraschend und die Größenordnung des Effekts ist als relativ moderat zu beurteilen. Selbst bei zusätzlichen monatlichen Kosten von etwa 70 € nimmt die Wahrscheinlichkeit, dass ein Befragter den Übergang zu einer mehrheitlich erneuerbaren Energieversorgung gegenüber dem Status-quo bevorzugt, nur um 10 % ab.

Wenn man als nächstes die Auswirkungen einzelner Technologien betrachtet, stellt man fest, dass die Einbeziehung von PV und PtG in einen angebotenen Energiemix die Wahrscheinlichkeit einer Abkehr vom Status-quo um ~ 3 % bzw. ~ 1,5 % erhöht. Die Einbeziehung von fossilen Gaskraftwerken verringert die soziale Akzeptanz hingegen erheblich und erhöht die Wahrscheinlichkeit, dass ein Befragter den Status-quo vorzieht, um 1 %. Eine negative Auswirkung auf die Akzeptanz in der gleichen Größenordnung wird für Strommasten und Freileitungen festgestellt. Dies ist nicht überraschend, da in der bisherigen Literatur häufig festgestellt wurde, dass Freileitungen die Akzeptanz negativ beeinflussen und schädliche gesundheitliche Auswirkungen wahrgenommen werden [13], [14]. In dieser Hinsicht zeigen die Ergebnisse, dass es wichtig ist, der lokalen Bevölkerung Lösungen anzubieten, die so wenig zusätzliche Stromübertragungskapazität wie möglich erfordern, zumindest wenn die Übertragung über sichtbare Freileitungen erfolgt. Solche Lösungen könnten PtG beinhalten, das überschüssigen Strom lokal speichert, anstatt ihn in das Verteilungs-/Übertragungsnetz einzuspeisen und Energie durch Gaspipelines transportieren kann. Interessanterweise zeigen Windparks als Technologie für einen Ausbau erneuerbarer Energien nahezu keinen Effekt auf die Akzeptanz. Während die Nachhaltigkeit der Windenergie weithin akzeptiert wird, können die weiträumige Sichtbarkeit, der Lärm und lokale Umweltbedenken zu Widerstand gegen die Standortwahl von Windparks führen und nachweislich die lokalen Grundstückswerte senken [15], [16], [17].

Unter der Überschrift „Politische Unterstützung" stellt Tabelle 7.6 die Wirkung der politischen Unterstützung eines bestimmten Technologiemixes durch verschiedene Meinungsführer dar. Für diese Variable werden die Effekte länderspezifisch geschätzt, d. h. die Wirkung der Unterstützung durch die einzelnen Verwaltungseinheiten – lokal, national und EU – kann in den vier untersuchten Ländern unterschiedlich ausfallen. In Deutschland und Österreich kann beispielsweise nicht nachgewiesen werden, dass politische Unterstützung die Zustimmung für einen bestimmten Technologiemix beeinflusst. Im Fall der Schweiz findet sich jedoch ein positiver Effekt der Unterstützung durch die lokale Regierung. Konkret heißt das: Wenn ein Schweizer Bürgermeister eine

Tabelle 7.6: Marginale Auswirkungen alternativer spezifischer Variablen auf die Akzeptanz erneuerbarer Energiegemeinschaften

Variabel	Marg. Eff.[1]	Std. Err.[2]	z-Statistik[2]	P > z[2]
Monatliche Kosten	0,0014***	0,0000	-27,37	0
Technologie				
PV	-0,0298***	0,0043	6,85	0
PtG	-0,0139***	0,0030	4,62	0
Gasanlage	0,0106***	0,0039	-2,72	0,007
Windpark	-0,0064	0,0044	1,45	0,147
Stromleitungen	0,0109***	0,0028	-3,83	0
Politische Unterstützung				
Deutschland				
Bürgermeister	-0,0048	0,0073	0,66	0,51
Bundeskanzler	0,0014	0,0067	-0,22	0,829
EU	0,0048	0,0067	-0,72	0,471
Österreich				
Bürgermeister	0,0048	0,0076	-0,64	0,524
Bundeskanzler	-0,0094	0,0080	1,17	0,243
EU	0,0015	0,0074	-0,21	0,834
Schweiz				
Bürgermeister	-0,0225***	0,0086	2,62	0,009
Bundeskanzler	-0,0088	0,0083	1,07	0,284
EU	-0,0108	0,0078	1,4	0,161
Italien				
Bürgermeister	-0,0114	0,0085	1,33	0,182
Bundeskanzler	-0,0269***	0,0091	2,95	0,003
EU	-0,0351***	0,0100	3,51	0

*** der marginale Effekt ist auf dem 1 %-Niveau signifikant

1 Marginale Effekte (Marg. Eff.) bezeichnen die Veränderung der Wahrscheinlichkeit, dass ein Befragter den Status-quo gegenüber einer Zukunft mit mehr erneuerbaren Energien vorzieht.

2 Der Standard Error (Std. Err.) und z-Statistik sind Maßzahlen der Lage und der Form der Verteilung des Koeffizienten und wenn P > z kleiner als 0,05 ist, spricht man von einem signifikanten Zusammenhang.

Tabelle 7.7: Marginale Auswirkungen der soziodemographischen Faktoren, welche die soziale Akzeptanz von erneuerbaren Energien beeinflussen

Fallspezifische Variablen	Marg. Eff.[1]	Std. Err.[1]	z-Statistik[1]	P > z[1]
Deutschland	-0,0001	0,0077	-0,02	0,986
Österreich	0,0047	0,0075	0,63	0,53
Italien	-0,0128	0,0085	-1,5	0,134
Alter 35-45	0,0188**	0,0092	2,04	0,042
Alter 45-65	0,0160*	0,0081	1,96	0,05
Alter > 65	0,0128	0,0122	1,05	0,292
Teilzeitbeschäftigung	0,0143	0,0095	1,5	0,133
Student	0,0013	0,0149	0,09	0,929
Hausfrau/Ehemann	-0,0096	0,0078	-1,23	0,219
Im Ruhestand	0,0086	0,0101	0,85	0,394
Ländlich	0,0089	0,0057	1,56	0,119
Weiblich	0,0127**	0,0054	2,33	0,02
Grundschule oder Sekundarschule	0,0220*	0,0117	1,89	0,059
Berufliche Ausbildung	0,0020	0,0077	0,26	0,793
A-Level	0,0006	0,0075	0,09	0,932
Haushaltsgröße	0,0040	0,0032	1,27	0,204
Kinder	-0,0189**	0,0077	-2,46	0,014
Protest	0,0091	0,0152	0,6	0,549
PtG-Wissen	-0,0007	0,0062	-0,12	0,906
Jahre am Wohnort	0,0003	0,0004	0,78	0,434
Eigentümer	-0,0037	0,0061	-0,62	0,537
Erneuerbare Anlagen In der Nähe	-0,0001	0,0055	-0,01	0,989
Negative Erfahrung mit Stromanbieter	0,0062	0,0081	0,77	0,442
Stromausfall erlebt	-0,0017	0,0081	-0,21	0,835
hohens Einkommen	-0,0008	0,0071	-0,11	0,915
Mittleres Einkommen	0,0053	0,0075	0,71	0,477

*** der marginale Effekt ist signifikant auf dem 1 %-Niveau; ** der marginale Effekt ist signifikant auf dem 5 %-Niveau; * der marginale Effekt ist signifikant auf dem 10 %-Niveau

Die ausgelassene Kategorie für den Ländervergleich ist die Schweiz. Die ausgelassene Kategorie für das Alter ist 20 bis 35 Jahre alt. Die ausgelassene Kategorie für Beruf ist die der vollzeitbeschäftigten Befragten. Die ausgelassene Kategorie für Bildung ist Universitäts- oder Hochschulabschluss. Die ausgelassene Kategorie für Einkommen ist geringes Einkommen.

[1] siehe Tabelle 7.6.

Tabelle 7.8: Schätzungen der Zahlungsbereitschaft für Technologien, die in die lokale Energieversorgung einbezogen werden sollen (€ pro Monat)

	PV	PtG	Gaskraftwerk	Windpark	Stromleitungen
WTP-Schätzung	**29**,52 €	**8**,53 €	-10,32 €	**9**,7 €	-11,59 €
Unterer 95% CI	**21**,26 €	**2**,68 €	-19,29 €	**0**,71 €	-18,29 €
Obere 95 % CI	**37**,79 €	**14**,38 €	-1,36 €	**18**,7	-4,88 €

CI ist das 95 %-Konfidenzintervall. Es gibt an, innerhalb welcher Werte sich der „wahre" Wert mir sehr hoher Wahrscheinlichkeit befindet.

entsprechende Alternative unterstützt, erhöht sich die Wahrscheinlichkeit um 2,2 %, dass der befürwortete Technologiemix für erneuerbare Energien bevorzugt wird. Im Gegensatz zu den Schweizer Ergebnissen zeigen die Ergebnisse für Italien, dass die Unterstützung auf nationaler und EU-Ebene die Akzeptanz erhöht, während die lokale Unterstützung keinen Effekt hat. Diese Ergebnisse zeigen, wie wichtig es ist, die spezifische politische Situation eines Landes zu untersuchen und zu berücksichtigen. Diese Ergebnisse decken sich mit der Analyse von [18], wo eine starke Interdependenz zwischen dem Vertrauen in die staatlichen Institutionen und der Bereitschaft der Bevölkerung zur Akzeptanz von Umweltpolitik festgestellt wird. Die Analyse zeigt auch, dass die Schweiz eine der Nationen mit dem größten Vertrauen in ihre lokalen Regierungen ist, während Italien den lokalen Regierungen weniger Vertrauen entgegenbringt. Die hier vorgestellten Ergebnisse deuten darauf hin, dass Fragen des Vertrauens in Regierungsstellen auch deren Wirksamkeit als Meinungsbildner bei der Verbesserung der Akzeptanz und Beteiligung am Energiewandel beeinflussen können.

Es wurden Zahlungsbereitschaftsschätzungen (Willingness to pay, WTP) für das Vorhandensein spezifischer Technologien in der lokalen Energieversorgung abgeleitet, basierend auf den Ergebnissen von Tabelle 7.6 und Tabelle 7.7. Die WTP-Schätzungen beschreiben, wie viel mehr an Stromkosten der durchschnittliche Befragte in den nächsten 5 Jahren (monatlich) zu zahlen bereit ist, wenn die zugehörige Technologie in die lokale Energieversorgung einbezogen wird. Die Ergebnisse dieser Analyse bestätigen die Ergebnisse früherer Studien, insbesondere die Tatsache, dass die lokalen Verbraucher bereit sind, für einen Strommix mit einem beträchtlichen Anteil an solar erzeugtem Strom höhere Stromtarife zu zahlen [19], [20], [21]. Die Schätzung einer Zahlungsbereitschaft von 29,52 € pro Monat für einen relevanten Anteil solarer Stromerzeugung im lokalen Energiemix stimmt mit früheren WTP-Schätzungen überein, die in Italien einen Wert von ~ 6 € [20] oder ~ 12 € [19] und ~ 21 €[15] in den USA haben [21]. Es ist jedoch wichtig, darauf hinzuweisen, dass die Schätzungen aufgrund von Unterschieden im Design des Experiments und der Spezifikation der Solarstromversorgung zwischen den Studien nicht vollkommen vergleichbar sind. Weitere Ergebnisse aus **Tabelle 7.8** zeigen, dass das Vorhandensein von PtG und Windparks in der

[15] Umgerechnet von 2007 USD zu 2018 € auf der Grundlage des VPI-Kurses und des Wechselkurses vom 23. Januar 2018 € zu USD

lokalen Energieversorgung die WTP für den Übergang um etwa 9 € pro Monat erhöht. Im Gegensatz dazu verringern fossile Gaskraftwerke und mehr Übertragungsleitungen die WTP um 10,32 bzw. 11,59 €.

Wenn man sich auf die in Tabelle 7.6 dargestellten teilnehmerspezifischen Merkmale konzentriert, findet man statistisch signifikante Auswirkungen auf das Alter, das Geschlecht und den Bildungsstand der Befragten sowie auf die Anwesenheit von Kindern im Haushalt. Alle anderen untersuchten Faktoren wie Einkommen, ländlicher vs. städtischer Wohnort, Vorkenntnisse über PtG und negative Erfahrungen mit dem Stromversorger zeigen in der Stichprobe keinen Einfluss auf die soziale Akzeptanz. Die länderspezifischen Variablen zeigen, dass die Neigung, den Status quo als bevorzugte Option zu wählen, nicht systematisch durch das Wohnsitzland beeinflusst wird. Betrachtet man den Alterseffekt, so stellt man fest, dass im Vergleich zu der Gruppe der 20- bis 35-Jährigen in den Gruppen der 35- bis 45-Jährigen und der 45- bis 65-Jährigen die Wahrscheinlichkeit, den Status-quo als die bevorzugte Option zu wählen, um etwa 1,5 % steigt. Die Gruppen mittleren Alters sind also im Allgemeinen weniger bereit, die Kosten für einen Übergang zu mehr erneuerbarer Energien mitzutragen, wobei dieser Effekt interessanterweise bei der Altersgruppe der über 65-Jährigen nicht vorhanden ist. Weibliche Befragte bevorzugen im Vergleich zu männlichen Befragten auch eher den Status-quo.

7.4.4 Zusammenfassung

Diese Studie untersucht die Akzeptanz der lokalen Bevölkerung für mehr erneuerbare Energien in vier europäischen Ländern (Deutschland, Österreich, Italien und der Schweiz). Untersucht wurden die Präferenzen der Bürger dieser Länder in Bezug auf verschiedene erneuerbare Technologien, die bei der anstehenden Energiewende eingesetzt werden könn(t)en. Als direkten Beitrag zur anstehenden politischen Debatte wurde untersucht, ob die signalisierte Unterstützung durch politische Instanzen auf lokaler, nationaler und EU-Ebene die Akzeptanz in der Bevölkerung erhöhen kann. Die Daten für diese Studie stammen aus einer Umfrage im Rahmen des Forschungsprojektes STORE&GO, bei der jeweils 500 Teilnehmer aus Österreich, Schweiz, Italien und Deutschland befragt wurden.

Es ist festzustellen, dass die Unterstützung eines Befragten für einen höheren Anteil erneuerbarer Energie im lokalen Mix steigt, wenn in der zukünftigen Energieversorgung PV und PtG eine relevante Rolle spielen. Die Studie präsentiert die erste Bewertung der gesellschaftlichen Akzeptanz von PtG und es ist festzustellen, dass dieser Speichertyp wahrscheinlich nicht mit den gleichen Akzeptanzproblemen konfrontiert ist, wie sie in einigen Fällen für Pumpspeicherkraftwerke festgestellt wurden [22].

In Übereinstimmung mit diesen Ergebnissen zur Akzeptanz findet sich eine positive WTP für Wind im lokalen Stromerzeugungsmix von 9,70 € pro Monat und eine noch höhere WTP für Solarstrom von 29,52 € pro Monat, was im Allgemeinen die Ergebnisse von Studien aus vergangenen Wahlexperimenten widerspiegelt (z. B. [19], [20], [21]). Es wird geschlussfolgert, dass die Art der Energieerzeugung, die in ein lokales Energiesystem einbezogen wird, sorgfältig in Übereinstimmung mit den lokalen Präferenzen ausgewählt werden muss, um ein hohes Maß an Unterstützung durch die betroffenen Bürger sicherzustellen.

Betrachtet man die soziodemographischen Merkmale, so finden sich Auswirkungen von Alter, Geschlecht und Bildung auf die gesellschaftliche Akzeptanz: Ältere Gruppen und Frauen haben eine geringere Akzeptanz, die Kosten erneuerbarer Energiesysteme mitzutragen.

In dieser Studie wurde des Weiteren die Wirkung einer hypothetischen Unterstützung durch lokale, nationale und EU-Politiker auf die Akzeptanz des empfohlenen Technologiemixes in vier europäischen Ländern getestet. Es bleibt festzuhalten, dass politische Unterstützung tatsächlich eine Rolle für die Akzeptanz solcher Entscheidungen spielen kann; die Wirkung ist jedoch von Land zu Land unterschiedlich. Im Falle Italiens wirkt sich die Unterstützung auf nationaler oder EU-Ebene positiv auf die gesellschaftliche Akzeptanz aus, während im Falle der Schweiz nur die Unterstützung durch die lokale Führung der Gemeinde die Akzeptanz erhöhen kann. Für Deutschland und Österreich werden keine derartigen Effekte festgestellt, und es gibt keine Hinweise darauf, dass die politische Unterstützung eines Vorhabens zu einem „Pushback" in Form einer geringeren Akzeptanz in den vier getesteten Ländern führen kann. Diese Ergebnisse bestätigen die Notwendigkeit, nicht nur die technische oder betriebliche Konfiguration erneuerbarer Vorhaben zu berücksichtigen, sondern auch die länderspezifischen politischen Normen und Gruppennormen.

Literatur

[1] Azarova, V.; Cohen, J.; Friedl, C.; Reichl, J.: Designing local renewable energy communities to increase social acceptance: Evidence from a choice experiment in Austria, Germany, Italy, and Switzerland. In: Energy Policy, 132 (2019), S. 1.176-1.183

[2] Europäische Kommission: Richtlinie (EU) 2018/2001 des europäischen Parlaments und des Rates vom 11. Dezember 2018 zur Förderung der Nutzung von Energie aus erneuerbaren Quellen. 2018, Online, [https://eur-lex.europa.eu/legal-content/DE/TXT/HTML/?uri=CELEX:32018L2001&from=EN]

[3] Liebe, U.; Dobers, G. M.: Decomposing public support for energy policy. What drives acceptance of and intentions to protest against renewable energy expansion in Germany? In: Energy Research & Social Science, 47 (2019), S. 247-260

[4] Van Leeuwen, C.; Mulder, M.: Power-to-gas in electricity markets dominated by renewables. In: Applied Energy, 232 (2018), S. 258-272, Online, [http://www.sciencedirect.com/science/article/pii/S0306261918315319]

[5] Mazza, A.; Bompard, E.; Chicco, G.: Applications of power to gas technologies in emerging electrical systems. In: Renewable and Sustainable Energy Reviews, 92 (2018), S. 794-806, Online, [http://www.sciencedirect.com/science/article/pii/S1364032118303083]

[6] Eveloy, V.; Gebreegziabher, T.: Excess electricity and power-to-gas storage potential in the future renewable-based power generation sector in the United Arab Emirates. In: Energy, 166 (2019), S. 426-450, Online, [http://www.sciencedirect.com/science/article/pii/S0360544218320784]

[7] Johansson, M.; Laike, T.; Intention to respond to local wind turbines: the role of attitudes and visual perception. In: Wind Energy, 10 (2007) 5, S. 435-451, Online, [https://onlinelibrary.wiley.com/doi/abs/10.1002/we.232]

[8] Ansolabehere, S.; Konisky, D. M.: Public Attitudes Toward Construction of New Power Plants. In: Public Opinion Quarterly, 73 (2009) 3, S. 566-577, Online, [https://academic.oup.com/poq/article/73/3/566/1927588]

[9] Schively, C.: Understanding the NIMBY and LULU Phenomena. Reassessing Our Knowledge Base and Informing Future Research. In: Journal of Planning Literature, 21 (2007) 3, S.255-266, Online, [https://doi.org/10.1177/0885412206295845]

[10] Ek, K.: Public and private attitudes towards "green" electricity: the case of Swedish wind power. In: Energy Policy, 33 (2005) 13, S. 1.677-1.689, Online, [http://www.sciencedirect.com/science/article/pii/S0301421504000394]

[11] Read, D. L. et al.: The theory of planned behaviour as a model for predicting public opposition to wind farm developments. In: Journal of Environmental Psychology, 36 (2013), S. 70-76, Online, [http://www.sciencedirect.com/science/article/pii/S0272494413000352]

[12] Campbell, D.; Hutchinson, W. G.; Scarpa, R.: Incorporating Discontinuous Preferences into the Analysis of Discrete Choice Experiments. In: Environmental & Resource Economics, 41 (2208), S. 401-417

[13] Cohen, J. J.; Moeltner, K.; Reichl, J.; Schmidthaler, M.: An Empirical Analysis of Local Opposition to New Transmission Lines Across the EU-27. In: Energy Journal, 37 (2016) 3, S. 59-82

[14] Soini, K.; Pouta, E.; Salmiovirta, M.; Uusitalo, M.; Kivinen, T.: Local residents' perceptions of energy landscape. The case of transmission lines. In: Land Use Policy, 28 (2011) 1, S. 294-305

[15] Cohen, J. J.; Reichl, J.; Schmidthaler, M.: Re-focussing research efforts on the public acceptance of energy infrastructure. A critical review. In. Energy, 76 (2014), S. 4-9

[16] Friedl, C.; Reichl, J.: Realizing energy infrastructure projects. A qualitative empirical analysis of local practices to address social acceptance. In: Energy Policy, 89 (2016), S. 184-193

[17] Sims, S.; Dent, P.: Property stigma: wind farms are just the latest fashion. In: Journal of Property Investment & Finance, 25 (2007) 6, S. 626-651

[18] Kollmann, A.; Reichl, J.: How Trust in Governments Influences the Acceptance of Environmental Taxes. In: Kollmann, A.; Reichl, J. (Hrsg.): Political Economy and Instruments of Environmental Politics. MIT Press Ltd, Cambridge; Massachusetts, 2015, S. 53-69

[19] Vecchiato, D.; Tempesta, T.: Public preferences for electricity contracts including renewable energy. A marketing analysis with choice experiments. In: Energy, 88 (2015), Supplement C, S. 168-179

[20] Cicia, G.; Cembalo, L.; Giudice, T. D.; Palladino, A.: Fossil energy versus nuclear, wind, solar and agricultural biomass: Insights from an Italian national survey. In: Energy Policy, 42 (2012), S. 59-66

[21] Borchers, A. M.; Duke, J. M.; Parsons, G. R.: Does willingness to pay for green energy differ by source? Energy Policy, 35 (2007) 6, S. 3.327-3.334

[22] Steffen, B.: Prospects for pumped-hydro storage in Germany. In: Energy Policy, 45 (2012), S. 420-429

8. Projekte aus der Praxis

Helge Föcker (8.2), Steffen Schirrmeister (8.2), Josephine Glandien (8.3), Clemens Heitsch (8.3), Jens Hüttenrauch (8.3), Manuela Jopen (8.3), Marlon Koralewicz (8.3), Felix Künkel (8.3), Chi Yan Tang (8.3), Anja Wehling (8.3), Markus Zdrallek (8.3), Marco Schultze (8.4), Sebastian Ohler (8.4)

8.1 Einleitung

In diesem Kapitel werden beispielhaft einige Projekte vorgestellt, bei denen die Power-to-Gas-Technologie in der Praxis zum Einsatz kommt. Das Kapitel erhebt nicht den Anspruch auf Vollständigkeit. Die in den folgenden Unterkapiteln behandelten Projekte sollen lediglich als Beispiele dienen, die anhand von Einzelfällen zeigen, wie sich die Power-to-Gas-Technologie in der Praxis anwenden lässt.

8.2 Falkenhagen

Die Power-to-Gas-Anlage in Falkenhagen (Pritzwalk, Brandenburg) wurde im Jahr 2013 zur Herstellung und Einspeisung von Wasserstoff in Betrieb genommen und war damit eine der ersten industriellen Power-to-Gas-Anlagen in Deutschland (**Bild 8.1**). Im Rahmen des EU geförderten Horizon

Bild 8.1: Lage der Pilotanlage Falkenhagen

2020 Projektes „STORE&GO" (2016-2020) wurde die Anlage um eine Methanisierungsanlage erweitert, die 2018 in Betrieb genommen wurde. In dieser Anlage wird der elektrolytisch hergestellte Wasserstoff mit biogenem CO_2 in ein „grünes" Erdgas umwandelt und in das nahe gelegene Erdgasnetz eingespeist.

8.2.1 Einführung

Die Power-to-Gas-Anlage in Falkenhagen verfolgt die Zielsetzung, das bestehende Erdgasnetz als Großspeicher für erneuerbaren Strom in Deutschland technisch und wirtschaftlich nutzbar zu machen. Für die saisonale Speicherung (Langzeitspeicher) der Stromerzeugung aus erneuerbaren Energien (EE) kommen in Deutschland nach dem heutigen Stand der Technik nur chemische Energieträger infrage. Geeignete chemische Energieträger für die Stromspeicherung sind Wasserstoff (H_2) und synthetisches Erdgas (SNG).

Die Anlage in Falkenhagen diente dem Zweck, Erfahrungen bei Genehmigung und Betrieb von Power-to-Gas-Anlagen als Basis für zukünftige Projekte zu sammeln.

Der Standort Falkenhagen wurde auf Basis der folgenden Kriterien ausgewählt:

- Hoher Anteil regenerativer Energien im lokalen Stromnetz
- Nutzbare Kapazitäten in einem überregionalen Erdgastransportsystem
- Verfügbare erschlossene Industrie-/Gewerbeflächen zur Errichtung der Anlage
- Qualifiziertes Personal als Betriebsführer der Pilotanlage
- Möglichkeiten zur Systemintegration (Furnierwerk)
- Positives politisches und genehmigungsrechtliches Umfeld.

Die Infrastruktureinrichtungen für Power-to-Gas-Systeme wurden nach den Regelungen des Energiewirtschaftsgesetzes genehmigt und errichtet. Die erzeugten Brenngase, Wasserstoff und synthetisches Erdgas, werden nach dem DVGW-Regelwerk in das deutsche Erdgasnetz eingespeist (Analogie zur Biogaseinspeisung).

8.2.2 „Windgas Falkenhagen"

Bei der ersten Ausbaustufe, dem Projekt „Windgas Falkenhagen", handelte es sich um die Errichtung einer Power-to-Gas-Pilotanlage, welche die Umwandlung von regenerativ erzeugtem Strom in chemische Energie und deren Speicherung demonstriert. Dazu wurde aus Windstrom mittels Elektrolyse Wasserstoff erzeugt, der in einer bestehenden Erdgasinfrastruktur (DP 63 Hochdruckleitung FGL 99 der Ontras) eingespeichert wurde.

Für die Errichtung der Pilotanlage wurden Standardkomponenten aus der industriellen Wasserstoff- und Erdgasindustrie verwendet. Darüber hinaus sollen jedoch auch Möglichkeiten geschaffen werden, diese Standardkomponenten weiter zu entwickeln und neue technologische Ausrüstungen zu erproben. Insbesondere gilt dies für die Mess- und Analysetechnik und für Verdichtereinheiten im Hinblick auf einen möglichen großtechnischen Einsatz der Power-to-Gas-Technologie.

Um die Power-to-Gas-Technologie auch als Laststeuerungsmöglichkeit im Stromnetz einsetzen zu können, sollte die Leistungsaufnahme der Elektrolyse-Stacks mindestens 2 MWel betragen, was bei einem Wirkungsgrad der Gesamteinheit (Elektrolyse, Verdichter, Nebenaggregate) einer maximal erzeugbaren Wasserstoffmenge von ca. 360 Nm^3/h entspricht.

Alle Komponenten waren in Containern vorinstalliert und wurden so installiert, dass eine Erweiterung der Anlage nach der Pilotphase bzw. eine Nutzung der Einzelkomponenten an anderen Standorten möglich ist.

Errichter und Betreiber der Anlage ist die Uniper Energy Storage GmbH. Die technische Betriebsführung inkl. der betrieblichen Dienstleistungen wurde von der e.dis übernommen.

8.2.2.1 Verfahrensbeschreibung

Die Kernanlage „Windgas Falkenhagen" besteht aus sechs Elektrolyse-Containern mit jeweils vier alkalischen Elektrolyse-Stacks. Der in den Elektrolyse-Anlagen hergestellte Wasserstoff wird bei einem Druck von ca. 10 bar in die Wasserstoff Mess- und Einspeiseanlage übergeben. Hier wird die Wasserstoffmenge über einen Drehkolbenzähler gemessen und Verunreinigungen im Gas (N, O_2, Wasser) über einen Gaschromatographen bestimmt.

Hinter der Gasmessung werden zwei Verdichter dazu genutzt, den Wasserstoff auf den Pipelinedruck der Ontras-Gashochdruckleitung (> 45 bar) zu komprimieren. Das verdichtete Gas wird dann über eine ca. 1,2 km lange Stichleitung zur Ontras-Leitung transportiert und in den Erdgasstrom gemischt.

Dabei wird jederzeit die vorbeiströmende Gasmenge erfasst, um die Konzentration des Wasserstoffs im Erdgasstrom jederzeit unterhalb von 2 % zu halten. Fließen zu kleine Erdgasmengen durch das System, wird die Wasserstoff-Injektion gedrosselt und kommt schließlich vollständig zum Erliegen.

Tabelle 8.1: Betriebsdaten Windgas Falkenhagen (erste Ausbaustufe)

Produktionsmenge H_2	360 m^3/h
Stromaufnahme	2 MW
Elektrolysetyp	Alkalisch
Anzahl der Elektrolyse Stacks	24
Einspeisebeschränkung	max. 2 % H_2 im Erdgasstrom
Wirkungsgrad der H2-Produktion	59-62 %
Betriebszeit	ca. 3 Jahre (10.000 h ca. 670 Starts)

Im Gegensatz zu Erdgasleitungen sind Wasserstoffleitungen kontinuierlich auf Leckagen zu überwachen. Dazu wird in Falkenhagen ein Leckage-Überwachungssystem der Firma Krohne genutzt (Pipepatrol). Dieses System überwacht die transportierten Gasmengen im Ein- und Ausgang der Stichleitung kontinuierlich und warnt den Betreiber bei beobachteten Abweichungen.

8.2.2.2 Betrieb

In ca. drei Jahren wurde die Anlage „Windgas Falkenhagen" mehr als 10.000 h unfallfrei betrieben und mehr als 670 mal gestartet. Dabei wurden ca. 2.4 Mio. Nm^3 Wasserstoff produziert und in das Erdgastransportnetz eingespeist.

Im Rahmen des Betriebs wurde auch das dynamische Verhalten der Anlage detailliert untersucht (**Tabelle 8.1**). Dabei wurde die Anlage für den deutschen Markt für Minutenreserve bzw. Sekundärregelleistung präqualifiziert. Zusätzlich wurde durch eine Versuchsserie nachgewiesen, dass die verwendeten alkalischen Elektrolyse-Anlagen auch für die Bereitstellung von Primärregelleistung geeignet sind.

8.2.3 „STORE&GO" Methanisierung Falkenhagen

8.2.3.1 Projektidee

In der zweiten Ausbaustufe wurde der Standort Falkenhagen um eine Methanisierungsanlage erweitert (**Tabelle 8.2**). Diese dient der Erzeugung von synthetischem Erdgas (SNG) aus Kohlendioxid und Wasserstoff, der aus regenerativ erzeugtem Strom durch Wasserelektrolyse in der Windgasanlage erzeugt wird. Dieser Wasserstoff wird mit biogenem CO_2 in neuartigen Reaktoren an geeigneten Katalysatoren über die Sabatier-Reaktion zu Methan umgewandelt. Das erzeugte SNG wird über die bestehende Verdichtungs- und Einspeiseinfrastruktur dem Erdgassystem der Ontras zugeführt.

Tabelle 8.2: Basisdaten Methanisierung PtG Falkenhagen

Eingangstrom H_2	210 m^3/h
Eingangsstrom CO_2	52,5 m^3/h
CO_2-Quelle	Bioethanolproduktion
Methanisierungstechnologie	Katalytisch Wabenreaktor + Festbett (Polishing)
Betriebsüberdruck Reaktor	14 bar
Betriebstemperatur Reaktor	210 °C
Weitere Prozessschritte	Trocknung
Wärmenutzung	Furnierwerk
Einspeisung	Einspeisung in Transportleitung (> 45 bar)

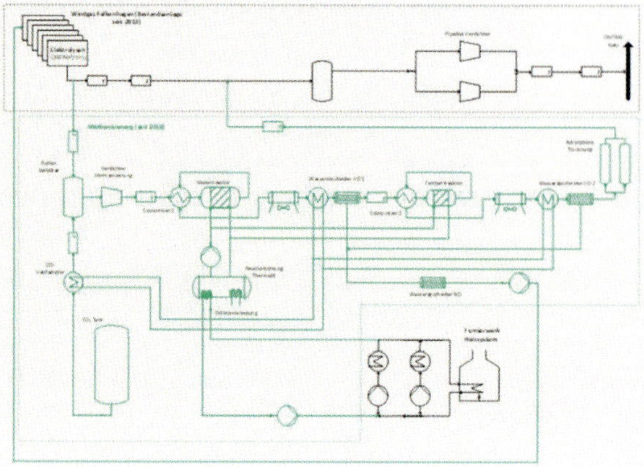

Bild 8.2: Verfahrensfließbild der Methanisierungsanlage und Einbindung in die Windgasanlage Falkenhagen

8.2.3.2 Verfahrensbeschreibung

Die von der Firma Silica Verfahrenstechnik GmbH hergestellte Anlage wurde nach Vorgaben der Firmen tkIS und Uniper Energy Storage GmbH gebaut. Im Folgenden ist das Verfahren kurz zusammengefasst. Das entsprechende Verfahrensfließbild des Methanisierungsverfahrens ist in **Bild 8.2** dargestellt. Eine ausführliche Verfahrensbeschreibung findet sich in [D2.3 „STORE&GO"].

Die Methanisierungsreaktion (Sabatier-Reaktion) erfolgt nach der folgenden Gleichung:

$$CO_2 + 4\,H_2 \leftrightarrow CH_4 + 2\,H_2O \Delta H_R = -165\ \text{kJ/mol} \quad (8.1)$$

In der Anlage werden für die Methanisierung 210 Nm^3/h Wasserstoff eingesetzt. Diese Menge entspricht etwa dem aufgenommenen elektrischen Strom einer 1 MW-Elektrolyse. Das für die Methanisierung des Wasserstoffs benötigte CO_2 (52,5 Nm^3/h) wurde in einer Bio-Ethanol-Anlage erzeugt und wird in flüssiger Form bei einer Temperatur von -20 °C und einem Druck von 21 bar in einem CO_2-Tank (21 t Lagerkapazität) am Standort bereitgestellt. Dieses wird in einem CO_2-Verdampfer mit einem Wärmeträger (Kaltwasser) bei einem Betriebsdruck von ca. 16 bar verdampft und vorgewärmt und dem Wasserstoff zugemischt. Da ein höherer Betriebsdruck für die Methanisierungsreaktion vorteilhaft ist, wird der Wasserstoff zusammen mit dem CO_2 durch einen Kompressor auf einen Überdruck von 14 bar verdichtet.

Die Methanisierungsreaktion wird in zwei Stufen mithilfe von isothermen, mit Thermalöl gekühlten Reaktoren durchgeführt: In der ersten Stufe wird ein mit katalytisch beschichteten Wabenelementen bestückter Rohrreaktor eingesetzt. Dabei werden über 80 % Umsetzung erreicht. **Bild 8.3** zeigt die Fertigung der Wärmetauschersektion des Wabenreaktors.

In der zweiten Stufe wird ein mit Thermalöl gekühlter Rohrreaktor mit konventioneller Katalysatorschüttung eingesetzt, in dem die Umsetzung und die Methangasqualität erreicht werden, die für die Einspeisung benötigt werden.

Bild 8.3: Fertigung der Reaktorsektion des Wabenreaktors

Das Produktgas, das die beiden Reaktoren verlässt, wird zuerst in dem jeweiligen Economizer und in einem Luftkühler auf ca. 60 °C und weiter durch den nachfolgenden Gaskühler auf 10 °C abgekühlt, sodass ein großer Teil des gebildeten Reaktionswassers kondensiert und im folgenden Abscheider vom Produktgas abgetrennt wird. Als Kühlmedium in den Gaskühlern wird eine Mischung von Wasser/Glykol als Wärmeträger verwendet, die ihrerseits im CO_2-Verdampfer durch die Verdampfung des flüssigen CO_2 gekühlt wird. Das abgetrennte Prozesskondensat wird aus den Wasserabscheidern Hochdruck dem Wasserabscheider Niederdruck zugeführt, wo das Kondensat entspannt und anschließend mit einer Kondensatpumpe zur Wasserelektrolyse gefördert wird, wo es aufbereitet und wiederverwendet wird. Bei der Entspannung entsteht ein kleiner Gasstrom, der vorwiegend Methan enthält und in der Fackel entsorgt wird.

Um das erzeugte Methangas in das bestehende Erdgasnetz einzuspeisen, muss dieses noch entsprechend dem DVGW-Regelwerk (G 260) aufbereitet, d. h. insbesondere getrocknet, werden. Mithilfe der Adsorptionstrockner wird der für die Einspeisung für das Erdgasnetz geforderte Restfeuchtegehalt eingestellt.

Dabei wird einer der beiden Trockner mit Produktgas durchströmt und entzieht dem Gas die Feuchte, während der zweite zur Regenerierung aufgeheizt wird und mit getrocknetem Produktgas beaufschlagt wird. Der für die Regeneration (Aktivation) eingesetzte Gasstrom wird mit einem Regenerationsgasverdichter zum Prozessgas vor dem Wasserabschneider HD 2 rezirkuliert.

Nachfolgend wird das SNG-Produktgas an die am Standort vorhandene Einspeisung mit Verdichter und Gasmessstation zur Einspeisung in das Erdgasnetz der Ontras abgegeben.

8.2.3.2.1 Aufbau und Inbetriebnahme

Die von der Firma Silica Verfahrenstechnik GmbH vorgefertigten Module und Container wurden im November 2017 auf die Baustelle Falkenhagen geliefert. Die Anlage wurde bis Dezember 2018 komplett aufgebaut und verrohrt.

Bild 8.4: Die neuartige Wabenmethanisierung ist das Herzstück der Demonstrationsanlage in Falkenhagen (Foto: Sniper)

Tabelle 8.3: Betriebsdaten der Methanisierung Falkenhagen

	H_2-Verbrauch	CO_2-Verbrauch	Betriebsstunden + Warmhaltebetrieb	Betriebsstunden	Einspeisung	SNG-Output
Falkenhagen	11.027 kg	51.034 kg	2.785 h	1.186 h	675 h	ca. 270.000 kWh

Im ersten Quartal 2018 erfolgte die kalte Inbetriebnahme mit Test aller Geräte und Apparate. Nach dem Einbau der Katalysatoren erfolgte im zweiten Quartal die Phase der heißen Inbetriebnahme. Im August 2018 wurde erstmalig Methan erzeugt, das nach einer Optimierung der Regelung den Einspeisenormen des DVGW entsprach. Im September 2018 wurde die Konformität der Anlage mit der CE-Kennzeichnung bescheinigt.

Eine ausführliche Beschreibung der Inbetriebnahme findet sich in [D2.3]. In **Bild 8.4** wird die fertig aufgebaute Anlage gezeigt.

8.2.3.3 Betrieb und Ergebnisse

Im dritten und vierten Quartal 2018 wurden Versuche zu einer optimierten und stabilisierten Anlagenfahrweise durchgeführt. Mit Fertigstellung der Gasmessanlage für SNG und die Abnahme durch die PtB konnte im Januar 2019 erstmalig SNG in das Erdgasnetz der Ontras eingespeist werden. Durch das realisierte Steuerungs- und Regelungskonzept der Methanisierungsanlage ent-

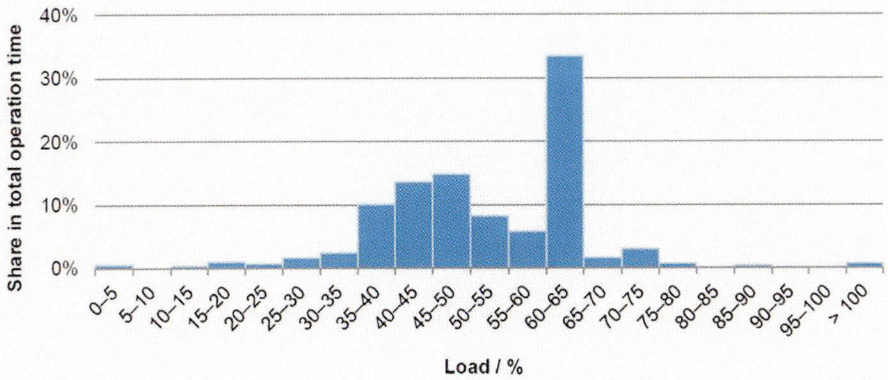

Bild 8.5: Lastverteilung während der Betriebsstunden

Tabelle 8.4: Betriebsdaten Methanisierung Falkenhagen im Versuch [Del 5.9]

Eingangstrom H_2	210 m^3/h
H_2-Eingangsstrom	200 m^3/h ~ 708 kW
SNG-Ausgangsstrom	550 kW
Temperaturlevel der Abwärme	184 °C
Wärmenutzung (Furnierwerk)	86 kW
Wirkungsgrad Methanisierung	77,5 %
Wirkungsgrad inkl. Wärmenutzung	89.8 %

sprach das eingespeiste Gas immer den Anforderungen der G 260. Die wesentlichen Betriebsergebnisse sind in **Tabelle 8.3** zusammengefasst.

Bild 8.5 zeigt einen typischen Konzentrationsverlauf mit den zugehörigen Temperaturen im Rahmen der durchgeführten Testläufe in der Methanisierungsanlage (**Tabelle 8.4**). Mit steigender Belastung insbesondere der Reaktoren bei höheren Durchsätzen sind die damit einhergehenden Erhöhungen der Reaktortemperaturen aufgrund der exothermen Reaktion gut zu erkennen.

Im Gegensatz zu den in **Bild 8.6** gezeigten Durchsätzen und Temperaturverläufen wird für die Einspeisung ein konstanter Volumenstrom mit konstanten Temperaturen und Konzentrationen gefordert. **Bild 8.7** zeigt diese konstanten Verläufe während der Einspeisung.

Bild 8.5 zeigt die Lastverteilung der Anlage über die gesamte Laufzeit der 1.200 Betriebsstunden. Das Maximum bei 65 % Last hat sich während der Versuchszeit als technisch-wirtschaftlich optimales Fenster für die Untersuchung des Betriebsverhaltens der Anlage und die Einspeisung in das Gasnetz herausgestellt.

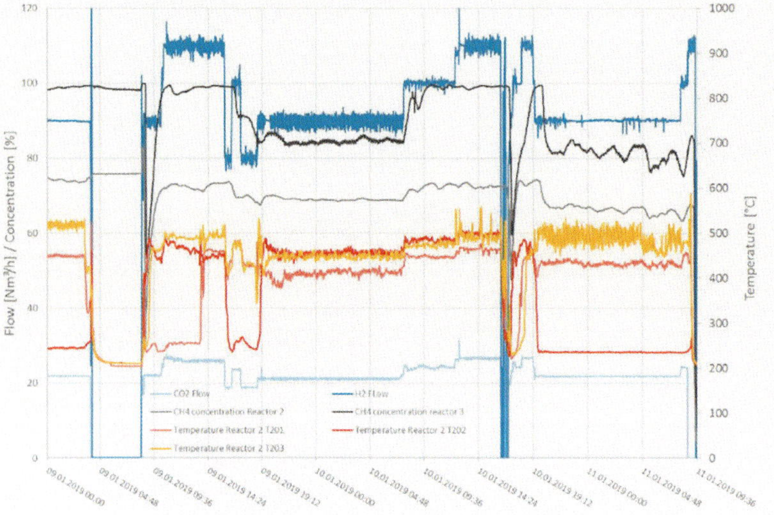

Bild 8.6: Temperatur- und Konzentrationsprofile der Methanisierung während eines typischen Testprogrammes der SNG-Anlage

Bild 8.7: Temperatur- und Konzentrationsprofile der Methanisierung während einer typischen Einspeisung von SNG in das Ontras-Netz

8.2.4 Lessons Learned

Die Erfahrungen aus Planung, Design, Errichtung und Betrieb der Anlage in Falkenhagen fließen aktuell in die Erstellung diverser Regelwerke ein. Für rechtliche Belange und Genehmigungsverfahren wurden im Projekt „Portal Green" die Vorgehensweisen und Handlungsempfehlungen zusammengefasst. Für Anlagen, die in das Erdgasnetz einspeisen und damit dem Energiewirtschaftsgesetz unterliegen, hat der DVGW das Arbeitsblatt G 220 erstellt. Darüber hinaus fließen Erkenntnisse aus Falkenhagen auch in der Erstellung der VDI-Richtlinie 4635 PtX ein.

8.3 „Portal Green" – Power-to-Gas-Leitfaden zur Integration erneuerbarer Energien

Im Forschungsprojekt „Portal Green" wurde ein Leitfaden entwickelt, um Planern, Betreibern und Behörden eine effizientere Durchführung und Genehmigung von PtG-Projekten zu ermöglichen. Er beinhaltet die folgenden Teile:

- Genehmigungsrechtlicher Leitfaden für Power-to-Gas-Anlagen
- Technischer Leitfaden für Power-to-Gas-Anlagen.

Mit beiden Leitfadenteilen wird den Stakeholdern eine Hilfestellung gegeben, um die bestehenden EU-Richtlinien und Verordnungen sowie nationalen Gesetze, Verordnungen und technischen Regelwerke auf die innovative Power-to-Gas-Technologie anzuwenden. Das Konsortium (**Bild 8.8**), bestehend aus der Gesellschaft für Anlagen- und Reaktorsicherheit (GRS) GmbH, der DBI Gas- und Umwelttechnik GmbH, dem Deutschen Verein des Gas- und Wasserfaches e.V. (DVGW), Uniper und der Bergischen Universität Wuppertal, hat im Leitfaden die Erfahrungen vergangener PtG-Projekte gebündelt. Dazu konnten Planer, Betreiber, Hersteller, Verbände und Behörden ihr Wissen aus bisherigen Genehmigungs- und Planungsprozessen im Rahmen von Workshops und Arbeitstreffen einbringen. Der Fokus des Leitfadens liegt auf der Anlage zur Produktion der Gase (Elektrolyse, Methanisierung). Darüber hinaus wird erläutert, welche Auswirkungen zusätzliche Komponenten/Anlagenteile zur Nutzung der Gase in den Bereichen Mobilität, Gasnetzeinspeisung, Industrie und Rückverstromung auf das Genehmigungsverfahren und das anzuwendende technische Regelwerk haben.

Der genehmigungsrechtliche Leitfadenteil bietet eine Orientierungshilfe bei der Auswahl des Genehmigungsverfahrens, der Bestimmung der anzuwendenden Gesetze und Verordnungen und

Bild 8.8: Mitwirkende beim Projekt „Portal Green"

beschreibt die aktuellen genehmigungsrechtlichen Anforderungen an PtG-Anlagen. Das Verwaltungs- und Genehmigungsrecht von technischen Anlagen ist zwar langjährig etabliert, die Anwendung auf PtG-Anlagen ist hingegen sowohl für Behörden als auch für Antragsteller neu.

Der technische Leitfadenteil gibt einen Überblick über die anzuwendenden EU-Richtlinien sowie nationalen Gesetze, Verordnungen und technischen Regelwerke, die Betreiber und Hersteller im Hinblick auf einen sicheren Betrieb der Anlagen einhalten müssen. Zentrale Fragestellungen sind dabei die Betriebssicherheit, der Arbeitsschutz und die Produktsicherheit. Zudem werden die durchzuführenden Prüfungen zusammengefasst und zentrale Dokumente, wie die Gefährdungsbeurteilung im Hinblick auf PtG-Anlagen, erläutert.

Beide Leitfadenteile sind als kostenfreies Dokument auf den Internetseiten der Projektpartner veröffentlicht. Zudem wird der genehmigungsrechtliche Leitfaden als Gas-Information Nr. 26 und der technische Leitfaden als Gas-Information Nr. 27 in das Regelwerk des DVGW aufgenommen.

Förderhinweis: Das Projekt „Portal Green: Entwicklung eines Power-to-Gas-Leitfadens zur Integration Erneuerbarer Energien" wurde im Rahmen des sechsten Energieforschungsprogramms mit Mitteln des Bundesministeriums für Wirtschaft und Energie gefördert. Die inhaltliche Verantwortung liegt bei den Autoren.

8.4 Untersuchung von stark wasserstoffhaltigen Brenngasen in Gasmotoren

8.4.1 Einleitung

Die bei der Caterpillar Energy Solutions durchgeführte Untersuchung zielte im Kern darauf ab, den gegenwärtig erkennbaren Entwicklungen in der Stromerzeugung und Stromspeicherung in Deutschland folgend eine innovative Umsetzung möglicher Visionen mit heute verfügbaren Technologien aufzuzeigen. Eine Vision ist dabei, Überschüsse des durch erneuerbare Energien erzeugten Stroms zur Wasserstoffproduktion in reversiblen Brennstoffzellen oder Elektrolyseuren zu nutzen. Der so erzeugte Wasserstoff lässt sich zwischenspeichern und im Bedarfsfall durch die Verbrennung im Wasserstoffmotor mit hohen Wirkungsgraden zur dezentralen Strom- und Wärmeerzeugung nutzen. Dabei kann flexibel auf das zeitlich fluktuierende Angebot der erneuerbaren Energien reagiert werden.

Der Wasserstoffmotor zeichnet sich durch hohe Leistung und Variabilität, geringe Kosten und einfache Wartung im täglichen Betrieb aus. Die Wasserstoffverbrennung geschieht ohne die Erzeugung von CO_2, was mit keinem anderen Kraftstoff möglich ist. Weiterhin entstehen bei der Verbrennung im Wasserstoffmotor neben Wasser nur sehr geringe Mengen an Stickstoffoxiden. Damit kann mit dieser Technologie durch eine hocheffiziente und schadstoffarme Wandlung von Brennstoffen mit hoher gravimetrischer Energiedichte, wie Wasserstoff, in elektrische Energie und Wärme ein wichtiger Beitrag zur Energiewende geleistet werden. Wasserstoffmotoren zur Stromerzeugung, die nach dem Prinzip der Kraft-Wärme-Kopplung (KWK) arbeiten, können integraler Bestandteil einer effizienten und klimafreundlichen Energieversorgung sein. Dabei werden gerade die Sektoren zum effizienten Einsatz von Strom aus erneuerbaren Energiequellen in den Bereichen Wärme und Kälte miteinander gekoppelt. Die von der Bundesregierung veröffentlichte Nationale Wasserstoffstrategie nimmt diesen Ansatz auf und beabsichtigt die langfristige Ausrichtung der dezentralen Energie- und Wärmeversorgung hinsichtlich der Nutzung von erneuerbaren Energien. Diese Absicht kann durch die Nutzung von grünem Wasserstoff, der aus erneuerbaren Energien hergestellt wird, im Wasserstoffmotor in der BHKW-Anwendung umgesetzt werden.

Um die Nutzbarkeit wasserstoffhaltiger Gase zu untersuchen, wurden verschiedene Gasgemische, bestehend aus den Hauptspezies H_2, CH_4, CO, CO_2 und N_2, an einem modifizierten Gasmotor des Typs TCG 3016 V08 untersucht. Der Motor war mit Flammsperren vor den Einlasskanälen ausgestattet, um die Ausbreitung möglicher Rückzündungen in den Ansaugtrakt zu unterbinden. Betriebsparameter wie Zündzeitpunkt, Verbrennungsluftverhältnis, Ladelufttemperatur und -druck wurden variiert.

Im Rahmen dieser Untersuchung wurde betrachtet, welche Leistung mit den verschiedenen Brenngasen bei unterschiedlichen Betriebsparametern darstellbar ist und welche Schadstoffemissionen in Abhängig des verwendeten Brenngases zu erwarten sind. Zudem wurde die Klopfneigung der verschiedenen Gase untersucht.

8.4.2 Experimenteller Aufbau

Im Rahmen dieser Untersuchungen wurden verschiedene Gasgemische auf ihre Eignung als Brenngas in einem Gasmotor untersucht. Neben Erdgas als Referenz wurden Gasgemische aus CH_4, H_2 und CO (teilweise mit CO_2 und N_2 verdünnt) mit unterschiedlichen Volumenkonzentrationen (**Tabelle 8.5**) untersucht.

Die Versuche wurden an einem TCG 3016 V08 Versuchsmotor durchgeführt, der für den Betrieb mit den verschiedenen Gasen modifiziert wurde. Um Umbauzeiten zwischen den Versuchen zu reduzieren, ist der Motor mit einem angepassten Abgasturbolader sowie einem Wastegate ausgerüstet worden. Für die Messungen mit Erdgas sowie den Gasen 2 bis 5 wurden Kolben mit einem Verdichtungsverhältnis der Erdgaskonfiguration eingesetzt, für das Gas 6 kamen Kolben mit herabgesetztem Verdichtungsverhältnis zum Einsatz. Da die Gasmotoren der Baureihe TCG 3016 gemischaufgeladen sind, war der Motor mit einem modifizierten Receiverrohr ausgestattet, welcher den Einsatz zylinderspezifischer Flammsperren erlaubt, um ein Rückschlagen der Flamme vom Zylinder in das Receiverrohr zu unterbinden.

Tabelle 8.5: Zusammensetzung der untersuchten Gasgemische

Bezeichnung	Zusammensetzung (vol.%)					Heizwert (kWh/Nm³)	Dichte (kg/m³)	Methanzahl
	H_2	CH_4	CO	CO_2	N_2			
Erdgas		(100 %)				10,23	0,778	86
Gas 2	57 %	24 %		3 %	16 %	4,1	0,483	33
Gas 3	60 %	40 %				5,78	0,341	40
Gas 4	45 %	10 %	30 %	15 %		3,39	0,784	53
Gas 5	80 %	20 %				4,39	0,215	20
Gas 6	80 %		20 %			3,09	0,322	15

Alle acht Zylinder des Motors wurden mit Zylinderdrucksensoren indiziert. Um evtl. auftretende Rückzündungen beobachten zu können, waren zwischen den Einlasskanälen und den Flammsperren Lichtleiter installiert. Darüber hinaus waren die Receiverrohre mit Lichtleitern und je zwei Drucksensoren ausgestattet, um Selbstzündungen oder Flammenrückschläge in diesem Bereich zu detektieren.

Ein Horiba-Gasanalysesystem diente zur Messung der Konzentration von O_2, NO_x, CO und unverbrannter Kohlenwasserstoffe im Abgas.

8.4.3 Untersuchungsergebnisse

Um die Vergleichbarkeit zwischen den verschiedenen Brenngasen zu gewährleisten, wurden die Brennraumtemperaturen sowie der Verbrennungsschwerpunkt über alle Versuchsreihen annähernd konstant gehalten. Daraus resultiert ein stark unterschiedliches Luftverhältnis λ bei den verschiedenen Brenngasen, welches in **Bild 8.9** dargestellt ist. Das deutlich höhere Luftverhältnis bei der Verwendung der untersuchten wasserstoffhaltigen Brenngase führt zu einer signifikanten Schadstoffreduktion des Motors. Auffällig ist der große Unterschied des Luftverhältnisses zwischen Gas 5 (80 % H_2 / 20 % CH_4) und Gas 6 (80 % H_2 / 20 % CO). Obwohl beide Gasgemische zu 80 % aus Wasserstoff bestehen, zeigt Gas 6 eine höhere Reaktivität, welche sowohl zu einer höheren Flammgeschwindigkeit (Bild 8.9) als auch Klopfneigung führt und einen deutlich magereren Motorbetrieb erfordert.

Trotz vergleichbarer Verbrennungsgeschwindigkeiten lagen die NO_x-Emissionen in allen Fällen unter 80 mg/Nm³ (bei 5 % O_2) im Vergleich zu 500 mg/Nm³ bei Nutzung von Erdgas (**Bild 8.10**). Im Brenngas vorhandene Inertgase reduzieren die Flammentemperatur und bewirken eine zusätzliche Verminderung der NO_x-Emissionen. So liegen die Emissionen von Gas 2, welches 16 % N_2 und

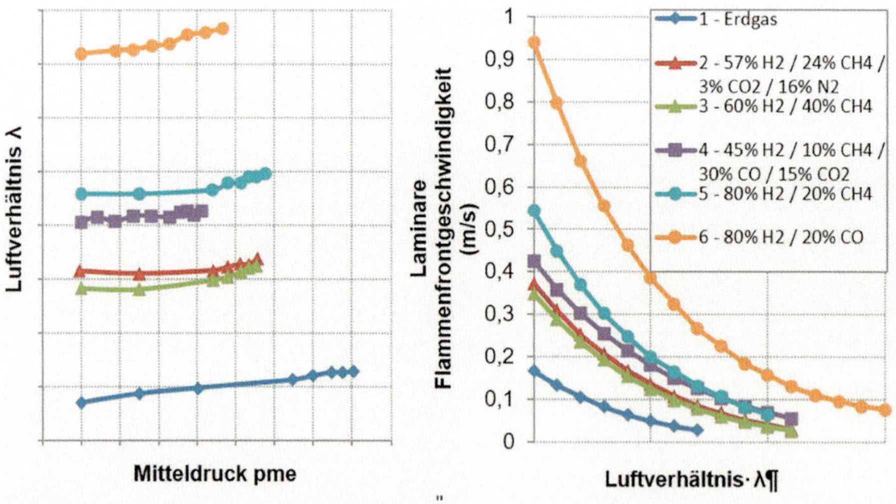

Bild 8.9: Luftverhältnis λ bei verschiedenen Mitteldrücken und die laminaren Flammenfrontgeschwindigkeit über dem Luftverhältnis λ im Motorbetrieb mit den untersuchten Gasen

3 % CO_2 enthält, unter denen von Gas 3, obwohl der Motor in beiden Fällen mit einem ähnlichen Luftverhältnis λ betrieben wurde. Ebenso führt der Inertgasanteil von 15 % CO_2 bei Gas 4 dazu, dass die NO_x-Emissionen vergleichbar zu Gas 5 sind, obwohl Gas 5 einen magereren Motorbetrieb erforderte, um klopffrei einen höheren Leistungsbereich zu erreichen.

Bei Vorhandensein von CO im Brenngas steigt die Konzentration dieser Spezies im Abgas deutlich an (**Bild 8.11**). Der Anstieg ist im Wesentlichen durch den Schlupf unverbrannten Brenngases

Bild 8.10: NO_x-Emissionen bei 5 % O_2

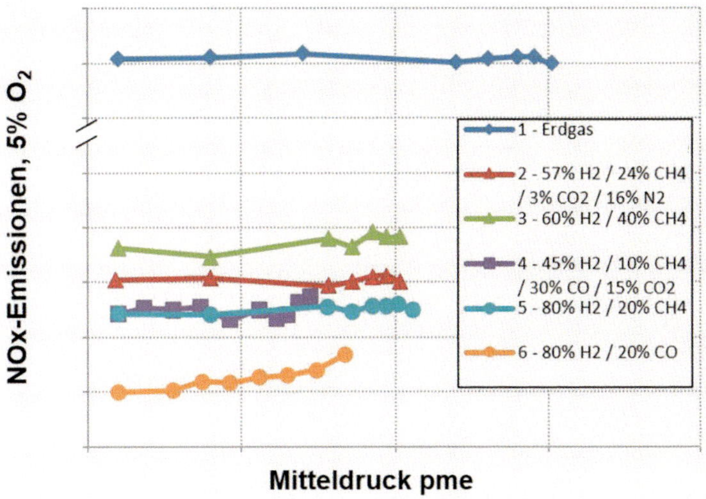

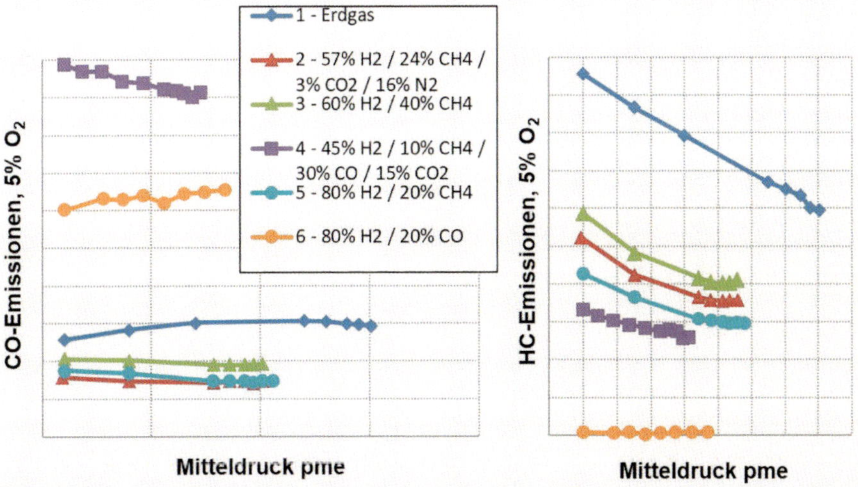

Bild 8.11: CO- und HC-Emissionen bei 5 % O_2

bzw. unvollständige Oxidation bedingt und erfolgt proportional zur CO-Konzentration im Frischgemisch. Bei der Verbrennung von Methan führt das Vorhandensein von Wasserstoff zu einer zusätzlichen Reduktion der CO-Emissionen. Aus der Literatur ist bekannt, dass für die Oxidation von CO wasserstoffhaltige Spezies benötigt werden und dass eine Erhöhung der Wasserstoffkonzentration im Brenngas zu einer deutlichen Beschleunigung dieses Vorgangs führt [1].

8.4.4 Caterpillar Energy Solutions

Die in Mannheim entwickelten, produzierten und vertriebenen Energielösungen der Marken MWM und Cat von Caterpillar Energy Solutions sollen einen Beitrag zur Umsetzung der Energiewende leisten. Dazu gehören Gasmotoren, Strom-Kraftwerke sowie Kraft-Wärme-Kopplungs-Anlagen. Der Firmensitz geht auf die Gründung des Autopioniers Carl Benz zurück, der 1871 mit den „Mechanischen Werkstätten Mannheim" den Grundstein dafür legte. Heute ist das Mannheimer Unternehmen Teil des global agierenden Caterpillar Konzerns und auf dem Gebiet effizienter und ökologisch fortschrittlicher, dezentraler Energielösungen tätig.

Caterpillar Energy Solutions arbeitet an der Entwicklung und Herstellung von individuell auf die Kundenbedürfnisse zugeschnittenen Energielösungen, begleitet von Beratung und Betreuung während des gesamten Produktlebenszyklus'. Während dabei in der Vergangenheit wasserstoffreiche Gase, die in Gasgroßmotoren als Brennstoff eingesetzt wurden, meist als Nebenprodukt aus einem industriellen Prozess stammten (z. B. in Kokereien), werden solche Anwendungsfälle vor allem durch den Ausbau regenerativer Energien immer häufiger. So können Synthesegase, welche aus Biomasse gewonnen werden oder das Resultat eines Dekarbonisierungsprozesses sind, einen signifikanten Anteil Wasserstoff enthalten. Zudem stellt durch Hydrolyse gewonnener Wasserstoff eine Speichermöglichkeit für in Solar- oder Windanlagen erzeugten Strom dar. Neben der Einspeisung dieses Wasserstoffs in das bestehende Erdgasnetz stellt auch die direkte Nutzung in einem Gasmotor ein Anwendungsszenario dar.

8.4.5 Zusammenfassung

Im Rahmen dieser Arbeit wurden verschiede wasserstoffhaltige Gase auf ihre Nutzbarkeit in einem Gasgroßmotor untersucht. Die experimentellen Untersuchungen fanden an einem modifizierten TCG 3016 V08 statt. Der Fokus in diesen Untersuchungen lag auf den Schadstoffemissionen sowie der maximal darstellbaren Leistung, die vor allem durch die hohe Selbstzündungs- und Klopfneigung der untersuchten Brenngase limitiert wird. Alle untersuchten wasserstoffhaltigen Brenngase erlauben einen deutlich magereren Motorbetrieb als bei der Erdgasverbrennung, wodurch sich die NO_x-Emissionen in allen Fällen um über 85 % senken ließen. Enthält das Brenngas kein Kohlenmonoxid, werden die CO-Emissionen aufgrund der verstärkten Oxidation durch zusätzliche OH-Radikale reduziert. Falls bereits CO im Frischgas enthalten ist, werden die CO-Emissionen im Wesentlichen vom Schlupf unverbrannten Brenngases dominiert. Die Emissionen unverbrannter Kohlenwasserstoffe verhalten sich dabei im wesentlich proportional zum Methangehalt im Frischgas.

Damit konnte gezeigt werden, dass durch die Nutzung von Wasserstoff bzw. wasserstoffreicher Gase als Brennstoff die Emissionen von relevanten Schadstoffen wie Kohlenmonoxid, Formaldehyd und unverbrannter Kohlenwasserstoffe gesenkt werden. Zudem ermöglichen und erfordern solche Brenngase, aufgrund der hohen Reaktivität von Wasserstoff, ein höheres Verbrennungsluftverhältnis als Erdgas. Die Anhebung des Luftverhältnisses führt dabei zu einer Reduzierung der Stickoxidemissionen im Vergleich zur Erdgasverbrennung. Zudem kann durch eine höhere Verbrennungsgeschwindigkeit ein Wirkungsgradvorteil bei gleicher Leistung gegenüber Erdgas erreicht werden. Allerdings erhöht die hohe Reaktivität von Wasserstoff das Risiko von Selbstzündungen, wenn das Brenngas in Kontakt mit heißen Bauteilen gerät. Gleichzeitig wird die Klopfneigung des Brenngases deutlich erhöht. Caterpillar Energy Solutions begegnet diesen Risiken mit Maßnahmen, die sowohl Änderungen auf konstruktiver Seite als auch Anpassungen des Brennverfahrens umfassen.

Literatur

[1] Davis, S. G.; Joshi, A. V.; Wang, H.; Egolfopoulos, F.: An optimized kinetic model of H_2/CO combustion. In: Proceedings of the Combustion Institute, 30 (2005), S. 1.283-1.292

Stichwortverzeichnis

Inserentenverzeichnis